STRUKTUR UND EIGENSCHAFTEN DER MATERIE
IN EINZELDARSTELLUNGEN

BEGRÜNDET VON M. BORN UND J. FRANCK
HERAUSGEGEBEN VON S. FLÜGGE

XXI

THEORIE
DER CHEMISCHEN BINDUNG
AUF QUANTENTHEORETISCHER GRUNDLAGE

VON

DR. H. HARTMANN

O. PROFESSOR DER PHYSIKALISCHEN CHEMIE
AN DER UNIVERSITÄT FRANKFURT A. M.

MIT 53 ABBILDUNGEN

SPRINGER-VERLAG BERLIN HEIDELBERG GMBH
1954

ISBN 978-3-662-22528-8   ISBN 978-3-662-22527-1 (eBook)
DOI 10.1007/978-3-662-22527-1

BRÜHLSCHE UNIVERSITÄTSDRUCKEREI GIESSEN

Vorwort.

Die Theorie der chemischen Bindung ist gleichzeitig eines der fesselndsten und eines der heikelsten Forschungsgebiete im Bereich der exakten Naturwissenschaften. Ein Buch über einen solchen Gegenstand kann selbstverständlich nicht allen Ansprüchen, die gestellt werden könnten, gerecht werden. Mir schien es das Beste zu sein, einen Mittelweg zwischen einer lehrbuchartigen und einer monographischen Darstellung einzuschlagen. Der Leser sollte die wichtigen Methoden soweit kennenlernen, daß er in den Stand gesetzt wird, Originalarbeiten studieren zu können und gleichzeitig sollte er einen Überblick über bemerkenswerte Ergebnisse der Anwendung der Methoden auf konkrete Probleme erhalten. Dem letzteren Zweck dient der dritte Teil des Buches, der als eine lockere und keineswegs vollständige Auswahl aus der Fülle des Erarbeiteten angesehen werden möge.

Das Manuskript ist im wesentlichen während meines Aufenthaltes im Institut für physikalische Chemie der Max-Planck-Gesellschaft in Göttingen im Winter 1951/52 entstanden. Der Max-Planck-Gesellschaft und insbesondere Herrn Professor Dr. K. F. Bonhoeffer bin ich für ihre großzügige Hilfe in dieser Zeit zu tiefstem Dank verpflichtet.

Das Buch widme ich als äußeres Zeichen der Dankbarkeit meinem Vater Michael Hartmann.

Frankfurt/Main, den 30. Oktober 1953.

H. Hartmann.

Inhaltsverzeichnis.

„Solange als noch für die chymischen Wirkungen der Materien
aufeinander kein Begriff ausgefunden wird, der sich construieren
läßt, d. i. kein Gesetz der Annäherung oder Entfernung der Theile
angeben läßt, nach welchem etwa in Proportionen ihrer Dichtig-
keiten u. d. g. ihre Bewegungen samt ihren Folgen sich im Raume
a priori anschaulich machen und darstellen lassen (eine Forderung,
die schwerlich jemals erfüllt werden wird), so kann Chymie nichts
mehr als systematische Kunst, oder Experimentallehre, niemals
aber eigentliche Wissenschaft werden, weil die Principien derselben
blos empirisch sind und keine Darstellung a priori in der Anschauung erlauben, folglich die Grundsätze chymischer Erscheinungen ihrer Möglichkeit nach nicht im mindesten begreiflich
machen, weil sie der Anwendung der Mathematik unfähig wird."

IMMANUEL KANT,
Metaphysische Anfangsgründe
der Naturwissenschaft, 1786.

"The underlying physical laws necessary for the mathematical
theory of a large part of physics and the whole of chemistry are
thus completely known, and the difficulty is only that the appli-
cation of these laws leads to equations much too complicated to be
soluble."

P. A. M. DIRAC
[Proc. Roy. Soc. A **123**, 714 (1929)]

Überblick über die Entwicklung der Theorie der chemischen Bindung bis zur Anwendung der Quantenmechanik.

Nachdem DALTON der Atomhypothese in der Chemie einen festen
Platz gesichert hatte, war das Streben der Chemiker fast ausschließlich
auf eine mechanische Modelltheorie der Materie gerichtet. Wir verstehen darunter eine Theorie, bei der als wesentliche Bestandteile das
Modell und die auf das Modell anzuwendende Mechanik unterschieden
werden müssen. Das Modell wird durch die Angabe der „Elementarteilchen" beschrieben, aus denen es sich aufbaut, und durch die Angabe
der Kräfte, die zwischen den Elementarteilchen wirken sollen.

Die Entwicklung, die die Theorie der Materie seither genommen hat,
ist dadurch charakterisiert, daß in ihrem Verlauf sowohl das Modell
als auch die Mechanik wesentlich verändert worden sind und daß
schließlich das Modelltheorieprogramm sich im eigentlichen strengen
Sinn als nicht durchführbar erwies und revidiert werden mußte.

Das von DALTON eingeführte Modell war das der Atome. Die Eigen-
art der „chemischen" Kräfte zwischen den Atomen konnte grundsätzlich nur aus den chemischen Erscheinungen selbst erschlossen werden.
Trotzdem lag es nahe, diese Kräfte mit solchen, die von anderen Er-
scheinungsgebieten her bekannt waren, zu identifizieren.

Den ersten ernsthaften Versuch in dieser Richtung hatte DAVY gemacht. Nach DAVY sollten sich verschiedenartige Atome bei Berührung
gegenseitig aufladen und die COULOMBsche Anziehung zwischen den so
entstandenen Ladungen die chemische Kraft darstellen.

BERZELIUS griff die DAVYsche Vorstellung auf und erweiterte sie durch zusätzliche Annahmen, insbesondere über die Aufladung von Atomgruppen zur elektrochemischen oder dualistischen Theorie. Nach BERZELIUS sollte etwa das Molekül des Kaliumsulfats aus den zwei Teilen $[K_2O]$ und $[SO_3]$ bestehen, von denen der erste positiv und der zweite negativ geladen ist. Innerhalb der Teile sollte der Zusammenhalt der Atome ebenfalls durch Ladungsunterschiede bedingt sein.

Im Rahmen der BERZELIUSschen Theorie konnten die Umsetzungen der anorganischen Säuren, Basen und Salze unter der sich aus der Natur der angenommenen Bindungskräfte von selbst ergebenden Annahme erklärt werden, daß elektropositive (elektronegative) Atome oder Atomgruppen nur durch ebensolche ersetzt werden können.

Die elektrochemische Theorie hatte im Bereich der anorganischen Chemie ihren großen systematischen und heuristischen Wert erwiesen. Es ist deshalb verständlich, daß insbesondere BERZELIUS selbst sie auch zur Deutung der Beobachtungen heranziehen wollte, die man bei den damals neuartigen Untersuchungen organischer Stoffe gemacht hatte. Daß aber die elektrochemische Theorie die Gesamtheit der chemischen Bindungserscheinungen nicht beschreiben konnte, wurde zum erstenmal ganz deutlich, als LIEBIG und WÖHLER in ihrer Arbeit über das Bittermandelöl zeigten, daß bei zahlreichen Umwandlungen dieses Stoffes die (heute) als (C_7H_5O) zu formulierende Atomgruppe Benzoyl (Benzoylradikal) erhalten bleibt und das ausgezeichnete H-Atom des Benzaldehyds $(C_7H_5O)H$ durch Cl, OH, NH_2 usw. ersetzt werden kann. Im Gegensatz zu dem oben genannten Grundsatz der BERZELIUSschen Theorie kann hier also der elektropositive Wasserstoff durch das elektronegative Chlor vertreten werden.

Die zunehmende Beschäftigung mit organischen Verbindungen führte dann über die Radikaltheorie und die Typentheorie, die beide keine wesentlich neuen Gesichtspunkte für die Theorie der chemischen Bindung brachten, zur Valenztheorie von KÉKULÉ. Das Kernstück dieser Theorie war eine Annahme über die Natur der chemischen Bindungskräfte. KÉKULÉ sah diese Kräfte als „absättigbare Kraftstrahlen" an, für deren primitive Veranschaulichung sich das bekannte Häkchenbild darbot. Damit tauchte in der Theorie zum erstenmal eine Art von Kräften auf, die sich von allen aus der Physik bekannten Kräften grundsätzlich durch die Absättigbarkeit unterschieden. Entsprechend besitzt der Begriff Wertigkeit, der in dieser Theorie die Zahl der von einem Atom betätigten Bindungen angibt, kein Analogon in der zeitgenössischen Physik. Der Valenzstrich ist das adäquate graphische Symbol zur Veranschaulichung der Atomverkettung nach KÉKULÉ.

Mit Hilfe der Valenztheorie, die von LE BEL und VAN T'HOFF zur Stereochemie erweitert worden war, gelang die Deutung und Ordnung des ungewöhnlich umfangreichen Beobachtungsmaterials über Kohlenstoffverbindungen. Die Valenztheorie war damit so erfolgreich, wie wenige andere wissenschaftliche Erkenntnisse, und es ist wiederum verständlich, daß von dem neugewonnenen Standpunkt aus nun auch eine Neuordnung der anorganischen Chemie versucht wurde.

Bei dieser Unternehmung machte sich sofort die Schwierigkeit bemerkbar, daß im Bereich der anorganischen Verbindungen das Prinzip der Konstanz der Wertigkeit nicht aufrechtzuerhalten war. Man nahm diesem Prinzip zuliebe viele künstliche Formulierungen an — die Formel

$$Cl—O—O—O—O—O—O—O—Cl$$

für Chlorheptoxyd ist ein Beispiel dafür, wie man der „Einwertigkeit‟ des Chlors und der „Zweiwertigkeit‟ des Sauerstoffs um jeden Preis Rechnung tragen wollte — aber schließlich war es doch nötig, vielen Elementen verschiedene Wertigkeiten zuzubilligen. Die Bemühungen Berzelius', die elektrochemische Theorie der organischen Chemie aufzudrängen, fanden also eine Parallele in den Grenzüberschreitungen der Anhänger der Valenztheorie, denen sich vor allem Werner energisch widersetzte.

Inzwischen war längst durch Faraday der enge Zusammenhang zwischen chemischen und elektrischen Erscheinungen entdeckt worden und diese Entdeckung hatte schließlich zur Aufstellung der Ionentheorie durch Arrhenius geführt. Damit hatten die elektrochemischen Vorstellungen neue Erfahrungsgrundlagen erhalten und etwa um die Jahrhundertwende herrschte die Auffassung, daß es zwei Arten von chemischen Bindungskräften gebe, die mit den Worten Kovalenz und Elektrovalenz bezeichnet wurden. Kovalenzen sollten in den einfachen Elementmolekülen, wie H_2, O_2, Cl_2 usw. und in der Regel in organischen Molekülen wirksam sein, Elektrovalenzen in der Mehrzahl der anorganischen Verbindungen und in dissoziationsfähigen Gruppen organischer Moleküle.

Etwa zur selben Zeit trat eine entscheidende Wendung in der Theorie dadurch ein, daß physikalische Erfahrungen einen Wechsel des Modells nahelegten. Helmholtz hatte 1881 aus den elektrochemischen Beobachtungen den Schluß gezogen, daß ein Elektrizitätsatom, das Elektron, existieren müsse. Lenard und Thomson hatten die Existenz des Elektrons außer Zweifel gesetzt, und schließlich stellte Rutherford auf Grund der Streuerscheinungen von α-Strahlen das Kernmodell der Atome auf. Damit waren nicht mehr die Atome, sondern Elektronen und Atomkerne die natürlichen Elementarteilchen der Theorie.

Schon Drude und fast gleichzeitig Thomson (1904) wiesen darauf hin, daß chemische Bindung mit den in den Atomen vorhandenen Elektronen zusammenhängen müsse. Thomson sprach in diesem Zusammenhang von „stabilen Elektronenanordnungen‟.

Gleichzeitig mit dem Wechsel des Modells entstand eine beträchtliche Schwierigkeit dadurch, daß die klassische Mechanik bei der Anwendung auf das neue Modell zu sinnlosen Resultaten führte. Sie konnte insbesondere schon die Existenz stabiler Atome nicht erklären. Zur Lösung der Schwierigkeit ergänzte Bohr die klassische Mechanik durch eine Zusatzbedingung, in der die Plancksche Konstante die wesentliche Rolle spielt.

Im Rahmen der damit geschaffenen älteren Quantentheorie, die dann von Sommerfeld und seinen Schülern ausgebaut wurde, konnten viele Eigenschaften der Atome zutreffend, wenn auch häufig nur qualitativ, erklärt werden. Die Versuche von Niessen und Pauli, mit Hilfe der Theorie die Bindungsverhältnisse in dem einfachsten molekularen Gebilde, dem Wasserstoffmolekülion H_2^+, zu beschreiben, schlugen aber fehl.

Trotzdem gab schon die Bohr-Sommerfeldsche Theorie Veranlassung für zwei wesentliche Erkenntnisse über die chemischen Bindungskräfte. Kossel ging bei seinen Überlegungen davon aus, daß die Elektronen in den Normalzuständen der Atome Gruppen („Schalen") bilden und daß für die einzelnen Schalen maximale Besetzungszahlen existieren, die nicht überschritten werden können. Er sprach die Hypothese aus, daß abgeschlossene Schalen besonders stabil sind und daß Atome leicht Elektronen abgeben bzw. aufnehmen, um einen Zustand mit abgeschlossenen Schalen zu erreichen. Wie in der Berzeliusschen Theorie sollen die chemischen Kräfte die Coulombschen Kräfte zwischen den durch Elektronenübergang entstandenen Ionen sein, die sich bis auf einen aus empirischen Ionenradien zu ermittelnden Minimalabstand nähern können. Die Kosselsche Theorie erklärte insbesondere die Wertigkeitsverhältnisse bei den Verbindungen der Elemente, die im periodischen System in der Nähe der Edelgasreihe stehen und die eindeutig elektrovalente oder Ionenverbindungen sind, sie mußte aber natürlich bei den typischen kovalenten Verbindungen wie H_2 versagen.

Lewis erkannte, ebenfalls an Hand der Bohr-Sommerfeldschen Theorie, daß bei der Betätigung einer chemischen Bindung immer ein Elektronenpaar beteiligt ist. Jedes der beiden verbundenen Atome liefert ein Elektron und das gebildete Elektronenpaar gehört bei der kovalenten Bindung beider Atome gemeinsam an. Die Zahl der Außenelektronen, die ein Atom in einer kovalenten Verbindung nach dieser Anschauung umgeben sollen, ist nach Langmuir in den meisten Fällen acht (Oktettregel). Der Übergang von der Kovalenz zur Elektrovalenz soll nach Lewis so vonstatten gehen, daß das gemeinsame Elektronenpaar mehr zu dem einen der beiden verbundenen Atome hinübergezogen wird.

Durch die Kosselschen Arbeiten angeregt, zeigte Magnus, wie man die Existenz komplexer Ionen und vor allem das Auftreten bestimmter

Koordinationszahlen bei ihrer Bildung als Auswirkung elektrischer Kräfte zwischen den Ladungen und elektrischen Momenten der Zentralionen und Liganden verstehen kann. Anschließend erweiterte GOLDSCHMIDT die von MADELUNG begründete Theorie der Ionenkristalle. Diese Theorie erfuhr auch wesentliche Förderung durch BORN.

Während diese Fortschritte durch die Atomphysik angeregt waren, hatte inzwischen eine Entwicklung der Valenztheorie eingesetzt, die zur Ausbildung eines wichtigen Begriffes der neueren Theorie der chemischen Bindung führen sollte. KÉKULÉ hatte aus der Existenz des Äthylens und ähnlicher Verbindungen nicht den Schluß gezogen, daß der Kohlenstoff in den Molekülen dieser Stoffe dreiwertig vorliege, sondern Doppelbindungen angenommen. Damit war dem Prinzip der Konstanz der Wertigkeit Genüge geleistet und gleichzeitig hatte der „ungesättigte Charakter" der Olefine einen einleuchtenden formelmäßigen Ausdruck gefunden.

$$C_2H_4 \longrightarrow \quad \begin{array}{c} H \quad\quad H \\ \diagdown \quad\quad \diagup \\ C = C \\ \diagup \quad\quad \diagdown \\ H \quad\quad H \end{array}$$

Im Rahmen dieser Vorstellungen mußte jedoch die Tatsache, daß Benzol trotz der drei Doppelbindungen, die man in seinem Molekül nach KÉKULÉ anzunehmen hat, nicht die typischen Additionsreaktionen der ungesättigten Verbindungen zeigt, unverständlich bleiben. Zu einer plausiblen Auflösung dieses Widerspruches kam THIELE von Vorstellungen her, die er ursprünglich zur Erklärung des reaktiven Verhaltens des Butadiens und ähnlicher Verbindungen mit konjugierten Doppelbindungen ausgebildet hatte. Zur Erklärung der bevorzugten 1,4-Addition des Butadiens nahm THIELE an, daß durch die zweite Bindung in einer Doppelbindung die Bindungsfähigkeit der Atome nicht voll erschöpft wird und deshalb „Rest- oder Partialvalenzen" zurückbleiben, die sich nun ihrerseits abzusättigen versuchen. Damit ergibt sich für Butadien eine Formel mit zwei freien Restvalenzen, während im Benzolmolekül alle Restvalenzen abgesättigt sind.

$$H_2C = CH - CH = CH_2$$

Mit der THIELEschen Partialvalenztheorie war das starre Schema der klassischen Valenztheorie durchbrochen und damit eine Entwicklung eingeleitet, die zu der Aufstellung des wesentlich neuen Begriffes Mesomerie durch WEITZ und durch ARNDT und INGOLD führen sollte.

Weitz erkannte als erster, daß man das reaktive Verhalten bestimmter Stoffe durch *eine* Valenzstrichformel nicht darstellen kann, daß vielmehr der Bindungszustand in den betreffenden Molekülen *zwischen* hypothetischen Zuständen liegt, von denen jeder durch eine Valenzstrichformel dargestellt werden kann. Damit war auch klar festgestellt, daß die Beobachtungen eine Erklärung durch Annahme einer Tautomerie zwischen Molekülen mit verschiedener Bindungsverteilung („Valenztautomerie"), nicht zulassen.

Tatsachen, um deren Deutung sich vorher schon Thiele bemüht hatte, wie etwa der relativ gesättigte Charakter des Benzols (s. o.), ließen sich im Rahmen der neuen Vorstellung zwanglos durch eine Mesomerie zwischen den Grenzformeln

$$\bigcirc \longleftrightarrow \bigcirc$$

deuten.

Einen wichtigen Einschnitt in der Entwicklung der Theorie der chemischen Bindung brachte das Jahr 1925, in dem Heisenberg und Schrödinger die für atomare und molekulare Systeme zuständige Mechanik so formulierten, wie sie seitdem in der Atom- und Molekularphysik angewandt wird. Pauli erweiterte die Quantenmechanik durch eine theoretische Darstellung des von Goudsmit und Uhlenbeck entdeckten Elektronenspins. Zusammen mit dem von Pauli aufgefundenen Ausschließungsprinzip bildet die Quantenmechanik seither das theoretische Fundament der Lehre von den chemischen Kräften und es gibt bisher keinen Anlaß, an der Tragfähigkeit und Zuverlässigkeit dieses Fundamentes zu zweifeln.

Die erste Anwendung der Quantenmechanik auf das einfache chemische Bindungsproblem des H_2-Moleküls brachte die klassische Arbeit von Heitler und London (1927).

Während durch die Vorstellungen von Kossel und Lewis wenigstens die Elektrovalenz auf einfachere Erscheinungen zurückgeführt worden war — wobei allerdings zu bedenken ist, daß das Schalenabschlußprinzip selbst im Rahmen der älteren Theorie unaufgeklärt geblieben ist — war die Kovalenz weiterhin rätselhaft geblieben. Die Aufgabe, die Heitler und London in Angriff nahmen, bestand darin, zu zeigen, daß ein System von vier Körpern (zwei Protonen und zwei Elektronen), zwischen denen nur elektrostatische Kräfte wirken sollen (die Kräfte, die an den magnetischen Momenten der Teilchen angreifen, sind gegen die elektrischen Kräfte sehr klein), sich so verhält, als ob eine anziehende Kraft zwischen den verbundenen „Atomen" zu überwinden wäre, wenn man das H_2-Molekül etwa durch Auseinanderführen der beiden Atomkerne in die Atome zu zerlegen versucht. Es stellte sich heraus, daß die quantenmechanische Rechnung das tatsächlich ergibt. Außerdem ergab sich, daß man so den Absättigungscharakter der Kovalenz und das Auftreten einer Aktivierungsenergie bei der Reaktion $H_2 + H \rightarrow$ $\rightarrow H + H_2$ verstehen kann.

Die besonderen Eigenschaften der Kovalenz, durch die sie allen klassischen Kräften so unähnlich ist, ergaben sich bei HEITLER und LONDON als einfache Folge der neuartigen Mechanik, die auf ein durchaus triviales Modell angewandt wird.

Schließlich brachte die Quantenmechanik eine wesentlich vertiefte Einsicht, inwieweit überhaupt eine Modelltheorie der Materie möglich ist. HUND zeigte, daß wegen des Komplementaritätscharakters der materiellen Erscheinungen eine Theorie der chemischen Bindungskräfte ebensogut auf einer Feldtheorie wie auf einer Partikeltheorie aufgebaut werden kann.

A. Die quantenmechanischen Grundlagen der Theorie der chemischen Bindung.

Die Grundlage der neueren Theorie der chemischen Bindung ist die Quantenmechanik der Elektronensysteme. Wir stellen deshalb in diesem ersten Teil des Buches das zusammen, was wir aus der Quantenmechanik später benötigen werden. Dabei werden die elementaren Dinge nur kurz erwähnt, und es wird vorwiegend das berücksichtigt, was in einführenden Darstellungen nicht oder nur unvollständig behandelt werden kann.

1. Der allgemeine Charakter und die Grundsätze der Quantenmechanik.

Man kann den allgemeinen Charakter der Quantenmechanik am besten beschreiben, indem man diese Theorie der klassischen Mechanik gegenüberstellt.

Der Bewegungszustand eines Systems mit n Freiheitsgraden zur Zeit t wird im Rahmen der klassischen Theorie durch die Werte der Koordinaten $q_1, q_2, \ldots, q_n$ und der zugeordneten Impulse $p_1, p_2, \ldots, p_n$ für diesen Zeitpunkt beschrieben. Diese Werte können als die „Koordinaten" des Systembildpunktes in einem $2n$-dimensionalen Phasenraum aufgefaßt werden. In der klassischen Theorie wird angenommen, daß der Systembildpunkt zu jeder Zeit eine exakt definierte Lage hat. Die Bewegung des Bildpunktes und damit das mechanische Geschehen im System wird durch das mechanische Grundgesetz, etwa in Gestalt der HAMILTONschen Gleichungen

$$\frac{\partial H}{\partial p_i} = \dot{q}_i \qquad -\frac{\partial H}{\partial q_i} = -\dot{p}_i \qquad\qquad i : 1, 2, \ldots, n$$

eindeutig festgelegt. Die Hamiltonfunktion H hat für alle uns interessierenden Fälle bei Verwendung cartesischer Koordinaten $q_1, q_2, \ldots$ die Form

$$H = T\,(p_1, p_2, \ldots, p_n) + V\,(q_1, q_2, \ldots, q_n),$$

wobei T die kinetische und V die potentielle Energie des Systems bedeutet.

Die experimentellen Erfahrungen, die zur Entwicklung der Quantenmechanik Veranlassung gegeben haben, zeigen, daß man die Lage des Systembildpunktes im Phasenraum grundsätzlich nur bis auf ein Gebiet der Größe h^n genau ermitteln kann[1] (HEISENBERG). Wenn man der Auffassung folgt, daß in einer physikalischen Theorie grundsätzlich nur beobachtbare Dinge vorkommen dürfen, ergibt sich daraus, daß der Bildpunkt — im Gegensatz zur Annahme der klassischen Theorie — überhaupt keine exakt definierte Lage im Phasenraum hat. Der Bewegungszustand wird nicht durch einen Punkt, sondern durch ein Gebiet der Größe h^n im Phasenraum beschrieben.

Von einer Theorie, die wie die Quantenmechanik von dieser Auffassung ausgeht, hat man zu erwarten, daß sie Aussagen liefert, die vom Standpunkt der klassischen Theorie als „nur statistisch" zu qualifizieren wären. Tatsächlich beziehen sich alle primären Aussagen der Quantenmechanik auf (virtuelle) Gesamtheiten identischer Exemplare eines Systems, die sich — jeweils zur gleichen Zeit — alle in demselben Bewegungszustand befinden sollen. Mißt man zu ein und derselben Zeit an den Systemen der beschriebenen Gesamtheit die mechanische Größe F (sie sei eine Funktion

$$F = F\,(q_1, q_2, \ldots, q_n;\ p_1, p_2, \ldots, p_n)$$

der Koordinaten und Impulse), so wird man — behauptet die Quantenmechanik — im allgemeinen verschiedene Meßwerte

$$F_j \qquad j : 1, 2, \ldots$$

erhalten. Wenn dabei der Meßwert F_j n_j-mal auftritt, ist der arithmetische Mittelwert $\overline{F}$ der Meßergebnisse definiert durch

$$\overline{F} = \frac{\sum\limits_j n_j F_j}{\sum\limits_j n_j}\,.$$

Er wird für den Fall, daß $\sum\limits_j n_j \to \infty$ geht, daß also die Zahl der Systeme

---

[1] $h = 6{,}6242 \cdot 10^{-27}$ erg sec PLANCKsche Konstante, $\hbar = h/2\,\pi$.

der Gesamtheit über alle Grenzen wächst, als Erwartungswert der Größe F bezeichnet und die Theorie macht primär nur Aussagen über Erwartungswerte und nicht über die zu erwartenden Ergebnisse von Einzelmessungen.

Wir legen unserer Darstellung einige Sätze zugrunde, aus denen sich alle anderen benötigten Sätze herleiten lassen.

I. Der Bewegungszustand eines Systems aus N Massenpunkten, deren cartesische Koordinaten entweder durchlaufend mit $q_1, q_2, \ldots, q_{3N}$ oder mit $x_1, y_1, z_1, x_2, y_2, z_2, \ldots, x_N\, y_N\, z_N$ bezeichnet werden sollen, wird zur Zeit t_0 durch eine Zustandsfunktion

$$\Psi = \Psi\,(q_1, q_2, \ldots, q_{3N}; t_0) = \Psi\,(q; t_0)$$

beschrieben.

Ψ ist im allgemeinen eine komplexe Funktion, es hat also die Form

$$\Psi\,(q; t_0) = \Psi_R\,(q; t_0) + i\,\Psi_I\,(q; t_0),$$

wo Ψ_R und Ψ_I zwei reelle Funktionen (Real- und Imaginärteil von Ψ) bedeuten. Aus Ψ läßt sich die rein reelle und überdies immer positive (positiv definite) Größe

$$\Psi^*\,\Psi = |\Psi|^2 = \Psi_R^2 + \Psi_I^2$$

herleiten (der Stern ist das Zeichen für konjugiert komplex). Die Bedeutung dieser Größe wird folgendermaßen erklärt:

Eine große Zahl identischer Exemplare des betrachteten Systems sollen sich zur Zeit t_0 alle in dem durch $\Psi\,(q; t_0)$ beschriebenen Bewegungszustand befinden. Wenn dann zur Zeit t_0 der Ort sämtlicher Massenpunkte in jedem System durch Messung ermittelt wird, ist

$$dW = \Psi^*\,(x_1, y_1, \ldots, z_{3N}; t_0)\,\Psi\,(x_1, y_1, \ldots, z_{3N}; t_0)\,d\tau_1\,d\tau_2\ldots d\tau_N$$
$$d\tau_j = dx_j\,dy_j\,dz_j$$

für den Grenzfall, daß die genannte virtuelle Gesamtheit unendlich viele Systeme umfaßt, der Bruchteil der Fälle, bei denen der erste Massenpunkt im Volumelement $d\tau_1$, gleichzeitig der zweite im Volumelement $d\tau_2$ usw. gefunden wird. dW ist eine Wahrscheinlichkeit. Aus dieser Erklärung folgt, daß die Wahrscheinlichkeit

$$W = \int\limits_{-\infty}^{+\infty}\!\!\!\int\int \int\limits_{-\infty}^{+\infty}\!\!\!\int\int \cdots \int\limits_{-\infty}^{+\infty}\!\!\!\int\int dW = \int\limits_{-\infty}^{+\infty}\!\!\!\int\int \int\limits_{-\infty}^{+\infty}\!\!\!\int\int \cdots \int\limits_{-\infty}^{+\infty}\!\!\!\int\int \Psi^*\,\Psi\,d\tau_1\,d\tau_2 \cdots d\tau_N$$

das System in irgendeiner Konfiguration anzutreffen, gleich eins sein muß. Wir vereinbaren für Integrale der angeschriebenen Art das Symbol $(\Psi, \Psi) = \int \ldots \Psi^*\,\Psi\,d\tau_1 \ldots$ und können unsere Folgerung dann zu

$$(\Psi, \Psi) = 1$$

formulieren. Dieser Normierungsbeziehung müssen alle Funktionen Ψ genügen, die physikalisch sinnvolle Zustandsfunktionen sein sollen.

Damit die Normierungsbedingung erfüllt werden kann, muß das Integral (Ψ, Ψ) existieren. Das ist eine Forderung, die sich als sehr wesentlich für die Auslese physikalisch sinnvoller Ψ-Funktionen erweist. Funktionen, die dieser Forderung genügen, heißen regulär.

II. In der Quantenmechanik wird jeder mechanischen Größe F, d. h. jeder reellen Funktion

$$F = F (q_1, q_2, \ldots; p_1, p_2, \ldots)$$

der Koordinaten und Impulse ein Operator[1] $\underline{F}$ zugeordnet

$$F \to \underline{F}.$$

Das geschieht in der Weise, daß in dem Ausdruck für F die q_i und p_i nach dem Schema

$$q_i \to \underline{q}_i \equiv q_i \, [\ ]$$
$$p_i \to \underline{p}_i \equiv \frac{\hbar}{i} \, \frac{\partial [\ ]}{\partial q_i}$$

durch die Operatoren $\underline{q}_i$ und $\underline{p}_i$ ersetzt werden. Produkte zu ersetzender Größen werden durch die entsprechenden Operatorenprodukte ersetzt. Also ist

$$\underline{F} \equiv F (\underline{q}_1, \underline{q}_2, \ldots, \underline{p}_1, \underline{p}_2, \ldots)$$
$$\equiv F \left(q_1 \, [\ ], q_2 \, [\ ], \ldots; \frac{\hbar}{i} \, \frac{\partial [\ ]}{\partial q_1}, \frac{\hbar}{i} \, \frac{\partial [\ ]}{\partial q_2}, \ldots \right)$$

Die Operatoren $\underline{q}_i$ und $\underline{p}_i$ sind linear und sie haben die Eigenschaft, daß für $\underline{F} \equiv \underline{q}_i$ bzw. $\underline{F} \equiv \underline{p}_i$ mit allen regulären Funktionen φ und χ, für die also die Integrale (φ, φ) und (χ, χ) existieren, die Beziehung

$$(\varphi, \underline{F} \, \chi) = (\underline{F} \, \varphi, \chi)$$

erfüllt ist. Operatoren, die diese Eigenschaft haben, heißen selbstadjungiert (hermiteisch).

Das Produkt zweier selbstadjungierter Operatoren ist nicht immer selbstadjungiert. Wenn $\underline{F}$ und $\underline{G}$ selbstadjungiert sind, gilt

$$(\underline{F} \, \varphi, \underline{G} \, \chi) = (\underline{G} \, \underline{F} \, \varphi, \chi)$$

und

$$(\underline{G} \, \chi, \underline{F} \, \varphi) = (\underline{F} \, \underline{G} \, \chi, \varphi)$$

---

[1] Ein Operator P, der dasselbe leistet wie die hintereinander erfolgende Anwendung von $\underline{F}$ und $\underline{G}$ heißt das Produkt (Operatorenprodukt) von $\underline{F}$ und $\underline{G}$ (Reihenfolge!)

$$\underline{P} \equiv \underline{G} \, \underline{F}$$

Das Operatorenprodukt ist im allgemeinen nicht kommutativ, d. h. es gilt im allgemeinen

$$\underline{F} \, \underline{G} \not\equiv \underline{G} \, \underline{F}$$

Ein Operator, für den

$$\underline{F} c \, (u + v) = c \, \underline{F} \, u + c \, \underline{F} \, v$$

gilt (c: Zahl), heißt linear.

Die zur linken Seite der ersten Gleichung konjugiert komplexe Größe lautet $(\underline{G}\,\chi,\,\underline{F}\,\varphi)$ und ist damit gleich der linken Seite der zweiten Gleichung. Die rechten Seiten der beiden Gleichungen sind also zueinander konjugiert komplex:

$$(\chi,\,\underline{G}\,\underline{F}\,\varphi) = (\underline{F}\,\underline{G}\,\chi,\,\varphi).$$

Auf dieselbe Weise ergibt sich

$$(\chi,\,\underline{F}\,\underline{G}\,\varphi) = (\underline{G}\,\underline{F}\,\chi,\,\varphi).$$

Wenn das Produkt $\underline{G}\,\underline{F}$ selbstadjungiert sein soll, wenn also

$$(\chi,\,\underline{G}\,\underline{F}\,\varphi) = (G\,\underline{F}\,\chi,\,\varphi)$$

sein soll, muß demnach $\underline{G}F = \underline{F}G$ sein. Das Produkt zweier selbstadjungierter Operatoren ist also nur dann selbstadjungiert, wenn die Operatoren vertauschbar sind.

Treten in dem Ausdruck für F Produkte von Größen auf, für die die zugeordneten Operatoren nicht vertauschbar sind, wie z. B. pq, so sind sie, damit der F entsprechende Operator selbstadjungiert wird, zu symmetrisieren, d. h. es ist z. B. pq durch $1/2\,(pq + qp)$ zu ersetzen.

Die Bedeutung der eingeführten Operatoren wird durch folgende Erklärung festgelegt.

III. Der Erwartungswert $\overline{F}$ für die Messung der mechanischen Größe F zur Zeit t_0 an einem System, dessen Bewegungszustand durch die Funktion $\varPsi\,(q;\,t_0)$ dargestellt wird, oder genauer, für die Messung der Größe F an den Systemen einer Gesamtheit, die aus identischen Exemplaren des betrachteten Systems besteht, die sich alle im Zustand $\varPsi\,(q;\,t_0)$ befinden, ist aus $\varPsi\,(q;\,t_0)$ nach

$$\overline{F} = (\varPsi,\,\underline{F}\,\varPsi)$$

zu berechnen.

Da $\overline{F}{}^* = (F\,\varPsi,\,\varPsi)$ ist, folgt aus der Tatsache, daß $\underline{F}$ selbstadjungiert ist, sofort $\overline{F} = \overline{F}{}^*$. Die Erwartungswerte sind also immer, was man vernünftigerweise zu erwarten hat, reelle Größen.

Welche Meßwerte sich bei der Messung der Größe F an einzelnen Systemen, also auch an einzelnen Systemen einer Gesamtheit, überhaupt ergeben können, regelt die Meßwerterklärung.

IV. Bei Messungen der Größe F an Einzelsystemen können sich nur Eigenwerte der Größe F als Meßwerte ergeben.

Da der Begriff Eigenwert erst im nächsten Abschnitt erklärt wird, wird diese Erklärung hier nur der Vollständigkeit halber aufgeführt.

Die Funktion $\varPsi$ beinhaltet die maximale Kenntnis des Bewegungszustandes eines Systems bzw. einer Gesamtheit von Systemen zu Zeit t_0. Aus $\varPsi\,(q;\,t_0)$ kann die Zustandsfunktion für spätere Zeiten mit Hilfe des Grundgesetzes der Quantenmechanik, der zeitabhängigen Schrödingergleichung ermittelt werden.

V. Grundgesetz: Die Zustandsfunktion muß in ihrer Zeitabhängigkeit der Gleichung

$$\underline{H}\,\varPsi + \frac{\hbar}{i}\,\frac{\partial\varPsi}{\partial t} = 0$$

(zeitabhängige Schrödingergleichung)

genügen. $\underline{H}$ ist der Hamiltonoperator, der nach II der klassischen Hamiltonfunktion H zugeordnet ist.

H hat für die uns interessierenden konservativen Systeme die Form

$$H = \sum_j \frac{1}{2\,m_j}\left(p_{xj}^2 + p_{yj}^2 + p_{zj}^2\right) + V,$$

wobei V die potentielle Energie als Funktion der Koordinaten bedeutet, und stellt die Energie des Systems dar. Der Hamiltonoperator ist also

$$\underline{H} \equiv -\sum_j \frac{\hbar^2}{2\,m_j}\left(\frac{\partial^2\,[\,]}{\partial x_j^2} + \frac{\partial^2\,[\,]}{\partial y_j^2} + \frac{\partial^2\,[\,]}{\partial z_j^2}\right) + V\,[\,] \equiv -\sum_j \frac{\hbar^2}{2\,m_j}\,\Delta_j + V.$$

Das hier zusammengestellte System von Grundsätzen ist nicht das einzig mögliche oder allgemeinste. Es ist aber für unsere Zwecke geeignet.

2. Eigenzustände mechanischer Größen.

Wenn an den Systemen einer Gesamtheit (zur gleichen Zeit) eine mechanische Größe F gemessen wird, ergibt sich nach Abschnitt 1 im allgemeinen eine Menge verschiedener Meßwerte. Wenn aber ausnahmsweise nur ein Meßwert F_e auftritt, sagt man, die Gesamtheit oder jedes ihrer Systeme befinde sich in einem Eigenzustand der Größe F. F_e heißt der Eigenwert der Größe F für diesen Zustand.

Wenn ein Eigenzustand von F vorliegt, gilt natürlich

$$\overline{F^n} = \overline{F}^{\,n} \qquad\qquad n : 1, 2, \ldots \quad (1)$$

für alle positiv ganzzahligen n. Es läßt sich aber zeigen, daß umgekehrt die Erfüllung dieser Beziehungen hinreichend für das Vorliegen eines Eigenzustandes ist. Diese Bedingung ist erfüllt, wenn Ψ der Gleichung (Eigenwertgleichung)

$$\underline{F}\,\Psi = F_e\,\Psi \tag{2}$$

genügt. Dann ist nämlich

$$\overline{F^n} = (\Psi, \underline{F}^n\,\Psi) = (\Psi, \underline{F}^{\,n-1} F_e\,\Psi) = F_e\,(\Psi, \underline{F}^{\,n-1}\,\Psi) = \cdots$$
$$= F_e^n\,(\Psi, \Psi) = F_e^n \tag{3}$$

und damit ist allgemein $\overline{F^n} = \overline{F}^{\,n} = F_e^n$.

Ein bestimmter Wert F' von F kann nur dann Eigenwert von F sein, wenn für $F_e = F'$ die Eigenwertgleichung reguläre Lösungen Ψ besitzt. Das ist im allgemeinen nur für spezielle F_e-Werte der Fall. Diese können etwa der Größe nach geordnet und in dieser Reihenfolge durch Indizes bezeichnet werden: $F_1, F_2, \ldots$. Die zugehörigen Lösungen $\Psi_1, \Psi_2, \ldots$ heißen Eigenzustandsfunktionen von F. Aus der Eigenwertgleichung geht durch Multiplikation mit Ψ^* und Integration die Beziehung

$$F_e = (\Psi_e, \underline{F}\,\Psi_e) \tag{4}$$

hervor. Da $\overline{F_e^*} = (\underline{F}\,\Psi_e, \Psi_e)$ ist, folgt aus der Selbstadjungiertheit von $\underline{F}$: $F_e = F_e^*$ und damit die Tatsache, daß die Eigenwerte reeller mechanischer Größen rein reell sind, was man vernünftigerweise zu erwarten hat.

Besonders wichtig sind die Eigenzustände der Energie. Ihre Eigenzustandsfunktionen Ψ müssen den beiden Gleichungen

$$\underline{H}\,\Psi + \frac{\hbar}{i}\,\frac{\partial \Psi}{\partial t} = 0 \tag{5}$$

$$\underline{H}\,\Psi = E\,\Psi \tag{6}$$

genügen. Als Symbol für die Eigenwerte H_e ist dabei in üblicher Weise E geschrieben worden.

Mit dem Produktansatz

$$\Psi(q;\,t) = \psi(q)\,f(t) \tag{7}$$

für Ψ erhält man aus (5) und (6) die folgende Differentialgleichung für den Ortsanteil ψ der Eigenzustandsfunktionen, die als zeitunabhängige oder gewöhnliche Schrödingergleichung bezeichnet wird:

$$\underline{H}\,\psi = E\,\psi \tag{8}$$

und als Gleichung für den Zeitanteil

$$E f + \frac{\hbar}{i}\,\frac{df}{dt} = 0 \tag{9}$$

mit der Lösung

$$f(t) = e^{-i\frac{E}{\hbar}t}. \tag{10}$$

Aus der Form des Zeitanteils folgt, daß die Verteilungsfunktion der Wahrscheinlichkeit der verschiedenen Konfigurationen für Eigenzustände der Energie wegen

$$\Psi^*\,\Psi = \psi^*\psi \tag{11}$$

zeitlich unveränderlich ist.

Die folgenden Feststellungen über die Schrödingergleichung gelten analog für alle Eigenwertgleichungen der Form

$$\underline{F}\,\psi = F_e\,\psi, \tag{12}$$

wo ψ eine nur von den Koordinaten abhängige Funktion ist. Damit (Ψ, Ψ) existiert, muß (ψ, ψ) existieren, es kommen also nur reguläre Lösungen ψ der Schrödingergleichung als physikalisch sinnvoll in Betracht. Die Regularitätsforderung kann im allgemeinen nur für spezielle Werte von E erfüllt werden. Diese heißen die Eigenwerte der Schrödingergleichung: $E_1, E_2, \ldots$. Die zu den Eigenwerten E_i gehörenden Lösungen heißen Eigenfunktionen der Schrödingergleichung: ψ_i. Es gilt die Regel (Knotenregel), daß von zwei Eigenfunktionen eines Problems diejenige zum tieferen Eigenwert gehört, die die geringere Zahl von Knotenflächen besitzt[1]. Zu einem Eigenwert können auch mehrere wesentlich verschiedene, d. h. linear voneinander unabhängige Eigenfunktionen existieren, die untereinander dann zweckmäßig durch einen zweiten Index unterschieden werden: $\psi_{ij}, j : 1, 2, \ldots, g$. Wenn das der Fall ist, heißt der Eigenwert entartet. g ist der Entartungsgrad. Die Gesamtheit der Eigenfunktionen $\psi_{ij}, j : 1, 2, \ldots, g$, die zu einem g-fach entarteten Eigenwert gehören, bezeichnen wir als eine Basis zu diesem Eigenwert.

Wenn ψ_r eine Eigenfunktion zum Eigenwert E_r und ψ_s eine solche zu E_s ist, folgt aus $\underline{H}\,\psi_r = E_r\,\psi_r$ und $H\psi_s = E_s\,\psi_s$ unter Berücksichtigung der Selbstadjungiertheit von H, also $[(\underline{H}\,\psi_r, \psi_s) = (\psi_r, \underline{H}\,\psi_s)]$, über $(E_r\,\psi_r, \psi_s) = (\psi_r, E_s\,\psi_s)$ und $(E_r - E_s)\,(\psi_r, \psi_s) = 0$

$$(\psi_r,\ \psi_s) = 0. \tag{13}$$

Zwei Funktionen, die einer solchen Beziehung genügen, heißen orthogonal (komplex orthogonal). Wir haben also den

Satz 1: Eigenfunktionen zu verschiedenen Eigenwerten (reeller) mechanischer Größen sind zueinander orthogonal.

Aus der Linearität von $\underline{H}$ (bzw. $\underline{F}$) folgt der

Satz 2: Wenn zu einem g-fach entarteten Eigenwert die Funktionen ψ_{ij}, $j : 1, 2, \ldots, g$ gehören, ist auch die Linearkombination

$$\chi = \sum_j a_j\,\psi_{ij} \tag{14}$$

eine reguläre Lösung der Eigenwertgleichung zum selben Eigenwert.

Nach Satz 2 lassen sich (auf unendlich viele Arten) aus den Gliedern ψ_{ij} (bzw. ψ_j, wenn wir der Einfachheit halber den ersten Index unterdrücken) der vorliegenden Basis g Linearkombinationen

$$\varphi_k = \sum_j c_{kj}\,\psi_j \qquad\qquad k : 1, 2, \ldots, g \tag{15}$$

bilden, die eine neue Basis darstellen. Da sich, unter der Voraussetzung, daß die Determinante

$$|c_{kj}| \neq 0 \tag{16}$$

ist, das System (15) nach den ψ_j auflösen läßt und diese dann linear durch die φ_k ausgedrückt sind, läßt sich jede Funktion χ (14) ebensogut als Linearkombination der φ_k wie als solche der ψ_j ausdrücken.

Die Glieder einer Basis sind untereinander nicht notwendig orthogonal. Eine nicht orthogonale Basis läßt sich aber in eine orthogonale transformieren, indem man

$$\begin{aligned}
\varphi_1 &= \psi_1 \\
\varphi_2 &= c_{21}\,\psi_1 + c_{22}\,\psi_2 \\
\varphi_3 &= c_{31}\,\psi_1 + c_{32}\,\psi_2 + c_{33}\,\psi_3
\end{aligned} \tag{17}$$

setzt und aus den Orthogonalitätsforderungen

---

[1] Knotenflächen heißen die Flächen, auf denen der Funktionswert 0 ist. Vgl. R. Courant und D. Hilbert, Methoden der mathematischen Physik, 1. Band. 2. Aufl., Berlin 1931.

$$(\varphi_1,\ \varphi_2) = c_{22} + c_{22}\,(\psi_1,\ \psi_2) = 0$$
$$(\varphi_1,\ \varphi_3) = c_{31} + c_{32}\,(\psi_1,\ \psi_2) + c_{33}\,(\psi_1,\ \psi_3) = 0$$
$$(\varphi_2,\ \varphi_3) = c_{21}^{*}\,c_{31} + c_{21}^{*}\,c_{32}\,(\psi_1,\ \psi_2) + c_{21}^{*}\,c_{33}\,(\psi_1,\ \psi_3) \tag{18}$$
$$+\ c_{22}^{*}\,c_{31}\,(\psi_2,\ \psi_1) + c_{22}^{*}\,c_{32} + c_{22}\,c_{33}\,(\psi_2,\ \psi_3) = 0$$
$$\cdots\cdots$$

und den Normierungsbedingungen

$$(\varphi_1,\ \varphi_1) = 1$$
$$(\varphi_2,\ \varphi_2) = c_{21}^{*}\,c_{21} + c_{21}^{*}\,c_{22}\,(\psi_1,\ \psi_2) + c_{22}^{*}\,c_{22} \tag{19}$$
$$\cdots\cdots$$

die Konstanten c der Transformation festlegt.

Man kann die ψ_j als (komplexe) Einheitsvektoren in einem g-dimensionalen Raum auffassen und χ (14) als einen Vektor in diesem Raum mit den Komponentenbeträgen a_j. Die Länge l eines Vektors in dem eingeführten Bildraum wird dann zweckmäßig durch

$$l^2 = (\chi,\ \chi) \tag{20}$$

definiert. Zwei Vektoren χ und ϱ, für die $(\chi,\ \varrho) = 0$ gilt, sollen zueinander senkrecht oder komplex-orthogonal heißen.

Die Glieder ψ_j einer Basis legen als Einheitsvektoren ein Koordinatensystem fest. Ist die Basis nicht orthogonal, so heißt das Koordinatensystem schiefwinklig, ist sie orthogonal, so heißt es rechtwinklig. Transformation der Basis ψ_j (15) mit Hilfe des Zahlenschemas oder der Matrix

$$\underline{c} = (c_{kj}) \tag{21}$$

bedeutet den Übergang zu einem neuen Koordinatensystem.

Soll die Transformation speziell von einer orthogonalen zu einer neuen orthogonalen Basis führen, so müssen nach (15) die Beziehungen

$$(\varphi_k,\ \varphi_{k'}) = \sum_j c_{kj}^{*}\,c_{k'j} = \delta_{kk'} \tag{22}$$

erfüllt sein[1]. Eine Matrix (c_{kj}), die dieser Beziehung genügt, heißt unitär.

Da orthogonale Basen für manche Rechnungen sehr bequem sind und nicht orthogonale jederzeit in orthogonale transformiert werden können, werden wir in der Regel orthogonale Basen verwenden. Wenn wir sie zu transformieren haben, sind dann also in der Regel unitäre Transformationsmatrizen zu verwenden.

Wird die ψ-Basis zunächst mit der Matrix $\underline{c}$ in die φ-Basis und diese dann mit der Matrix $\underline{d}$ in eine η Basis transformiert, so ergibt sich

$$\eta_l = \sum_k d_{lk}\,\varphi_k = \sum_k d_{lk} \sum_j c_{kj}\,\psi_j = \sum_j \left\{ \sum_k d_{lk}\,c_{kj} \right\} \psi_j. \tag{23}$$

Die Matrix $\underline{f}$, die die Transformation der ψ-Basis in die η-Basis direkt leisten würde, hat also die Elemente

$$f_{lj} = \sum_k d_{lk}\,c_{kj}. \tag{24}$$

Eine Matrix, deren Elemente in dieser Weise aus den Elementen zweier Matrizen gebildet sind, heißt das Produkt dieser Matrizen. Das wird durch die Gleichung

$$\underline{f} = \underline{d}\ \underline{c} \tag{25}$$

ausgedrückt. Das Produkt zweier Matrizen ist im allgemeinen nicht kommutativ.

---

[1] $\delta_{kk'} = {1 \atop 0}$ für $k \overset{=}{\neq} k'$.

Wenn zu allen entarteten Eigenwerten orthogonale Basen gewählt worden sind, sind alle Eigenfunktionen einer Größe zueinander orthogonal. Sie bilden ein orthogonales Funktionensystem (Orthogonalsystem).

Satz 4 (Entwicklungssatz): Häufig kommt die Aufgabe vor, eine gegebene Funktion f der Variablen, von denen die (durchgehend numerierten) ψ_i eines Orthogonalsystems abhängen, nach dem Orthogonalsystem der ψ_i in folgender Weise zu entwickeln:

$$f = \sum_i c_i \, \psi_i \, . \tag{26}$$

Zur formalen Bestimmung der Entwicklungskoeffizienten c_i multiplizieren wir (26) mit einem bestimmten ψ_j^* und integrieren. Dabei ergibt sich wegen der Gültigkeit der Orthogonalitätsbeziehung

$$(\psi_j, \psi_i) = 0 \text{ für } j \neq i \tag{27}$$

$$c_j = (\psi_j, f) \text{ bzw. } c_i = (\psi_i, f), \tag{28}$$

und damit lautet die Reihe (26) formal

$$f = \sum_i (\psi_i, f) \, \psi_i \, . \tag{29}$$

Ob sie konvergiert und ob sie, wenn sie das tut, die Funktion f darstellt, ob also das Gleichheitszeichen zu Recht besteht, bedarf in jedem Falle einer besonderen Untersuchung. Eine wesentliche Voraussetzung für die Darstellung von f ist, daß das Orthogonalsystem der ψ_i vollständig ist, daß also mindestens alle Eigenfunktionen ψ_i in der Entwicklung (26) mit angesetzt werden. Für im oben erklärten Sinn reguläre Funktionen f gilt in (29) in der Regel das Gleichheitszeichen, so daß man in diesem Fall häufig von der besonderen Untersuchung des Konvergenz- und Darstellungsproblems absieht.

Will man die Tatsache, daß mehrere der ψ_i zum selben Eigenwert gehören, explizit zum Ausdruck bringen, so kann man für (29) schreiben:

$$f = \sum_i \sum_j (\psi_{ij}, f) \, \psi_{ij} \, . \tag{30}$$

Liegt ein Eigenzustand einer Größe F vor, so kommt jedem System ein scharf definierter Wert dieser Größe zu. Handelt es sich speziell um einen Eigenzustand der Energie, so folgt, da in diesem Fall der Erwartungswert gleich dem scharf definierten Wert ist, aus

$$\overline{H} = (\Psi, \underline{H} \, \Psi) = (\psi, \underline{H} \, \psi) \tag{31}$$

und der Zeitunabhängigkeit von ψ der

Satz 5. Wenn sich das (isolierte) System zur Zeit t_0 in einem Eigenzustand der Energie befindet, bleibt es auch weiterhin in diesem Zustand.

Wenn ein Eigenzustand der Energie vorliegt, braucht die Messung einer Größe F an den Systemen der betreffenden Gesamtheit nicht auch für alle Systeme denselben Wert zu ergeben. Ein Eigenzustand der Energie braucht also nicht gleichzeitig ein Eigenzustand einer weiteren Größe F zu sein (vgl. Satz 7).

Für Größen F, die nicht explizit von der Zeit abhängen (die also als reine Funktionen der Koordinaten und Impulse definiert sind), gilt aber der

Satz 6: Der Erwartungswert einer explizit von der Zeit nicht abhängigen Größe F ist für einen Eigenzustand der Energie zeitunabhängig.

Das folgt aus (7) und (10) nach

$$\overline{F} = (\Psi, \underline{F} \, \Psi) = (\psi, \underline{F} \, \psi) \tag{32}$$

aus der Zeitunabhängigkeit von ψ.

$\underline{G}$ sei ein mit $\underline{F}$ vertauschbarer Operator. $\psi \, (F)_{ij}$ seien die durch den zweiten Index j voneinander unterschiedenen Eigenfunktionen von $\underline{F}$ zu dem Eigenwert $F_{e,i}$ dieser Größe. Die Basen seien orthogonal gewählt und normiert.

Wir betrachten das Resultat der Anwendung von $\underline{G}$ auf $\psi(F)_{ij}$ und entwickeln dieses Resultat nach dem Orthogonalsystem der $\psi(F)_{ij}$

$$\underline{G}\,\psi(F)_{ij} = \sum_{i'}\sum_{j'} (\psi(F)_{i'j'},\,\underline{G}\,\psi(F)_{ij})\,\psi(F)_{i'j'}\,. \tag{33}$$

Da $\underline{G}$ mit $\underline{F}$ vertauschbar sein soll, ist demnach

$$\underline{G}\,\underline{F}\,\psi(F)_{ij} = F_{e,i}\,\underline{G}\,\psi(F)_{ij} = \sum_{i'}\sum_{j'} F_{e,i}\,(\psi(F)_{i'j'},\,\underline{G}\,\psi(F)_{ij})\,\psi(F)_{i'j'}\,. \tag{34}$$

Andererseits ist

$$\underline{F}\,\underline{G}\,\psi(F)_{ij} = \sum_{i'}\sum_{j'} F_{e,i'}\,(\psi(F)_{i'j'},\,\underline{G}\,\psi(F)_{ij})\,\psi(F)_{i'j'}\,. \tag{35}$$

Die rechten Seiten der Gleichungen (34) und (35) müssen gleich sein; also folgt

$$(F_{e,i} - F_{e,i'})\,(\psi(F)_{i'j'},\,\underline{G}\,\psi(F)_{ij}) = 0\,. \tag{36}$$

Daraus ergibt sich

$$(\psi(F)_{i'j'}\,.\,\underline{G}\,\psi(F)_{ij}) = 0 \quad \text{für} \quad i \neq i'\,.$$

Wir haben also den wichtigen

Satz 7: Zwei Eigenfunktionen zu verschiedenen Eigenwerten eines mit $\underline{G}$ vertauschbaren Operators $\underline{F}$ „kombinieren" in bezug auf $\underline{G}$ nicht miteinander.

$\psi(G)$ sei eine Eigenfunktion des Operators $\underline{G}$, genüge also der Eigenwertgleichung

$$\underline{G}\,\psi(G) = G_r\,\psi(G)\,. \tag{37}$$

Entwicklung von $\psi(G)$ nach dem Orthogonalsystem $\psi(F)_{ij}$ des Operators $\underline{F}$ ergibt

$$\psi(G) = \sum_i\sum_j (\psi(F)_{ij},\,\psi(G))\,\psi(F)_{ij}\,. \tag{38}$$

Anwendung des Operators $\underline{G}$ und Entwicklung ergibt mit (38)

$$\begin{aligned}
\underline{G}\,\psi(G) &= \sum_i\sum_j (\psi(F)_{ij},\,\psi(G))\,\underline{G}\,\psi(F)_{ij} \\
&= \sum_i\sum_j\sum_{i'}\sum_{j'} (\psi(F)_{i'j'}\,\psi(G))\,(\psi(F)_{ij},\,\underline{G}\,\psi(F)_{i'j'})\,\psi(F)_{ij} \\
&= G_e \sum_i\sum_j (\psi(F)_{ij},\,\psi(G))\,\psi(F)_{ij}\,.
\end{aligned} \tag{39}$$

Daraus folgt für alle Wertepaare i, j

$$\sum_i\sum_j (\psi(F)_{ij},\,\underline{G}\,\psi(F)_{i'j'})\,(\psi(F)_{i'j'},\,\psi(G)) = G_e\,(\psi(F)_{ij},\,\psi(G))\,. \tag{40}$$

Wenn $\underline{G}$ und $\underline{F}$ vertauschbar sind, vereinfacht sich dieses Gleichungssystem zur Bestimmung der Entwicklungskoeffizienten $(\psi(F)_{ij},\,\psi(G))$ nach Satz 7 zu

$$\sum_{j'} (\psi(F)_{ij},\,\underline{G}\,\psi(F)_{ij})\,(\psi(F)_{ij'},\,\psi(G)) = G_e\,(\psi(F)_{ij},\,\psi(G))\,. \tag{41}$$

Damit das System eine nicht verschwindende Lösung hat, muß die aus den Faktoren der Unbekannten gebildete Determinante

$$\begin{vmatrix}
(\psi(F)_{i1},\,\underline{G}\,\psi(F)_{i1}) - G_e & (\psi(F)_{i1},\,\underline{G}\,\psi(F)_{i2}) & \cdots & (\psi(F)_{i1},\,\underline{G}\,\psi(F)_{ig}) \\
(\psi(F)_{i2},\,\underline{G}\,\psi(F)_{i1}) & (\psi(F)_{i2},\,\underline{G}\,\psi(F)_{i2}) - G_e & & (\psi(F)_{i2},\,\underline{G}\,\psi(F)_{ig}) \\
\vdots & \vdots & & \vdots \\
(\psi(F)_{ig},\,\underline{G}\,\psi(F)_{i1}) & (\psi(F)_{ig},\,\underline{G}\,\psi(F)_{i2}) & & (\psi(F)_{ig},\,\underline{G}\,\psi(F)_{ig}) - G_e
\end{vmatrix} \tag{42}$$

verschwinden. Das ist eine Gleichung vom Grade g für G_e, und jeder Wurzel G_e entspricht eine Lösung des Systems (41). Die Eigenfunktionen zu den Wurzeln der „Säkular‟-Gleichung, die durch Nullsetzen der Determinante (42) entsteht, können also linear durch die Eigenfunktionen $\psi(F)_{ij}$ ausgedrückt werden, die zu dem *einen* Eigenwert $F_{e,i}$ gehören. Da es g Wurzeln G_e gibt, haben wir damit den

Satz 8: Die Basis zu dem entarteten Eigenwert $F_{e,i}$ eines Operators F, der mit einem Operator $\underline{G}$ vertauschbar ist, kann immer so transformiert werden, daß alle ihre Glieder gleichzeitig Eigenfunktionen von $\underline{G}$ sind.

Bei Nichtvertauschbarkeit von $\underline{G}$ und $\underline{F}$ hätte sich aus (40) ergeben, daß in der Entwicklung von $\psi(G)$ nach dem Orthogonalsystem der $\psi(F)_{ij}$ Glieder mit Funktionen zu verschiedenen i-Werten auftreten. Eine solche Entwicklung ist aber keine Eigenfunktion von $\underline{F}$ mehr. Es gilt also auch die Umkehrung.

Satz 9: Wenn $\underline{G}$ und $\underline{F}$ nicht vertauschbar sind, ist es nicht möglich, die Basen zu den Eigenwerten von $\underline{F}$ so zu transformieren, daß ihre Glieder gleichzeitig Eigenfunktionen von G sind. Ein Zustand kann nur dann gleichzeitig Eigenzustand zweier Größen $\underline{G}$ und $\underline{F}$ sein, wenn die diesen Größen zugeordneten Operatoren vertauschbar sind.

Ein Beispiel für die Anwendung des Satzes bietet die Betrachtung der Operatoren, die der Koordinate q_i und dem konjugierten Impuls p_i zugeordnet sind. Da $\underline{q_i}$ und $\underline{p_i}$ nicht vertauschbar sind, folgt aus Satz 9, daß die beiden Größen nie gleichzeitig beide scharf definierte Werte haben können. (Spezielle Form der HEISENBERGschen Unbestimmtheitsrelation.)

3. Näherungsmethoden.

Die Lösung der Schrödingergleichung[1]

$$H\psi = E\psi, \tag{1}$$

d. h. also die Auffindung ihrer Eigenwerte und der zugehörigen Eigenfunktionen ist nur für eine sehr beschränkte Zahl von Problemen exakt durchführbar. Bei der Anwendung der Quantenmechanik auf atom- und molekularphysikalische Probleme spielen deshalb die Näherungsmethoden zur Lösung von Schrödingergleichungen eine große Rolle. Unter ihnen sind zwei allgemeine Methoden besonders wichtig: Störungsrechnung und Variationsmethode (RITZsches Verfahren).

31. Störungsrechnung.

Der Grundgedanke der Störungsrechnung lautet: Ein durch einen speziellen Hamiltonoperator H charakterisiertes Eigenwertproblem (1) sei exakt nicht lösbar. Es möge aber ein exakt lösbares Problem mit dem Hamiltonoperator H^0 geben, das dem zu lösenden Problem in der Weise „benachbart‟ ist, daß sich H durch eine Reihe nach steigenden Potenzen der kleinen Zahl λ in folgender Weise darstellen läßt

$$H \equiv H^0 + \lambda H' + \lambda^2 H'' + \cdots . \tag{2}$$

---

[1] Von jetzt an werden wir der einfacheren Schreibweise wegen Operatoren mit gewöhnlichen Buchstaben bezeichnen.

Dann liegt es nahe, zu vermuten, daß die Eigenwerte E_i und Eigenfunktionen ψ_i der Gleichung

$$H\,\psi_i = E_i\,\psi_i \tag{3}$$

sich nur wenig von den Eigenwerten E_i^0 und den Eigenfunktionen ψ_i^0 der Gleichung

$$H^0\,\psi_i^0 = E_i^0\,\psi_i^0 \tag{4}$$

unterscheiden und man wird deshalb für diese Größen die Ansätze

$$\left.\begin{aligned}
E_i &= E_i^0 + \lambda\,E_i' + \lambda^2\,E_i'' + \cdots \\
\psi_i &= \psi_i^0 + \lambda\,\psi_i' + \lambda^2\,\psi_i'' + \cdots
\end{aligned}\right\} \tag{5}$$

machen, wo die E_i', E_i'' usw. Energiegrößen und die ψ_i', ψ_i'' usw. Funktionen sind.

Zunächst sei angenommen, daß die Eigenwerte des „ungestörten" Problems (4) alle nicht entartet sind.

Wir tragen die Entwicklungen (5) in die zu lösende Gl. (3) ein, fassen Glieder mit gleichen Potenzen von λ zusammen und erhalten

$$\begin{aligned}
&(H^0\,\psi_i^0 - E_i^0\,\psi_i^0) \\
&+ \lambda\,(H^0\,\psi_i' + H'\,\psi_i^0 - E_i^0\,\psi_i' - E_i'\,\psi_i^0) \\
&+ \lambda^2\,(\cdots \qquad\qquad\qquad = 0.
\end{aligned} \tag{6}$$

Damit die linke Seite dieser Gleichung allgemein, d. h. für jedes λ verschwindet, müssen die Faktoren der Potenzen von λ verschwinden. Der Faktor von λ^0 ergibt die ungestörte Schrödingergleichung (4). Der Faktor von λ^1 liefert die Gleichung

$$(H^0 - E_i^0)\,\psi_i' = (E_i' - H')\,\psi_i^0 \tag{7}$$

zur Bestimmung des ersten Korrektionsgliedes ψ_i' der Eigenfunktion. Das ist eine inhomogene lineare Differentialgleichung für ψ_i'. Wir machen von dem Satz Gebrauch, daß die inhomogene Gleichung nur dann eine nicht identisch verschwindende Lösung besitzt, wenn die rechte Seite orthogonal zur Lösung der homogenen Gleichung ist. Diese ist aber nach (4) ψ_i^0, so daß wir die Beziehung

$$(\psi_i^0,\,(E_i' - H')\,\psi_i^0) = 0 \tag{8}$$

zur Ermittlung des ersten Korrektionsgliedes des Eigenwertes erhalten. Auflösung nach E_i' ergibt

$$E_i' = (\psi_i^0,\,H'\,\psi_i^0). \tag{9}$$

Wenn man also die Eigenfunktionen des zu lösenden Problems in nullter Näherung kennt, kann der Eigenwert in erster Näherung einfach durch eine Integration ermittelt werden.

Häufig nennt man, wenn man die höheren Glieder in (2) praktisch nicht zu berücksichtigen braucht $\lambda H' \equiv V_s$ den Störungsoperator oder die Störungsenergie und $\lambda E'_i = \Delta E_i$ die Energiestörung. In erster Näherung ist also nach (9)

$$\Delta E_i = (\psi_i^0, V_s \psi_i^0) = V_{ii} \quad [V_{ij} = (\psi_i^0, V_s \psi_j^0)]. \tag{10}$$

Die Bezeichnung V_{ii} ist zur Erleichterung der Schreibweise eingeführt worden.

Zur Ermittlung von ψ'_i setzen wir für diese Funktion die Entwicklung

$$\psi'_i = \sum_j a_j \psi_j^0 \tag{11}$$

in die Differentialgleichung (7) ein. Multiplikation mit ψ_k^{0*} und Integration ergibt:

$$a_k (E_k^0 - E_i^0) = - (\psi_k^0, H' \psi_i^0) = - H'_{ki} \qquad i \neq k \tag{12}$$

und damit

$$a_k = - \frac{H'_{ki}}{E_k^0 - E_i^0}, \tag{13}$$

so daß also die Eigenfunktion wegen $V'_{ik} = \lambda H'_{ik}$ in erster Näherung lautet:

$$\psi_i = \psi_i^0 - {\sum_j}' \frac{V_{ji}}{E_j^0 - E_i^0} \psi_j^0. \tag{14}$$

Das Glied a_i wird durch (12) nicht geliefert. Es ergibt sich aus der Normierung von ψ_i zu Null.

Eine Berechnung der höheren Korrektionsglieder des Eigenwertes E_i'' usw. kommt selten in Frage. Wir geben deshalb nurmehr das Resultat für E_i'' an:

$$E_i'' = H'_{ii} + {\sum_j}' \frac{H_{ji}^{2}}{E_j^0 - E_i^0}. \tag{15}$$

Der Strich am Summenzeichen deutet an, daß das Glied mit $j = i$ auszulassen ist.

Anders gestaltet sich die Störungsrechnung, wenn die Eigenwerte des ungestörten Problems entartet sind. Bei nicht entarteten Eigenwerten tritt beim Übergang vom ungestörten Problem zum gestörten (beim „Einsetzen" der Störung) einfach eine Verschiebung der Eigenwerte ein. Bei einem entarteten Eigenwert (Entartungsgrad g) fallen aber g unabhängige Zustände energetisch zusammen; wenn die Störung einsetzt, werden diese g Zustände im allgemeinen aufspalten, jedem wird ein besonderer Energiewert entsprechen. Während aber bei einem nicht entarteten Eigenwert die Eigenfunktion in nullter Näherung vollständig bekannt ist, ist noch nicht bekannt, welche Linearkombinationen die Eigenfunktionen nullter Näherung für die nun separaten Zustände darstellen.

Wir machen für diese „richtigen" Linearkombinationen die Ansätze

$$\chi_j^0 = \sum_k c_{jk}\, \psi_k^0, \tag{16}$$

wobei wir bei den ψ den ersten Index, der sich auf den Eigenwert bezieht, unterdrückt, also ψ_k^0 statt ψ_{ik}^0 geschrieben haben.

Für den j-ten Zustand, der aus den g in nullter Näherung miteinander entarteten beim Einschalten der Störung hervorgeht, machen wir die Ansätze

$$\psi_j = \chi_j^0 + \lambda\, \psi_j' + \cdots \tag{17}$$

und

$$E_j = E^0 + \lambda\, E_j' + \cdots \tag{18}$$

für die Eigenfunktion und den Eigenwert. Einsetzen in die zu lösende Gl. (1) ergibt wieder wie oben

$$\begin{aligned}(H^0\,\chi_j^0 - E^0\,\chi_j^0) &+ \lambda\,(H^0\,\psi_j' + H'\,\chi_j^0 - E^0\,\psi_j' - E_j'\,\chi_j^0)\\ &+ \lambda^2\,(\cdots) = 0\,.\end{aligned} \tag{19}$$

Nullsetzen des Koeffizienten von λ ergibt als Bestimmungsgleichung für ψ'

$$(H^0 - E^0)\,\psi_j' = (E' - H')\,\chi_j^0. \tag{20}$$

Damit diese inhomogene Differentialgleichung nicht identisch verschwindende Lösungen hat, muß nach dem obengenannten Satz die rechte Seite zu allen Lösungen ψ_k^0 der homogenen Gleichung orthogonal sein. Das ergibt die g Gleichungen

$$\begin{aligned}&\sum_k c_{jk}\,[H_{jk}' - \Delta_{jk}\,E_j'] = 0 \qquad j : 1, 2, \ldots, g\\ &H_{jk}' = (\psi_j^0, H'\,\psi_k^0) \qquad \Delta_{jk} = (\psi_j^0, \psi_k^0)\end{aligned} \tag{21}$$

für die Koeffizienten c_{jk}. Damit dieses homogene System eine nicht verschwindende Lösung besitzt, muß die aus den Koeffizienten der Unbekannten gebildete Determinante verschwinden:

$$\begin{vmatrix} H_{11}' - \Delta_{11}\,E' & H_{12}' - \Delta_{12}\,E' & \cdots & H_{1g}' - \Delta_{1g}\,E' \\ H_{21}' - \Delta_{21}\,E' & H_{22}' - \Delta_{22}\,E' & \cdots & H_{2g}' - \Delta_{2g}\,E' \\ \vdots & & & \vdots \\ H_{g1}' - \Delta_{g1}\,E' & H_{g2}' - \Delta_{g2}\,E' & \cdots & H_{gg}' - \Delta_{gg}\,E' \end{vmatrix} = |H_{jk}' - \Delta_{jk}\,E'| = 0. \tag{22}$$

Dabei haben wir für E_j' einfach E' geschrieben, da die j Gleichungen für die E_j' übereinstimmen. Die Determinantengleichung (22), die „Säkulargleichung" des Problems, ist eine algebraische Gleichung vom

Grade g. Ihre g Wurzeln E_j' sind die Korrektionsglieder für die Eigenwerte, die beim Einschalten der Störung aus dem entarteten Eigenwert des ungestörten Problems hervorgehen. Wenn einige der Wurzeln zusammenfallen, ist die ursprüngliche Entartung nur teilweise aufgehoben. Mit der oben eingeführten Symbolik läßt sich die Säkulargleichung einfacher auch so schreiben:

$$|V_{jk} - \Delta_{jk}\, \Delta E| = 0 . \tag{23}$$

Wenn die der Rechnung zugrunde gelegte Basis orthogonalisiert war, wird

$$\Delta_{jk} = \delta_{jk} , \tag{24}$$

und die Säkulargleichung lautet dann

$$|V_{jk} - \delta_{jk}\, \Delta E| = 0 . \tag{25}$$

Die Energiegröße ΔE kommt hier nur in den Diagonalgliedern vor.

Häufig ist es auch bequem, die Gl. (20) mit λ^g zu multiplizieren und zu jedem Glied der Determinante die Größe

$$(\psi_j,\, H^0\, \psi_k) - (\psi_j^0,\, E\, \psi_k^0) \tag{26}$$

zu addieren. Dann entsteht

$$|H_{jk} - \Delta_{jk}\, E| = 0 \tag{27}$$

mit

$$H_{jk} = (\psi_{j'}^0\, [H^0 + \lambda\, H']\, \psi_k^0) \tag{28}$$

als Säkulargleichung für die *Gesamteigenwerte*

$$E = E^0 + \lambda\, E_j' \tag{29}$$

in erster Näherung.

Nachdem die Wurzeln E_j' ermittelt sind, können sie nacheinander in das lineare Gleichungssystem (21) eingesetzt werden. Zu jeder Wurzel ergibt sich dann ein Lösungssystem der Konstanten c_{jk}.

32. Variationsmethode.

Bei den Anwendungen der Quantenmechanik handelt es sich häufig darum, Näherungsausdrücke für die Energie E_0 und die Eigenfunktion ψ_0 des Grundzustandes eines Systems zu finden[1]. Die Variationsmethode, die zur Lösung dieser Aufgabe geeignet ist, gründet sich auf folgenden Satz: Das Integral

$$J = (\Phi,\, H\, \Phi) , \tag{1}$$

in dem Φ eine normierte reguläre und sonst willkürliche Funktion der Koordinaten des durch den Hamiltonoperator H charakterisierten

---

[1] Der Index 0 bezeichnet jetzt also nicht „ungestörte" Größen.

Systems bedeutet, stellt eine obere Grenze für die Energie E_0 des Grundzustandes des Systems dar.

Zum Beweis des Satzes entwickeln wir Φ nach dem Orthogonalsystem ψ_0, ψ_1, ... der exakten Eigenfunktionen des Problems, dessen
Glieder also die Gleichung

$$H\,\psi_n = E_n\,\psi_n \tag{2}$$

befriedigen:

$$\Phi = \sum_i a_i\,\psi_i\,. \tag{3}$$

Wenn wir diese Entwicklung in das Integral (1) eintragen, ergibt sich

$$J = \sum_i \sum_{i'} a_i^*\,a_{i'}\,(\psi_i, H\,\psi_{i'}) = \sum_i a_i^*\,a_i\,E_i\,. \tag{4}$$

Da wegen der vorausgesetzten Normiertheit von Φ

$$\sum a_i^*\,a_i = 1 \tag{5}$$

ist, ergibt Subtraktion von E_0 von beiden Seiten von (4)

$$J - E_0 = \sum_i a_i^*\,a_i\,(E_i - E_0)\,. \tag{4^1}$$

Da die $a_i^*\,a_i$ wesentlich positive Größen sind und $E_i - E_0$ nach Voraussetzung (daß nämlich E_0 die Energie des Grundzustandes bedeutet)
positiv ist, folgt die Behauptung

$$J \geqq E_0\,. \tag{6}$$

Hätte man zufällig $\Phi = \psi_0$ zur Bildung des Integrals verwendet, so
würde sich unmittelbar $E = E_0$ ergeben. Man kann nun zwar meistens
nicht erraten, wie die Eigenfunktion des Grundzustandes lautet, aber
häufig ist es doch möglich, den allgemeinen Charakter dieser Funktion
in einem Ansatz

$$\Phi = \Phi\,(c_1, c_2, \ldots; q) \tag{7}$$

auszudrücken, in dem außer den Koordinaten (die hier zusammenfassend mit q bezeichnet wurden) verfügbare Parameter $c_1, c_2, \ldots$ vorkommen. Bildet man mit dieser (normierten) Funktion das Integral (1),
so ergibt es sich als Funktion der Parameter

$$J = E\,(c_1, c_2, \ldots)\,. \tag{8}$$

Indem man durch Auflösung der Gleichungen

$$\frac{\partial J}{\partial c_j} = 0 \qquad\qquad j : 1, 2, \ldots \tag{9}$$

dasjenige Wertesystem der c_j aufsucht, das E zu einem Minimum macht,
erhält man, wenn man die Variationsfunktion (7) geschickt gewählt hat,
im allgemeinen einen Wert für E, der schon sehr nahe an E_0 liegt.

Die Variationsfunktionen sind im allgemeinen um so „besser", je
mehr Variationsparameter c_j sie enthalten, man kann aber, wenn die

Auflösung des Gleichungssystems (9) nicht allzu große Mühe machen soll, in diesem Punkt auch nicht zu weit gehen.

Einen wichtigen Typ von Variationsfunktionen stellen die linearen Ansätze dar. $u_1, u_2, \ldots, u_g$ seien g voneinander linear unabhängige reguläre Funktionen der Koordinaten des Systems. Aus ihnen bilden wir mit den Parametern c_j die Variationsfunktion

$$\Phi = \sum_j c_j \, u_j \, . \tag{10}$$

Einer der Parameter c_j ist durch die Normierungsforderung festgelegt. Die Funktion enthält also $g - 1$ Variationsparameter. Die Durchführung des Minimumproblems (9) führt in diesem Fall zu dem Gleichungssystem

$$\sum_j c_j \, (H_{jk} - \Delta_{jk} \, E) = 0 \qquad k: 1, 2, \ldots, g \tag{11}$$

für die Bestimmung der „besten" Werte der Parameter c_j. In (11) ist

$$H_{jk} = (u_j, \, H \, u_k) \tag{12}$$

und

$$\Delta_{jk} = (u_j, \, u_k) \, . \tag{13}$$

Damit das System (11) eine nichttriviale Lösung hat, ist es wie bei dem analogen Problem der Störungsrechnung bei entarteten Eigenwerten erforderlich, daß die aus den Koeffizienten der Unbekannten gebildete Determinante verschwindet

$$|H_{jk} - \Delta_{jk} \, E| = 0 \, . \tag{14}$$

Das ist eine algebraische Gleichung g-ten Grades für E. Jede ihrer Wurzeln ist sicher eine obere Grenze für den Grundzustand des Systems. Am nächsten kommt diesem Zustand natürlich die tiefste Wurzel. Es läßt sich weiter zeigen, daß die nächst höhere Wurzel eine obere Grenze für den ersten angeregten Zustand des Systems darstellt, usw.

Wenn man die Wurzeln E nacheinander in das Gleichungssystem (11) einsetzt, ergibt sich zu jeder ein Lösungssystem der c_j, das eine Näherungseigenfunktion (10) für den betreffenden Zustand beschreibt.

Aus dem der Variationsmethode zugrunde liegenden Satz ergibt sich ohne weiteres eine Feststellung, die wegen ihrer Anwendung in der Molekularphysik wichtig ist: Wenn man E nach (1) mit einer Funktion Φ berechnet hat und wenn man nun E' nach (1) mit der normierten Funktion $c_n \, (\Phi + c \, \varphi)$ berechnet, (c_n bedeutet einen Normierungsfaktor, c einen Variationsparameter und φ eine reguläre Funktion), so muß

$$E' \leqq E \tag{15}$$

sein. Hinzufügung eines weiteren linearen Gliedes zu einer Variationsfunktion kann die Näherung also nur verbessern, nie verschlechtern. Inwieweit die Näherung dabei verbessert werden kann, hängt außer davon, wie „gut" oder wie „schlecht" Φ schon ist, von der Funktion φ ab. Weiter beweist man sofort den Satz, daß von zwei Funktionen u_1, u_2 eines linearen Variationsansatzes diejenige mit dem größeren Koeffizienten (bzw. dem Koeffizienten mit dem größeren Betrag) an der Näherungseigenfunktion für den Grundzustand beteiligt ist, für die (u, Hu) tiefer liegt.

Sowohl bei der Störungsrechnung bei entarteten Eigenwerten wie bei der Rechnung mit linearen Variationsfunktionen ist die tatsächliche Durchführung im allgemeinen um so einfacher, je weniger Nichtdiagonalelemente der Säkulardeterminante von Null verschieden sind. Der Idealfall liegt dann vor, wenn nur Diagonalelemente auftreten. Dann lautet nämlich die Säkulargleichung (14)

$$\prod_j (H_{jj} - \Delta_{jj} E) = 0, \tag{16}$$

und diese Gleichung zerfällt sofort in die Gleichungen ersten Grades

$$H_{jj} - \Delta_{jj} E = 0.$$

Die „richtigen" Linearkombinationen, die man durch Auflösung des Gleichungssystems (11) nach Einsetzen der Wurzeln $E = H_{jj}/\Delta_{jj}$ erhält, sind hier die u_j selbst.

Für die Vereinfachung von Säkularproblemen gibt es zwei wichtige Methoden. Die erste stützt sich auf den Satz 7 des vorigen Abschnittes. Es ist manchmal möglich, die Basis eines Säkularproblemes so zu wählen, daß ihre Glieder Eigenfunktionen eines mit dem Störungsoperator bzw. Hamiltonoperator vertauschbaren Operators F, und zwar zu verschiedenen Eigenwerten dieses Operators sind. Wir ordnen nun die Glieder der Basis in Familien, wobei in einer Familie alle Funktionen vereinigt sind, die zu demselben Eigenwert von F gehören. Nach Satz 7 kombinieren dann Glieder verschiedener Familien in bezug auf den Störungsoperator bzw. den Hamiltonoperator nicht miteinander. Die H_{jk} an den entsprechenden Kreuzungsstellen sind gleich Null. Da man außerdem die Δ_{jk} als die Kombinationsintegrale in bezug auf den Einheitsoperator 1 auffassen kann und dieser sicher mit F bzw. H vertauschbar ist, verschwinden überhaupt die Elemente

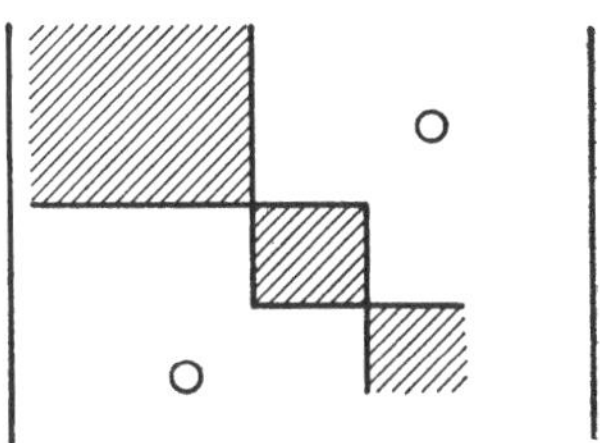

Abb. 1. Stufendeterminante.

der Säkulardeterminante an den Kreuzungsstellen, die zu zwei Funktionen aus verschiedenen Familien gehören. Die Determinante entartet zu einer Stufendeterminante (Abb. 1) und die Säkulargleichung zerfällt in so viele Teilgleichungen, wie die Determinante Stufen besitzt Diese Teilprobleme haben aber alle einen niedrigeren Grad als das ursprüngliche Problem. Sowohl die Überführung der Determinanten in Polynome nach E als auch die Auffindung der Wurzeln ist damit erleichtert.

Die zweite Methode zur Vereinfachung von Säkularproblemen wird im nächsten Abschnitt dargestellt.

4. Gruppentheoretische Hilfsmittel.
41. Gruppen.

Wenn in einer Ebene ein rechtwinkliges cartesisches Koordinatensystem mit den Achsen x und y gegeben ist, wird durch die Beziehungen

$$x' = x \cos \vartheta - y \sin \vartheta$$
$$y' = x \sin \vartheta + y \cos \vartheta \tag{1}$$

jedem Punkt (x, y) ein Punkt (x', y') in der Weise zugeordnet, daß die ganze Ebene unter Festhaltung des Koordinatenursprungs entgegen dem Uhrzeigersinn um den Winkel ϑ gedreht erscheint. Das Gleichungssystem (1) beschreibt eine spezielle lineare Koordinatentransformation aus der Menge der in der allgemeinen Formulierung

$$x' = c_{11}\, x + c_{12}\, y$$
$$y' = c_{21}\, x + c_{22}\, y \tag{2}$$

enthaltenen Transformationen. In dem betrachteten speziellen Fall ist

$$c_{11} = \cos \vartheta \quad c_{12} = - \sin \vartheta$$
$$c_{21} = \sin \vartheta \quad c_{22} = \cos \vartheta \,. \tag{3}$$

Eine lineare Transformation ist durch die quadratische Matrix

$$\begin{pmatrix} c_{11} & c_{12} \\ c_{21} & c_{22} \end{pmatrix} = \underline{c} \tag{4}$$

charakterisiert. $\underline{c}$ heißt die Matrix der Transformation (2).

Da das Anschreiben der Transformationsmatrizen häufig umständlich ist, werden wir, wenn das ausreicht, Koordinatentransformationen mit großen lateinischen Buchstaben kurz bezeichnen.

Die eingeführten Begriffe lassen sich für drei- und mehrdimensionale Räume verallgemeinern.

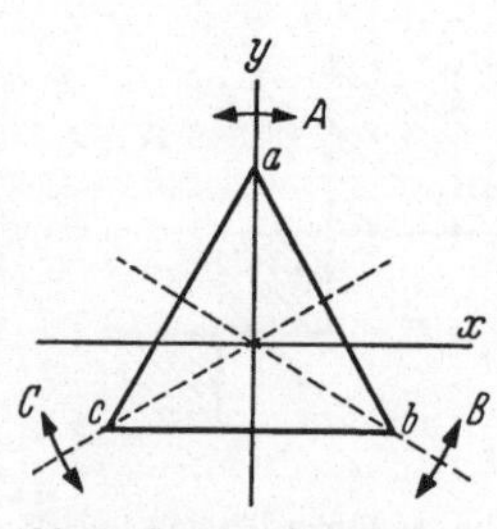

Abb. 2. Symmetrieoperationen am gleichseitigen Dreieck.

Wir betrachten ein gleichseitiges Dreieck (Abb. 2), dessen Mittelpunkt mit dem Ursprung eines cartesischen Koordinatensystems zusammenfällt. Als Symmetrietransformationen dieses geometrischen Gebildes bezeichnen wir diejenigen linearen Transformationen vom

Typ (2), die die Eckpunkte des Dreiecks wieder in Eckpunkte überführen. Das sind die folgenden sechs Transformationen, die wir mit
den Buchstaben E, A, B, C, D, F bezeichnen:

E ist die sog. identische Transformation, die a in a, b in b und c in c
überführt, die also das In-Ruhelassen bedeutet. Ihre Matrix lautet, da
hier

$$x' = 1 \cdot x + 0 \cdot y$$
$$y' = 0 \cdot x + 1 \cdot y \tag{5}$$

gilt,

$$\begin{pmatrix} 1 & 0 \\ 0 & 1 \end{pmatrix} = \underline{c}\,(E) . \tag{6}$$

A ist die Spiegelung an der zur Schreibebene senkrechten Ebene,
die die y-Achse enthält. Die entsprechende Transformation lautet:

$$x' = -\,x$$
$$y' = y, \tag{7}$$

so daß also die Matrix die Form

$$\begin{pmatrix} -1 & 0 \\ 0 & 1 \end{pmatrix} = \underline{c}\,(A) \tag{8}$$

hat.

B und C sind, wie aus der Abbildung zu ersehen ist, Spiegelungen
an den zwei weiteren Symmetrieebenen des gleichseitigen Dreiecks.

D ist die Drehung der Ebene um den Koordinatenursprung im Uhrzeigersinn mit dem Winkel $\dfrac{2\,\pi}{3}$. Ihre Matrix lautet also nach (1)

$$\begin{pmatrix} -\dfrac{1}{2} & -\dfrac{1}{2}\sqrt{3} \\[2mm] \dfrac{1}{2}\sqrt{3} & -\dfrac{1}{2} \end{pmatrix} . \tag{9}$$

F ist die analoge Drehung entgegengesetzt dem Uhrzeigersinn.

Die Transformationen E bis F haben die Eigenschaft, daß man je
zwei von ihnen verknüpfen kann, indem man sie hintereinander ausführt. Da in der Reihe E bis F alle Symmetrietransformationen des
betrachteten Gebildes vorkommen, muß die Hintereinanderausführung
zweier solcher Transformationen der Ausführung einer Transformation
aus der Reihe E bis F äquivalent sein. Man überzeugt sich z. B. davon,
daß bei der aufeinanderfolgenden Ausführung von (zuerst) A und (dann)
B die Eckpunkte a, b, c in c, a, b übergeführt werden. Dasselbe leistet
aber die Transformation F allein.

Wenn zuerst eine Transformation S und dann eine Transformation R
ausgeführt wird, heißt die äquivalente Transformation

$$P = R\,S \tag{10}$$

das „Produkt" von S und R. Das Wort „Produkt" ist dabei in einem übertragenen Sinn gebraucht, da S und R keine Zahlen, sondern andersartige Dinge (Transformationen) sind. Der zuerst auszuführende „Faktor" wird konventionell rechts geschrieben. Das Produkt zweier Transformationen ist im allgemeinen nicht kommutativ, d. h. es gilt nur in speziellen Fällen

$$S R = R S. \tag{11}$$

So ist z. B.

$$B A = F, \tag{12}$$

aber

$$A B = D. \tag{13}$$

Über die Resultate der Produktbildung aus den Transformationen E bis F gibt die folgende Tabelle Auskunft.

$$
\begin{array}{c|cccccc}
 & E & A & B & C & D & F & \text{erster Faktor}\\
\hline
E & E & A & B & C & D & F\\
A & A & E & D & F & B & C\\
B & B & F & E & D & C & A\\
C & C & D & F & E & A & B\\
D & D & C & A & B & F & E\\
F & F & B & C & A & E & D\\
\end{array}
\tag{14}
$$

zweiter Faktor

In der Reihe E bis F hat E die Eigenschaft, daß für jede Transformation X aus der Reihe

$$X E = E X = X \tag{15}$$

gilt.

Da die Transformation, die eine gegebene Transformation X rückgängig macht und die die zur gegebenen Transformation inverse Transformation heißt (sie wird gelegentlich deshalb mit X^{-1} bezeichnet), auch eine Symmetrietransformation des betrachteten Gebildes ist, muß sie in der Reihe E bis F vorkommen, so daß also in dieser Reihe zu jeder Transformation die inverse Transformation vorhanden ist.

Man kann sich weiter an Hand der Multiplikationstabelle davon überzeugen, daß, wenn S, R, Q irgendwelche Transformationen aus der Reihe E bis F sind,

$$(Q R) S = Q (R S) \tag{16}$$

gilt.

Eine Reihe von Symmetrietransformationen, die wie die betrachtete Reihe E bis F die Eigenschaften hat, daß

1. eine Produktbildung definiert ist, die immer zu Transformationen der Reihe führt, daß

2. in der Reihe die identische Transformation mit der Eigenschaft (15) vorkommt, daß

3. in der Reihe zu jeder Transformation auch die inverse vorkommt und daß

4. das assoziative Gesetz der Multiplikation (16) gilt, heißt eine *Symmetriegruppe* und die Transformationen E bis F heißen ihre Elemente. Wenn man das geometrische Gebilde näher bezeichnen will, mit dem die Symmetriegruppe zusammenhängt, spricht man von der Symmetriegruppe dieses Gebildes, in unserem Beispielfall also von der Symmetriegruppe des gleichseitigen Dreiecks.

Die Anzahl der Elemente einer Symmetriegruppe heißt ihre Ordnung. Die Ordnung der als Beispiel betrachteten Gruppe ist 6.

Wenn es in einer Gruppe zu zwei Elementen A und B ein Element X gibt, so daß

$$B = X^{-1} A X$$

ist, heißen A und B konjugiert. Ist A mit C und B mit C konjugiert, so folgt wegen

$$C = X^{-1} A X, \; C = Y^{-1} B Y$$

und

$$B = Y X^{-1} A X Y^{-1} = (X Y^{-1})^{-1} A (X Y^{-1}),$$

daß auch A mit B konjugiert ist.

Man bezeichnet eine Gesamtheit von untereinander konjugierten Elementen als Klasse. Aus dem Vorhergehenden folgt, daß eine Gruppe in eine Anzahl von Klassen zerfällt, die untereinander keine gemeinsamen Elemente besitzen.

Die als Beispiel behandelte Gruppe zerfällt, wie sich leicht übersehen läßt, in die drei Klassen E; A, B, C; D, F.

Außer Transformationen gibt es auch andere Dinge, zwischen denen sich Verknüpfungen in der Weise definieren lassen, daß eine geeignet ausgewählte Menge solcher Dinge den oben genannten Gruppengesetzen genügt und dann auch als Gruppe (wenn auch natürlich nicht als Symmetriegruppe) bezeichnet wird.

Wir wollen mit dem Symbol

$$\begin{pmatrix} 1 & 2 & 3 \\ \alpha & \beta & \gamma \end{pmatrix} \tag{17}$$

allgemein diejenige der Permutationen von drei Dingen bezeichnen, bei der 1 durch α, 2 durch β und 3 durch γ ersetzt wird. Wenn man als Verknüpfung zweier Permutationen das Hintereinanderausführen definiert, kann man sich leicht davon überzeugen, daß die sechs Permutationen von drei Dingen

$$E = \begin{pmatrix} 1\,2\,3 \\ 1\,2\,3 \end{pmatrix}, \quad A = \begin{pmatrix} 1\,2\,3 \\ 1\,3\,2 \end{pmatrix}, \quad B = \begin{pmatrix} 1\,2\,3 \\ 3\,2\,1 \end{pmatrix},$$
$$C = \begin{pmatrix} 1\,2\,3 \\ 2\,1\,3 \end{pmatrix}, \quad D = \begin{pmatrix} 1\,2\,3 \\ 2\,3\,1 \end{pmatrix}, \quad F = \begin{pmatrix} 1\,2\,3 \\ 3\,1\,2 \end{pmatrix} \tag{18}$$

die wir kurz durch die großen Buchstaben bezeichnen, mit der so definierten „Produktbildung" den angeführten Gruppengesetzen genügen. Die sechs Permutationen von drei Dingen bilden also eine Gruppe (speziell eine Permutationsgruppe) ebenso wie die sechs Symmetrietransformationen des gleichseitigen Dreiecks eine *Symmetriegruppe* bilden.

Obwohl die Natur der Elemente dieser beiden Gruppen völlig verschieden ist, besteht doch zwischen ihnen eine enge Beziehung. Wenn man die Multiplikationstabelle der Permutationen (18) aufstellt, stellt man fest, daß diese mit der Multiplikationstabelle der Symmetriegruppe des gleichseitigen Dreiecks identisch ist. Daß die darin zum Ausdruck kommende Beziehung zwischen den beiden Gruppen sofort zu sehen ist, hängt natürlich damit zusammen, daß wir die Permutationen in geschickter Reihenfolge mit den Buchstaben E bis F bezeichnet haben. Tatsächlich ist die Beziehung selbst von der Bezeichnungsweise unabhängig, und wir wollen zwei Gruppen als holomorph bezeichnen, wenn, wie bei den von uns als Beispiel betrachteten beiden Gruppen eine ein-eindeutige Zuordnung der Elemente der einen Gruppe zu denen der anderen *möglich* ist, so daß für jedes Paar von Elementen der einen Gruppe ihrem Produkt in der anderen Gruppe ein Element zugeordnet ist, das das Produkt der den beiden Elementen zugeordneten Elemente ist.

Nach dieser Definition sind die Symmetriegruppe des gleichseitigen Dreiecks und die Gruppe der Permutationen von drei Dingen zueinander holomorph.

Die Multiplikationstabelle für die beiden von uns betrachteten Gruppen ergibt sich jeweils aus den Eigenschaften der konkreten Gruppenelemente. Man kann aber, nachdem man eine Multiplikationstabelle etwa auf diese Weise gewonnen hat, von der Natur der Gruppenelemente völlig absehen, also „vergessen", was die Gruppenelemente bedeuten und nurmehr die durch die Multiplikationstabelle beschriebene und aus den Symbolen $E, A, \ldots$ bestehende *abstrakte* Gruppe studieren.

Gruppen, deren Elemente eine konkrete Bedeutung haben, heißen konkrete Gruppen. Aus jeder konkreten Gruppe läßt sich durch Abstraktion, d. h. durch Absehen von der Natur der Elemente, eine zu ihr holomorphe abstrakte Gruppe bilden.

Wir betrachten eine Funktion

$$f(x, y, \ldots) = f(\tau) \tag{19}$$

der Variablen $x, y, \ldots$, die wir zusammenfassend mit τ bezeichnen. Diese Funktion behandeln wir nach folgender Vorschrift:

Man ersetze in f die $x, y, \ldots$ durch $x', y', \ldots$ und ersetze dann diese Größen durch den entsprechenden Ausdruck aus den Transformationsgleichungen (2) einer Transformation S.

Wir drücken diese Vorschrift durch das Zeichen S aus und verstehen unter $S f(x, y, \ldots)$ diejenige Funktion der ungestrichenen Koordinaten, die durch Anwendung der Vorschrift oder des Operators S auf $f(x, y, \ldots)$ entsteht.

Wenn $S f = f$ (20) ist, sagen wir, f sei invariant gegen S.

Wenn ein Symmetrieoperator S mit einem Operator G vertauschbar ist, wenn also $S G = G S$ gilt, heißt S ein Symmetrieoperator von G.

Die Gesamtheit der Symmetrieoperatoren eines gegebenen Operators G bzw. der zugeordneten Transformationen bildet eine Gruppe.

42. Eigenwertprobleme und Darstellungen.

Wir betrachten die Schrödingergleichung

$$H \psi = E \psi, \tag{1}$$

deren Hamiltonoperator die Symmetriegruppe

$$E, A, B, \ldots \tag{2}$$

besitzen möge. Wir nennen dann diese Gruppe auch die Symmetriegruppe oder kurz die Gruppe der Schrödingergleichung.

Als Beispiel möge die Schrödingergleichung des linearen Oszillators dienen, bei der die zwei Transformationen

$$E : x' = x, \quad A : x' = -x \tag{3}$$

mit den Matrizen

$$E : (1) \quad A : (-1) \tag{4}$$

die Gruppe der Schrödingergleichung bilden.

Wir können nämlich zeigen, daß, wenn S gleich E oder gleich A ist,

$$S H f(x) = H S f(x) \tag{5}$$

für jede Funktion $f(x)$ gilt. Für $S = E$ ist die Behauptung trivial. Für $S = A$ ist zu zeigen, daß

$$A H f(x) = H A f(x) \tag{6}$$

ist. Der Hamiltonoperator H des linearen Oszillators ist

$$H = -\frac{\hbar^2}{2m} \frac{d^2}{dx^2} + \frac{c}{2} x^2, \tag{7}$$

so daß die linke Seite von (6) gleich

$$A H f(x) = A \left[-\frac{\hbar^2}{2m} \frac{d^2 f(x)}{dx^2} + \frac{c}{2} x^2 f(x) \right] \tag{8}$$

$$= -\frac{\hbar^2}{2m} \frac{d^2 f(-x)}{d(-x)^2} + \frac{c}{2} (-x)^2 f(-x) = -\frac{\hbar^2}{2m} \frac{d^2 f(-x)}{dx^2} + \frac{c}{2} x^2 f(-x)$$

wird. Die rechte Seite von (6) ist aber gleich

$$H\,A\,f(x) = H\,f(-x) = -\frac{\hbar^2}{2\,m}\,\frac{d^2 f(-x)}{d\,x^2} + \frac{c}{2}\,x^2\,f(-x)\,. \qquad (9)$$

Also besteht das Gleichheitszeichen in (6) zu recht und wir haben unsere Behauptung voll bewiesen.

ε sei ein g-fach entarteter Eigenwert der Schrödingergleichung (2), zu dem also g voneinander linear unabhängige, reguläre Lösungen der Gleichung existieren, die wir durch einen Index voneinander unterscheiden:

$$\psi_1,\,\psi_2,\,\ldots,\,\psi_i,\,\ldots,\,\psi_g. \qquad (10)$$

Wegen der Linearität der Schrödingergleichung ist auch jede Linearkombination

$$\chi = a_1\,\psi_1 + a_2\,\psi_2 + \cdots + a_g\,\psi_g = \sum_i a_i\,\psi_i \qquad (11)$$

eine reguläre Lösung zu dem betrachteten Eigenwert.

Da nach Voraussetzung für jeden Operator S aus der Reihe $E, A, B \ldots$

$$S\,H = H\,S \qquad (12)$$

gilt, folgt bei Anwendung von S auf die Schrödingergleichung (1)

$$S\,(H\,\psi) = S\,(\varepsilon\,\psi) \qquad H\,(S\,\psi) = \varepsilon\,(S\,\psi), \qquad (13)$$

da S mit der Konstanten ε sicher vertauschbar ist. Damit ist festgestellt, daß mit den $\psi_1,\,\psi_2,\,\ldots,\,\psi_g$ auch die

$$S\,\psi_1,\,S\,\psi_2,\,\ldots,\,S\,\psi_g \qquad (14)$$

Eigenfunktionen zum Eigenwert ε sein müssen, daß also, da nach (11) die allgemeine Lösung durch eine Linearkombination dargestellt wird,

$$S\,\psi_i = \sum_j s_{ji}\,\psi_j \qquad (15)$$

gilt, wobei die s_{ji} durch den Operator S und die $\psi_1,\,\psi_2,\,\ldots,\,\psi_g$ eindeutig bestimmt sind. Die Koeffizienten s_{ji} kann man zu einer quadratischen Matrix

$$\Gamma(S) = \begin{pmatrix} s_{11} & s_{12} \cdots \\ s_{21} & s_{22} \cdots \\ \vdots & \vdots \ddots \end{pmatrix} \qquad (16)$$

zusammenfassen. Bei gegebener Basis existiert somit zu jedem Element der Gruppe der Schrödingergleichung eine Matrix von g Zeilen und Spalten.

Als Beispiel für die Ermittlung der Matrizen (16) behandeln wir folgendes Problem:

6 Wasserstoffkerne seien so angeordnet und numeriert, wie das folgende Schema angibt[1].

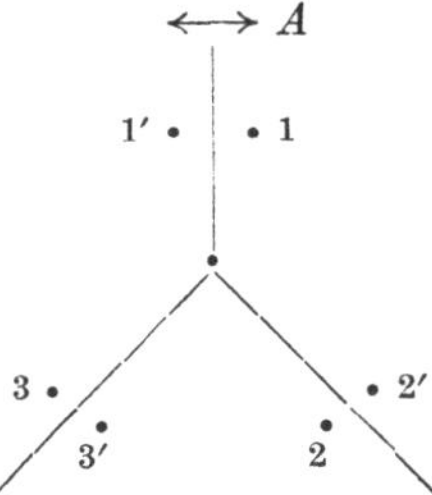

Die Abstände aller Wasserstoffkerne voneinander sollen sehr groß sein im Vergleich mit dem BOHRschen Wasserstoffradius. Ein Elektron, das in das Feld dieser Kernanordnung gerät, kann eine der sechs 1 *s*-Wasserstoffeigenfunktionen

$$\psi_1, \ \psi_{1'}, \ \psi_2, \ \psi_{2'}, \ \psi_3, \ \psi_{3'}, \tag{17}$$

bei den sechs Kernen besetzen. Die sechs Eigenfunktionen (17) gehören also zu einem entarteten Eigenwert.

In Anbetracht der speziellen Kernanordnung ist die Gruppe der Schrödingergleichung für die Bewegung des Elektrons die von uns als Beispiel betrachtete Symmetriegruppe des gleichseitigen Dreiecks.

Wir wollen die Matrix bestimmen, die dem Gruppenelement A entspricht und die durch die Anwendung von A auf die Funktionen (17) erzeugt wird. Man bekommt

$$A\,\psi_1 = \psi_{1'},\ A\,\psi_{1'} = \psi_1,\ A\,\psi_2 = \psi_{3'},\ A\,\psi_{2'} = \psi_3,\ A\,\psi_3 = \psi_{2'},\ A\,\psi_{3'} = \psi_2 \tag{18}$$

oder ausführlich

$$A\,\psi_1 = 0 \cdot \psi_1 + 1 \cdot \psi_{1'} + 0 \cdot \psi_2 + 0 \cdot \psi_{2'} + 0 \cdot \psi_3 + 0 \cdot \psi_{3'},\ \text{usw.,} \tag{19}$$

so daß die dem Element A der Gruppe zugeordnete Matrix folgendermaßen aussieht:

$$\Gamma(A) = \begin{pmatrix} 0 & 1 & 0 & 0 & 0 & 0 \\ 1 & 0 & 0 & 0 & 0 & 0 \\ 0 & 0 & 0 & 0 & 0 & 1 \\ 0 & 0 & 0 & 0 & 1 & 0 \\ 0 & 0 & 0 & 1 & 0 & 0 \\ 0 & 0 & 1 & 0 & 0 & 0 \end{pmatrix}. \tag{20}$$

In ähnlicher Weise lassen sich auch die den anderen Gruppenelementen entsprechenden Matrizen bilden. Der Grad der Matrizen ist gleich dem Entartungsgrad g von ε.

Die Matrizen $\Gamma(A)$ usw. haben ein besonders einfaches Aussehen, weil in dem betrachteten Fall jede der Funktionen (17) bei Anwendung irgendeines Symmetrieoperators der Gruppe in *eine* der anderen Funk-

---

[1] Siehe Kap. 5, Abschn. 3.

tionen aus (17) übergeht. Das ist nicht immer so. Die Ermittlung der Matrizen $\Gamma(A)$ usw. ist gelegentlich langwieriger, aber nicht schwieriger.

Wenn S, R und Q drei Elemente der Gruppe der Schrödingergleichung sind und wenn Q das Produkt von S und R ist, gelten die Beziehungen

$$R\,S\,\psi_i = R\sum_j s_{ji}\,\psi_j = \sum_j s_{ji}\,R\,\psi_j = \sum_j s_{ji}\sum_k r_{kj}\,\psi_k$$

$$= \sum_k \left\{\sum_j r_{kj}\,s_{ji}\right\}\psi_k \qquad (21)$$

$$Q\,\psi_i = \sum_j q_{ki}\,\psi_k\,.$$

Daraus folgt aber die Beziehung

$$q_{ki} = \sum_j r_{kj}\,s_{ji} \qquad (22)$$

zwischen den Elementen der Matrizen $\Gamma(S)$, $\Gamma(R)$ und $\Gamma(Q)$.

Nun nennt man bekanntlich eine Matrix $\Gamma(Q)$, deren Elemente aus den Elementen der Matrizen $\Gamma(S)$ und $\Gamma(R)$ nach (22) in der Weise gebildet werden, daß jeweils die Elemente einer Spalte der einen Matrix mit den Elementen einer Zeile der anderen Matrix multipliziert und die Resultate addiert werden, das Produkt der Matrizen $\Gamma(S)$ und $\Gamma(R)$, und man schreibt das in der Form

$$\Gamma(Q) = \Gamma(R)\,\Gamma(S)\,. \qquad (23)$$

Die den Gruppenelementen entsprechenden Matrizen multiplizieren sich also in derselben Weise wie die Gruppenelemente, so daß mit der Matrizenmultiplikation als Gruppenmultiplikation die den Elementen E, $A, B \ldots$ zugeordneten Matrizen eine zur Symmetriegruppe der Schrödingergleichung isomorphe Matrizengruppe bilden, die als eine *Darstellung* der Symmetriegruppe bezeichnet wird, wenn die Matrizen Reziproke besitzen (nicht singulär sind). Der Grad der Matrizen heißt Grad der Darstellung.

Der Ausdruck isomorph ist anstelle von holomorph getreten, weil aus der gegebenen Ableitung lediglich die Zuordnung der einzelnen Matrizen zu den Gruppenelementen folgt, nicht aber der Schluß gezogen werden kann, daß auch die umgekehrte Zuordnung in eindeutiger Weise möglich ist.

Nach (11) besteht die Möglichkeit, aus den Funktionen (10), deren Gesamtheit eine Basis zu dem Eigenwert ε bildet, g neue Funktionen in folgender Weise zu bilden.

$$\left.\begin{aligned}
\psi_1' &= t_{11}\,\psi_1 + t_{21}\,\psi_2 + \cdots + t_{g1}\,\psi_g\\
\psi_2' &= t_{12}\,\psi_1 + t_{22}\,\psi_2 + \cdots + t_{g2}\,\psi_g\\
&\cdots\\
\psi_g' &= t_{1g}\,\psi_1 + t_{2g}\,\psi_2 + \cdots + t_{gg}\,\psi_g
\end{aligned}\right\}. \qquad (24)$$

Wenn die Determinante

$$\Delta = \begin{vmatrix} t_{11} & t_{12} & \dots & t_{1g} \\ t_{21} & t_{22} & \dots & t_{2g} \\ \vdots & & & \vdots \\ t_{g1} & t_{g2} & \dots & t_{gg} \end{vmatrix},\tag{25}$$

die aus den Koeffizienten t gebildet ist, einen von Null verschiedenen Wert besitzt, kann das Gleichungssystem (24) nach den ungestrichenen ψ aufgelöst werden. Man erhält

$$\begin{aligned} \psi_1 &= t_{11}^{-1}\,\psi'_1 + t_{21}^{-1}\,\psi'_2 + \cdots + t_{g1}^{-1}\,\psi'_g \\ \psi_2 &= t_{12}^{-1}\,\psi'_1 + t_{22}^{-1}\,\psi'_2 + \cdots + t_{g2}^{-1}\,\psi'_g \\ &\vdots \\ \psi_g &= t_{1g}^{-1}\,\psi'_1 + t_{2g}^{-1}\,\psi'_2 + \cdots + t_{gg}^{-1}\,\psi'_g. \end{aligned}\tag{26}$$

Die t_{ik}^{-1} sind aus der Gesamtheit der t_{ik} in der aus der Theorie der linearen Gleichungssysteme bekannten Weise zu berechnen[1].

Wegen (26) kann man jede Funktion χ (11) ebensogut linear durch die ψ', wie durch die ψ ausdrücken. Die Gesamtheit der g Funktionen ψ'_1, ψ'_2, . . ., ψ'_g bildet eine zur Basis der ψ_1, ψ_2, . . ., ψ_g völlig äquivalente neue Basis. Die gestrichene Basis ist vor der ungestrichenen physikalisch in keiner Weise ausgezeichnet.

Der Übergang von der ungestrichenen zu der gestrichenen Basis ist eine spezielle Basistransformation.

Läßt man die Symmetrieoperatoren der Gruppe statt auf die Glieder der ungestrichenen Basis auf die der gestrichenen wirken, so wird dadurch eine Darstellung erzeugt, die im allgemeinen von der durch die ungestrichene Basis erzeugten Darstellung verschieden sein wird. Wir interessieren uns für das Aussehen dieser neuen Darstellung und ihren Zusammenhang mit der ursprünglich betrachteten.

Die Anwendung eines Symmetrieoperators S der Gruppe auf ψ'_i ergibt

$$S\,\psi'_i = S\sum_j t_{ji}\,\psi_j = \sum_j t_{ji}\,S\,\psi_j = \sum_j t_{ji}\sum_k s_{kj}\,\psi_k = \sum_k\sum_j s_{kj}\,t_{ji}\,\psi_k.\tag{27}$$

Wir haben damit das Resultat der Anwendung von S auf die gestrichenen ψ durch eine Linearkombination der ungestrichenen ausgedrückt. Indem wir nach (26) für die ungestrichenen ψ ihre Ausdrücke als Linearkombinationen der gestrichenen einführen, erhalten wir

$$S\,\psi'_i = \sum_k\sum_j s_{kj}\,t_{ji}\sum_l t_{lk}^{-1}\,\psi'_l = \sum_l\left\{\sum_k\sum_j t_{lk}^{-1}\,s_{kj}\,t_{ji}\right\}\psi'_l.\tag{28}$$

Daraus ergibt sich für die Elemente der Matrix $\Gamma(S)'$

$$s'_{li} = \sum_k\sum_j t_{lk}^{-1}\,s_{kj}\,t_{ji}.\tag{29}$$

____

[1] t_{ik}^{-1} bedeutet hier natürlich ein Element der zu t reziproken Matrix t^{-1}.

3*

Nach der Regel für die Matrizenmultiplikation erhalten wir also die Matrix $\Gamma(S)'$ aus der Matrix $\Gamma(S)$, indem wir diese mit der Matrix t der Basistransformation von rechts und mit deren Reziproken von links multiplizieren:

$$\Gamma(S)' = t^{-1}\,\Gamma(S)\,t. \tag{30}$$

Wenn eine Matrix $\Gamma(S)'$ aus einer Matrix $\Gamma(S)$ auf diese Weise gebildet wird, spricht man von einer Ähnlichkeitstransformation der Matrix $\Gamma(S)$ mit der Matrix t. Die Matrizen der durch die gestrichene Basis erzeugten Darstellung gehen also aus den Matrizen der ungestrichenen Darstellung durch Ähnlichkeitstransformation mit t hervor.

$$\begin{matrix} \Gamma(E) & \Gamma(A) & \Gamma(B) & \ldots \\ \Gamma(E)' = t^{-1}\,\Gamma(E)\,t & \Gamma(A)' = t^{-1}\,\Gamma(A)\,t & \Gamma(B)' = t^{-1}\,\Gamma(B)\,t\ldots \end{matrix} \tag{31}$$

Man spricht kurz von der Ähnlichkeitstransformation einer Darstellung.

Zwei Darstellungen, die in dieser Weise durch Ähnlichkeitstransformation ineinander übergeführt werden können, heißen äquivalent. Da solche Darstellungen durch physikalisch gleichwertige Basen erzeugt werden, sind äquivalente Darstellungen physikalisch gleichwertig und als nicht wesentlich verschieden anzusehen.

Eine Matrix heißt Stufenmatrix, wenn in ihr nach Abb. 3 quadratische Felder mit der Hauptdiagonale als gemeinsamer Diagonale so abgegrenzt werden können, daß außerhalb der Felder nur Nullen stehen. Die spezielle Art der Abgrenzung beschreibt das Stufenschema.

Wenn es möglich ist, eine Matrix t zu finden, mit der durch Ähnlichkeitstransformation eine gegebene Darstellung in eine äquivalente Form überführt werden kann, so daß alle Matrizen der neuen Darstellung Stufenmatrizen mit demselben Stufenschema sind, heißt die gegebene Darstellung reduzibel. Wenn das nicht möglich ist, heißt sie irreduzibel. Zur Veranschaulichung dieser Begriffe betrachten wir wieder das Beispiel des Elektrons im Feld der sechs Wasserstoffkerne. Aus der Basis (17) bilden wir in folgender Weise sechs neue Funktionen:

$$\psi_{1+} = \frac{1}{\sqrt{2}}\,(\psi_1 + \psi_{1'}) \qquad \psi_{1-} = \frac{1}{\sqrt{2}}\,(\psi_1 - \psi_{1'})$$

$$\psi_{2+} = \frac{1}{\sqrt{2}}\,(\psi_2 + \psi_{2'}) \qquad \psi_{2-} = \frac{1}{\sqrt{2}}\,(\psi_2 - \psi_{2'}) \tag{32}$$

$$\psi_{3+} = \frac{1}{\sqrt{2}}\,(\psi_3 + \psi_{3'}) \qquad \psi_{3-} = \frac{1}{\sqrt{2}}\,(\psi_3 - \psi_{3'}).$$

Man sieht dann sofort, daß bei Anwendung aller Symmetrieoperatoren der Dreiecksgruppe die mit $+$ bzw. mit $-$ indizierten Funktionen

sich jeweils nur unter sich transformieren, so
daß alle Matrizen der Darstellung Stufenmatrizen nach Abb. 3 sind.

Die Darstellung ist also reduzibel.

Diese Darstellung entsteht aus der ursprünglich betrachteten durch Ähnlichkeitstransformation mit der Basistransformationsmatrix

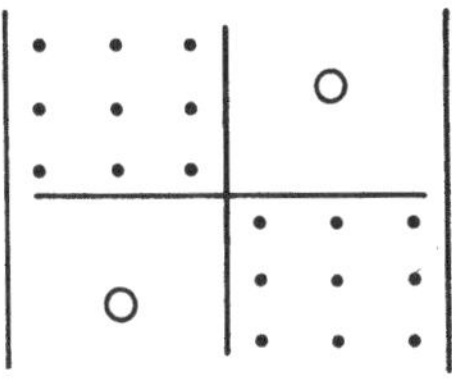

Abb. 3. Spezielle Stufenmatrix.

$$\begin{pmatrix}
\dfrac{1}{\sqrt{2}} & 0 & 0 & \dfrac{1}{\sqrt{2}} & 0 & 0 \\[2mm]
\dfrac{1}{\sqrt{2}} & 0 & 0 & -\dfrac{1}{\sqrt{2}} & 0 & 0 \\[2mm]
0 & \dfrac{1}{\sqrt{2}} & 0 & 0 & \dfrac{1}{\sqrt{2}} & 0 \\[2mm]
0 & \dfrac{1}{\sqrt{2}} & 0 & 0 & -\dfrac{1}{\sqrt{2}} & 0 \\[2mm]
0 & 0 & \dfrac{1}{\sqrt{2}} & 0 & 0 & \dfrac{1}{\sqrt{2}} \\[2mm]
0 & 0 & \dfrac{1}{\sqrt{2}} & 0 & 0 & -\dfrac{1}{\sqrt{2}}
\end{pmatrix}. \tag{33}$$

Wenn eine Darstellung in der Stufenform mit maximal möglicher
Stufenzahl vorliegt, sagt man, sie liege in ausreduzierter Form vor.

Die durch die Basis (32) induzierte Darstellung ist, wie wir später
sehen werden, noch nicht voll ausreduziert.

43. Reduktion von Darstellungen.

Wir betrachten eine Darstellung einer Gruppe, die die Matrizen $\Gamma(E)$,
$\Gamma(A), \ldots, \Gamma(S), \ldots$ umfaßt. Wir bilden aus $\Gamma(S)$ die selbstadjungierte
Matrix $\Gamma(S)\,\Gamma(S)^{\dagger}$[1]. Durch Summation von $\Gamma(S)\,\Gamma(S)^{\dagger}$ über die
Elemente der Gruppe bilden wir die Matrix

$$H = \sum_{S} \Gamma(S)\,\Gamma(S)^{\dagger}, \tag{1}$$

die als Summe selbstadjungierter Matrizen ebenfalls selbstadjungiert
ist. Eine selbstadjungierte Matrix H läßt sich durch Ähnlichkeitstransformation mit einer unitären Matrix U auf die Diagonalform D
bringen:

$$D = U^{-1} H U. \tag{2}$$

---

[1] Im Anhang sind die zum Verständnis dieses Abschnitts nötigen Definitionen
und Hilfssätze zusammengestellt. Bei unserer Darstellung folgen wir E. WIGNER,
Gruppentheorie und ihre Anwendung auf die Quantenmechanik der Atomspektren,
Braunschweig 1931. Weitere Darstellungen der gruppentheoretischen Methode bei:
B. L. VAN DER WAERDEN, Die gruppentheoretische Methode in der Quanten-
mechanik, Berlin 1932; H. WEYL, Gruppentheorie und Quantenmechanik, 2. Aufl.,
Leipzig 1930.

Da

$$(U^{-1}\,\Gamma\,U)^{\dagger} = U^{\dagger}\,\Gamma^{\dagger}\,U^{-1\,\dagger} \tag{3}$$

und nach Definition

$$U^{\dagger} = U^{-1}\qquad U^{-1\,\dagger} = U^{\dagger\,\dagger} = U, \tag{4}$$

also

$$(U^{-1}\,\Gamma\,U)^{\dagger} = U^{-1}\,\Gamma^{\dagger}\,U \tag{5}$$

ist, folgt aus (1), (2), (3) und (5)

$$\begin{aligned}
D &= \sum_{S} U^{-1}\,\Gamma(S)\,\Gamma(S)^{\dagger}\,U \\
&= \sum_{S} U^{-1}\,\Gamma(S)\,U\,U^{-1}\,\Gamma(S)^{\dagger}\,U \\
&= \sum_{S} U^{-1}\,\Gamma(S)\,U\,(U^{-1}\,\Gamma(S)\,U)^{\dagger} \\
&= \sum_{S} \Gamma(S)'\,\Gamma(S)'^{\dagger},
\end{aligned} \tag{6}$$

wobei

$$\Gamma(S)' = U^{-1}\,\Gamma(S)\,U \tag{7}$$

gesetzt wurde. Von den Elementen

$$\begin{aligned}
D_{ik} &= \sum_{S}\sum_{j} \Gamma(S)'_{ij}\,(\Gamma(S)'^{\dagger}{}_{jk}) \\
&= \sum_{S}\sum_{j} \Gamma(S)'_{ij}\,(\widetilde{\Gamma(S)'^{*}})_{jk} \\
&= \sum_{S}\sum_{j} \Gamma(S)'_{ij}\,\Gamma(S)'^{*}_{kj}
\end{aligned} \tag{8}$$

der Matrix D sind nach Voraussetzung nur die Diagonalelemente

$$D_{ii} = \sum_{S}\sum_{j} \Gamma(S)'_{ij}\,\Gamma(S)'^{*}_{ij} = \sum_{S}\sum_{j} |\Gamma(S)'_{ij}|^{2} \tag{9}$$

von Null verschieden. Als Summe von wesentlich positiven Größen
ist $D_{ii} \geq 0$. Damit $D_{ii} = 0$ würde, müßten alle Elemente in den i-ten
Zeilen aller Matrizen $\Gamma(S)'$ ($S : E, A, B, \ldots$) gleich Null sein. Dann
wären aber die Determinanten aller Matrizen $\Gamma(S)'$ und damit auch die
aller Matrizen $\Gamma(S)$ gleich Null. Die Matrizen wären singulär, entgegen
der Voraussetzung, daß die $\Gamma(S)$ Glieder einer Darstellung und damit
nicht singulär sind. Für die Diagonalelemente von D gilt also genauer
$D_{ii} > 0$.

Wir bilden nun aus D die beiden Diagonalmatrizen $D^{\frac{1}{2}}$ und $D^{-\frac{1}{2}}$
mit den Elementen

$$D^{\frac{1}{2}}_{ii} = {}_{+}\sqrt{D_{ii}}\qquad D^{-\frac{1}{2}}_{ii} = \frac{1}{{}_{+}\sqrt{D_{ii}}}, \tag{10}$$

so daß

$$D^{\frac{1}{2}}\,D^{\frac{1}{2}} = D\qquad D^{\frac{1}{2}}\,D^{-\frac{1}{2}} = 1 \tag{11}$$

ist.

$D^{\frac{1}{2}}$ und $D^{-\frac{1}{2}}$ sind reelle Diagonalmatrizen und damit selbstadjungiert

$$D^{\frac{1}{2}\,\dagger} = D^{\frac{1}{2}},\quad D^{-\frac{1}{2}\,\dagger} = D^{-\frac{1}{2}}. \tag{12}$$

Aus (6) erhält man durch Multiplikation mit $D^{-\frac{1}{2}}$ von rechts und von links

$$1 = D^{-\frac{1}{2}} \sum_S \Gamma(S)' \, \Gamma(S)'^{\dagger} D^{-\frac{1}{2}}. \tag{13}$$

Definiert man $\Gamma(R)''$ durch

$$\Gamma(R)'' = D^{-\frac{1}{2}} \Gamma(R)' \, D^{\frac{1}{2}}, \tag{14}$$

so ergibt sich mit (13) und (12)

$$\begin{aligned}
\Gamma(R)'' \, \Gamma(R)''^{\dagger} &= D^{-\frac{1}{2}} \Gamma(R)' \, D^{\frac{1}{2}} \big(D^{-\frac{1}{2}} \Gamma(R)' \, D^{\frac{1}{2}}\big)^{\dagger} \\
&= D^{-\frac{1}{2}} \Gamma(R)' \, D^{\frac{1}{2}} \big(D^{\frac{1}{2}\dagger} \Gamma(R)'^{\dagger} D^{-\frac{1}{2}\dagger}\big) \\
&= D^{-\frac{1}{2}} \Gamma(R)' \, D^{\frac{1}{2}} D^{\frac{1}{2}} \Gamma(R)'^{\dagger} D^{-\frac{1}{2}} \\
&= D^{-\frac{1}{2}} \Gamma(R)' \, D^{\frac{1}{2}} \Big\{ D^{-\frac{1}{2}} \sum_S \Gamma(S)' \Gamma(S)'^{\dagger} D^{-\frac{1}{2}} \Big\} D^{\frac{1}{2}} \Gamma(R)'^{\dagger} D^{-\frac{1}{2}} \\
&= D^{-\frac{1}{2}} \sum_S \Gamma(R)' \, \Gamma(S)' \, \Gamma(S)'^{\dagger} \Gamma(R)'^{\dagger} D^{-\frac{1}{2}} \\
&= D^{-\frac{1}{2}} \sum_S \Gamma(R)' \, \Gamma(S)' \{\Gamma(R)' \, \Gamma(S)'\}^{\dagger} D^{-\frac{1}{2}}.
\end{aligned} \tag{15}$$

Nun durchläuft auch $\Gamma(R)' \, \Gamma(S)'$ bei festem $\Gamma(R)'$ mit S alle Matrizen der Darstellung, so daß

$$\sum_S \Gamma(R)' \, \Gamma(S)' \{\Gamma(R)' \, \Gamma(S)'\}^{\dagger} = \sum_S \Gamma(S)' \, \Gamma(S)'^{\dagger} \tag{16}$$

ist. Damit folgt aus (15) mit (13)

$$\Gamma(R)'' \Gamma(R)''^{\dagger} = D^{-\frac{1}{2}} \sum_S \Gamma(S)' \, \Gamma(S)'^{\dagger} D^{-\frac{1}{2}} = 1. \tag{17}$$

Multiplikation mit $\Gamma(R)''^{-1}$ von links ergibt

$$\Gamma(R)''^{-1} = \Gamma(R)''^{\dagger}. \tag{18}$$

Also ist die nach (14) und (7) durch Ähnlichkeitstransformation entstandene Darstellung mit den Matrizen

$$\Gamma(R)'' = D^{-\frac{1}{2}} U^{-1} \Gamma(R) \, U D^{\frac{1}{2}} \tag{19}$$

unitär. Wir haben damit den

Satz 1: Jede Darstellung läßt sich durch Ähnlichkeitstransformation in eine unitäre Darstellung transformieren.

Dieser Satz erlaubt uns von nun an immer vorauszusetzen, daß Darstellungen in unitärer Form vorliegen.

Wir betrachten eine Matrix M, die mit allen Matrizen $\Gamma(E)$, $\Gamma(A)$, $\Gamma(B), \ldots$ einer irreduziblen Darstellung vertauschbar sei, so daß also

$$\Gamma(S) \, M = M \, \Gamma(S) \qquad S: E, A, B, \ldots \tag{20}$$

gilt. Die adjungierte Gleichung lautet

$$M^{\dagger} \Gamma(S)^{\dagger} = \Gamma(S)^{\dagger} M^{\dagger}, \tag{21}$$

und da die $\Gamma(S)$ unitär sind, ergibt Multiplikation mit $\Gamma(S)$ von links und rechts:

$$\Gamma(S)\, M^\dagger = M^\dagger \Gamma(S). \tag{22}$$

Wenn M mit allen $\Gamma(S)$ vertauschbar ist, gilt das also auch für $M^\dagger$. Damit sind auch

$$H_1 = M + M^\dagger \tag{23}$$

und

$$H_2 = i\,(M - M^\dagger) \tag{24}$$

mit allen $\Gamma(S)$ vertauschbar. H_1 ist selbstadjungiert. Dasselbe gilt aber auch für H_2.

Wir wollen nun zeigen, daß *jede* selbstadjungierte Matrix H, die mit allen $\Gamma(S)$ vertauschbar ist, ein Vielfaches der Einheitsmatrix ist. Daraus folgt dann, daß H_1 und H_2, und daß damit auch

$$M = \frac{1}{2}\,(H_1 - i\,H_2) \tag{25}$$

ein Vielfaches der Einheitsmatrix ist.

Die selbstadjungierte Matrix H, die mit allen $\Gamma(S)$ vertauschbar sein soll, für die also nach Voraussetzung

$$\Gamma(S)\,H = H\,\Gamma(S) \qquad S: E, A, B, \ldots \tag{26}$$

gilt, können wir durch Ähnlichkeitstransformation mit einer unitären Matrix U auf die Diagonalform D bringen:

$$D = U^{-1}\,H\,U. \tag{27}$$

Wenn wir noch

$$\Gamma(S)' = U^{-1}\,\Gamma(S)\,U \tag{28}$$

setzen, sehen wir sofort, daß

$$\Gamma(S)'\,D = D\,\Gamma(S)' \tag{29}$$

bzw.

$$U^{-1}\,\Gamma(S)\,U\,U^{-1}\,H\,U = U^{-1}\,H\,U\,U^{-1}\,\Gamma(S)\,U \tag{30}$$

gilt, wenn (26) gilt. (26) entsteht aus (30) durch Multiplikation mit U^{-1} von rechts und mit U von links. (29) ist identisch mit den Gleichungen

$$\sum_j \Gamma(S)'_{ij}\,D_j\,\delta_{jk} = \sum_j D_i\,\delta_{ij}\,\Gamma(S)'_{jk} \qquad i, k: 1, 2, \ldots \tag{31}$$

bzw.

$$\Gamma(S)'_{ik}\,D_k = D_i\,\Gamma(S)'_{ik}. \qquad i, k: 1, 2, \ldots \tag{32}$$

Wenn $D_k \neq D_i$ ist, folgt daraus $\Gamma(S)'_{ik} = 0$. Das würde aber bedeuten, daß in allen Matrizen $\Gamma(S)'$ ($S: E, A, B, \ldots$) an den Kreuzungen der i-ten Zeile und der h-ten Spalte Nullen stehen, daß die Darstellung reduzibel wäre entgegen der Voraussetzung. Damit folgt, daß allgemein

$$D_i = D_k \tag{33}$$

ist, daß also D ein Vielfaches der Einheitsmatrix sein muß. Der gewünschte Beweis ist geliefert und wir haben den

Satz 2: Eine mit allen Matrizen einer irreduziblen Darstellung vertauschbare Matrix ist notwendig ein Vielfaches der Einheitsmatrix.

Wir betrachten nun zwei unitäre irreduzible Darstellungen

$$\Gamma_r(E),\ \Gamma_r(A),\ \Gamma_r(B),\ \ldots \\ \Gamma_s(E),\ \Gamma_s(A),\ \Gamma_s(B),\ \ldots \tag{34}$$

einer Gruppe, von denen die erste die Dimension l_r, die zweite die Dimension l_s haben soll. Wir nehmen an, daß eine rechteckige Matrix M mit l_r Spalten und l_s Zeilen existiert, so daß

$$M\,\Gamma_r(S) = \Gamma_s(S)\,M \qquad S: E, A, B, \ldots \tag{35}$$

gilt.

Wir nehmen (ohne daß das natürlich eine Einschränkung der Allgemeinheit bedeutet) an, daß $l_r \leq l_s$ ist.

Die zu (35) adjungierte Gleichung lautet

$$\Gamma_r(S)^\dagger M^\dagger = M^\dagger \Gamma_s(S)^\dagger \tag{36}$$

bzw. wegen der Unitarität der Γ

$$\Gamma_r(S)^{-1} M^\dagger = M^\dagger \Gamma_s(S)^{-1}. \tag{37}$$

Wir multiplizieren von links mit M und erhalten

$$M\,\Gamma_r(S)^{-1} M^\dagger = M\,M^\dagger \Gamma_s(S)^{-1}. \tag{38}$$

Nun ist aber (Darstellungseigenschaft!)

$$\Gamma_r(S)^{-1} = \Gamma_r(S^{-1}) \tag{39}$$

und damit folgt aus (35)

$$M\,\Gamma_r(S^{-1}) = \Gamma_s(S^{-1})\,M. \tag{40}$$

Einsetzen dieses Ausdrucks für $M\,\Gamma_r(S^{-1})$ in die linke Seite von (38) ergibt

$$\Gamma_s(S^{-1})\,M\,M^\dagger = M\,M^\dagger \Gamma_s(S^{-1}). \tag{41}$$

Die Matrix $M\,M^\dagger$, die selbstadjungiert ist, ist also mit allen Matrizen der s-Darstellung vertauschbar und daher nach Satz 2 ein Vielfaches der Einheitsmatrix:

$$M\,M^\dagger = c\,\mathbf{1}. \tag{42}$$

Für $l_r < l_s$ ist M nach unten gestreckt. Wir bilden die quadratische Matrix

$$N: \begin{pmatrix} M_{11} & M_{12} & \ldots M_{1l_r} & 0 \ldots 0 \\ M_{21} & M_{22} & \ldots M_{2l_r} & 0 \ldots 0 \\ \cdot & \cdot & \cdot \qquad \cdot & \cdot \\ M_{l_s1} & M_{l_s2} & \ldots M_{l_sl_r} & 0 \ldots 0 \end{pmatrix}. \tag{43}$$

Es ist

$$N N^\dagger = M M^\dagger. \tag{44}$$

Nun ist aber die Determinante $|N|$ gleich Null, da mindestens in einer Spalte nur Nullen stehen.

Deshalb ist

$$|N N^\dagger| = |N||N^\dagger| = |N|^2 = |M M^\dagger| = 0. \tag{45}$$

Also muß auch die aus der rechten Seite von (42) gebildete Determinante verschwinden. Da aber $|1| = 1$ ist, folgt

$$c = 0. \tag{46}$$

Für $c = 0$ ist nun

$$M M^\dagger = 0 \tag{47}$$

oder

$$\sum_j M_{ij}\,(M^\dagger_{jk}) = \sum_j M_{ij}\,M^*_{kj} = 0. \tag{48}$$

Für $i = k$ folgt daraus

$$\sum_j M_{ij} M^*_{ij} = \sum_j |M_{ij}|^2 = 0, \tag{49}$$

und daraus folgt, da die $|M_{ij}|^2$ wesentlich positive Größen sind, allgemein

$$M_{ij} = 0 \tag{50}$$

oder

$$M = 0. \tag{51}$$

Wir haben damit den

Satz 3: Wenn $\Gamma_r(E), \Gamma_r(A), \Gamma_r(B), \ldots; \Gamma_s(E), \Gamma_s(A), \Gamma_s(B), \ldots$ zwei inäquivalente irreduzible Darstellungen einer Gruppe sind, die verschiedene Dimension haben, so gibt es außer der Nullmatrix keine Matrix, die die Gl. (35) erfüllt.

Wenn $l_r = l_s$ ist, ist M eine quadratische Matrix. Wenn M eine Reziproke besitzt, wenn also $|M| \neq 0$ ist, folgt aus (35), daß

$$\Gamma_r(S) = M^{-1}\Gamma_s(S)\,M \tag{52}$$

ist, daß also Γ_r und Γ_s gegen die Voraussetzung nicht verschieden, sondern äquivalent sind. $|M|$ wäre aber ungleich Null, wenn c von Null verschieden wäre. Dann wäre nämlich $|M M^\dagger|$ und damit auch $|M|$ von Null verschieden. Es folgt also $c = 0$ auch für $l_r = l_s$.

Wir haben damit den

Satz 4: Wenn $\Gamma_r(E), \Gamma_r(A), \Gamma_r(B), \ldots; \Gamma_s(E), \Gamma_s(A), \Gamma_s(B), \ldots$ zwei inäquivalente irreduzible Darstellungen einer Gruppe sind, die gleiche Dimensionen haben, so gibt es außer der Nullmatrix keine Matrix, die die Gl. (35) erfüllt.

Wir bilden nun mit einer beliebigen Matrix X mit l_r Spalten und l_s Zeilen aus den Matrizen zweier verschiedener irreduzibler Darstellungen die Matrix

$$M = \sum_S \Gamma_s(S)\, X\, \Gamma_r(S)^{-1}. \tag{53}$$

Es ist

$$\Gamma_r(RS)^{-1}\, \Gamma_r(R) = \Gamma_r(S)^{-1}\, \Gamma_r(R)^{-1}\, \Gamma_r(R) = \Gamma_r(S)^{-1}, \tag{54}$$

und damit ergibt sich bei der linksseitigen Multiplikation von (53) mit $\Gamma_s(R)$:

$$\begin{aligned}
\Gamma_s(R)\, M &= \sum_S \Gamma_s(R)\, \Gamma_s(S)\, X\, \Gamma_r(RS)^{-1}\, \Gamma_r(R) \\
&= \sum_R \Gamma_s(RS)\, X\, \Gamma_s(RS)^{-1}\, \Gamma_r(R).
\end{aligned} \tag{55}$$

Da RS mit S alle Elemente der Gruppe durchläuft, ist

$$\sum_R \Gamma_s(RS)\, X\, \Gamma_s(RS)^{-1} = \sum_R \Gamma_s(S)\, X\, \Gamma_s(S)^{-1} = M\,, \tag{56}$$

und damit ergibt sich aus (55)

$$\Gamma_s(R)\, M = M\, \Gamma_r(R). \tag{57}$$

Nach Satz 3 und 4 muß also M die Nullmatrix sein:

$$M_{ij} = \sum_S \sum_\mu \sum_\nu \Gamma_s(S)_{i\mu}\, X_{\mu\nu}\, \Gamma_r(S)^{-1}_{\nu j} = 0\,. \qquad i, j\colon 1, 2, \ldots \tag{58}$$

Wir setzen außer einem speziellen Element $X_{kl} = 1$ alle anderen Elemente der Matrix X gleich Null und erhalten aus (58)

$$\sum_S \Gamma_s(S)_{ik}\, \Gamma_r(S)^{-1}_{lj} = 0\,. \tag{59}$$

Da die Γ unitär vorausgesetzt werden können, haben wir also den

Satz 5: Wenn $\Gamma_r(E), \Gamma_r(A), \Gamma_r(B), \ldots$; $\Gamma_s(E), \Gamma_s(A), \Gamma_s(B)$, zwei verschiedene irreduzible Darstellungen einer Gruppe sind, gilt für alle Werte i, k, j, l

$$\sum_S \Gamma_s(S)_{ik}\, \Gamma_r(S)^{*}_{jl} = 0\,. \tag{60}$$

Wir bilden nun mit einer beliebigen quadratischen Matrix X aus den Matrizen $\Gamma_r(E), \Gamma_r(A), \Gamma_r(B), \ldots$ einer irreduziblen Darstellung die Matrix

$$M = \sum_S \Gamma_r(S)\, X\, \Gamma_r(S)^{-1}. \tag{61}$$

Multiplikation dieser Gleichung mit $\Gamma_r(R)$ von links ergibt

$$\begin{aligned}
\Gamma_r(R)\, M &= \sum_S \Gamma_r(R)\, \Gamma_r(S)\, X\, \Gamma_r(S)^{-1} \\[4pt]
&= \sum_S \Gamma_r(RS)\, X\, \Gamma_r(RS)^{-1}\, \Gamma_r(R) \\[4pt]
&= \sum_S \Gamma_r(S)\, X\, \Gamma_r(S)^{-1}\, \Gamma_r(R) \\[4pt]
&= M\, \Gamma_r(R)
\end{aligned} \tag{62}$$

aus denselben Gründen wie oben. M muß nach Satz 2 ein Vielfaches der Einheitsmatrix sein:

$$M_{ij} = \sum_S \sum_\mu \sum_\nu \Gamma_r(S)_{i\mu} X_{\mu\nu} \Gamma_r(S)_{\nu j}^{-1} = c\,\delta_{ij}. \tag{63}$$

Wir wählen $X_{kl} = 1$ und setzen alle anderen Elemente von X gleich Null. Dann entsteht aus (63)

$$\sum_i \sum_S \Gamma_r(S)_{ik} \Gamma_r(S)_{lj}^{-1} = \sum_i c_{kl}\,\delta_{ij}. \tag{64}$$

c ist indiziert worden, weil es einer speziellen Wahl von X entspricht. Wir setzen $i = j$ und summieren über i von 1 bis l_r

$$\sum_i \sum_S \Gamma_r(S)_{ik} \Gamma_r(S)_{li}^{-1} = \sum_i c_{kl}\,\delta_{ii}. \tag{65}$$

Nun ist aber

$$\sum_i \Gamma_r(S)_{ik} \Gamma_r(S)_{li}^{-1} = \Gamma_r(E)_{lk} = \delta_{lk}, \tag{66}$$

und deswegen entsteht aus der linken Seite von (65)

$$\sum_S \Gamma_r(E)_{lk} = \sum_S \delta_{lk} = h\,\delta_{lk} = h\,\delta_{kl}, \tag{67}$$

wo h die Zahl der Elemente der Gruppe (die Ordnung) bedeutet.

Aus der rechten Seite von (65) entsteht $c_{kl} = l_r$, so daß wir schließlich

$$h\,\delta_{kl} = l_r\,c_{kl} \tag{68}$$

bzw.

$$c_{kl} = \frac{h}{l_r}\,\delta_{kl} \tag{69}$$

erhalten. Aus (64) und (69) erhalten wir die Beziehung

$$\sum_S \Gamma_r(S)_{ik} \Gamma_r(S)_{lj}^{-1} = \frac{h}{l_r}\,\delta_{kl}\,\delta_{ij}. \tag{70}$$

Da die Γ unitär angenommen werden können, gilt also der

Satz 6: Die Koeffizienten der Matrizen einer irreduziblen Darstellung genügen den Beziehungen

$$\sum_S \Gamma_r(S)_{ik} \Gamma_r(S)_{jl}^* = \frac{h}{l_r}\,\delta_{kl}\,\delta_{ij}. \tag{71}$$

Die Sätze 5 und 6 lassen sich in die „Orthogonalitätsrelationen"

$$\sum_S \Gamma_s(S)_{ik} \sqrt{\frac{l_s}{h}}\, \Gamma_r(S)_{jl}^* \sqrt{\frac{l_r}{h}} = \delta_{rs}\,\delta_{ij}\,\delta_{kl} \tag{72}$$

zusammenfassen.

Aus den Orthogonalitätsrelationen folgt, daß die h Matrixelemente $\Gamma_s(S)_{ik}$ ($S\colon E, A, B, \ldots$) als Komponenten eines (komplexen) Vektors in einem h-dimensionalen Raum angesehen werden können, der komplex-orthogonal zu allen ähnlichen Vektoren ist, die durch Änderung der Indizes s, i, k aus ihm hervorgehen. Wir numerieren die irreduziblen Darstellungen und bezeichnen ihre Dimensionen mit $l_1, l_2, \ldots$ Die Zahl der genannten Vektoren ist dann

$$l_1^2 + l_2^2 + \cdots. \tag{73}$$

Da aber in einem Raum von h Dimensionen nur h zueinander orthogonale Vektoren existieren, muß

$$l_1^2 + l_2^2 + \cdots \leqq h \tag{74}$$

sein. Es läßt sich zeigen, daß tatsächlich nur das Gleichheitszeichen gilt und wir haben den wichtigen

Satz 7: Zwischen den Dimensionen $l_1, l_2, \ldots$ der irreduziblen Darstellungen einer Gruppe und ihrer Ordnung besteht die Beziehung

$$l_1^2 + l_2^2 + \cdots = h. \tag{74^1}$$

Dieser Satz zeigt insbesondere, daß eine endliche Gruppe nur endlich viele irreduzible Darstellungen besitzt.

Wir bezeichnen die Summe der Diagonalelemente einer Matrix $\Gamma_t(S)$, die zur t-ten Darstellung gehört (die nicht notwendig irreduzibel zu sein braucht) als den *Charakter* des Elementes S in dieser Darstellung. Die Charaktere sind gegen Ähnlichkeitstransformationen invariant. Äquivalente Darstellungen besitzen also gleiche Charakterensysteme. Aus demselben Grund besitzen Elemente, die zur selben Klasse gehören, denselben Charakter. Die Charaktere sind Klassenfunktionen.

$$\chi_t(S) = \sum_{i=1}^{l_t} \Gamma_t(S)_{ii}. \tag{75}$$

Aus den Orthogonalitätsrelationen folgt:

$$\sum_S \Gamma_s(S)_{ii} \Gamma_r(S)_{jj}^* = \frac{h}{l_s} \delta_{rs} \delta_{ij}. \tag{76}$$

Wir summieren über i von 1 bis l_s und über j von 1 bis l_r ($l_s < l_r$) und erhalten

$$\sum_S \chi_s(S)\,\chi_r(S)^* = \frac{h}{l_s}\,\delta_{rs} \sum_i^{l_s} \sum_j^{l_r} \delta_{ij} = \frac{h}{l_j}\,\delta_{rs} \sum_i^{l_s} 1 = h\,\delta_{rs}. \tag{77}$$

Nach dieser Beziehung können auch die h Charaktere $\chi_s(S)$ einer irreduziblen Darstellung als die Komponenten eines komplexen Vektors aufgefaßt werden, der zu allen Vektoren, die den anderen irreduziblen Darstellungen entsprechen, komplex-orthogonal ist.

Aus (77) folgt für $r = s$ der

Satz 8: Das Quadrat der Länge jedes Charakterenvektors ist gleich der Ordnung der Gruppe.

Da allen Elementen, die zu einer Klasse gehören, in einer Darstellung derselbe Charakter zugehört, können wir, statt in (77) über die Gruppen auch über die Klassen summieren. Wenn die k Klassen durch Nummern ϱ unterschieden werden und g_ϱ die Zahl der Elemente in der ϱ-ten Klasse bedeutet, nimmt (77) folgende Form an:

$$\sum_{\varrho=1}^{k} g_\varrho \, \chi_s \, (S_\varrho) \, \chi_r \, (S_\varrho)^* = h \, \delta_{rs} \, . \tag{78}$$

Dabei bedeutet S_ϱ irgendein Gruppenelement aus der ϱ-ten Klasse. Die k Charaktere $\chi_s \, (S_\varrho)$ einer irreduziblen Darstellung bilden einen komplexen Vektor, der zu allen ähnlichen Vektoren, die anderen irreduziblen Darstellungen entsprechen, komplex-orthogonal ist. Wenn n die Zahl der irreduziblen Darstellungen ist, muß also

$$n \leq k \tag{79}$$

sein. Auch dieser Schluß läßt sich wieder verschärfen zu dem

Satz 9: Die Zahl der irreduziblen Darstellungen einer Gruppe ist gleich der Zahl der Klassen der Gruppe

Da die als Beispiel angeführte Dreiecksgruppe drei Klassen umfaßt, besitzt sie also drei irreduzible Darstellungen. Da sich die Zahl 6, die die Ordnung der Gruppe angibt, nun auf eine Weise als Summe dreier Quadrate darstellen läßt, folgt weiter nach Satz 8, daß die Dreiecksgruppe zwei eindimensionale und eine zweidimensionale irreduzible Darstellung besitzt. Da weiter die Charaktere für alle in einer Klasse vereinigten Elemente gleich sind, ist eine Darstellung durch Angabe der Charaktere $\chi \, (E)$, $\chi \, (A, B, C)$, $\chi \, (D, F)$ für die drei Klassen zu beschreiben. Die Charaktere für die i-te irreduzible Darstellung $\chi_i (E)$, $\chi_i \, (A, B, C)$, $\chi_i \, (D, F)$ müssen nach (77) der Beziehung

$$\chi_i \, (E)^2 + 3 \, \chi_i \, (A, B, C)^2 + 2 \, \chi_i \, (D, F)^2 = 6 \tag{79a}$$

genügen. Insbesondere genügt dieser Beziehung das Charakterensystem der sog. identischen Darstellung, die bei jeder Gruppe dadurch entsteht, daß man jedem Element die Zahl 1 zuordnet (eindimensionale Einheitsmatrix).

$$\chi_1 (E) = 1 \quad \chi_1 (A, B, C) = 1 \quad \chi_1 (D, F) = 1 \, . \tag{79b}$$

Da in jeder Darstellung dem Element E die Einheitsmatrix zugeordnet ist, gilt für die zweite eindimensionale und die zweidimensionale irreduzible Darstellung (durch die Indizes $1'$ und 2 bezeichnet), sicher

$$\Gamma_{1'} \, (E) = (1) \quad \chi_{1'} \, (E) = 1$$

$$\Gamma_2 (E) = \begin{pmatrix} 1 & 0 \\ 0 & 1 \end{pmatrix} \quad \chi_2 (E) = 2 \, . \tag{79c}$$

Die Anwendung von (79a) ergibt:

$$1 + 3 \, \chi_{1'} (A, B, C)^2 + 2 \, \chi_{1'} (D, F)^2 = 6 \tag{79d}$$

$$2 + 3 \, \chi_2 (A, B, C)^2 + 2 \, \chi_2 (D, F)^2 = 6 \, . \tag{79e}$$

Da nach (77) die Charakterensysteme von $1'$ und $2'$ zu dem von 1 orthogonal sein müssen, folgt:

$$1 + 3\,\chi_{1'}(A,\,B,\,C) + 2\,\chi_{1'}(D,\,F) = 0 \qquad\qquad (79\mathrm{f})$$

$$2 + 3\,\chi_{2}(A,\,B,\,C) + 2\,\chi_{2}(D,\,F) = 0\,. \qquad\qquad (79\mathrm{g})$$

Außerdem muß das Charakterensystem von $1'$ zu dem von 2 orthogonal
sein:

$$2 + 3\,\chi_{1'}(A,B,C)\,\chi_{2}(A,B,C) + 2\,\chi_{1'}(D,F)\,\chi_{2}(D,F) = 0\,. \quad (79\mathrm{h})$$

Die Beziehungen (79d) bis (79h) bestimmen die restlichen Charaktere
und wir erhalten schließlich:

	(E)	$(A,\,B,\,C)$	$(D,\,F)$
χ_1	1	1	1
$\chi_{1'}$	1	-1	1
χ_2	2	0	-1

Die Sätze 7, 8 und 9 reichen in vielen Fällen zur Bestimmung
der Charakterensysteme der irreduziblen Darstellungen einer gegebenen
Gruppe aus. Die Charakterensysteme sind für die wichtigsten Symmetriegruppen im Anhang angegeben.

Die praktisch wichtigste Frage, zu deren Lösung sich die Kenntnis
der Charakterensysteme der irreduziblen Darstellungen als notwendig
erweisen wird, hängt damit zusammen, daß eine Darstellung, wie sie
etwa durch eine Basis zu einem entarteten Eigenwert induziert wird,
auch dann, wenn sie reduzibel ist, im allgemeinen nicht in einer Form
vorliegen wird, bei der man das Zerfallen unmittelbar sehen kann,
sondern in einer äquivalenten Form, die zunächst völlig undurchsichtig
ist. Wie kann man feststellen, ob diese Darstellung reduzibel ist und
wenn ja, wie oft die verschiedenen irreduziblen Darstellungen der Gruppe
in ihr vorkommen ?

Da die Charaktere gegen Ähnlichkeitstransformationen invariant
sind, gilt für die Charaktere einer reduziblen Darstellung

$$\chi(S) = \sum_{r} a_r\,\chi_r(S)\,, \qquad\qquad (80)$$

wenn a_r angibt, wie oft die r-te irreduzible Darstellung in der reduziblen vorkommt. Wir multiplizieren mit $\chi_s(S)^*$, summieren über
alle Gruppenelemente und erhalten wegen (77)

$$\sum_{S} \chi(S)\,\chi_s(S)^* = \sum_{S}\sum_{r} a_r\,\chi_r(S)\,\chi_s(S)^* = a_s h\,. \qquad (81)$$

Wir haben also den wichtigen

Satz 10: Die Zahlen a_s, die angeben, wie oft die s-te irreduzible
Darstellung in der reduziblen Darstellung mit dem Charakterensystem

$\chi\,(E),\ \chi\,(A),\ \chi\,(B),\ \ldots$ vorkommt, sind durch

$$a_s = \frac{1}{h}\,\sum_S \chi\,(S)\,\chi_s\,(S) \tag{82}$$

bestimmt.

Sowie man die a_s kennt, läßt sich in den meisten Fällen auch ohne Rechnung die Basis sofort so transformieren, daß die Darstellung in ausreduzierter Form erscheint. Wir gehen deshalb auf das Transformationsproblem nicht näher ein. Die Glieder der Basis lassen sich dann also in Familien zusammenfassen, von denen jede zu einer bestimmten irreduziblen Darstellung gehört. Wirkt auf das System eine Störung, die die Symmetrie des Problems nicht verändert, so kann dieser Familienzusammenhang nicht zerstört werden. Der entartete Term kann nur insoweit aufspalten, daß die Spaltterme verschiedenen irreduziblen Darstellungen entsprechen. Speziell kann ein Term, zu dem eine irreduzible Darstellung gehört, bei einer Störung der beschriebenen Art *nicht* aufspalten. Als Beispiel für die Anwendung der Beziehung (82) behandeln wir die Reduktion der durch die Basis (17) induzierten Darstellung der Dreiecksgruppe.

Das Charakterensystem ist

	(E)	$(A,\,B,\,C)$	$(D,\,F)$
χ	6	0	0

Daraus ergibt sich zusammen mit den oben bestimmten Charakteren der irreduziblen Darstellungen nach (82)

$$\varGamma = \varGamma_1 + \varGamma_{1'} + 2\,\varGamma_2\,.$$

Bei der praktischen Durchführung quantenmechanischer Näherungsrechnungen ist es häufig nicht nötig, die etwas ungewohnte Darstellungstheorie der Gruppen in ihrem ganzen Umfang heranzuziehen, wenn es sich darum handelt, Symmetrieeigenschaften für die Rechnung auszunützen.

Bei der Ableitung des Nichtkombinationssatzes (Kap. 2) hatten wir zunächst nur an solche mit dem Hamiltonoperator vertauschbare Operatoren F gedacht, die mechanischen Größen entsprechen. Tatsächlich haben wir aber nur von der Vertauschbarkeit mit H Gebrauch gemacht und dieser Umstand ermöglicht es uns, den Satz auf die Symmetrieoperatoren auszudehnen, die wir oben definiert haben. Häufig gelingt es leicht, die Eigenfunktionen eines entarteten Problems so zu transformieren, daß die neuen Funktionen ψ die Eigenwertgleichungen

$$\begin{aligned} S\,\psi_i &= 1\,\psi_i & i&:1,\,2,\,\ldots,\,j \\ S\,\psi_i &= -1\,\psi_i & i&:j+1,\,\ldots \end{aligned} \tag{83}$$

zu den Eigenwerten 1 und -1 des *einen* Symmetrieoperators S erfüllen.

Wenn dann ψ_r und ψ_s Eigenfunktionen zu 1 und -1 sind und V_s einen Störungsoperator bedeutet, der mit S vertauschbar ist, folgt aus dem Nichtkombinationsansatz

$$(\psi_r, V_s\psi_s) = 0. \tag{84}$$

Auf ähnliche Weise kann man zeigen, daß Glieder einer Basis, die zu verschiedenen irreduziblen Darstellungen der Symmetriegruppe eines Hamiltonoperators gehören, in bezug auf diesen Operator nicht miteinander kombinieren. Es ist also, wenn man ein Säkularproblem möglichst weitgehend reduzieren will, zweckmäßig, die Basis so zu transformieren, daß sie in Familien zerfällt, von denen jede zu einer irreduziblen Darstellung der Symmetriegruppe des Hamiltonoperators gehört.

Die Basis (32) läßt sich nun leicht in solcher Weise weitertransformieren, daß $\varGamma$ bei Induktion durch die neue Basis gleich in der voll ausreduzierten Form erscheint. Die neue Basis lautet

$$\varGamma_1 \quad \frac{1}{\sqrt{6}}\left\{(\psi_1+\psi_{1'})+(\psi_2+\psi_{2'})+(\psi_3+\psi_{3'})\right\}$$

$$\varGamma_2\begin{cases}\sqrt{\dfrac{2}{3}}\left\{(\psi_1+\psi_{1'})-\dfrac{1}{2}(\psi_2+\psi_{2'})-\dfrac{1}{2}(\psi_3+\psi_{3'})\right\}\\[2mm]\sqrt{\dfrac{2}{3}}\left\{\dfrac{1}{2}(\psi_1+\psi_{1'})+(\psi_2+\psi_{2'})-\dfrac{1}{2}(\psi_3+\psi_{3'})\right\}\end{cases}$$

$$\varGamma_{1'} \quad \frac{1}{\sqrt{6}}\left\{(\psi_1-\psi_{1'})+(\psi_2-\psi_{2'})+(\psi_3-\psi_{3'})\right\}$$

$$\varGamma_2\begin{cases}\sqrt{\dfrac{2}{3}}\left\{(\psi_1-\psi_{1'})-\dfrac{1}{2}(\psi_2-\psi_{2'})-\dfrac{1}{2}(\psi_3-\psi_{3'})\right\}\\[2mm]\sqrt{\dfrac{2}{3}}\left\{-\dfrac{1}{2}(\psi_1-\psi_{1'})+(\psi_2-\psi_{2'})-\dfrac{1}{2}(\psi_3-\psi_{3'})\right\}\end{cases}$$

5. Wichtige Einkörperprobleme.

51. Atomare Einheiten.

Bei der Behandlung von atom- und molekularphysikalischen Problemen ist es zweckmäßig, die von HARTREE[1] eingeführten atomaren Einheiten zu verwenden. Sie sind dadurch definiert, daß die Elektronenladung e, die Elektronenmasse m und der Radius der ersten BOHRschen Bahn im Wasserstoffatom

$$a_0 = \frac{h^2}{m\,e^2} \tag{1}$$

die Maßeinheiten für Ladung, Masse und Länge sind. In atomaren Einheiten haben die in den Gleichungen der Theorie auftretenden Naturkonstanten einfache Zahlenwerte (z. B. ist der Zahlenwert von $\hbar$ eins).

---

[1] HARTREE, D. R.: Proc. Cambridge Phil. Soc. **24**, 89, 111 (1928).

Man kann nun alle in den Gleichungen auftretenden Größen als dimensionslose Relativgrößen ansehen. Dadurch gewinnt man den Vorteil, daß man die Symbole für die Naturkonstanten durch deren (atomare) Zahlenwerte zu ersetzen hat. Da das einfache Zahlenwerte sind und die Symbole für die Konstanten dabei aus den Gleichungen verschwinden, nehmen diese sehr einfache Formen an.

In Tab. 1 sind die atomaren Einheiten für die wichtigsten physikalischen Größen und die Zahlenwerte wichtiger Größen in atomaren Einheiten (nach HELLMANN[1]) zusammengestellt.

Tabelle 1. Atomare Einheiten (aE).

Größe	Einheit	Zahlenwerte wichtiger Größen in atomaren Einheiten
Ladung	e	
Masse.	m	
Länge	a_0	
Energie	$\dfrac{e^2}{a_0}$	Ionisierungsenergie des H-Atoms: 1/2
Drehimpuls . .	$\hbar$	Drehimpuls des Elektrons um eine Achse (im H-Atom) : $1, 2, 3, \ldots$
Kraft	$\dfrac{e^2}{a_0^2}$	Kraft zwischen Kern und Elektron im H-Atom im Abstand a_0 : 1
Geschwindigkeit	$\dfrac{e^2}{\hbar}$	Geschwindigkeit des Elektrons auf der ersten Bahn in der BOHRschen Theorie: 1
Zeit	$\dfrac{a_0\,\hbar}{e_2}$	Umlaufzeit des Elektrons auf der ersten Bahn in der BOHRschen Theorie: $2\,\pi$
Frequenz . . .	$\dfrac{e^2}{a_0\,\hbar}$	Rydbergfrequenz $1/4\,\pi$
Feldstärke . . .	$\dfrac{e}{a_0^2}$	Feld in der Entfernung a_0 vom H-Kern : 1
Potential . .	$\dfrac{e}{a_0}$	Potential in der Entfernung a_0 vom H-Kern: 1

52. Teilchen im Kasten.

Bei Verwendung rechtwinkliger cartesischer Koordinaten soll die potentielle Energie V eines Teilchens in dem durch

$$\left. \begin{array}{l} 0 \leqq x \leqq a \\ 0 \leqq y \leqq b \\ 0 \leqq z \leqq c \end{array} \right\} \tag{1}$$

beschriebenen quaderförmigen Raumgebiet den Wert Null haben. Außerhalb des Gebietes soll sie unendlich groß sein. Damit ist ein Potentialkasten mit unendlich steilen und harten Wänden beschrieben.

---

[1] HELLMANN, H.: Quantenchemie. Leipzig 1937.

Da die Aufenthaltswahrscheinlichkeit $|\psi|^2$ außerhalb des Kastens sicher gleich Null ist, da also dort auch $\psi = 0$ sein muß, ist die Schrödingergleichung nur für das Kasteninnere zu lösen. Sie lautet, wenn die Teilchenmasse gleich der Elektronenmasse ist, in atomaren Einheiten

$$-\frac{1}{2}\,\Delta\,\psi = E\,\psi\,. \tag{2}$$

Mit dem Ansatz

$$\psi\,(x,\,y,\,z) = X\,(x)\,Y\,(y)\,Z\,(z) \tag{3}$$

zerfällt sie in die drei Teilgleichungen

$$-\frac{1}{2}\frac{d^2X}{dx^2} = E^x\,X,\quad -\frac{1}{2}\frac{d^2Y}{dy^2} = E^y\,Y,\quad -\frac{1}{2}\frac{d^2Z}{dz^2} = E^z\,Z\,, \tag{4}$$

deren Lösungen den Randbedingungen

$$X\,(0) = X\,(a) = Y\,(0) = Y\,(b) = Z\,(0) = Z\,(c) = 0 \tag{5}$$

genügen müssen, wenn ψ auf den Kastenflächen verschwinden soll. Die entsprechenden Lösungen lauten

$$X_{n_x} = \sqrt{\frac{2}{a}}\,\sin\frac{n_x\,\pi}{a}\,x \qquad n_x : 1,\,2,\,\ldots\ \text{usw.} \tag{6}$$

mit

$$E^x_{n_x} = \frac{1}{2}\frac{n_x^2\,\pi^2}{a^2}\ \text{usw.}, \tag{7}$$

so daß also die Eigenfunktionen und Eigenwerte des Problems

$$\left.\begin{aligned}
\psi_{n_x n_y n_z} &= \sqrt{\frac{8}{abc}}\,\sin\frac{n_x\,\pi}{a}\,x\,\sin\frac{n_y\,\pi}{b}\,y\,\sin\frac{n_z\,\pi}{c}\,z\\[2mm]
E_{n_x n_y n_z} &= \frac{\pi^2}{2}\left(\frac{n_x^2}{a^2} + \frac{n_y^2}{b^2} + \frac{n_z^2}{c^2}\right)\\[2mm]
&n_x,\,n_y,\,n_z : 1,\,2,\,\ldots
\end{aligned}\right\} \tag{8}$$

lauten. Jedem Quantenzahlentripel $n_x,\,n_y,\,n_z$ entspricht ein Zustand. Für $a = b = c$ vereinfacht sich der Ausdruck für den Eigenwert zu

$$E_{n_x n_y n_z} = \frac{\pi^2}{2\,a^2}\,(n_x^2 + n_y^2 + n_z^2)\,. \tag{9}$$

In einem Bildraum mit cartesischem Achsenkreuz, dessen Achsen den Größen $n_x,\,n_y,\,n_z$ zugeordnet sind, entspricht jedem „Gitterpunkt" des positiven Oktanten ein Zustand. Für $a = b = c$ hängt die Energie der Zustände nur vom Abstandsquadrat

$$r^2 = n_x^2 + n_y^2 + n_z^2 \tag{10}$$

der entsprechenden Bildpunkte vom Ursprung ab. In dem Raum, den der positive Oktant aus einer Kugelschale vom Radius r mit der Dicke Δr herausschneidet, liegen im Mittel so viel Bildpunkte ΔN, als das Volumen dieses Raumes beträgt:

$$\varDelta N = \frac{1}{8}\, 4\,\pi\, r^2\, \varDelta r\,. \tag{11}$$

Nach (9) ist

$$\varDelta E = \frac{\pi^2}{2\,a^2}\, 2\,r\,\varDelta r\,,\quad \left(E = \frac{\pi^2}{2\,a^2}\, r^2\right), \tag{12}$$

so daß sich für die Zahl der Zustände, die auf der Energieskala im Intervall $\varDelta E$ im Mittel liegen,

$$\varDelta N = \frac{a^3}{\pi^2\,\sqrt{2}}\,\sqrt{E}\,\varDelta E = \frac{v}{\pi^2\,\sqrt{2}}\,\sqrt{E}\,\varDelta E \tag{13}$$

ergibt, wenn wir für a^3 das Volumen v des Kastens setzen. Es läßt sich zeigen, daß diese Beziehung von der Form des Kastens unabhängig ist.

Aus (13) können wir eine wichtige Beziehung für die Energie eines Systems herleiten, in dem von insgesamt n Teilchen je zwei die $n/2$ tiefsten Zustände des Kastens besetzen. Die Energie E_0 des obersten noch besetzten Zustandes ergibt sich aus

$$\frac{n}{2} = \frac{v}{\pi^2\,\sqrt{2}} \int\limits_0^{E_o} \sqrt{E}\,dE \tag{14}$$

zu

$$E_0 = \left(\frac{3\,\pi^2}{2\,\sqrt{2}}\right)^{\frac{2}{3}} \varrho^{\frac{2}{3}}, \tag{15}$$

wobei

$$\varrho = \frac{n}{v} \tag{16}$$

die Teilchendichte bedeutet. Die gesuchte Energie ergibt sich dann zu

$$E_N = 2 \int\limits_0^{E_o} E\,dN = \frac{3^{\frac{5}{3}}\,\pi^{\frac{4}{3}}}{10}\, v\,\varrho^{\frac{5}{3}}. \tag{17}$$

Die Energiedichte ist also

$$\frac{E_N}{v} = \frac{3^{\frac{5}{3}}\,\pi^{\frac{4}{3}}}{10}\, \varrho^{\frac{5}{3}}. \tag{18}$$

53. Keplerproblem.

Die potentielle Energie eines Elektrons im Feld eines festgehaltenen Z-fach positiven Kernes ist

$$v = -\frac{Z}{r}\,,\quad r: \text{Abstand des Elektrons vom Kern.} \tag{1}$$

Die Schrödingergleichung für die Bewegung des Elektrons lautet also

$$-\frac{1}{2}\,\varDelta\,\psi - \frac{Z}{r}\,\psi = E\,\psi\,. \tag{2}$$

Zur Lösung werden zweckmäßig Kugelkoordinaten r,ϑ,ψ (Kern im

Ursprung) verwendet, die mit den cartesischen Koordinaten x, y, z, deren Achsen durch

$$x: \vartheta = \frac{\pi}{2}, \varphi = 0; \quad y: \vartheta = \frac{\pi}{2}, \varphi = \frac{\pi}{2}; \quad z: \vartheta = 0. \tag{3}$$

definiert sind, nach

$$\begin{aligned}
x &= r \sin \vartheta \cos \varphi \\
y &= r \sin \vartheta \sin \varphi \\
z &= r \cos \vartheta
\end{aligned} \tag{4}$$

zusammenhängen. Dann lautet (2):

$$\begin{aligned}
- \frac{1}{2} \Bigg\{ &\frac{\partial^2 \psi}{\partial r^2} + \frac{2}{r} \frac{\partial \psi}{\partial r} + \frac{1}{r^2 \sin \vartheta} \frac{\partial}{\partial \vartheta} \left(\sin \vartheta \frac{\partial \psi}{\partial \vartheta} \right) \\
&+ \frac{1}{r^2 \sin^2 \vartheta} \frac{\partial^2 \psi}{\partial \varphi^2} \Bigg\} - \frac{Z}{r} \psi = E \psi.
\end{aligned} \tag{5}$$

Mit dem Ansatz

$$\psi(r, \vartheta, \varphi) = R(r) \, Y(\vartheta, \varphi) \tag{6}$$

läßt sich diese Gleichung in

$$\frac{1}{\sin \vartheta} \frac{\partial}{\partial \vartheta} \left(\sin \vartheta \frac{\partial Y}{\partial \vartheta} \right) + \frac{1}{\sin^2 \vartheta} \frac{\partial^2 Y}{\partial \varphi^2} + l(l+1) Y = 0 \tag{7}$$

und

$$\frac{d^2 R}{dr^2} + \frac{2}{r} \frac{dR}{dr} + \left(2E + \frac{2Z}{r} - \frac{l(l+1)}{r^2} \right) R = 0 \tag{8}$$

aufspalten. $l(l+1)$ ist die Separationskonstante. (7) ist die Gleichung der Kugelflächenfunktionen. Sie hat nur dann reguläre Lösungen, wenn l positiv ganzzahlig oder Null ist. Zu jedem solchen Wert von l gibt es $2l+1$ voneinander linear unabhängige Lösungen der Gleichung, die durch die Quantenzahl[1] m mit dem Wertebereich: $-l, -l+1, \ldots,$ $0, 1, \ldots, l-1, l$ unterschieden werden. Sie lauten:

$$Y_{lm} = \Theta(\vartheta) \Phi(\varphi) = \left\{ \frac{2l+1}{2} \frac{(l-|m|)!}{(l+|m|)!} \right\}^{\frac{1}{2}} \frac{1}{\sqrt{2\pi}} P_l^{|m|}(\cos \vartheta) e^{im\varphi} \tag{9}$$

und sind in folgender Weise normiert

$$\int_0^\pi \int_0^{2\pi} Y_{lm}^* \, Y_{lm} \sin \vartheta \, d\vartheta \, d\varphi = 1. \tag{10}$$

Die $P_l^{|m|}(z)$ sind die durch

$$\sum_{l=|m|}^\infty P_l^{|m|}(z) t^l = \frac{(2|m|)! (1-z^2)^{\frac{|m|}{2}} t^{|m|}}{2^{|m|} (|m|)! (1 - 2zt + t^2)^{|m|+\frac{1}{2}}} \tag{11}$$

definierten zugeordneten Legendreschen Polynome. Einige wichtige

---

[1] Um die Quantenzahl m von der Spinquantenzahl zu unterscheiden, werden wir sie später gelegentlich mit m_l bezeichnen.

Funktionen Y_{lm} enthält die folgende Tabelle:

$$Y_{00} = \frac{1}{\sqrt{4\pi}}$$

$$Y_{10} = \sqrt{\frac{3}{4\pi}}\,\cos\vartheta \qquad Y_{11} = \sqrt{\frac{3}{8\pi}}\,\sin\vartheta\,e^{i\varphi} \qquad Y_{1-1} = \sqrt{\frac{3}{8\pi}}\,\sin\vartheta\,e^{-i\varphi}$$

$$Y_{20} = \sqrt{\frac{5}{4\pi}}\left(\frac{3}{2}\cos^2\vartheta - \frac{1}{2}\right) \tag{12}$$

$$Y_{21} = \sqrt{\frac{15}{8\pi}}\,\sin\vartheta\,\cos\vartheta\,e^{i\varphi} \qquad Y_{2-1} = \sqrt{\frac{15}{8\pi}}\,\sin\vartheta\,\cos\vartheta\,e^{-i\varphi}$$

$$Y_{22} = \sqrt{\frac{15}{32\pi}}\,\sin^2\vartheta\,e^{2i\varphi} \qquad Y_{2-2} = \sqrt{\frac{15}{32\pi}}\,\sin^2\vartheta\,e^{-2i\varphi}$$

Die Y_{lm} sind zueinander orthogonal.

Die Radialgleichung (8) hat für negatives E nur dann eine reguläre Lösung, wenn

$$E = -\frac{1}{2}\frac{Z^2}{n^2} \qquad\qquad n:l, l+1, \ldots \tag{13}$$

ist. Sie lautet

$$R_{nl} = -\left[\left(\frac{2Z}{n}\right)^3 \frac{(n-l-1)!}{2n\{(n+l)!\}^3}\right]^{\frac{1}{2}} e^{-\frac{\varrho}{2}}\,\varrho^l\,L_{n+l}^{2l+1}(\varrho) \tag{14}$$

mit

$$\varrho = \frac{2Z}{n}\,r \tag{15}$$

und ist in folgender Weise normiert:

$$\int\limits_0^\infty R_{nl}^2\,r^2\,dr = 1\,. \tag{16}$$

Die L_r^s sind die durch

$$\sum_{r=s}^\infty \frac{L_r^s(\varrho)}{r!}\,t^r = (-1)^s\,\frac{e^{-\frac{\varrho t}{1-t}}}{(1-t)^{s+1}}\,t^s \tag{17}$$

definierten zugeordneten LAGUERREschen Polynome.

Die Funktionen R_{nl} lauten explizit

$$
\left.
\begin{aligned}
&R_{10} = Z^{\frac{3}{2}}\,2\,e^{-\frac{\varrho}{2}} && R_{30} = \frac{Z^{\frac{3}{2}}}{9\sqrt{3}}\,(6 - 6\varrho + \varrho^2)\,e^{-\frac{\varrho}{2}} \\[2ex]
&R_{20} = \frac{Z^{\frac{3}{2}}}{2\sqrt{2}}\,(2-\varrho)\,e^{-\frac{\varrho}{2}} && R_{31} = \frac{Z^{\frac{3}{2}}}{9\sqrt{6}}\,(4-\varrho)\,\varrho\,e^{-\frac{\varrho}{2}} \\[2ex]
&R_{21} = \frac{Z^{\frac{3}{2}}}{2\sqrt{6}}\,\varrho\,e^{-\frac{\varrho}{2}} && R_{32} = \frac{Z^{\frac{3}{2}}}{9\sqrt{30}}\,\varrho^2\,e^{-\frac{\varrho}{2}}\,.
\end{aligned}
\right\} \tag{18}
$$

Sie sind zueinander orthogonal.

Die Gesamteigenfunktionen des Keplerproblems sind nun nach

$$\psi_{nlm}(r, \vartheta, \varphi) = R_{nl}(r)\, Y_{lm}(\vartheta, \varphi) \tag{19}$$

leicht anzugeben. Zu einem gegebenen Wert von n sind die l-Werte: $0, 1, 2 \ldots, n-1$ möglich, zu jedem l-Wert die m-Werte: $-l, -l+1 \ldots, 0, \ldots, l$, so daß also insgesamt n^2-Zustände zu einem n-Wert gehören, die negativen Zustände des Keplerproblems also n^2-fach entartet sind.

Die

$$\psi_{nlm} \qquad \begin{aligned} &l:\ 0, 1, \ldots, n-1 \\ &m:\ -l, -l+1, \ldots, 0, \ldots, l \end{aligned} \tag{20}$$

bilden eine Basis zum Eigenwert E_n. Es ist manchmal zweckmäßig, diese Basis so zu transformieren, daß die Glieder der neuen Basis rein reell sind. Nach Linearkombination der Funktionen ψ_{nlm} und ψ_{nl-m}

$$\left. \begin{aligned} \frac{1}{\sqrt{2}}\left\{\psi_{nlm} + \psi_{nl-m}\right\} \\ \frac{1}{i\sqrt{2}}\left\{\psi_{nlm} - \psi_{nl-m}\right\} \end{aligned} \right\} \tag{21}$$

erhält man die Eigenfunktionen des Keplerproblems in der Form

$n=1 \quad l=0$

$$\psi(1s) = \frac{1}{\sqrt{\pi}}\, Z^{\frac{3}{2}}\, e^{-\sigma}$$

$n=2 \quad l=0$

$$\psi(2s) = \frac{1}{4\sqrt{2\,\pi}}\, Z^{\frac{3}{2}}\, (2-\sigma)\, e^{-\frac{\sigma}{2}}$$

$n=2 \quad l=1$

$$\psi(2p_x) = \frac{1}{4\sqrt{2\,\pi}}\, Z^{\frac{3}{2}}\, \sigma\, e^{-\frac{\sigma}{2}}\, \sin\vartheta\, \cos\varphi \tag{22}$$

$$\psi(2p_y) = \frac{1}{4\sqrt{2\,\pi}}\, Z^{\frac{3}{2}}\, \sigma\, e^{-\frac{\sigma}{2}}\, \sin\vartheta\, \sin\varphi$$

$$\psi(2p_z) = \frac{1}{4\sqrt{2\,\pi}}\, Z^{\frac{3}{2}}\, \sigma\, e^{-\frac{\sigma}{2}}\, \cos\vartheta$$

$n=3 \quad l=0$

$$\psi(3s) = \frac{1}{81\sqrt{3\,\pi}}\, Z^{\frac{3}{2}}\, (27 - 18\,\sigma + 2\,\sigma^2)\, e^{-\frac{\sigma}{3}}$$

$n = 3 \quad l = 1$

$$\psi\,(3\,p_x) = \frac{\sqrt{2}}{81\,\sqrt{\pi}}\, Z^{\frac{3}{2}}\,(6 - \sigma)\,\sigma\, e^{-\frac{\sigma}{3}} \sin\vartheta\,\cos\varphi$$

$$\psi\,(3\,p_y) = \frac{\sqrt{2}}{81\,\sqrt{\pi}}\, Z^{\frac{3}{2}}\,(6 - \sigma)\,\sigma\, e^{-\frac{\sigma}{3}} \sin\vartheta\,\sin\varphi$$

$$\psi\,(3\,p_z) = \frac{\sqrt{2}}{81\,\sqrt{\pi}}\, Z^{\frac{3}{2}}\,(6 - \sigma)\,\sigma\, e^{-\frac{\sigma}{3}} \cos\vartheta$$

$n = 3 \quad l = 2$

$$\psi\,(3\,d\,\gamma_1) = \frac{1}{81\,\sqrt{6\,\pi}}\, Z^{\frac{3}{2}}\,\sigma^2\, e^{-\frac{\sigma}{3}}\,(3\cos^2\vartheta - 1)$$

$$\psi\,(3\,d\,\gamma_2) = \frac{1}{81\,\sqrt{2\,\pi}}\, Z^{\frac{3}{2}}\,\sigma^2\, e^{-\frac{\sigma}{3}} \sin^2\vartheta\,\cos 2\,\varphi \qquad (22)$$

$$\psi\,(3\,d\,\varepsilon_1) = \frac{1}{81\,\sqrt{2\,\pi}}\, Z^{\frac{3}{2}}\,\sigma^2\, e^{-\frac{\sigma}{3}} \sin^2\vartheta\,\sin 2\,\varphi$$

$$\psi\,(3\,d\,\varepsilon_2) = \frac{\sqrt{2}}{81\,\sqrt{\pi}}\, Z^{\frac{3}{2}}\,\sigma^2\, e^{-\frac{\sigma}{3}} \sin\vartheta\,\cos\vartheta\,\cos\varphi$$

$$\psi\,(3\,d\,\varepsilon_3) = \frac{\sqrt{2}}{81\,\sqrt{\pi}}\, Z^{\frac{3}{2}}\,\sigma^2\, e^{-\frac{\sigma}{3}} \sin\vartheta\,\cos\vartheta\,\sin\varphi$$

$\sigma = Z\,r\,.$

Die Eigenfunktionen zu Zuständen mit $E < 0$, die hier vorwiegend interessieren, enthalten alle einen Exponentialfaktor. Sie fallen mit zunehmendem r exponentiell ab. Dasselbe gilt auch für die Verteilungsfunktionen der Aufenthaltswahrscheinlichkeit $\psi^* \psi$. Die Bewegung des Elektrons erfolgt hauptsächlich in Kernnähe. Die Größenordnung des Bereiches, in dem die Bewegung vorwiegend vor sich geht, kann durch den Radius beschrieben werden, für den der Exponentialfaktor in ψ den Wert $1/e$ annimmt. Für den Grundzustand $\psi\,(1\,s)$ ist dieser Radius gleich a_o, also gleich dem Bohrschen Wasserstoffradius. $\psi\,(1\,s)$ hängt nur von r, nicht aber von ϑ und φ ab. $\psi^2\,(1\,s)$ beschreibt also eine kugelsymmetrische Verteilungsfunktion oder „Elektronenwolke". Die vier Eigenfunktionen zu $n = 2$ besitzen je eine Knotenfläche. Bei $\psi\,(2\,s)$, das wieder eine kugelsymmetrische Verteilungsfunktion ergibt, ist die Knotenfläche eine Kugelfläche. Bei den $2\,p$-Eigenfunktionen sind, da man sie auch in der Form

$$\psi\,(2\,p_x) \sim f\,(r)\,x$$
$$\psi\,(2\,p_y) \sim f\,(r)\,y \qquad (23)$$
$$\psi\,(2\,p_z) \sim f\,(r)\,z$$

schreiben kann, die y-z-Ebene bzw. die z-x-Ebene, bzw. die x-y-Ebene Knotenflächen. Auf beiden Seiten der Knotenfläche ist in diesen Fällen der Funktionsverlauf spiegelbildlich unter Vorzeichenumkehr. Außerdem besitzen die angeschriebenen Funktionen Symmetrieachsen, und zwar sind das die x-Achse bzw. die y-Achse bzw. die z-Achse. In Abb. 4 ist durch „Höhenlinien" der Verlauf der Funktionen $\psi\,(1\,s)$ und $\psi\,(2\,p_x)$ auf Schnittflächen dargestellt.

Im Bereich $E > 0$ ist jeder E-Wert Eigenwert des Keplerproblems.

54. Drehimpulsoperatoren.

Die cartesischen Komponenten l_x, l_y, l_z des Drehimpulsvektors l eines Teilchens, bezogen auf den Nullpunkt des Koordinatensystems sind durch

$$l_x = y\,p_z - z\,p_y$$
$$l_y = z\,p_x - x\,p_z \qquad (1)$$
$$l_z = x\,p_y - y\,p_x$$

definiert. Ihnen sind also die Operatoren

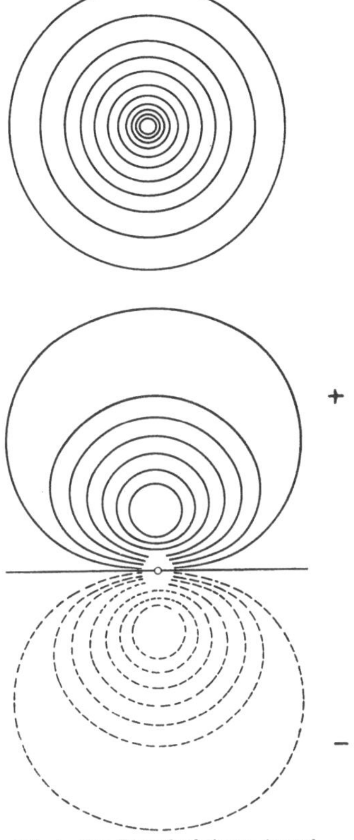

Abb. 4. Die Eigenfunktionen $1s$ und $2\,p$ des Keplerproblems.

$$l_x \equiv \frac{1}{i}\left(y\,\frac{\partial}{\partial z} - z\,\frac{\partial}{\partial y}\right)$$
$$l_y \equiv \frac{1}{i}\left(z\,\frac{\partial}{\partial x} - x\,\frac{\partial}{\partial z}\right) \qquad (2)$$
$$l_z \equiv \frac{1}{i}\left(x\,\frac{\partial}{\partial y} - y\,\frac{\partial}{\partial x}\right)$$

zuzuordnen. Diese Operatoren sind mit dem Hamiltonoperator des Keplerproblems und darüber hinaus mit dem jedes Zentralproblems vertauschbar. Sie sind aber nicht unter sich vertauschbar. Aus (2) folgt nämlich

$$l_x\,l_y - l_y\,l_x = i\,l_z$$
$$l_y\,l_z - l_z\,l_y = i\,l_x \qquad (3)$$
$$l_z\,l_x - l_x\,l_z = i\,l_y\,.$$

Es können also wohl eine Drehimpulskomponente und die Energie beim Zentralproblem gleichzeitig scharf definierte Werte haben, es kann aber von den drei Drehimpulskomponenten immer nur eine einen scharf definierten Wert besitzen.

Der Operator für das Quadrat des Drehimpulsbetrages, der aus (2) nach

$$l^2 = l_x^2 + l_y^2 + l_z^2 \tag{4}$$

zu bilden ist, ist mit H und mit l_x, l_y, l_z vertauschbar. Ein Eigenzustand der Energie kann also gleichzeitig Eigenzustand von l^2 und von einer Komponente, etwa von l_z, sein.

Bei Einführung von Kugelkoordinaten wird

$$l_z \equiv \frac{1}{i}\,\frac{\partial}{\partial \varphi} \tag{5}$$

und

$$l^2 \equiv \left\{ \frac{1}{\sin\vartheta}\,\frac{\partial}{\partial\vartheta}\left(\sin\vartheta\,\frac{\partial}{\partial\vartheta}\right) + \frac{1}{\sin^2\vartheta}\,\frac{\partial^2}{\partial\varphi^2} \right\}. \tag{6}$$

Aus (53.9) ergibt sich dann sofort, daß jede Funktion ψ_{nlm} Eigenfunktion von l^2, und zwar zum Eigenwert $l\,(l+1)$ dieser Größe ist. Auch die Funktionen (53.22) sind Eigenfunktionen von l^2 zum Eigenwert $l\,(l+1)$. Aus (5) und (53.9) folgt, daß jede Funktion ψ_{nlm} Eigenfunktion von l_z zum Eigenwert m ist. Das gilt aber z. B. *nicht* für die Funktionen (53.22). Diese sind im allgemeinen keine Eigenfunktionen von l_z, beschreiben also im allgemeinen Zustände, bei denen die z-Komponente des Drehimpulses keinen scharf definierten Wert hat.

55. Teilchen im Zentralfeld.

Das Feld einer Punktladung ist ein spezieller Fall des allgemeinen Zentralfeldes. Wenn $V\,(r)$ an die Stelle von $-\,Z/r$ tritt, ändert sich bei dem Lösungsgang des Problems nur die Differentialgleichung für den Radialanteil R_{nl} der Eigenfunktionen. Die Eigenfunktionen haben also die Form

$$\psi_{nlm} = R'_{nl}(r)\,Y_{lm}(\vartheta,\varphi), \tag{1}$$

wo die Y_{lm} nach (53.12) bekannt sind. Die Eigenwerte der Differentialgleichung

$$\frac{d^2 R'}{dr^2} + \frac{2}{r}\,\frac{dR'}{dr} + \left(2\,E - 2\,V(r) - \frac{l\,(l+1)}{r^2}\right) R' = 0 \tag{2}$$

für R' sind im allgemeinen Fall schwierig zu ermitteln. Da wir uns vor allem für die Änderung der Entartungsverhältnisse beim Übergang vom Keplerproblem zum allgemeinen Zentralproblem interessieren, genügt es für unsere Zwecke den Fall

$$V(r) = -\,\frac{Z}{r} + V_s(r) \tag{3}$$

zu betrachten, wo V_s klein gegen $\dfrac{Z}{r}$ ist. Dann können wir die Eigenwerte in Näherung durch Störungsrechnung mit $-V_s\,(r)$ als Störungs-operator bestimmen. Zu jedem n^2-fach entarteten Eigenwert E_n des Keplerproblems ist ein Säkularproblem zu lösen.

Da die ψ^0_{nlm} orthogonal sind, kommt die Energiestörung ΔE nur in den Diagonalelementen der Säkulardeterminante vor. Daß die

$$V_{ij} = (\psi^0_i, V_s\,\psi^0_j) \tag{4}$$

nur für $i = j$ von Null verschieden sind, kann man in folgender Weise zeigen:

Die Glieder ψ_{nlm} der Basis der Störungsrechnung sind Eigenfunktionen von l^2. Deshalb verschwinden die V_{ij}, wenn ψ^0_i und ψ^0_j Eigenfunktionen zu verschiedenen Eigenwerten von l^2 sind, d. h. es verschwinden die V_{ij} zwischen s- und p-, s- und d-, p- und d-Funktionen usw.

Wenn ψ^0_i und ψ^0_j zum selben Eigenwert von l^2 gehören, kann man nun, da sie *alle* Eigenfunktionen des mit V_s vertauschbaren Operators l_z sind, und da sie außerdem alle zu *verschiedenen* Eigenwerten von l_z gehören, den Beweis der Beziehung

$$V_{ij} = 0 \qquad \text{für } i \neq j \tag{5}$$

zu Ende führen. Es treten also nur in den Diagonalelementen die

$$(\psi^0_{nlm}, V_s\,\psi^0_{nlm}) = \int\limits_0^\infty R_{nl}^{\,2}\,(r)\,V_s\,(r)\,r^2\,dr = V_{nl} \tag{6}$$

auf, die von m unabhängig sind. Die Säkularprobleme zu den Eigenwerten lauten also:

$$|V_{10} - \Delta E| = 0;\;
\begin{vmatrix}
V_{20} - \Delta E & 0 & 0 & 0 \\
0 & V_{21} - \Delta E & 0 & 0 \\
0 & 0 & V_{21} - \Delta E & 0 \\
0 & 0 & 0 & V_{21} - \Delta E
\end{vmatrix} = 0;\;\text{usw.}. \tag{7}$$

Die Lösungen sind

$$
\begin{array}{llll}
n = 1 & l = 1 & \Delta E = V_{10} \\
n = 2 & l = 0 & \Delta E = V_{20} \\
n = 2 & l = 1 & \left\{
\begin{array}{l}
\Delta E = V_{21} \\
\Delta E = V_{21} \\
\Delta E = V_{21}
\end{array}\right.
\end{array}
$$

usw..

Die Unabhängigkeit der V_{nl} von m führt zu dem Schluß, daß die m-Entartung weiter bestehen bleibt und daß durch die Störung nur die l-Entartung aufgehoben wird. Die Eigenwerte des gestörten Problems hängen nicht mehr wie die des Keplerproblems nur von n, sondern von n und l ab. Zur Ermittlung der Form dieser Abhängigkeit müssen die V_{nl} tatsächlich berechnet werden.

Für einen Potentialverlauf, der von dem (gestrichelten) COULOMB-schen Verlauf in der in Abb. 5 angedeuteten Weise abweicht, ergibt sich qualitativ das angegebene Termschema.

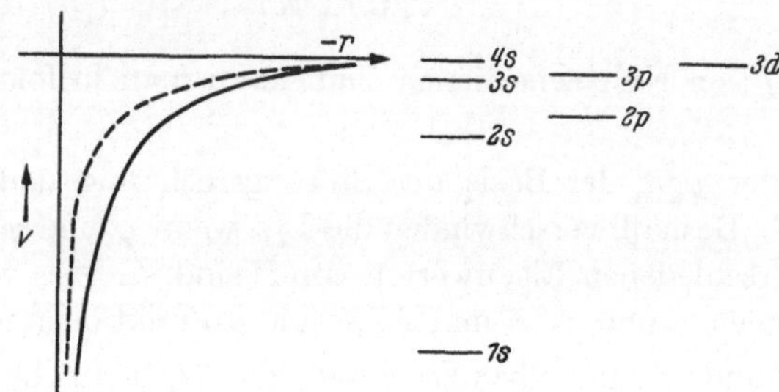

Abb. 5. Potentialverlauf und Termschema eines allgemeinen Zentralproblems.

Im allgemeinen Zentralfeld kann ein Term mit niedrigerer Hauptquantenzahl höher liegen als ein solcher mit höherer Hauptquantenzahl (s. Abb. 5, 3d und 4s).

56. Teilchen im Feld zweier Zentren.

Wir behandeln zunächst das Problem der Bewegung eines Elektrons im Feld zweier einfach positiven Punktladungen. Diese Situation wird uns später bei der Behandlung des Wasserstoffmolekülions H_2^+ wieder begegnen. Dort sind die beiden positiven Zentren die Wasserstoffkerne und wir sprechen deshalb hier schon von diesen Zentren als den Kernen.

Die Schrödingergleichung des Problems

$$- \frac{1}{2} \Delta \psi - \left(\frac{1}{r_a} + \frac{1}{r_b} \right) \psi = E \psi \tag{1}$$

ist streng lösbar. r_a (r_b) bedeutet den Abstand des Elektrons vom Kern a (b).

Wir führen in (1) die durch

$$\mu = \frac{r_a + r_b}{R} \qquad \nu = \frac{r_a - r_b}{R} \tag{2}$$

φ: Drehwinkel um die Kernverbindungslinie
R: Abstand der Kerne

definierten elliptischen Koordinaten mit den Variabilitätsbereichen

$$1 \leqq \mu < \infty, \quad -1 \leqq \nu \leqq 1, \quad 0 \leqq \varphi < 2\pi \tag{3}$$

ein. Die Flächen $\mu = \text{const}$ bzw. $\nu = \text{const}$ sind gestreckte Rotationsellipsoide bzw. Rotationshyperboloide mit der Kernverbindungslinie als Achse.

Mit dem Separationsansatz

$$\psi(\mu, v, \varphi) = M(\mu)\, N(v)\, \Phi(\varphi) \tag{4}$$

zerfällt (1) in die Teilgleichungen

$$\frac{d^2\Phi}{d\varphi^2} = -m^2\,\Phi \tag{5}$$

$$\frac{d}{dv}\left[(v^2-1)\frac{dN}{dv}\right] + \left(\frac{1}{2}E R^2 v^2 + A - \frac{m^2}{v^2-1}\right)N = 0 \tag{6}$$

$$\frac{d}{d\mu}\left[(\mu^2-1)\frac{dM}{d\mu}\right] + \left(\frac{1}{2}E R^2 \mu^2 + 2R\mu + A - \frac{m^2}{\mu^2-1}\right)M = 0. \tag{7}$$

Die regulären Lösungen der Φ-Gleichung sind

$$\Phi \sim e^{im\varphi} \qquad m: 0, 1, -1, 2, -2, \ldots \tag{8}$$

A ist eine Separationskonstante, die so bestimmt werden muß, daß beide Gl. (6) und (7) bei gegebenem R gleichzeitig reguläre Lösungen N und M besitzen. Das ist nur für bestimmte Werte von E möglich, die sich mit R ändern.

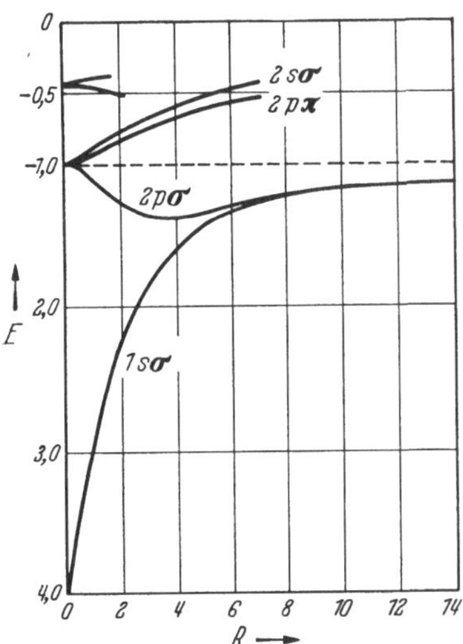

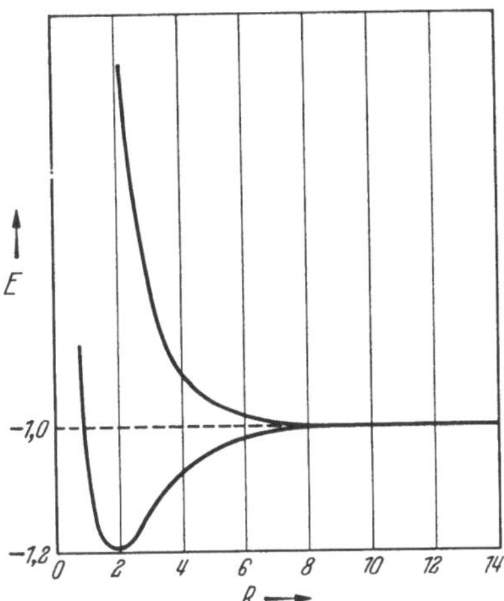

Abb. 6. Elektronenenergie des H_2^+.   Abb. 7. Energie des H_2^+.
(Energieeinheit in Abb. 6 und 7: $^1/_2$ atomare Einheit).

Wir verzichten darauf, die Rechnung durchzuführen, da sie langwierig ist und keine für die Theorie allgemein wichtigen Gesichtspunkte erbringt. In Abb. 6 haben wir nach HYLLERAAS, BURRAU und TELLER[1] die resultierenden Eigenwerte als Funktionen von R dargestellt.

Für die spätere Diskussion der Frage der Molekülbildung addieren wir zu den Eigenwerten E der Elektronenbewegung noch die vom

[1] HYLLERAAS, E.: Z. Physik **71**, 739 (1931); TELLER, E.: Z. Physik **61**, 458 (1930); BURRAU, O.: Kgl. Danske videnskab. Selskab **7**, 1 (1927).

Abstand abhängige potentielle Energie der Kerne gegeneinander : $1/R$. Dann ergeben sich für die Zustände $1s\sigma$ und $2p\sigma$ die Termkurven der Abb. 7.

Wir stellen an der Abb. 6, in der die Energie der Elektronenbewegung (ohne die Kernwechselwirkung) dargestellt ist, fest, daß in der Regel jeweils mehrere Termkurven an einem ausgezeichneten Punkt der Energieachse zusammenlaufen. Das ist erklärlich, wenn wir bedenken, daß die Schrödingergleichung (1) bei $R = 0$ in die Gleichung für die Bewegung eines Elektrons im Feld einer zweifach positiven Punktladung übergeht. Die ausgezeichneten Punkte auf der Energieachse bezeichnen die Terme des Elektrons im einfach positiven Heliumion.

Mit $R \to 0$ geht

$$\mu \to \frac{2r}{R}, \quad \nu \to \cos\vartheta, \quad \varphi \to \varphi, \tag{9}$$

wobei r, ϑ, φ Kugelkoordinaten sind, die sich auf den „Vereinigungskern" He^{2+} als Ursprung und die ursprüngliche Kernverbindungslinie als Achse beziehen. Entsprechend geht die N-Gleichung mit $R \to 0$ in die ϑ-Gleichung und die M-Gleichung in die Radialgleichung des Einzentrenproblems über. Die Eigenfunktionen des H_2^+-Problems gehen also stetig in die Eigenfunktionen

$$R_{nl}(r) \left\{ \frac{2l+1}{2} \, \frac{(l-|m|)!}{(l-|m|)!} \right\}^{\frac{1}{2}} \frac{1}{\sqrt{\pi}} \, P_l^{|m|}(\cos\vartheta) \, {\cos m\varphi \atop \sin m\varphi} \tag{10}$$

$$\text{wenn } m \, {\text{positiv} \atop \text{negativ}} \text{ ist,}$$

über. Bei dem Übergang kann sich die Zahl der Knotenflächen der Eigenfunktion nicht unstetig ändern; wir erhalten also Auskunft über die Knotenflächen der Eigenfunktionen des H_2^+, indem wir zunächst die Knotenflächen der Einzentrenfunktionen betrachten, in die sie übergehen.

Einer Nullstelle einer φ-Funktion entspricht im Einzentrenproblem eine Knotenebene, die die Achse des Kugelkoordinatensystems enthält. Da die Koordinate φ im Zweizentrenproblem in derselben Weise verwendet wird wie im Einzentrenproblem, können auch bei den Eigenfunktionen des H_2^+ Knotenebenen auftreten, die die Kernverbindungslinie enthalten.

Einer Nullstelle einer ϑ-Funktion entspricht eine Kegelfläche $(\cos\vartheta = \text{const})$. Diese Fläche geht, wenn R von Null an wächst, in eine Fläche $\nu = \text{const}$, also in ein Rotationshyperboloid über. Ganz entsprechend geht jede Kugelknotenfläche, die einer Nullstelle einer r-Funktion entspricht, beim Molekül in eine Ellipsoidfläche $\mu = \text{const}$ über.

Zwischen den Anzahlen k_r, k_ϑ, k_φ der Nullstellen der Einzentren-funktionen (2) und den Quantenzahlen n, l, m bestehen die Beziehungen

$$k_r = n - l - 1$$
$$k_\vartheta = l - |m|$$
$$k_\varphi = |m|.$$

Es liegt deshalb nahe für das H_2^+-Problem, wenn k_μ, k_ν, k_φ die Anzahlen der Nullstellen von M, N und Φ angeben, Quantenzahlen n, l, m durch

$$k_\mu = n - l - 1$$
$$k_\nu = l - |m| \tag{11}$$
$$k_\varphi = |m|$$

zu definieren, die den gleichen Quantenzahlen des Einzentrenproblems entsprechen. Es ist dann möglich, jedem Zustand des H_2^+ ein Quantenzahltripel $n\,l\,m$ zuzuordnen. Dabei ist es üblich, die folgenden Symbole zu gebrauchen:

$$l: 0, 1, 2, \ldots$$
$$s \quad p \quad d$$
$$|m|: 0, 1, 2, \ldots \tag{12}$$
$$\sigma \quad \pi \quad \delta$$

Da durch $n\,l\,m$ im Einzentrenproblem *ein* Zustand vollständig beschrieben ist, entspricht auch bei H_2^+ jedem Wertetripel $n\,l\,m$ *ein* Zustand.

Inwieweit Zustände zusammenfallen, also entartet sind, läßt sich an Hand der Gl. (5), (6), (7) und an Hand der irreduziblen Darstellungen der Symmetriegruppe des Gebildes weitgehend entscheiden.

Die Quantenzahl m kommt in (5), (6), (7) nur in Gestalt von m^2 vor, so daß also E auch nur von m^2 abhängen kann. Daraus folgt, daß die Zustände $n\,l\,m$ und $n\,l-m$ miteinander entartet sein müssen. σ-Zustände sind also einfach, π-, δ-, . . .-Zustände sind doppelt. Die Kernverbindungslinie fällt mit einer unendlichzähligen Symmetrieachse zusammen. Alle Drehungen C_φ und $C_{-\varphi}$ um diese Achse sind Symmetrieoperationen des Hamiltonoperators. Durch den Mittelpunkt der Kernverbindungslinie gehen unendlich viele zweizählige Achsen senkrecht zur Hauptachse. Alle Drehungen C_2 um diese Achsen um den Winkel π sind Symmetrieoperationen. Schließlich ist noch der Mittelpunkt der Kernverbindungslinie Inversionszentrum i und damit sind auch $i\,C_\varphi$ ($i\,C_{-\varphi}$) und $i\,C_2$ Symmetrieoperationen. Die dadurch beschriebene axiale Drehspiegelungsgruppe besitzt (s. Anhang) nur ein- und zweidimensionale irreduzible Darstellungen. Da zu einem nicht „zufällig" entarteten Term eine *irreduzible* Darstellung gehört, sind die Terme des H_2^+ also in der Regel zweifach.

Die volle m-Entartung des Einzentrenproblems ist bei H_2^+ zu einer zweifachen Entartung reduziert.

In Abb. 8 sind für einige H_2^+-Eigenfunktionen die Knotenflächen schematisch angegeben. Daß in Abb. 6 die unterste Kurve mit $1\,s\,\sigma$ zu bezeichnen ist, folgt eindeutig daraus, daß mit $R \to 0$ $1\,s\,\sigma$ und nur dieser Term in den Atomterm $1\,s$ übergehen muß. Unsere Überlegungen führen auch zu dem Schluß, daß die drei nächsten für $R \to 0$ in einem Punkt zusammenlaufenden Kurven den Termen $2\,s\,\sigma$, $2\,p\,\sigma$, $2\,p\,\pi$ entsprechen. Wie diese Symbole aber den drei Kurven zuzuordnen sind, kann nur die tatsächliche Lösung des Problems zeigen.

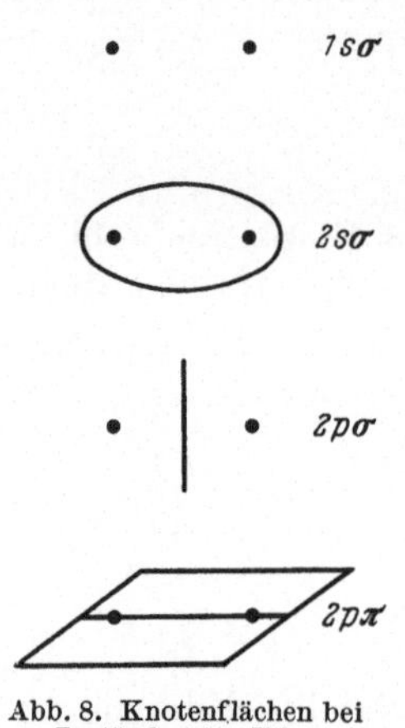

Abb. 8. Knotenflächen bei Zuständen des H_2^+.

Die in diesem Abschnitt dargestellten Überlegungen gelten natürlich nicht nur für das H_2^+-Problem, sondern für jedes Zweizentrenproblem mit gleichen Zentren. Selbst für Zweizentrenprobleme mit verschiedenen Kernen behalten alle Resultate Gültigkeit, die aus der Tatsache abgeleitet worden sind, daß mit $R \to 0$ ein Einzentrenproblem entsteht. Auch bei Zweizentrenproblemen mit verschiedenen Zentren behalten die Quantenzahlen $n\,l\,m$ ihren Sinn. Wenn man die zwei Zentren stetig verschieden macht, bleibt die Zahl der Knotenflächen der einzelnen Zustände erhalten, lediglich die Form der Knotenflächen wird nicht mehr symmetrisch zur Mittelebene der Kerne verlaufen, wie das in Abb. 8 der Fall war. Da sich auch bei verschiedenen Zentren die Φ-Gleichung absepariren läßt (mit m^2 als Separationsparameter), sind auch bei verschiedenen Zentren die Zustände $n\,l\,m$ und $n\,l - m$ miteinander entartet.

Die Symmetriegruppe bei ungleichen Zentren besteht aus den Drehungen C_φ ($C_{-\varphi}$) und aus $i\,C_2$. i, $i\,C_\varphi$ ($i\,C_{-\varphi}$) und C_2 entfallen. Es handelt sich um die axiale Drehgruppe $C_{\infty V}$.

Die Tabellen der irreduziblen Darstellungen von $D_{\infty h}$ und $C_{\infty V}$ zeigen, daß zu σ-, π-, δ-, . . .-Termen in beiden Fällen Darstellungen Σ, Π, Δ, . . . gehören. Bei $D_{\infty h}$ gibt es vier Σ-Darstellungen, die durch $+$ ($-$) und g (u) unterschieden werden. Diese Symbole können zur zusätzlichen Charakterisierung der Zustände verwendet werden. So gehört der durch Lösung der Gleichungen sich ergebende Grundzustand des H_2^+, wie man aus den Symmetrieeigenschaften der zugehörigen Eigenfunktionen ersehen kann, zu Σ_g^+, so daß man als Symbol für den Grundzustand genauer $1\,s\,\sigma_g^+$ statt $1\,s\,\sigma$ verwenden könnte. Außerdem gibt es je zwei durch g (u) unterschiedene Darstellungen Π, Δ, ...

Bei ungleichen Zentren fällt die g-u-Unterscheidung weg, und es verbleibt lediglich für Σ-Terme die Möglichkeit der zusätzlichen Charakterisierung durch $+\,(-)$[1].

6. Das Mehrkörperproblem.

61. Die Schrödingergleichung.

Die Schrödingergleichung des Mehrkörperproblems lautet

$$-\frac{1}{2}\sum_i^n \frac{1}{m_i}\,\Delta_i\psi + V\psi = E\psi\,, \tag{1}$$

wenn an dem System n Körper mit den Massen m_i; $i:1, 2, \ldots, n$ beteiligt sind. Die Funktion ψ hängt von den $3\,n$ Variablen x_i, y_i, z_i; $i:1, 2, \ldots, n$ ab, und

$$\begin{aligned} dW &= \psi^*\,\psi\,d x_1\,d y_1\,d z_1\,d x_2\,d y_2\,d z_2 \ldots d x_n\,d y_n\,d z_n \\ &= \psi^*\,\psi\,d\tau_1\,d\tau_2\ldots d\tau_n = \psi^*\,\psi\,d\tau \end{aligned} \tag{2}$$

mit

$$d\tau_i = d x_i\,d y_i\,d z_i \qquad d\tau = \prod_i^n d\tau_i \tag{3}$$

ist die Wahrscheinlichkeit dafür, gleichzeitig den ersten Körper im Volumelement $d\tau_1$, den zweiten in $d\tau_2$ usw. anzutreffen. Die Wahrscheinlichkeit dW_j, den j-ten Körper unabhängig von der Lage aller übrigen im Volumelement $d\tau_j$ anzutreffen, erhält man aus dW durch Integration über die Koordinaten der übrigen Körper zu

$$dW_j = d\tau_j\,{\int}'\,\psi^*\,\psi\,{\prod_i}'\,d\tau_i\,. \tag{4}$$

Dabei bedeutet der Strich am Integral- und am Produktzeichen, daß bei der Ausführung dieser Operationen jeweils der Index j auszulassen ist. Für $j' \neq j$ hängen $dW_{j'}$ und dW_j im allgemeinen in verschiedener Weise von den Koordinaten ab (5).

62. Systeme mit gleichen Teilchen.

Wir betrachten einen speziellen wichtigen Fall, und zwar den, daß das System n gleiche Teilchen enthält. Unter Gleichheit der Teilchen ist dabei zu verstehen, daß natürlich

$$m_i = m \qquad\qquad i : 1, 2, \ldots, n \tag{1}$$

ist, daß aber vor allem auch V von den Koordinaten aller Teilchen in gleicher Weise abhängt. V ist invariant gegen die bezügliche Vertauschung

---

[1] Eine umfangreiche Sammlung weiterer Einkörperprobleme bei S. Flügge und H. Marschall, Rechenmethoden der Quantentheorie, 1. Teil, 2. Aufl., Berlin 1952.

je zweier Koordinatentripel, die sich auf zwei Teilchen beziehen, oder es ist, wie man kurz sagen kann, invariant gegen die „Vertauschung zweier Teilchen". Dann ist aber auch die Schrödingergleichung (61.1) gegen alle diese Vertauschungen invariant und daraus folgt, daß man aus einer ihrer Eigenfunktionen

$$\psi_i = \psi_i(\tau_1, \tau_2, \ldots, \tau_n), \tag{2}$$

die wir, da die Kennzeichnung durch den Index i hier nicht wichtig ist, kurz mit

$$\psi = \psi(\tau_1, \tau_2, \ldots, \tau_n)$$

bezeichnen wollen, sofort eine neue und zwar zum gleichen Eigenwert E_i bzw. E herstellen kann, indem man z. B. die Koordinatentripel τ_1 und τ_2 vertauscht:

$$\psi' = \psi(\tau_2, \tau_1, \ldots, \tau_n). \tag{3}$$

Jeder der $n!$ möglichen Vertauschungen kann man einen Permutationsoperator zuordnen. Es sei etwa

$$P\begin{pmatrix} 12 \ldots n \\ 21 \ldots n \end{pmatrix} \tag{4}$$

der Operator, der auf ψ angewandt ψ' erzeugt:

$$\psi' = P\begin{pmatrix} 12 \ldots n \\ 21 \ldots n \end{pmatrix} \psi. \tag{5}$$

Zu den Permutationsoperatoren gehört auch der identische Operator

$$P\begin{pmatrix} 12 \ldots n \\ 12 \ldots n \end{pmatrix}, \tag{6}$$

der keine Vertauschung bedeutet. Wenn man die $n!$ so definierten Permutationsoperatoren in irgendeiner Reihenfolge Furchlaufend numeriert denkt, kann man jetzt feststellen, daß alle $n!$ dunktionen

$$P_k \psi \qquad\qquad k:1, 2, \ldots, n!, \tag{7}$$

die auseinander durch „Vertauschung von Teilchen" hervorgehen, miteinander entartete Eigenfunktionen zum Eigenwert E sind. Den hier vorliegenden Typ von Entartung nennt man *Austauschentartung*.

Die allgemeinste reguläre Lösung zu E ist (wenn außer der Austauschentartung keine weitere Entartung vorliegt) eine Linearkombination der $P_k \psi$:

$$\varphi = \sum_k c_k P_k \psi. \tag{8}$$

Zunächst könnte man vermuten, daß jeder Satz von Koeffizienten c_k, der der Normierungsbedingung genügt, auch einen physikalisch möglichen Zustand des Systems beschreibt, daß also — wie bisher immer angenommen wurde — jede reguläre Lösung der Schrödingergleichung einen möglichen Zustand repräsentiert. Das ist hier aber nicht der Fall und zwar aus folgendem Grund:

Wenn das System aus gleichen und damit ununterscheidbaren Teilchen besteht, muß die Aufenthaltswahrscheinlichkeit dW_j für alle Teilchen in der gleichen Weise vom Ort abhängen, es muß also, wenn man die Koordinaten in beiden Ausdrücken in gleicher Weise bezeichnet, im Gegensatz zu (61.5)

$$dW_j, \text{ analog } dW_j \tag{9}$$

sein. Damit das für alle j gleichzeitig gilt, ist erforderlich, daß für jede physikalisch sinnvolle Lösung φ

$$P_l \varphi^* \varphi = \varphi^* \varphi \qquad l:1, 2, \ldots, n! \tag{10}$$

gilt. $\varphi^* \varphi$ muß invariant gegen alle möglichen Vertauschungen sein. Die Invarianz von $\varphi^* \varphi$ gegen die Permutationen, die durch die Operatoren P_l repräsentiert werden, ist aber natürlich nur gewährleistet, wenn für alle l

$$P_l \varphi = c_l \varphi \qquad c_l^* c_l = 1 \tag{11}$$

gilt. Die Operatoren P_l bilden eine Gruppe (die „symmetrische Gruppe") und die c_l können als die (zu Zahlen entarteten) Matrizen einer eindimensionalen Darstellung dieser Gruppe aufgefaßt werden. Wenn man also die Frage stellt, wie viele wesentlich verschiedene Möglichkeiten es gibt, durch entsprechende Wahl der c_k in (8) Funktionen φ herzustellen, die der Bedingung (11) genügen, hat man zu untersuchen, wie viele wesentlich verschiedene eindimensionale Darstellungen der symmetrischen Gruppe existieren. Eine nähere gruppentheoretische Betrachtung lehrt, daß es deren zwei gibt. Die Matrizen der ersten lauten

$$c_l = 1 \qquad l:1, 2, \ldots, n! \tag{12}$$

Um die allgemeine Gültigkeit der Beziehung

$$P_l \varphi = \varphi \tag{13}$$

zu erreichen, hat man in (8) alle c_k gleich anzunehmen, so daß also die „symmetrische" Lösung φ_s lautet:

$$\varphi_s = \frac{1}{\sqrt{n!}} \sum_k P_k \psi . \tag{14}$$

Die Matrizen der zweiten Darstellung sind

$$c_l = 1 \text{ oder } -1 , \tag{15}$$

je nachdem P_l einer geraden oder einer ungeraden Aufeinanderfolge von Paarvertauschungen (Transpositionen) äquivalent ist, je nachdem also P_l eine gerade oder eine ungerade Permutation ist.

Die Gültigkeit von

$$P_l \varphi = \pm \varphi , \qquad \text{wenn } P_l \, {\text{gerade} \atop \text{ungerade}} \text{ ist}, \tag{16}$$

kann ebenfalls nur auf eine Weise erreicht werden und zwar nur dadurch, daß man die Koeffizienten c_k in (8), die geraden (ungeraden) P_k zugeordnet sind, gleich $+ (-) 1/\sqrt{n!}$ macht, so daß also die „antimetrische" Lösung φ_a lautet:

$$\varphi_a = \frac{1}{\sqrt{n!}} \sum_k{}' (-1)^{P_k} P_k \psi \,. \tag{17}$$

Dabei bedeutet das Symbol $(-1)^{P_k}$ entweder $+1$ oder -1, je nachdem ob P_k gerade oder ungerade ist.

Es ist üblich für φ_s und φ_a einfach

$$\begin{aligned}
\varphi_s &= \frac{1}{\sqrt{n!}} \sum_P P \, \psi \\[2mm]
\varphi_a &= \frac{1}{\sqrt{n!}} \sum_P (-1)^P P \, \psi
\end{aligned} \tag{18}$$

zu schreiben.

Die aus der Gleichheit der Teilchen folgende Invarianzforderung für $\varphi^* \, \varphi$ hat also schließlich zu einer weitgehenden Festlegung der c_k geführt und die noch verbliebene Unbestimmtheit wird durch die (quantenmechanisch nicht zu erklärende) Tatsache ausgeschaltet, daß für eine bestimmte Art von Teilchen immer nur entweder die symmetrischen oder die antimetrischen Eigenfunktionen Bedeutung haben (*Pauliprinzip*). Damit ist für ein System aus gleichen Teilchen die Austauschentartung völlig aufgehoben und die Folge der c_k eindeutig festgelegt.

63. Separierbare Systeme mit gleichen Teilchen.

Unter den Systemen mit gleichen Teilchen sind diejenigen besonders wichtig, bei denen keine Wechselwirkung zwischen den Teilchen stattfindet. Ihre Bedeutung beruht darauf, daß ihre Untersuchung häufig den Ausgangspunkt für die Untersuchung von Systemen gleicher Teilchen *mit* Wechselwirkung bildet.

Davon, daß keine Wechselwirkung zwischen den Teilchen stattfindet, spricht man dann, wenn die potentielle Energie des Systems sich aus n Gliedern zusammensetzt, deren jedes von den Koordinaten *eines* Teilchens in der Weise abhängt, daß diese Abhängigkeit bei allen Gliedern formal dieselbe ist, wenn also

$$V = \sum_i V(\tau_i) \tag{1}$$

ist. Dann ist die Schrödingergleichung separierbar. Mit dem Ansatz

$$\psi = \prod_i {}_i\psi(\tau_i) \tag{2}$$

läßt sie sich in die n Gleichungen

$$-\frac{1}{2}\, \Delta_i \, {}_i\psi(\tau_i) + V(\tau_i) \, {}_i\psi(\tau_i) = {}_iE_i \, \psi(\tau_i) \tag{3}$$

mit

$$E = \sum_i {}_iE \tag{4}$$

aufspalten. Die n Gleichungen (3) sind bis auf die Indizierung von ${}_i\psi$, ${}_iE$, x_i, y_i, z_i formal identisch. Es genügt also, die repräsentative Gleichung

$$-\frac{1}{2}\,\varDelta\,\psi + V(\tau)\,\psi = E\,\psi \tag{5}$$

zu betrachten. Sind E_j die Eigenwerte und $\psi_j(\tau)$ die Eigenfunktionen dieser Gleichung, so kann man nach (4) aus der Reihe der E_j n Werte herausgreifen und einen Eigenwert des Systems bilden:

$$E = E_a + E_b + \cdots. \tag{6}$$

Den Fall, daß in dieser Summe derselbe Summand mehrmals auftritt, wird man zu berücksichtigen haben.
Nach (2) ist dann

$$\psi = \psi_a(\tau_1)\,\psi_b(\tau_2)\cdots, \tag{7}$$

wofür man kurz auch

$$= a\,b\cdots,$$
$$\psi = \psi_a(1)\,\psi_b(2)\cdots \text{ oder } \psi = a(1)\,b(2)\cdots \tag{8}$$

schreiben kann, eine zugehörige Lösung der Schrödingergleichung des Systems. Die daraus zu bildenden physikalisch sinnvollen Linearkombinationen sind nach (62. 18)

$$\varphi_s = \frac{1}{\sqrt{n!}} \sum_P P\,a(1)\,b(2)\cdots \tag{9}$$

und

$$\varphi_a = \frac{1}{\sqrt{n!}} \sum_P (-1)^P P\,a(1)\,b(2)\cdots = A\,a(1)\,b(2)\cdots. \tag{10}$$
$$= A\,a\,b\cdots$$

Mit Rücksicht auf die LEIBNIZsche Determinantendefinition kann man φ_a nach HEISENBERG[1] auch in Gestalt einer Determinante aufschreiben:

$$\varphi_a = \frac{1}{\sqrt{n!}} \begin{vmatrix} a(1) & b(1)\ldots \\ a(2) & b(2)\ldots \\ \vdots & \vdots \end{vmatrix}. \tag{11}$$

Der Normierungsfaktor $1/\sqrt{n!}$ der HEISENBERGschen Determinanteneigenfunktion (10) bzw. (11) ergibt sich daraus, daß die $a, b, \ldots$ als Eigenfunktionen zu verschiedenen Eigenwerten der Einkörper-Schrödingergleichung (25) orthogonal sind. Wenn unter den $a, b, \ldots$ Funktionen vorkommen, die zu einem entarteten Eigenwert von (5) gehören,

---

[1] HEISENBERG, W.: Z. Physik **39**, 499 (1926).

können sie immer orthogonal gewählt werden, so daß unter dieser Bedingung der Normierungsfaktor von (10) bzw. (11) seinen Wert behält.

Wir werden aber später Determinanteneigenfunktionen vom Typ (11) verwenden, deren Bestandteile $a, b, \ldots$ nicht orthogonal sind, da sie nicht exakte Eigenfunktionen einer Einkörpergleichung (5) sind. In diesem Fall tritt an die Stelle von $1/\sqrt{n!}$ als Normierungsfaktor $c/\sqrt{n!}$, wo c noch von den Integralen (a, b) usw. abhängt.

Das durch (10) eingeführte Symbol

$$A\,a\,b\ldots \tag{12}$$

soll auf jeden Fall eine *normierte* Funktion bedeuten. A ist also ein Antimetrisierungsoperator, der allgemein durch

$$A\,a\,b\cdots = \frac{c}{\sqrt{n!}}\begin{vmatrix} a(1) & b(1)\ldots \\ a(2) & b(2)\ldots \\ \vdots & \vdots \ddots \end{vmatrix}, \quad (A\,a\,b\ldots, A\,a\,b\ldots) = 1 \tag{13}$$

erklärt ist. Funktionen der Form (13) nennen wir Heisenbergfunktionen (kurz: H-Funktionen).

Aus der Determinantenschreibweise (11) ergibt sich unter Heranziehung des Satzes, daß eine Determinante mit zwei Parallelreihen aus paarweise gleichen Gliedern identisch verschwindet, die wichtige Folgerung, daß bei der Bildung antimetrischer Eigenfunktionen separierbarer Systeme aus gleichen Teilchen jede Eigenfunktion der repräsentativen Gleichung (5) höchstens einmal verwendet werden darf. Wir können diesen Satz so aussprechen: Bei separierbaren Systemen gleicher Teilchen, für die das Pauliprinzip gilt, darf jeder Zustand des repräsentativen Problems höchstens einmal „besetzt" werden (d. h. in der Gesamteigenfunktion (11) erscheinen).

7. Elektronensysteme.

71. Der Elektronenspin.

Die Situation eines Elektrons kann durch Angabe von drei Koordinatenwerten nicht eindeutig beschrieben werden. Aus der Analyse der Atomspektren haben GOUDSMIT und UHLENBECK[1] entnommen, daß (a) das Elektron einen Eigendrehimpuls $\mathfrak{s}$ besitzt, dessen Betragsquadrat $\mathfrak{s}^2$ den Wert

$$\mathfrak{s}^2 = \frac{1}{2}\left(1 + \frac{1}{2}\right) \quad \text{(atomare Einheiten)} \tag{1}$$

hat. Das Experiment zeigt, daß (b) die möglichen Meßwerte für die Komponenten s_x, s_y, s_z von $\mathfrak{s}$ jeweils nur zwei sind und zwar für jede

---

[1] G. E. UHLENBECK u. S. GOUDSMIT: Naturwiss. **13**, 953 (1925); Nature (Lond.) **117**, 264 (1926).

Komponente $\frac{1}{2}$ und $-\frac{1}{2}$. Außerdem haben (c), wenn eine Komponente einen scharf definierten Wert (also sicher $+\frac{1}{2}$ oder $-\frac{1}{2}$) hat, die beiden anderen Komponenten grundsätzlich keine scharf definierten Werte. Man sieht, daß die Komponenten des Eigendrehimpulses oder Spins ganz ähnliche Eigenschaften haben wie die Komponenten des Translationsdrehimpulses, und es liegt deshalb nahe, in einer verallgemeinerten Quantenmechanik des Spinelektrons, die wir jetzt nach PAULI[1] nur soweit entwickeln wollen, wie wir sie brauchen werden, für die Operatoren s_x, s_y, s_z, die den Komponenten des Spins zugeordnet werden sollen, formal dieselben Vertauschungsregeln anzunehmen, wie für die Komponenten des Translationsdrehimpulses:

$$s_x s_y - s_y s_x = i\, s_z$$
$$s_y s_z - s_z s_y = i\, s_x \qquad (2)$$
$$s_z s_x - s_x s_z = i\, s_y$$

Außerdem soll angenommen werden, daß die s_x, s_y, s_z selbstadjungiert sind.

In der Nichtvertauschbarkeit der Komponenten untereinander kommt die Tatsache (c) zum Ausdruck, daß ein Zustand immer nur Eigenzustand *einer* Komponente sein kann, daß also immer nur die Spinkomponente parallel zu *einer* Raumrichtung einen exakt definierten Wert haben kann. *Welche* Raumrichtung das ist, ist damit keineswegs festgelegt.

Während in der Quantenmechanik der einfachen Massenpunkte die Koordinaten x, y, z zur Beschreibung der Lage ausreichen, wird man bei einem Elektron zunächst daran denken, zur Beschreibung seiner Situation außer den Koordinaten x, y, z die Werte der Komponenten s_x, s_y, s_z des Spins anzugeben. Da nach (2) aber nur eine dieser Komponenten einen exakt definierten Wert haben kann, genügt es, von den drei Komponenten *eine* als zusätzliche „Koordinate" des Elektrons zu verwenden. Wir wählen s_z und bezeichnen sie mit σ. Damit ist nicht etwa die z-Achse ausgezeichnet, da das Koordinatensystem, auf das die Spinkomponenten bezogen werden, willkürlich ist. Die „Spinkoordinate" unterscheidet sich von den Ortskoordinaten x, y, z dadurch, daß nach den Beobachtungen (b) ihr Wertebereich nur zwei Werte umfaßt und zwar $\frac{1}{2}$ und $-\frac{1}{2}$. Die Zustandsfunktion und damit auch die (Energie-)Eigenfunktion hängt also in der erweiterten Theorie von vier Größen ab:

$$u = u(x, y, z; \sigma) = u(\tau, \sigma). \qquad (3)$$

Zur Bestimmung von u dient wieder die Schrödingergleichung

$$H\, u = E\, u. \qquad (4)$$

---

[1] PAULI, W.: Z. Physik **43**, 601 (1927).

Zunächst würde man annehmen, daß der Hamiltonoperator die Spinkoordinate σ überhaupt nicht enthält. Daß das im allgemeinen doch der Fall ist, ergibt sich aus der weiteren Erfahrungstatsache (d), daß das Elektron nicht nur einen Eigendrehimpuls sondern auch ein diesem proportionales magnetisches Moment $\mathfrak{m}$ besitzt. Wegen der Proportionalität ist die Richtung von $\mathfrak{m}$ durch die Richtung von $\mathfrak{s}$ mitbestimmt, und wenn ein magnetisches Feld vorhanden ist, wird die Energie des Elektrons von der Richtung von $\mathfrak{m}$ und damit von $\mathfrak{s}$ abhängig. σ tritt also im Hamiltonoperator auf, den man in den uns interessierenden Fällen in einen von σ unabhängigen und in einen von σ abhängigen Teil zerlegen kann:

$$H = H\,(\tau) + H'\,(\tau, \sigma). \tag{5}$$

Wenn H' gegen H vernachlässigt werden kann, sprechen wir aus historischen Gründen von Russell-Saunders-Koppelung. Dieser Fall liegt bei nahezu allen Bindungsproblemen praktisch vor, und wir wollen deshalb in der Regel von der in H' zum Ausdruck kommenden energetischen Wirkung des mit dem Elektronenspin verknüpften magnetischen Momentes absehen. Dann kann man aber zur Lösung der Schrödingergleichung (4) den Separationsansatz

$$u\,(\tau, \sigma) = \psi\,(\tau)\,\chi\,(\sigma) \tag{6}$$

in die Gleichung eintragen und erhält, nachdem man mit χ dividiert hat, für den Ortsanteil ψ die gewöhnliche Schrödingergleichung

$$H\,\psi = E\,\psi. \tag{7}$$

Zur Festlegung des Spinanteils χ stellen wir zunächst fest, daß bei Russell-Saunders-Kopplung sicher H mit s_z vertauschbar ist, daß es also möglich ist, χ so zu wählen, daß die Gesamteigenfunktion u gleichzeitig Eigenfunktion von H und s_z ist. Da s_z nur auf den Spinanteil χ wirken kann, genügt es zu überlegen, welche (Spin-)Eigenfunktionen s_z besitzt. χ kann dann gleich einer dieser Funktionen gesetzt werden.

Aus der Beobachtung (b) folgt, da die möglichen Meßwerte nach der allgemeinen Theorie die Eigenwerte der betreffenden Größe sind, daß s_z nur zwei Eigenwerte besitzt, und zwar $+\frac{1}{2}$ und $-\frac{1}{2}$. Wir bezeichnen die zugehörigen Eigenfunktionen mit $\alpha\,(\sigma)$ und $\beta\,(\sigma)$, so daß also

$$s_z\,\alpha\,(\sigma) = \frac{1}{2}\,\alpha\,(\sigma) \tag{8}$$

und

$$s_z\,\beta\,(\sigma) = -\frac{1}{2}\,\beta\,(\sigma) \tag{9}$$

gilt.

Die Abhängigkeit von α und β von σ läßt sich jetzt leicht feststellen.

Nach der allgemeinen Theorie bedeutet

$$\chi^* (\sigma)\, \chi (\sigma) \tag{10}$$

die Wahrscheinlichkeit, an einem System, das sich im Spinzustand χ befindet, als Meßwert bei der Messung von s_z den Wert σ zu erhalten.

Da α den Eigenzustand zum Eigenwert $\frac{1}{2}$ und β den zum Eigenwert $-\frac{1}{2}$ beschreiben soll, folgt aus (10)

$$\left.\begin{aligned}
\alpha^*\left(\tfrac{1}{2}\right)\quad \alpha\left(\tfrac{1}{2}\right) &= 1\\
\alpha^*\left(-\tfrac{1}{2}\right)\alpha\left(-\tfrac{1}{2}\right) &= 0\\
\beta^*\left(\tfrac{1}{2}\right)\quad \beta\left(\tfrac{1}{2}\right) &= 0\\
\beta^*\left(-\tfrac{1}{2}\right)\beta\left(-\tfrac{1}{2}\right) &= 1
\end{aligned}\right\} . \tag{11}$$

Durch diese vier Beziehungen sind die Werte von α und β an den zwei Stellen $\frac{1}{2}$ und $-\frac{1}{2}$ nur dann eindeutig festgelegt, wenn man z. B. noch zusätzlich die Bedingung auferlegt, daß α und β nur reelle, nicht negative Werte haben sollen. Dann ergibt sich aus (11) die Wertetabelle

$$
\begin{array}{c|cc}
\sigma & \alpha & \beta\\
\hline
\tfrac{1}{2} & 1 & 0\\[4pt]
-\tfrac{1}{2} & 0 & 1,
\end{array}
\tag{12}$$

die die Funktionen α und β vollständig beschreibt. Da α und β Zustände beschreiben, bei denen die z-Komponente des Spins die definierten Werte $+\frac{1}{2}$ und $-\frac{1}{2}$ besitzt, ordnen wir ihnen eine Quantenzahl m_s (mit den Werten $+\frac{1}{2}$ für α und $-\frac{1}{2}$ für β) zu.

An die Stelle der Integration über den Koordinatenbereich tritt bei den Spinfunktionen sinngemäß die Summation über die zwei Koordinatenwerte, so daß also in den aus (12) folgenden Beziehungen

$$\left.\begin{aligned}
\sum_\sigma \alpha^* (\sigma)\, \alpha (\sigma) &= 1 & (\alpha, \alpha) &= 1\\
\sum_\sigma \beta^* (\sigma)\, \beta (\sigma) &= 1 & (\beta, \beta) &= 1\\
\sum_\sigma \beta^* (\sigma)\, \alpha (\sigma) &= 0 & (\alpha, \beta) &= 0
\end{aligned}\right\} \tag{13}$$

zum Ausdruck kommt, daß die Spineigenfunktionen normiert und orthogonal sind.

Natürlich ist auch jede Funktion $u = \psi\,\chi$, die mit der Spinfunktion

$$\chi = c\,\alpha + \sqrt{1 - c^2}\,\beta\,, \qquad 0 < c < 1 \tag{14}$$

gebildet ist, eine Lösung der Schrödingergleichung. χ ist aber für $c \neq 0$ oder 1 *keine* Eigenfunktion von s_z. Bei Russell-Saunders-Kopplung sind die Funktionen $\alpha\,\psi$ und $\beta\,\psi$ miteinander entartet; sie gehören zum selben Energieeigenwert, und die von ihnen gebildete Basis kann nach (14) auch transformiert werden. Aus Zweckmäßigkeitsgründen werden wir aber meistens die durch α und β bezeichnete Basis verwenden.

Der Beobachtung (a) wird durch die Festsetzung Rechnung getragen, daß es nur einen Eigenwert von $\mathfrak{s}^2$ gibt, daß also die beiden Spinfunktionen auch Eigenfunktionen von $\mathfrak{s}^2$ zu demselben Eigenwert sind:

$$\begin{aligned}
\mathfrak{s}^2\,\alpha &= \frac{1}{2}\left(1 + \frac{1}{2}\right)\alpha \\
\mathfrak{s}^2\,\beta &= \frac{1}{2}\left(1 + \frac{1}{2}\right)\beta\,.
\end{aligned} \tag{15}$$

Um die Wirkung der Operatoren s_x und s_y auf α und β kennen zu lernen, betrachten wir den Operator $s_z\,(s_x - i\,s_y)$, der sich mit Hilfe der Vertauschungsbeziehungen (2) umformen läßt zu

$$\begin{aligned}
s_z\,(s_x - i\,s_y) &= i\,s_y + s_x\,s_z - s_x - i\,s_y\,s_z \\
&= (s_x - i\,s_y)\,s_z - (s_x - i\,s_y)\,.
\end{aligned} \tag{16}$$

Indem man ihn auf α anwendet und (8) berücksichtigt, erhält man

$$s_z\,[(s_x - i\,s_y)\,\alpha] = -\frac{1}{2}\,[(s_x - i\,s_y)\,\alpha]\,. \tag{17}$$

Daraus folgt durch Vergleich mit (9), da β die einzige Eigenfunktion von s_z zum Eigenwert $-\frac{1}{2}$ ist:

$$(s_x - i\,s_y)\,\alpha = k\,\beta\,, \tag{18}$$

wo k eine noch zu bestimmende Konstante bedeutet.

In Anbetracht der Tatsache, daß β normiert ist, gilt

$$((s_x - i\,s_y)\,\alpha,\,(s_x - i\,s_y)\,\alpha) = (k\,\beta,\,k\,\beta) = k^*\,k\,. \tag{19}$$

Da die s_x und s_y selbstadjungiert sind, folgt daraus unter Berücksichtigung der Vertauschungsregeln (2) und der Beziehung:

$$\begin{aligned}
s_x^2 + s_y^2 &= \mathfrak{s}^2 - s_z^2\,, \\
k^*\,k &= (\alpha,\,(s_x + i\,s_y)\,(s_x - i\,s_y)\,\alpha) \\
&= (\alpha,\,(\mathfrak{s}^2 - s_z^2 + s_z)\,\alpha)\,.
\end{aligned} \tag{20}$$

Da die Resultate der Anwendung von $\mathfrak{s}^2$, s_z^2 und s_z auf α nach (9) und (15) bekannt sind, ergibt sich so

$$k^*\,k = 1 \tag{21}$$

mit der reellen Lösung

$$k = 1 \,, \tag{22}$$

so daß also (18) zu

$$(s_x - i\, s_y)\, \alpha = \beta \tag{23}$$

verschärft werden kann. Auf dieselbe Weise erhält man die weiteren Beziehungen:

$$\left. \begin{aligned} (s_x - i\, s_y)\, \beta &= 0 \\ (s_x + i\, s_y)\, \alpha &= 0 \\ (s_x + i\, s_y)\, \beta &= \alpha \end{aligned} \right\} . \tag{24}$$

Durch Subtraktion und Addition ergibt sich daraus:

$$\left. \begin{aligned} s_x\, \alpha &= \frac{1}{2}\, \beta & s_x\, \beta &= \frac{1}{2}\, \alpha \\ s_y\, \alpha &= \frac{i}{2}\, \beta & s_y\, \beta &= -\frac{i}{2}\, \alpha \end{aligned} \right\} . \tag{25}$$

Der Operator

$$\mathfrak{s}^2 = s_x^2 + s_y^2 + s_z^2 \tag{26}$$

läßt sich in eine für folgende Überlegungen bequeme Form bringen, wenn man die Identität

$$\begin{aligned} (s_x - i\, s_y)\,(s_x + i\, s_y) &= s_x^2 + i\,(s_x\, s_y - s_y\, s_x) + s_y^2 \\ &= s_x^2 - s_z + s_y^2 \end{aligned} \tag{27}$$

berücksichtigt. Dann ist nämlich

$$\mathfrak{s}^2 = (s_x - i\, s_y)\,(s_x + i\, s_y) + s_z + s_z^2 . \tag{28}$$

Bei Systemen aus mehreren Elektronen wird der Gesamtspin $\mathfrak{S}$ durch

$$\mathfrak{S} = \mathfrak{s}_1 + \mathfrak{s}_2 + \cdots \tag{29}$$

definiert. Für die Komponenten von $\mathfrak{S}$ gilt dann

$$\left. \begin{aligned} S_x &= s_{x1} + s_{x2} + \cdots \\ S_y &= s_{y1} + s_{y2} + \cdots \\ S_z &= s_{z1} + s_{z2} + \cdots \end{aligned} \right\} , \tag{30}$$

Wenn n die Zahl der Elektronen bedeutet, sind bei geradem n die Eigenwerte von $|\mathfrak{S}|$ und S_z

$$|\mathfrak{S}|:\ 0,\ \sqrt{1\,(1+1)},\ \sqrt{2\,(1+2)}, \ldots \sqrt{\frac{n}{2}\left(1 + \frac{n}{2}\right)} \tag{31}$$

$$\pm\, S_z:\ 0, 1, 2, \ldots, \frac{n}{2}$$

und bei ungeradem n

$$|\mathfrak{S}|: \quad \sqrt{\frac{1}{2}\left(1+\frac{1}{2}\right)}, \quad \sqrt{\frac{3}{2}\left(1+\frac{3}{2}\right)}, \ldots, \quad \sqrt{\frac{n}{2}\left(1+\frac{n}{2}\right)}$$

$$\pm S_z: \quad \frac{1}{2}, \frac{3}{2}, \ldots, \frac{n}{2}. \tag{32}$$

Der Beweis ergibt sich aus den Vertauschungsrelationen (2). Wenn ein Zustand zum Eigenwert $\sqrt{S(S+1)}$ des Spinbetrages gehört, nennt man $2S+1$ seine Multiplizität (s. Anhang 4).

72. Produkteigenfunktionen.

Die in der Theorie der chemischen Bindung interessierenden Systeme gleicher Teilchen sind die Elektronensysteme der Atome und Moleküle.

Die Schrödingergleichung für den Ortsanteil der Eigenfunktionen eines Systems aus n' Elektronen und N Kernen mit den Ladungszahlen Z_k ($k: 1, 2, \ldots, N$) lautet

$$-\frac{1}{2} \sum_i \Delta_i \, \psi + \left(-\sum_i \sum_k \frac{Z_k}{r_{ik}} + \sum_{i>j} \sum \frac{1}{r_{ij}}\right) \psi = E \, \psi. \tag{1}$$

r_{ik} bedeutet den Abstand des i-ten Elektrons vom k-ten Kern, r_{ij} den Abstand des i-ten vom j-ten Elektron. Diese Gleichung ist für $n' > 1$ nicht mehr separierbar, und man ist deshalb bei der analytischen Behandlung von Mehrelektronensystemen auf die Anwendung von Näherungsmethoden angewiesen. Diese Methoden sind spezielle Ausführungsformen der in Kap. 3 dargestellten allgemeinen Näherungsverfahren. Wir teilen sie zweckmäßig in zwei Gruppen ein:

1. Methoden, die mit Produkteigenfunktionen, und
2. Methoden, die mit Korrelationseigenfunktionen arbeiten.

Hier behandeln wir zunächst die Produkteigenfunktionen.

Bei der Behandlung separierbarer Mehrkörperprobleme mit gleichen Teilchen wurde festgestellt, daß — wenn keine Entartungen der Eigenwerte der repräsentativen Einkörpergleichung vorliegen — zu jedem Eigenwert des Systems eine symmetrische Eigenfunktion φ_s und eine antimetrische φ_a von der Form

$$\varphi_a = A \, a \, b \cdots \tag{1a}$$

existiert. Man kann nun versuchen, die Zustände von Elektronensystemen, für die nach PAULI nur antimetrische Eigenfunktionen in Frage kommen, durch H-Funktionen oder durch Linearkombinationen solcher Funktionen näherungsweise zu beschreiben. Dabei müssen allerdings an die Stelle der Einkörperfunktionen $a, b, \ldots$ Produkte aus solchen mit den Spineigenfunktionen α, β treten. Wenn wir unter $U, V, \ldots$ solche Produkte verstehen, lauten also die Funktionen, die wir zur Beschreibung der Zustände der Elektronensysteme verwenden wollen,

$$\varphi = A \, U \, V \cdots \tag{1b}$$

Wir nennen sie, da sie von SLATER eingeführt worden sind und da sie in der von HEISENBERG angegebenen Determinantenform geschrieben werden können, Heisenberg-Slater-Funktionen (HS-Funktionen)[1].

Da die $a, b, \ldots$ jeweils durch Multiplikation mit α oder β zu $U, V, \ldots$ erweitert werden können, gehören zu jedem Satz von $a, b, \ldots$ im allgemeinen mehrere Funktionen φ (Spinentartung). Wir werden die Frage behandeln, wie diese Funktionen linear zu kombinieren sind, damit Eigenfunktionen mit bestimmten Eigenschaften entstehen. Die zweite wichtige Frage, welche Funktionen $a, b, \ldots$ zweckmäßig als Faktoren des Produktansatzes (1b) gewählt werden, behandeln wir gesondert.

Während beim spinlosen Problem bei der Bildung der Heisenberg-Funktionen nur verschiedene Ortsfunktionen $a, b, c, \ldots$ verwendet werden durften, kann in HS-Funktionen ein und derselbe Ortsanteil maximal zweimal auftreten, wenn er nämlich das eine Mal mit α und das andere Mal mit β verknüpft erscheint. In diesem Fall sprechen wir von unvollständiger Spinentartung. Wenn n die Zahl der nur einmal auftretenden Ortsanteile ist, ist der Entartungsgrad 2^n. Speziell ist bei $n = 0$ keine Spinentartung mehr vorhanden. Jeder vorkommende Ortsanteil ist doppelt „besetzt" und damit ist jede Willkür in der Verteilung der Spinfunktionen ausgeschlossen. Zunächst könnte man allerdings vermuten, daß es sich um verschiedene Gesamtfunktionen φ_a (63.10) handelt, wenn in dem Produkt hinter P einmal

$$\cdots \alpha\,(\sigma_i)\,u\,(\tau_i)\,\beta\,(\sigma_{i+1})\,u\,(\tau_{i+1}) \cdots$$

und ein anderes Mal

$$\cdots \beta\,(\sigma_i)\,u\,(\tau_i)\,\alpha\,(\sigma_{i+1})\,u\,(\tau_{i+1}) \cdots$$

steht. Tatsächlich unterscheiden sich die so charakterisierten φ-Funktionen wegen der Antimetrisierung aber nur um den physikalisch belanglosen Faktor -1.

HS-Funktionen, die dieselben Ortsanteile enthalten, nennen wir verwandt. Ein Beispiel für eine Gesamtheit verwandter Funktionen bilden etwa die vier HS-Funktionen, die sich unter Verwendung zweier verschiedener Ortsanteile u, v bilden lassen

$$
\begin{aligned}
&A\;\alpha\,\alpha\,u\,v\\
&A\;\alpha\,\beta\,u\,v\\
&A\;\beta\,\alpha\,u\,v\\
&A\;\beta\,\beta\,u\,v\,.
\end{aligned}
\tag{1c}
$$

Durch die Ortsanteile einer Gruppe von verwandten Funktionen wird die „Elektronenkonfiguration" beschrieben, zu der diese Funktionen gehören.

---

[1] SLATER, J. C.: Phys. Rev. **34**, 1293 (1929).

Die 2^n miteinander verwandten HS-Funktionen, die gebildet werden können, wenn von den n' Ortsanteilen n nur je einmal auftreten, können wir in Gruppen einteilen, von denen jede durch die Zahl g charakterisiert ist, die angibt, wie oft α mit nur einmal auftretenden Ortsanteilen verknüpft in den Funktionen der Gruppe vorkommt. g kann von n bis 0 variieren. Seine physikalische Bedeutung ergibt sich, wenn wir den Operator S_z (71.30) auf die Funktionen der Gruppe anwenden. Dann ergibt sich nämlich

$$S_z\,\varphi = [g-(n-g)]\,\frac{1}{2}\,\varphi = [2\,g - n]\,\frac{1}{2}\,\varphi\,. \tag{2}$$

Die HS-Funktionen φ sind also immer Eigenfunktionen von S_z und zwar zum Eigenwert $[2\,g - n]\,\frac{1}{2}$. Die Funktionen einer Gruppe gehören zum selben Eigenwert und der Eigenwert kann zwischen $\frac{1}{2}\,n$ und $-\frac{1}{2}\,n$ und zwar in ganzzahligen Schritten variieren. Die zu $g = 0$ gehörige Gruppe enthält *eine* Funktion, die zu $g = 1$ gehörige n Funktionen, die zu $g = 2$ gehörige $n\,(n-1)/2$ usw. Allgemein enthält die zu g gehörige Gruppe so viele Funktionen, als es Möglichkeiten gibt, g Symbole α auf n Plätze zu verteilen, also

$$\binom{n}{g}\,. \tag{3}$$

Wir interessieren uns besonders für Fälle mit geraden n (Systeme mit gerader Gesamtelektronenzahl) und bei diesen für die Gruppe der HS-Funktionen mit $g = n/2$. Diese Gruppe umfaßt nach (3)

$$\binom{n}{n/2} = \frac{n!}{\left[\left(\frac{n}{2}\right)!\right]^2} \tag{4}$$

Funktionen, die zum Eigenwert 0 von S_z gehören.

Nun wollen wir die Basis einer Gruppe verwandter φ-Funktionen so transformieren, daß die Glieder der neuen Basis nicht nur Eigenfunktionen von S_z sondern auch solche von $\mathfrak{S}^2$ sind. Dabei interessieren wir uns besonders für diejenigen Glieder der neuen Basis, die (n gerade vorausgesetzt) zum Eigenwert 0 von $\mathfrak{S}^2$ gehören. Das hat darin seinen Grund, daß die meisten molekularen Gebilde eine gerade Elektronenzahl aufweisen und als Grundzustand einen Singulettzustand ($S = 0$) besitzen. Wenn die Glieder der neuen Basis weiterhin Eigenfunktionen von S_z sein sollen, können bei der Linearkombination der φ jeweils nur solche φ zusammengefaßt werden, die zu demselben Eigenwert von S_z gehören. Da außerdem für einen Vektor vom Betrag Null auch jede Komponente verschwinden muß, müssen die Eigenfunktionen zu $S^2 = 0$ notwendig Linearkombinationen der φ-Funktionen sein, die zu dem Eigenwert Null von S_z gehören, für die also $g = \frac{n}{2}$ ist. Umgekehrt braucht natürlich durchaus nicht jede Linearkombination der φ aus dieser Gruppe, die Eigenfunktion von $\mathfrak{S}^2$ ist, zum Eigenwert Null dieser Größe zu gehören. Wir müssen also damit rechnen, daß die Zahl der Eigenfunktionen von $\mathfrak{S}^2$ zum Eigenwert 0 dieser Größe, die wir aus den zu $S_z = 0$ gehörenden φ bilden können, kleiner als $\binom{n}{n/2}$ ist.

Um festzustellen, ob eine bestimmte Linearkombination von HS-Funktionen Eigenfunktion von $\mathfrak{S}^2$ ist, bedienen wir uns der aus (71.28) und (71.29) folgenden Darstellung dieses Operators:

$$\mathfrak{S}^2 = \sum_j (s_{xj} - i\, s_{yj}) \sum_{j'} (s_{xj}{}' + i\, s_{yj}{}') + \sum_j s_{zj} + \sum_j s_{zj} \sum_{j'} s_{zj}{}' . \tag{5}$$

Die in diesem Ausdruck vorkommenden Summenoperatoren sind gegen Vertauschung von Teilchennummern invariant. Deshalb genügt es, die Wirkung des Operators auf das Glied

$$p\,(\sigma_1\,\tau_1)\, q\,(\sigma_2\,\tau_2)\cdots \tag{6}$$

zu untersuchen, wenn man seine Wirkung auf eine Funktion vom Typ

$$A\, p\,(\sigma_1\,\tau_1)\, q\,(\sigma_2\,\tau_2)\cdots \tag{7}$$

kennen lernen will. Geht nämlich (6) unter der Wirkung des Summenoperators in

$$p'\,(\sigma_1\,\tau_1)\, q'\,(\sigma_2\,\tau_2)\cdots \tag{8}$$

über, so geht, da im Operator kein Teilchen bevorzugt ist, damit auch (7) in

$$A\, p'\,(\sigma_1\,\tau_1)\, q'\,(\sigma_2\,\tau_2)\cdots \tag{9}$$

über.

Nach (71.23) und (71.24) ist bekannt, wie die einzelnen Operatoren $(s_{xj} + i s_{yj})$ auf $\alpha\,(\sigma_j)$ bzw. $\beta\,(\sigma_j)$ wirken. Daraus folgt nun, daß bei der Wirkung von

$$S_x + i\, S_y = \sum_j (s_{xj} + i\, s_{yj}) \tag{10}$$

auf eine HS-Funktion vom Typ (1b) diese in die Summe derjenigen Funktionen übergeht, die man erhält, wenn der Reihe nach in (1b) jedes α durch Null ersetzt (womit das entsprechende Glied in der Summe wegfällt) und jedes β durch α. Bei der Anwendung von

$$S_x - i\, S_y = \sum_j (s_{xj} - i\, s_{yj}) \tag{11}$$

auf φ, entsteht die Summe derjenigen Funktionen, die aus φ dadurch gebildet werden können, daß man der Reihe nach jedes α durch β und jedes β durch Null ersetzt. Bei der Anwendung von

$$S_z = \sum_j s_{zj} \tag{12}$$

auf die φ-Funktionen vom Typ $g = n/2$ entsteht natürlich Null. Dasselbe gilt dann für die Wirkung von S_z^2.

Wegen der verschiedenen Wirkung von (12) einerseits und von (10) und nach (16) dann von (11) andererseits ist leicht zu sehen, daß φ-Funktionen zu $S_z = 0$ selbst noch keine Eigenfunktionen von $\mathfrak{S}^2$ sind. Die nacheinander erfolgende Anwendung von (10) und (11) würde nur dann wie die von S_z und S_z^2 auch Null ergeben, wenn jeweils nur α oder nur β in φ vorkommen würde. Das ist aber nach Voraussetzung $(S_z = 0)$ nicht der Fall.

Wir betrachten nun spezielle Linearkombinationen der HS-Funktionen zu $S_z = 0$, und zwar solche der Form

$$
\begin{aligned}
\Phi = {}& A \ldots \alpha\, \beta \ldots \alpha\, \beta \ldots r\, s \ldots u\, v \ldots \\
& - A \ldots \alpha\, \beta \ldots \beta\, \alpha \ldots r\, s \ldots u\, v \ldots \\
& - A \ldots \beta\, \alpha \ldots \alpha\, \beta \ldots r\, s \ldots u\, v \ldots \\
& + A \ldots \beta\, \alpha \ldots \beta\, \alpha \ldots r\, s \ldots u\, v \ldots + \ldots \\
= {}& A\, [\alpha\,(\sigma_r)\, \beta\,(\sigma_s) - \beta\,(\sigma_r)\, \alpha\,(\sigma_s)] \\
& [\alpha\,(\sigma_u)\, \beta\,(\sigma_v) - \beta\,(\sigma_u)\, \alpha\,(\sigma_v)] \\
& \ldots \\
& r\,(\tau_r)\, s\,(\tau_s) \ldots u\,(\tau_u)\, v\,(\tau_v) \ldots.
\end{aligned}
\tag{13}
$$

$r, s, u, v, \ldots$ sind Nummern bestimmter Elektronen, die in dem Produkt der Ortsanteile in (13) bei bestimmten Ortsanteilen auftreten. Wir wollen sagen, die $r, s, \ldots$ seien bestimmten Ortsanteilen zugeordnet.

Eine noch einfachere Schreibweise, von der wir im folgenden Gebrauch machen werden, ist

$$
\Phi = A\, [r\, s]\, [u\, v] \ldots r\, s \ldots u\, v.
\tag{14}
$$

Sie ist wohl ohne weiteres verständlich.

Bei Gl. (13) ist zu beachten, daß wir nach der oben getroffenen Verabredung unter Af stets eine normierte Funktion verstehen.

Nach (6) brauchen wir, wenn wir die Wirkung von Summenoperatoren auf Φ untersuchen wollen, nur die Wirkung auf den in (13) hinter A stehenden Ausdruck zu betrachten. Nun ist aber z. B., wenn wir zunächst einmal aus der Summe (10) nur die auf die Teilchen mit den Nummern r und s bezüglichen Glieder betrachten:

$$
\begin{aligned}
& \{(s_{xr} + i\, s_{yr}) + (s_{xs} + i\, s_{ys})\}\, [\alpha\,(\sigma_r)\, \beta\,(\sigma_s) - \beta\,(\sigma_r)\, \alpha\,(\sigma_s)] \\
& = 0 \cdot \beta\,(\sigma_s) - \alpha\,(\sigma_r)\, \alpha\,(\sigma_s) + \alpha\,(\sigma_r)\, \alpha\,(\sigma_s) - \beta\,(\sigma_r) \cdot 0 \\
& = 0.
\end{aligned}
\tag{15}
$$

Alle Paare von Gliedern in (10), die sich auf Teilchennummern beziehen, die zusammen in eckigen Klammern in Φ vorkommen, ergeben also bei der Anwendung verschwindende Resultate. Daher ist, da jedem Teilchenpaar eine eckige Klammer in (14) entspricht, überhaupt:

$$
(S_x + i\, S_y)\, \Phi = 0
\tag{16}
$$

und da auch $S_z\,\Phi$ und damit auch $S_z^2\,\Phi$ gleich Null ist, ist damit gezeigt, daß (14) Eigenfunktion von $\mathfrak{S}^2$, und zwar zum Eigenwert Null ist. Die Φ sind Singuletteigenfunktionen.

Da zunächst noch offengeblieben war, welchen Teilchennummern r, s, u, v, . . . entsprechen, ergibt sich sofort die Möglichkeit, so viele verschiedene Funktionen vom Typ (13) anzuschreiben, als es Möglichkeiten gibt n Nummern zu jeweils $n/2$ Paaren zusammenzufassen. Das sind

$$\frac{n!}{2^{\frac{n}{2}}\left[\frac{n}{2}\right]!} \tag{17}$$

Möglichkeiten. Durch Vergleich mit (4) stellt man fest, daß es schon von $n = 4$ an mehr Möglichkeiten gibt, Singuletteigenfunktionen zu bilden, als φ-Funktionen zu $S_z = 0$ existieren. In der Gesamtheit der nach (13) konstruierten Φ-Funktionen sind also im allgemeinen sicher nicht alle Funktionen voneinander linear unabhängig.

Tatsächlich können wir durch Ausmultiplizieren der Klammern die Beziehung

$$[r\,s]\,[u\,v] = [r\,u]\,[s\,v] - [r\,v]\,[s\,u] \tag{18}$$

zwischen den Klammersymbolen verifizieren.

Zur Darstellung dieser Beziehung ist es zweckmäßig, für die Klammersymbole graphische Bilder einzuführen[1]. Wir markieren dazu etwa auf einem Kreis vier Punkte und bezeichnen sie mit r, s, u, v. Ein Klammersymbol bezeichnen wir durch einen Pfeil zwischen den betreffenden Punkten. Abb. 9 ist dann das graphische Bild der Beziehung

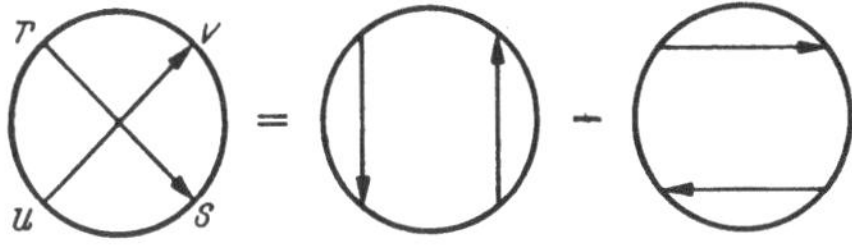

Abb. 9. Entkreuzung der Spinkoppelungsschemata.

(18). Die durch das „gekreuzte" Bild dargestellte Φ-Funktion mit (18) als Spinteil läßt sich linear durch „ungekreuzte" Funktionen ausdrücken. Welche Funktionen gekreuzt und welche ungekreuzt sind, hängt natürlich von der durchaus willkürlichen Verteilung der Nummern r, s, . . . auf die markierten Stellen des Kreises ab.

Jeder Φ-Funktion (13) läßt sich, nachdem die Verteilung der r, s, . . . einmal festgelegt ist, eindeutig ein Bild zuordnen, und wenn in dem Bild Kreuzungen vorkommen, läßt sie sich durch eventuell mehrmalige Anwendung der Beziehung (18) „entkreuzen", d. h. linear durch solche Φ-Funktionen ausdrücken, denen ungekreuzte Bilder entsprechen. Da Umkehrung einer Pfeilrichtung wegen

$$[r\,s] = -\,[s\,r] \tag{19}$$

---

[1] RUMER, G.: Gött. Nachr. **1932**, 377.

nur einen physikalisch bedeutungslosen Vorzeichenwechsel der Eigenfunktion (durch den also keine wesentlich neue Eigenfunktion erzeugt wird) bedeutet, folgt dann sofort, daß es höchstens so viele voneinander linear unabhängige Φ-Funktionen vom Typ (13) gibt, als es Möglichkeiten gibt, ungekreuzte Strichbilder zu zeichnen. Das sind

$$\frac{n!}{\left[\dfrac{n}{2}+1\right]!\left[\dfrac{n}{2}\right]!} \tag{20}$$

Möglichkeiten.

RUMER hat mit Hilfe des Hauptsatzes der Theorie der binären Invarianten gezeigt, daß (18) die einzige algebraische Beziehung zwischen den Klammersymbolen ist. Daraus folgt, daß (20) nicht nur die obere Grenze für die Zahl der voneinander linear unabhängigen Singulettfunktionen angibt, sondern diese Zahl selbst. Ein Satz von Singulettfunktionen läßt sich also immer an Hand der möglichen ungekreuzten RUMERschen Strichschemata konstruieren. Wenn man die Zuordnung der $r, s, \ldots$ zu den Punkten des RUMERschen Kreises ändert, erhält man eine andere Basis, die aber von der ersten nicht wesentlich verschieden ist, da sie aus ihr nach (18) durch eine lineare Transformation gewonnen werden kann. Ein Satz von Singulettfunktionen, der einer Gesamtheit von ungekreuzten RUMERschen Schemata entspricht, heißt ein kanonischer Satz.

Wir haben uns bisher nur um die Singulettfunktionen gekümmert, die sich durch Linearkombination von HS-Funktionen aus einer Menge verwandter Funktionen bilden lassen. Die volle Transformation der φ-Basis zu einer Basis von Funktionen, von denen jede durch Eigenwerte von S_z und $\mathfrak{S}^2$ charakterisiert werden kann, wollen wir lediglich für ein Zweielektronensystem bestimmen.

Wir betrachten die Funktionen (1c), die die möglichen HS-Funktionen für eine durch die Ortsanteile u und v charakterisierte Gruppe darstellen. Wir wissen schon, daß

$$^1\Phi_0 = A\,[u\,v]\,u\,v \tag{21}$$

die einzige Singulettfunktion ist, die sich aus den Funktionen (1c) bilden läßt. Durch Anwendung des $\mathfrak{S}^2$-Operators stellt man fest, daß

$$\begin{aligned}
^3\Phi_1 &= A\,\alpha\,\alpha\,u\,v\\
^3\Phi_{-1} &= A\,\beta\,\beta\,u\,v
\end{aligned} \tag{22}$$

schon Eigenfunktionen definierter Multiplizität und zwar Triplettfunktionen sind, die außerdem zu $S_z = 1$ und $S_z = -1$ gehören. Die vierte noch fehlende Linearkombination ergibt sich durch die Forderung der Orthogonalität zu $^1\Phi_0$ zu

$$^3\Phi_0 = A\,(\alpha\,\beta + \beta\,\alpha)\,u\,v \tag{23}$$

73. Integrale mit Produkteigenfunktionen.

Bei der Berechnung der Energie von Atom- und Molekülzuständen, die durch Produkteigenfunktionen oderLinearkombinationen von solchen näherungsweise beschrieben werden, treten Integrale der Typen

$$(\varphi_i, H\,\varphi_j) \qquad (\varphi_i, \varphi_j) \tag{1}$$

$$(\Phi_i, H\,\Phi_j) \qquad (\Phi_i, \Phi_j) \tag{2}$$

auf. Da die Φ Linearkombinationen von φ-Funktionen sind, lassen sich die Integrale vom Typ (2) linear durch solche vom Typ (1) ausdrücken. Wir behandeln deshalb zunächst den Typ (1) und verwenden die dabei erhaltenen Resultate dann zur Berechnung der Integrale vom Typ (2).

Der Hamiltonoperator H hat in allen interessierenden Fällen die Form

$$H = \sum_r H_r\,(\tau_r) + \sum_{r\,>\,s} \sum H_{rs}\,(\tau_r, \tau_s)\,. \tag{3}$$

Er setzt sich aus Teilen zusammen, die jeweils nur die (Orts)-Koordinaten eines Elektrons enthalten und aus solchen, die von den Koordinaten je zweier Elektronen abhängen.

Wir schreiben die Funktionen φ_i und φ_j ausführlich in der Form

$$\begin{aligned}
\varphi_i &= \frac{c_i}{\sqrt{n!}}\, \sum_P (-1)^P P\, p_i\, q_i \ldots \\[2mm]
\varphi_j &= \frac{c_j}{\sqrt{n!}}\, \sum_{P'} (-1)^{P'} P'\, p_j\, q_j \ldots .
\end{aligned} \tag{4}$$

Dann wird

$$(\varphi_i, H\,\varphi_j) = \frac{c_i c_j}{n!} \left(\sum_P (-1)^P P\, p_i\, q_i \ldots, H \sum_{P'} (-1)^{P'} P'\, p_j\, q_j \ldots \right). \tag{5}$$

Wenn wir auf den Integranden den Operator $(-1)^{P^{-1}}\, P^{-1}$ anwenden, bleibt der Integralwert, da das lediglich eine Umnumerierung der Integrationsvariablen bedeutet, unverändert. Wegen

$$(-1)^{P^{-1}} P^{-1} (-1)^P P = 1 \quad \text{und} \quad P^{-1} H = H\,P^{-1}$$

ergibt sich mit

$$P^{-1} P' = P'' \tag{6}$$

$$(\varphi_i, H\,\varphi_j) = \frac{c_i c_j}{n!} \left(\sum_P p_i\, q_i \ldots, H \sum_{P''} (-1)^{P''} P''\, p_j\, q_j \ldots \right). \tag{7}$$

Nun hängt aber der Summand der $\sum\limits_P$ gar nicht mehr von P ab. Die Summe enthält also $n!$ gleiche Glieder und damit ergibt sich schließlich

$$\begin{aligned}
(\varphi_i, H\,\varphi_j) &= c_i c_j \left(p_i\, q_i \ldots, H \sum_P (-1)^P P\, p_j\, q_j \ldots \right) \\[1mm]
&= c_i c_j \sum_P (-1)^P P\, (p_i\, q_i \ldots, H\,P\,p_j\, q_j \ldots)
\end{aligned} \tag{8}$$

6*

84 7. Elektronensysteme.

(P'' ist durch das einfachere Symbol P ersetzt). Analog ist

$$(\varphi_i, \varphi_j) = c_i\, c_j \left(p_i\, q_i \ldots, \sum_P (-1)^P P p_j\, q_j \ldots\right)$$

$$= c_i\, c_j \sum_P (-1)^P (p_i\, q_i \ldots, P p_j\, q_j \ldots). \tag{9}$$

Da die Summation über den Wertebereich der Spinkoordinaten, der vor der Integration über die Ortskoordinaten ausgeführt werden kann, entweder eins oder Null ergibt, haben, wenn $u_i, v_i, \ldots$ bzw. $u_j, v_j, \ldots$ die Ortsanteile der Funktionen $p_i, q_i, \ldots$ bzw. $p_j, q_j, \ldots$ bedeuten, die Summenglieder in (8) und (9) entweder den Wert Null, oder die Form

$$(u_i\, v_i \ldots, H P u_j\, v_j \ldots) \text{ bzw. } (u_i\, v_i \ldots, P u_j\, v_j \ldots). \tag{10}$$

Wegen der Orthogonalität der Spinfunktionen sind in (8) und (9) nur diejenigen Summenglieder von Null verschieden, für die die Reihenfolge der Spinfunktionen in $P p_j\, q_j \ldots$ dieselbe ist wie in $p_i\, q_i \ldots$.

Wir betrachten als Beispiel zwei verwandte Funktionen

$$\varphi_i = A\, \alpha\, \alpha\, \beta\, \beta\, a\, b\, c\, d$$

$$\varphi_j = A\, \alpha\, \beta\, \alpha\, \beta\, a\, b\, c\, d. \tag{11}$$

Mit diesen wird nach (8)

$$(\varphi_i, H\varphi_j) = c_i\, c_j\, \{ - (a\, b\, c\, d, H\, a\, c\, b\, d) + (a\, b\, c\, d, H\, a\, c\, d\, b)$$
$$+ (a\, b\, c\, d, H\, c\, a\, b\, d) - (a\, b\, c\, d, H\, c\, a\, d\, b)\} \tag{12}$$

und

$$(\varphi_i, H\varphi_i) = c_i^2\, \{(a\, b\, c\, d, H\, a\, b\, c\, d) - (a\, b\, c\, d, H\, a\, b\, d\, c)$$
$$- (a\, b\, c\, d, H\, b\, a\, c\, d)\}. \tag{13}$$

Auf der rechten Seite von (13) tritt das der identischen Permutation entsprechende Identitätsintegral

$$Q = (a\, b\, c\, d, H\, a\, b\, c\, d) \tag{14}$$

auf. In den übrigen in (12) und (13) auftretenden Integralen stehen die Funktionen, $a, b, \ldots$ rechts von H in anderer Reihenfolge als links von H. Sie heißen Austauschintegrale. Je nachdem die rechtsstehende Reihe aus der linksstehenden $(a\, b\, c\, d)$ durch eine Paarvertauschung hergestellt werden kann oder dazu mehrere aufeinander folgende Paarvertauschungen nötig sind, sprechen wir von einfachen oder höheren Austauschintegralen. $(a\, b\, c\, d, H\, b\, a\, c\, d)$ ist ein einfaches, $(a\, b\, c\, d, H\, c\, a\, d\, b)$ ein höheres Austauschintegral.

Eine besondere Vereinfachung tritt ein, wenn die Faktoren $a, b, c, d, \ldots$ zueinander orthogonal sind. Da in den Gliedern von H (3) gleichzeitig höchstens die Koordinaten von zwei Elektronen vorkommen, verschwinden aus Orthogonalitätsgründen alle höheren Austauschintegrale. Von den einfachen Austauschintegralen, die sich dann auf den Typ

$$(u\,v,\,H\,v\,u) \tag{15}$$

reduzieren, bleiben ebenfalls aus Orthogonalitätsgründen nur die Glieder mit $H_{uv}(\tau_u,\tau_v)$ übrig, während die Glieder mit $H_u(\tau_u)$ und $H_v(\tau_v)$ verschwinden.

Da dann außerdem $c_i = c_j = 1$ ist, entsteht aus (12) und (13)

$$(\varphi_i,\,H\varphi_j) = -\,(a\,b\,c\,d,\,H\,a\,c\,b\,d) \tag{16}$$

$$\begin{aligned}(\varphi_i,\,H\varphi_i) = Q &- (a\,b\,c\,d,\,H\,a\,b\,d\,c)\\ &- (a\,b\,c\,d,\,H\,b\,a\,c\,d)\,.\end{aligned} \tag{17}$$

Man übersieht, daß bei orthogonalen Faktorfunktionen das Integral $(\varphi_i,\,H\varphi_j)$ zwischen zwei Funktionen φ_i und φ_j nur dann von Null verschieden ist, wenn die Funktionen durch Vertauschung zweier ungleicher Spinfunktionen ineinanderübergeführt werden können und daß es dann gleich dem Negativen des entsprechenden Austauschintegrals ist. Das Integral $(\varphi_i,\,H\,\varphi_i)$ ist gleich dem Identitätsintegral weniger der Summe der Austauschintegrale, bei denen Faktoren vertauscht sind, die in φ_i mit gleichen Spinfunktionen enthalten sind.

Für die Austauschintegrale verwenden wir zweckmäßig abgekürzte Symbole, wie

$$A\,(b\,c) = (a\,b\,c\,d,\,H\,a\,c\,b\,d) \tag{18}$$

und schreiben damit für (16) und (17) schließlich

$$\begin{aligned}(\varphi_i,\,H\varphi_j) &= -\,A\,(b\,c)\\ (\varphi_i,\,H\varphi_i) &= Q - A\,(c\,d) - A\,(a\,b).\end{aligned} \tag{19}$$

Bei orthogonalen Faktoren gilt nach (9)

$$(\varphi_i,\,\varphi_j) = {\textstyle\frac{1}{0}}\ \text{für}\ i \neq j\,. \tag{20}$$

Wenn man als Näherungsausdruck für einen Singulettzustand eines Elektronensystems einen linearen Variationsansatz verwendet, der aus Singuletteigenfunktionen Φ_i gebildet ist, treten in dem zugehörigen Säkularproblem Integrale vom Typ $(\Phi_i,\,\Phi_j)$ und $(\Phi_i,\,H\Phi_j)$ auf.

Da die Φ selbst Linearkombinationen von HS-Funktionen φ sind, können die hier interessierenden Integrale ohne weitere Schwierigkeit durch die im Vorhergehenden behandelten Integrale mit HS-Funktionen ausgedrückt werden.

PAULING[1] hat für den Fall, daß die in dem Säkularproblem auftretenden Φ-Funktionen Glieder *eines* kanonischen Satzes sind (also insbesondere zur gleichen Elektronenkonfiguration gehören), Regeln abgeleitet,

---

[1] PAULING, L.: J. Chem. Phys. **1**, 280 (1933).

mit deren Hilfe sich die Ausdrücke für die interessierenden Integrale in einfacher Weise bestimmen lassen.

Wir geben diese Regeln für den praktisch allein wichtigen Fall an, daß die Faktoreigenfunktionen (Ortsanteile) der HS-Funktionen, die die Bestandteile der Φ-Funktionen darstellen, untereinander orthogonal sind, oder jedenfalls näherungsweise als orthogonal betrachtet werden können.

Unter dieser Voraussetzung sind die HS-Funktionen φ, die in den Φ auftreten, zueinander orthogonal. Die Φ jedoch sind damit noch nicht orthogonal. Integrale (Φ_i, Φ_j) sind im allgemeinen auch für $i \neq j$ von Null verschieden. Die durch einen kanonischen Satz dargestellte Basis ist also nicht orthogonal.

Zur Bestimmung der Werte von (Φ_i, Φ_j) kann man sich nach PAULING der RUMERschen Schemata bedienen, die Φ_i und Φ_j entsprechen. Man überlagert diese Schemata. Dabei entstehen Strichschemata, die aus einer oder aus mehreren „Inseln" (geschlossenen Kurvenzügen) bestehen.

Beispiele von solchen Überlagerungsbildern der fünf Singulettfunktionen zu $n = 6$ sind etwa:

I   II   III   IV   V

I,I   I,II   I,III   III,VI

Ist r_{ij} die Zahl der Inseln im Überlagerungsbild von Φ_i und Φ_j, so ist

$$(\Phi_i, \Phi_j) = 2^{-\left(\frac{n}{2} - r_{ij}\right)}. \tag{21}$$

Wenn die Faktoreigenfunktionen der beteiligten HS-Funktionen orthogonal sind, treten in dem Ausdruck für $(\Phi_i, H\Phi_j)$ nur das Identitätsintegral und einfache Austauschintegrale zwischen Faktoreigenfunktionen auf.

$$(\Phi_i, H\Phi_j) = q_{ij} Q + c_{ab}^{ij} A\,(ab) + c_{ac}^{ij} A\,(ac) + \cdots. \tag{22}$$

Nach PAULING ist der Koeffizient des Identitätsintegrals

$$q_{ij} = 2^{-\left(\frac{n}{2} - r_{ij}\right)}. \tag{23}$$

Die Koeffizienten der Austauschintegrale sind

$$c_{xy}^{ij} = 2^{-\left(\frac{n}{2} - r_{ij}\right)} f\,(p). \tag{24}$$

Dabei bedeutet p die Zahl der Striche, die den Weg zwischen den beiden Faktoreigenfunktionen x und y im Überlagerungsschema ausmachen. $f(p)$ hat den Wert $-\frac{1}{2}$ für $p = 0$ (wenn also x und y in verschiedenen Inseln liegen), es hat den Wert 1 für $p = 1, 3, 5, \ldots$, wenn also eine ungerade Zahl von Strichen zwischen x und y liegt, und es hat schließlich den Wert -2, wenn $p = 2, 4, 6, \ldots$ ist, wenn also eine gerade (von Null verschiedene) Zahl von Strichen zwischen x und y liegt.

Die PAULINGschen Regeln lassen sich für kompliziertere Fälle verallgemeinern.

Speziell ergibt sich für $i = j$

$$(\Phi_i, \Phi_i) = 1$$
$$(\Phi_i, H\,\Phi_i) = Q + \sum A_b - \frac{1}{2} \sum A_l \, . \tag{25}$$

Die erste Summe erstreckt sich über alle Austauschintegrale zwischen Elektroneneigenfunktionen, die im Strichschema zu Φ_i „gebunden" sind, die zweite über alle Austauschintegrale zwischen „nicht gebundenen" Eigenfunktionen.

74. Faktoreigenfunktionen.

Produkteigenfunktionen oder Linearkombinationen aus solchen sollen in der Theorie der Elektronensysteme von Atomen und Molekülen als Näherungsausdrücke für die Eigenfunktionen solcher Gebilde verwendet werden. Ob man auf diese Weise wirklich ausreichende Näherungen erreicht, hängt natürlich von der Wahl der Ortsanteile oder Faktoreigenfunktionen ab.

Ein erster Weg, zu plausiblen Faktoreigenfunktionen zu kommen, besteht darin, in der Schrödingergleichung (72.1) zunächst einmal Glieder in der potentiellen Energie zu streichen, so daß die Gleichung separierbar wird und in Teilgleichungen zerfällt, deren jede ein Einzentrenproblem mit einem Elektron darstellt. Die Lösungen dieser Gleichungen sind wasserstoffähnliche Atomeigenfunktionen. Aus diesen als Ortsanteilen können nun Produkteigenfunktionen aufgebaut werden. Wir werden diese Methode bei der Behandlung des H_2 nach HEITLER und LONDON näher kennen lernen und besprechen sie deshalb hier nicht ausführlich.

Eine zweite Methode der Faktorenbestimmung, die wir die Methode des Abschirmfeldes nennen, geht wie die Methode der Atomeigenfunktionen von der Betrachtung der Schrödingergleichung aus. In vielen Fällen liegt es nahe, die Bewegung eines Elektrons in einem Atom oder Molekül so anzusehen, als ob sie im Feld der Kerne und in dem *zeitlich gemittelten* Feld der übrigen Elektronen erfolgte. Das ist in Wirklichkeit natürlich nicht der Fall, aber die Einführung des zeitlich gemittelten

Feldes, das zumindest bei der Betrachtung stationärer Zustände eine einigermaßen sinnvolle Größe darstellt, bringt den Vorteil mit sich, daß das Feld, in dem sich das betrachtete Elektron bewegt, von den Koordinaten der übrigen Teilchen unabhängig ist und die Schrödingergleichung des Systems damit separierbar wird.

Man kann diese halbqualitative Betrachtung exakter fassen, indem man zur potentiellen Energie in der Schrödingergleichung (72.1)

$$\sum_i V_a(\tau_i) - \sum_i V_a(\tau_i) = 0 \tag{1}$$

addiert und die Gleichung dann in der Form schreibt:

$$-\frac{1}{2}\sum_i \Delta_i \psi + V_e\psi + V_S\psi = E\psi \tag{2}$$

$$V_e = -\sum_i \left[V_a(\tau_i) + \sum_k \frac{Z_k}{r_{ik}} \right] = \sum_i V_{eo}(\tau_i) \tag{3}$$

$$V_S = \sum_{i>j}\sum \frac{1}{r_{ij}} + V_a(\tau_i). \tag{4}$$

Die Funktion V_a soll so gewählt sein, daß V_S im allgemeinen kleine Werte hat. Dann kann V_S als Störungsglied aufgefaßt und das Problem mit der Schrödingergleichung

$$-\frac{1}{2}\sum \Delta_i \psi + V_e\psi = E\psi \tag{5}$$

im Sinne der Störungstheorie als dem zu lösenden Problem benachbart angesehen werden.

Diese Gleichung ist aber separierbar und besitzt Produkteigenfunktionen als Lösungen. Man kommt also zu Faktoreigenfunktionen für Produktansätze, indem man die Eigenfunktionen der Gleichung

$$-\frac{1}{2}\Delta\psi + V_{eo}\psi = E\psi \tag{6}$$

bestimmt, die die repräsentative Einkörpergleichung des Problems (5) ist.

Die exakte Lösung dieser Gleichung wird in der Regel nur mit numerischen Methoden durchgeführt werden können. Eine wichtige Methode zur näherungsweisen Lösung von (6) besteht darin, für ψ lineare Variationsansätze aus Atomeigenfunktionen ψ_r zu machen:

$$\psi = \sum_r c_r \psi_r \qquad\qquad r: 1, 2, \ldots, g. \tag{7}$$

Dann erhält man als Näherungsausdrücke für die g tiefsten Eigenwerte von (6) die g Wurzeln des zugehörigen Säkularproblems

$$|(\psi_r, H\psi_s) - (\psi_r, \psi_s)E| = 0 \tag{8}$$

und zu diesen Eigenwerten gehören g Linearkombinationen der ψ_r als Näherungseigenfunktionen.

Das Verfahren besitzt große Bedeutung, weil es für qualitative Zwecke häufig genügt, auf dieser Näherungsstufe stehen zu bleiben und durch Addition der Wurzeln E von (8), die den „besetzten", d. h. bei der Bildung der Produkteigenfunktion zu verwendenden ψ (7) entsprechen, einen groben Näherungsausdruck für die Energie zu gewinnen.

Man kann schließlich die Frage stellen, ob die Produkteigenfunktionen, die man mit Hilfe der Methode des Abschirmfeldes nach optimaler Festlegung von V_{oe} und exakter Lösung der repräsentativen Einelektronengleichung konstruieren kann, die besten Produkteigenfunktionen für Grundzustände schlechthin sind. Das ist nicht der Fall.

Nach Hartree und Fock[1] kann man die absolut optimalen Einelektroneneigenfunktionen, die als Faktoren beim Aufbau der Produkteigenfunktion für den Grundzustand eines Systems Verwendung finden sollen, dadurch bestimmen, daß die Energie, die man mit der Produkteigenfunktion für den Grundzustand berechnet $[E = (\Phi, H\,\Phi)]$. einen Minimalwert gegenüber Variationen der Faktoreigenfunktionen besitzt, bei denen die Normierung dieser Funktionen erhalten bleibt. die Variation aber (solange die Funktionen regulär bleiben) sonst beliebig ist.

Die so durch das Variationsprinzip festgelegten Faktorfunktionen sind die optimalen Funktionen und die mit ihnen berechnete Energie des Grundzustandes ist der beste Wert für diese Größe, der sich mit Produkteigenfunktionen überhaupt gewinnen läßt. Alle Produktansätze mit anderen Faktoren stellen schlechtere Näherungen dar.

Zur Durchführung des damit skizzierten Programms der Hartree-Fock-Methode berechnet man zunächst mit einer Produkteigenfunktion, deren Faktoren noch freigelassen werden, formal die Energie des Grundzustandes. Dann wird die Variation berechnet, die diese Energie erfährt. wenn man die Faktoreigenfunktionen variiert. Durch Nullsetzen der Variation erhält man ein System von Integrodifferentialgleichungen für die optimalen Faktoreigenfunktionen. Jede dieser Gleichungen hat formal die Gestalt der Gl. (6). Während aber (6) für alle Faktorfunktionen mit *demselben* V_{eo} gilt, ist in den Hartree-Fockschen Gleichungen die potentielle Energie für jede Faktoreigenfunktion im allgemeinen verschieden. Außerdem wird die potentielle Energie jeweils durch Integrale mit Faktoreigenfunktionen dargestellt. Unter diesen kommen auch Integrale mit der zu bestimmenden Funktion vor (dadurch kommt der Charakter der Integrodifferentialgleichung zustande).

Die Tatsache, daß die Bestimmungsgleichungen für die verschiedenen Hartree-Fockschen Einelektroneneigenfunktionen verschieden sind.

---

[1] Eine vollständige Darstellung der Hartree-Fock-Methode findet sich bei: P. Gombas, Das Mehrteilchenproblem der Wellenmechanik, Basel 1950; F. Seitz, The modern Theory of Solids. New York 1948.

zeigt, daß die Abschirmfeldeigenfunktionen, die alle Lösungen der *einen* Gl. (6) sind, sicher eine Produkteigenfunktion für den Grundzustand ergeben, die eine schlechtere Näherung darstellt, als die HARTREE-FOCKsche.

Die tatsächliche Lösung der HARTREE-FOCKschen Integrodifferentialgleichungen kann nur durch sukzessive Näherungen erfolgen(Methode des self-consistent field). Sie ist, selbst bei den noch verhältnismäßig einfachen Atomproblemen nur unter großem Aufwand an Rechenhilfsmitteln möglich. Für die Behandlung von Molekülproblemen kommt die Methode bisher nicht in Frage.

75. Korrelationseigenfunktionen.

Der große Rechenaufwand, der mit der Anwendung der HARTREE-FOCK-Methode verbunden ist, darf nicht zu der Auffassung verführen, daß die FOCKschen Eigenfunktionen schlechthin die besten seien, mit denen man überhaupt noch rechnen kann.

Wir schreiben eine Produkteigenfunktion in der Determinantenform an

$$\varphi = \begin{vmatrix} \alpha(1)\,a(1) & \alpha(2)\,a(2) & \alpha(3)\,a(3) & \ldots \\ \beta(1)\,a(1) & \beta(2)\,a(2) & \beta(3)\,a(3) & \ldots \\ \alpha(1)\,b(1) & \alpha(2)\,b(2) & \alpha(3)\,b(3) & \ldots \\ \vdots & \vdots & \vdots & \end{vmatrix} \qquad (1)$$

und lassen die Ortskoordinaten und die Spinkoordinate eines Elektrons (etwa des ersten) dieselben Werte annehmen wie die entsprechenden Koordinaten eines anderen Elektrons (etwa des zweiten). Dann sind zwei Reihen (die erste und zweite Spalte) der Determinante entsprechend gleich und φ hat den Wert Null. Daraus folgt $\varphi^* \varphi = 0$. Die Wahrscheinlichkeit aller Konfigurationen, bei denen zwei Elektronen sich an derselben Stelle befinden und die gleiche z-Komponente des Spins haben, ist also gleich Null. Elektronen in gleichen Spinzuständen weichen einander aus, sie bewegen sich so, als würden sie sich abstoßen. Für Elektronen in *verschiedenen* Spinzuständen gilt das nach (1) jedoch nicht mehr, sie bewegen sich in einem durch eine Produkteigenfunktion beschriebenen Zustand so, als ob sie völlig *unabhängig voneinander* wären.

Die „Abstoßung" der Elektronen in gleichen Spinzuständen hat nichts mit der elektrostatischen Wechselwirkung zu tun. Das folgt daraus, daß sie zwischen Elektronen in verschiedenen Spinzuständen nicht wirkt und daß sie auch noch vorhanden wäre, wenn man die Elektronen formal ihrer Ladung berauben würde.

Die Tatsache jedoch, daß jedenfalls für Elektronen in verschiedenen Spinzuständen Produkteigenfunktionen immer eine Bewegung der Elektronen beschreiben, die so erfolgt, als ob diese voneinander unabhängig wären, zeigt, daß Funktionen von diesem Typ dem durch die *elektrostatische* Abstoßung bedingten Ausweichen der Elektronen untereinander nur mittelbar — nämlich durch Ersetzung der wirklichen Bewegung durch möglichst ähnliche unabhängige Bewegungen — Rechnung tragen können.

Die durch die elektrostatische Wechselwirkung bedingte Korrelation der Elektronenbewegung kann man in Näherungseigenfunktionen nach HYLLERAAS[1] dadurch erfassen, daß man den Abstand der Elektronen, der natürlich eine Funktion ihrer Koordinaten ist, in eine Variationsfunktion in geschickter Weise einbaut. Die Berechnung der Energie wird dann im allgemeinen sehr kompliziert und es liegen aus diesem Grund bisher nur wenige Resultate vor, die so gewonnen sind (s. Kap. 9). HYLLERAAS hat z. B. die Terme des Heliumatoms mit Korrelationseigenfunktionen mit spektroskopischer Genauigkeit berechnen können.

B. Allgemeiner Teil.

8. Atome.

Atome und Atomionen sind nicht nur als chemische Individuen von Interesse, sondern sie können formal als Bestandteile molekularer Gebilde betrachtet werden. Deshalb werden charakteristische Molekülgrößen, wie z. B. die Bindungsenergien in der Regel auf Zustände freier Atome bezogen und wir haben uns deshalb in der Theorie der chemischen Bindung zunächst mit den Atomen und den Atomionen zu beschäftigen.

In diesem Kapitel betrachten wir zunächst das Wasserstoffatom. Dann folgt eine qualitative Behandlung der höheren Atome mit der statistischen Methode von THOMAS und FERMI. Im nächsten Abschnitt wird gezeigt, wie man mit der Methode des Abschirmfeldes zur theoretischen Erfassung des periodischen Systems kommen kann. (Aufbauprinzip). Daran schließt sich die quantitative Theorie der Atomzustände nach SLATER und im letzten Abschnitt werden die für die Bindungstheorie wichtigen Atomeigenfunktionen behandelt[2].

---

[1] HYLLERAAS, E. A.: Z. Physik **65**, 209 (1930).

[2] Ausführliche Darstellungen der Theorie der Atome: A. SOMMERFELD: Atombau und Spektrallinien. 6. Aufl. Braunschweig 1944. — E. U. CONDON u. G. H. SHORTLEY: The Theory of Atomic Spectra. Cambridge 1951. — G. HERZBERG: Atomspektren und Atomstruktur. Prentice Hall 1937. — Die statistische Theorie der Atome ist ausführlich bei P. GOMBAS: Die statistische Theorie des Atoms und ihre Anwendungen, Wien 1949, dargestellt.

81. Das Wasserstoffatom.

Das einfachste Atom, das des Wasserstoffs, besteht aus einem Proton als Atomkern und einem Elektron. Die rechtwinkligen cartesischen Koordinaten dieser Teilchen seien $x_1, y_1, z_1, x_2, y_2, z_2$. Man kann dann für die potentielle Energie (elektrostatischen Ursprungs) schreiben:

$$V = - \{(x_2 - x_1)^2 + (y_2 - y_1)^2 + (z_2 - z_1)^2\}^{-\frac{1}{2}}. \tag{1}$$

Wenn die Protonenmasse mit m_P bezeichnet wird, lautet die Schrödingergleichung des Atoms

$$-\frac{1}{2}\frac{1}{m_P}\Delta_1\psi' - \frac{1}{2}\Delta_2\psi' + V\psi' = E'\psi'. \tag{2}$$

Nach Einführung der neuen Koordinaten $x, y, z, r, \vartheta, \varphi$ und der „reduzierten Masse" μ durch

$$x = \mu\,x_1 + \frac{\mu}{m_P}x_2, \quad y = \mu\,y_1 + \frac{\mu}{m_P}y_2, \quad z = \mu\,z_1 + \frac{\mu}{m_P}z_2$$

$$r\sin\vartheta\cos\varphi = x_2 - x_1, \quad r\sin\vartheta\sin\varphi = y_2 - y_1, \quad r\cos\vartheta = z_2 - z_1 \tag{3}$$

$$\mu = \frac{m_P}{m_P + 1}$$

erhält man aus (2):

$$-\frac{1}{(2\,m_P + 1)}\left\{\frac{\partial^2\psi'}{\partial x^2} + \frac{\partial^2\psi'}{\partial y^2} + \frac{\partial^2\psi'}{\partial z^2}\right\}$$

$$-\frac{1}{2}\frac{1}{\mu}\left\{\frac{1}{r^2}\frac{\partial}{\partial r}\left(r^2\frac{\partial\psi'}{\partial r}\right) + \frac{1}{r^2\sin^2\vartheta}\frac{\partial^2\psi'}{\partial\varphi^2} + \frac{1}{r^2\sin\vartheta}\frac{\partial}{\partial\vartheta}\left(\sin\vartheta\frac{\partial\psi'}{\partial\vartheta}\right)\right\} \tag{4}$$

$$+ V\psi' = E'\psi'.$$

Diese Gleichung läßt sich durch den Ansatz

$$\psi' = \psi''(x, y, z)\,\psi(r, \vartheta, \varphi) \tag{5}$$

in die beiden Gleichungen

$$-\frac{1}{2}\frac{1}{m_P + 1}\left\{\frac{\partial^2\psi''}{\partial x^2} + \frac{\partial^2\psi''}{\partial y^2} + \frac{\partial^2\psi''}{\partial z^2}\right\} = E''\,\psi'' \tag{6}$$

und

$$-\frac{1}{2}\frac{1}{\mu}\left\{\frac{1}{r^2}\frac{\partial}{\partial r}\left(r^2\frac{\partial\psi}{\partial r}\right) + \frac{1}{r^2\sin^2\vartheta}\frac{\partial^2\psi}{\partial\varphi^2}\right.$$

$$\left. + \frac{1}{r^2\sin\vartheta}\frac{\partial}{\partial\vartheta}\left(\sin\vartheta\frac{\partial\psi}{\partial\vartheta}\right)\right\} - \frac{1}{r}\psi = E\psi \tag{7}$$

separieren.

Die erste Gl. (6) ist die Schrödingergleichung für die freie Translation eines Körpers von der Masse $m_P + 1$, die zweite diejenige für die Bewegung eines Elektrons mit der reduzierten Masse μ im Felde des festgehaltenen Atomkernes. Da wegen $m_P \gg 1$ sich μ nur sehr wenig von der Elektronenmasse 1 unterscheidet, ist die zweite Gleichung praktisch mit der für ein richtiges Elektron identisch. Man macht also, wenn man sich für die inneren Bewegungen des Atoms interessiert, nur einen kleinen Fehler, wenn man den Atomkern festgehalten denkt. Da eine zu $m_P \gg 1$ analoge Beziehung auch bei den höheren Atomen gilt, kann man sich auch bei deren Behandlung, wenn es nicht auf sehr hohe Genauigkeit ankommt, auf die Näherung der festgehaltenen Kerne beschränken[1]. Eine eingehende Behandlung dieses Problems findet man bei HUGHES und ECKART, Phys. Rev. 36, 694 (1930), und BARTLETT und GIBBONS, Phys. Rev. 44, 538 (1933). r, ϑ, φ in (7) sind nach (3) relative Kugelkoordinaten des Elektrons, bezogen auf das Proton, nach der vereinfachenden Annahme also bezogen auf einen festen Raumpunkt. Die Gl. (7) ist die Gleichung des in (53.) behandelten Keplerproblems mit $Z = 1$.

Bis auf die experimentell beobachtete Wasserstoff-Feinstruktur stimmen die Eigenwerte dieses Keplerproblems gut mit den beobachteten Termen des Wasserstoffatoms überein. Die Feinstruktur der Wasserstoffterme läßt sich durch die DIRACsche Theorie des Spinelektrons[2] erfassen, ist aber wegen der Geringfügigkeit der Aufspaltung der Terme für die Behandlung der Probleme, die im Zusammenhang mit der Theorie der chemischen Bindung stehen, ohne Bedeutung.

82. Statistische Theorie der höheren Atome.

Einen ersten Überblick über die Eigenschaften der höheren Atome gewinnt man, indem man die Elektronenhüllen dieser Atome mit einer statistischen Methode behandelt[2]. Wir betrachten speziell die Grundzustände der Atome.

Wenn $d\tau$ ein Volumenelement bedeutet, sei

$$dN = \varrho\, d\tau \tag{1}$$

die Zahl der Elektronen, die sich, falls sich das Atom im Grundzustand befindet, in diesem Volumenelement aufhalten. ϱ soll also die Verteilungsfunktion der Elektronendichte für den Grundzustand sein.

Nach (52.18) ist der Zusammenhang der Dichte der kinetischen Energie eines Elektronengases im Grundzustand mit der Teilchendichte bekannt und man kann durch Integration dieses Ausdrucks über den Raum die kinetische Energie T_A der atomaren Elektronenhülle erhalten:

$$T_A = w \int \varrho^{\frac{5}{3}}\, d\tau \quad w = \frac{(3^5\, \pi^4)^{\frac{1}{3}}}{10}. \tag{2}$$

[1] Vgl. die oben angegebene Lehrbuchliteratur.
[2] FERMI, E.: Rend. lincei 6, 602 (1927); 7, 342, 726 (1928); Z. Physik 48, 73 (1928); 49, 550 (1928). — R. THOMAS: Proc. Cambridge Phil. Soc. 23, 542 (1927).

Die potentielle Energie V_A des Atoms setzt sich aus zwei Teilen zusammen.

$$V_A = V_{EK} + V_{EE} \,. \tag{3}$$

Der erste Teil V_{EK} rührt von der Wechselwirkung der Elektronen mit dem Kern her, der zweite Teil V_{EE} von der Wechselwirkung der Elektronen untereinander.

Wenn V_K das vom Kern erzeugte elektrostatische Potential bedeutet, ist

$$V_{EK} = - \int V_K \, \varrho \, d\tau \,. \tag{4}$$

V_E sei das von der Elektronenwolke erzeugte Potential. Dann ist bis auf einen Fehler, der durch die fälschliche Mitberücksichtigung der Selbstwechselwirkung der Elektronen entsteht und den man durch geeignete Korrekturen praktisch beseitigen kann[1],

$$V_{EE} = - \frac{1}{2} \int V_E \varrho \, d\tau \,. \tag{5}$$

Aus (2), (4), (5) ergibt sich als Gesamtenergie E des Atoms

$$E = \int \left\{ w \varrho^{\frac{5}{3}} - \left(V_K + \frac{1}{2} V_E \right) \varrho \right\} d\tau \,. \tag{6}$$

Wir wollen die Dichtefunktion ϱ ermitteln, die den Grundzustand des Atoms beschreibt, die also E zu einem Minimum macht. Wenn man diese optimale Funktion durch Hinzufügung einer Funktion $\delta \varrho$ variiert, muß, solange die Variation von ϱ geringfügig ist, die dadurch bedingte Variation δE von E verschwinden.

Bei der Variation ist darauf zu achten, daß die Gesamtzahl N der Elektronen erhalten bleibt, daß also

$$\int \varrho \, d\tau = N \quad \text{bzw.} \quad \int \delta \varrho \, d\tau = 0 \tag{7}$$

erfüllt ist.

Wir berechnen die Variation δE von E als Summe der Variationen seiner Bestandteile

$$\delta E = \delta T_A + \delta V_{EK} + \delta V_{EE} \,. \tag{8}$$

Aus (2) ergibt sich in einfacher Weise

$$\delta T_A = w \int \frac{5}{3} \varrho^{\frac{2}{3}} \, \delta \varrho \, d\tau \,. \tag{9}$$

Aus (4) folgt:

$$\delta V_{EK} = - \int V_K \, \delta \varrho \, d\tau \,. \tag{10}$$

Bei der Berechnung von δV_{EE} ist zu berücksichtigen, daß sich bei der Variation von ϱ auch V_E ändert. Man geht deshalb zweckmäßig nicht von (5) aus, sondern stellt V_{EE} unmittelbar durch die Wechselwirkung

---

[1] AMALDI, E., u. E. FERMI: Rend. lincei **6**, 119 (1934).

zweier Ladungswolken $-\varrho(\tau_1)$ und $-\varrho(\tau_2)$ dar, deren Dichtefunktionen von den Koordinaten in derselben Weise abhängen, die also zwei Exemplare ein und derselben Ladungswolke sind. So erhält man, wenn man mit r_{12} den Abstand zwischen den Punkten τ_1 und τ_2 bezeichnet

$$V_{EE} = \frac{1}{2} \int\int \frac{\varrho(\tau_1)\,\varrho(\tau_2)}{r_{12}} \, d\tau_1 \, d\tau_2 \,. \tag{11}$$

Daraus folgt nun

$$\delta V_{EE} = \frac{1}{2}\left\{ \int\int \frac{\varrho(\tau_1)\,\delta\varrho(\tau_2)}{r_{12}} \, d\tau_1 d\tau_2 + \int\int \frac{\delta\varrho(\tau_1)\,\varrho(\tau_2)}{r_{12}} \, d\tau_1 d\tau_2 \right\}$$
$$= \int\int \frac{\varrho(\tau_1)\,\delta\varrho(\tau_2)}{r_{12}} \, d\tau_1 d\tau_2 \,, \tag{12}$$

da sich die beiden Doppelintegrale in der Klammer, wenn $\varrho(\tau_1)$ und $\varrho(\tau_2)$ in der — wie vorausgesetzt — gleichen Weise variiert werden, nur durch die Indizierung der Koordinaten unterscheiden.

Nun ist aber

$$V_E = - \int \frac{\varrho(\tau_1)}{r_{12}} \, d\tau_1 \tag{13}$$

und damit ergibt sich aus (12)

$$\delta V_{EE} = - \int V_E \, \delta\varrho \, d\tau \,. \tag{14}$$

Nach (8) erhält man jetzt für δE den Ausdruck

$$\delta E = \int \left\{ w \, \frac{5}{3} \, \varrho^{\frac{2}{3}} - V\varrho \right\} \delta\varrho \, d\tau \,, \quad V = V_K + V_E \,. \tag{15}$$

Damit δE für alle (kleinen) Variationen, die der Beziehung (7) genügen, verschwindet, muß der Klammerausdruck in (15) gleich einer Konstanten sein. Wir nennen sie $- V_0$ und erhalten damit als Bestimmungsgleichung für die Verteilungsfunktion ϱ

$$\frac{5}{3} \, w \varrho^{\frac{2}{3}} - (V - V_0) = 0 \,. \tag{16}$$

Eine zweite Beziehung zwischen ϱ und $V - V_0$ liefert die Elektrostatik in der Poissonschen Gleichung

$$\Delta(V - V_0) = 4\,\pi\,\varrho \,. \tag{17}$$

Durch Elimination von ϱ aus (16) und (17) ergibt sich die Differentialgleichung

$$\Delta(V - V_0) = \frac{2^{\frac{7}{2}}}{3\pi} \, (V - V_0)^{\frac{3}{2}} \tag{18}$$

für $V - V_0$.

Es ist plausibel, anzunehmen, daß $V - V_0$ nur vom Abstand des betreffenden Punktes vom Atomkern abhängt. Dann ist, bei Verwendung von Kugelkoordinaten

$$\Delta \, (V - V_o) = \frac{1}{r^2} \frac{d}{dr} \left\{ r^2 \frac{d}{dr} \, (V - V_o) \right\} \tag{19}$$

und nach Einführung der durch

$$r \, (V - V_o) = \varphi \, Z \tag{20}$$

und

$$r = x \, \frac{\pi}{4} \left(\frac{9}{2 \, \pi Z} \right)^{\frac{1}{3}} = x \, \lambda \tag{21}$$

definierten Variablen φ und x nimmt die Gleichung (12) eine Form an, in der keine auf ein spezielles Atom bezüglichen Größen und keine allgemeinen Konstanten vorkommen:

$$\frac{d^2 \varphi}{d x^2} = x^{-1/2} \, \varphi^{3/2} . \quad \text{(THOMAS-FERMIsche Gleichung)} \tag{22}$$

Aus der zutreffenden Lösung dieser Gleichung läßt sich nach (20) und (17) ϱ und daraus nach (6) E für neutrale Atome zu

$$E = - \, 0{,}772 \, Z^{7/3} \tag{23}$$

berechnen.

Die Randbedingungen für die Auffindung der im interessierenden Fall zutreffenden Lösung von (22) lauten: 1. φ muß nach (20), da in unmittelbarer Nähe des Atomkerns das von diesem erzeugte Potential praktisch gleich dem Gesamtpotential ist, gegen 1 gehen, wenn r gegen 0 geht. 2. Die Gesamtzahl der Elektronen, die über (20), (17) und (7) mit φ zusammenhängt, muß den vorgegebenen Wert N haben.

Tabelle 2. *Lösung der* THOMAS-FERMI*schen Gleichung.*

x	$\varphi(x)$	x	$\varphi(x)$	x	$\varphi(x)$
0	1	1,2	0,375	18	0,0072
0,01	0,985	1,4	0,333	20	0,0056
0,02	0,972	1,6	0,297	22	0,0045
0,03	0,959	1,8	0.268	24	0,0037
0,04	0,947	2,0	0,244	26	0,0031
0,05	0,935	2,5	0.194	28	0,0026
0,10	0,882	3,0	0,157	30	0,0022
0,15	0,836	3,5	0,130	32	0,0019
0,20	0,793	4,0	0,108	34	0,0017
0,25	0,758	4,5	0,093	36	0,0015
0,30	0,721	5,0	0,079	38	0,0013
0,35	0,691	6,0	0,059	40	0,0011
0,40	0,660	7,0	0,046	45	0,00079
0,50	0,607	8,0	0,037	50	0,00061
0,60	0,562	9,0	0,029	55	0,00049
0,70	0,521	10	0,024	60	0,00039
0,80	0,485	12	0,017	65	0,00031
0,90	0,453	14	0,012	70	0,00026
1,0	0,425	16	0,0093	75	0,00022

Die tatsächliche Lösung der THOMAS-FERMIschen Differentialgleichung kann nur numerisch bestimmt werden. Das Resultat ist für neutrale Atome in Tab. 2 enthalten. Die aus φ berechnete Verteilungsfunktion ϱ für die Elektronendichte nimmt mit zunehmendem r rasch ab. In den Außengebieten erfolgt der Abfall etwas langsamer als exponentiell. Der Dichteverlauf ist durchaus monoton und erfolgt, da er aus der allgemeinen Funktion φ errechnet ist, bei allen speziellen Atomen ähnlich.

Der Vergleich von Atomenergien, die nach (23) berechnet sind, mit experimentellen Werten (s. Tab. 3) zeigt, daß die statistische Theorie die Verhältnisse in diesem Punkt qualitativ richtig beschreibt. Recht große Diskrepanzen gegenüber der Erfahrung ergeben sich, wenn man aus φ Atomeigenschaften berechnet, die, wie etwa die Suszeptibilität, besonders stark von dem Dichteverlauf in den Außengebieten der Atome abhängen.

Tabelle 3. *Energien von Atomen nach* THOMAS *und* FERMI *(atomare Einheiten).*

	Theorie	Experiment
He	3,883	2,904
Li	10,01	7,49
Be	19,60	14,66
B	33,00	24,62
C	50,48	37,86
N	72,5	54,58
O	98,9	75,07
F	130,1	99,4
Ne	166,3	129,5
Fe	1549	1249

Die ursprüngliche Theorie von THOMAS und FERMI, der wir hier gefolgt sind, hat eine Reihe von Verbesserungen erfahren. Diese sind an dieser Stelle uninteressant, da sie den hier wesentlichen Punkt nicht berühren. Diesen darf man darin sehen, daß die statistische Theorie in bezug auf die Energie (23) und natürlich ebenso für alle anderen charakteristischen Größen der Atome zu dem Ergebnis führt, daß sie sich monoton mit der Ordnungszahl ändern. Das trifft für einige Größen zu (s. Tab. 3), es gibt aber auch Eigenschaften der Atome, die sich, wie z. B. die „chemischen" Eigenschaften, durchaus nicht monoton mit Z ändern und deren etwa periodische Änderung mit Z zur Aufstellung des periodischen Systems der Elemente Veranlassung gegeben hat.

Die Bindungsenergien einfacher Moleküle bewegen sich in der Größenordnung von einigen eV. Die mit der Verbindungsbildung verknüpften Energieänderungen sind also um einige Größenordnungen kleiner als die Gesamtenergien von Atomen (s. Tab. 3). Daraus folgt, daß nur die am lockersten gebundenen Außenelektronen der Atome an dem chemischen Geschehen beteiligt sein können und da oben schon darauf hingewiesen wurde, daß gerade die Außenbezirke der Atome von der statistischen Theorie besonders schlecht erfaßt werden, ist es verständlich, daß diese Theorie keine geeignete Basis für das Verständnis der Periodizitäten der „chemischen" Eigenschaften und damit für das Verständnis des periodischen Systems abgeben kann. Hinreichend

schwach, um bei chemischen Vorgängen wesentlich beeinflußt zu werden, sind auch immer nur wenige Elektronen gebunden und wegen der
geringen Zahl dieser „Valenzelektronen" ist ebenfalls nicht zu erwarten,
daß die für die Behandlung umfangreicher Systeme besonders geeignete
statistische Theorie auf die Valenzelektronensysteme anwendbar ist.

83. Theorie des periodischen Systems.

Um einen feineren Einblick in die Grundzustände der Atome zu
gewinnen, gehen wir von der Schrödingergleichung des Elektronensystems aus, das sich im Feld eines fixierten Atomkernes bewegt:

$$- \frac{1}{2} \sum_i \varDelta_i \, \psi + \left(- \sum_i \frac{Z}{r_i} + \sum_{i>j} \sum \frac{1}{r_{ij}} \right) \psi = E \, \psi \, . \tag{1}$$

Von der statistischen Betrachtung her ist bekannt, wie die Elektronen im Grundzustand des Atoms etwa verteilt sind. Davon ausgehend
kann man die Frage erörtern, welches „effektive" Potential auf ein
Elektron wirkt, das zuerst aus dem Atom abgespalten sei und das nun
von außen her dem Atomkern wieder angenähert wird. Sicher ist dieses
Potential, da die restlichen Atomelektronen sich bewegen und überdies
ihre Bewegung vom Probeelektron beeinflußt wird, nicht konstant.
Man kann aber doch einen qualitativen Potentialverlauf angeben, der dem
tatsächlich im Zeitmittel wirkenden Potential recht nahe kommen dürfte.
Solange der Abstand r des Probeelektrons vom Atomkern groß ist,
wird es wegen des von der statistischen Theorie her bekannten schnellen
Abfalls der Elektronendichte mit zunehmendem r praktisch unter dem
Einfluß des Potentials einer einfach positiven Punktladung stehen.
Die Ladung des Atomkerns wird durch die $Z - 1$ restlichen Elektronen bis auf eine Elementarladung abgestimmt. Sowie man mit dem
Probeelektron wesentlich in die Elektronenwolke des positiven Ions
eindringt, nimmt die abschirmende Wirkung der Elektronenwolke ab
und das Potential an einer solchen Stelle wird zweckmäßig als C/r mit
$C > 1$ darzustellen sein. In großer Nähe des Atomkerns überwiegt das
von ihm erzeugte Potential völlig das von der Elektronenwolke herrührende, so daß also $C \to Z$ gehen muß, wenn $r \to 0$ geht.

Außer der mit r abnehmenden elektrostatischen Abschirmwirkung
der Elektronenhülle kommt in dem effektiven Potential noch eine Tatsache zum Ausdruck, die sich aus der statistischen Betrachtung ergibt.
Wenn man das Probeelektron in die Elektronenwolke hineinbringt, wird
dadurch in seiner Umgebung die Elektronendichte erhöht und damit
steigt die kinetische Energie der Elektronenwolke an. Man hat also einen
besonderen Arbeitsbetrag aufzuwenden, wenn man das Elektron von
Stellen niedrigerer an solche höherer Elektronendichte bringen will.

Das führt dann bei qualitativer Betrachtung zur Annahme eines scheinbaren „Potentials" statistischen Ursprungs, das zusammen mit dem elektrostatischen das effektive Potential ergibt.

Die Differenz zwischen dem effektiven Potential und dem Potential, das vom Atomkern allein erzeugt wird, nennen wir das Abschirmungspotential

$$V_a = \frac{C}{r} - \frac{Z}{r} = \frac{(C-Z)}{r} . \tag{2}$$

Die Abschirmungsenergie $- V_a$ eines Elektrons gibt zusammen mit der potentiellen Energie gegen den Kern $- Z/r$ ein vernünftiges Maß für seine „effektive" potentielle Energie. Wir addieren und subtrahieren nun in dem Ausdruck für die potentielle Energie in der Schrödingergleichung für jedes Elektron die Abschirmungsenergie und erhalten nach zweckmäßiger Zusammenfassung der Glieder

$$- \sum_i \frac{Z}{r_i} + \sum_{i>j} \sum \frac{1}{r_{ij}} = - \sum_i \frac{C}{r_i} + \left[\sum_i \frac{(C-Z)}{r_i} + \sum_{i>j} \sum \frac{1}{r_{ij}} \right] . \tag{3}$$

In Anbetracht der oben angestellten Überlegungen ist die erste Summe an sehr vielen Stellen des Konfigurationsraumes nur wenig von der tatsächlichen potentiellen Energie verschieden. Es liegt also nahe, die Näherungsgleichung

$$- \frac{1}{2} \sum_i \varDelta_i \psi - \sum_i \frac{C}{r_i} \psi = E \psi \tag{4}$$

zu lösen und von deren Lösungen aus die exakten Lösungen des Atomproblems, wenn nötig, durch eine Störungsrechnung mit

$$\sum_i \frac{(C-Z)}{r_i} + \sum_{i>j} \sum \frac{1}{r_{ij}} \tag{5}$$

als Störungsoperator in noch besserer Näherung zu bestimmen.

Die Gleichung (4) ist separierbar. Die Schrödingergleichung des repräsentativen Einkörperproblems lautet:

$$- \frac{1}{2} \varDelta \psi - \frac{C}{r} \psi = E \psi . \tag{6}$$

Da C bei Abnahme von r vom Wert eins an gegen Z ansteigt, kann man bei der Ermittlung der Eigenwerte der Gleichung von den Ergebnissen Gebrauch machen, die in (55.) hergeleitet wurden. Demnach hängen die Eigenwerte von (6) nicht nur von der Hauptquantenzahl n, sondern auch von der Nebenquantenzahl l, und zwar in der Weise ab, daß E bei konstantem n für höhere l-Werte höher liegt, als für niedrige. Die Eigenfunktionen stimmen in ihrem Winkelanteil mit denen des Keplerproblems überein. Lediglich die Radialanteile unterscheiden sich von den Radialanteilen, die sich bei der Behandlung des Keplerproblems ergeben.

Beim Aufbau der Gesamteigenfunktion des Atomgrundzustandes in der durch die Gl. (4) charakterisierten Näherung wird man die Einelektroneneigenfunktionen in der Reihenfolge heranziehen müssen, die durch das der Gl. (6) entsprechende Termschema gegeben ist. Obwohl natürlich der beste Verlauf von C mit r für verschiedenes Z verschieden sein wird, ist der allgemeine Charakter dieses Termschemas von Z unabhängig. Lediglich Einzelheiten, wie z. B. die Frage, bei welchem l-Wert ein Term zum Wert $n-1$ der Hauptquantenzahl höher liegt als der durch n und $l = 0$ charakterisierte Term, sind von dem genaueren Verlauf von $C(r)$ abhängig.

Die Gesamteigenfunktion des Atomgrundzustandes läßt sich dadurch charakterisieren, daß man angibt, zu welchen Werten n und l die Einelektroneneigenfunktionen gehören, die man beim Aufbau der Gesamteigenfunktion verwendet hat. Da die m-Entartung besteht, ist diese Charakterisierung noch nicht vollständig. Das Symbol

$$n_1\, l_1{}^{z_1}\, n_2\, l_2{}^{z_2}\cdots \tag{7}$$

für einen Atomzustand, durch das die „Elektronenkonfiguration" angegeben wird, bedeutet, daß an der Gesamteigenfunktion z_1 Eigenfunktionen zu n_1 und l_1, z_2 Eigenfunktionen zu n_2 und l_2 usw. beteiligt sind, daß also der Term $n_1\, l_1$ z_1-fach, der Term $n_2\, l_2$ z_2-fach besetzt ist, usw.

Die Elektronenkonfigurationen der Grundzustände der Atome bekommt man, indem man mit den zur Verfügung stehenden Elektronen die Terme des Einelektronenproblems (6) jeweils „von unten an" besetzt. Dabei hat man natürlich zu beachten, daß ein g-fach entarteter Term maximal $2\,g$-fach besetzt werden darf. So erhält man Tab. 4, bei deren Aufstellung tatsächlich jedoch auch noch eine Reihe von experimentellen Daten berücksichtigt und verwertet worden ist. Aus der Tabelle ist zu ersehen, wie z. B. bei H, Li, Na, K, Rb, Cs jeweils ähnliche Elektronenkonfigurationen insofern vorliegen, als bei diesen Atomen das äußerste Elektron einen s-Zustand besetzt. Eine Periodizität dieser Art wäre auch aufgetreten, wenn die repräsentative Einelektronengleichung einfach die Gleichung des Keplerproblems gewesen wäre. Nur durch Berücksichtigung der Abschirmung und damit durch Berücksichtigung der Tatsache, daß das effektive Potential von einem COULOMBschen Potential abweicht, ist aber zu verstehen, daß bei K $(Z = 19)$ das äußerste Elektron nicht den Zustand $3\,d$ sondern $4\,s$ besetzt und daß erst nach Auffüllung dieses Zustandes $3d$ besetzt wird, wenn man sich vergegenwärtigt, daß nach (55.) der Term $4\,s$ niedriger liegen kann als $3\,d$. Sowohl die Periodizität als auch die Störung der Periodizität der Elemente durch das Auftreten von „Zwischenschalenelementen" kann die Theorie also auf dieser Stufe schon erklären[1].

---

[1] BOHR, N.: Ann. Physik **71**, 228 (1923).

Tabelle 4. Elektronenkatalog.

<table>
<tr><th></th><th></th><th>K</th><th colspan="2">L</th><th colspan="3">M</th><th colspan="4">N</th><th colspan="4">O</th><th colspan="3">P</th><th>Q</th></tr>
<tr><th>Z</th><th>n</th><th>1</th><th colspan="2">2</th><th colspan="3">3</th><th colspan="4">4</th><th colspan="4">5</th><th colspan="3">6</th><th>7</th></tr>
<tr><th></th><th>l</th><th>0</th><th>0</th><th>1</th><th>0</th><th>1</th><th>2</th><th>0</th><th>1</th><th>2</th><th>3</th><th>0</th><th>1</th><th>2</th><th>3</th><th>0</th><th>1</th><th>2</th><th>0</th></tr>
<tr><td>1</td><td>H</td><td>1</td><td></td><td></td><td></td><td></td><td></td><td></td><td></td><td></td><td></td><td></td><td></td><td></td><td></td><td></td><td></td><td></td><td></td></tr>
<tr><td>2</td><td>He</td><td>2</td><td></td><td></td><td></td><td></td><td></td><td></td><td></td><td></td><td></td><td></td><td></td><td></td><td></td><td></td><td></td><td></td><td></td></tr>
<tr><td>3</td><td>Li</td><td>2</td><td>1</td><td></td><td></td><td></td><td></td><td></td><td></td><td></td><td></td><td></td><td></td><td></td><td></td><td></td><td></td><td></td><td></td></tr>
<tr><td>4</td><td>Be</td><td>2</td><td>2</td><td></td><td></td><td></td><td></td><td></td><td></td><td></td><td></td><td></td><td></td><td></td><td></td><td></td><td></td><td></td><td></td></tr>
<tr><td>5</td><td>B</td><td>2</td><td>2</td><td>1</td><td></td><td></td><td></td><td></td><td></td><td></td><td></td><td></td><td></td><td></td><td></td><td></td><td></td><td></td><td></td></tr>
<tr><td>6—9</td><td>C—F</td><td>2</td><td>2</td><td>2-5</td><td></td><td></td><td></td><td></td><td></td><td></td><td></td><td></td><td></td><td></td><td></td><td></td><td></td><td></td><td></td></tr>
<tr><td>10</td><td>Ne</td><td>2</td><td>2</td><td>6</td><td></td><td></td><td></td><td></td><td></td><td></td><td></td><td></td><td></td><td></td><td></td><td></td><td></td><td></td><td></td></tr>
<tr><td>11</td><td>Na</td><td>2</td><td>2</td><td>6</td><td>1</td><td></td><td></td><td></td><td></td><td></td><td></td><td></td><td></td><td></td><td></td><td></td><td></td><td></td><td></td></tr>
<tr><td>12</td><td>Mg</td><td>2</td><td>2</td><td>6</td><td>2</td><td></td><td></td><td></td><td></td><td></td><td></td><td></td><td></td><td></td><td></td><td></td><td></td><td></td><td></td></tr>
<tr><td>13</td><td>Al</td><td>2</td><td>2</td><td>6</td><td>2</td><td>1</td><td></td><td></td><td></td><td></td><td></td><td></td><td></td><td></td><td></td><td></td><td></td><td></td><td></td></tr>
<tr><td>14—17</td><td>Si—Cl</td><td>2</td><td>2</td><td>6</td><td>2</td><td>2-5</td><td></td><td></td><td></td><td></td><td></td><td></td><td></td><td></td><td></td><td></td><td></td><td></td><td></td></tr>
<tr><td>18</td><td>A</td><td>2</td><td>2</td><td>6</td><td>2</td><td>6</td><td></td><td></td><td></td><td></td><td></td><td></td><td></td><td></td><td></td><td></td><td></td><td></td><td></td></tr>
<tr><td>19</td><td>K</td><td>2</td><td>2</td><td>6</td><td>2</td><td>6</td><td></td><td>1</td><td></td><td></td><td></td><td></td><td></td><td></td><td></td><td></td><td></td><td></td><td></td></tr>
<tr><td>20</td><td>Ca</td><td>2</td><td>2</td><td>6</td><td>2</td><td>6</td><td></td><td>2</td><td></td><td></td><td></td><td></td><td></td><td></td><td></td><td></td><td></td><td></td><td></td></tr>
<tr><td>21</td><td>Sc</td><td>2</td><td>2</td><td>6</td><td>2</td><td>6</td><td>1</td><td>2</td><td></td><td></td><td></td><td></td><td></td><td></td><td></td><td></td><td></td><td></td><td></td></tr>
<tr><td>22—23</td><td>Ti—V</td><td>2</td><td>2</td><td>6</td><td>2</td><td>6</td><td>2-3</td><td>2</td><td></td><td></td><td></td><td></td><td></td><td></td><td></td><td></td><td></td><td></td><td></td></tr>
<tr><td>24</td><td>Cr</td><td>2</td><td>2</td><td>6</td><td>2</td><td>6</td><td>5</td><td>1</td><td></td><td></td><td></td><td></td><td></td><td></td><td></td><td></td><td></td><td></td><td></td></tr>
<tr><td>25—28</td><td>Mn—Ni</td><td>2</td><td>2</td><td>6</td><td>2</td><td>6</td><td>5-8</td><td>2</td><td></td><td></td><td></td><td></td><td></td><td></td><td></td><td></td><td></td><td></td><td></td></tr>
<tr><td>29</td><td>Cu</td><td>2</td><td>2</td><td>6</td><td>2</td><td>6</td><td>10</td><td>1</td><td></td><td></td><td></td><td></td><td></td><td></td><td></td><td></td><td></td><td></td><td></td></tr>
<tr><td>30</td><td>Zn</td><td>2</td><td>2</td><td>6</td><td>2</td><td>6</td><td>10</td><td>2</td><td></td><td></td><td></td><td></td><td></td><td></td><td></td><td></td><td></td><td></td><td></td></tr>
<tr><td>31—36</td><td>Ga—Kr</td><td>2</td><td>2</td><td>6</td><td>2</td><td>6</td><td>10</td><td>2</td><td>1-6</td><td></td><td></td><td></td><td></td><td></td><td></td><td></td><td></td><td></td><td></td></tr>
<tr><td>37—38</td><td>Rb—Sr</td><td>2</td><td>2</td><td>6</td><td>2</td><td>6</td><td>10</td><td>2</td><td>6</td><td></td><td></td><td>1-2</td><td></td><td></td><td></td><td></td><td></td><td></td><td></td></tr>
<tr><td>39—40</td><td>Y—Zr</td><td>2</td><td>2</td><td>6</td><td>2</td><td>6</td><td>10</td><td>2</td><td>6</td><td>1-2</td><td></td><td>2</td><td></td><td></td><td></td><td></td><td></td><td></td><td></td></tr>
<tr><td>41—42</td><td>Nb—Mo</td><td>2</td><td>2</td><td>6</td><td>2</td><td>6</td><td>10</td><td>2</td><td>6</td><td>4-5</td><td></td><td>1</td><td></td><td></td><td></td><td></td><td></td><td></td><td></td></tr>
<tr><td>43</td><td>Tc</td><td>2</td><td>2</td><td>6</td><td>2</td><td>6</td><td>10</td><td>2</td><td>6</td><td>5</td><td></td><td>2</td><td></td><td></td><td></td><td></td><td></td><td></td><td></td></tr>
<tr><td>44—45</td><td>Ru—Rh</td><td>2</td><td>2</td><td>6</td><td>2</td><td>6</td><td>10</td><td>2</td><td>6</td><td>7-8</td><td></td><td>1</td><td></td><td></td><td></td><td></td><td></td><td></td><td></td></tr>
<tr><td>46</td><td>Pd</td><td>2</td><td>2</td><td>6</td><td>2</td><td>6</td><td>10</td><td>2</td><td>6</td><td>10</td><td></td><td></td><td></td><td></td><td></td><td></td><td></td><td></td><td></td></tr>
<tr><td>47—48</td><td>Ag—Cd</td><td>2</td><td>2</td><td>6</td><td>2</td><td>6</td><td>10</td><td>2</td><td>6</td><td>10</td><td></td><td>1-2</td><td></td><td></td><td></td><td></td><td></td><td></td><td></td></tr>
<tr><td>49—54</td><td>In—Xe</td><td>2</td><td>2</td><td>6</td><td>2</td><td>6</td><td>10</td><td>2</td><td>6</td><td>10</td><td></td><td>2</td><td>1-6</td><td></td><td></td><td></td><td></td><td></td><td></td></tr>
<tr><td>55—56</td><td>Cs—Ba</td><td>2</td><td>2</td><td>6</td><td>2</td><td>6</td><td>10</td><td>2</td><td>6</td><td>10</td><td></td><td>2</td><td>6</td><td></td><td></td><td>1-2</td><td></td><td></td><td></td></tr>
<tr><td>57</td><td>La</td><td>2</td><td>2</td><td>6</td><td>2</td><td>6</td><td>10</td><td>2</td><td>6</td><td>10</td><td></td><td>2</td><td>6</td><td>1</td><td></td><td>2</td><td></td><td></td><td></td></tr>
<tr><td>58—71</td><td>Ce—Cp</td><td>2</td><td>2</td><td>6</td><td>2</td><td>6</td><td>10</td><td>2</td><td>6</td><td>10</td><td>1-14</td><td>2</td><td>6</td><td>1</td><td></td><td>2</td><td></td><td></td><td></td></tr>
<tr><td>72—77</td><td>Hf—Ir</td><td>2</td><td>2</td><td>6</td><td>2</td><td>6</td><td>10</td><td>2</td><td>6</td><td>10</td><td>14</td><td>2</td><td>6</td><td>2-7</td><td></td><td>2</td><td></td><td></td><td></td></tr>
<tr><td>78</td><td>Pt</td><td>2</td><td>2</td><td>6</td><td>2</td><td>6</td><td>10</td><td>2</td><td>6</td><td>10</td><td>14</td><td>2</td><td>6</td><td>9</td><td></td><td>1</td><td></td><td></td><td></td></tr>
<tr><td>79—80</td><td>Au-Hg</td><td>2</td><td>2</td><td>6</td><td>2</td><td>6</td><td>10</td><td>2</td><td>6</td><td>10</td><td>14</td><td>2</td><td>6</td><td>10</td><td></td><td>1-2</td><td></td><td></td><td></td></tr>
<tr><td>81—86</td><td>Tl—Rn</td><td>2</td><td>2</td><td>6</td><td>2</td><td>6</td><td>10</td><td>2</td><td>6</td><td>10</td><td>14</td><td>2</td><td>6</td><td>10</td><td></td><td>2</td><td>1-6</td><td></td><td></td></tr>
<tr><td>87—88</td><td>Fr—Ra</td><td>2</td><td>2</td><td>6</td><td>2</td><td>6</td><td>10</td><td>2</td><td>6</td><td>10</td><td>14</td><td>2</td><td>6</td><td>10</td><td></td><td>2</td><td>6</td><td></td><td>1-2</td></tr>
<tr><td>89</td><td>Ac</td><td>2</td><td>2</td><td>6</td><td>2</td><td>6</td><td>10</td><td>2</td><td>6</td><td>10</td><td>14</td><td>2</td><td>6</td><td>10</td><td></td><td>2</td><td>6</td><td>1</td><td>2</td></tr>
<tr><td>90—98</td><td>Th—Cf</td><td>2</td><td>2</td><td>6</td><td>2</td><td>6</td><td>10</td><td>2</td><td>6</td><td>10</td><td>14</td><td>2</td><td>6</td><td>10</td><td>1-9</td><td>2</td><td>6</td><td>1</td><td>2</td></tr>
</table>

Man darf dem Elektronenkatalog (Tab. 4) keine absolute Bedeutung beimessen. Die Behauptung z. B., im Grundzustand des Boratoms sei ein Elektron ein $2\,p$-Elektron, ist, absolut verstanden, sinnlos. Damit wird nämlich behauptet, daß das Quadrat des Translationsdrehimpulses eines Elektrons für einen Eigenzustand der Energie einen exakt definierten Wert hätte. Der Operator, der dieser Größe entspricht, ist aber zwar mit dem Hamiltonoperator der Näherungsgleichung (6), nicht aber mit dem tatsächlichen Hamiltonoperator des Atoms vertauschbar, so daß das Drehimpulsquadrat eines einzelnen Elektrons für einen Eigenzustand der Energie keinen exakt definierten Wert haben kann. Der Begriff Elektronenkonfiguration hat demnach nur im Rahmen einer bestimmten Näherungsbetrachtung einen Sinn.

84. Quantitative Theorie der Atomzustände.

Bei Atomen, in denen praktisch RUSSELL-SAUNDERS-Kopplung herrscht (und das gilt in guter Näherung für die Atome der niederen Elemente, die bisher in der Theorie der chemischen Bindung vorwiegend interessieren), ist jeder Term durch eine bestimmte Multiplizität gekennzeichnet. Zustände, die sich nur durch die verschiedene Orientierung des Gesamtspinvektors zum Bahndrehimpulsvektor unterscheiden und deren Anzahl jeweils durch die Multiplizität angegeben wird, fallen energetisch praktisch zusammen, da die Wirkungen der magnetischen Elektronenmomente vernachlässigt werden können.

Da sich in den Atomen ein Elektronensystem in einem zentralsymmetrischen Feld bewegt, sind in diesem Fall aber nicht nur die Operatoren $\mathfrak{S}^2$ und S_z , sondern auch die dem Gesamtbahndrehimpulsquadrat $\mathfrak{L}^2$ und der z-Komponente von $\mathfrak{L}$ L_z zugeordneten Operatoren

$$\mathfrak{L}^2 = (l_1 + l_2 + \cdots)^2$$
$$L_z = (l_{z1} + l_{z2} + \cdots) \tag{1}$$

mit dem Hamiltonoperator vertauschbar. Deshalb kann im allgemeinen jeder Atomzustand durch den zugehörigen Eigenwert von $\mathfrak{L}^2$ charakterisiert werden. Zustände, die sich nur dadurch unterscheiden, daß sie zu verschiedenen Eigenwerten von L_z gehören, die sich also nur durch verschiedenartige Orientierungen des Gesamtbahndrehimpulsvektors voneinander unterscheiden, müssen wegen der Kugelsymmetrie des Kernkraftfeldes ebenfalls energetisch zusammenfallen. Nach Anhang 4 gilt der richtige Satz, daß die Eigenwerte von $\mathfrak{L}^2$ die Form $L(L + 1)$, $L: 0, 1, 2, \ldots$ haben. Zu dem Eigenwert $L(L + 1)$ des Gesamtbahndrehimpulsquadrates gibt es $2L + 1$ Einstellungsmöglichkeiten von $\mathfrak{L}$, von denen jede durch den zugehörigen Eigenwert von L_z charakterisiert wird. Zu einem Term, der durch ein bestimmtes Wertepaar von S und L charakterisiert ist, gibt es also

$$(2S + 1)(2L + 1) \tag{2}$$

miteinander entartete Zustände. Für die Werte von L sind die folgenden Symbole gebräuchlich.

$$L: 0 \quad 1 \quad 2 \quad \cdots$$
$$S \quad P \quad D \quad \cdots \tag{3}$$

Ein ^3P-Term ist also z. B. ein Atomterm, zu dem 9 Zustände gehören, die sich nur durch die verschiedenen Orientierungen von $\mathfrak{S}$ und $\mathfrak{L}$ unterscheiden ($S = 1, L = 1, M_S = 1, 0, -1, M_L = 1, 0, -1$). M_S und M_L bezeichnen die Eigenwerte der z-Komponenten von $\mathfrak{S}$ und $\mathfrak{L}$.

Zu einer gegebenen Elektronenkonfiguration gibt es, da die m-Entartung und die Spinentartung besteht, im allgemeinen mehrere Möglichkeiten der Verteilung der Elektronen auf die Einelektroneneigenfunktionen. In Tab. 5 sind die möglichen Verteilungen für die Konfiguration p^2 als Beispiel angegeben. Zu jeder Zeile der Tabelle läßt sich eine HS-Funktion bilden

$$\varphi_1 = A\ \alpha\ p_1\ \beta\ p_1$$
$$\varphi_2 = A\ \alpha\ p_2\ \alpha\ p_0 \tag{4}$$
$$\cdots\cdots\quad\cdot$$

Alle durch diese Funktionen beschriebenen Zustände gehören in der Abschirmfeldnäherung zur selben Energie.

Tabelle 5.

	$(n\ l\ m_l\ m_s)$	$(n\ l\ m_l\ m_s)$	$M_L = \Sigma m_l$	$M_S = \Sigma m_s$
1	$(n\ 1\quad 1\quad {}^1/_2)$	$(n\ 1\quad 1 -{}^1/_2)$	2	0
2	$(n\ 1\quad 1\quad {}^1/_2)$	$(n\ 1\quad 0\quad {}^1/_2)$	1	1
3	$(n\ 1\quad 1\quad {}^1/_2)$	$(n\ 1\quad 0 -{}^1/_2)$	1	0
4	$(n\ 1\quad 1 -{}^1/_2)$	$(n\ 1\quad 0\quad {}^1/_2)$	1	0
5	$(n\ 1\quad 1 -{}^1/_2)$	$(n\ 1\quad 0 -{}^1/_2)$	1	-1
6	$(n\ 1\quad 1\quad {}^1/_2)$	$(n\ 1 -1\quad {}^1/_2)$	0	1
7	$(n\ 1\quad 1\quad {}^1/_2)$	$(n\ 1 -1 -{}^1/_2)$	0	0
8	$(n\ 1\quad 1 -{}^1/_2)$	$(n\ 1 -1\quad {}^1/_2)$	0	0
9	$(n\ 1\quad 0\quad {}^1/_2)$	$(n\ 1\quad 0 -{}^1/_2)$	0	0
10	$(n\ 1\quad 1 -{}^1/_2)$	$(n\ 1 -1 -{}^1/_2)$	0	1
11	$(n\ 1 -1\quad {}^1/_2)$	$(n\ 1\quad 0\quad {}^1/_2)$	-1	1
12	$(n\ 1 -1 -{}^1/_2)$	$(n\ 1\quad 0\quad {}^1/_2)$	-1	0
13	$(n\ 1 -1\quad {}^1/_2)$	$(n\ 1\quad 0 -{}^1/_2)$	-1	0
14	$(n\ 1 -1 -{}^1/_2)$	$(n\ 1\quad 0 -{}^1/_2)$	-1	-1
15	$(n\ 1 -1\quad {}^1/_2)$	$(n\ 1 -1 -{}^1/_2)$	-2	0

Der Operator (83.5), mit dem Störungsrechnung getrieben werden soll, ist wie der vollständige Hamiltonoperator des Atomproblems mit $\mathfrak{S}^2$, S_z, $\mathfrak{L}^2$, L_z vertauschbar, bei der Aufstellung des den fünfzehn Funktionen (4) zugeordneten Säkularproblems kann man also insbesondere von der Tatsache Gebrauch machen, daß Funktionen φ, die zu verschiedenen Eigenwerten von M_S oder M_L gehören, nicht miteinander kombinieren. Da die φ außerdem untereinander orthogonal sind, verschwinden die Elemente der Säkulardeterminante, die zu solchen Funktionenpaaren gehören, vollständig. Da

$$M_S = \sum m_s \qquad M_L = \sum m_l \tag{5}$$

ist, lassen sich die M_S- und M_L-Werte, zu denen die φ gehören, leicht angeben. Aus der Tabelle ist abzulesen, daß die Säkulardeterminante zu p^2 die in Abb. 10 angegebene Form hat. Das Säkularproblem zerfällt also in elf Teilprobleme, von denen jedes durch ein Wertepaar M_S, M_L charakterisiert ist.

Da der höchste vorkommende M_L-Wert 2 ist, kann und muß unter den Wurzeln des Säkularproblems die Energie eines D-Terms vorkommen.

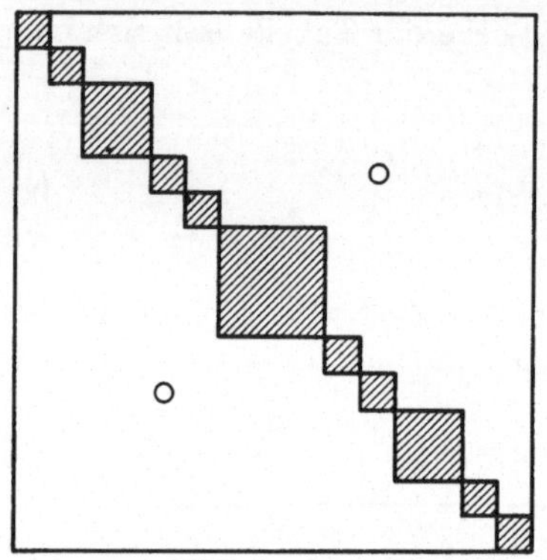

Abb. 10. Säkulardeterminante des p^2-Problems.

Da $M_L = 2$ aber nur zusammen mit $M_S = 0$ vorkommt, kann es sich nur um einen ^1D-Term handeln. Die Wurzel des ersten Teilproblems

$$\Delta E\,(^1D) = H_{11} \qquad (6)$$

muß die Energie des ^1D-Terms (bezogen auf die Energie der p^2-Konfiguration in der Abschirmfeldnäherung) angeben. Da zu ^1D nach (2) vier weitere Zustände gleicher Energie gehören, muß der Wurzelwert (6) noch viermal in den übrigen Teilproblemen auftreten. Er kann aber nur in solchen auftreten, die ebenfalls zu $M_S = 0$ gehören. Das sind das dritte, das sechste, neunte und elfte, die zu $M_L = 1, 0, -1, -2$ gehören. In Anbetracht der Tatsache, daß die fünf zur Wurzel (6) gehörenden Zustände sich durch M_L unterscheiden, muß diese in jedem dieser Probleme *einmal* auftreten. Der M_L-Wert 1 kommt in der Tab. 5 zusammen mit $M_S = 1, 0, -1$ vor. Der nächste Term muß also ein ^3P-Term sein. Die ihm entsprechende Wurzel ergibt sich aus dem zweiten Teilproblem zu

$$\Delta E\,(^3P) = H_{22}\,. \qquad (7)$$

Da zu ^1D fünf und zu ^3P neun Zustände gehören, sind jetzt schon vierzehn Wurzeln des Problems bekannt. Durch Weiterführung der Argumentation kommt man unter Zuhilfenahme der Tatsache, daß die Summe der Wurzeln einer Säkulargleichung nach einem bekannten Satze der Algebra über den Zusammenhang der Wurzeln mit den Koeffizienten einer Gleichung gleich der Summe der H_{ii} ist, zu dem Schluß, daß die letzte Wurzel, die natürlich nur mehr einem nichtentarteten ^1S-Term entsprechen kann,

$$\Delta E\,(^1S) = H_{77} + H_{88} + H_{99} - H_{11} - H_{22} \qquad (8)$$

lautet.

Aus der Konfiguration p^2 gehen beim Einschalten der Störung, die den Übergang zum wirklichen Atom bedeutet, die Terme ^3P, ^1D, ^1S

hervor, deren Energien in der ersten Näherung der Störungsrechnung nach (6), (7) und (8) durch die Integrale H_{ii} ausgedrückt sind. Daß hier nur H_{ij} mit gleichen Indizes auftreten, hängt damit zusammen, daß als Beispiel die einfache Konfiguration p^2 behandelt wurde.

Wenn wir die in der HS-Funktion φ_i auftretenden Atomeigenfunktionen allgemein mit $u_1, u_2, \ldots$ bezeichnen, wird nach (73.19)

$$H_{ii} = Q - \Sigma A \,. \tag{9}$$

A sind die Austauschintegrale zwischen den Funktionen, die in φ_i mit gleichen Spinfunktionen verbunden sind.

Der Störungsoperator V_s hat nach (83.5) die Form

$$V_s = \sum_i f(r_i) + \sum_{i>j} \cdot \sum \frac{1}{r_{ij}} \,, \tag{10}$$

wobei f eine durch die Form des im ersten Näherungsschritt verwendeten Abschirmfeldes bestimmte Funktion ist. Damit wird

$$Q = \sum_\xi J_\xi + \sum_{\eta > \xi} \sum C_{\xi\eta} \,, \tag{11}$$

wobei

$$J_\xi = (u_\xi, f u_\xi) \tag{12}$$

und

$$C_{\xi\eta} = \left(u_\xi u_\eta, \frac{1}{r_{\xi\eta}} u_\xi u_\eta \right) \tag{13}$$

ist und die erste Summe über alle in φ_i auftretenden u_ξ und die Doppelsumme über alle Paare u_ξ, u_η der in φ_i auftretenden u zu erstrecken ist. Die Austauschintegrale A haben die Form[1]

$$A_{\xi\eta} = \left(u_\eta u_\xi, \frac{1}{r_{\xi\eta}} u_\xi u_\eta \right) \,. \tag{14}$$

Da f nur von der Radialkoordinate abhängt, kann man in (12) die Integration über die Winkel sofort ausführen und erhält

$$J_\xi = \int R_{nl}^{(\xi)}(r)\, f(r)\, R_{nl}^{(\xi)}(r)\, r^2\, dr \,. \tag{15}$$

$R_{nl}^{(\xi)}(r)$ ist der Radialanteil der Funktion u_ξ. Nach (15) hängt J_ξ nicht von m ab, es ist also z. B. für alle p-Funktionen gleich.

Zur Auswertung des Integrals (13), das anschaulich die elektrostatische Wechselwirkungsenergie zweier Ladungswolken u_ξ^2 und u_η^2 bedeutet und das deshalb als Coulombintegral bezeichnet wird, bedient man

---

[1] Wenn zum Ausdruck kommen soll, auf welche Paare von Atomeigenfunktionen sich Coulomb- und Austauschintegrale beziehen sollen, werden wir die C und A später gelegentlich durch

$$C(l\, m_l, l'\, m_l') \quad \text{und} \quad A(l\, m_l, l'\, m_l')$$

symbolisieren.

8. Atome.

Tabelle 6.

$$a^k (l\, m_l;\, l'\, m_l')$$

	l	m_l	l'	m_l'	a^0	a^2	a^4
ss	0	0	0	0	1	0	0
sp	0	0	1	±1	1	0	0
	0	0	1	0	1	0	0
pp	1	±1	1	±1	1	1/25	0
	1	±1	1	0	1	—2/25	0
	1	0	1	0	1	4/25	0
sd	0	0	2	±2	1	0	0
	0	0	2	±1	1	0	0
	0	0	2	0	1	0	0
pd	1	±1	2	±2	1	2/35	0
	1	±1	2	±1	1	—1/35	0
	1	±1	2	0	1	—2/35	0
	1	0	2	±2	1	—4/35	0
	1	0	2	±1	1	2/35	0
	1	0	2	0	1	4/35	0
dd	2	±2	2	±2	1	4/49	1/441
	2	±2	2	±1	1	—2/49	—4/441
	2	±2	2	0	1	—4/49	6/441
	2	±1	2	±1	1	1/49	16/441
	2	±1	2	0	1	2/49	—24/441
	2	0	2	0	1	4/49	36/441

$$b^k (l\, m_l;\, l'\, m_l')$$

	l	m_l	l'	m_l'	b^0	b^1	b^2	b^3	b^4
ss	0	0	0	0	1	0	0	0	0
sp	0	0	1	±1	0	1/3	0	0	0
	0	0	1	0	0	1/3	0	0	0
pp	1	±1	1	±1	1	0	1/25	0	0
	1	±1	1	0	0	0	3/25	0	0
	1	±1	1	±1	0	0	6/25	0	0
	1	0	1	0	1	0	4/25	0	0
sd	0	0	2	±2	0	0	1/5	0	0
	0	0	2	±1	0	0	1/5	0	0
	0	0	2	0	0	0	1/5	0	0
pd	1	±1	2	±2	0	2/5	0	3/245	0
	1	±1	2	±1	0	1/5	0	9/245	0
	1	±1	2	0	0	1/15	0	18/245	0
	1	±1	2	±1	0	0	0	30/245	0
	1	±1	2	±2	0	0	0	9/245	0
	1	0	2	±2	0	0	0	15/245	0
	1	0	2	±1	0	1/5	0	24/245	0
	1	0	2	0	0	4/15	0	27/245	0
	2	±2	2	±2	1	0	4/49	0	1/441
dd	2	±2	2	±1	0	0	6/49	0	5/441
	2	±2	2	0	0	0	4/49	0	15/441
	2	±2	2	±1	0	0	0	0	35/441
	2	±2	2	±2	0	0	0	0	70/441
	2	±1	2	±1	1	0	1/49	0	16/441
	2	±1	2	0	0	0	1/49	0	30/441
	2	±1	2	±1	0	0	6/49	0	40/441
	2	0	2	0	1	0	4/49	0	36/441

sich der folgenden Beziehung für den reziproken Abstand $r_{\xi\eta}^{-1}$ zweier Punkte ξ und η, deren Kugelkoordinaten r_ξ, ϑ_ξ, φ_ξ, r_η, ϑ_η, φ_η sind[1]:

$$\frac{1}{r_{\xi\eta}} = \sum_k \sum_m \frac{(k-|m|)!}{(k+|m|)!} \frac{r_a^k}{r_b^{k+1}} P_k^{|m|}(\cos\vartheta_\xi) P_k^{|m|}(\cos\vartheta_\eta) e^{im(\varphi_\xi-\varphi_\eta)}. \quad (16)$$

Damit erhalten die Integrale $C_{\xi\eta}$ die Form

$$C_{\xi\eta} = \sum_k a^k (l m_l; l' m_l') F^k (n l; n' l'). \quad (17)$$

Die Koeffizienten a^k ergeben sich zu

$$a^k (l m_l; l' m_l') = \frac{(2l+1)(l-|m_l|)!}{2(l+|m_l|)!} \frac{(2l'+1)(l'-|m_l'|)!}{2(l'+|m_l'|)!}$$

$$\times \int_0^\pi \{P_l^{|m_l|}(\cos\vartheta_\xi)\}^2 P_k (\cos\vartheta_\xi) \sin\vartheta_\xi \, d\vartheta_\xi \quad (18)$$

$$\times \int_0^\pi \{P_{l'}^{|m_l'|}(\cos\vartheta_\eta)\}^2 P_k (\cos\vartheta_\eta) \sin\vartheta_\eta \, d\vartheta_\eta$$

und die F^k zu:

$$F^k(n l; n' l') = \int_0^\infty \int_0^\infty R_{nl}^2 (r_\xi) R_{n'l'}^2 (r_\eta) \frac{r_a^k}{r_b^{k+1}} r_\xi^2 r_\eta^2 \, dr_\xi dr_\eta. \quad (19)$$

n, l, m_l sind die Quantenzahlen von u_ξ, $n'\, l'\, m_l'$ die von u_η.

In der Tab. 6 sind die nach (18) berechneten Koeffizienten a^k für die wichtigsten Fälle angegeben.

Wenn man die Austauschintegrale analog behandelt, erhält man

$$A_{\xi\eta} = \sum_k b^k (l m_l; l' m_l') G^k (n l; n' l') \quad (20)$$

mit

$$b^k (l m_l; l' m_l') = \frac{(k-|m_l-m_l'|)!\,(l-|m_l|)!\,(2l'+1)(l'-|m_l'|)!}{4(k+|m_l-m_l'|)!\,(l+|m_l|)!\,(l'+|m_l'|)!} \quad (21)$$

$$\times \left\{ \int_0^\pi P_l^{|m_l|}(\cos\vartheta) P_{l'}^{|m_l'|}(\cos\vartheta) P_k^{|m_l-m_l'|}(\cos\vartheta) \sin\vartheta \, d\vartheta \right\}^2$$

und

$$G^k(n l; n' l') = \int_0^\infty \int_0^\infty R_{nl}(r_\xi) R_{n'l'}(r_\xi) R_{nl}(r_\eta) R_{n'l'}(r_\eta) \frac{r_a^k}{r_b^{k+1}} r_\xi^2 r_\eta^2 \, dr_\xi dr_\eta. \quad (22)$$

Die wichtigsten Koeffizienten b^k sind in Tab. 6 zusammengestellt.

Wenn man auf die angegebene Weise die Q des p^2-Problems, das wir oben als Beispiel behandelt haben, durch die F und G ausdrückt, erhält man schließlich für die Energiestörungen

$$\Delta E\,(^1D) = 2J(n 1) + F^0 + \frac{1}{25} F^2$$

$$\Delta E\,(^3P) = 2J(n 1) + F^0 - \frac{2}{25} F^2 - \frac{3}{25} G^2 \quad (23)$$

$$\Delta E\,(^1S) = 2J(n 1) + F^0 + \frac{7}{25} F^2 + \frac{3}{25} G^2.$$

---

[1] r_a bedeutet das kleinere und r_b das größere r.

Daraus folgt, da die G hier gleich den F sind

$$\varDelta E\,(^1D) - \varDelta E\,(^3P) = \frac{6}{25}\,F^2$$

$$\varDelta E\,(^1S) - \varDelta E\,(^1D) = \frac{9}{25}\,F^2. \tag{24}$$

Es sollte also nach der Theorie das Verhältnis der Termdifferenzen

$$v = \frac{\varDelta E\,(^1S) - \varDelta E\,(^1D)}{\varDelta E\,(^1D) - \varDelta E\,(^3P)} = \frac{E\,(^1S) - E\,(^1D)}{E\,(^1D) - E\,(^3P)} = \frac{3}{2} \tag{25}$$

sein. Inwieweit diese Beziehung die tatsächlichen Verhältnisse richtig darstellt, ist aus der Tab. 7 zu ersehen, in der v für einige Atome und Ionen mit p^2-Konfigurationen angegeben ist.

Auf die schweren Atome ist die hier dargestellte Theorie allerdings eigentlich nicht anwendbar, da bei diesen merkliche Abweichungen von der RUSSELL-SAUNDERS-Kopplung, also nicht mehr zu vernachlässigende Wirkungen der magnetischen Elektronenmomente vorliegen.

Tabelle 7.

Atom (Ion)	Konfiguration	v
Theorie	$n\,p^2$	1,5
C	$2\,p^2$	1,13
N$^+$	$2\,p^2$	1,14
O^{++}	$2\,p^2$	1,14
Si	$2\,p^2$	1,48
Ge	$4\,p^2$	1,50
Sn	$5\,p^2$	1,39

Die hier dargestellte SLATERsche Theorie[1] gibt, obwohl ihre quantitativen Resultate häufig ungenügend sind, jedenfalls die Reihenfolge der aus einer Konfiguration hervorgehenden Terme im allgemeinen richtig wieder. In dem als Beispiel behandelten Fall p^2 ergibt sich ^3P als tiefster Term. Das ist von den drei Termen derjenige mit der höchsten Multiplizität. Nach einer von HUND[2] aufgefundenen Regel (Prinzip der maximalen Multiplizität) ist der tiefste unter den Termen, die zu einer Konfiguration gehören, immer ein solcher mit maximaler Multiplizität. Sind mehrere Terme dieser Multiplizität vorhanden, so ist der Grundterm in der Regel derjenige unter ihnen, der zum höchsten L-Wert gehört.

85. Atomeigenfunktionen.

Wir haben gesehen, wie sich in der SLATERschen Theorie der Atomterme deren Energien durch Integrale über die Radialanteile von Einelektroneneigenfunktionen ausdrücken lassen. Gewisse Resultate der Theorie über Verhältnisse von Termabständen sind zwar von diesen Integralen unabhängig, für die Berechnung der Energien selbst muß man aber auf jeden Fall die Einelektroneneigenfunktionen bzw. ihre

---

[1] SLATER, J. C: Phys. Rev. **34**, 1293 (1929). — CONDON, E. V., u. G. H. SHORTLEY: The Theory of atomic Spectra, Cambridge 1951.

[2] HUND, F.: Z. Physik **33**, 345 (1925); Linienspektren und periodisches System. Diese Sammlung, 1927.

Radialanteile wirklich kennen. Da die in Abschnitt 3 dargestellte Überlegung insofern nur qualitativ war, als die für die Abschirmung charakteristische Funktion $C(r)$ mehr oder weniger willkürlich ist, eröffnet sich
so — etwa durch möglichst exakte Lösung der Einelektronengleichung —
kein gangbarer Weg zur Bestimmung brauchbarer Einelektronenfunktionen.

Man kann umgekehrt vorgehen und nach HARTREE-FOCK durch Anwendung des Variationsprinzips die besten Einelektroneneigenfunktionen aus der Forderung minimaler Energie für den Atomgrundzustand
ermitteln. Das ist immer dann sinnvoll, wenn man eben die Atomgrund-
zustände oder andere Atomeigenschaften so exakt zu berechnen versucht, als es mit Produkteigenfunktionen möglich ist, es ist aber un-
zweckmäßig, HARTREE-FOCK-Eigenfunktionen zu verwenden, wenn man
im Zusammenhang mit dem chemischen Bindungsproblem aus ihnen
Näherungseigenfunktionen für Moleküle aufbauen will. Die Tatsache,
daß die HARTREE-FOCK-Funktionen im allgemeinen keine einfache
analytische Darstellung erlauben (wenn man nicht die größere Genauigkeit durch rohe analytische Interpolationsformeln zunichte machen
will), macht sie für die Verwendung bei Untersuchungen über chemische
Bindungsprobleme ungeeignet. Überdies sind die Vernachlässigungen,
die man dann bei solchen Rechnungen in der Regel macht, so groß, daß
sich die Verwendung sehr genauer Einelektronenfunktionen gar nicht
lohnt.

Im Zusammenhang mit den reinen Atomproblemen ist schließlich
immer zu bedenken, daß die HARTREE-FOCK-Funktionen zwar die besten
Produkteigenfunktionen sind, daß man aber mit Korrelationseigenfunktionen die Verhältnisse im allgemeinen noch besser darstellen kann. Tatsächlich führt eine bessere Berücksichtigung der Elektronenwechselwirkung im Variationsansatz durch Aufnahme von Gliedern, die vom
Elektronenabstand abhängen, zu ausgezeichneten Resultaten. HYLLE-
RAAS hat auf diese Weise für den Grundzustand des Heliumatoms die
Energie mit spektroskopischer Genauigkeit berechnet.

Die Verwendung von Variationsfunktionen vom HYLLERAASschen
Typ ist aber wegen der mit zunehmender Elektronenzahl sehr rasch
ansteigenden Rechenarbeit auf Systeme mit sehr wenigen Elektronen
beschränkt.

Man wird also zweckmäßig im allgemeinen doch mit Produktansätzen
für die Gesamteigenfunktion rechnen müssen, wird aber dann bei der
Anwendung des Variationsprinzips nicht wie bei HARTREE-FOCK die
Einelektronenfunktionen, die die Faktoren des Produkts darstellen,
völlig frei variieren lassen, sondern als Einelektronenfunktionen von
vornherein plausible Funktionen mit noch freien Parametern wählen.
Mit diesen berechnet man nach SLATER die Energie des Grundzustandes

des Atoms und bestimmt dann durch Variation der Parameter den Minimalwert für diese Größe. So erhält man die „besten" Parameterwerte und damit die „besten" Einelektroneneigenfunktionen.

Diesen Weg, der im Gegensatz zur HARTREE-FOCK-Methode zu analytischen Ausdrücken für die „besten" Einelektroneneigenfunktionen führt, bei dem aber natürlich auch die Näherung schlechter ist, weil die Variationsmöglichkeiten geringer sind, haben verschiedene Autoren eingeschlagen.

PLATO hat mit einfachen Variationsansätzen die Atome Li bis A behandelt, aber er hat dabei die Austauschintegrale vernachlässigt und seine Resultate sind deshalb weniger von Bedeutung als die Ergebnisse von FOCK und PETRASHEN, GUILLEMIN und ZENER[1], ZENER[2], MORSE, YOUNG und HAURWITZ[3], DUNCANSON und COULSON[4], in deren Arbeiten die leichteren Atome und zwar bis Ne, Na$^+$, Mg^{2+} behandelt wurden. MORSE, YOUNG und HAURWITZ haben für die Einelektroneneigenfunktionen die folgenden Ansätze gemacht:

$$1s: \psi = \sqrt{\frac{a^3 \mu^3}{\pi}}\; e^{-\mu a r}$$

$$2s: \psi = \sqrt{\frac{\mu^5}{3\pi N}}\left(r e^{-\mu r} - \frac{3A}{\mu} e^{-\mu b r}\right)$$

$$2p: \psi = \sqrt{\frac{\mu^5 c^5}{2\pi}}\; r e^{-\mu c r}\begin{cases}\sqrt{2}\cos\vartheta \\ \sin\vartheta\, e^{i\varphi} \\ \sin\vartheta\, e^{-i\varphi}\end{cases}$$

$$A = \frac{(a+b)^3}{(1+a)^4} \qquad N = 1 - \frac{48 A}{(1+b)^4} + 3\,\frac{A^2}{b^3}. \tag{1}$$

Sie enthalten die vier Variationsparameter a, b, c, μ, deren optimale Werte auf dem angegebenen Wege durch Variation des Energieausdruckes für den Grundzustand bestimmt wurden. Diese Werte hängen natürlich von der Kernladungszahl Z, der Zahl K der $1\,s$-Elektronen, der Zahl L der $2\,s$-Elektronen und der Zahl L' der $2\,p$-Elektronen des speziell betrachteten Atoms ab. Man kann die Ergebnisse der Rechnungen in die folgenden Interpolationsformeln zusammenfassen:

$$a\mu = Z - 0{,}30\,(K-1)$$

$$a = 2 + \frac{K(L+1)+L'}{Z-(K-1)}$$

$$b = \frac{K+L}{2} + \frac{2+L+L'}{Z-(K-1)} \tag{2}$$

$$c = 0{,}80 + 0{,}20\,L + 0{,}05\,L\,\frac{1-L-2L'}{Z-K-L}\,.$$

[1] GUILLEMIN, V., u. C. ZENER: Z. Physik **61**, 199 (1930).

[2] ZENER, C.: Phys. Rev. **36**, 51 (1930).

[3] MORSE, P. M., L. A. YOUNG u. E. S. HAURWITZ: Phys. Rev. **48**, 948 (1935).

[4] DUNCANSON, W. E., u. C. A. COULSON: Proc. Roy. Soc. A **62**, 37 (1944).

Obwohl die Näherung für die Energie des Atomgrundzustandes, die man so erhält, sicher schlechter ist als die Näherung bei Anwendung des HARTREE-FOCK-Verfahrens, sind die tatsächlichen Unterschiede, wie man aus der Tab. 8 ersieht, doch recht klein.

Tabelle 8. *Energie des* Be-*Atoms.*

Experimenteller Wert	14,66 aE
Wert nach HARTREE-FOCK	14,57 aE
Wert nach MORSE, YOUNG u. HAURWITZ	14,55 aE

Der Unterschied zwischen dem HARTREE-FOCK-Wert und dem Wert von MORSE, YOUNG und HAURWITZ ist wesentlich kleiner als der Abstand beider Werte vom experimentellen. Bei beiden Methoden dürfte die Nichtberücksichtigung der Korrelation im Variationsansatz der Hauptfehler sein.

Obwohl die Funktionen (1) noch verhältnismäßig einfach gebaut sind, sind sie für viele Untersuchungen in der Bindungstheorie noch zu kompliziert und man begnügt sich daher meistens mit den noch einfacheren halbempirischen Einelektroneneigenfunktionen von SLATER.

SLATER[1] setzt für den Radialanteil der Eigenfunktionen

$$R(r) = A\, r^{n'-1} e^{-\frac{Z-\sigma}{n'}\, r}. \tag{3}$$

Z bedeutet die Kernladungszahl, σ ist eine Abschirmungskonstante und n' die effektive Hauptquantenzahl.

Die Parameter σ und n' bestimmt man nach SLATER am besten so, daß für diejenigen Atome, für die Variationsrechnungen mit analytischen Ansätzen ausgeführt wurden, die dabei erhaltenen Eigenfunktionen mit R (3) möglichst gut angenähert werden. Für höhere Atome ($Z > 10$) wählt man σ und n' so, daß charakteristische Atomgrößen, wie Suszeptibilitäten, Ionisierungsenergien usw., die man mit den SLATERschen Funktionen berechnet hat, möglichst gut mit den beobachteten Werten übereinstimmen.

Auf diese Weise kommt SLATER zu folgenden Regeln für die Festlegung von σ und n':

Für die Ermittlung von σ teilt man die Elektronen in Gruppen ein:

$$(1s)\ (2s\, 2p)\ (3s\, 3p)\ (3d)\ (4s\, 4p)\ (4d\, 4f)\ (5s\, 5p)\cdots$$

Alle Elektronengruppen außerhalb der in Betracht gezogenen tragen zu σ nichts bei. Jedes Elektron aus der Gruppe, der das in Betracht gezogene Elektron angehört, trägt zu σ in der Regel 0,35 bei. Nur bei der

---

[1] SLATER, J. C.: Phys. Rev. **36**, 57 (1930).

ersten Gruppe hat man als Beitrag des anderen Elektrons 0,30 anzusetzen. Wenn das Elektron zu einer der $s\,p$-Gruppen gehört, trägt jedes
Elektron einer weiter innen gelegenen Gruppe mit um 1 kleinerer Hauptquantenzahl 0,85 und jedes Elektron einer noch weiter innen gelegenen
Gruppe 1,00 zu σ bei. Wenn das Elektron zu einer (df)-Gruppe gehört,
liefern die Elektronen aller weiter innen gelegenen Gruppen jeweils den
Beitrag 1,00 zu σ.

Als Beispiel für die Anwendung dieser Regeln betrachten wir das
C-Atom. Hier gilt für:

$$1s:\ Z - \sigma = 6 - 0{,}30 = 5{,}70$$
$$2s\,2p:\ Z - \sigma = 6 - 3 \cdot 0{,}35 - 2 \cdot 0{,}85 = 3{,}25\,.$$

Die Werte für die effektive Quantenzahl n' bekommt man nach SLATER,
indem man nach Tabelle 9 n durch n' ersetzt:

Tabelle 9.

$n:$	1	2	3	4	5	6
$n':$	1	2	3	3,7	4,0	4,2

Die Energie E pro Elektron ist

$$E_{\sigma,\,n'} = -\frac{1}{2}\frac{(Z-\sigma)^2}{n'^2}\,.$$

Die Gesamtenergie eines Atoms bekommt man nach SLATER, indem
man die Energien der einzelnen Elektronen addiert. So ergibt sich z. B.
für das C-Atom der Wert $-$ 1028 eV, während $-$ 1025 eV beobachtet
wird.

Die SLATERschen Funktionen unterscheiden sich von denen, die
z. B. MORSE, YOUNG und HAURWITZ als Variationsansätze benutzt
haben, dadurch, daß ihr Radialanteil grundsätzlich keine Knotenstelle
aufweist, während jene Funktionen in diesem Punkt in Anlehnung an
die Radialanteile der Keplereigenfunktionen gebildet sind. Das ist
bedenklich, weil bei den besten Einelektroneneigenfunktionen, nämlich den HARTREE-FOCKschen, die Zahl der Knotenstellen der Radialanteile mit der der entsprechenden Keplereigenfunktionen übereinstimmt[1].
Sicher stellen also die SLATERschen Funktionen nur eine verhältnismäßig rohe Näherung dar, sie sind aber für die Behandlung von Bindungsproblemen fast unentbehrlich, wenn die Rechnungen nicht zu umständlich werden sollen.

---

[1] Vgl. W. E. MOFFITT u. C. A. COULSON: Philosophic. Mag. **38**, 634 (1947). —
W. MOFFITT: Proc. Roy. Soc. A **202**, 534, 548 (1950).

9. Grundprobleme der chemischen Bindung.

Die Theorie der chemischen Bindung befindet sich z. Z. in einem Entwicklungsstadium, in dem eine durchgehende systematische Darstellung noch nicht möglich ist. Es kann noch nicht die Rede davon sein, daß das theoretische System soweit entwickelt wäre, daß die Gesamtheit der Bindungserscheinungen erklärt und endgültig geordnet werden kann. Zudem sind die zu behandelnden Probleme so kompliziert, daß die Aussagen der Theorie immer durch zahlreiche Näherungsannahmen belastet und deshalb nur an wenigen Stellen so sicher sind, wie man es bei einer brauchbaren Theorie fordern muß. Dieser Sachlage entsprechend behandeln wir in diesem Kapitel an Hand möglichst einfacher Beispiele Grunderscheinungen der chemischen Bindung, und zwar die Einelektronenbindung am Beispiel des Wasserstoffmolekülions, die kovalente Elektronenpaarbindung am Beispiel des Wasserstoffmoleküls, Absättigung und Aktivierungsenergie am Beispiel des H_3-Systems, Wechselwirkung edelgasartiger Systeme am Beispiel zweier Heliumatome und den Übergang zwischen Kovalenz und Elektrovalenz am Beispiel der Halogenwasserstoffe und der Alkalihalogenidmoleküle.

Die getroffene Auswahl muß aus den oben angegebenen Gründen natürlich mehr oder weniger willkürlich sein. So könnte man vor allem noch die Tatsache des Auftretens charakteristischer Valenzwinkel zu den Grunderscheinungen rechnen. Wir haben aus Zweckmäßigkeitsgründen davon abgesehen, dieses Problem auch schon in diesem Kapitel zu behandeln.

Das Kapitel wird durch einen Abschnitt eingeleitet, in dem die Trennung von Kern- und Elektronenbewegung bei Molekülen und die Kernbewegung kurz behandelt wird und in dem im Anschluß daran einige notwendige Definitionen angegeben werden.

91. Kern- und Elektronenbewegung.

Die Schrödingergleichung eines aus mehreren Elektronen und aus mehreren Kernen bestehenden Systems lautet, wenn wir die Kerne mit j und die Elektronen mit i indizieren

$$-\frac{1}{2} \sum_j \frac{1}{m_j} \Delta_j \psi - \frac{1}{2} \sum_i \Delta_i \psi + V\psi = E\psi \tag{1}$$

mit

$$V = \sum_{jj'} \frac{Z_j Z_{j'}}{r_{jj'}} - \sum_{ij} \frac{Z_j}{r_{ij}} + \sum_{ii'} \frac{1}{r_{ii'}}. \tag{2}$$

Wir haben bei der Behandlung des Wasserstoffatoms gesehen, daß man wegen der großen Verschiedenheit der Massen des Kerns und des Elektrons die Bewegung des Elektrons praktisch so behandeln kann, als ob sich der Kern nicht bewegte. Dieselben Massenverhältnisse bestehen in Systemen der jetzt betrachteten Art und es ist deshalb, wie BORN und OPPENHEIMER[1] gezeigt haben, auch hier in guter Näherung möglich, Elektronen- und Kernbewegung getrennt zu behandeln. Die Rechnungen von BORN und OPPENHEIMER sind sehr umständlich und wir verzichten, weil uns der physikalische Grund für ihr Ergebnis schon bekannt ist, auf ihre nähere Diskussion.

Bei festgehaltenen Kernen lautet die Schrödingergleichung für das Elektronensystem nach (1):

$$- \frac{1}{2} \sum_i \Delta_i \, \psi + V \psi = E \, \psi \tag{3}$$

mit

$$V = - \sum_{ij} \frac{Z_j}{r_{ij}} + \sum_{ii'} \frac{1}{r_{ii'}} \,. \tag{4}$$

Es ist zweckmäßig, zu V (4) die Kernwechselwirkung, die von den Elektronenkoordinaten gar nicht abhängt, zu addieren, statt mit (4), also mit (2) als potentieller Energie in der Gl. (3) zu rechnen. Dann geben die Eigenwerte E dieser Gleichung die Gesamtenergie des Systems bei ruhenden Kernen an.

In der Regel sind diese Eigenwerte Funktionen der Kernlagen, da die Kernkoordinaten als Parameter in der potentiellen Energie V auftreten.

Wenn am System K Kerne beteiligt sind, wird die Kernkonfiguration, d. h. die relative Lage der Kerne zueinander durch $3\,K - 6$ (bei zweiatomigen Molekülen durch $3\,K - 5 = 6 - 5 = 1$) Relativkoordinaten beschrieben und man kann sich für jeden stationären Elektronenzustand E in einem $(3\,K - 6 + 1)$ dimensionalen Bildraum über den Relativkoordinaten aufgetragen denken. Jedem Elektronenzustand entspricht eine Hyperfläche in diesem Raum. Bezeichnen wir die Relativkoordinaten der Kerne zusammenfassend mit τ_j, so ist $E = E\,(\tau_j)$ die Gleichung einer solchen Fläche.

Wenn speziell die Hyperfläche des Grundzustandes ein Minimum aufweist, wollen wir das System als ein molekulares Gebilde bezeichnen.

Ein molekulares Gebilde im Sinne dieser Definition braucht kein stabiles Molekül im Sinne der Chemie zu sein. Von einem chemisch stabilen Molekül verlangt man außer der Eigenschaft, daß es zusammenhält, daß es also im Sinne unserer Definition ein molekulares Gebilde ist, auch noch andere Eigenschaften, so z. B. daß es nicht mit seinesgleichen heftig reagiert. CH_3 ist ein molekulares Gebilde, aber kein chemisch stabiles Molekül.

---

[1] BORN, M., u. J. R. OPPENHEIMER: Ann. Physik **84**, 457 (1927).

Wenn in einem System aus Kernen und Elektronen, das sich im Grundzustand befindet, die Kernkonfiguration geändert wird, ändert sich im allgemeinen E. Bei der Änderung der Kernkonfiguration ist Arbeit aufzuwenden oder zu gewinnen.

$$E = E\,(\tau_j) \tag{5}$$

stellt also die potentielle Energie für die Kernbewegung dar. Die Schrödingergleichung der Kernbewegung lautet dann

$$-\frac{1}{2}\sum_j \frac{1}{m_j}\,\Delta_j\,\chi + E\,(\tau_j)\,\chi = \varepsilon\,\chi\,. \tag{6}$$

Dabei haben wir, um Verwechslungen auszuschließen, den Eigenwertparameter dieser Gleichung mit ε bezeichnet.

Bei zweiatomigen Gebilden (d. h. Gebilden mit zwei Kernen, $K = 2$) reicht eine Relativkoordinate (Abstand der Kerne R) zur Beschreibung der Kernkonfiguration aus. Die Behandlung der Elektronenterme der molekularen Gebilde in den folgenden Abschnitten wird zeigen, daß für stabile zweiatomige Gebilde $E\,(R)$ den charakteristischen Verlauf der Abb. 12 zeigt. Mit $R \to \infty$ nähert sich E einem Grenzwert E_∞, der die Energie der getrennten Atome darstellt. Der Minimalwert E_0 von E entspricht dem Normalabstand R_0. $E_\infty - E_0$ nennen

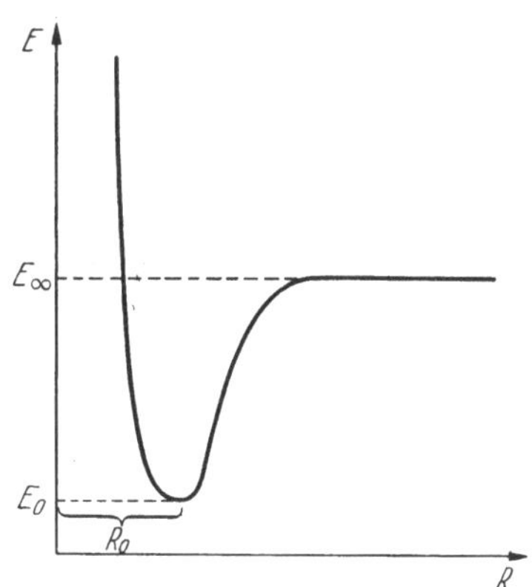

Abb. 11. Potentialkurve eines zweiatomigen Moleküls.

wir die Bindungsenergie des zweiatomigen Gebildes. Die Bindungsenergie ist für den betrachteten Fall positiv.

Der Verlauf der $E\,(R)$-Kurve läßt sich in der Nähe des Minimums in der Regel gut durch eine parabolische Funktion

$$E\,(R) = \frac{c}{2}\,(R - R_0)^2 + E_0 \tag{7}$$

darstellen.

Nach MORSE[1] läßt sich durch geeignete Wahl des Parameters a die Funktion

$$E\,(R) = (E_\infty - E_0)\,[1 - e^{-\,a\,(R - R_0)}]^2 + E_0 \tag{8}$$

dem gesamten Verlauf der Kurven des gezeichneten Typs gut anpassen. Die MORSE-Kurve gibt insbesondere die Tatsache wieder, daß mit $R \to \infty$,

---

[1] MORSE, P. M.: Phys. Rev. **34**, 57 (1929).

E asymptotisch gegen E_∞ geht. Außerdem gestattet sie in der Nähe des Minimums die Entwicklung

$$E(R) \approx (E_\infty - E_0)\, a^2\, (R - R_0)^2 + \cdots + E_0, \qquad (9)$$

liefert also dort auch in erster Näherung einen parabolischen Verlauf wie (7) mit

$$c = 2\, a^2\, (E_\infty - E_0). \qquad (10)$$

Die Schrödingergleichung für die Kernbewegung eines zweiatomigen Gebildes

$$-\frac{1}{2}\,\frac{1}{m_1}\, \Delta_1 \chi - \frac{1}{2}\,\frac{1}{m_2}\, \Delta_2 \chi + E(R)\, \chi = \varepsilon\, \chi \qquad (11)$$

kann durch Einführung der Relativkoordinaten r, ϑ, φ und der Schwerpunktskoordinaten x, y, z in der Art, die wir bei der Behandlung des Wasserstoffatoms angewandt haben, in zwei Gleichungen aufgespalten werden, von denen sich die erste auf die Translation des ganzen Gebildes bezieht, während die zweite lautet:

$$\frac{1}{r^2}\,\frac{\partial}{\partial r}\left(r^2\,\frac{\partial \chi_i}{\partial r}\right) + \frac{1}{r^2 \sin^2 \vartheta}\,\frac{\partial^2 \chi_i}{\partial \varphi^2} +$$
$$+ \frac{1}{r^2 \sin \vartheta}\,\frac{\partial}{\partial \vartheta}\left(\sin \vartheta\,\frac{\partial \chi_i}{\partial \vartheta}\right) + 2\,\mu\,(\varepsilon_i - E(r))\,\chi_i = 0. \qquad (12)$$

Die Gesamteigenfunktion der Kernbewegung ist

$$\chi = \chi_t\,(x, y, z)\, \chi_i\,(r, \vartheta, \varphi). \qquad (13)$$

χ_t und χ_i sind Funktionen, die sich auf die Translation und auf die inneren Bewegungen der Kerne beziehen. Entsprechend setzt sich die Gesamtenergie der Kernbewegung aus einem Translationsanteil ε_t und aus einem Anteil ε_i zusammen, der die Energie der innermolekularen Kernbewegung darstellt

$$\varepsilon = \varepsilon_t + \varepsilon_i. \qquad (14)$$

μ bedeutet die reduzierte Masse:

$$\mu = \frac{m_1\, m_2}{m_1 + m_2}. \qquad (15)$$

(12) ist die Schrödingergleichung eines Zentralproblems und ihre Eigenfunktionen haben deshalb nach (55.) die Form

$$\chi_i = S_{nl}\,(r)\, Y_{lm}\,(\vartheta, \varphi). \qquad (16)$$

Der Radialanteil S_{nl} ist aus der Gleichung

$$\frac{d^2 S}{d r^2} + \left[-\frac{l(l+1)}{r^2} + 2\,\mu\,\{\varepsilon_i - E(r)\}\right] S = 0 \qquad (17)$$

zu bestimmen.

Für das Parabelpotential sind die Eigenwerte

$$\varepsilon_{nl} = \left(n + \frac{1}{2}\right) 2\,\pi\,v + \frac{l(l+1)}{2J} - \frac{[l(l+1)]^2}{8\,\pi^2 v^2 J^3} \qquad \begin{matrix} n:0,1,2,\ldots \\ l:0,1,2,\ldots \end{matrix} \qquad (18)$$

wobei die Bedeutung der Frequenz v durch

$$v = \frac{1}{2\,\pi}\sqrt{\frac{c}{\mu}} \tag{19}$$

und die von J durch

$$J = \mu\,r_0^2 \tag{20}$$

erklärt ist.

ε_{nl} setzt sich, abgesehen von dem letzten kleinen Glied, aus der Schwingungsenergie

$$\varepsilon_{s,n} = \left(n + \frac{1}{2}\right) 2\,\pi\,v \tag{21}$$

und der Rotationsenergie

$$\varepsilon_{r,l} = \frac{l(l+1)}{2J} \tag{22}$$

zusammen. Wir haben hier den einfachsten Fall des zweiatomigen Moleküls als Beispiel behandelt. Da vollständige Energiehyperflächen $E = E(\tau_j)$ für mehratomige Moleküle theoretisch bisher kaum zugänglich sind, können wir in diesem Buch auf die Behandlung der Kernschwingungen und der Rotation mehratomiger Moleküle verzichten.

Die zur Dissoziation eines zweiatomigen Gebildes mindestens erforderliche Energie ist um die Summe aus der Schwingungsenergie und der Rotationsenergie kleiner als die oben definierte Bindungsenergie. Die Energie, die man zur Dissoziation eines Moleküls aufwenden muß, das sich in einem Thermostaten bei $T \approx 0°$ befindet und die wir die Dissoziationsenergie E_D nennen, wäre gleich der Bindungsenergie, wenn das Molekül bei dieser Temperatur außer der Rotationsenergie auch seine gesamte Schwingungsenergie eingebüßt hätte. Aus (21) ist aber zu ersehen, daß selbst für $n = 0$ dem Molekül die Nullpunktsenergie der Schwingung

$$\varepsilon_{s,0} = \pi\,v \tag{23}$$

verbleibt.

Daraus ergibt sich die Beziehung

$$E_D = E_B - \pi\,v \tag{24}$$

zwischen Bindungsenergie und Dissoziationsenergie. Die Bindungstheorie liefert die Größen E_B und (mittelbar) v, experimentell kann E_D und v bestimmt werden.

Bei mehratomigen Molekülen existiert entsprechend eine Nullpunktsenergie der Kernschwingungen, so daß auch dort die Bindungsenergie um die Nullpunktsenergie der Schwingungen größer als die Dissoziationsenergie ist.

Als Bindungsenergie definieren wir allgemein die Summe aus der Dissoziationsenergie und der Nullpunktsenergie der Schwingungen. Praktisch ist es wegen der im allgemeinen großen Ungenauigkeit berechneter Bindungsenergien sinnvoll, die Nullpunktsenergie zu vernachlässigen und berechnete Bindungsenergien mit gemessenen Dissoziationsenergien zu vergleichen.

92. Das Wasserstoffmolekülion.

Das Wasserstoffmolekülion H_2^+ ist das einfachste molekulare Gebilde und hat wegen dieser Eigenschaft für die Bindungstheorie besondere Bedeutung.

Das Zweizentrenproblem für ein Elektron ist, wie in Kap. 5 gezeigt wurde, separierbar und exakt gelöst worden. Das Ergebnis der exakten Rechnung ist in vollkommener Übereinstimmung mit der Beobachtung. Die unterste Termkurve der Abb. 7 weist ein Minimum auf, H_2^+ ist also ein stabiles molekulares Gebilde. Das Minimum liegt bei $R_0 = 2,00\ a\ E$ und die zugehörige Energie hat den Wert $E_0 = -0,60264\ a\ E$. Mit $R \to \infty$ geht E gegen die Energie eines Wasserstoffatoms $(-0,5)$. Die Differenz $0,10264\ a\ E$ ist die Bindungsenergie. Da die Rechnungen den ganzen Verlauf der Potentialkurve für den Grundzustand, insbesondere also auch den Verlauf in der Umgebung des Minimums ergeben, ist eine rein theoretische Bestimmung der Nullpunktsenergie der Schwingung möglich. So berechnet sich die Dissoziationsenergie zu $0,0923\ aE$.

Die vollkommene Übereinstimmung der exakten Resultate für H_2^+ mit der Erfahrung ist für die Prüfung der Frage, inwieweit die Quantenmechanik grundsätzlich in der Lage ist, die chemischen Bindungserscheinungen zu beschreiben, sehr wertvoll. Da das H_2^+ aber im Hinblick auf die Möglichkeiten exakter Behandlung *den* Einzelfall darstellt, ist es wichtig, dieses einfache Gebilde auch mit den Näherungsmethoden zu behandeln, auf die man bei der Behandlung komplizierter Systeme angewiesen ist.

Wenn im H_2^+-System die beiden Wasserstoffkerne weit voneinander entfernt sind, hat man praktisch ein Wasserstoffatom und ein weit davon entferntes Proton vor sich. Wenn sich das Elektron beim einen Kern (a) befindet, wird deshalb der Grundzustand des ganzen Gebildes in um so besserer Näherung durch die $1s$-Eigenfunktion beim Atom a

$$\psi_{1s,a}(r_a) = a(r_a) = a \tag{1}$$

beschrieben, je größer R ist. Ebenso beschreibt

$$\psi_{1s,b}(r_b) = b(r_b) = b \tag{2}$$

in derselben Näherung den Grundzustand für den Fall, daß sich das Elektron beim anderen Kern (b) befindet. Es liegt deshalb nahe, den

Grundzustand für endliches R durch eine Linearkombination von a und b zu beschreiben, also einen linearen Variationsansatz mit der Basis: a, b zu machen. Wir transformieren diese Basis zweckmäßig von vornherein so, daß die Glieder der neuen Basis Eigenfunktionen eines Symmetrieoperators des Problems zu verschiedenen Eigenwerten sind. Wir wählen von den Symmetrieoperationen die Inversion i und bilden die neue Basis

$$\psi_+ = c_+ \, (a + b) \ , \ \ \psi_- = c_- \, (a - b) \ . \tag{3}$$

c_+ und c_- sind Normierungsfaktoren. Dann gilt

$$i \, \psi_+ = \psi_+ \ \ \ i \, \psi_- = - \, \psi_- \ . \tag{4}$$

ψ_+ und ψ_- sind also Eigenfunktionen von i zu den Eigenwerten 1 und $- 1$ und daraus folgt sofort, daß das Nichtdiagonalelement des zu ψ_+, ψ_- gehörenden Säkularproblems verschwindet

$$(\psi_+, H \, \psi_-) = 0 \ . \tag{5}$$

Dann ist

$$E_+ = (\psi_+, H \, \psi_+) \ \text{oder} \ E_- = (\psi_-, H \, \psi_-) \tag{6}$$

in Näherung die Energie des Grundzustandes. Nach der Knotenregel entspricht ψ_+ einer tieferen Energie als ψ_- . E_+ ist also in Näherung die Energie des Grundzustandes, E_- die des ersten angeregten Zustandes.

Mit dem Hamiltonoperator

$$H = - \frac{1}{2} \, \Delta - \left(\frac{1}{r_a} + \frac{1}{r_b} \right) \tag{7}$$

ergibt sich aus (6)

$$E_+ = c_+^* \, c_+ \left([a + b], \, - \frac{1}{2} \, \Delta \, a - \left(\frac{1}{r_a} + \frac{1}{r_b} \right) a - \frac{1}{2} \, \Delta \, b - \left(\frac{1}{r_a} + \frac{1}{r_b} \right) b \right) . \tag{8}$$

a und b sind Atomeigenfunktionen. Wenn E_H die Energie des Wasserstoffatoms bedeutet, gilt also

$$- \frac{1}{2} \, \Delta \, a - \frac{1}{r_a} \, a = E_H a \ , \ \ - \frac{1}{2} \, \Delta \, b - \frac{1}{r_b} \, b = E_H b \tag{9}$$

und deswegen vereinfacht sich der Ausdruck für E_+ zu:

$$\begin{aligned}
E_+ &= c_+^* \, c_+ \left([a + b], \left(E_H - \frac{1}{r_b} \right) a + \left(E_H - \frac{1}{r_a} \right) b \right) \\
&= c_+^* \, c_+ \left\{ E_H - \left(a, \frac{1}{r_b} \, a \right) + E_H (a, b) - \left(a, \frac{1}{r_a} \, b \right) \right. \\
&\quad \left. + E_H (b, a) - \left(b, \frac{1}{r_b} \, a \right) + E_H - \left(b, \frac{1}{r_a} \, b \right) \right\} .
\end{aligned} \tag{10}$$

Aus Symmetriegründen ist

$$(a, b) = (b, a) = S$$

$$\left(a, \frac{1}{r_b}\, a\right) = \left(b, \frac{1}{r_a}\, b\right) = C \tag{11}$$

$$\left(a, \frac{1}{r_a}\, b\right) = \left(b, \frac{1}{r_b}\, a\right) = A$$

und damit ergibt sich wegen

$$c_+ = \frac{1}{\sqrt{2\,(1 + S)}} \tag{12}$$

schließlich

$$E_+ = E_\mathrm{H} + \frac{C + A}{1 + S}\,. \tag{13}$$

Analog erhält man:

$$E_- = E_\mathrm{H} + \frac{C - A}{1 - S}\,. \tag{14}$$

Die Integrale S, C, A können, wenn man elliptische Koordinaten verwendet, leicht ausgewertet werden (s. Anhang) und es ergibt sich, nachdem man

$$a = \frac{1}{\sqrt{\pi}}\, e^{-r_a} \quad \text{und} \quad b = \frac{1}{\sqrt{\pi}}\, e^{-r_b} \tag{15}$$

eingesetzt hat:

$$S = \left(1 + R + \frac{1}{3}\, R^2\right) e^{-R}$$

$$C = \left(1 + \frac{1}{R}\right) e^{-2R} - \frac{1}{R} \tag{16}$$

$$A = -\,(1 + R)\, e^{-R}.$$

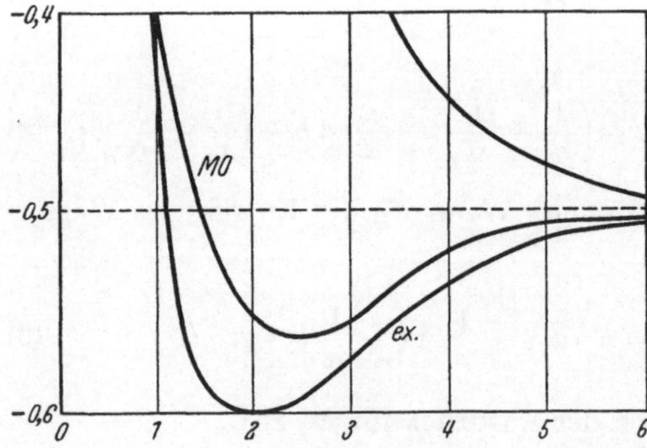

Abb. 12. Berechnete (MO) und beobachtete (ex.) Energie des H_2^+-Grundzustandes.

Mit diesen Ergebnissen errechnet sich nach (13) und bei Hinzufügung der Kernwechselwirkung die Termkurve der Abb. 12. Der Vergleich mit den Resultaten der strengen Lösung zeigt, daß der Verlauf des Grundterms qualitativ richtig, quantitativ aber doch recht schlecht wiedergegeben wird. Das ist nicht verwunderlich, wenn wir bedenken, daß der einzige Parameter unseres zweigliedrigen linearen Variationsansatzes allein durch die Symmetrie des Problems schon festgelegt wurde und der Erfolg unseres Vorgehens eigentlich weitgehend davon abhing, daß wir ein „vernünftiges" Funktionenpaar für den Ansatz der Variationsrechnung gewählt hatten.

Aus (14) ergibt sich die obere Kurve der Abb. 12. Diese weist kein Minimum auf, stellt also einen Zustand dar, bei dem das sich selbst überlassene Gebilde H_2^+ bei allen Abständen R bestrebt ist, den Kernabstand weiter zu vergrößern. Wir bezeichnen einen solchen Zustand als Abstoßungszustand.

Das Nichtorthogonalitätsintegral S muß für $R \to \infty$ gegen Null gehen, da sich dann a und b nicht mehr „überdecken". Für $R \to 0$ geht es in das Normierungsintegral der $1s$-Funktion des Einzentrenproblems mit dem Wert 1 über. Beides ist nach (16) der Fall. Der Abfall von S mit zunehmendem R erfolgt exponentiell, so daß man keinen sehr großen Fehler begeht, wenn man in den Näherungsausdrücken (13) und (14) für $R > R_0$ S gegen 1 vernachlässigt.

$$E_+ \approx E_H + C + A \quad E_- \approx E_H + C - A \quad R > R_0 \, . \quad (17)$$

Der Ausdruck

$$C = \frac{1}{\pi} \int e^{-2 r_a} \frac{1}{r_b} \, d\tau \quad (18)$$

kann formal als die potentielle Energie einer Ladungswolke mit der Dichtefunktion $a^2 = \frac{1}{\pi} e^{-2 r_a}$ und der Gesamtladung -1, also als die potentielle Energie der (undeformierten) „Ladungswolke" eines $1s$-Elektrons beim Kern a gegen den Kern b aufgefaßt werden. Die gesamte elektrostatische Wechselwirkung eines undeformierten a-Atoms gegen den Kern b bekommt man, indem man zu C die Kernwechselwirkung $1/R$ addiert. $C + 1/R$ geht nach (16) gegen Null wenn R gegen ∞ geht. Bei endlichem R ist es, weil dann ein Teil der abschirmenden Wirkung des Elektrons wegfällt und das Proton b bei endlichem R immer eine Abstoßung erfährt, stets positiv. Man nennt C wegen dieser formalen Deutungsmöglichkeit ein Coulombintegral.

Das Integral A ist, da C mit $R \to 0$ ansteigt, für das Zustandekommen des Minimums in der Potentialkurve des Grundzustandes allein verantwortlich. Es kann formal ebenfalls als die potentielle Energie einer Ladungswolke gegen einen Kern betrachtet werden. Die Dichtefunktion der Ladungswolke $(a\,b)$ ist aber „gemischt". Sie entspricht nicht der Dichtefunktion eines Atomelektrons.

Eine anschauliche Bedeutung gewinnt A, wenn wir folgende Überlegung anstellen: Wir bilden aus den Näherungseigenfunktionen ψ_+ und ψ_- mit den Energien aus (17) die entsprechenden Zustandsfunktionen

$$\begin{aligned} \Psi_+ &= \psi_+ \, e^{-i(E_H + C + A)t} \\ \Psi_- &= \psi_- \, e^{-i(E_H + C - A)t} . \end{aligned} \quad (19)$$

Die Linearkombination

$$\Psi = \frac{1}{2} (\Psi_+ + \Psi_-) \quad (20)$$

beschreibt wegen der Linearität der zeitabhängigen Schrödingergleichung in derselben Näherung einen physikalisch möglichen Zustand, wie Ψ_+ oder Ψ_-, Ψ stellt aber keinen Eigenzustand der Energie dar. Die Besonderheiten des Zustandes, den es repräsentiert, erkennen wir, wenn wir die Verteilungsfunktion für die Aufenthaltswahrscheinlichkeit bilden:

$$\Psi^* \Psi = a^2 \cos^2 A\, t + b^2 \sin^2 A\, t \,. \tag{21}$$

Ψ beschreibt einen Zustand, bei dem sich abwechselnd mit der Periode

$$\tau = \frac{\pi}{2\,A} \tag{22}$$

das Elektron im wesentlichen bald beim Kern a, bald beim Kern b befindet. Wenn wir also wissen, daß sich z. Z. $t = 0$ das Elektron im H_2^+ im wesentlichen in der Nähe des Kernes a aufhält — und genau diese Kenntnis repräsentiert Ψ — so folgt daraus, daß spätere Nachforschungen nach seinem Aufenthalt so ausfallen werden, als ob es periodisch zwischen den Kernen hin und herwanderte, wobei die Periode dieser Bewegung nach (22) eben durch das Integral A bestimmt wird.

Man darf daraus natürlich nicht den Schluß ziehen, daß in einem stationären Zustand, also etwa im Grundzustand eine ähnliche Pendelbewegung oder ein ähnlicher „Austausch" vor sich geht. Wir vermeiden es deshalb auch, das Wort Austausch anders als in mathematisch-technischem Sinn zu gebrauchen und nennen A Resonanzintegral.

τ hat für $R = R_0$ den Wert $1{,}5 \cdot 10^{-16}$ sec, für $R = 10\,R_0$ und $R = 100\,R_0$ sind die Werte $4{,}5 \cdot 10^{-7}$ sec und 10^{88} Jahre!

Die Verteilungsfunktionen für die Aufenthaltswahrscheinlichkeit lauten für die beiden betrachteten Zustände (3)

$$\begin{aligned}
\psi_+^* \, \psi_+ &= \frac{a^2 + 2\,a\,b + b^2}{2\,(1 + S)} \\[2mm]
\psi_-^* \, \psi_- &= \frac{a^2 - 2\,a\,b + b^2}{2\,(1 - S)} \,.
\end{aligned} \tag{23}$$

Die beiden Ausdrücke zeigen, daß bei endlichem Abstand der Atomkerne wegen der Glieder $2\,a\,b$ bzw. $-2\,a\,b$, die nur im Gebiet zwischen den Kernen wesentliche Beträge haben, in diesem Gebiet bei dem bindenden Zustand ψ_+ eine erhöhte Aufenthaltswahrscheinlichkeit, also eine höhere „Elektronendichte" besteht als einer einfachen Überdeckung der Atomdichtefunktionen entsprechen würde, bei dem Abstoßungszustand ψ_- dagegen eine verringerte.

Wir werden im nächsten Abschnitt sehen, daß die Erhöhung der Aufenthaltswahrscheinlichkeit der Elektronen im Gebiet zwischen den zu bindenden Kernen die eigentliche Ursache für die Bindung ist.

Die Funktionen ψ_+ und ψ_- (3) gehen mit $R \to \infty$ wegen $S \to 0$ in

$$\psi_{+\,\infty} = \frac{1}{2}\,(a + b)$$
$$\psi_{-\,\infty} = \frac{1}{2}\,(a - b)$$
(24)

über. Beide entsprechen also wegen

$$\psi_{+\,\infty}^* \,\psi_{+\,\infty} = \frac{1}{4}\,(a^2 + 2\,a\,b + b^2)$$
$$\psi_{-\,\infty}^* \,\psi_{-\,\infty} = \frac{1}{4}\,(a^2 - 2\,a\,b + b^2)$$
(25)

und in Anbetracht der Tatsache, daß bei $R \to \infty$ an allen Stellen des Raumes $ab \to 0$ geht, demselben Zustand, bei dem die Aufenthaltswahrscheinlichkeit des Elektrons am Kern a ebenso groß ist, wie die am Kern b.

Mit $R \to 0$ geht wegen $b \to a$, $\psi_+ \to a$. Der Grundzustand unserer Variationsrechnung ist also tatsächlich der Zustand $1s\,\sigma$. ψ_- hat bei endlichem R die Symmetrieebene der beiden Kerne als Knotenfläche. Mit $R \to 0$ kann diese Knotenfläche nicht verschwinden. Der Zustand ψ_- geht in einen Atomzustand mit $l = 1$, $m = 0$ über. Der niedrigste dieser Zustände ist $2\,p_0$, so daß ψ_- dem Molekülzustand $2\,p\,\sigma$ entspricht.

Der bisher verwendete primitive Variationsansatz kann durch Hinzunahme weiterer Variationsparameter verbessert werden.

Die einfachste Möglichkeit dazu ist, statt

$$\psi_+ \sim e^{-r_a} + e^{-r_b}$$
(26)

die Funktion

$$\psi_+ \sim e^{-\alpha r_a} + e^{-\alpha r_b}$$
(27)

mit α als zusätzlichem Variationsparameter zu verwenden. Mit dieser Funktion haben FINKELSTEIN und HOROWITZ[1] gerechnet. Dabei ergibt sich der optimale Wert von α natürlich als Funktion von R

$$\alpha = \alpha\,(R)\,.$$
(28)

Die Resultate für R_0 und die Bindungsenergie stimmen schon wesentlich besser mit den exakten Werten überein, als das für den einfachen Ansatz der Fall war. α hat die Bedeutung einer effektiven Kernladungszahl.

DICKINSON[2] hat mit der Variationsfunktion

$$\psi_+ \sim e^{-\alpha r_a} + c^{-\alpha r_b} + c\,\{z_a\,e^{-\eta\alpha r_a} + z_b\,e^{-\eta\alpha r_b}\}$$
(29)

gerechnet. Dabei bedeuten z_a und z_b cartesische Koordinaten, die von den Kernen als Nullpunkten an parallel zur Kernverbindungslinie und

---

[1] FINKELSTEIN, B. N., u. G. E. HOROWITZ: Z. Physik 48, 118 (1928).
[2] DICKINSON, B. N.: J. Chem. Phys. 1, 317 (1933).

zwar nach dem Molekülmittelpunkt zu positiv gerechnet werden. α, c, η sind Variationsparameter. Zunächst ist $\eta = 1$ festgehalten worden. Dabei ergibt sich eine merkliche Verbesserung gegen (27). Freilassen von η und Minimisierung auch hinsichtlich dieses Parameters ergibt nur eine geringe Verbesserung.

Noch bessere Werte für Normalabstand und Bindungsenergie erhält man nach GUILLEMIN und ZENER[1] mit der nur zwei Parameter enthaltenden Funktion

$$\psi_+ \sim e^{-\alpha(r_a + r_b)}\left[e^{\beta(r_a - r_b)} + e^{-\beta(r_a - r_b)}\right]. \tag{30}$$

Der beste einfache Variationsansatz, der bisher aufgefunden worden ist, stammt von JAMES[2]. Er lautet mit μ und ν als elliptischen Koordinaten (s. Anhang) geschrieben:

$$\psi_+ \sim (1 + \beta\, \nu^2)\, e^{-\alpha\mu}. \tag{31}$$

Tabelle 10. *Berechnete Eigenschaften von H_2^+*

	$R_0\ (aE)$	$E_\infty - E_0\ (aE)$
exakt . . .	2,00 $(= 1{,}07\,\mathrm{A})$	0,10264 $(= 2{,}78\,\mathrm{eV})$
einfacher Variationsansatz	2,65	0,0664
FH	1,98	0,083
D	1,98	0,0996
GZ	—	0,102

Die mit den einzelnen Ansätzen erhaltenen Resultate sind in Tab. 10 zusammengestellt. Der Vergleich des Ansatzes (30) etwa mit (29) lehrt, daß es bei Variationsansätzen sehr auf glückliche Wahl der Funktionen ankommt[3].

93. Das Wasserstoffmolekül.

Das Wasserstoffmolekül H_2 ist das einfachste molekulare Gebilde, bei dem im Sinne der älteren Theorie eine normale Kovalenz vorliegt, die durch ein Elektronenpaar vermittelt wird.

Die Schrödingergleichung für das System der zwei Elektronen des Wasserstoffmoleküls

$$H\psi \equiv -\frac{1}{2}(\varDelta_1 + \varDelta_2)\,\psi + \left(\frac{1}{R} + \frac{1}{r_{12}} - \frac{1}{r_{a1}} - \frac{1}{r_{a2}} - \frac{1}{r_{b1}} - \frac{1}{r_{b2}}\right)\psi = E\,\psi \tag{1}$$

[1] GUILLEMIN, V., u. C. ZENER: Proc. Nat. Acad. Sci. **15**, 314 (1929).

[2] JAMES, H. M.: J. Chem. Phys. **3**, 9 (1935).

[3] Weitere Literatur zu H_2^+: COULSON, C. A.: Trans. Faraday Soc. **33**, 147 (1937). — DICKINSON, B. N.: J. Chem. Phys. **1**, 317 (1933). — HYLLERAAS, E. A.: Z. Physik **71**, 739 (1931). — CHAKRAVARTY, S. K.: Philosophic. Mag. **28**, 423 (1939).

ist nicht mehr separierbar. R bedeutet den Abstand der Kerne, r_{12} den der Elektronen voneinander. $r_{a_1}, r_{a_2}, r_{b_1}, r_{b_2}$ bedeuten die Abstände der Elektronen 1, 2 von den Kernen a, b (s. Abb. 13).

Schon bei der Behandlung des H_2-Moleküls ist man also auf die Näherungsmethoden angewiesen und man wird, je nach dem Rechenaufwand, den man treiben will, für den Grundzustand Variationsansätze ohne oder mit Korrelationsgliedern verwenden.

Wir entscheiden uns zunächst für die einfacheren Produktansätze, rechnen also mit einem Ortsanteil

$$u\,(1)\ v\,(2)\,, \qquad (2)$$

in dem u und v geeignet gewählte Funktionen der Ortskoordinaten der beiden Elektronen mit Variationsparametern sind.

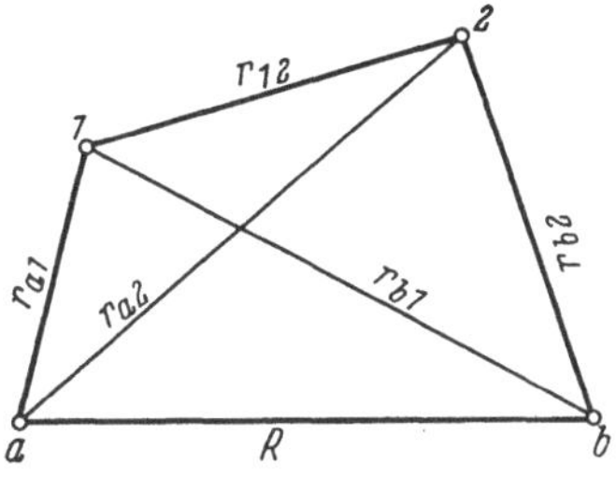

Abb. 13.
Koordinatenbezeichnung bei H_2.

Die möglichen Spineigenfunktionen für ein Zweielektronensystem sind

$$
\begin{aligned}
&\alpha\,(1)\ \alpha\,(2)\\
&\alpha\,(1)\ \beta\,(2)\\
&\beta\,(1)\ \alpha\,(2)\\
&\beta\,(1)\ \beta\,(2),
\end{aligned}
\qquad (3)
$$

so daß wir aus (2) und (3) die vier HS-Funktionen

$$
\begin{aligned}
\varphi_{\alpha\alpha} &= A\,\alpha\,\alpha\,u\,v\\
\varphi_{\alpha\beta} &= A\,\alpha\,\beta\,u\,v\\
\varphi_{\beta\alpha} &= A\,\beta\,\alpha\,u\,v\\
\varphi_{\beta\beta} &= A\,\beta\,\beta\,u\,v
\end{aligned}
\qquad (4)
$$

bilden können. Diese Funktionen sind Eigenfunktionen von $\mathfrak{S}_z$ zu den Eigenwerten 1, 0, 0, -1. Wir wissen nach (72.) schon, daß die Linearkombination

$$^1\Phi = A\,[u\,v]\,u\,v \qquad (5)$$

außerdem Eigenfunktion von $\mathfrak{S}^2$ zum Eigenwert 0, also eine Singulettfunktion ist, während die drei übrigen Funktionen

$$^3\Phi_1 = \varphi_{\alpha\alpha}\,,\ \ ^3\Phi_0 = \frac{1}{\sqrt{2}}\,(\varphi_{\alpha\beta} + \varphi_{\beta\alpha})\,,\ \ ^3\Phi_{-1} = \varphi_{\beta\beta} \qquad (6)$$

die drei miteinander entarteten Zustände eines Tripletts beschreiben. Diese drei Funktionen kombinieren in bezug auf den spinfreien Hamiltonoperator nicht mit $^1\Phi$, da sie zu einem anderen Eigenwert von $\mathfrak{S}^2$ gehören. Sie kombinieren aber in bezug auf H auch nicht untereinander, da sie zu verschiedenen Eigenwerten von S_z gehören.

Die Näherungsausdrücke für die Energien des Singulett- und des Triplettzustandes, die man mit dem Variationsansatz (1), erhält, sind also

$$^1E = (^1\Phi,\, H\,^1\Phi)$$
$$^3E = (^3\Phi_1,\, H\,^3\Phi_1) = (^3\Phi_0,\, H\,^3\Phi_0) = (^3\Phi_{-1},\, H\,^3\Phi_{-1}). \tag{7}$$

Bis jetzt haben wir völlig freigelassen, welche Ortsanteile u und v wir wählen wollen. Eine erste Möglichkeit besteht nach HEITLER und LONDON[1] darin,

$$u = \psi_{1sa}\,(r_a) = a\,(r_a) = a$$
$$v = \psi_{1sb}\,(r_b) = b\,(r_b) = b \tag{8}$$

zu setzen. Dann wird

$$^1\Phi = A\,[a\,b]\,a\,b\,. \tag{9}$$

Aus (9) folgt für die Verteilungsfunktion der Aufenthaltswahrscheinlichkeit des ersten Elektrons, die natürlich wegen der Äquivalenz der Elektronen dieselbe Form wie die für das zweite hat:

$$^1\varrho = \frac{1}{2\,(1+S^2)}\,(a^2 + 2\,S\,a\,b + b^2) \qquad S = (a,\,b). \tag{10}$$

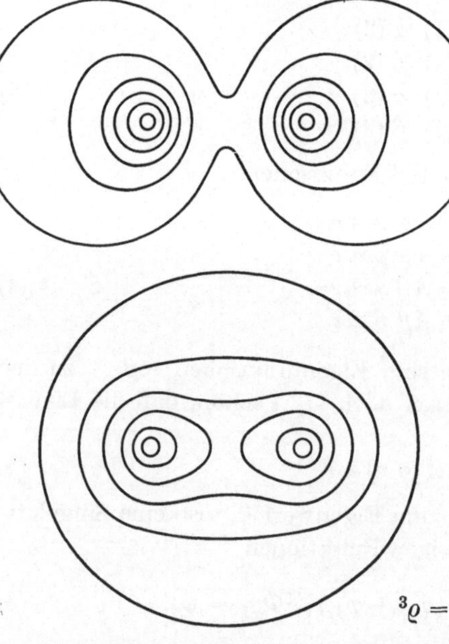

Der HEITLER-LONDONsche Ansatz beschreibt also einen Zustand, bei dem die Aufenthaltswahrscheinlichkeit jedes Elektrons symmetrisch zu den Kernen verteilt ist und im Bereich zwischen den Kernen wegen des Gliedes $2\,S\,a\,b$ gegenüber dem Fall einer einfachen Überdeckung der atomaren Dichtefunktionen a^2 und b^2 erhöht ist. Für den Triplettzustand bekommt man mit dem HEITLER-LONDONschen Ansatz die Dichtefunktion

$$^3\varrho = \frac{1}{2\,(1-S^2)}\,(a^2 - 2\,S\,a\,b + b^2)\,. \tag{11}$$

Abb. 14. Elektronendichteverteilung für den Grundzustand und den niedrigsten Triplettzustand des H_2-Moleküls.

Hier ist die Elektronendichte zwischen den Kernen gegenüber der reinen Überdeckung verringert (s. Abb. 14).

---

[1] HEITLER, W., u. F. LONDON: Z. Physik **44**, 455 (1927).

Sowohl $^1\varrho$ als auch $^3\varrho$ haben die Eigenschaft, mit $R \to \infty$ in die richtigen Dichtefunktionen für zwei getrennte Wasserstoffatome überzugehen.

Aus (7) folgt, da a und b nicht orthogonal sind,

$$^1E = \frac{1}{1+S^2}\{(a,b,H\,a\,b) + (a\,b, H\,b\,a)\}$$
$$= \frac{1}{1+S^2}\{Q + A\,(a\,b)\}. \tag{12}$$

Nun ist

$$-\frac{1}{2}\varDelta a - \frac{1}{r_a}a = E_{\mathrm{H}}\,a$$
$$-\frac{1}{2}\varDelta b - \frac{1}{r_b}b = E_{\mathrm{H}}\,b \tag{13}$$

und deshalb wird

$$Q = (a\,b, H\,a\,b) = 2E_{\mathrm{H}} + C \quad C = \left(a\,b, \left\{\frac{1}{R} + \frac{1}{r_{12}} - \frac{1}{r_{a\,2}} - \frac{1}{r_{b\,1}}\right\} a\,b\right) \tag{14}$$

und

$$A\,(a\,b) = (a\,b, H\,b\,a) = 2\,S^2\,E_{\mathrm{H}} + A$$
$$A = \left(a\,b, \left\{\frac{1}{R} + \frac{1}{r_{12}} - \frac{1}{r_{a\,1}} - \frac{1}{r_{b\,2}}\right\} b\,a\right). \tag{15}$$

Operatoren von der Form

$$\frac{1}{R} + \frac{1}{r_{12}} - \frac{1}{r_{a\,2}} - \frac{1}{r_{b\,1}}$$

bzw.

$$\frac{1}{R} + \frac{1}{r_{12}} - \frac{1}{r_{a\,1}} - \frac{1}{r_{b\,2}}$$

werden wir im Folgenden zwischenatomare Operatoren nennen und mit H_z bezeichnen, so daß also

$$C = (a\,b, H_z\,a\,b) \tag{14'}$$

und

$$A = (a\,b, H_z\,b\,a) \tag{15'}$$

zu schreiben ist.

Dann lautet der Ausdruck (12) für die Energie des Singulettgrundzustandes

$$^1E = 2\,E_{\mathrm{H}} + \frac{C+A}{1+S^2} \tag{16}$$

und entsprechend erhält man für die Energie des Triplettzustandes (7)

$$^3E = 2\,E_{\mathrm{H}} + \frac{C-A}{1-S^2}. \tag{17}$$

$$^1\varepsilon = {}^1E - 2\,E_{\mathrm{H}} = \frac{C+A}{1+S^2} \tag{16'}$$

und

$$^3\varepsilon = {}^3E - 2\,E_{\mathrm{H}} = \frac{C-A}{1-S^2} \tag{17'}$$

bezeichnen wir als die zwischenatomaren Energien für die beiden Zustände. Von diesen beiden Energien ist $^1\varepsilon$ für $R \equiv R_0$ mit der Bindungsenergie identisch.

Das Coulombintegral C (14) setzt sich aus den vier Teilen

$$\iint a^2\,(1)\,\frac{1}{R}\,b^2\,(2)\,d\tau_1\,d\tau_2 = \frac{1}{R} \tag{18}$$

$$\iint a^2\,(1)\,\frac{1}{r_{12}}\,b^2\,(2)\,d\tau_1\,d\tau_2 \tag{19}$$

$$-\iint a^2\,(1)\,\frac{1}{r_{a2}}\,b^2\,(2)\,d\tau_1\,d\tau_2 = -\int \frac{1}{r_{a2}}\,b^2\,(2)\,d\tau_2 \tag{20}$$

$$-\iint a^2\,(1)\,\frac{1}{r_{b1}}\,b^2\,(2)\,d\tau_1\,d\tau_2 = -\int \frac{1}{r_{b1}}\,a^2\,(1)\,d\tau_1 \tag{21}$$

zusammen. (18) ist die COULOMBsche Wechselwirkungsenergie der Kerne, (19) die zweier Ladungswolken mit den Dichtefunktionen a^2 und b^2. (20) und (21) sind die Wechselwirkungsenergien der Ladungswolken a^2 und b^2 mit den „fremden" Kernen. C ist also einfach die COULOMBsche Wechselwirkungsenergie zweier starren Gebilde, die je aus einem positiven Kern und aus einer negativen Ladungswolke bestehen. Wenn zwei solche Gebilde einander genähert werden, kommen zunächst die äußeren Bereiche jeder Ladungswolke an Stellen, an denen das Potential des fremden Kerns das der fremden Ladungswolke überwiegt. C wird also zunächst negativ und steigt erst dann wieder an, wenn bei weiterer Annäherung auch die Kerne an Stellen kommen, an denen das Gesamtpotential des jeweils „anderen" Gebildes positive Werte hat. Da die Ladung der Kerne selbst positiv ist, entsteht so ein mit wachsender Annäherung sehr schnell anwachsender positiver Beitrag zur Wechselwirkungsenergie. Dieser hier durch qualitative Diskussion ermittelte typische Verlauf von C als Funktion des Kernabstandes wird durch die Rechnung bestätigt (s. unten).

Wenn in dem Energieausdruck (16) A nicht auftreten würde, so würde, da S wie sich zeigen wird, monoton vom Abstand abhängt, das Auftreten eines Minimums von C die Existenz eines stabilen H_2 qualitativ erklären. Eine quantitative Bestimmung von C, die wir weiter unten durchführen, zeigt aber, daß so die Bindungsenergie viel zu niedrig herauskäme.

Die COULOMBsche Wechselwirkung von Atomen mit starren Ladungswolken ergibt also zwar Bindung, aber der Hauptanteil des beobachteten Bindungseffektes muß durch das Austauschintegral A bedingt sein.

Eine qualitative Diskussion von A ist im Hinblick auf spätere Untersuchungen sehr aufschlußreich.

Wenn man das Nichtorthogonalitätsintegral S vernachlässigen würde, so würde sich aus (15), da R gar nicht von den Koordinaten der Elektronen und $1/r_{a1}$ und $1/r_{b2}$ jeweils nur von den Koordinaten *eines* Elektrons abhängen

$$A' = \int\int a\,(1)\,b\,(1)\,\frac{1}{r_{12}}\,a\,(2)\,b\,(2)\,d\tau_1\,d\tau_2 \tag{22}$$

ergeben. Der Integrand von A' ist an allen Stellen des Integrationsgebietes größer oder gleich Null, also wesentlich positiv. Daraus folgt, daß A' wesentlich positiv ist und wenn man noch das spätere Ergebnis vorausnimmt, daß für alle Abstände $A' > |C|$ ist, so folgt, daß ^3E (17) den niedrigeren und ^1E (16) den höheren Zustand darstellen sollte. Der Grundzustand des H_2 sollte also, entgegen der Beobachtung, ein Triplettzustand sein.

Daß auch die Theorie in Wirklichkeit nicht zu diesem unrichtigen Ergebnis führt, hängt damit zusammen, daß für den Normalabstand S eben nicht vernachlässigt werden kann und die anderen Bestandteile des Austauschintegrals A (15)

$$\int\int a\,(1)\,b\,(1)\,\frac{1}{R}\,a\,(2)\,b\,(2)\,d\tau_1\,d\tau_2 = \frac{S^2}{R} \tag{23}$$

$$-\int\int a\,(1)\,b\,(1)\,\frac{1}{r_{a\,1}}\,a\,(2)\,b\,(2)\,d\tau_1\,d\tau_2 = -\,S\int a\,(1)\,b\,(1)\frac{1}{r_{a\,1}}\,d\tau_1 \tag{24}$$

$$-\int\int a\,(1)\,b\,(1)\,\frac{1}{r_{b\,2}}\,a\,(2)\,b\,(2)\,d\tau_1\,d\tau_2 = -\,S\int a\,(2)\,b\,(2)\,\frac{1}{r_{b\,2}}\,d\tau_2 \tag{25}$$

das Vorzeichen von A wesentlich bestimmen.

Das Integral (23) ist zwar auch positiv, hat aber, während (24) und (25) den Faktor S haben, den Faktor S^2, der bei $0 < S < 1$ verkleinernd wirkt. Die Integrale (24) und (25) die als Wechselwirkungsenergien einer negativen Ladungswolke mit der „gemischten" Dichtefunktion $a\,(1)\,b\,(2)$ mit einem der positiven Kerne negativ sind, überwiegen, wie die Ausführung des Gesamtintegrals A zeigen wird, die positiven Teilintegrale (23) und (22) so sehr, daß A für die interessierenden Abstandsbereiche negative Werte erhält und damit die Theorie zu dem Resultat führt, daß ^1E (16) die Energie des Grundzustandes von H_2 angibt.

Die Teilintegrale (20, 21, 24, 25) der bei der Behandlung des H_2 nach HEITLER und LONDON auftretenden Integrale C und A und das Nichtorthogonalitätsintegral S können nach Einführung elliptischer Koordinaten μ, v, φ auf elementare Weise ausgeführt werden und bereiten also keine Schwierigkeiten. Dagegen gelingt die Berechnung der Integrale (19) (22), deren Integrand den Faktor $1/r_{12}$ enthält, nur, wenn man von einer Entwicklung dieses Faktors Gebrauch macht, die der bei der Behandlung der Atomprobleme verwendeten Entwicklung ähnlich ist. Nach NEUMANN[1] ist

---

[1] NEUMANN, C.: Vorlesungen über die Theorie des Potentials. Leipzig 1887.

$$\frac{1}{r_{12}} = \frac{2}{R} \sum_{\tau=0}^{\infty} \sum_{\sigma=0}^{\tau} D_{\tau\sigma} \frac{P_{\tau}^{|\sigma'}(\mu_1)\, Q_{\tau}^{\sigma}(\mu_2)}{Q_{\tau}^{|\sigma|}(\mu_1)\, P_{\tau}^{\sigma}(\mu_2)} P_{\tau}^{\sigma}(\nu_1)\, P_{\tau}^{\sigma}(\nu_2)\, \cos\sigma(\varphi_2 - \varphi_1) \qquad (26)$$

für $\mu_1 \lessgtr \mu_2$.

Dabei sind die Q Kugelfunktionen zweiter Art. $D_{\tau\sigma}$ ist durch

$$D_{\tau\sigma} = (-1)^{\sigma}\, \varepsilon_{\sigma}\, \frac{2\tau+1}{2} \left\{ \frac{(\tau-\nu)!}{(\tau+\nu)!} \right\}^2$$

$$\varepsilon_0 = 1\,,\ \varepsilon_1 = \varepsilon_2 = \cdots = 2 \qquad (27)$$

erklärt. SUGIURA[1] hat unter Verwendung der NEUMANNschen Entwicklung die noch fehlenden Teilintegrale berechnet, so daß dann schließlich die Ergebnisse zusammengefaßt lauten:

$$S(R) = \left(1 + R + \frac{R^2}{3}\right)^2 e^{-2R}$$

$$C(R) = \frac{1}{R}\left(1 + \frac{5}{8}R - \frac{3}{4}R^2 - \frac{1}{6}R^3\right) e^{-2R}$$

$$A(R) = \frac{S}{R} - \left(\frac{11}{8} + \frac{103}{20}R + \frac{49}{15}R^2 + \frac{11}{15}R^3\right) e^{-2R} \qquad (28)$$

$$+ \frac{6}{5R}\left\{ S C R + S'\, \mathrm{Ei}(-4R) - 2\sqrt{S\,S'}\, \mathrm{Ei}(-2R)\right\}$$

$$S'(R) = \left(1 - R + \frac{R^2}{3}\right) e^{2R}.$$

C ist die EULER-MASCHERONIsche Konstante

$$C = 0{,}57721\cdots \qquad (29)$$

und Ei bedeutet das durch

$$\mathrm{Ei}(-x) = -\int_{x}^{\infty} e^{-y}\, \frac{dy}{y} \qquad (30)$$

definierte Exponentialintegral.

Die analytische Ermittlung von Coulomb- und Austauschintegralen, in deren Integranden Atomeigenfunktionen zweier Atome vorkommen, ist im allgemeinen Fall, besonders wenn es sich um verschiedene Atome handelt, noch schwieriger als bei dem hier geschilderten einfachsten Fall. Mit den berechneten Integralen ergeben sich die in Abb. 15 angegebenen Kurven für ^1E (untere ausgezogene Kurve) und ^3E (obere ausgezogene Kurve). Sie bestätigen die Ergebnisse, die wir oben bei der qualitativen Diskussion erhalten hatten.

---

[1] SUGIURA, Y.: Z. Physik **45**, 484 (1927).

In der Abb. 15 ist als dritte Kurve die Energie des Moleküls eingetragen, die sich bei alleiniger Berücksichtigung des Coulombintegrals ergeben würde. Es würde dann zwar auch Bindung eintreten, aber die Bindungsenergie wäre wesentlich zu klein, während sich aus der ^1E-Kurve doch immerhin eine Bindungsenergie von 3,13 eV (experimentell 4,725 eV) bei einem Abstand von 0,87 A (experimentell 0,74 A) ergibt. Die aus der Krümmung der ^1E-Kurve beim Minimum errechnete Schwingungsfrequenz beträgt $4,8 \cdot 10^3\,\mathrm{cm^{-1}}$, der experimentelle Wert ist $4,38 \cdot 10^3\,\mathrm{cm^{-1}}$.[1]

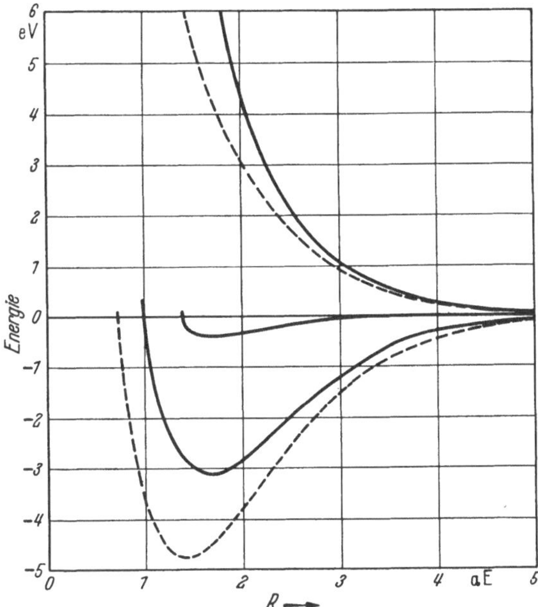

Abb. 15. Berechnete (ausgezogen) und beobachtete (gestrichelt) Potentialkurven des H₂-Moleküls.

Der HEITLER-LONDONsche Näherungsansatz für die Eigenfunktion des Grundzustandes des H_2 ist nur ein spezieller Fall des allgemeinen Produktansatzes. Eine zweite Möglichkeit, zweckmäßige Faktoren u und v zu finden, besteht darin, daß man an die Behandlung des H_2^+ anknüpft und durch doppelte Besetzung der dort bestimmten Näherungseigenfunktion

$$\psi_+ = \frac{a+b}{\sqrt{2\,(1+S)}} \tag{31}$$

für den Grundzustand des H_2^+ das Molekül H_2 hergestellt denkt. Damit ergibt sich für den Singulettzustand des H_2 der Ansatz

---

[1] Eine Sammlung der Literatur über die in der Bindungstheorie auftretenden zwischenatomaren Integrale findet man zusammen mit neu berechneten Tafeln bei H. J. KOPINECK: Z. Naturforsch. **5a**, 420 (1950); **6a**, 177 (1951).

$$^1\Phi = A\,[12]\,(a(1) + b(1))\,(a(2) + b(2))$$

$$= c\,\{A\,[a\,a]\,a\,a + A\,[a\,b]\,a\,b + A\,[b\,a]\,b\,a + A\,[b\,b]\,b\,b\} \qquad (32)$$

c : Normierungsfaktor.

Da

$$A\,[b\,a]\,b\,a = A\,[a\,b]\,a\,b \qquad (33)$$

ist, kann für $^1\Phi$ auch geschrieben werden

$$^1\Phi = c\,\{A\,[a\,a]\,a\,a + 2\,A\,[a\,b]\,a\,b + A\,[b\,b]\,b\,b\}\,. \qquad (34)$$

Diese Funktion ist eine Linearkombination der HEITLER-LONDONschen Funktion $A\,[a\,b]\,a\,b$ mit den beiden neuen Funktionen

$$A\,[a\,a]\,a\,a \qquad (35)$$

und

$$A\,[b\,b]\,b\,b\,. \qquad (36)$$

Wir berechnen für (35) die Verteilungsfunktion der Aufenthaltswahrscheinlichkeit für Elektron 1 und erhalten

$$\varrho\,(1) = a^2\,(1)\,. \qquad (37)$$

(35) beschreibt also einen Zustand, bei dem sich jedes der beiden Elektronen praktisch nur in der Nähe des Kerns a aufhält. Entsprechendes gilt für die Funktion (36) in bezug auf den Kern b.

Die Verteilungsfunktion für Elektron 1 berechnet sich aus (34) zu

$$\varrho\,(1) = \frac{a^2\,(1) + 2\,a\,(1)\,b\,(1) + b^2\,(1)}{2\,\sqrt{1 + S}}\,. \qquad (38)$$

Die Aufenthaltswahrscheinlichkeit ist, wie bei der HEITLER-LONDONschen Funktion symmetrisch zur Mitte des Moleküls verteilt und zwischen den Kernen größer, als einer reinen Überdeckung der Atome entsprechen würde. Der Vergleich mit (10) zeigt, daß wegen des in (38) bei $a\,(1)\,b\,(1)$ fehlenden Faktors S $(S < 1)$ die Erhöhung der Aufenthaltswahrscheinlichkeit *eines* Elektrons im Bereich zwischen den Kernen hier sogar größer ist, als bei dem durch die HEITLER-LONDONsche Eigenfunktion dargestellten Zustand.

Der durch (34) beschriebene Zustand unterscheidet sich aber von dem durch (5) beschriebenen wesentlich, wenn man überlegt, wie oft sich beide Elektronen *gleichzeitig* in der Nähe eines Kernes aufhalten. Das ist bei dem durch (34) beschriebenen Zustand relativ häufig der Fall, da dort die beiden Glieder $A\,[a\,a]\,a\,a$ und $A\,[b\,b]\,b\,b$ auftreten, die „Ionenzustände" beschreiben, bei denen beide Elektronen gleichzeitig beim Kern a oder beim Kern b sind. Diese Ionenzustände fehlen in der Eigenfunktion (5).

Wenn man die Energie mit $^1\Phi$ (34) berechnet, treten neue Integraltypen wie $(a\,a,\,H\,a\,b)$ auf, deren Auswertung jedoch keine prinzipiellen

Schwierigkeiten macht. $^1\varPhi$ (34) hat nun zwar die Form eines linearen Variationsansatzes und man könnte deshalb vermuten, daß die zugehörige Energie in Anbetracht der Tatsache, daß Hinzunahme neuer Variationsglieder immer nur eine Verbesserung bedeuten kann, tiefer liegen sollte, als die mit der HEITLER-LONDONschen Funktion berechnete. Tatsächlich sind aber die Koeffizienten der drei Funktionen in $^1\varPhi$ (34) nicht frei verfügbar, sondern fest gegeben. Deshalb muß die mit $^1\varPhi$ (34) berechnete Energie nicht tiefer liegen als der HEITLER-LONDONsche Wert. Tatsächlich liegt sie höher. $^1\varPhi$ (34) ist also eine schlechtere Näherung für den Grundzustand, als die HEITLER-LONDONsche Funktion allein. Der physikalische Grund dafür dürfte darin zu sehen sein, daß die Eigenfunktion die Elektronen zu häufig geringen Abstand voneinander haben läßt.

Der nächste Schritt zu einer wirklichen Verbesserung des HEITLER-LONDONschen Ansatzes ergibt sich jetzt fast von selbst.

Da eine Mitbeteiligung weiterer Glieder in einem linearen Variationsansatz, wenn nur deren Koeffizienten freigelassen werden, nie eine Verschlechterung der Eigenfunktion bedeuten kann, liegt es nahe, mit dem Ansatz

$$^1\varPhi = c_1 A\,[a\,b]\,a\,b + c_2\,\{A\,[a\,a]\,a\,a + A\,[b\,b]\,b\,b\}\,. \tag{39}$$

Variationsrechnung zu treiben. Daß die Funktionen $A\,[a\,a]\,a\,a$ und $A\,[b\,b]\,b\,b$ von vornherein mit dem gleichen Koeffizienten (c_2) versehen worden sind, ist damit zu begründen, daß das Molekül symmetrisch zum Mittelpunkt der Kernverbindungslinie gebaut ist. Die Energie ist für Ansatz (39) von WEINBAUM berechnet worden. Als Bindungsenergie ergeben sich 3,22 eV, also ein gegenüber dem HEITLER-LONDONschen Ansatz verbesserter Wert bei einem optimalen Koeffizientenverhältnis von

$$c_2/c_1 = 0{,}158\,. \tag{40}$$

Aus der Diskussion der Eigenfunktionen ergibt sich die Berechtigung einer allgemein üblichen Bezeichnungsweise: Die HEITLER-LONDONsche Eigenfunktion beschreibt eine unpolare Struktur, die Funktionen (35) und (36) beschreiben polare oder Ionenstrukturen des Moleküls.

Anstatt, wie das in (39) geschehen ist, weitere Glieder in einen linearen Variationsansatz aufzunehmen, kann man, wenn die Energie in höherer Näherung berechnet werden soll, auch Variationsparameter in die Funktionen a, b einbauen. Man geht damit von richtigen Atomeigenfunktionen der getrennten Atome ab und kann dann z. B. die „wasserstoffartigen" Funktionen

$$a = \frac{1}{\sqrt{\alpha^3\,\pi}}\,e^{-\alpha r_a} \qquad\qquad b = \frac{1}{\sqrt{\alpha^3\,\pi}}\,e^{-\alpha r_b} \tag{41}$$

verwenden, die den Variationsparameter α enthalten. Der optimale Wert von α muß, nachdem man mit dem durch Einführung dieser Faktoren modifizierten HEITLER-LONDONschen Ansatz die Energie berechnet hat, durch Minimisierung der Energie bestimmt werden. Für das absolute Energieminimum (die Energie ist Funktion von R und α) ergibt sich so nach der Rechnung von WANG[1] für den Normalabstand der optimale Wert $\alpha = 1,17$. Das bedeutet anschaulich, daß die Funktionen (41) $1s$-Eigenfunktionen im Feld von Kernen mit der Kernladung 1,17 sind. Die Einführung einer „effektiven" Kernladungszahl, die größer als eins ist, bedeutet für die Zustände (31), daß das Elektron sich im Mittel etwas näher am Kern aufhält. Die Bindungsenergie beträgt nach WANG 3,76 eV.

WEINBAUM[2] hat Rechnungen mit einer noch komplizierteren Eigenfunktion ausgeführt, die Ionenzustände enthält und in der außerdem eine Deformation der Einelektronenfunktionen jeweils in Richtung auf den anderen Kern hin zugelassen ist. Mit dieser Funktion, die drei Variationsparameter aufweist und mit der wir die hier interessierenden Beispiele abschließen wollen, ist eine Bindungsenergie von 4,10 eV berechnet worden, die noch wesentlich näher am experimentellen Wert 4,72 eV liegt, als die von WANG berechnete.

Jede Produkteigenfunktion

$$^1\Phi = A\,(\alpha\,\beta - \beta\,\alpha)\,u\,v = A\,[u\,v]\,u\,v \tag{42}$$

für den Grundzustand des Wasserstoffmoleküls trägt der gegenseitigen Beeinflussung der Elektronen nur ungenügend Rechnung. JAMES und COOLIDGE haben deshalb mit einem Ansatz

$$^1\Phi = A\,(\alpha\,\beta - \beta\,\alpha)\,w\,(1,2), \tag{43}$$

in dem w eine Variationsfunktion der Koordinaten der beiden Elektronen bedeutet, in der auch ihr Abstand r_{12} explizit vorkommt, den H_2-Grundzustand besser zu beschreiben versucht.

$^1\Phi$ muß nach dem Pauliprinzip bei gleichzeitiger Vertauschung der Spin- und Ortskoordinaten der Elektronen sein Vorzeichen ändern. Da $(\alpha\,\beta - \beta\,\alpha)$ bei Vertauschung der Spinkoordinaten sein Vorzeichen ändert, kommen für $w\,(1,2)$ nur Funktionen in Frage, die gegen eine Vertauschung der Ortskoordinaten invariant sind. JAMES und COOLIDGE[3] machen für w den Variationsansatz

$$w = \frac{1}{2\pi}\,e^{-\delta(\xi_1 + \xi_2)} \sum_{mnjkp} c_{mnjkp}\,(\xi_1^m\,\xi_2^n\,\eta_1^j\,\eta_2^k\,\varrho^p + \xi_1^n\,\xi_2^m\,\eta_1^k\,\eta_2^j\,\varrho^p), \tag{44}$$

[1] WANG, S. C.: Phys. Rev. **31**, 579 (1928).

[2] WEINBAUM, S.: J. Chem. Phys. **1**, 593 (1933).

[3] JAMES, H. M., u. A. S. COOLIDGE: J. Chem. Phys. **1**, 825 (1933); **3**, 129 (1935). — Die Eigenfunktion des H_2-Grundzustandes ist neuerdings nach Mitteilung von Prof. BIERMANN, Göttingen, noch genauer bestimmt worden, als bei JAMES und COOLIDGE. — Weitere Literatur zum H_2-Grundzustand: ROSEN, N.: Phys. Rev. **38**,

der diese Eigenschaft hat. $\xi_1, \xi_2, \eta_1, \eta_2, \varrho$ sind durch

$$\xi_1 = \frac{r_{a1} + r_{b1}}{R} \qquad \xi_2 = \frac{r_{a2} + r_{b2}}{R}$$

$$\eta_1 = \frac{r_{a1} - r_{b1}}{R} \qquad \eta_2 = \frac{r_{a2} - r_{b2}}{R} \qquad (45)$$

$$\varrho = \frac{2\,r_{12}}{R}$$

erklärte elliptische Koordinaten.

JAMES und COOLIDGE haben bis zu dreizehn Summenglieder verwendet und die optimalen Koeffizientenwerte durch Variationsrechnung ermittelt. Die Ergebnisse für die Bindungsenergie sind in Tab. 11 angegeben.

Die Übereinstimmung des mit dreizehn Summengliedern erhaltenen Wertes mit der Erfahrung ist also ausgezeichnet.

Es ist nicht unwichtig darauf hinzuweisen, daß bei der sehr genauen Rechnung von JAMES und COOLIDGE Begriffe wie Coulombintegral und Austauschintegral bzw.

Tabelle 11.

Zahl der Glieder	Bindungsenergie (eV)
1	2,56
5	4,504
11	4,685
13	4,698
exp.	4,725 ± 0,01

Coulombanteil und Austauschanteil der Bindungsenergie nicht auftreten. Daraus folgt sofort, daß diesen Begriffen keine objektive physikalische Bedeutung zukommt, daß sie vielmehr bei der HEITLER-LONDONschen Untersuchung auftreten, weil ein spezieller Eigenfunktionstyp gewählt worden ist. Besonders irreführend ist es, von Austauschkräften zu sprechen. Die in unserem Materiemodell vorkommenden Kräfte sind (von den geringfügigen magnetischen Spinwirkungen abgesehen) rein COULOMBsche Kräfte. Die Potentialkurve des H_2-Moleküls, die die „chemische Kraft" beschreibt, ist eine Folge des Wirkens der COULOMBschen Kräfte zwischen den Molekülbestandteilen und der Mechanik.

Bei allen Näherungsrechnungen über den Grundzustand des H_2-Moleküls werden spezielle Variationsansätze gewählt und in mehr oder weniger mühseliger Rechenarbeit die Optimalwerte der Variationsparameter und der jeweils zugehörige Energiewert als Funktion des Kernabstandes bestimmt. Eine einigermaßen zuverlässige Extrapolation auf den exakten Wert der Energie des Grundzustandes gewinnt man

2099 (1931). — HIRSCHFELDER, J. O., u. J. W. LINNETT: J. Chem. Phys. 18, 130 (1950). — GURNEE, F. G., u. J. L. MAGEE: J. Chem. Phys. 18, 142 (1950). — COOK, M. A.: J. Chem. Phys. 14, 62 (1946). — HAARE, M. F., u. J. W. LINNETT: Trans. Faraday Soc. 46, 885 (1950). — HARTMANN, H., u. F. BECKER: Z. physik. Chem. 195, 186 (1950). — HYLLERAAS, E.: Z. Physik 48, 469 (1928); 51, 150 (1928); 54, 347 (1929).

durch Vergleich der Resultate, die man mit verschiedenen Variationsansätzen erhalten hat. Für H_2 sind so viele Variationsansätze probiert worden, daß man, auch ohne auf den Vergleich mit der Erfahrung zurückgreifen zu müssen, sagen kann, daß das Resultat von JAMES und COOLIDGE nicht nur das beste Resultat ist (das ist trivial und folgt aus dem Variationsprinzip), sondern daß es, jedenfalls für den Normalabstand, nur mehr sehr wenig vom exakten Wert verschieden sein kann. Trotzdem sollte man dabei nicht vergessen, daß man diese Behauptung nicht exakt beweisen kann. Viele Variationsansätze sind nicht alle.

Wenn man möglichst genaue Näherungsrechnungen für den H_2-Grundzustand ausführt, wenn man also so verfährt, wie wir es bisher geschildert haben, kommt man am Schluß zu dem Resultat, daß man mit dem System der Quantenmechanik die Potentialkurve des H_2-Moleküls so vollständig beschreiben kann, daß die Differenz zwischen Erfahrung und Theorie innerhalb der Fehlergrenzen der Experimente liegt. Man erfährt also, daß man die Erscheinung der chemischen Bindung im H_2 aus Modell und Quantenmechanik herleiten kann. Der Zusammenhang zwischen der Erscheinung: Chemische Bindung und den elementaren Erscheinungen, die im System der Mechanik zusammenfassend beschrieben werden, wird dabei aber durch die zwischenliegende Rechnung überdeckt und das um so mehr, je genauer die Rechnung ist. Diesen Mangel stellt man fest, wenn man sagt, man erfahre bei den dargestellten Rechnungen zwar, daß die Quantenmechanik zusammen mit dem Modell eine zuverlässige Grundlage der Bindungstheorie sei, man erfahre aber eigentlich wenig über den physikalischen Grund für das Eintreten der Bindung.

Es ist deshalb nicht unwichtig, die beim H_2 vorliegenden Verhältnisse von einem allgemeineren Gesichtspunkt aus und zwar unter Heranziehung des Virialsatzes zu diskutieren[1]. Zum Beweis dieses Satzes für die Quantenmechanik gehen wir von der Schrödingergleichung

$$-\frac{1}{2} \sum_i \frac{\partial^2 \psi}{\partial x_i^2} + (V - E)\, \psi = 0 \tag{46}$$

aus. Differentiation nach x_j und Multiplikation mit $x_j\, \psi^*$ ergibt:

$$-\frac{1}{2} \sum_i x_j\, \psi^* \left(\frac{\partial^3 \psi}{\partial x_i^2\, \partial x_j} \right) + \left(x_j\, \frac{\partial V}{\partial x_j} \right) \psi^*\, \psi + x_j\, (V - E)\, \psi^*\, \frac{\partial \psi}{\partial x_j} = 0 \; . \tag{47}$$

Da auch ψ^* der Schrödingergleichung genügt, ist das letzte Glied in (47) gleich

$$\frac{1}{2} \sum_i x_j\, \frac{\partial^2 \psi^*}{\partial x_i^2}\, \frac{\partial \psi}{\partial x_j} \; . \tag{48}$$

---

[1] Vgl. J. C. SLATER: J. Chem. Phys. **1**, 687 (1933).

Substitution dieses Ausdrucks in (47) und Summation über alle j ergibt:

$$-\frac{1}{2}\sum_i\sum_j\left\{x_j\left(\psi^*\frac{\partial^3\psi}{\partial x_i^2\,\partial x_j}-\frac{\partial^2\psi^*}{\partial x_i^2}\frac{\partial\psi}{\partial x_j}\right)\right\}+\left(\sum_j x_j\frac{\partial V}{\partial x_j}\right)\psi^*\,\psi=0\,. \quad (49)$$

Nun verwenden wir die Identität

$$\sum_j x_j\left(\psi^*\frac{\partial^3\psi}{\partial x_i^2\,\partial x_j}-\frac{\partial^2\psi^*}{\partial x_i^2}\frac{\partial\psi}{\partial x_j}\right)=-\,2\,\psi^*\frac{\partial^2\psi}{\partial x_i^2}+\frac{\partial}{\partial x_j}\left\{\psi^{*\,2}\left(\frac{\partial}{\partial x_i}\right)\left(\frac{\sum\limits_j x_j\frac{\partial\psi}{\partial x_j}}{\psi^*}\right)\right\},$$

$$(50)$$

die man durch Ausführung der Differentiationen auf der rechten Seite bestätigt, und integrieren (49) unter der Bedingung, daß ψ regulär ist, daß es also im Unendlichen verschwindet, über den ganzen Koordinatenbereich. Dabei ergibt sich:

$$-\frac{1}{2}\sum_i\int\psi^*\frac{\partial^2\psi}{\partial x_i^2}\,d\tau=-\frac{1}{2}\sum_j\int x_j\left(-\frac{\partial V}{\partial x_j}\right)\psi^*\psi\,d\tau\,. \quad (51)$$

Links steht der Erwartungswert (Mittelwert) der kinetischen Energie, $\overline{T}$. Da die Kraftkomponenten K_j durch

$$K_j=-\frac{\partial V}{\partial x_j} \quad (52)$$

definiert sind, ist

$$\sum_j\int x_j\left(-\frac{\partial V}{\partial x_j}\right)\psi^*\,\psi\,d\tau=\sum_j\int x_j\,K_j\,\psi^*\,\psi\,d\tau \quad (53)$$

und diese Größe entspricht genau dem klassischen als Mittelwert definierten Virial

$$W=\sum_j x_j\,K_j\,. \quad (54)$$

Wenn V die potentielle Energie eines Systems von Körpern mit Punktladungen darstellt, ist

$$\sum_j x_j\left(-\frac{\partial V}{\partial x_j}\right) \quad (55)$$

die potentielle Energie des Systems und W die mittlere potentielle Energie

$$W=\overline{V}. \quad (56)$$

Für (51) können wir in diesem Fall schreiben

$$\overline{T}=-\frac{1}{2}\,\overline{V}\,. \quad (57)$$

In einem isolierten Molekül, auf dessen Bestandteile nur „innere" Kräfte wirken, kann also die mittlere kinetische Energie (einschließlich der kinetischen Energie der Kernbewegung) berechnet werden, wenn die mittlere potentielle Energie bekannt ist. Da außerdem

$$E=\overline{T}+\overline{V} \quad (58)$$

gilt, lassen sich unter Zuhilfenahme des Virialsatzes (57) mittlere kinetische und mittlere potentielle Energie durch E ausdrücken:

$$\overline{T} = -E \qquad \overline{V} = 2\,E\,. \tag{59}$$

Wir betrachten nun ein H_2-Molekül mit „festgehaltenen" Kernen,
das sich von einem isolierten Molekül also dadurch unterscheidet, daß
wir in Richtung der Kernverbindungslinie eine zusätzliche konstante
Kraft wirken lassen. Diese Kraft soll bei gegebenem R gerade so groß
gewählt werden, daß R unter diesen Bedingungen der Normalabstand
des Moleküls wird. Wenn $\mathfrak{r}_a$ und $\mathfrak{r}_b$ die Ortsvektoren der Kerne a und b
sind, ist

$$\mathfrak{r}_{ba} = \mathfrak{r}_a - \mathfrak{r}_b \tag{60}$$

der Vektor von b nach a. $\mathfrak{K}_b$ und $\mathfrak{K}_a$ seien auf b und a wirkende zusätzliche Kräfte. Es soll

$$\mathfrak{K}_b = -\mathfrak{K}_a \tag{61}$$

sein. Außerdem sollen die Vektoren $\mathfrak{K}_a$ und $\mathfrak{K}_b$ in der durch $\mathfrak{r}_{ba}$ festgelegten Geraden liegen. Das erreichen wir durch den Ansatz

$$\mathfrak{K}_a = \frac{c\,(R)}{R}\,\mathfrak{r}_{ba}\,. \tag{62}$$

$c\,(R)$ sei eine Funktion mit folgenden Eigenschaften: Ihr Wert soll positiv sein, wenn R einen Abstand bedeutet, bei dem sich die H-Atome an-
ziehen und er soll negativ sein, wenn sie sich abstoßen.

Das Virial wird

$$W = \overline{V} + \overline{\mathfrak{r}_a\,\mathfrak{K}_a + \mathfrak{r}_b\,\mathfrak{K}_b} = \overline{V} + \overline{\mathfrak{r}_{ba}\,\frac{c\,(R)}{R}\,\mathfrak{r}_{ba}} \tag{63}$$
$$= \overline{V} + c\,(R)\,R,$$

und nach dem Virialsatz die mittlere kinetische Energie

$$\overline{T} = -\frac{1}{2}\,\overline{V} - \frac{1}{2}\,R\,c\,(R)\,. \tag{64}$$

Nun ist, wenn $E\,(R)$ die Potentialkurve des Moleküls beschreibt, der
Betrag der Kraft $\mathfrak{K}_a$ (in Richtung von $\mathfrak{r}_{ba}$!)

$$K_a = \frac{\partial E}{\partial R}\,. \tag{65}$$

Mit (62) ergibt sich also

$$\frac{\partial E}{\partial R} = c\,(R) \tag{66}$$

und damit

$$\overline{T} = -\frac{1}{2}\,\overline{V} - \frac{1}{2}\,R\,\frac{dE}{dR}\,. \tag{67}$$

Zusammen mit

$$E = \overline{T} + \overline{V} \qquad (68)$$

läßt sich dann die mittlere kinetische Energie

$$\overline{T} = -E - R\,\frac{dE}{dR} \qquad (69)$$

und die mittlere potentielle Energie

$$\overline{V} = 2\,E + R\,\frac{dE}{dR} \qquad (70)$$

durch E darstellen.

Man könnte mit Näherungseigenfunktionen neben E (das man gewöhnlich in erster Linie berechnet) jeweils auch $\overline{T}$ und $\overline{V}$ berechnen. Man brauchte dann für die Diskussion der Funktionen $\overline{V} = \overline{V}(R)$ und $\overline{T} = \overline{T}(R)$ den Virialsatz gar nicht heranzuziehen. Trotzdem ist die Verwendung der aus dem Virialsatz folgenden Beziehungen (69) und (70) vorteilhaft, weil man mit ihnen nicht nur (ohne Integration) aus berechneten $E(R)$-Kurven $\overline{T}(R)$ und $\overline{V}(R)$ in einfacher Weise berechnen kann, sondern weil sie auch die mittlere Aufteilung der Energie in kinetischen und potentiellen Anteil für solche Moleküle durchzuführen gestattet, für die die Potentialkurve $E(R)$ nur empirisch bekannt ist.

In Abb. 16 haben wir außer E nach (69) und (70) auch $\overline{T}$ und $\overline{V}$ als Funktion von R dargestellt. Wenn man die Atome annähert, nimmt $\overline{T}$ bei größeren Entfernungen $(R > R_0)$ zunächst ab, um später wieder zuzunehmen. Das entstehende Minimum liegt bei einem Abstand, der größer als R_0 ist. $\overline{V}$ nimmt bei demselben Vorgang zunächst zu, um dann abzunehmen. Auch das Maximum von $\overline{V}$ liegt bei einem Abstand, der größer als R_0 ist. Die zunächst erfolgende Abnahme von $\overline{T}$ kann man sich anschaulich so erklären, daß bei dem Zusammenführen der Atomkerne die Potentialmulden um die Kerne allmählich zusammenfließen, so daß sich nun die Elektronen praktisch in einem

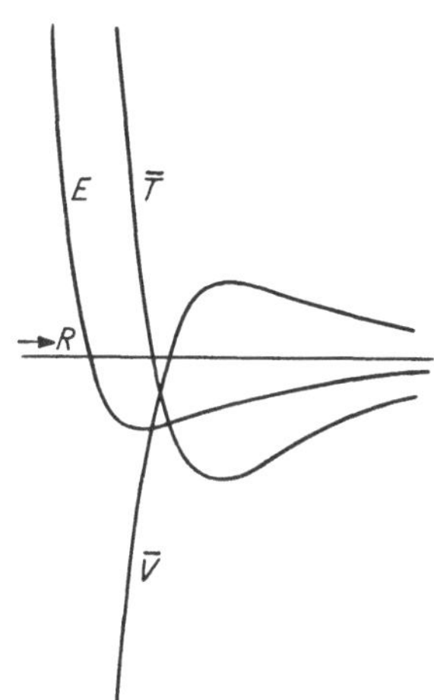

Abb. 16. Zum Virialsatz.

größeren Raumgebiet bewegen können, ohne den Anziehungsbereich der Kerne wesentlich verlassen zu müssen. Damit verringert sich aber die mittlere Dichte der gesamten Elektronenwolke, so daß nach (52.18) die mittlere kinetische Energie absinkt. Bei weiterer Annäherung der Kerne wird die Potentialmulde wieder kleiner und die mittlere kinetische Energie steigt an. Die anfängliche Zunahme von $\overline{V}$ kann anschaulich so erklärt werden, daß die Elektronen bei noch größeren Kernabständen sich im Mittel etwas weiter von den Kernen entfernen müssen und damit höhere potentielle Energie als bei völlig getrennten Atomen annehmen, wenn sie von der vergrößerten Potentialmulde wirklich Gebrauch machen sollen. Bei weiterer Annäherung der Kerne fällt diese Schwierigkeit weg, so daß $\overline{V}$ dann wieder absinkt.

Während bei größeren Abständen die Anziehung der Atome auf das Absinken der kinetischen Energie mit zunehmender Annäherung zurückzuführen ist, die die Zunahme von $\overline{V}$ überkompensiert, liegen die Verhältnisse, wenn die Bindung eingetreten ist, wenn also $R = R_0$ ist, gerade umgekehrt. Für diesen Kernabstand brauchen wir keine äußere Kraft einzuführen und die Beziehungen (69) und (70) reduzieren sich wegen $dE/dR = 0$ auf (59). Da diese Beziehung auch für $R \to \infty$ gilt, ist

$$E_\infty = -\frac{\overline{V}_\infty}{2} = -\overline{T}_\infty \qquad E_{R_0} = \frac{V_{R_0}}{2} - \overline{T}_{R_0}\,. \qquad (71)$$

Wenn wir anschaulich erklären wollen, warum Bindung eintritt, warum also die Energiegröße

$$E_\infty - E_{R_0} = \frac{1}{2}\ (\overline{V}_\infty - \overline{V}_{R_0}) = -(\overline{T}_\infty - \overline{T}_{R_0}) \qquad (72)$$

positiv ist, müssen wir entweder erklären, warum $\overline{V}_\infty - V_{R_0}$ positiv oder, warum $\overline{T}_\infty - \overline{T}_{R_0}$ negativ ist. Eine der beiden Tatsachen hat nach dem Virialsatz von selbst die andere zur Folge. Beide Tatsachen ergeben sich aber qualitativ, wenn wir von der Erscheinung ausgehen, zu der auch die Rechnungen geführt hatten, daß nämlich die Elektronendichte im Gebiet zwischen den Kernen der gebundenen Atome besonders hoch ist, daß also die Elektronen sich bevorzugt in diesem Gebiet aufhalten. Die Zunahme von $\overline{T}$ gegenüber dem Fall der getrennten Atome ist dann nach (52. 18) verständlich, die Abnahme von $\overline{V}$, weil das Gebiet zwischen den Kernen eine besonders tiefe Stelle des von den Kernladungen erzeugten Potentialtopfes ist.

Unsere an Hand des Virialsatzes angestellten Überlegungen zeigen, daß die in der Literatur häufig vertretene Meinung, daß Bindung wesentlich durch das Absinken der kinetischen Energie zustandekäme, nicht zutrifft.

94. Absättigung und Aktivierungsenergie.

Nachdem wir am Beispiel des H_2-Moleküls das Zustandekommen der kovalenten Elektronenpaarbindung untersucht haben, wollen wir diese Untersuchung nun dadurch ergänzen, daß wir zeigen, daß die quantentheoretische Behandlung auch die auffälligste Eigenschaft dieser Bindung, nämlich ihren Absättigungscharakter richtig ergibt. Bei dieser

Gelegenheit werden wir weiterhin sehen, daß die Theorie das Auftreten von Aktivierungsenergien bei chemischen Elementarprozessen erklärt[1].

Von Absättigung wollen wir beim H_2-Molekül sprechen, wenn die Energie des Grundzustandes eines aus drei Wasserstoffatomen bestehenden Gebildes für jede Anordnung mit endlichen Abständen der Atomkerne voneinander höher ist, als wenn eines dieser Atome unendlichen Abstand von den beiden übrigen hat und die Kerne dieser beiden den Normalabstand R_0 des H_2 voneinander haben.

Wir hätten also ein System aus drei Wasserstoffatomen zu betrachten, ziehen es aber vor, ein System von vier Atomen zu untersuchen, bei dem das vierte Atom immer einen unendlich großen Abstand von allen drei anderen haben soll. Durch diesen Kunstgriff erleichtern wir uns die Rechnung, ohne an dem physikalischen Sachverhalt etwas zu ändern. Das vierte Atom in unendlicher Entfernung wird nur formal eingeführt und seine Anwesenheit ändert selbstverständlich nichts an den Eigenschaften des H_3-Systems.

Wir behandeln das H_4-System, indem wir die Methode von HEITLER und LONDON verallgemeinern, die Eigenfunktionen des Systems also aus den vier $1s$-Eigenfunktionen $a\,b\,c\,d$ bei den vier Kernen aufbauen. Nach der chemischen Erfahrung (die wir durch explizite Berechnung der Energie für die Zustände anderer Multiplizität bestätigen könnten) ist der Grundzustand des H_4-Systems unter den Singulettzuständen des Gebildes zu suchen.

Nach (72.) können wir zu der Elektronenkonfiguration $a\,b\,c\,d$ zwei unabhängige Singuletteigenfunktionen bilden, die den RUMERschen Schemata

$$\begin{array}{ccc} H_a\ H_c & & H_a{-}H_c \\ |\ \ | & \text{und} & \\ H_b\ H_d & & H_b{-}H_d \\ \text{I} & & \text{II} \end{array}$$

entsprechen. Wir nennen diese Funktionen Φ_I und Φ_{II} und haben nun zur Berechnung der Energie das Säkularproblem

$$\begin{vmatrix} (\Phi_I, H\,\Phi_I) - E & (\Phi_I, H\,\Phi_{II}) - (\Phi_I, \Phi_{II})\,E \\ (\Phi_{II}, H\,\Phi_I) - (\Phi_{II}, \Phi_I)\,E & (\Phi_{II}, H\,\Phi_{II}) - E \end{vmatrix} = 0 \qquad (1)$$

zu lösen. Da wir jetzt nicht mehr nur zwei Elektronen im System haben, treten in den Elementen der Säkulardeterminante neben den einfachen Austauschintegralen (die einer Transposition entsprechen) auch höhere Austauschintegrale (die höheren Permutationen entsprechen) auf. Die analytische Ausführung der höheren Austauschintegrale ist praktisch unmöglich. Man ist deshalb bei allen Rechnungen über kompliziertere

---

[1] LONDON, F.: Probleme der modernen Physik, Sommerfeldfestschrift, S. 104, 1928; Z. Elektrochem. **35**, 552 (1929).

molekulare Gebilde praktisch gezwungen, sie zu vernachlässigen. Diese Vernachlässigung kann nur scheinbar damit gerechtfertigt werden, daß diese Integrale, wie die formale Ausführung zeigt, die Nichtorthogonalitätsintegrale S in höheren Potenzen enthalten. Man könnte daran denken, alle auftretenden Integrale nach Potenzen von S zu ordnen und dann bei einer bestimmten Potenz abzubrechen. Damit das sinnvoll wäre, müßten aber die Koeffizienten der S-Potenzen gleiche Größenordnung oder zumindest gleiches Vorzeichen haben. Die Diskussion des bei der Behandlung des H_2-Moleküls auftretenden Austauschintegrals hat uns aber schon gezeigt, daß dort sogar das Vorzeichen sich ändert, wenn man zu dem Glied mit S^0 noch die Glieder mit S^1 hinzunimmt.

Die höheren Austauschintegrale würden alle verschwinden, wenn die Atomeigenfunktionen bei verschiedenen Atomen orthogonal wären. Wenn man die höheren Integrale also vernachlässigt, handelt man so, als ob die Atomeigenfunktionen orthogonal wären. Dann würden allerdings die einfachen Austauschintegrale alle positive Werte annehmen. Man versucht deshalb, um mit der Erfahrung in Übereinstimmung zu bleiben, den Fehler, den man durch Vernachlässigung der höheren Integrale macht, dadurch zu korrigieren, daß man bei der Berechnung der einfachen Austauschintegrale das Nichtorthogonalitätsintegral S *nicht* vernachlässigt, wodurch sich dann für diese Integrale in der Regel wie bei H_2 negative Werte ergeben.

Das ganze Verfahren ist stark angreifbar und stellt sicher einen der schwächsten Punkte der Theorie dar.

Wenn wir die Atomeigenfunktionen als orthogonal ansehen, können wir zur Berechnung der Elemente der Säkulardeterminante (1) die PAULINGschen Regeln anwenden (73.). An Hand der Überlagerungsbilder der Schemata I und II

I, I   I, II   II, II

ergibt sich:

$$(\Phi_{\mathrm{I}}, H\,\Phi_{\mathrm{I}}) = Q + A\,(ab) - \frac{1}{2}\,A\,(ac) - \frac{1}{2}\,A\,(ad)$$

$$- \frac{1}{2}\,A\,(bc) - \frac{1}{2}\,A\,(bd)$$

$$+ A\,(cd) \qquad (2)$$

$$(\Phi_{\mathrm{I}}, H\,\Phi_{\mathrm{II}}) = \frac{1}{2}\,\{Q + A\,(ab) + A\,(ac) - 2\,A\,(ad)$$

$$- 2\,A\,(bc) + A\,(bd)$$

$$+ A\,(cd)\}$$

$$(\Phi_{\mathrm{II}}, H\,\Phi_{\mathrm{II}}) = Q - \frac{1}{2}\,A\,(a\,b) + A\,(a\,c) - \frac{1}{2}\,A\,(a\,d) \qquad (2)$$
(Fortsetzung)
$$- \frac{1}{2}\,A\,(b\,c) + A\,(b\,d)$$
$$- \frac{1}{2}\,A\,(c\,d)$$

$$(\Phi_{\mathrm{I}}, \Phi_{\mathrm{II}}) = (\Phi_{\mathrm{II}}, \Phi_{\mathrm{I}}) = \frac{1}{2}$$

mit

$$Q = C\,(a\,b) + C\,(a\,c) + C\,(a\,d)$$
$$+ C\,(b\,c) + C\,(b\,d) \qquad (3)$$
$$+ C\,(c\,d)\,.$$

Da das Atom d unendlich weit entfernt sein soll, ist

$$A\,(a\,d) = A\,(b\,d) = A\,(c\,d) = C\,(a\,d) = C\,(b\,d) = C\,(c\,d) = 0\,, \qquad (4)$$

so daß sich (2) und (3) zu

$$(\Phi_{\mathrm{I}}, H\,\Phi_{\mathrm{I}}) = Q + A\,(a\,b) - \frac{1}{2}\,A\,(a\,c) - \frac{1}{2}\,A\,(b\,c)$$
$$(\Phi_{\mathrm{I}}, H\,\Phi_{\mathrm{II}}) = \frac{1}{2}\,\{Q + A\,(a\,b) + A\,(a\,c) - 2\,A\,(b\,c)\} \qquad (5)$$
$$(\Phi_{\mathrm{II}}, H\,\Phi_{\mathrm{II}}) = Q - \frac{1}{2}\,A\,(a\,b) + A\,(a\,c) - \frac{1}{2}\,A\,(b\,c)$$

mit

$$Q = C\,(a\,b) + C\,(a\,c) + C\,(b\,c) \qquad (6)$$

vereinfacht. Mit

$$A_{\mathrm{I\,I}} = A\,(a\,b) - \frac{1}{2}\,A\,(a\,c) - \frac{1}{2}\,A\,(b\,c)$$
$$A_{\mathrm{I\,II}} = \frac{1}{2}\,A\,(a\,b) + \frac{1}{2}\,A\,(a\,c) - A\,(b\,c) \qquad (7)$$
$$A_{\mathrm{II\,II}} = -\frac{1}{2}\,A\,(a\,b) + A\,(a\,c) - \frac{1}{2}\,A\,(b\,c)$$

und

$$Q - E = x \qquad (8)$$

lautet dann das Säkularproblem (1):

$$\begin{vmatrix} x + A_{\mathrm{I\,I}} & \frac{x}{2} + A_{\mathrm{I\,II}} \\ \frac{x}{2} + A_{\mathrm{I\,II}} & x + A_{\mathrm{II\,II}} \end{vmatrix} = 0 \qquad (9)$$

$$(x + A_{\mathrm{I\,I}})\,(x + A_{\mathrm{II\,II}}) - \left(\frac{x}{2} + A_{\mathrm{I\,II}}\right)^2 = 0\,.$$

Es hat die Lösungen:

$$E = Q \pm \qquad (10)$$
$$\sqrt{A^2\,(ab) + A^2\,(bc) + A^2\,(ca) - A\,(ab)\,A\,(ac) - A\,(ab)\,A\,(bc) - A\,(ac)\,A\,(bc)}$$
$$= Q \pm \sqrt{\frac{1}{2}\,\{[A\,(ab) - A\,(ac)]^2 + [A\,(ac) - A\,(bc)]^2 + [A\,(bc) - A\,(a\,b)]^2\}}\,.$$

An Hand der letzten Schreibweise der Wurzel ist zu sehen, daß der Radikand wesentlich positiv ist. Grundzustand ist immer der Zustand, dem das Minuszeichen in (10) entspricht. Die Energie des Grundzustandes hängt von den sechs Integralen $C(ab)$, $C(bc)$, $C(ca)$, $A(ab)$, $A(bc)$, $A(ca)$ ab und da diese wieder von den Abständen der Paare von Kernen abhängen, ist die Energie eine Funktion der Kernkonfiguration. Die Konfiguration kann durch drei Bestimmungsstücke, etwa R_{ab}, R_{bc} und φ (s. Abb. 17) vollständig beschrieben werden. Um die Abhängigkeit von E von den Bestimmungsstücken auszudrücken, schreiben wir

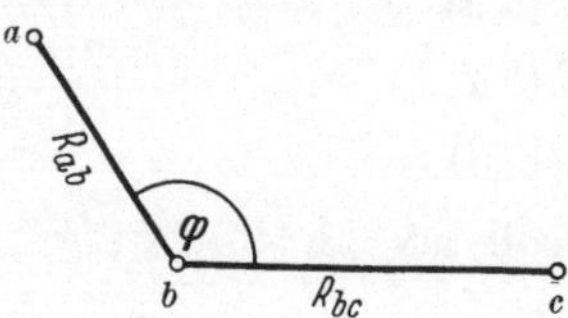

Abb. 17. Koordinaten des H_3-Systems.

$$E = E(R_{ab}, R_{bc}, \varphi). \qquad (11)$$

Wir sind in der Lage, nach (10) die Funktion (11) anzugeben. Wenn man das tut, stellt sich heraus, daß bei konstantem R_{ab} und R_{bc} eine Abweichung des Winkels φ vom Wert π immer eine Energieerhöhung bedingt. Es genügt deshalb für unsere Zwecke, wenn wir die Energie des Grundzustandes nur für die gestreckten Konfigurationen $\varphi = \pi$ diskutieren. E wird dann eine Funktion der zwei Parameter R_{ab} und R_{bc} allein

$$E_\pi = E(R_{ab}, R_{bc}, \pi). \qquad (12)$$

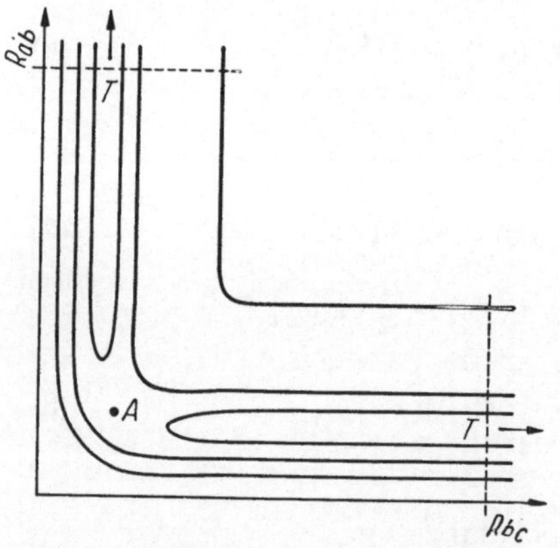

Abb. 18. Energiegebirge für den Grundzustand des gestreckten H_3-Systems.

Wenn wir auf den zwei Achsen eines rechtwinkligen cartesischen Systems R_{ab} und R_{bc} auftragen, läßt sich der Verlauf der Funktion (12) durch ein Schichtlinienbild wiedergeben.

Es ergibt sich qualitativ das in Abb. 18 dargestellte Bild. Man erkennt zwei Täler T, die durch einen Paß mit dem Sattelpunkt A verbunden sind. Die tiefsten Punkte des Energiegebirges liegen in den durch die Pfeile angedeuteten Richtungen im Unendlichen. Sie entsprechen den Konfigurationen H_2 $(ab) + H(c)$ (rechts) und $H_2(bc) + H(a)$ (oben). Die Theorie ergibt also, daß zu jeder anderen Kernkonfiguration eine höhere Energie gehört und das ist gerade der Sachverhalt, durch den wir die Erscheinung der Absättigung näher beschrieben haben.

Legt man in großer Entfernung vom Sattelpunkt A quer zur Talsohle Schnitte durch die Energiefläche (gerade gestrichelte Linien der Abb. 18), so erhält man als Schnittkurven die Potentialkurven des

Wasserstoffmoleküls. Wenn man R_{bc} verkleinert und den Abstand R_{ab} sich bei gegebenem R_{bc} jeweils so einstellen läßt, daß der Energieinhalt minimal ist, so folgt man einer (über A führenden) Reaktionslinie, die von dem einen Tal in das andere Tal führt. Anschaulich bedeutet ein solcher Prozeß: Annäherung des Atoms c an das Molekül $a\,b$, wobei dann eine Konfiguration erreicht wird, bei der die Kerne c und a gleichen Abstand vom Kern b haben (Aktivierungskonfiguration), anschließende Vereinigung der Atome b und c zum Molekül und Abstoßung des Atoms a. Trägt man die Energie des Gesamtgebildes längs

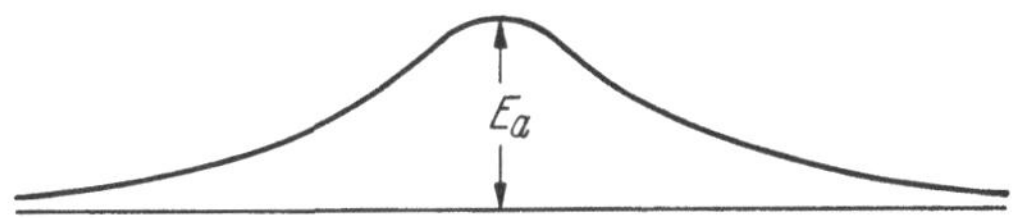

Abb. 19. Energieverlauf längs des günstigsten Reaktionsweges.

der angegebenen Kurve auf, so ergibt sich das für chemische Elementarprozesse typische Bild der Abb. 19. E_a ist die noch durch Berücksichtigung der Nullpunktsenergie zu korrigierende Aktivierungsenergie des Prozesses

$$\text{H}_2 + \text{H} \rightarrow \text{H} + \text{H}_2. \tag{13}$$

In Anbetracht der weitgehenden Vernachlässigungen, die bei der Herleitung von (10) gemacht wurden, kann auf den Zahlenwert von E_a, der sich aus der Rechnung ergibt und der in der Größenordnung von 20 kcal/Mol liegt, kein Gewicht gelegt werden. Experimentell wird für den betrachteten Prozeß eine Aktivierungsenergie von 8 kcal/Mol beobachtet.

Um die Erscheinung der Absättigung nun qualitativ noch besser zu verstehen, betrachten wir die drei Wasserstoffkerne, die auf einer Geraden liegen und paarweise gleichen Abstand voneinander haben und untersuchen zunächst die Bewegung *eines* Elektrons im Feld dieser Kerne. Wenn wir die Eigenfunktionen des Elektrons in Analogie zur Behandlung des H_2^+-Problems durch Linearkombinationen der Wasserstoff-$1s$-Eigenfunktionen s_a, s_b, s_c bei den drei Kernen, also in der Form

$$c_a\,s_a + c_b\,s_b + c_c\,s_c \tag{14}$$

darzustellen versuchen, ist (wenn wir der Einfachheit halber die s als orthogonal annehmen), das Säkularproblem

$$\begin{vmatrix} H_{aa} - E & H_{ab} & H_{ac} \\ H_{ba} & H_{bb} - E & H_{bc} \\ H_{ca} & H_{cb} & H_{cc} - E \end{vmatrix} = 0 \tag{15}$$

zu lösen. Nun ist wegen der Gleichheit der Kerne und aus Symmetriegründen

$$H_{aa} = H_{bb} = H_{cc}$$
$$H_{ab} = H_{ba} = H_{bc} = H_{cb} = A \tag{16}$$
$$H_{ac} = H_{ca} = B$$

und deshalb entsteht mit $H_{aa} - E = x$ aus (15)

$$\begin{vmatrix} x & A & B \\ A & x & A \\ B & A & x \end{vmatrix} = x^3 - x\,(2\,A^2 + B^2) + 2\,A^2 B = 0 \,. \tag{17}$$

Da, wie die Ausführung der Integrale zeigt, $|\,B\,| \ll |\,A\,|$ ist, können wir für unsere Zwecke $B = 0$ setzen (was an den qualitativen Resultaten nichts ändert) und erhalten als Säkulargleichung

$$x^3 - 2\,A^2 x = 0 \tag{18}$$

mit den Wurzeln

$$x_1 = -\sqrt{2}\,A$$
$$x_2 = 0 \tag{19}$$
$$x_3 = \sqrt{2}\,A$$

und den zugehörigen Linearkombinationen

$$\psi_1 \approx s_1 + \sqrt{2}\,s_2 + s_3$$
$$\psi_2 \approx s_1 \qquad\quad - s_3 \tag{20}$$
$$\psi_3 \approx s_1 - \sqrt{2}\,s_2 + s_3.$$

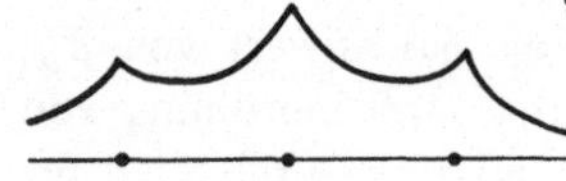

Der Verlauf dieser Funktionen längs der Kernverbindungslinie ist in Abb. 20 schematisch dargestellt.

Nur ψ_1 besitzt keine Knotenflächen zwischen den Kernen, so daß diese Funktion Anhäufung von Elektronen zwischen den Kernen beider Nachbarpaare beschreibt. ψ_1 ist insgesamt bindend. ψ_2 und ψ_3 ergeben keine wesentliche Ladungsanhäufung zwischen den Kernen. ψ_2 und ψ_3 sind also nicht bindende Zustände.

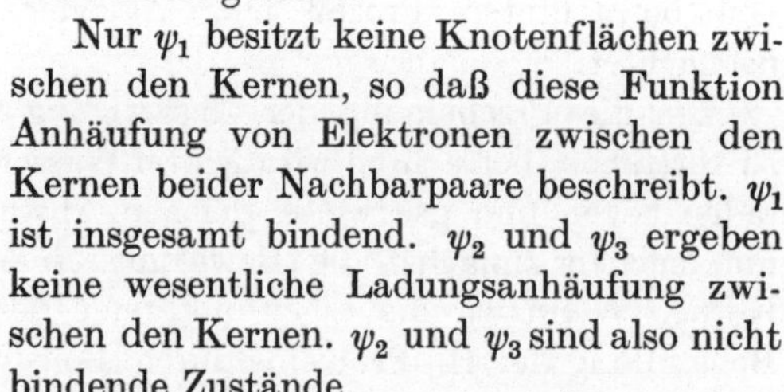

Das H_3-System können wir uns nun durch Besetzung der H_3^{2+} Eigenfunktionen in der gleichen Weise aufgebaut denken, wie wir das von der Behandlung des H_2-Moleküls vom H_2^+ aus kennen. Dabei ändern sich die

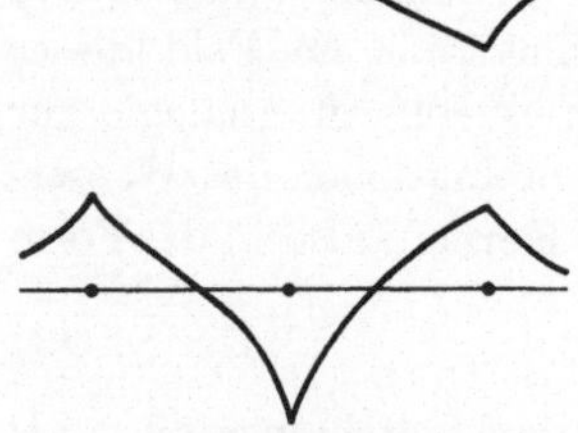

Abb. 20. Einelektronenzustände im H_3-System.

Verhältnisse quantitativ im einzelnen, es ändern sich aber nicht die Anzahlen der Knotenstellen. Soweit unsere Argumentation sich also lediglich darauf bezieht, können wir sicher schließen: Die Unterbringung der beiden ersten Elektronen im bindenden Zustand ψ_1 wirkt stabilisierend. Damit ist aber dieser Zustand besetzt und das dritte Elektron muß notwendig in einen lockernden Zustand (ψ_2 oder ψ_3) gebracht werden. Damit wird deutlich, daß bei Annäherung eines dritten Wasserstoffatoms an ein Wasserstoffmolekül gänzlich andere Verhältnisse eintreten, als bei der Annäherung eines zweiten Wasserstoffatoms an ein schon vorhandenes. Jedenfalls muß also der Energiegewinn bei der Herzubringung des dritten Atoms wesentlich kleiner sein als bei der Herzubringung des zweiten. Daß er sogar negativ wird, daß also die für die Absättigung eines H_2-Moleküls charakteristische Abstoßung des dritten Atoms eintritt, kann dagegen erst eine quantitative Betrachtung, wie die oben durchgeführte, ergeben.

95. Wechselwirkung von Edelgasatomen.

Daß Edelgase keine Verbindungen bilden, ist eine der wichtigsten Regeln über chemische Bindung. Wir wollen untersuchen, ob und wie diese Tatsache mit den bisher verwendeten Näherungsmethoden zu verstehen ist.

Wir denken uns in einem Paar von benachbarten Heliumatomen zunächst die Wechselwirkung der Elektronen mit dem jeweils „fremden" Kern, die Wechselwirkung der Elektronen untereinander und die der Kerne untereinander ausgeschaltet. Dann bewegen sich je zwei Elektronen unabhängig voneinander in dem Feld *eines* Kerns und man erhält den Grundzustand des Gebildes, indem man jede der zwei $1s$-Eigenfunktionen um die Heliumkerne mit zwei Elektronen besetzt. Das bedeutet, daß man den Grundzustand des Gebildes durch eine Produkteigenfunktion beschreibt, in der jede der zwei $1s$-Funktionen a und b zweimal vorkommt. Der Spinanteil der Funktion ist damit aber wegen des Pauliprinzips schon eindeutig festgelegt und die Funktion lautet

$$\varphi = A \, \alpha \, \beta \, \alpha \, \beta \, a \, a \, b \, b \, . \tag{1}$$

Sie ist, wie die HEITLER-LONDONsche Näherungseigenfunktion für den H_2-Grundzustand, eine Singulettfunktion. Der Unterschied zwischen beiden Funktionen besteht wesentlich darin, daß bei (1) der Ortsanteil wegen der Doppelbesetzung von a und b den Spinanteil schon eindeutig bestimmt, während bei H_2 wegen der Einfachbesetzung von a und b der Spinanteil erst durch die *Forderung* eindeutig bestimmt ist, daß ein Singulettzustand beschrieben werden soll. Zur Einfachbesetzung von a und b im H_2 gibt es außer dem Singulettzustand, der wie die Rechnung gezeigt hat, wirklich der Grundzustand ist, auch noch einen (höherliegenden) Triplettzustand. Diese Freiheit der verschiedenen Zusammensetzung der Spinvektoren der Elektronen zu einem Gesamtspinvektor fällt bei He_2 weg, wenn die Elektronenkonfiguration zu $a\,a\,b\,b$ vorgegeben ist.

Aus (1) erhalten wir die Energie nach (73.) zu

$$E = (\varphi, H\varphi) = (aabb, Ha\,abb) - (baab, Haabb) - (abba, Haabb), \qquad (2)$$

wenn wir uns wie bei der Behandlung von H_3 auf Austauschintegrale mit Transpositionen beschränken. Da H in den Koordinaten der Elektronen symmetrisch ist, ist

$$(baab, Haabb) = (abba, Haabb) = A . \qquad (3)$$

Für das erste Integral in (2) ergibt sich

$$(aabb, Haabb) = 4\,E_{1s} + C\,(aa) + C\,(bb) + 4\,C\,(ab)$$

$$+ 2\,C\,(a\underline{b}) + 2\,C\,(\underline{a}\,b) + \frac{4}{R} . \qquad (4)$$

E_{1s} ist die Energie des $1s$-Zustandes des He^+. $C\,(aa)$ und $C\,(bb)$ sind die (positiven) Wechselwirkungsenergien zwischen den zwei Elektronen innerhalb eines Atoms. $C\,(ab)$ ist die (positive) Wechselwirkungsenergie zwischen einem Elektron beim Kern a und einem beim Kern b. $C\,(\underline{a}\,b)$ bzw. $C\,(a\,\underline{b})$ ist die Wechselwirkungsenergie eines Elektrons beim Kern a bzw. b mit dem Kern b bzw. a. Das letzte Glied in (4) gibt die (positive) Wechselwirkungsenergie der Kerne an (R: Atomabstand). Wenn R groß ist, ist

$$C\,(ab) \approx \frac{1}{R} \qquad C\,(\underline{a}\,b) = C\,(a\,\underline{b}) \approx - \frac{1}{R}, \qquad (5)$$

so daß dann

$$(aabb, Haabb) \to 4\,E_{1s} + C\,(aa) + C\,(bb) \qquad (6)$$

geht. Da aus Symmetriegründen $C\,(bb) = C\,(aa)$ ist, ist also die Energie eines einzelnen Heliumatoms wegen $A \to 0$ mit $R \to \infty$

$$E_{He} = 2\,E_{1s} + C\,(aa), \qquad (7)$$

so daß wir für (4) schreiben können

$$(aabb, Haabb) = 2\,E_{He} + 4\,C\,(\underline{a}\,b) + 4\,C\,(a\,\underline{b}) + \frac{4}{R} . \qquad (8)$$

Die drei letzten Glieder stellen die COULOMBsche Wechselwirkung C zweier Heliumatome dar. Die zwischenatomare Energie wird also nach (2), (3) und (8)

$$\varepsilon = C - 2\,A . \qquad (9)$$

Es ist plausibel, anzunehmen, daß wie bei H_2 das Vorzeichen von A negativ und daß $|\,A\,| > |\,C\,|$ ist. Dann ist ε immer positiv. Die beiden Heliumatome werden nicht gebunden. Sie stoßen sich wegen der überwiegenden positiven Austauschwirkung ab.

Man kann die Rechnung auch ohne die hier gemachten Einschränkungen (alleinige Berücksichtigung der einfachen Austauschintegrale) ausführen. Das Resultat ist dabei qualitativ dasselbe, wie bei der hier dargestellten vereinfachten Rechnung.

Wenn unsere in (93.) aufgestellte Behauptung, daß Bindung mit einer Erhöhung der Elektronendichte zwischen den Atomen verknüpft ist, allgemein richtig ist, sollte aus dem Nichteintreten einer Bindung bei dem Gebilde He_2 zu folgern sein, daß dort keine Erhöhung der Elektronendichte eintritt. Wir wollen diese Vermutung qualitativ nachprüfen, indem wir das Gebilde He_2 durch Besetzung der bei H_2^+ ermittelten Näherungseigenfunktionen hergestellt denken. Für ein Elektron, das sich im Feld zweier Heliumkerne (statt zweier Wasserstoffkerne) bewegt, unterscheiden sich die Eigenfunktionen der tiefsten Zustände nur quantitativ, aber nicht qualitativ von den Funktionen ψ_+ und ψ_- (92.3). ψ_+ beschreibt, wie wir wissen, einen Zustand, bei dem die Elektronendichte zwischen den Kernen erhöht ist, ψ_- einen solchen, bei dem sie verringert ist. Da wir bei der Herstellung von He_2 vier Elektronen unterzubringen haben, muß sowohl ψ_+ als ψ_- doppelt besetzt werden, so daß sich Dichteerhöhung und Dichteerniedrigung annähernd kompensieren werden. Die Diskussion führt also tatsächlich zu dem schon vermuteten Ergebnis.

96. Kovalenz und Elektrovalenz.

Wir haben in diesem Kapitel bisher charakteristische Bindungsfälle behandelt, bei denen in dem Sinne, in dem dieses Wort in der älteren Bindungstheorie gebraucht wird, Kovalenz vorliegt. Wir konnten zeigen, daß die quantenmechanische Theorie die Kovalenz richtig beschreibt, und daß sie auch die charakteristische Erscheinung der Absättigung ergibt. Die nächste Aufgabe ist es, zu zeigen, daß die Theorie auch in der Lage ist, die Elektrovalenz richtig zu beschreiben und daß es so also möglich wird, die beiden verschiedenen Typen von Valenzbetätigung, die die ältere Theorie aufführt, in einer und derselben Theorie zu erfassen.

Wir bedienen uns wieder der Methode von HEITLER und LONDON. Bei der Behandlung des H_2-Moleküls war erwähnt worden, daß es gegenüber alleiniger Verwendung der HEITLER-LONDONschen Eigenfunktion eine Verbesserung der Näherung bedeutet, wenn man den Grundzustand des Moleküls durch eine Linearkombination der ursprünglichen HEITLER-LONDONschen Funktion $A\,[a\,b]\,a\,b$ und zweier Ionenfunktionen $A\,[a\,a]\,a\,a$ und $A\,[b\,b]\,b\,b$ beschreibt. Die Ionenfunktionen gehen in die Linearkombination wegen der Symmetrie des Moleküls mit dem gleichen Koeffizienten (c) ein. Berechnet man aus der Funktion

$$A\,[a\,b]\,a\,b + c\,(A\,[a\,a]\,a\,a + A\,[b\,b]\,b\,b \tag{1}$$

die Ladungsdichteverteilung im Molekül, so ergibt sich eine Verteilung, die von der aus $A\,[a\,b]\,a\,b$ allein berechneten in dem Sinne abweicht, daß die Ladung zwischen den Kernen um so mehr konzentriert wird, je größer c ist. Die Mitbeteiligung der Ionenfunktionen ändert also die Ladungsdichteverteilung, sie ändert aber nichts an der Tatsache, daß die Gesamtelektronenladung auf die beiden Atome gleichmäßig verteilt ist.

Das wird anders, wenn wir nun zwei verschiedene Atome mit je einem Valenzelektron betrachten, also etwa ein Li-Atom und ein H-Atom.

Die K-Elektronen des Lithiumatoms sind sehr fest an den Kern gebunden. Sie halten sich im allgemeinen in großer Nähe des Kernes auf und wir berücksichtigen sie deshalb nur insofern, als sie die Kernladung 3 des Atoms auf 1 abschirmen und für das Valenzelektron als niedrigster Zustand der $2s$-Zustand zur Verfügung steht, den wir mit b bezeichnen. Die $1s$-Eigenfunktion des Wasserstoffatoms bezeichnen wir mit a.

Wenn wir den Grundzustand des Lithiumhydridmoleküls durch die HEITLER-LONDONsche Eigenfunktion

$$\Phi_{ab} = A\,[a\,b]\,a\,b \tag{2}$$

beschreiben würden, würde sich für die Energie des Moleküls in Analogie zum H_2-Problem

$$E_{ab} = E_{\mathrm{H}} + E_{\mathrm{Li}} + C + A \tag{3}$$

ergeben. E_{H} und E_{Li} sind die Energien der Atome H und Li und der Nullpunkt der Energie entspricht dem Zustand, in dem das Molekül in die Teile $\mathrm{Li^+ + H^+ + 2\,e^-}$ zerlegt ist. C ist die COULOMBsche Wechselwirkung eines neutralen starren Lithiumatoms mit einem neutralen starren Wasserstoffatom.

Würden wir annehmen, daß

$$\Phi_{aa} = A\,[a\,a]\,a\,a \tag{4}$$

oder

$$\Phi_{bb} = A\,[b\,b]\,b\,b \tag{5}$$

den Grundzustand des Moleküls allein beschreiben, so würden sich für die Energie die Werte

$$E_{aa} = 2\,E_{\mathrm{H}} + C\,(a\,a) + 2\,C\,(a\,\underline{b}) + \frac{1}{R} \tag{6}$$

bzw.

$$E_{bb} = 2\,E_{\mathrm{Li}} + C\,(b\,b) + 2\,C\,(\underline{a}\,b) + \frac{1}{R} \tag{7}$$

ergeben. $C\,(a\,a)$ bzw. $C\,(b\,b)$ ist die (positive) COULOMBsche Wechselwirkung zweier $1s$-Elektronen beim H-Kern bzw. zweier $2s$-Elektronen beim Li-Kern. $C\,(a\,\underline{b})$ bzw. $C\,(\underline{a}\,b)$ ist die COULOMBsche Wechselwirkung eines $1s$-Elektrons beim H-Kern bzw. eines $2s$-Elektrons beim Li-Kern mit dem Li-Rumpf bzw. dem H-Kern. Die letzten Glieder in (6) und (7) stellen die COULOMBsche Wechselwirkung des H-Kerns mit dem Li-Rumpf dar (R: Atomkernabstand). Mit $R \to \infty$ geht

$$E_{aa} \to 2\,E_{\mathrm{H}} + C\,(a\,a) = E_{\mathrm{H}-}$$
$$E_{bb} \to 2\,E_{\mathrm{Li}} + C\,(b\,b) = E_{\mathrm{Li}-}. \tag{8}$$

Diese Grenzwerte sind in der hier angewandten Näherung die Energien $E_{\mathrm{H}-}$ bzw. $E_{\mathrm{Li}-}$ der Ionen H^- bzw. Li^-. Für (6) und (7) können wir also schreiben:

$$E_{aa} = E_{\mathrm{H}-} + 2\,C\,(a\,\underline{b}) + \frac{1}{R}$$
$$E_{bb} = E_{\mathrm{Li}-} + 2\,C\,(\underline{a}\,b) + \frac{1}{R}. \tag{9}$$

E_{aa} bzw. E_{bb} ist also einfach die Energie eines negativen Wasserstoff- bzw. Lithiumions, das zudem unter der Einwirkung einer benachbarten positiven Punktladung steht. Da der von der Wechselwirkung mit der Ladung herrührende Energieanteil in beiden Fällen bei normalen Abständen nicht sehr verschieden ist (er geht mit $R \to \infty$ in beiden Fällen in $-1/R$ über), unterscheiden sich E_{aa} und E_{bb} in erster Linie durch die Differenz von $E_{\mathrm{H}-}$ und $E_{\mathrm{Li}-}$. Diese Energiewerte lassen sich nach (8) im Rahmen unserer Theorie berechnen. Es ist aber einfacher, wenn wir uns darauf berufen, daß aus den experimentellen Werten für die Ionisierungsenergien und Elektronenaffinitäten

$$E_{\mathrm{Li}-} \gg E_{\mathrm{H}-} \tag{10}$$

folgt. Die Energie eines durch Φ_{bb} allein beschriebenen Molekülzustandes würde also sehr hoch über der eines Zustandes liegen, der durch Φ_{aa} allein beschrieben wird. Für eine Linearkombination mit der HEITLER-LONDONschen Funktion kommt, wenn man den Grundzustand beschreiben will, also praktisch nur Φ_{aa} in Frage.

Damit kommt also als Näherungseigenfunktion für den Grundzustand nur eine Linearkombination der Form

$$\Phi = c\,\Phi_{ab} + \sqrt{1-c^2}\,\Phi_{aa} \tag{11}$$

in Betracht. Der optimale Wert von c ist durch Auflösung des zu dem Funktionenpaar Φ_{ab} und Φ_{aa} gehörenden Säkularproblems zu bestimmen. Er hängt von den Werten von E_{ab}, E_{aa} und von dem Wert des Integrals

$$(\Phi_{ab},\, H\,\Phi_{aa}) \tag{12}$$

ab.

Für die uns interessierende Frage ist die Betrachtung der Grenzfälle der Funktion (11) von besonderem Interesse.

Ergibt sich bei der Lösung des Säkularproblems für ein spezielles Molekül des betrachteten Typs für den Grundzustand $c \approx 1$, so bedeutet das nach (11), daß die Verhältnisse durch die HEITLER-LONDONsche Funktion Φ_{ab} allein beschrieben werden können. Die Bindungsverhältnisse sind dann denen im H_2-Molekül analog. Ergibt sich aber $c \approx 0$, so wird praktisch

$$\Phi = \Phi_{aa} \tag{13}$$

und Φ_{aa} beschreibt nach (4) und (9) einen Zustand des Moleküls, bei dem sich beide Elektronen bei a befinden und dessen Energie allein durch CoulomBsche Wechselwirkungsglieder beschrieben werden kann. Ein zwischenatomares Austauschintegral wie im anderen Grenzfall (3) tritt nicht auf.

Die beiden Funktionen Φ_{ab} und Φ_{aa} beschreiben den kovalenten und den elektrovalenten Grenzfall der Beziehung zwischen zwei Atomen. Die Theorie ist also in der Lage, diese Bindungstypen der älteren Theorie als spezielle Fälle, und zwar als Grenzfälle einer allgemeinen Eigenfunktion (11) für den Grundzustand des Moleküls zu erklären. Der Beobachtung, daß zwischen Kovalenz und Elektrovalenz Übergänge möglich sind, entspricht in der Theorie die Tatsache, daß in der Regel sowohl die die Kovalenz beschreibende Funktion Φ_{ab} als auch die die Elektrovalenz beschreibende Funktion Φ_{aa} am Grundzustand beteiligt sein werden.

Über E_{aa} und E_{bb} (9) und über das Integral (12) hängt der optimale Wert von c für den Grundzustand im allgemeinen vom Atomabstand R ab. Es kann also vorkommen, daß bei größeren Abständen vorwiegend Φ_{ab}, bei kleineren dagegen vorwiegend Φ_{aa} am Grundzustand des Moleküls beteiligt ist. Ein solcher Fall liegt nach PAULING[1] beim Molekül HF

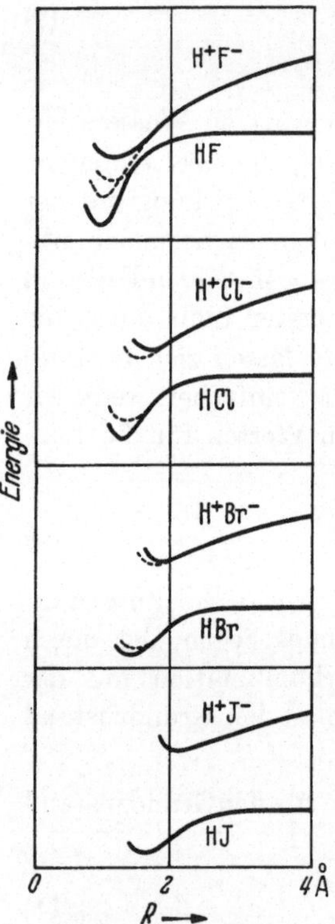

Abb. 21a. Potentialkurven der Halogenwasserstoffe nach PAULING.

vor. In Abb. 21a geben die gestrichelten Kurven die Energien, die man formal in Analogie zu (9) für die kovalente und die elektrovalente Funktion errechnet (H ist jetzt positiv!) als Funktion des Abstandes an. Die ausgezogenen Kurven geben die Energiewerte an, die man aus dem zu den beiden Funktionen gehörenden Säkularproblem errechnet.

---

[1] PAULING, L.: The Nature of the Chemical Bond. New York 1939.

Die gestrichelten Kurven überschneiden sich bei kleineren Abständen und das hat zur Folge, daß in der Linearkombination, die der (unteren) ausgezogenen Kurve des Grundzustandes zugehört, bei Abständen in der Nähe des Minimums, die der Formel $H^+ F^-$ entsprechende Funktion mit dem größeren Koeffizienten auftritt.

Bei den übrigen Halogenwasserstoffen ist die Mitbeteiligung der elektrovalenten Funktionen (die sich in einer Verschiebung der Kurve des Grundzustandes gegen die Energiekurve der reinen kovalenten Funktion äußern muß) nicht sehr beträchtlich. Mit zunehmender Ordnungszahl des Halogens nimmt sie ab.

In Abb. 21b sind nach PAULING die Energien, die sich aus der kovalenten und aus der elektrovalenten Funktion berechnen lassen, für Caesiumfluorid und Natriumchlorid als Funktionen des Abstandes aufgetragen. Während bei NaCl wie bei allen Halogenwasserstoffen bei größeren Abständen die kovalente Energie niedriger liegt, ist bei Caesiumfluorid selbst bei großen Abständen die elektrovalente Energie niedriger, so daß in der Linearkombination für den Grundzustand dieses Moleküls bei allen Abständen die elektrovalente Funktion stark vorwiegen dürfte.

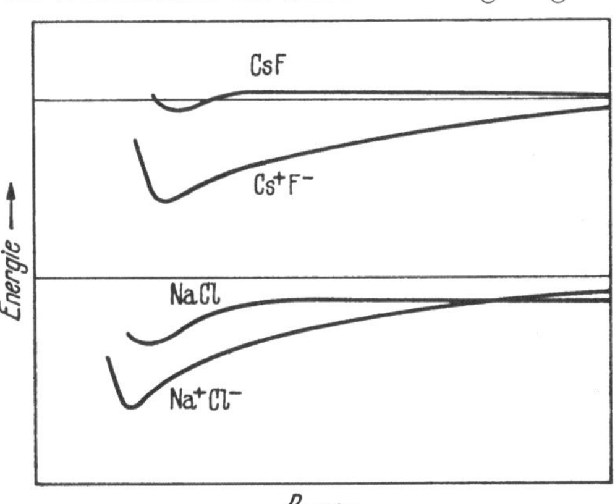

Abb. 21b. Potentialkurven von Alkalihalogenidmolekülen nach PAULING.

Bei der Berechnung der Kurven der Abb. 21a und 21b sind natürlich eine Reihe von vereinfachenden Annahmen gemacht worden. Aber selbst, wenn die Rechnung nach dem entwickelten Schema ganz konsequent durchgeführt worden wäre, ist zu bedenken, daß das Schema durch Erweiterung der HEITLER-LONDONschen Theorie entstanden ist und daß diese Theorie, wie wir gesehen haben, die Erscheinungen qualitativ richtig, aber quantitativ unzureichend beschreibt. Resultate, wie die in den Abb. 21 dargestellten Kurven sind also als qualitative Aussagen anzusehen. Berechnete Linearkombinationskoeffizienten c (11) mit allzu großer Genauigkeit anzugeben, dürfte jedenfalls wenig Sinn haben.

Über die Beschreibung der Elektrovalenz im Anschluß an die bei der Behandlung des H_2^+ eingeführten Moleküleigenfunktionen vgl. Kap. 11.

10. Die Methode der Valenzstrukturen.
101. Das Prinzip der Methode.

Wir haben oben das Problem der vier Wasserstoffatome in Anlehnung an die HEITLER-LONDONsche Theorie des Wasserstoffmoleküls in der Weise behandelt, daß Produktansätze für die Eigenfunktionen gemacht und daß als Faktoren Atomeigenfunktionen verwendet wurden. Auch die Eigenfunktionen der Ionenzustände, die zur Verbesserung des HEITLER-LONDONschen Ansatzes für H_2 in den linearen Variationsansatz mit aufgenommen worden sind, sind nach diesem Schema gebaut.

Die HEITLER-LONDONsche Eigenfunktion des H_2-Grundzustandes hat die Eigenschaft, daß sie für $R \to \infty$ in die richtige Gesamteigenfunktion zweier getrennter Wasserstoffatome übergeht und diese Tatsache rechtfertigt in erster Linie ihre Verwendung als Näherungseigenfunktion auch für endliche Abstände. Die Eigenfunktionen der Ionenzustände des H_2 gehen mit $R \to \infty$ jeweils in eine Eigenfunktion über, die einen nackten Wasserstoffkern und ein weit davon entferntes negatives Wasserstoffion beschreibt, bei dem die Wechselwirkung der beiden Elektronen ausgeschaltet ist. Die Eigenfunktion kommt ja durch Doppelbesetzung einer $1s$-Atomeigenfunktion zustande, die die Bewegung *eines* Elektrons im Feld eines Wasserstoffkerns beschreibt.

Diese bei H_2 und H_4 angewandte Methode läßt sich verallgemeinern[1]. Um den Grundzustand eines Moleküls zu beschreiben, gehen wir von einem hypothetischen Molekül aus, bei dem jedes Elektron mit „seinem" Kern in Wechselwirkung steht, bei dem jedoch die Wechselwirkung der Elektronen mit den „fremden" Kernen und die Wechselwirkung der Elektronen untereinander ausgeschaltet gedacht wird. Dann lassen sich zunächst einmal die Elektronen auf die Atomeigenfunktionen der verschiedenen Atome verteilen. Dabei ist natürlich jede Atomeigenfunktion höchstens zweimal zu besetzen, da sonst wegen der Antimetrisierung später die betreffenden Gesamteigenfunktionen identisch verschwinden. Jede Verteilungsart der Elektronen beschreibt eine Elektronenkonfiguration. Die Elektronenkonfiguration, zu der die HEITLER-LONDONsche Eigenfunktion des H_2 gehört, wäre durch ab zu bezeichnen. Die Elektronenkonfigurationen, zu denen die Ionenzustände des H_2 gehören, sind entsprechend mit a^2 bzw. b^2 zu bezeichnen.

Jede Elektronenkonfiguration entspricht einer bestimmten Faktorenwahl für die zu bildenden Produkteigenfunktionen. Nach (72.) gibt es zu jedem Satz von Faktoren, also zu jeder Elektronenkonfigura-

---

[1] Die Valenzstrukturmethode (in der angelsächsischen Literatur als valence-bond oder kurz V-B-Methode bezeichnet) geht auf Arbeiten von SLATER u. PAULING zurück. SLATER, J. C.: Phys. Rev. **38**, 1109 (1931); **37**, 481 (1931). — PAULING, L.: J. Amer. Chem. Soc. **53**, 1367 (1931).

tion im allgemeinen noch mehrere Gesamteigenfunktionen definierter Multiplizität. Von diesen interessieren, da die Grundzustände der meisten geraden (d. h. eine gerade Zahl von Elektronen enthaltenden) Moleküle Singulettzustände sind, im allgemeinen nur die Singulettfunktionen.

Alle so gebildeten Singuletteigenfunktionen nennen wir von jetzt an Valenzstrukturen. Eine Valenzstruktur ist charakterisiert durch die Elektronenkonfiguration, zu der sie gehört und durch das ihr entsprechende RUMERsche Spinkoppelungsschema. Indem man in der chemischen Formel des betreffenden molekularen Gebildes Striche in der Weise anbringt, daß sie den Strichen des RUMERschen Schemas entsprechen und die Lage ihrer Endpunkte die Atome oder das Atom andeuten, bei denen sich oder bei dem sich in der zugehörigen Elektronenkonfiguration die beiden gekoppelten Elektronen befinden, kann man jeder Valenzstruktur eine Strichformel zuordnen[1]. Einige Beispiele sind:

Elektronenkonfiguration		Valenzstrukturen
H_2	$a\,b$	H—H
	a^2	$\overline{H}^{(-)}\,H^{(+)}$
	b^2	$H^{(+)}\,\overline{H}^{(-)}$
H_4	$a\,b\,c\,d$	H—H H H

$$\begin{matrix} \text{H—H} & \text{H} & \text{H} \\ & | & | \\ \text{H—H} & \text{H} & \text{H} \end{matrix}$$

In der zugeordneten Strichformel bringt man zweckmäßig die durch die Elektronenkonfiguration schon eindeutig festgelegte formale Ladung der Atome in der angedeuteten Weise zum Ausdruck.

Alle so gebildeten Valenzstrukturen werden in einem linearen Variationsansatz zusammengefaßt und durch Bestimmung der tiefsten Wurzel des zugeordneten Säkularproblems die Energie des Grundzustandes in Näherung ermittelt.

Die Elemente der Säkulardeterminante sind mit dem Hamiltonoperator des Moleküls zu bilden, der sich von dem des hypothetischen Moleküls durch die Wechselwirkung der Elektronen mit den „fremden" Kernen und durch ihre Wechselwirkung untereinander unterscheidet. Das bedeutet, daß schon bei der Mitberücksichtigung der Ionenstrukturen bei dem einfachen Fall H_2 inneratomare Wechselwirkungen, nämlich die zwischen den beiden Elektronen an einem Atom gleichzeitig mit den zwischenatomaren eingeschaltet werden.

Ein solches Verfahren ist natürlich nur dann sinnvoll, wenn die inneratomaren Wechselwirkungen der Elektronen untereinander von derselben Größenordnung sind, wie die Gesamtheit der zwischenatomaren

---

[1] Ein Strich *bei* einem Atom deutet Doppelbesetzung einer Atomeigenfunktion, also ein „einsames" Elektronenpaar an.

Wechselwirkungen. Das ist keineswegs selbstverständlich und in den frühen Stadien der Entwicklung der Bindungstheorie haben HEITLER und RUMER[1] tatsächlich einen anderen Weg eingeschlagen, dessen Mitberücksichtigung im Augenblick häufig etwas zu Unrecht unterlassen wird. In der sog. „Theorie der Spinvalenz" werden die Wechselwirkungen von Atomen untersucht, die sich in definierten *Atom*zuständen befinden. Die inneratomaren Wechselwirkungen werden als groß gegenüber den zwischenatomaren angenommen, so daß es dann zweckmäßiger erscheint, die Wechselwirkungen „fertiger" Atome zu untersuchen, als von dem hypothetischen Molekül auszugehen, bei dem nicht nur die zwischenatomaren, sondern auch die inneratomaren Wechselwirkungen zunächst ausgeschaltet gedacht sind. Bei der Behandlung von Fällen wie H_2, wo jedes Atom nur ein Elektron mitbringt, läuft die Theorie der Spinvalenz, wenn man Ionenstrukturen ausschließt, auf dasselbe hinaus, wie die Theorie der Valenzstrukturen, weil dann nämlich überhaupt keine inneratomaren Elektronenwechselwirkungen vorkommen können, aber der Unterschied zwischen den beiden Näherungswegen wird natürlich sofort merklich, wenn man bei H_2 Ionenstrukturen zuläßt, oder wenn man es mit Gebilden aus Atomen zu tun hat, die schon im Normalzustand mehrere Elektronen besitzen.

Während für den Fall, daß Systeme von H-Atomen behandelt werden sollen, die Annahme von gewöhnlichen Wasserstoff - $1s$-Eigenfunktionen zu $Z = 1$ als Faktoren in den Valenzstrukturen sicher sinnvoll ist — obwohl, wie wir gesehen haben, für genauere Berechnungen der Energie die Einführung einer effektiven Kernladungszahl zweckmäßig ist — würde ein völliges Absehen von den inneratomaren Elektronenwechselwirkungen beim hypothetischen Ausgangsmolekül und damit die Verwendung von Keplereigenfunktionen zu den wirklichen Kernladungszahlen in allen Fällen eine sehr schlechte Näherung bedeuten, in denen die zur Verbindung kommenden Atome mehrere Elektronen mitbringen. Genau so, wie bei der Behandlung der Atome, ist es in diesem allgemeineren Fall deshalb zweckmäßig, das hypothetische Ausgangsmolekül dadurch abzuändern, daß man zu dem ihm entsprechenden Teil des Hamiltonoperators des ganzen Moleküls für jedes Atom ein Abschirmungsfeld addiert, das dann entsprechend von dem anderen Teil des Hamiltonoperators wieder abgezogen wird und das die Auswirkung wenigstens zum Teil darstellt. Die Faktoren der Valenzstrukturen sind dann in diesem allgemeinen Fall nicht mehr Keplereigenfunktionen zu den wirklichen Kernladungen, sondern Eigenfunktionen des abgeschirmten Atoms, also z. B. SLATERsche Eigenfunktionen.

---

[1] Zusammenfassende Darstellungen der Theorie der Spinvalenz: HEITLER, H.: Handbuch der Radiologie VI, 2, S. 485 (1934). M. BORN: Erg. exakt. Naturwiss. **10**, 387 (1931).

Bei der Berechnung der Elemente der Säulardeterminante für ein Molekül mit höheren Atomen treten die Wechselwirkungen zwischen allen Elektronen auf, also auch die zwischen den Valenzelektronen desselben Atoms, die der Valenzelektronen mit den Elektronen des eigenen und der fremden Atomrümpfe. Die Wechselwirkungen zwischen Valenzelektronen und Rumpfelektronen werden in der Regel nicht konsequent nach dem entworfenen Programm der Valenzstrukturmethode, sondern dadurch berücksichtigt, daß man für die Wirkung der Rumpfelektronenwolken Ersatzfelder einführt. Wenn man so verfährt, hat man beim Aufbau der Valenzstruktureigenfunktionen[1] nur die Valenzelektronen zu berücksichtigen. Der physikalische Sinn des Verfahrens liegt darin, daß in der Regel die zwischenatomaren Wechselwirkungen von derselben Größenordnung sind, wie die inneratomaren Wechselwirkungen zwischen den Valenzelektronen, daß sie in der Regel aber klein gegen die Wechselwirkungen der Rumpfelektronen untereinander sind.

Je nachdem, ob sich bei der tatsächlichen Lösung des Säkularproblems herausstellt, daß am Grundzustand vorwiegend eine Valenzstruktur oder aber daß wesentlich mehrere Valenzstrukturen beteiligt sind, sprechen wir von einem Fall mit lokalisierten oder mit nicht lokalisierten Bindungen (lokalisierte und nicht lokalisierte Valenz). Moleküle mit wesentlich nicht lokalisierten Bindungen werden auch als mesomer bezeichnet. Die Valenzstrukturen, die am Grundzustand wesentlich beteiligt sind, heißen die Grenzstrukturen. Der wirkliche Grundzustand des Moleküls wird in der Valenzstrukturnäherung durch eine Überlagerung der Grenzstrukturen beschrieben.

Bei lokalisierter Valenz ist nach (73.20) die Energie des Grundzustandes bei Vernachlässigung höherer Austauschintegrale

$$E = E_0 + C + \sum_{ij} A_{ij} - \frac{1}{2} \sum_{rs} A_{rs} . \tag{1}$$

E_0 bedeutet die Summe der Energien der Atome des hypothetischen Moleküls. C ist die Summe aller COULOMBschen Wechselwirkungen der Valenzelektronen untereinander, der Valenzelektronen mit „fremden" Rümpfen und der Rümpfe untereinander. Die Summe über die Austauschintegrale A_{ij} geht über alle Paare von Elektronen bzw. Atomeigenfunktionen, die im RUMERschen Schema oder in der zugeordneten Formel durch einen Strich verbunden sind. Die Summe über die Austauschintegrale A_{rs} ist über alle Paare von Elektronen bzw. Atomeigenfunktionen zu erstrecken, die verschiedenen „Bindungen" angehören.

---

[1] Die Abtrennung des Rumpfproblems und die Ersetzung des Rumpfes durch ein aus der statistischen Theorie des Atoms hergeleitetes Feld hat insbesondere H. HELLMANN untersucht. Acta physicochim. URSS **1**, 913 (1935).; J. Chem. Phys. **3**, 61 (1935);

Wenn man annehmen darf, daß die Austauschintegrale negative Werte haben, folgt aus den Vorzeichen in (1), daß die Austauschintegrale zwischen „gebundenen“ Elektronen bindend, d. h. energieerniedrigend wirken und die zwischen nichtgebundenen lockernd. Zumindest die zwischenatomaren Austauschintegrale können nur in Ausnahmefällen tatsächlich berechnet werden. Deshalb ist die Frage nach dem Vorzeichen der Integrale meist nicht durch Berechnung zu beantworten. Bei der Behandlung des Wasserstoffmoleküls nach HEITLER und LONDON hatten wir gesehen, daß bei Nichtberücksichtigung der Nichtorthogonalität der Eigenfunktionen das Austauschintegral positiv wird und die Resultate der Rechnung dann in krassem Widerspruch zur Erfahrung stehen. Man müßte daraus den Schluß ziehen, daß die Beziehung (1), die nur unter Vernachlässigung der Nichtorthogonalität der Atomeigenfunktionen bei verschiedenen Atomen gültig ist, auf jeden Fall unbrauchbar ist. Es hat sich aber herausgestellt, daß man zu vernünftigen Resultaten für die Energien von Molekülen mit lokalisierter Valenz kommt, wenn man zwei Fehler macht, die sich anscheinend zum Teil kompensieren, indem man nämlich (1) verwendet, also bei der Berechnung des Ausdrucks für E die Atomeigenfunktion bei verschiedenen Atomen als orthogonal ansieht (was das Nichtauftreten höherer Austauschintegrale zur Folge hat), dann aber im allgemeinen annimmt, daß die zwischenatomaren Austauschintegrale negative Werte haben, was nur der Fall sein kann, wenn die Atomeigenfunktionen als *nicht* orthogonal behandelt werden.

Verschiedene Autoren haben dieses Vorgehen besser zu begründen versucht. Bisher ist eine vollständige Lösung des Problems nicht gelungen[1].

Wenn ein Molekül mit nichtlokalisierter Valenz vorliegt, ist die Energie E des Grundzustandes nach dem Variationsprinzip niedriger als alle Energiewerte, die sich ergeben würden, wenn man annehmen würde, daß irgendeine der Grenzstrukturen allein den Grundzustand beschreibt. Ist E_0 der niedrigste dieser Energiewerte, so bezeichnet man $E_0 - E$ als den Sonderanteil der Energie des Grundzustandes oder als Mesomerie- bzw. Resonanzenergie[2].

102. Zwischenatomare Integrale und Bindungstypen.

Von zwischenatomaren Coulomb- und Austauschintegralen, wie sie in (101.1) auftreten, haben wir bisher nur die Integrale zwischen zwei

---

[1] LÖWDIN, P. O.: J. chem. Phys. 18, 365 (1950).—VAN VLECK J. H.: Phys. Rev. 49 232 (1936).

[2] Der Ausdruck Resonanzenergie, den wir hier anführen, weil er in der Literatur häufig gebraucht wird, ist vor allem von PAULING verwendet worden.

s-Funktionen bei verschiedenen Atomen anläßlich der Behandlung des Wasserstoffmoleküls nach HEITLER und LONDON untersucht.

Den nächstkomplizierten Fall stellen die Integrale zwischen einer s- und einer p-Funktion dar. p_x sei eine Eigenfunktion des Atoms a, s sei eine Eigenfunktion des Atoms b, das in der x-y-Ebene liegen und dessen Verbindungslinie mit a mit der Symmetrieachse von p_x den Winkel α einschließen soll (siehe Abb. 22).

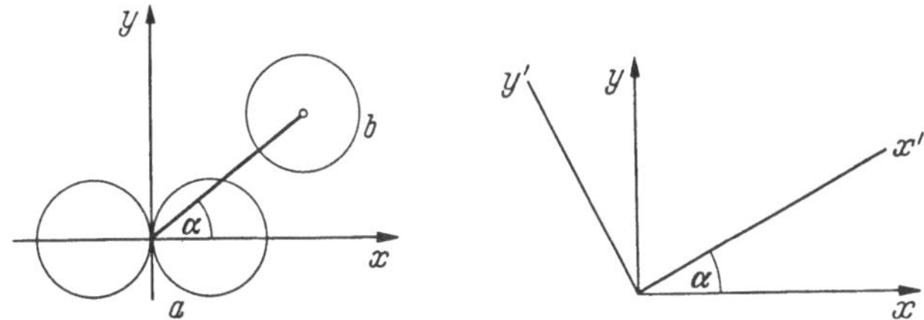

Abb. 22. Koordinatensysteme für die Berechnung zwischenatomarer Integrale.

Eine Funktion p'_x, deren Symmetrieachse die x'-Achse eines gegen das ursprüngliche um den Winkel α gedrehten Koordinatensystems ist, lautet

$$p'_x = f(r)\,\frac{x'}{r}\,. \tag{1}$$

Analoge Bedeutung hat

$$p'_y = f(r)\,\frac{y'}{r}\,. \tag{2}$$

Wir benennen p'_x mit p_σ und p'_y mit p_π. Nun ist

$$x = x'\cos\alpha + y'\sin\alpha \tag{3}$$

und deshalb ist

$$p_x = f(r)\,\frac{x}{r} = f(r)\,\frac{x'\cos\alpha + y'\sin\alpha}{r} = p_\sigma\cos\alpha + p_\pi\sin\alpha\,. \tag{4}$$

Diese Darstellung von p_x als Linearkombination zweier p-Funktionen, deren Symmetrieachsen parallel bzw. senkrecht zur Verbindungslinie von a und b stehen, erweist sich als sehr zweckmäßig, wenn man die Abhängigkeit der Integrale

$$C\,(p_x s) = \int\int p_x\,(1)\,s\,(2)\,H_z\,p_x\,(1)\,s\,(2)\,d\tau_1\,d\tau_2 \tag{5}$$

und

$$A\,(p_x s) = \int\int p_x\,(1)\,s\,(2)\,H_z\,s\,(1)\,p_x\,(2)\,d\tau_1\,d\tau_2 \tag{6}$$

von α untersuchen will. Einsetzen von (4) in (5) und (6) ergibt

$$\begin{aligned} C\,(p_x s) &= M_{\sigma\sigma}\cos^2\alpha + 2\,M_{\pi\sigma}\sin\alpha\cos\alpha + M_{\pi\pi}\sin^2\alpha \\ A\,(p_x s) &= N_{\sigma\sigma}\cos^2\alpha + 2\,N_{\pi\sigma}\sin\alpha\cos\alpha + N_{\pi\pi}\sin^2\alpha\,. \end{aligned} \tag{7}$$

Dabei sind die Symbole M und N Abkürzungen für die Integrale

$$M_{\sigma\sigma} = \int \int p_\sigma^2 \, (1) \, H_z \, s^2 \, (2) \, d\tau_1 \, d\tau_2$$

$$M_{\pi\sigma} = \int \int p_\sigma \, (1) \, p_\pi \, (1) \, H_z \, s^2 \, (2) \, d\tau_1 \, d\tau_2$$

$$M_{\pi\pi} = \int \int p_\pi^2 \, (1) \, H_z \, s^2 \, (2) \, d\tau_1 \, d\tau_2$$

$$N_{\sigma\sigma} = \int \int p_\sigma \, (1) \, s \, (1) \, H_z \, p_\sigma \, (2) \, s \, (2) \, d\tau_1 \, d\tau_2$$

$$N_{\pi\sigma} = \int \int p_\pi \, (1) \, s \, (1) \, H_z \, p_\sigma \, (2) \, s \, (2) \, d\tau_1 \, d\tau_2$$

$$N_{\pi\pi} = \int \int p_\pi \, (1) \, s \, (1) \, H_z \, p_\pi \, (2) \, s \, (2) \, d\tau_1 \, d\tau_2 .$$

$$(8)$$

Bei einer Koordinatentransformation, die einer Drehung um die a-b-Achse mit dem Winkel π entspricht, multiplizieren sich die Integranden von $M_{\pi\sigma}$ und $N_{\pi\sigma}$ mit -1. Da bestimmte Integrale gegen Transformationen der Integrationsvariablen invariant sein müssen, folgt daraus

$$M_{\pi\sigma} = N_{\pi\sigma} = 0 . \tag{9}$$

Das Coulombintegral $C \, (p_x s)$ lautet dann

$$C \, (p_x s) = M_{\sigma\sigma} \cos^2 \alpha + M_{\pi\pi} \sin^2 \alpha . \tag{10}$$

Die qualitative Diskussion des Coulombintegrals zwischen zwei s-Funktionen (s. H_2 nach HEITLER und LONDON), die zu dem Ergebnis geführt hatte, daß $C \, (s \, s)$ in Übereinstimmung mit dem Ergebnis der Rechnung für größere Abstände und auch noch für den Normalzustand negative Werte hat, kann auf die Integrale $M_{\sigma\sigma}$ und $M_{\pi\pi}$ (8) übertragen werden und zeigt, daß für die interessierenden Abstände $M_{\sigma\sigma}$ und $M_{\pi\pi}$ und damit nach (10) $C \, (p_x s)$ für die bei Bindungsproblemen in erster Linie interessierenden Abstände negative Werte haben, so daß auch hier die Coulombwechselwirkung bindend wirkt. Dagegen muß man die Diskussion etwas weiterführen, um zu erkennen, ob der Betrag von $M_{\sigma\sigma}$ oder der von $M_{\pi\pi}$ größer ist, ob der Bindungseffekt also für $\alpha = 0$ oder für $\alpha = \frac{\pi}{2}$ größer ist.

Nach der in (93.) gegebenen Diskussion des Integrals $C \, (s \, s)$ wird die Coulombwechselwirkung von Atomen mit starren Ladungswolken zunächst um so stärker negativ, je eher sich bei Annäherung der Atome die Ladungswolken überdecken. Nun ist die Überdeckung von s^2 mit p_σ^2 bei gleichem Abstand sicher stärker als die von s^2 mit p_π^2, da die Ladungswolke p_σ^2 sich hauptsächlich in Richtung auf b, die Wolke p_π^2 sich aber hauptsächlich senkrecht zu dieser Richtung erstreckt. Damit folgt

$$|M_{\sigma\sigma}| > |M_{\pi\pi}|, \; M_{\sigma\sigma} < M_{\pi\pi} \tag{11}$$

und daraus ergibt sich, daß $C \, (p_x s)$ sein Minimum für $\alpha = 0$ hat.

Zur Diskussion des Austauschintegrals $A \, (p_x s)$, das nach (7) und (9)

$$A\,(p_x s) = N_{\sigma\sigma}\cos^2\alpha + N_{\pi\pi}\sin^2\alpha \qquad (12)$$

ist, kann man das Überdeckungsargument nur insofern heranziehen, als daraus folgt, daß der Faktor

$$p_\sigma\,(1)\,s\,(1)\,p_\sigma\,(2)\,s\,(2) \qquad (13)$$

des Integranden von $N_{\sigma\sigma}$ im allgemeinen größere Beträge haben wird, als der entsprechende Faktor

$$p_\pi\,(1)\,s\,(1)\,p_\pi\,(2)\,s\,(2) \qquad (14)$$

des Integranden von $N_{\pi\pi}$. Wenn daher $N_{\sigma\sigma}$ und $N_{\pi\pi}$ und damit $A\,(p_x s)$ negatives Vorzeichen haben, ist es plausibel

$$|N_{\sigma\sigma}| > |N_{\pi\pi}| \quad N_{\sigma\sigma} < N_{\pi\pi} \qquad (15)$$

zu vermuten. Daraus folgt, daß $A\,(p_x s)$ für $\alpha = 0$ seinen Minimalwert hat.

Wenn $A\,(p_x s)$ ein bindendes Austauschintegral ist, wenn also p_x und s in der diskutierten Valenzstruktur durch einen Strich verbunden sind, erreicht die Bindungsenergie (bei lokalisierter Valenz) ein Maximum, wenn $\alpha = 0$ wird, wenn also das Atom a auf der Symmetrieachse von p_x liegt. Dann ergibt das Coulombglied $C\,(p_x s)$ und das Austauschglied $A\,(p_x s)$ einen maximalen Beitrag zur Bindungsenergie.

Aus der Überlappungsregel kann man den qualitativen Schluß ziehen, daß bei lokalisierter Valenz die maximale Bindungsenergie und damit die normale Atomanordnung dann vorliegt, wenn bei konstantgehaltenen Atomabständen die Winkel zwischen den Kernverbindungslinien so gewählt sind, daß sich die Eigenfunktionen der bindenden Elektronen möglichst weitgehend überlappen und daß die Überlappung zwischen den nichtgebundenen möglichst gering ist. Der letzte Teil der Schlußfolgerung ergibt sich, wenn man bedenkt, daß zwar maximale Überlappung nichtgebundener Elektronen auf dem Weg über das Coulombintegral zur Erhöhung der Bindungsenergie beiträgt, daß aber — da das Austauschintegral A für nichtgebundene Elektronen mit umgekehrten Vorzeichen in den Energieausdruck eingeht — wegen der im allgemeinen gültigen Regel (s. H_2)

$$|A| > |C| \qquad (16)$$

die minimale Überdeckung nichtgebundener Elektronen doch insgesamt günstiger ist.

Weitere wichtige Typen von zwischenatomaren Wechselwirkungsintegralen sind die zwischen zwei p-Eigenfunktionen, deren Symmetrieachsen auf der Verbindungslinie der Atome senkrecht stehen. Durch diese Angabe ist noch nicht festgelegt, ob diese Achsen zueinander parallel sind oder nicht. Die Überlappung ist maximal, wenn Parallelität vorliegt und wird bei Verdrehung der Symmetrieachsen gegeneinander verringert. Die geringste Überlappung tritt bei dem Verdrehungswinkel $\pi/2$ ein. Auch bei Parallelität ist aber die Überlappung geringfügiger, als bei den bisher betrachteten Fällen, so daß Wechselwirkungen zwischen Elektronen in zwei zur Atomverbindungslinie senkrechten p-Eigenfunktionen in der Regel nur verhältnismäßig wenig zur Bindungsenergie beitragen können.

Die Bindungen, die in einem Molekül bei lokalisierter Valenz vorliegen, lassen sich nach der Art der durch sie bedingten Coulomb- und Austauschglieder im Ausdruck für die Energie in verschiedene Typen einteilen:

a) Eine Bindung, an der zwei s-Eigenfunktionen beteiligt sind, nennen wir s-s-σ-Bindung. Da man nach HEITLER-LONDON das Wasserstoffmolekül wenigstens näherungsweise als ein Gebilde mit lokalisierter Valenz auffassen kann, kann man von dem Vorliegen einer solchen Bindung in H_2 sprechen. Weitere Beispiele für Gebilde, bei denen in dieser Näherung s-s-σ-Bindung vorliegt, sind die Moleküle der Alkalimetalle Li_2, Na_2, usw.

b) Eine Bindung, an der eine s- und eine p-Eigenfunktion beteiligt ist, nennen wir s-p-σ-Bindung. Wenn H_2O und NH_3 als Gebilde mit lokalisierter Valenz aufgefaßt werden dürfen und wenn die jeweils allein wichtige Valenzstruktur die durch die gewöhnliche Strichformel beschriebene ist, liegt es nahe, in diesen Molekülen zwei bzw. drei s-p-Bindungen anzunehmen, während die nicht an Bindungen beteiligten p-Elektronen bei H_2O die dritte p-Eigenfunktion besetzen.

c) Unter den Bindungen, an denen zwei p-Eigenfunktionen beteiligt sind, sind zwei Typen zu unterscheiden. Die beiden p-Funktionen können eine gemeinsame Achse haben. Dann liegt ein Bindungsfall vor, den wir mit p-p-σ bezeichnen. Wenn die Symmetrieachsen senkrecht auf der Atomverbindungslinie und zueinander parallel sind — dieser Fall wurde oben diskutiert — sprechen wir von p-p-π-Bindung. Die Valenzstruktur des Stickstoffmoleküls, die durch die gewöhnliche chemische Strichformel beschrieben wird, kann durch eine p-p-σ und zwei p-p-π-Bindungen realisiert werden.

Von einer σ-Bindung sprechen wir dann, wenn die beiden an dem Zustandekommen der Bindung beteiligten Atomeigenfunktionen um die Bindungsrichtung drehsymmetrisch sind. Bei einer π-Bindung ist die Abhängigkeit der beiden Atomeigenfunktionen vom Drehwinkel φ um die Bindungsrichtung durch $\cos \varphi$ bzw. $e^{\pm i\varphi}$ anzugeben. Zwischen zwei Atomen können mehrere Bindungen existieren (Beispiel: σ- und π-Bindung in der „Doppelbindung" des Äthylens. Vgl. Kap. 13).

Genau genommen liegen auch bei lokalisierter Valenz reine σ- und π-Bindungen nur in Ausnahmefällen vor, da die Wechselwirkungs-

integrale zwischen „gebundenen" Elektronen nach (101.1) die Atomanordnung nicht allein bestimmen. Die Wechselwirkung der „nichtgebundenen" Elektronen kann in erster Näherung in der Regel nur deshalb vernachlässigt werden, weil die Wechselwirkungsintegrale exponentiell mit zunehmendem Atomabstand abnehmen und die Abstände „nichtgebundener" Atome in der Regel (d. h. bei normalen Valenzwinkeln)
größer als die „gebundener" Atome sind. Durch die Wechselwirkungsglieder, die von den nicht gebundenen Elektronen herrühren, werden die
Bindungsrichtungen, die in erster Näherung durch die Bindungseigenfunktionen bestimmt sind, deshalb im allgemeinen *geringfügig* verändert.

103. Gemischte Bindungseigenfunktionen (Hybridisierung).

Unsere bisherigen Überlegungen sind dadurch eingeschränkt, daß
wir von vorneherein und stillschweigend angenommen hatten, daß nur
konventionelle Atomeigenfunktionen, also etwa s oder p_x, p_y, p_z als
Bindungseigenfunktionen fungieren können. Wenn aber, wie z. B. beim
Kohlenstoffatom die Zustände $2s$ und $2p_x$, $2p_y$, $2p_z$ des abgeschirmten
Atomfeldes praktisch miteinander entartet sind, kann die durch diese
vier Funktionen gebildete Basis noch transformiert werden. Wir müssen also in Betracht ziehen, daß Linearkombinationen aus konventionellen Atomeigenfunktionen als Valenzeigenfunktionen in Frage kommen. Welche Funktionen tatsächlich zu verwenden sind, wird später
durch das Variationsprinzip, also aus der Forderung minimaler Gesamtenergie für das Molekül bestimmt.

Die Elektronenkonfiguration, zu der der Grundzustand des freien
Kohlenstoffatoms gehört, ist $s^2 p^2$. Da der Zustand $2s$ bei dieser Konfiguration doppelt besetzt ist, kann ein Kohlenstoffatom unter Beibehaltung dieser Elektronenkonfiguration höchstens zwei Bindungen
mit anderen Atomen eingehen. Wenn also z. B. CH_4 gebildet werden soll,
muß notwendig zunächst eine Umbesetzung der Zustände zu sp^3 vorgenommen werden. Von den vier Zuständen $2s, 2p_x, 2p_y, 2p_z$ sind
aber nur die drei p-Zustände untereinander gleichwertig. (Die Eigenfunktionen unterscheiden sich nur durch die Lage ihrer Symmetrieachse
im Raum, können also durch Drehung ineinander übergeführt werden.)
Die Gleichwertigkeit der vier C-H-Bindungen im Methanmolekül und
die tetraedrische Struktur des Moleküls können also nur verstanden werden, wenn anstelle der Basis $2s, 2p_x, 2p_y, 2p_z$ eine transformierte Basis
von vier Linearkombinationen dieser Funktionen als Bindungseigenfunktionen auftreten.

Wir bezeichnen solche Linearkombinationen als gemischte (hybridi-
sierte) Bindungseigenfunktionen und wir wollen in diesem Abschnitt die

Frage behandeln, welche gemischten Funktionen unter bestimmten Bedingungen gebildet werden können[1].

Wir fordern zunächst, daß von einem Atom n gleichwertige σ-Bindungen nach vorgegebenen Richtungen gebildet werden sollen und fragen, aus welchen Atomeigenfunktionen entsprechende Bindungseigenfunktionen gebildet werden können. Mit der gruppentheoretischen Methode, die wir dabei anwenden, lassen sich auch kompliziertere Fälle analog behandeln[2].

Ein Satz von n Bindungseigenfunktionen ist durch die Forderung der Gleichwertigkeit und durch die Forderung, daß es sich um Funktionen zur Herstellung von σ-Bindungen bestimmter Richtung handeln soll, schon weitgehend beschrieben.

Diese Beschreibung reicht insbesondere aus, um das Charakterensystem der Darstellung der Symmetriegruppe des Moleküls zu bestimmen, die durch den Satz induziert wird (s. das folgende Beispiel). Es läßt sich dann feststellen, wie die durch die $\psi(\sigma)_i$ induzierte Darstellung Γ_σ der Gruppe in die irreduziblen Darstellungen Γ_k zerfällt

$$\Gamma_\sigma = \sum_k a_k \, \Gamma_k \, . \tag{1}$$

Die zur Bildung von Mischeigenfunktionen zur Verfügung gestellten konventionellen Atomeigenfunktionen $\psi(a)_j$; $j : 1, 2, \ldots$ induzieren eine Darstellung Γ_a derselben Gruppe, die in ausreduzierter Form

$$\Gamma_a = \sum_k b_k \, \Gamma_k \tag{2}$$

lauten möge.

Aus (1) folgt, daß es eine Transformation t gibt, deren Anwendung auf den Satz $\psi(\sigma)_i$ diesen in einen neuen Satz transformiert, dessen Glieder familienweise zu den irreduziblen Darstellungen Γ_k nach (1) gehören.

Ähnlich kann der Satz der $\psi(a)_j$ so transformiert werden, daß die Glieder des neuen Satzes familienweise nach (2) zu den irreduziblen Darstellungen Γ_k gehören. Aus diesem Satz läßt sich, wenn die $b_k \geqq a_k$ sind, im allgemeinen auf verschiedene Weisen ein kleinerer Satz herausgreifen, der Eigenfunktionsfamilien zu Γ_k sooftmal enthält, wie a_k angibt. Transformation dieses Satzes mit der zu t inversen Transformation t^{-1} muß dann einen Satz ergeben, der alle oben angegebenen Eigenschaften des gewünschten Satzes besitzt.

Wir wollen das Verfahren durch ein Beispiel erläutern: Gesucht sei ein Satz von drei gleichartigen trigonalen σ-Bindungseigenfunktionen: $\sigma_1, \sigma_2, \sigma_3$. Darunter verstehen wir drei gleichwertige σ-Funktionen, deren

---

[1] Gemischte Bindungseigenfunktionen wurden zuerst von PAULING eingeführt. L. PAULING: J. Amer. Soc. **53**, 1367 (1931); Proc. Nat. Acad. Sci. **14**. 359 (1928).

[2] KIMBALL, G.: J. Chem. Phys. **8**, 188 (1940).

Symmetrieachsen in einer Ebene liegen und Winkel von 120° miteinander einschließen. Die Symmetriegruppe des Problems ist D_{3h}. Die repräsentativen Elemente der Klassen dieser Gruppe sind: E die identische Operation, σ_h Spiegelung an der zur trigonalen Hauptachse senkrechten Symmetrieebene, C_3 Drehung um die Hauptachse um den Winkel $2\pi/3$, S_3 Drehung um die Hauptachse um den Winkel $2\pi/3$ und anschließende Spiegelung an der zur Hauptachse senkrechten Symmetrieebene, C'_2 Drehung um eine der drei zur Hauptachse senkrechten zweizähligen Achsen, σ_v Spiegelung an einer der drei Symmetrieebenen, die die Hauptachse enthalten. Die $\sigma_1, \sigma_2, \sigma_3$ transformieren sich folgendermaßen:

$$\begin{array}{ccccccc}
 & E & \sigma_h & C_3 & S_3 & C'_2 & \sigma_v \\
\sigma_1 & \sigma_1 & \sigma_1 & \sigma_3 & \sigma_3 & \sigma_1 & \sigma_1 \\
\sigma_2 & \sigma_2 & \sigma_2 & \sigma_1 & \sigma_1 & \sigma_3 & \sigma_3 \\
\sigma_3 & \sigma_3 & \sigma_3 & \sigma_2 & \sigma_2 & \sigma_2 & \sigma_2 \\
\chi & 3 & 3 & 0 & 0 & 1 & 1
\end{array}$$

Die Charaktere χ gestatten nun die Durchführung der Reduktion. Die Beziehung (43.81) liefert das Resultat

$$\Gamma_\sigma = A'_1 + E' . \tag{3}$$

Wir stellen die konventionellen Atomeigenfunktionen $s, p_x, p_y, p_z, d_{\gamma_1}, d_{\gamma_2}, d_{\varepsilon_1}, d_{\varepsilon_2}, d_{\varepsilon_3}$ zur Bildung von Mischfunktionen zur Verfügung. Durch sie wird eine neundimensionale Darstellung Γ_a induziert, deren Charaktere auf dieselbe Weise bestimmt werden können, wie das eben für Γ_σ durchgeführt worden ist. Die Reduktion und damit die Bestimmung der b_k ergibt

$$\Gamma_a = 2\,A'_1 + A''_2 + 2\,E' + E'' . \tag{4}$$

Die Koeffizienten der irreduziblen Darstellungen in (4) sind für alle in (3) vorkommenden Darstellungen größer oder gleich denen in (3). Die Bildung der gewünschten Eigenfunktionen $\sigma_1, \sigma_2, \sigma_3$ aus den zur Verfügung gestellten Atomeigenfunktionen ist also möglich.

Wie der Satz $\sigma_1, \sigma_2, \sigma_3$ zu transformieren ist, damit nach (3) eine Linearkombination, die zu der eindimensionalen Darstellung A'_1 und zwei, die zu der zweidimensionalen Darstellung E' gehören, entstehen, ist ohne Rechnung zu sehen:

$$A'_1: \quad \sigma'_1 = \frac{1}{\sqrt{3}}\,(\sigma_1 + \sigma_2 + \sigma_3) \qquad (t)$$

$$E': \quad \sigma'_2 = \frac{1}{\sqrt{6}}\,(2\,\sigma_1 - \sigma_2 - \sigma_3) \tag{5}$$

$$\sigma'_3 = \frac{1}{\sqrt{2}}\,(\sigma_2 - \sigma_3) .$$

Bei der Ermittlung von Γ_a (4) stellt man fest, daß der Satz der $\psi\,(a)_j$ schon reduziert ist. Die Zugehörigkeit der Eigenfunktionen zu den irreduziblen Darstellungen ist folgendermaßen:

$$
\begin{aligned}
A_1': &\quad s,\, d\gamma_1 \\
A_2'': &\quad p_z \\
E': &\quad p_x,\, d\gamma_2 \\
&\quad p_y,\, d\varepsilon_1 \\
E'': &\quad d\varepsilon_2 \\
&\quad d\varepsilon_3\,.
\end{aligned}
\tag{6}
$$

Wir können nun, da die Koeffizienten von A_1' und E' in (4) größer sind als in (3) noch auf verschiedene Weisen Teilsätze aus (6) herausgreifen, deren Transformation mit t^{-1} einen zureichenden Satz $\sigma_1, \sigma_2, \sigma_3$ ergibt. Wir wählen zunächst einmal aus den Eigenfunktionen zu A_1' in (6) s und aus denen zu E' das Paar $p_x,\, p_y$.

Die Koeffizienten der inversen Transformation zu t (5) erhalten wir durch Auflösung dieses Gleichungssystems nach den σ

$$
\begin{aligned}
\sigma_1 &= \frac{1}{\sqrt{3}}\,\sigma_1' + \frac{2}{\sqrt{6}}\,\sigma_2' \\
\sigma_2 &= \frac{1}{\sqrt{3}}\,\sigma_1' - \frac{1}{\sqrt{6}}\,\sigma_2' + \frac{1}{\sqrt{2}}\,\sigma_3' \\
\sigma_3 &= \frac{1}{\sqrt{3}}\,\sigma_1' - \frac{1}{\sqrt{6}}\,\sigma_2' - \frac{1}{\sqrt{2}}\,\sigma_3'\,.
\end{aligned}
\tag{7}
$$

Transformation des Satzes: $s,\, p_x,\, p_y$ ergibt also

$$
\begin{aligned}
\sigma_1 &= \frac{1}{\sqrt{3}}\,s + \frac{2}{\sqrt{6}}\,p_x \\
\sigma_2 &= \frac{1}{\sqrt{3}}\,s - \frac{1}{\sqrt{6}}\,p_x + \frac{1}{\sqrt{2}}\,p_y \\
\sigma_3 &= \frac{1}{\sqrt{3}}\,s - \frac{1}{\sqrt{6}}\,p_x - \frac{1}{\sqrt{2}}\,p_y\,.
\end{aligned}
\tag{8}
$$

Man könnte an Stelle von s in (8) auch $d\,\gamma_1$ schreiben und an Stelle von p_x $d\,\gamma_2$ und gleichzeitig an Stelle von p_y $d\varepsilon_1$ und würde so ebenfalls Sätze $\sigma_1, \sigma_2, \sigma_3$ erhalten, die die geforderten Eigenschaften besitzen. Der allgemeinste Satz ist:

$$
\begin{aligned}
\sigma_1 &= \frac{1}{\sqrt{3}}\,(\alpha\,s + \beta\,d\gamma_1) + \frac{2}{\sqrt{6}}\,(\gamma\,p_x + \delta\,d\gamma_2) \\
\sigma_2 &= \frac{1}{\sqrt{3}}\,(\alpha\,s + \beta\,d\gamma_1) - \frac{1}{\sqrt{6}}\,(\gamma\,p_x + \delta\,d\gamma_2) + \frac{1}{\sqrt{2}}\,(\gamma\,p_y + \delta\,d\varepsilon_1) \\
\sigma_3 &= \frac{1}{\sqrt{3}}\,(\alpha\,s + \beta\,d\gamma_1) - \frac{1}{\sqrt{6}}\,(\gamma\,p_x + \delta\,d\gamma_2) - \frac{1}{\sqrt{2}}\,(\gamma\,p_y + \delta\,d\varepsilon_1)
\end{aligned}
\tag{9}
$$

mit

$$
\alpha^2 + \beta^2 = 1 \qquad \beta^2 + \delta^2 = 1\,.
\tag{10}
$$

Die Resultate, die man bei der Anwendung dieser Methode auf die vorwiegend interessierenden Fälle erhalten hat, sind in der Tabelle 12 zusammengestellt.

An Hand der Tabelle kann man aber nun nicht nur feststellen, daß es z. B. möglich ist, aus einer s- und drei p-Funktionen vier gleichartige Funktionen zu bilden, deren Symmetrieachsen nach den Ecken eines Tetraeders gerichtet sind, sondern es können auch die Möglichkeiten gleichzeitiger Bildung von σ- und π-Bindungen überblickt werden. Soll z. B. von einem Kohlenstoffatom eine π-Bindung ausgehen, so wird dadurch eine der drei p-Funktionen verbraucht und zur Unterbringung der restlichen drei Valenzelektronen stehen an Atomeigenfunktionen niedriger Energie noch eine s- und zwei p-Funktionen zur Verfügung. Aus der Tabelle ist zu entnehmen, daß zur Konfiguration $s\,p^2$ die Bildung von drei gleichwertigen σ-Bindungseigenfunktionen möglich ist, deren Symmetrieachsen in einer Ebene liegen und Winkel von

Tabelle 12.

Koordinationszahl	Konfiguration	Symmetrie des Systems
2	$s\,p$	linear
	$d\,p$	linear
	p^2	angular
	$d\,s$	angular
	d^2	angular
3	$s\,p^2$	trigonal eben
	$d\,p^2$	trigonal eben
	d^2s	trigonal eben
	d^3	trigonal eben
	$d\,s\,p$	unsymm. eben
	p^3	trigonale Pyramide
	d^2p	trigonale Pyramide
4	$s\,p^3$	Tetraeder
	d^3s	Tetraeder
	$d\,s\,p^2$	tetragonal eben
	d^2p^2	tetragonal eben
	$d^2s\,p$	irreguläres Tetraeder
	$d\,p^3$	irreguläres Tetraeder
	d^3p	irreguläres Tetraeder
	d^4	tetragonale Pyramide
5	$d\,s\,p^3$	Bipyramide
	$d^3s\,p$	Bipyramide
	$d^2s\,p^2$	tetragonale Pyramide
	d^4s	tetragonale Pyramide
	d^2p^3	tetragonale Pyramide
	d^4p	tetragonale Pyramide
	d^3p^2	pentagonal eben
	d^5	pentagonale Pyramide
6	$d^2s\,p^3$	Oktaeder
	$d^4s\,p$	trigonales Prisma
	d^5p	trigonales Prisma
	d^3p^3	trigonales Antiprisma
7	$d^3s\,p^3$	$[\mathrm{Zr\,F_7}]^{3-}$
	$d^5s\,p$	,,
	$d^4s\,p^2$	,,
	d^4p^3	,,
	d^5p^2	,,
8	$d^4s\,p^3$	Dodekaeder
	d^5p^3	Antiprisma
	$d^5s\,p^2$	flächenzentriertes Prisma

120° miteinander einschließen. Wenn vom Kohlenstoffatom zwei π-Bindungen ausgehen sollen, bleiben für die Unterbringung der restlichen zwei Valenzelektronen eine s- und eine p-Funktion übrig und aus diesen kann man nach der Tabelle zwei σ-Bindungseigenfunktionen herstellen, deren Symmetrieachsen entgegengesetzt (digonal) sind. Die Linearkombinationen selbst sind für diesen Fall in Tab. 13 zusammengestellt[1].

MOFFIT und COULSON[2] haben die Mischung der Kohlenstoffeigenfunktionen $2\,s$, $2\,p_x$, $2\,p_y$, $2\,p_z$ und die sich ergebenden Dichtefunktionen unter Verwendung von konventionellen Atomeigenfunktionen mit der richtigen Zahl von Knotenflächen untersucht.

Tabelle 13. Bindungseigenfunktionen beim Kohlenstoffatom.

Funktionen	Lage der Symmetrieachsen im Raum

1. Tetraedrische Funktionen

$$\sigma_1 = \frac{1}{2}\,(s + p_x + p_y + p_z)$$

$$\sigma_2 = \frac{1}{2}\,(s + p_x - p_y - p_z)$$

$$\sigma_3 = \frac{1}{2}\,(s - p_x + p_y - p_z)$$

$$\sigma_4 = \frac{1}{2}\,(s - p_x - p_y + p_z)$$

2. Trigonale Funktionen

p_z

$$\sigma_1 = \frac{1}{\sqrt{3}}\,s + \sqrt{\frac{2}{3}}\,p_x$$

$$\sigma_2 = \frac{1}{\sqrt{3}}\,s - \frac{1}{\sqrt{6}}\,p_x + \frac{1}{\sqrt{2}}\,p_y$$

$$\sigma_3 = \frac{1}{\sqrt{3}}\,s - \frac{1}{\sqrt{6}}\,p_x - \frac{1}{\sqrt{2}}\,p_y$$

3. Digonale Funktionen

p_y

p_z

$$\sigma_1 = \frac{1}{\sqrt{2}}\,(s + p_x)$$

$$\sigma_2 = \frac{1}{\sqrt{2}}\,(s - p_x)$$

Die in Tab. 12 zusammengefaßten Sätze von Eigenfunktionen haben die Eigenschaft, daß ihre Glieder untereinander orthogonal sind. Wenn in einem Molekül lokalisierte Valenz vorliegt, können bei der Beschreibung des Grundzustandes nur solche orthogonalen Sätze Verwendung

---

[1] Linearkombinationen für kompliziertere Fälle sind u. a. auch von H. KUHN, J. Chem. Phys. **16**, 727 (1948), und G. H. DUFFEY, J. Chem. Phys. **17**, 196, 1328 (1949) angegeben worden.

[2] MOFFIT u. COULSON: Philosophic. Mag. **38**, 634 (1947); Proc. Roy. Soc. A. **202**, 534, 548 (1950).

finden. Das hat folgenden Grund: Jeder nicht orthogonale Satz kann durch Linearkombinationen eines orthogonalen Satzes dargestellt werden. Eine der nicht orthogonalen Funktionen enthält aber dann einen „Teil" der anderen Funktionen und deshalb ist dann die für die Herstellung des Zustandes lokalisierter Valenz nötige Freiheit in der Zuordnung von Spineigenfunktionen zu den Ortsanteilen nicht gegeben[1].

Wir überblicken nun, daß formal als Vorbereitung dafür, daß ein Atom eine Verbindung eingehen soll, zwei Schritte nötig sein können:

1. Anhebung (promotion) in eine andere Elektronenkonfiguration, als die, zu der der Grundzustand gehört (Beispiel: C, $s^2\, p^2 \to s\, p^3$).

2. Mischung der Eigenfunktionen (Beispiel: C, $s\, p^3 \to \sigma_1\, \sigma_2\, \sigma_3\, \sigma_4$ tetr.). Für die Bildung von H_2O oder NH_3 ist zunächst keiner der Schritte nötig. Trotzdem liegen auch in solchen Fällen die Verhältnisse tatsächlich nicht so einfach. Auf einen wesentlichen Punkt, der weiterhin zu berücksichtigen ist, hat MOFFIT hingewiesen. Zur Erläuterung betrachten wir das radikalische molekulare Gebilde CH. Die einfachste Vermutung über die Bindungsverhältnisse, die in diesem Fall vorliegen, ist, daß C die Elektronenkonfiguration $s^2\, p^2$ besitzt, und eine der p-Funktionen als Bindungseigenfunktion fungiert. Die Bindung eines H-Atoms kann aber auch von der Elektronenkonfiguration $s\, p^3$ aus erfolgen. MOFFIT[2] hat gezeigt, daß die Mitbeteiligung eines aus s und p gemischten Anteils an der Bindungseigenfunktion zu merklichem Energiegewinn führt. MOFFIT bezeichnet die beschriebene Erscheinung als Mischung (Hybridisierung) zweiter Ordnung.

104. Optimale Bindungseigenfunktionen.

Wir haben nun einen Überblick über die Möglichkeiten gewonnen, aus konventionellen Atomeigenfunktionen durch Mischung andersartige Bindungseigenfunktionen herzustellen. Welcher der jeweils möglichen Sätze von Bindungseigenfunktionen bei der Behandlung eines Moleküls tatsächlich zu verwenden ist, ist, wie wir oben schon festgestellt hatten, durch das Variationsprinzip bestimmt. Die optimalen Bindungseigenfunktionen sind diejenigen, mit denen sich ein Minimalwert für die Energie des Moleküls ergibt. Zur tatsächlichen Ermittlung der optimalen Bindungseigenfunktionen hätte man für alle zu vergleichenden Fälle die Berechnung der Bindungsenergie tatsächlich auszuführen. Da das in der Regel sehr umständlich ist und da sich die Werte der im Ausdruck für die Energie auftretenden Integrale rein theoretisch meistens gar nicht mit hinreichender Sicherheit ermitteln lassen, haben zuerst

---

[1] VAN VLECK, J. H., u. A. SHERMAN: Rev. Mod. Physics **7**, 167 (1935).
[2] MOFFIT, W.: Proc. Roy. Soc. A **202**, 534, 548 (1950).

SLATER und PAULING[1] ein Kriterium angegeben, mit dem man die optimalen Bindungseigenfunktionen bestimmen kann, ohne die Berechnung der Energie ausführen zu müssen. Jedes solche Kriterium, das das Ergebnis einer Variationsrechnung vorwegnimmt, ist natürlich hypothetischer Natur. Das gilt auch für das PAULINGsche Kriterium, nach dem die optimalen Bindungseigenfunktionen diejenigen mit einem Maximalwert einer geeignet definierten Bindungsstärke sein sollen.

PAULING definiert als Bindungsstärke B einer mit SLATERschen Atomeigenfunktionen

$$\begin{aligned}
s &= f(r) \\
p_x &= f(r) \sqrt{3} \sin \vartheta \cos \varphi \\
p_y &= f(r) \sqrt{3} \sin \vartheta \sin \varphi \\
p_z &= f(r) \sqrt{3} \cos \vartheta
\end{aligned} \tag{1'}$$

gebildeten Linearkombination

$$\psi = a\,s + \sqrt{1 - a^2}\,p_\sigma \tag{2'}$$

den Wert des Winkelanteils dieser Funktion auf der Symmetrieachse von p_σ. Also ist für (2')

$$B = a + \sqrt{3}\sqrt{1 - a^2}. \tag{3'}$$

Aus $dB/da = 0$ ergibt sich, daß der Maximalwert für B mit

$$a = \frac{1}{2}$$

zustande kommt. $\psi = \dfrac{1}{2}\,s + \dfrac{\sqrt{3}}{2}\,p$ ist bis auf die Richtung der Symmetrieachse im Raum mit einer der oben angegebenen Tetraederbindungseigenfunktionen identisch. Die Tetraederbindungseigenfunktionen besitzen also nach PAULING maximale Bindungsstärke und das PAULINGsche Kriterium begründet damit die Bevorzugung der tetraedrischen Anordnung von vier gleichen Atomen, die durch σ-Bindungen mit einem Kohlenstoffatom verknüpft sind. Die PAULINGsche Definition der Bindungsstärke ist insofern sinnvoll, als sie ein Maß dafür angibt, wie weit in den Raum hinaus sich die Eigenfunktionen vom Atom weg erstrecken und wie weitgehend deshalb die Überlappung mit den Eigenfunktionen der Bindungspartner vor sich gehen kann.

Gegen die Zweckmäßigkeit der PAULINGschen Definition sind Einwände erhoben worden[2]. Die wesentliche Schwierigkeit liegt darin, daß

---

[1] SLATER, I. C.; Phys. Rev. **37**, 481, **38**, 1109 (1931). — PAULING, L.: J. Amer. Chem. Soc. **53**, 1367 (1931).

[2] MOFFITT, W. E., u. C. A. COULSON: Philosophic. Mag. **38**, 634 (1947). — MOFFITT, W.: Proc. Roy. Soc. A **202**, 534, 538 (1950). — MACCOLL, A.: Trans. Faraday Soc. **46**, 369 (1950). — MULLIKEN, R. S.: J. Amer. Chem. Soc. **72**, 4493 (1950); Laborat. of mol. structure, Chicago Technical Report 1951—52. — VAN DRANEN, J.: Contribution to the Theory of Quantum Mechanical Methods in Chemistry (Academisch Proofschrift) Amsterdam 1951.

PAULING die SLATERschen Atomfunktionen (1′) verwendet, bei denen die s-Funktion denselben Radialanteil hat wie die p-Funktionen. Verwendet man wasserstoffähnliche Atomfunktionen, so wird der Absolutwert der s-Funktion gerade in größeren Abständen vom Atomkern, die für die Bindung wesentlich sind, praktisch gleich dem Absolutwert der p-Funktionen im gleichen Abstand auf ihren Symmetrieachsen. Wenn man dann die angegebene Definition der Bindungsstärke beibehält, erscheinen die Tetraederfunktionen nicht mehr ausgezeichnet. MULLIKEN und MACCOLL haben unabhängig voneinander vorgeschlagen, an Stelle der PAULINGschen Bindungsstärke, die sich auf *eine* Bindungseigenfunktion bezieht, als grobes Maß für die Stärke einer Bindung das Nichtorthogonalitätsintegral zwischen den beiden an der Bindung beteiligten Atomeigenfunktionen zu verwenden. Der Wert dieses Integrals sollte im allgemeinen um so größer sein, je besser sich die Atomeigenfunktionen überlappen. Wenn man dieses Kriterium auf Paare gleicher gemischter Atomeigenfunktionen anwendet, stellt man fest, daß eine Bindung um so fester sein sollte, je mehr s-Anteil sie enthält. VAN DRANEN hat auf verschiedene Schwierigkeiten der Definition von MULLIKEN und MACCOLL hingewiesen und vorgeschlagen, jeweils das „Ladungsüberlappungsintegral"

$$(\psi_a^2, \psi_b^2)$$

als Maß für die Bindungsstärke einzuführen. Keine dieser Definitionen ist befriedigend und in vielen Untersuchungen über das Problem wird außerdem nicht scharf genug zwischen der (energetischen) Bindungskonstante und der Trennungsenergie einer Bindung unterschieden (s. Kap. 13).

Bei der Behandlung der zwischenatomaren Wechselwirkungsintegrale hatten wir gesehen, daß, wenn nur die bindenden Integrale in Frage kämen, wenigstens bei Molekülen mit lokalisierter Valenz, die Gestalt der Bindungseigenfunktionen allein die geometrische Struktur der Moleküle bestimmen würde. Die Abstoßung zwischen den nicht gebundenen Atomen modifiziert diese ideale Anordnung, da aber die Abstände zwischen nicht gebundenen Atomen im allgemeinen auch schon bei der idealen Anordnung größer sind als die zwischen gebundenen (vgl. H_2O) und die Beträge der zwischenatomaren Integrale sehr schnell mit zunehmender Entfernung abfallen, bedeutet die Berücksichtigung der Abstoßungskräfte bei der Ermittlung der tatsächlichen Atomanordnung minimaler Energie nur eine kleine Korrektur. Wenn man die optimalen Bindungseigenfunktionen kennt, ergeben sich daraus also in guter Näherung sofort die Valenzwinkel. Das Valenzwinkelproblem bei gespannten Ringsystemen ist in dem geschilderten Rahmen zuerst von FOERSTER[1] untersucht worden.

---

[1] FOERSTER, TH.: Z. physik. Chem. B **47**, 197 (1939).

Es ist lehrreich, das Valenzwinkelproblem auch vom Standpunkt der schon oben erwähnten Theorie der Spinvalenz aus zu untersuchen[1]. In dieser Theorie werden die Zustände der Moleküle von definierten Zuständen der Atome aus angenähert. Physikalisch ist das, wie wir schon erwähnt haben, dann sinnvoll, wenn die inneratomaren Wechselwirkungen groß gegen die zwischenatomaren sind. Damit zwischenatomare Spinkoppelung der n Valenzelektronen eines Atoms möglich ist, muß die Multiplizität des Ausgangszustandes,· mit dem das Atom in die Verbindung eingeht, $n + 1$ sein. Von den Zuständen des Kohlenstoffatoms z. B. kommen als Ausgangszustände für die Bindung von vier anderen Atomen durch die vier Valenzelektronen des C also nur Quintettzustände in Frage. Der niedrigste Quintetterm des C gehört zur Konfiguration $s\,p^3$. Von den fünf Zuständen, die zu diesem Term gehören und die sich nur durch die hier belanglose Orientierung des Gesamtspinvektors im Raum voneinander unterscheiden, betrachten wir den Zustand zu $M_S = 2$, zu dem die Eigenfunktion

$$\psi\,(s\,p^3\,{}^5S,\ M_S = 2) = A\ \alpha\ \alpha\ \alpha\ \alpha\ s\ p_x\,p_y\,p_z \tag{1}$$

gehört.

Daß wir beim Aufbau dieser Funktion gerade p_x, p_y, p_z und nicht etwa p_1, p_0, p_{-1} verwendet haben, ist belanglos. Wenn φ_1, φ_2, φ_3, φ_4 vier Linearkombinationen aus den Funktionen s, p_x, p_y, p_z sind, gilt nämlich auf jeden Fall:

$$A\ \alpha\ \alpha\ \alpha\ \alpha\ s\ p_x\,p_y\,p_z = A\ \alpha\ \alpha\ \alpha\ \alpha\ \varphi_1\ \varphi_2\ \varphi_3\ \varphi_4\,. \tag{2}$$

Diese Identität folgt aus dem Satz, daß sich der Wert einer Determinante nicht ändert, wenn man zu den Gliedern einer Reihe die mit einer Zahl multiplizierten Glieder einer Parallelreihe bezüglich addiert.

Um einer Argumentation von ARTMANN folgen zu können, bezeichnen wir zweckmäßig die Ortsvektoren der Elektronen mit $\mathfrak{r}$ und führen außerdem Hilfseinheitsvektoren $\mathfrak{r}^0$ durch

$$\mathfrak{r} = \mathfrak{r}^0\,r \qquad |\mathfrak{r}^0| = 1 \qquad |\mathfrak{r}| = r \tag{3}$$

ein. Für die s-Funktion schreiben wir

$$s\,(\mathfrak{r}) = g\,(r)\,. \tag{4}$$

Mit Hilfe von festen Einheitsvektoren $\mathfrak{a}$ stellen wir die p-Funktionen folgendermaßen dar

$$p_a\,(\mathfrak{r}) = \mathfrak{a}\,\mathfrak{r}^0\,f(r)\,. \tag{5}$$

---

[1] ARTMANN, K.: Z. Naturforsch. **1**, 426 (1946).

Dann können wir für (1) schreiben[1]

$$\psi \ (s \ p^3 \ {}^5S, \ M_S = 2)$$

$$= A \ \alpha \ \alpha \ \alpha \ \alpha \ g \ (r_1) \ (\mathfrak{a} \ \mathfrak{r}_2^0) \ f(r_2) \ (\mathfrak{b} \ \mathfrak{r}_3^0) \ f(r_3) \ (\mathfrak{c} \ \mathfrak{r}_4^0) \ f(r_4)$$

$$= \alpha \ (1) \ \alpha \ (2) \ \alpha \ (3) \ \alpha \ (4) \ f(r_1) \ f(r_2) \ f(r_3) \ f(r_4) \ (\mathfrak{a} \ [\mathfrak{b} \ \mathfrak{c}])$$

$$\left\{ \frac{(g \ r_1)}{f(r_1)} \ (\mathfrak{r}_2^0 \ [\mathfrak{r}_3^0 \ \mathfrak{r}_4^0]) + \frac{g \ (r_2)}{f \ (r_2)} \ (\mathfrak{r}_3^0 \ [\mathfrak{r}_1^0 \ \mathfrak{r}_4^0]) \right. \tag{6}$$

$$\left. + \frac{g \ (r_3)}{f \ (r_3)} \ (\mathfrak{r}_4^0 \ [\mathfrak{r}_1^0 \ \mathfrak{r}_2^0]) + \frac{g \ (r_4)}{f \ (r_4)} \ (\mathfrak{r}_1^0 \ [\mathfrak{r}_3^0 \ \mathfrak{r}_2^0]) \right\} .$$

Nun betrachten wir Konfigurationen des Valenzelektronensystems, bei denen alle Elektronen den gleichen Abstand r vom Kern haben $(r_1 = r_2 = r_3 = r_4 = r)$ und suchen dasjenige Richtungssystem $\mathfrak{r}_1^{0\prime}, \mathfrak{r}_2^{0\prime}, \mathfrak{r}_3^{0\prime}, \mathfrak{r}_4^{0\prime}$ auf, für das $|\psi|$ einen Maximalwert hat. Dieses Richtungssystem beschreibt eine Konfiguration, die das Valenzelektronensystem besonders häufig einnimmt, und wenn man nach ARTMANN nun das Prinzip der maximalen Überlappung heranzieht, erscheint es als plausibel, daß besonders feste Bindung von vier Atomen dann erfolgt, wenn diese in der durch die vier Richtungen $\mathfrak{r}_1^{0\prime}, \mathfrak{r}_2^{0\prime}, \mathfrak{r}_3^{0\prime}, \mathfrak{r}_4^{0\prime}$ bestimmten Anordnung um das C-Atom herum angeordnet sind.

Für $r_1 = r_2 = r_3 = r_4 = r$ entsteht aus (6)

$$\psi = \alpha \ (1) \ \alpha \ (2) \ \alpha \ (3) \ \alpha \ (4) \ g \ (r) \ f(r)^3$$

$$\left\{ (\mathfrak{r}_2^0 \ [\mathfrak{r}_3^0 \ \mathfrak{r}_4^0]) + (\mathfrak{r}_3^0 \ [\mathfrak{r}_1^0 \ \mathfrak{r}_4^0] + (\mathfrak{r}_4^0 \ [\mathfrak{r}_1^0 \ \mathfrak{r}_2^0]) + (\mathfrak{r}_1^0 \ [\mathfrak{r}_3^0 \ \mathfrak{r}_2^0]) \right\} . \tag{7}$$

Jedes Glied in der Klammer gibt den Inhalt des durch die auftretenden Einheitsvektoren aufgespannten Parallelepipeds oder das 8fache der durch die Einheitsvektoren bestimmten Pyramide an. Die ganze Klammer ist also dem Volumen des räumlichen Vierecks proportional, dessen Ecken durch die vier $\mathfrak{r}^0$-Vektoren bestimmt sind. $|\psi|$ (7) hat einen Maximalwert, wenn dieses Viereck ein reguläres Tetraeder ist. Damit ist gezeigt, daß auch in der Näherung der Spinvalenztheorie die tetraedrische Bindung von vier gleichwertigen Atomen an das C-Atom den Optimalfall darstellt.

Eine analoge Überlegung für die Fälle $s \ p^2$, p^3, $s \ p$, p^2 zeigt, daß dann die trigonale, die pyramidale, die lineare und die gewinkelte Anordnung die günstigsten Anordnungen sind.

105. Energie von Valenzzuständen.

Bei der Behandlung von Molekülen, deren Grundzustand praktisch durch eine Valenzstruktur allein beschrieben werden kann, ist es zweckmäßig, aus dem Ausdruck für die Gesamtenergie additive Glieder abzuspalten, in denen die „inneren" Wechselwirkungsintegrale der einzelnen

---

[1] Eckige Klammern bedeuten hier vektorielle Produktbildung.

Atome zusammengefaßt sind. Wir definieren deshalb als Energie des Valenzzustandes eines Atoms in einer solchen Verbindung die Summe aus der COULOMBschen Wechselwirkung der Valenzelektronen untereinander, ihrer Wechselwirkung mit dem Rumpf und den halben negativen Austauschintegralen zwischen Elektronen in verschiedenen Eigenfunktionen. Das entspricht genau der Sachlage, daß Valenzelektronen zu lokalisierten Bindungen verbraucht sind und daß außerdem einsame Paare von Valenzelektronen vorhanden sein können. Nach dieser Definition ist die auf die Rümpfe und die freien Valenzelektronen als Nullpunkt bezogene Energie des fertigen Moleküls (mit lokalisierten Bindungen) einfach die Summe aus den Energien der Valenzzustände der beteiligten Atome, der *zwischenatomaren* COULOMBschen Wechselwirkung und aller zwischenatomaren Austauschintegrale.

Damit die Definition der Energie des Valenzzustandes eindeutig ist, muß der Mischungstyp der Atomeigenfunktionen bekannt sein, es muß bekannt sein, welche Valenzeigenfunktionen verwendet werden sollen und wie sie besetzt sind.

Man darf das etwas mißverständliche Wort Valenzzustand nicht in dem Sinn gebrauchen, als ob der Valenzzustand einer der stationären Zustände des freien Atoms wäre. Das ist nicht der Fall und man kann deshalb die Energie des Valenzzustandes z. B. nicht unmittelbar spektroskopisch bestimmen. Da aber die Energie eines Valenzzustandes sich im Rahmen der SLATERschen Theorie der Atomterme durch dieselben Energiegrößen ausdrücken läßt, durch die in dieser Theorie auch die Energien der stationären Zustände bestimmt sind, ist es auf diesem Umweg doch möglich, die Energien von Valenzzuständen aus empirisch bestimmten Termwerten in Näherung zu ermitteln.

Wir untersuchen im folgenden lediglich Atome der ersten Periode und beschränken uns in diesem Abschnitt außerdem auf einen bestimmten Mischungstyp. Wir wollen zunächst nur die Fälle betrachten, wo s, p_x, p_y, p_z als Valenzeigenfunktionen auftreten. Dann treten in dem Ausdruck für die Energie des Valenzzustandes die folgenden Coulomb- und Austauschintegrale auf

$$C\,(s\,s),\ C\,(x\,x) = C\,(y\,y) = C\,(z\,z),\ C\,(x\,y) = C\,(y\,z) = C\,(z\,x)$$

$$C\,(s\,x) = C\,(s\,y) = C\,(s\,z) \tag{1}$$

$$A\,(x\,y) = A\,(y\,z) = A\,(z\,x),\ A\,(s\,x) = A\,(s\,y) = A\,(s\,z).$$

Die Gleichheiten sind durch die Symmetrie bedingt. Die weitere Beziehung

$$C\,(x\,x) = C\,(x\,y) + 2\,A\,(x\,y) \tag{2}$$

bestätigt man durch Ausführung der Integrale.

Die Beziehungen zwischen den in (1) angeschriebenen Integralen mit den Valenzeigenfunktionen s, p_x, p_y, p_z und den in den Ausdrücken für die Atomterme auftretenden Integralen

$$C\,(00\,,\,00)\,,\ \ C\,(11,\,00)\,,\,\ldots,\,A\,(00,\,11)\,,\,\ldots \tag{3}$$

ergeben sich, indem man in den Integralen $C\,(s\,s)$ usw. die Valenzeigenfunktionen durch die Glieder der Basis (53.19) ausdrückt, zu

$$
\begin{aligned}
C\,(00,\,00) &= C\,(s\,s) \\
C\,(11,\,11) &= C\,(11,\,1-1) = C\,(x\,y) + A\,(x\,y) \\
C\,(10,\,10) &= C\,(x\,y) + 2\,A\,(x\,y) \\
C\,(11,\,10) &= C\,(1-1,\,10) = C\,(x\,y) \\
C\,(00,\,11) &= C\,(00,\,1-1) = C\,(00,\,10) = C\,(s\,x) \\
A\,(11,\,10) &= A\,(1-1,\,10) = A\,(x\,y) \\
A\,(11,\,1-1) &= 2\,A\,(x\,y) \\
A\,(00,\,11) &= A\,(00,\,1-1) = A\,(00,\,10) = A\,(s\,x)\,.
\end{aligned}
\tag{4}
$$

Jetzt kann man die Beziehungen für die Energien der Valenzzustände leicht angeben, wenn man die benötigten Integralwerte mit Hilfe der SLATERschen Ausdrücke für die Atomterme durch Termdifferenzen ausdrückt.

Wir betrachten als Beispiel das Stickstoffatom. Zur Elektronenkonfiguration p^3 gehören die drei Terme ^4S, ^2D, ^2P. Mit der SLATERschen Methode ergibt sich

$$
\begin{aligned}
^2P - {}^4S &= 5\,A\,(11,\,10) \\
^2P - {}^2D &= 2\,A\,(11,\,10)\,.
\end{aligned}
\tag{5}
$$

Daraus ergibt sich nach (4)

$$A\,(x\,y) = \frac{1}{5}\,(^2P - {}^4S) \quad \text{bzw.} \quad A\,(x\,y) = \frac{1}{2}\,(^2P - {}^2D)\,. \tag{6}$$

Nach Definition des Valenzzustandes ist aber dessen Energie

$$
\begin{aligned}
V_3 &= C_{xy} + C_{yz} + C_{zx} - \frac{1}{2}\,A_{xy} - \frac{1}{2}\,A_{yz} - \frac{1}{2}\,A_{zx} + W \\
&= 3\,C_{xy} - \frac{3}{2}\,A_{xy} + W\,,
\end{aligned}
\tag{7}
$$

wobei $W\,(R)$ die Wechselwirkungsenergie der Valenzelektronen mit dem Rumpf bedeutet, zu dem wir hier der Einfachheit halber auch die beiden s-Elektronen gerechnet haben. Nachdem aber nach SLATER

$$
\begin{aligned}
E\,(^4S) &= C\,(11,\,1-1) + 2\,C\,(11,\,10) - A\,(11,\,1-1) - 2\,A\,(11,\,10) + W \\
&= 3\,C_{xy} - 3\,A_{xy} + W
\end{aligned}
\tag{8}
$$

ist, folgt für den Valenzzustand mit (4)

$$V_3 = E\,(^4S) + \frac{3}{2}\,A_{xy}\,. \tag{9}$$

Aus den empirischen Termabständen ergibt sich A_{xy} aus (6) zu

$$A_{xy} = 0{,}714 \quad \text{bzw.} \quad 0{,}595 \text{ eV.} \tag{10}$$

Die Energie des Valenzzustandes $s^2\, x\, y\, z\, V_3$ des Stickstoffatoms liegt also um 1 bis $1^1/_2$ eV höher als der Grundzustand des freien Atoms.

Auf dieselbe Weise kann man nun alle Fälle mit s- und p-Elektronen behandeln und man kommt dann nach MULLIKEN[1] zu den in Tab. 13a dargestellten Resultaten.

Bisher haben wir nur den Fall betrachtet, daß im Valenzzustand konventionelle Atomeigenfunktionen besetzt sind. In (103.) haben wir gesehen, daß das nicht der allgemeinste Fall ist und wir haben also nun zu überlegen, wie sich die Energie eines Valenzzustandes ändert, wenn man von der Besetzung konventioneller Atomeigenfunktionen zur Besetzung von Linearkombinationen aus solchen übergeht.

Es seien ψ_1, ψ_2, ... konventionelle Atomeigenfunktionen und σ_1, σ_2, .. Linearkombinationen aus diesen. Die Energie eines Valenzzustandes, bei dem alle σ_i einfach besetzt sind, ist nach Definition

Tabelle 13a.
Anregungsenergien von Valenzzuständen

Zustand	Atom bzw. Ion	Anregungs-energie (in eV)
$s\,p\,V_2$	Li$^-$	0,97
,,	Be	3,35
,,	B$^+$	5,70
$s^2\,x\,y\,V_2$	B$^-$	0,28
,,	C	0,49
,,	N$^+$	0,66
,,	O^{++}	0,89
$s\,x\,y\,V_3$	Be$^-$	2,55
,,	B	5,35
,,	C$^+$	8,15
,,	N^{++}	10,88
,,	O^{+++}	13,63
$s\,x\,y\,z\,V_4$	B$^-$	4,66
,,	C	8,42
,,	N$^+$	11,59
,,	O^{++}	15,09
,,	F^{+++}	18,51
$s^2\,x\,y\,z\,V_3$	C$^-$	0,79
,,	N	1,33
,,	O$^+$	1,85
,,	F^{++}	2,35
$s\,x^2\,y\,z\,V_3$	C$^-$	8,84
,,	N	13,86
,,	O$^+$	18,88
,,	F^{++}	23,84
$s^2\,x^2\,y\,z\,V_2$	N$^-$	0,38
,,	O	0,67
,,	F$^+$	0,95
$s\,x^2\,y^2\,z\,V_2$	N$^-$	11,54
,,	O	17,08
,,	F$^+$	22,70

$$E\,(V) = \sum_{i<j} \sum \left\{ C\,(\sigma_i, \sigma_j) - \frac{1}{2}\, A\,(\sigma_i, \sigma_j) \right\}. \tag{11}$$

Würden wir die Energie für einen durch die Funktion

$$A\,\alpha\,\alpha\,\alpha \cdots \psi_1\,\psi_2\,\psi_3 \cdots \tag{12}$$

beschriebenen Zustand ausrechnen, so würde sich nach (73.10)

$$E_0 = \sum_{i<j} \sum \left\{ C\,(\psi_i, \psi_j) - A\,(\psi_i, \psi_j) \right\} \tag{13}$$

---

[1] MULLIKEN, R. S.: J. Chem. Phys. **2**, 782 (1934).

ergeben. Nach dem in Abschnitt (104.) herangezogenen Determinantensatz ist nach Definition der σ

$$A \; \alpha \; \alpha \; \alpha \cdots \psi_1 \; \psi_2 \; \psi_3 \cdots = A \; \alpha \; \alpha \; \alpha \cdots \sigma_1 \; \sigma_2 \; \sigma_3 \cdots \tag{14}$$

und damit also auch

$$\sum_{i \, > \, j} \sum \{ C \, (\sigma_i, \sigma_j) - A \, (\sigma_i, \sigma_j) \} = E_0 \,. \tag{15}$$

E_0 ist gegen Basistransformation der ψ_i invariant. Damit läßt sich aber $E \, (V)$ durch die Coulombintegrale und E_0 ausdrücken

$$E \, (V) = \frac{1}{2} \sum_{i \, < \, j} \sum C \, (\sigma_i, \sigma_j) + \frac{1}{2} E_0 \,. \tag{16}$$

Bei Veränderung des Mischungszustandes ändert sich in diesem Ausdruck nur der erste Summand.

Als Beispiel für die Anwendung dieser Beziehung betrachten wir den Fall, daß ein Atom ein s- und ein p-Elektron besitzt. Bisher haben wir für diesen Fall den Valenzzustand $s \, p \, V_2$ in Betracht gezogen. Nun wollen wir aber mit den Elektronen die beiden gemischten (digonalen) Eigenfunktionen

$$\begin{aligned}
\sigma_1 &= \frac{1}{\sqrt{2}} \, (s + p_x) \\
\sigma_2 &= \frac{1}{\sqrt{2}} \, (s - p_x)
\end{aligned} \tag{17}$$

besetzen. Nach (16) ist

$$E \, (s \, p \, V_2) = \frac{1}{2} \, C \, (s \, p) + \frac{1}{2} \, E_0 \tag{18}$$

und

$$E \, (\sigma_1 \, \sigma_2 \, V_2) = \frac{1}{2} \, C \, (\sigma_1, \sigma_2) + \frac{1}{2} \, E_0 \,. \tag{19}$$

Nach (17) ist

$$\begin{aligned}
C \, (\sigma_1, \sigma_2) &= \frac{1}{4} \, \left(\{ s^2 + 2 \, s \, p_x + p_x^2 \}, \, H_z \, \{ s^2 + 2 \, s \, p_x + p_x^2 \} \right) \\
&= \frac{1}{4} \, \{ 2 \, C \, (s \, p) + C \, (s \, s) + C \, (p \, p) + 4 \, A \, (s \, p) \} \,,
\end{aligned} \tag{20}$$

da Integrale der Form

$$(s \, p, \, H \, s^2) \;\; \text{usw.} \tag{21}$$

aus Symmetriegründen den Wert Null haben.

Mit (20) ergibt sich für die Differenz der Energien der beiden betrachteten Valenzzustände:

$$\begin{aligned}
E \, (\sigma_1 \, \sigma_2 \, V_2) &- E \, (s \, p \, V_2) \\
&= \frac{1}{8} \, \{ C \, (s \, s) + C \, (p \, p) \} + \frac{1}{2} \, A \, (s \, p) \,.
\end{aligned} \tag{22}$$

Wieder läßt sich die gesuchte Energiedifferenz durch Integrale ausdrücken, die z. T. aus den Spektren bestimmt werden können, z. T. aber mit Näherungseigenfunktionen berechnet werden müssen.

In ähnlicher Weise lassen sich die anderen Fälle und darunter insbesondere der des Valenzzustandes

$$\sigma_1 \, \sigma_2 \, \sigma_3 \, \sigma_4 \; V_{tetr} \tag{23}$$

des Kohlenstoffatoms behandeln. VAN VLECK hat so gezeigt, daß beim Übergang vom Valenzzustand $s \, x \, y \, z \, V_4$ zum Zustand (23) die Energie um etwa 1,3 eV absinkt. Die Energieabnahme beim Übergang vom Zustand $s \, x \, y \, z \, V_4$ zum trigonalen Zustand beträgt 1,2 eV, die zum digonalen 0,9 eV. Nach VAN VLECK und VOGE liegt die Energie des Zustandes (23) etwa 7,0 eV über der des Grundzustandes $s^2 \, p^2 \, {}^3P$ des Kohlenstoffatoms[1].

106. Valenzregeln und Systematik.

Das Nebeneinanderbestehen der Begriffe Kovalenz und Elektrovalenz hat in der älteren Theorie der chemischen Bindung verwirrend gewirkt. Diese Verwirrung ist am deutlichsten in den Valenzregeln und bei der Verwendung des Begriffes Wertigkeit zum Ausdruck gekommen. Daß das so ist, daß es also kein *einfaches* Schema gibt, mit dem sich die Tatsachen über die chemische Bindung übersichtlich ordnen lassen und daß solche Schemata höchstens für Teilgebiete aufgestellt werden konnten, liegt, wie wir zeigen wollen, in der Natur der Sache und nicht an unzureichenden theoretischen Bemühungen.

Wenn man den speziellen Näherungsstandpunkt der Valenzstrukturmethode einnimmt, arbeitet man mit mathematischen Gebilden — eben den Valenzstrukturen — die den in der Chemie verwendeten Strichformeln analog aufgebaut sind. Da bei allen anderen Näherungsmethoden diese Analogie in so einfacher Form nicht mehr besteht, wollen wir vom Näherungsstandpunkt der Valenzstrukturen aus die Frage diskutieren, inwieweit man mit dem üblichen Formelsystem die Tatsachen über chemische Bindung darstellen kann und wo die Grenzen einer solchen Beschreibungsmethode liegen.

Dazu werden zweckmäßig einige Hilfsbegriffe definiert. Wir haben bisher die Spinkoppelung der Elektronen in zwei Atomeigenfunktionen, die in einer bestimmten Valenzstruktur vorliegt, durch einen Strich bezeichnet. In diesem Sinne sind die Valenzstrukturbilder

$$
\begin{array}{ccccc}
\mathrm{H} & \mathrm{H} & \mathrm{H} & & \mathrm{H} \\
| & (+)\;|(-) & | & \overline{} & |(+) \\
\mathrm{H-C-H} & \mathrm{H}\;|\mathrm{C-H} & |\mathrm{N-H} & |\mathrm{O-H} & \mathrm{H-N-H} \\
| & | & | & | & | \\
\mathrm{H} & \mathrm{H} & \mathrm{H} & \mathrm{H} & \mathrm{H} \\
\mathrm{I} & \mathrm{II} & \mathrm{III} & \mathrm{IV} & \mathrm{V}
\end{array} \tag{1}
$$

---

[1] VAN VLECK, J. H.: J. Chem. Phys. **1**, 177, 219 (1933); **2**, 20 (1934). — MULLIKEN, R. S.: J. Chem. Phys. **2**, 782 (1934). — VOGE, H. H.: J. Chem. Phys. **4**, 581 (1936); **16**, 984 (1948). — MOFFIT, W. E.: Proc. Roy. Soc. A **202**, 534, 548 (1950).

zu verstehen. Wir nennen einen Strich zwischen zwei Atomen eine Bindung und einen Querstrich bei einem Atom ein einsames Elektronenpaar. Die Zahl der Bindungen, die von einem Atom in einer bestimmten Valenzstruktur ausgehen, nennen wir in Anlehnung an EISTERT[1] die Bindigkeit des Atoms in der betreffenden Valenzstruktur. Die Zahl der (positiven) formalen Ladungen, die ein Atom in einer bestimmten Valenzstruktur trägt, nennen wir seine Wertigkeit in der betreffenden Struktur. Die Wertigkeit hat ein Vorzeichen. C in II ist dreibindig und minus-1-wertig.

Valenzstrukturen, bei denen kein Atom eine formale Ladung trägt, nennen wir unpolar, solche, bei denen Ladungen auftreten, Ionenstrukturen oder polare Strukturen.

Für einige Typen von Valenzstrukturen sind Bezeichnungen gebräuchlich, die sich auf formale Bildungsmöglichkeiten der betreffenden Moleküle beziehen. So wird V im Hinblick auf die Bildungsmöglichkeit

$$
\begin{array}{ccc}
\quad H & & H \\
\quad | & & |\,(+) \\
H-N| \;+\; H^{(+)} \longrightarrow & & H-N-H \\
\quad | & & | \\
\quad H & & H
\end{array}
\qquad (2)
$$

als Oniumstruktur bezeichnet. Eine N—H-Bindung entsteht dabei durch „Aufrichtung" des einsamen Elektronenpaars. Da beide Elektronen dieser N—H-Bindung bei der speziellen Bildungsreaktion (2) vom Stickstoffatom „stammen", spricht man auch von einer dativen Bindung. Dieser Bezeichungsweise kommt keine absolute Bedeutung zu, da sie sich auf eine spezielle Bildung des Moleküls bezieht. Im Prinzip kann man sich die Struktur V auch durch Zusammenführen eines Ammoniakkations und eines Wasserstoffatoms entstanden denken:

$$
\begin{array}{ccc}
\quad H & & H \\
\quad |\,(+) & & |\,(+) \\
H-N\cdot \;+\; \cdot H \longrightarrow & & H-N-H\cdot \\
\quad | & & | \\
\quad H & & H
\end{array}
\qquad (3)
$$

Oniumstrukturen hat man außer bei Ammoniumionen auch bei Phosphonium-, Oxonium-, Sulfonium- und Jodoniumionen zu berücksichtigen:

$$
\begin{array}{cccc}
R & R & R & R \\
|\,(+) & |\,(+) & |\,(+) & |\,(+) \\
R-P-R \quad & R-O| \quad & R-S| \quad & |\,J| \\
| & | & | & | \\
R & R & R & R
\end{array}
\qquad (4)
$$

---

[1] EISTERT, B.: Chemismus und Konstitution. Stuttgart 1949.

Strukturen der Typen

$$R-\underset{\underset{R}{|}}{\overset{\overset{R}{|}}{C}}{}^{(+)} \qquad \text{und} \qquad R-\underset{\underset{R}{|}}{\overset{\overset{R}{|}}{C}}|{}^{(-)} \tag{5}$$

$$\text{VI} \qquad\qquad\qquad \text{VII}$$

werden als Carbonium (VI)- und Carbeniatstrukturen (VII) bezeichnet.

Ebenfalls im Hinblick auf spezielle formale Bildungsweisen der Moleküle ist der Begriff: Semipolare Doppelbindung gebildet. Bei Aminoxyden hat man nach neuerer Auffassung wesentlich Ionenstrukturen vom Typ:

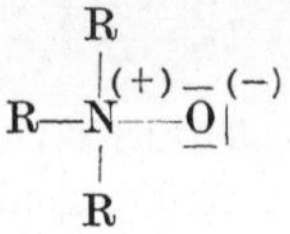

$$R-\underset{\underset{R}{|}}{\overset{\overset{R}{|}}{N}}{}^{(+)}\!-\!\overline{\underline{O}}|^{(-)} \tag{6}$$

zu berücksichtigen. Wenn man das Aminoxyd aus Ammoniak und einem Sauerstoffatom entstanden denkt

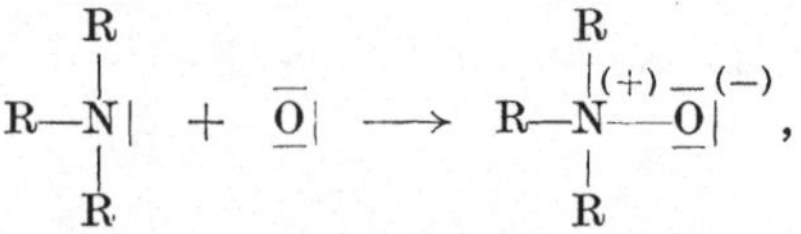

$$R-\underset{\underset{R}{|}}{\overset{\overset{R}{|}}{N}}| \;+\; \overline{\underline{O}}| \;\longrightarrow\; R-\underset{\underset{R}{|}}{\overset{\overset{R}{|}}{N}}{}^{(+)}\!-\!\overline{\underline{O}}|^{(-)}, \tag{7}$$

ist die Bindung N—O in der Struktur (6) ebenfalls eine dative Bindung, insofern beide Bindungselektronen vom Stickstoff stammen. Die mißverständliche Bezeichnung semipolare Doppelbindung rührt daher, daß zwischen N und O in der Struktur (6) eine Bindung besteht und daß außerdem auch noch die COULOMBsche Wechselwirkungsbeziehung zwischen den formalen Ladungen des N und O positiv zur Bindungsenergie beitragen kann. Den Ausdruck semipolare Doppelbindung, ersetzen wir in der Folge zweckmäßig durch semipolare Bindung.

Semipolare Strukturen sind außer für die Aminoxyde z. B. auch für Sulfoxyde und Sulfone

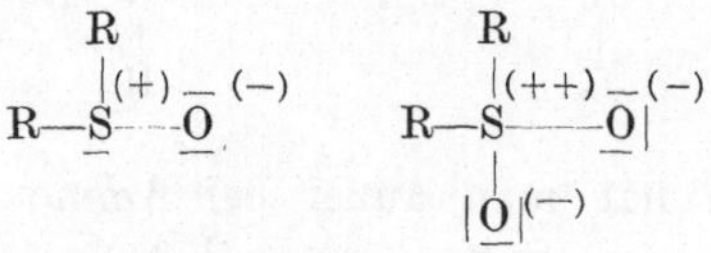

$$R-\underset{}{\overset{\overset{R}{|}}{\underline{S}}}{}^{(+)}\!-\!\overline{\underline{O}}{}^{(-)} \qquad\qquad R-\underset{\underset{|\underline{O}|^{(-)}}{|}}{\overset{\overset{R}{|}}{\underline{S}}}{}^{(++)}\!-\!\overline{\underline{O}}|^{(-)} \tag{8}$$

sowie für Moleküle mit der Nitrogruppe

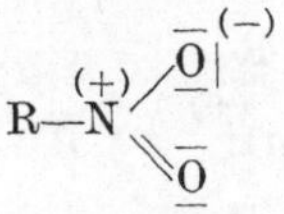

$$R-N^{(+)}\!\!\underset{\diagdown\,\overline{\underline{O}}}{\overset{\diagup\,\overline{\underline{O}}|^{(-)}}{}}$$

zu diskutieren. Weitere Beispiele für Strukturen von diesem Typ treten bei der Behandlung der Komplexionen der Übergangsmetalle auf.

Valenzstrukturen für molekulare Gebilde, die eine ungerade Elektronenzahl besitzen, nennen wir Radikalstrukturen.

Für die Anwendbarkeit der Begriffe Bindigkeit und Wertigkeit, die wir oben für Atome in Valenzstrukturen definiert haben, auf Atome in Molekülen, ist nun ausschlaggebend, ob — immer im Rahmen der Valenzstrukturnäherung — bei dem betreffenden Molekül lokalisierte oder nichtlokalisierte Valenz vorliegt. Im ersten Fall kann man ohne Zweideutigkeit die Begriffe Bindigkeit und Wertigkeit unmittelbar auf die Atome im Molekül übertragen. Wenn man also weiß, daß z. B. in NH_3 lokalisierte Valenz vorliegt und der Grundzustand praktisch durch die Valenzstruktur

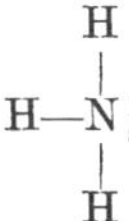

beschrieben wird, kann man sagen, das Stickstoffatom sei im Ammoniakmolekül 3-bindig und 0-wertig. In diesem Fall wird man an Hand von „Valenzregeln" über die bei den verschiedenen Atomen möglichen Bindigkeiten und Wertigkeiten einfache Schlüsse darüber ziehen können, ob gewisse Moleküle „möglich" oder „nicht möglich" sind, man wird also das Ziel erreichen können, das man mit den klassischen Valenzregeln angestrebt hat.

Selbstverständlich kann man aus folgenden Gründen nur zu qualitativen Regeln kommen. Erstens kann die Frage, ob lokalisierte Valenz vorliegt, nur durch tatsächliche Lösung des entsprechenden Säkularproblems der Valenzstrukturmethode unter Einschluß aller Strukturen entschieden werden. Das ist praktisch nur in ganz wenigen Fällen durchführbar, so daß man auf halbempirische Regeln angewiesen ist, die wir weiter unten noch besprechen werden. Zweitens ist von der Behandlung des Wasserstoffmoleküls her bekannt, daß die Valenzstrukturmethode nur eine recht dürftige Näherung darstellt. Wenn also die Lösung des Säkularproblems ergeben hat, daß lokalisierte Valenz vorliegt, so ist in Wirklichkeit die eine wesentliche Eigenfunktion eine recht schlechte Näherung für den Grundzustand.

Es ist sehr charakteristisch, daß z. B. bei der Behandlung des H_2 die Eigenfunktionen um so weniger Beziehungen zur chemischen Formelsymbolik aufweisen, je genauer sie sind. Die HEITLER-LONDONsche Eigenfunktion zeigt als Valenzstruktur die besprochene enge Analogie zur Formel H—H. Die Eigenfunktion von JAMES und COOLIDGE hat mit der Strichformel nur mehr sehr wenig zu tun.

Auch bei dem engeren Bereich der Moleküle, bei denen nach der Valenzstrukturtheorie lokalisierte Valenz vorliegt, geht also die Analogie

182   10. Die Methode der Valenzstrukturen.

zu einer einfachen Symbolik um so mehr verloren, je genauer man die
Dinge betrachtet. Damit wird von der quantenmechanischen Bindungstheorie aus verständlich, warum „Valenzregeln“ auch da, wo sie überhaupt Sinn haben (nämlich im Bereich der Moleküle mit lokalisierter
Valenz) immer qualitativ bleiben mußten und eine Verschärfung über
einen gewissen Grad hinaus nicht gelingen kann. Nach einem Ausdruck
von BORN[1] sind die Valenzregeln ein Skelet, das durch die chemischen
Tatsachen durchschimmert. Dieses Skelet zerfließt aber, sowie man es
fester fassen will. Man kann mit Valenzregeln nur gewisse Züge der
Erscheinungen qualitativ richtig beschreiben.

Tabelle 14. *Bindigkeit und Wertigkeit.*

			Element							maximale Bindigkeit
	He	Li	Be	B	C	N	O	F	Ne	
0	He	Li^+	Be^{2+}							
1		Li	Be^+							
2			Be							
3				B	C^+					
4					C	N^+				
3					C^-	N	O^+			
2						N^-	O			
1							O^-	F		
0							O^{2-}	F^-	Ne	

Die Erfahrung zeigt, daß in Molekülen mit lokalisierter Valenz die
Atome der verschiedenen Elemente in der Regel mit ganz bestimmten
Wertigkeiten und Bindigkeiten auftreten. Die Erfahrungen darüber
sind in den Valenzregeln der Chemie ausgedrückt und es muß also Auf-
gabe der Theorie sein, den physikalischen Grund für die Gültigkeit von
Valenzregeln aufzudecken.

Der Tatsache entsprechend, daß wir die beiden Begriffe Bindigkeit
und Wertigkeit eingeführt haben, müssen wir Bindigkeitsregeln und
Wertigkeitsregeln unterscheiden. Mit den Wertigkeitsregeln werden wir
uns später noch einmal beschäftigen. Hier interessieren wir uns in erster
Linie für die Bindigkeitsregeln. Dabei werden wir allerdings schon einen
Zusammenhang zwischen Bindigkeit und Wertigkeit aufklären können.

Unter den Aussagen über die Bindigkeit von Elementen beziehen
sich einige auf die Bindigkeiten, die überhaupt auftreten, und andere
auf die Bindigkeiten, die bevorzugt auftreten.

Wir betrachten zunächst die Elemente der ersten Achterperiode.
Die Valenzelektronen der Atome und Atomionen dieser Elemente
sind $2s$- und $2p$-Elektronen. Zur Hauptquantenzahl zwei gibt es vier
Einelektronenzustände. Wenn deshalb nicht die energetisch ungünstigen
Zustände mit höheren Hauptquantenzahlen bei der Molekülbildung mit
benutzt werden sollen, kann die maximale Bindigkeit bei den betrachteten

---

[1] BORN, M.: Erg. exakt. Naturwiss. **10**, 387 (1931).

Elementen höchstens vier sein. Das ist dann der Fall, wenn vier Valenzelektronen vorhanden sind (wie bei C, N^+, ...), die die vier Zustände je einzeln besetzen können. Sind weniger als vier Valenzelektronen vorhanden (drei bei B, C^+, ..., oder zwei bei Be, B^+, ... oder eines bei Li, Be^+, ...), so ist die maximale Bindigkeit gleich der Zahl der Valenzelektronen. Sind mehr als vier Valenzelektronen vorhanden (fünf bei C^-, N, O^+, F^{2+}, sechs bei O, F^+, ..., sieben bei F oder acht bei Ne), so ergibt sich die maximale Bindigkeit durch Subtraktion der Zahl der Valenzelektronen von acht, weil nun notwendig eine oder mehrere Eigenfunktionen doppelt besetzt werden müssen und damit für die Herstellung von Bindungen ausfallen. Wir kommen damit zur Übersicht über die maximalen Bindigkeiten in Tabelle 14, die auch den Zusammenhang dieser Größe mit der Wertigkeit erkennen läßt.

In jedem Fall kann ein Atom oder Ion natürlich auch weniger Bindungen betätigen, als der maximalen Bindigkeit entspricht. Auch dann entstehen in der Regel stabile molekulare Gebilde. Diese sind aber, da etwa durch Vereinigung zweier solcher Gebilde bei Neuknüpfung noch möglicher Bindungen noch wesentliche Energiebeträge gewonnen werden können, im allgemeinen keine bei $T \approx 0$ stabilen chemischen Moleküle. Damit wird erklärt, daß bei Beobachtungen an chemisch stabilen Molekülen meistens die maximale Bindigkeit festgestellt wird.

Ein neuer Gesichtspunkt ist zu berücksichtigen, wenn man die zweite Achterperiode betrachtet. Es ist bekannt, daß die Elemente Cl, S, P sich in ihrem chemischen Verhalten wesentlich von F, O, N unterscheiden. Cl vermag z. B. Sauerstoffsäuren HClO, $HClO_2$, $HClO_3$, $HClO_4$ zu bilden, eine Fähigkeit, die dem Fluor fehlt. Es liegt nahe, anzunehmen, daß diese Unterschiede dadurch bedingt sind, daß es bei den Elementen der zweiten Achterperiode außer den Zuständen 3 s und 3 p, die den Zuständen 2 s und 2 p entsprechen und auf die die Valenzelektronen in manchen Fällen beschränkt sind, noch fünf d-Zustände (3 d) zur gleichen Hauptquantenzahl gibt. Die Energiedifferenzen zwischen den 3 d- und den 3 p-Zuständen des atomaren effektiven Feldes scheinen nicht so groß zu sein, daß nicht gelegentlich auch Mischeigenfunktionen, an denen d-Eigenfunktionen beteiligt sind, bei der Bindung eine Rolle spielten. In solchen Fällen kann dann entsprechend die maximale Bindigkeit größer als vier werden.

Die möglichen Bindigkeiten für Cl sind dann 1, 3, 5, 7, die für S 2, 4, 6 und für P 3, 5, 7. Schon die Tatsache, daß man als maximale Bindigkeit für P so 7 erhält, diese Bindigkeit aber nicht beobachtet wird, zeigt, daß unsere Überlegungen entsprechend ihrem qualitativen Charakter nur zu Regeln führen, die nicht ausnahmslos gelten.

Wir hatten schon zu Beginn der Darstellung der Valenzstrukturmethode darauf hingewiesen, daß die konsequente Mitbehandlung der

Atomrümpfe praktisch unmöglich ist. VAN VLECK und SHERMAN[1] gebrauchen in diesem Zusammenhang den Ausdruck: The nightmare of inner shells, und charakterisieren damit treffend die Situation. Wir illustrieren sie noch durch folgendes Beispiel: FURRY und BARTLETT[2] haben die Bindungsenergie des Li_2 zu 1,09 eV berechnet und bei ihrer Rechnung die Rümpfe nur insoweit berücksichtigt, als sie die Kernladungen jeweils auf 1 abschirmen. Experimentell wird als Bindungsenergie 1,14 eV beobachtet. JAMES[3] hat die Rümpfe konsequent mit berücksichtigt und als Bindungsenergie 0,3 eV erhalten. Da auch die von HELLMANN (l. c.) angegebene Abschirmfeldmethode nur qualitative Resultate ergeben kann, sind wir also im Augenblick darauf angewiesen, die Rumpfwirkungen qualitativ zu diskutieren.

Elektronen eines Rumpfes und Außen-(Valenz-)Elektronen eines anderen Atoms sind „nicht gebundene" Elektronen im Sinne der Beziehung (101.1). Ihre Wechselwirkung führt nach dieser Beziehung zu Abstoßungsgliedern. Dasselbe gilt für die Wechselwirkung von Elektronen in verschiedenen Rümpfen.

Die Wechselwirkung von Rumpfelektronen und „fremden" Valenzelektronen und die Wechselwirkung der Rümpfe machen sich um so stärker bemerkbar, je mehr Elektronen die Rümpfe enthalten. Damit hängen anscheinend die folgenden Tatsachen zusammen:

a) Die Bindungsenergie homologer Moleküle nimmt im allgemeinen mit steigender Ordnungszahl ab. Beispiel: Cl_2, Br_2, J_2 mit den Bindungsenergien (in kcal/Mol) 57, 45, 36.

b) Doppelbindungen sind auf die erste Achterreihe des periodischen Systems beschränkt. Diese Tatsache kann durch Rumpfwirkungen erklärt werden, wenn man bedenkt, daß nur *eine* Bindung in einem Doppelbindungssystem eine σ-Bindung sein kann, daß also die zweite Bindung mindestens eine π-Bindung ist und daß die durch eine solche Bindung bedingten Wechselwirkungsglieder wegen der seitlichen Überdeckung der Eigenfunktionen wesentlich schneller mit dem Atomabstand im Betrag abnehmen, als die von σ-Bindungen herrührenden Wechselwirkungsglieder.

Wenn der Fall nichtlokalisierter Valenz vorliegt, gelten die Valenzregeln für die einzelnen Strukturen. Die wichtigste zusätzliche Regel für Moleküle mit nicht lokalisierter Valenz ergibt sich aus der (aus dem Kombinationssatz folgenden) Tatsache, daß nur Eigenfunktionen zur gleichen Multiplizität kombinieren. Daraus folgt, daß an einem Molekülzustand nur Strukturen teilnehmen können, die zur gleichen Multiplizität gehören.

---

[1] VAN VLECK, J. H., u. A. SHERMAN: Rev. Mod. Phys. **7**, 167 (1935).
[2] BARTLETT, J. H., u. W. H. FURRY: Phys. Rev. **38**, 1615 (1931).
[3] JAMES, H. M.: J. Chem. Phys. **2**, 794 (1934); Phys. Rev. **43**, 589 (1933).

11. Die Methode der Molekülzustände.

111. Das Prinzip der Methode.

Bei der Valenzstrukturmethode, die als Verallgemeinerung der Behandlung des Wasserstoffmoleküls nach HEITLER und LONDON entstanden ist, geht man von der Betrachtung hypothetischer Moleküle aus, bei denen außer der Wechselwirkung der Valenzelektronen mit dem jeweils „eigenen" Kern alle sonstigen Wechselwirkungen ausgeschaltet gedacht werden.

Wir haben bei der Behandlung des Wasserstoffmoleküls vom Wasserstoffmolekülion aus einen anderen Näherungsweg eingeschlagen. Ausgangspunkt für die Behandlung des Wasserstoffmoleküls war hier das Molekül, bei dem nur die Wechselwirkung zwischen den Elektronen ausgeschaltet war. Man kann diesen Gedanken nach HUND sowie nach MULLIKEN u. a.[1] verallgemeinern und bei der Behandlung von Molekülen von hypothetischen Gebilden ausgehen, bei denen sich die Valenzelektronen des hypothetischen Moleküls im Feld der Atomkerne bzw. der Atomrümpfe bewegen.

Die Schrödingergleichung für die Bewegung der Valenzelektronen im Feld des Molekülrumpfes ist separierbar und führt auf eine repräsentative Einelektronengleichung, deren Eigenfunktionen als Faktoren für den Aufbau von Produkteigenfunktionen des Moleküls verwendet werden können. Mit diesen Eigenfunktionen und der Elektronenwechselwirkung als Störungsoperator kann dann die Energie des Moleküls in Näherung berechnet werden.

Es ist wie bei dem analogen Atomproblem zweckmäßig, die Elektronenwechselwirkung schon auf der ersten Näherungsstufe durch Addition eines Abschirmfeldes in der Einelektronengleichung zu berücksichtigen. Dasselbe Feld muß dann natürlich im Störungsoperator wieder subtrahiert werden. Wenn man so verfährt, untersucht man im ersten Näherungsschritt nicht die Bewegung eines Elektrons im Feld des Molekülrumpfes, sondern in einem effektiven Molekülfeld. Die Berücksichtigung der Elektronenwechselwirkung in Gestalt eines Abschirmungsfeldes ist vor allem dann wichtig, wenn man den zweiten Näherungsschritt,

---

[1] HUND, F.: Z. Physik **51**, 759 (1928); **63**, 719 (1929); Das Molekül und der Aufbau der Materie. Braunschweig 1949. — LENNARD-JONES, J. E.: Trans. Faraday Soc. **25**, 668 (1929). — HERZBERG, G.: Z. Physik **57**, 601 (1929). — MULLIKEN, R.S.: Phys. Rev. **32**, 186, 761 (1928); **33**, 730 (1929); J. Chim. physique **46**, 497 (1949). — Eine neuere zusammenfassende Darstellung bei C. A. COULSON, Quarterly Reviews **1**, 144 (1947). — Eine besonders vereinfachte Art von Moleküleigenfunktionen (Kasteneigenfunktionen) sind bisher vorwiegend für die Deutung der Absorptionsspektren herangezogen worden. — SCHMIDT: Z. phys. Chem. B **49**, 76 (1938). — KUHN, H.: Helvet. chim. Acta **31**, 1441 (1948). — BAYLISS, N. S.: J. Chem. Phys. **16**, 287 (1948).

der die systematische Berücksichtigung der Elektronenwechselwirkung darstellt, gar nicht ausführen will oder praktisch nicht ausführen kann. Das ist bei den meisten Anwendungen der Fall, die man bisher von dieser Methode gemacht hat. Wir nennen dieses Verfahren die verkürzte Methode der Moleküleigenfunktionen.' Von der konsequenten Methode der Moleküleigenfunktionen sprechen wir, wenn die Elektronenwechselwirkung dem oben angegebenen Programm entsprechend systematisch im zweiten Näherungsschritt berücksichtigt wird.

Die repräsentative Gleichung für die Bewegung eines Elektrons im effektiven Molekülfeld ist in der Regel nicht exakt lösbar. Man ist deshalb schon an dieser Stelle auf Näherungsmethoden angewiesen. Für die Einelektronenfunktionen, die wir allgemein als Moleküleigenfunktionen bezeichnen, macht man in der Regel Variationsansätze. Besonders wichtig ist dabei die Methode, die wir schon bei der Behandlung des hierhergehörenden H_2^+-Problems angewandt haben, nämlich die, als Moleküleigenfunktionen lineare Variationsansätze aus Atomeigenfunktionen zu verwenden.

Wir haben also im Rahmen der Methode der Moleküleigenfunktionen (MO) insgesamt folgende Näherungsschritte und Behandlungsweisen zu berücksichtigen:

1. Näherungsschritt: Ermittlung der Moleküleigenfunktionen für die Bewegung eines Elektrons im Feld des Molekülrumpfes oder im effektiven Molekülfeld.

a) Annäherung der Eigenfunktionen des effektiven Molekülfeldes durch Linearkombinationen von Atomeigenfunktionen (LCAO).

b) Annäherung der Eigenfunktionen des effektiven Molekülfeldes durch allgemeinere Variationsansätze.

2. Näherungsschritt: Explizite Berücksichtigung der Elektronenwechselwirkung bzw. der durch das Abschirmungsfeld korrigierten Elektronenwechselwirkung durch Störungsrechnung (ASMO).

Die beigefügten Buchstabensymbole sind Kurzbezeichnungen, die in der angelsächsischen Literatur gebräuchlich sind[1].

Bei der Anwendung der konsequenten Methode der Moleküleigenfunktionen spielt das Abschirmungsfeld nur intermediär eine Rolle. Es kommt im vollständigen Hamiltonoperator des Moleküls natürlich nicht vor und man könnte deshalb zunächst meinen, daß es unnötig sei, ein Abschirmungsfeld bzw. ein effektives Molekülfeld einzuführen, wenn man beide Näherungsschritte auszuführen gedenkt. Da aber der erste Schritt, wie wir oben gezeigt haben, nie völlig exakt ausgeführt werden kann und der zweite Schritt als Störungsrechnung jedenfalls praktisch nicht exakt durchführbar ist, ist die Wahl des Abschirmungsfeldes auch

---

[1] LCAO: Linear combination of atomic orbitals. — ASMO: Antisymmetric molecular orbitals.

bei konsequentem Vorgehen von Bedeutung. Immerhin läßt sich in diesem Fall ein bestes Abschirmungsfeld wenigstens prinzipiell als dasjenige Feld definieren, das bei festgelegter Methode der Energieberechnung minimale Gesamtenergie für den Grundzustand des Moleküls liefert.

Wesentlich anders liegen die Verhältnisse bei der verkürzten Methode der Moleküleigenfunktionen. Bei der Anwendung dieser Methode kann man die Wahl eines bestimmten Abschirmungsfeldes bzw. eines entsprechenden effektiven Feldes nicht durch das Variationsprinzip begründen. Wenn das Feld so gewählt würde, daß im ersten Näherungsschritt eine minimale Gesamtenergie resultierte, würde die Korrektur, die der zweite Näherungsschritt darstellt, im allgemeinen groß sein.

Bei Beschränkung auf die verkürzte Methode der Moleküleigenfunktionen gibt es nur ein Kriterium für die Wahl des effektiven Feldes und zwar muß dieses Feld, da kein Elektron vor dem andern ausgezeichnet ist, die Symmetrie des fertigen Moleküls besitzen. Die Symmetrie des fertigen Moleküls ist aber zunächst nur empirisch bekannt, so daß die Theorie in diesem Punkt halbempirisch ist. Die geringste Anleihe bei der Erfahrung muß man bei zweiatomigen Molekülen mit gleichen Atomen machen, bei denen die Symmetriegruppe des Moleküls und damit die des effektiven Feldes $D_{\infty h}$ ist.

112. Zweiatomige Moleküle mit gleichen Atomen.

a und b seien zwei gleiche Atome, aus denen ein zweiatomiges Molekül aufgebaut ist. Den Hamiltonoperator für die Bewegung eines Elektrons im effektiven Feld dieses Moleküls schreiben wir in der Form

$$H = T + V_a + V_b + V'. \tag{1}$$

$H_a = T + V_a$ bedeutet den Hamiltonoperator für die Bewegung eines Valenzelektrons im effektiven Feld des isolierten Atoms a. $H_b = T + V_b$ hat entsprechende Bedeutung für das Atom b. Die Schreibweise (1) bietet den Vorteil, daß der Hamiltonoperator für die Bewegung des Elektrons im effektiven Molekülfeld für den Fall, daß der Atomabstand R gegen Unendlich geht, aus (1) einfach in der Weise zu erhalten ist, daß man V' wegläßt. Über V' läßt sich für endliche Abstände R jedenfalls sagen, daß es an Stellen in der Nähe der Kerne von a und b, an denen also das Elektron vorwiegend unter dem Einfluß des betreffenden Kerns steht, eine kleine Korrektur darstellt.

Wir versuchen nun die Moleküleigenfunktionen, d. h. also die Eigenfunktionen des Operators (1) durch Linearkombinationen von Eigenfunktionen der getrennten Atome, d. h. also von Eigenfunktionen der Gleichungen

$$H_a \, \psi_{ai} = E_{ai} \, \psi_{ai} \qquad H_b \, \psi_{bj} = E_{bj} \, \psi_{bj} \tag{2}$$

anzunähern. Diese beiden Gleichungen sind, da a und b gleiche Atome sein sollen, formal identisch. Es ist also insbesondere für alle i

$$E_{ai} = E_{bi}, \tag{3}$$

so daß wir bei den Eigenwerten die Indizes a und b wegfallen lassen können. Eigenfunktionen der Gleichungen (2), die sich nur durch die Indizes a und b unterscheiden (ψ_{ai}, ψ_{bi}) nennen wir entsprechende Eigenfunktionen. Bei der Bildung von Näherungsausdrücken für die Moleküleigenfunktionen in der Form

$$\psi_{ij} = c_{ai}\,\psi_{ai} + c_{bj}\,\psi_{bj} \tag{4}$$

hat man zu beachten, daß nach der allgemeinen Theorie des Problems mit zwei gleichen Zentren die ψ_{ij} zu bestimmten irreduziblen Darstellungen von $D_{\infty h}$ gehören müssen, daß also nur solche Linearkombinationen (4) in Frage kommen, die durch Symbole $\sigma, \pi, \delta, \ldots$ bzw. g und u charakterisiert werden können.

Der Forderung, daß nur ungerade oder nur gerade Linearkombinationen gebildet werden sollen, ist sicher Genüge getan, wenn man entsprechende Atomeigenfunktionen jeweils paarweise in folgender Weise kombiniert

$$\begin{aligned} \psi_{ii,g} &= \psi_{ai} + \psi_{bi} \\ \psi_{ii,u} &= \psi_{ai} - \psi_{bi}\,. \end{aligned} \tag{5}$$

(Diese Funktionen sind noch zu normieren.)

Wenn wir mit den Atomen a und b je ein cartesisches Koordinatensystem so verbinden, daß die Kerne von a und b in den Ursprüngen liegen, die y- und z-Achsen der Systeme einander parallel sind und die x-Achsen jeweils zum anderen Atom weisen, lassen sich nach (5) die folgenden Linearkombinationen bilden

$$\begin{aligned} 1\,s_a + 1\,s_b &= \psi\,(\sigma_g\,1\,s) \\ 1\,s_a - 1\,s_b &= \psi\,(\sigma_u\,1\,s) \\ 2\,s_a + 2\,s_b &= \psi\,(\sigma_g\,2\,s) \\ 2\,s_a - 2\,s_b &= \psi\,(\sigma_u\,2\,s) \\ 2\,p_{xa} + 2\,p_{xb} &= \psi\,(\sigma_g\,2\,p_x) \\ 2\,p_{xa} - 2\,p_{xb} &= \psi\,(\sigma_u\,2\,p_x) \\ 2\,p_{ya} + 2\,p_{yb} &= \psi\,(\pi_g\,2\,p_y) \\ 2\,p_{ya} - 2\,p_{yb} &= \psi\,(\pi_u\,2\,p_y) \\ 2\,p_{za} + 2\,p_{zb} &= \psi\,(\pi_g\,2\,p_z) \\ 2\,p_{za} - 2\,p_{zb} &= \psi\,(\pi_u\,2\,p_z)\,. \end{aligned} \tag{6}$$

$$\cdots\cdots\cdots\cdots\cdots\cdots$$

Die den Funktionen beigefügten Symbole sind so gebildet, daß man sofort sieht, aus welchem Paar entsprechender Atomeigenfunktionen die betreffende Linearkombination gebildet ist und zu welcher Darstellung von $D_{\infty h}$ sie gehört.

Unter den Darstellungssymbolen in (6) kommen gleiche vor. Das hat zur Folge, daß eine weitere Kombination entsprechender Funktionen zur selben Darstellung gehört. So gehört z. B. auch die Linearkombination

$$c\,(\sigma_g\,1\,s)\,\psi\,(\sigma_g\,1\,s) + c\,(\sigma_g\,2\,s)\,\psi\,(\sigma_g\,2\,s) \tag{7}$$

zu σ_g und

$$c\,(\pi_g\,2\,p_y)\,\psi\,(\pi_g\,2\,p_y) + c\,(\pi_g\,2\,p_z)\,\psi\,(\pi_g\,2\,p_z) \tag{8}$$

zu π_g. Es ist deshalb zu untersuchen, ob man durch derartige Linearkombinationen nicht noch bessere Näherungsausdrücke für die Moleküleigenfunktionen erhält, als sie die einfachen Kombinationen (6) darstellen.

Wir wollen zunächst zeigen, daß man durch weitere Kombination von Funktionen (6), die allein wesentlich verschiedene Energien ergeben, keine wesentliche Verbesserung erhält.

Zu den Linearkombinationen (6) gehören die folgenden Näherungsausdrücke für die Energie

$$E\,(\sigma_g\,1\,s) = (\psi\,(\sigma_g\,1\,s),\,H\,\psi\,(\sigma_g\,1\,s))$$
$$E\,(\sigma_u\,1\,s) = (\psi\,(\sigma_u\,1\,s),\,H\,\psi\,(\sigma_u\,1\,s)) \tag{9}$$
$$\text{usw.}$$

Eine Linearkombination von zwei Funktionen ψ_r und ψ_s aus der Reihe (6) führt auf das Säkularproblem

$$\begin{vmatrix} E\,(r) - E & N \\ N & E\,(s) - E \end{vmatrix} = 0 \tag{10}$$

$$N = (\psi_r,\,H\,\psi_s)$$

zur Bestimmung der Energie. Der Einfachheit halber wurde angenommen, daß ψ_r und ψ_s orthogonal sind. Eine Berücksichtigung der Nichtorthogonalität würde an den Schlußfolgerungen qualitativ nichts ändern.

Die Lösungen von (10) lauten:

$$E_{1,2} = E_r + \frac{1}{2}\,\Delta E \pm \sqrt{\left(\frac{1}{2}\,\Delta E\right)^2 + N^2} \tag{11}$$

mit

$$E_s = E_r + \Delta E\,. \tag{12}$$

Wenn $|\Delta E|$ hinreichend groß ist, ist nach (12)

$$E_1 \approx E_r$$
$$E_2 \approx E_r + \Delta E = E_s\,. \tag{13}$$

Das sind die Energien der Zustände ψ_r und ψ_s selbst. Bei genügend großer Verschiedenheit der Energien E_r und E_s bringt eine Linearkombination keine Verbesserung der Näherung. Unabhängig von der Größe von $|\Delta E|$ gilt das nach (11) aber für $N = 0$ und N verschwindet immer dann, wenn ψ_r und ψ_s zu verschiedenen Darstellungen gehören.

Wir kommen also zu folgenden Schlüssen:

Linearkombinationen vom Typ (7) bringen keine Verbesserung, wenn die kombinierten Funktionen zu wesentlich verschiedenen Energien gehören. Linearkombinationen vom Typ (8) bringen keine Verbesserung, wenn $N = 0$ ist. Die in N auftretenden Teilintegrale sind für das Beispiel (8) solche vom Typ

$$(p_y, H\, p_z) \,. \tag{14}$$

Bedeutet S den Symmetrieoperator der Spiegelung an der x-z-Ebene, so ist S mit H vertauschbar, p_y und p_z gehören zu den verschiedenen Eigenwerten 1 und -1 von S, so daß

$$N = 0 \tag{15}$$

folgt.

Wir haben gezeigt, daß nur die Linearkombinationen (6) Näherungsausdrücke für Moleküleigenfunktionen sind und berechnen nun die Energien, die zu ihnen gehören. Allgemein ergibt sich aus (5), wenn man vereinfachend annimmt, daß ψ_a und ψ_b orthogonal sind und deshalb der Normierungsfaktor der Funktionen (5) $1/\sqrt{2}$ ist,

$$E_i\,(g, u) = \frac{1}{2}\,\{(\psi_{ai}, H\, \psi_{ai}) + (\psi_{bi}, H\, \psi_{bi})\} \pm (\psi_{ai}, H\, \psi_{bi}) \,. \tag{16}$$

Nun ist nach (1) und (2)

$$\begin{aligned}
(\psi_{ai}, H\, \psi_{ai}) = (\psi_{bi}, H\, \psi_{bi}) &= E_i + (\psi_{ai}, [V_b + V']\, \psi_{ai}) \\
&= E_i + (\psi_{bi}, [V_a + V']\, \psi_{bi}) \,,
\end{aligned} \tag{17}$$

so daß sich

$$E_i\,(g, u) = E_i + (\psi_{ai}, [V_b + V']\, \psi_{ai}) \pm (\psi_{bi}, [V_b + V']\, \psi_{ai}) \tag{18}$$

ergibt.

Der Vergleich mit der Erfahrung zeigt, daß in der Regel

$$\begin{aligned}
\frac{\alpha}{2} &= (\psi_{ai}, [V_b + V']\, \psi_{ai}) > 0 \\
\beta &= (\psi_{bi}, [V_b + V']\, \psi_{ai}) < 0 \\
|\beta| &\gg \alpha
\end{aligned} \tag{19}$$

gilt.

Nach (18) ist dann die zu den g-Funktionen gehörende Energie jeweils niedriger als die Energie nullter Näherung E_i. Die Energie der u-Zustände liegt höher als E_i. Die durch die ψ_g beschriebenen Molekülzustände heißen deshalb bindend, die durch die ψ_u beschriebenen, lockernd.

Die energetische Reihenfolge der Molekülzustände wird nach (18) in erster Linie durch die Energien E_i der entsprechenden Atomzustände und in zweiter Linie durch die Integrale α und β bestimmt.

Dementsprechend sind die beiden tiefsten Molekülzustände in der Regel $\sigma_g\,1\,s$ und $\sigma_u\,1\,s$. Da H_a und H_b Hamiltonoperatoren zu effektiven (nichtcoulombschen) Atomfeldern sind, ist $E_{2s} < E_{2p}$. Entsprechend folgen als nächste Molekülzustände $\sigma_g\,2\,s$ und $\sigma_u\,2\,s$. Von den Moleküleigenfunktionen, die sich aus den $2\,p$-Atomeigenfunktionen bilden lassen, unterscheiden sich die aus den p_y- und p_z-Funktionen gebildeten nur dadurch, daß die die Kernverbindungslinie enthaltende Knotenebene dieser Funktionen bei p_y die x-z- und bei p_z die x-y-Ebene ist. $\pi_g\,2\,p_y$ und $\pi_g\,2\,p_z$ einerseits und $\pi_u\,2\,p_y$ und $\pi_u\,2\,p_z$ andererseits sind also sicher entartete Zustände. Die Reihenfolge von $\pi_g\,2\,p_x$ einerseits und $\pi_g\,2\,p_y$ sowie $\pi_g\,2\,p_z$ andererseits kann auch noch theoretisch ermittelt werden, wenn man bedenkt, daß sich die beiden p_x-Funktionen wesentlich stärker überlappen, als etwa die p_y-Funktionen. Der Betrag des Integranden in $\beta\,(p_x)$ ist also an gleichen Stellen im allgemeinen größer als in $\beta\,(p_y)$ bzw. $\beta\,(p_z)$, so daß man

$$\beta\,(p_x) < \beta\,(p_y) = \beta\,(p_z) \tag{20}$$

schließen kann. Auf den Zustand $\sigma_u\,2\,s$ sollte also $\pi_g\,2\,p_x$ folgen. Insgesamt reichen aber theoretische Betrachtungen zur Festlegung aller Energien nicht aus. Die spektroskopischen Erfahrungstatsachen und die Tatsachen über die chemische Bindung führen zur Annahme folgender Reihenfolge:

$$\begin{aligned} E\,(\sigma_g\,1\,s) < E\,(\sigma_u\,1\,s) < E\,(\sigma_g\,2\,s) < E\,(\sigma_u\,2\,s) < E\,(\sigma_g\,2\,p_x) \\ < E\,(\pi_g\,2\,p_y) = E\,(\pi_g\,2\,p_z) < E\,(\pi_u\,2\,p_y) = E\,(\pi_u\,2\,p_z) < E\,(\sigma_u\,2\,p_x). \end{aligned} \tag{21}$$

Es ist üblich, anstatt der etwas umständlichen Symbole $\sigma_g\,2\,s$ usw. nach MULLIKEN die durch

$$\underbrace{\sigma_g\,2\,s \quad \sigma_u\,2\,s \quad \sigma_g\,2\,p_x}_{} \quad \underbrace{\pi_g\,2\,p_y \quad \pi_g\,2\,p_z}_{} \quad \underbrace{\pi_u\,2\,p_y \quad \pi_u\,2\,p_z}_{} \quad \underbrace{\sigma_u\,2\,p_x}_{}$$
$$z\,\sigma \qquad y\,\sigma \qquad x\,\sigma \qquad\quad w\,\pi \qquad\qquad v\,\pi \qquad\qquad u\,\sigma \tag{22}$$

erklärten kürzeren Symbole zu verwenden.

An Hand der Reihenfolge (22), die dem Termsystem des Elektrons im effektiven Atomfeld (Abb. 5) formal entspricht, können nun die Grundzustände der zweiatomigen Moleküle mit gleichen Atomen ebenso aufgebaut werden, wie die Grundzustände der Atome in der Theorie des periodischen Systems. Der Grundzustand eines Moleküls wird ähnlich wie bei den Atomen in der Näherung des effektiven Feldes durch Angabe der Elektronenkonfiguration beschrieben. Die Elektronenkonfiguration des Grundzustandes des Li_2 ist z. B.

$$Li_2\,[K\,K\,(z\,\sigma)^2]. \tag{23}$$

Die beiden K deuten an, daß die beiden Li-Atome je zwei $1\,s$ (K-) Elektronen mitbringen, die entweder als Rumpfelektronen behandelt werden können oder die man systematisch in den beiden Molekülzuständen $\sigma_g\,1\,s$ und $\sigma_u\,1\,s$ unterbringt.

Weitere Beispiele sind:

$$\mathrm{F}_2\ [K\ K\ (z\,\sigma)^2\ (y\,\sigma)^2\ (x\,\sigma)^2\ (w\,\pi)^4\ (v\,\pi)^4]$$
$$\mathrm{N}_2\ [K\ K\ (z\,\sigma)^2\ (y\,\sigma)^2\ (x\,\sigma)^2\ (w\,\pi)^4]. \tag{24}$$

Wenn man das Molekül Li_2 mit der Valenzstrukturmethode behandelt, kommt man zu dem Ergebnis, daß praktisch lokalisierte Valenz vorliegt[1]. Li_2 wäre also von diesem Näherungsstandpunkt aus betrachtet als Gebilde mit einer Bindung zwischen den Li-Atomen zu bezeichnen. Nach (32) besitzt Li_2 andererseits zwei Elektronen in einem bindenden Molekülzustand. Diese Bemerkung veranlaßt dazu, den Begriff Bindung auch bei der Behandlung der Moleküle vom Standpunkt der Moleküleigenfunktionen aus zu verwenden und als Anzahl der Bindungen in einem zweiatomigen Molekül mit gleichen Atomen die Hälfte der Differenz der bindenden und der lockernden Elektronen zu definieren. Da $z\,\sigma$ bindend, $y\,\sigma$ lockernd, $x\,\sigma$ und $w\,\pi$ bindend ist, wäre dann die Anzahl der Bindungen für N_2 drei ($\sigma\,\pi\,\pi$-Bindung). Da $v\,\pi$ wieder lockernd ist, ist die Zahl der Bindungen in F_2 nach (24) eins (σ-Bindung). Man kommt mit den neuen Definitionen des Begriffes Bindung also zu Ergebnissen, die mit denen übereinstimmen, die man bei Anwendung der Valenzstrukturmethode erhält.

Besonders interessant ist der Fall des O_2 mit der Elektronenkonfiguration

$$\mathrm{O}_2\ [K\ K\ (z\,\sigma)^2\ (y\,\sigma)^2\ (x\,\sigma)^2\ (w\,\pi)^4\ (v\,\pi)^2].$$

Während bei Li_2, F_2, N_2 der letzte noch besetzte Molekülzustand immer auch vollständig besetzt ist, also jeweils „abgeschlossene Schalen" vorliegen und der Grundzustand des Moleküls damit notwendig ein Singulett ist, besetzen im O_2 zwei Elektronen den entarteten Zustand $v\,\pi$. Wir haben die Elektronenkonfiguration des O_2 und ihre Entstehung aus den Konfigurationen der Atome in Abb. 23 schematisch dargestellt. Hier liegt damit ein Fall vor, wo man das Ergebnis einer anschließend auszuführenden Rechnung zur expliziten Berücksichtigung der Elektronenwechselwirkung unter Zuhilfenahme des HUNDschen Prinzips der maximalen Multiplizität dahingehend vorhersagen kann, daß der Grundzustand des O_2 ein Triplett sein sollte. Das ist in Übereinstimmung mit den magnetischen und optischen Beobachtungen.

---

[1] Vgl. aber L. PAULING: Proc. Roy. Soc. (Lond). **196**, 343 (1949).

Das entwickelte Schema gestattet auch das Nichtzustandekommen einer Bindung zwischen Edelgasatomen zu erklären. Das einfachste Beispiel bilden zwei Heliumatome. Hierbei sind vier Elektronen in Molekülzuständen unterzubringen. Zwei von diesen können den bindenden

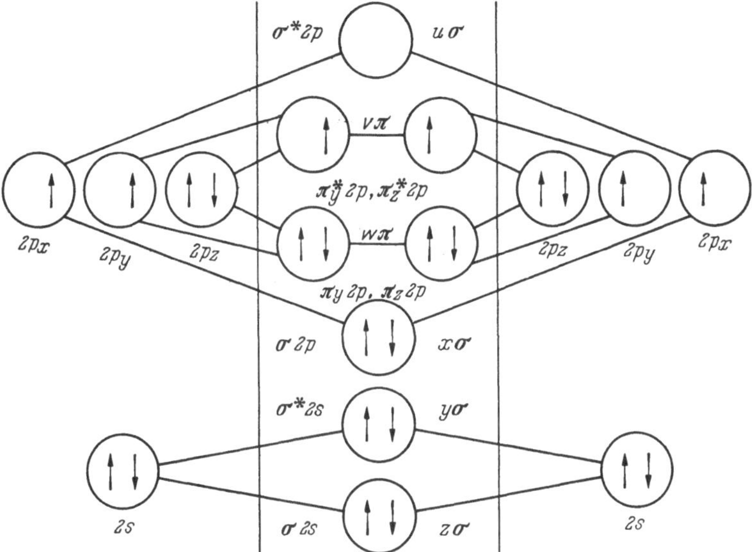

Abb. 23. Elektronenkonfiguration des O_2-Moleküls.

Zustand $\sigma_g\,1\,s$ besetzen, die nächsten beiden müssen aber in dem lockernden Zustand $\sigma_u\,1\,s$ untergebracht werden. Da die Coulombintegrale α in der Regel positiv sind, überwiegt nach (18) die lockernde Wirkung der $\sigma_u\,1\,s$-Elektronen die bindende der $\sigma_g\,1\,s$-Elektronen, so daß insgesamt Abstoßung resultiert.

113. Zweiatomige Moleküle mit verschiedenen Atomen.

Die Symmetriegruppe zweiatomiger Moleküle mit verschiedenen Atomen ist $C_{\infty\,h}$. Diese Gruppe ist damit auch die Gruppe des effektiven Molekülfeldes.

Die Möglichkeit, die Moleküleigenfunktionen durch die Symbole σ, π, δ zu charakterisieren, besteht auch hier, es entfällt aber die Möglichkeit, die Zustände mit g oder u zu bezeichnen.

Ein zweiatomiges Molekül mit verschiedenen Kernen kann man aus einem solchen mit gleichen Kernen und gleicher Gesamtkernladung dadurch entstanden denken, daß man positive Ladung von dem einen Kern zum anderen überführt. Moleküleigenfunktionen des Moleküls mit verschiedenen Kernen, die bei diesem Prozeß aus bindenden

Moleküleigenfunktionen des Moleküls mit gleichen Kernen hervorgehen, sind in der Regel, solange die Kerne nicht zu verschieden sind, bindend, diejenigen, die aus den lockernden hervorgehen, lockernd. Wenn die Kerne verschieden werden, sind entsprechende Atomeigenfunktionen nicht mehr entartet. Die Differenz zwischen den entsprechenden Atomeigenwerten wird immer größer und damit wird der Energiegewinn, der durch Linearkombination der entsprechenden Atomeigenfunktionen erzielt werden kann, relativ immer kleiner. „Bindende" Molekülzustände von Molekülen mit nur wenig verschiedenen Kernen sind also in der Regel weniger stark bindend als die entsprechenden Zustände im zugeordneten Molekül mit gleichen Kernen. Wenn die Kernladungszahlen sich stark unterscheiden, hat die Ableitung der Moleküleigenfunktionen aus denen des zugeordneten Moleküls mit gleichen Kernen insofern keinen Sinn mehr, als man dabei keine zuverlässigen Aussagen über die energetische Reihenfolge der Zustände mehr erhalten kann.

Bei der Bildung von Näherungsausdrücken für die Moleküleigenfunktionen durch Linearkombination der Eigenfunktionen der verbundenen Atome haben wir nach den Ergebnissen des letzten Abschnittes die folgenden Regeln zu beachten, deren Beweis so geführt worden war, daß wir ihre Gültigkeit auch für den Fall verschiedener Atome sofort feststellen können.

1. Bei der Bildung von Moleküleigenfunktionen durch Linearkombination von Atomeigenfunktionen ergibt nur die Kombination von Atomeigenfunktionen, die genähert zur selben Energie gehören, wesentlich bindende Molekülzustände, so daß nach dem Variationsprinzip praktisch nur solche Zustände besetzt werden und damit bei der theoretischen Betrachtung der Moleküle zu berücksichtigen sind.

2. Paare von Atomeigenfunktionen, für die das Kombinationsintegral N aus Symmetriegründen verschwindet, kombinieren nicht miteinander. Aus ihnen können, selbst wenn sie zu gleichen Energien gehören, keine bindenden Molekülzustände gebildet werden.

Um zu sehen, welche Auswirkungen diese Regeln bei den hier zu diskutierenden Problemen haben, betrachten wir als Beispiel das Molekül HF.

Unten sind die Termsysteme der effektiven Atomfelder von F und H qualitativ dargestellt. Der $1\,s$-Zustand des Fluoratoms liegt so tief, daß er für eine Kombination mit dem $1\,s$-Zustand des Wasserstoffatoms überhaupt nicht in Frage kommt, aber auch der $2\,s$-Zustand des F liegt noch zu tief unter dem $1\,s$-Zustand des H, als daß die Kombination dieser beiden Zustände einen wesentlichen Bindungseffekt ergeben könnte. Es kommt also nur eine Kombination der $2\,p$-Zustände des F mit dem $1\,s$-Zustand des H in Frage.

$$\begin{array}{cc} \text{F} & \text{H} \\ \hline \overline{2\,p} & \overline{1\,s} \\ \hline \overline{2\,s} \\ \\ \hline \overline{1\,s} \end{array}$$

Es gibt nun prinzipiell die drei Kombinationsmöglichkeiten:

$$p_x,\, s;\quad p_y,\, s;\quad p_z,\, s\,.\tag{1}$$

Von diesen scheiden aber die beiden Möglichkeiten $p_y,\, s$ und $p_z,\, s$ nach Regel 2 aus, da die Kombinationsintegrale für diese Fälle aus Symmetriegründen verschwinden. Es bleibt also nur mehr die Möglichkeit der Bildung zweier Linearkombinationen von der Form

$$c\,(2\,p_x\,\text{F})\,2\,p_x\,(\text{F}) + c\,(1\,s\,\text{H})\,1\,s\,(\text{H})\,.\tag{2}$$

Das zugeordnete Säkularproblem lautet

$$\begin{vmatrix} \alpha\,(2\,p_x\,\text{F}) + E\,(2\,p_x\,\text{F}) - E & \beta\,(2\,p_x\,\text{F},\,1\,s\,\text{H}) \\ \beta\,(2\,p_x\,\text{F},\,1\,s\,\text{H}) & \alpha\,(1\,s\,\text{H}) + E\,(1\,s\,\text{H}) - E \end{vmatrix} = 0\,,\tag{3}$$

wobei wir der Einfachheit halber wieder angenommen haben, daß die Funktionen $2\,p_{x\text{F}}$ und $1\,s_{\text{H}}$ orthogonal sind. Da sicher

$$\alpha\,(2\,p_x\,\text{F}) + E\,(2\,p_x\,\text{F}) \neq \alpha\,(1\,s\,\text{H}) + E\,(1\,s\,\text{H})\tag{4}$$

ist, lauten die Linearkombinationen, die sich nach Lösung des Säkularproblems ergeben

$$\begin{aligned} \sigma:\ \psi\ &= (1 + \lambda^2)^{-\frac{1}{2}}\,\{\lambda\,2\,p_x + 1\,s\} \\ \sigma^*:\ \psi^*\ &= (1 + \lambda^2)^{-\frac{1}{2}}\,\{2\,p_x - \lambda\,1\,s\} \end{aligned}\tag{5}$$

mit $\lambda \neq 1$. Nach der Knotenregel gehört zu der Funktion ψ eine niedrigere Energie als zu der Funktion ψ^*, die zwischen den Atomen eine Knotenfläche besitzt. ψ ist die bindende, ψ^* die lockernde Linearkombination. Der Wert von λ hängt von den Werten der Integrale α, β ab.

Ist λ groß, so bedeutet das, daß $2\,p_{x\text{F}}$ am bindenden Zustand stark, am lockernden schwach beteiligt ist. Umgekehrtes gilt für kleines λ. Für $\lambda = 1$ liegt formal der Fall vor, den wir von der Theorie der Moleküle mit gleichen Atomen her kennen. Je nach der Größe von λ ist der Schwerpunkt des Elektronenpaares, mit dem man dann die bindende Eigenfunktion besetzt, mehr nach dem F- oder mehr nach dem H-Kern zu verschoben. Es muß also ein Zusammenhang zwischen λ und dem elektrischen Dipolmoment des Moleküls bestehen. Zumindest sollte es möglich sein, aus dem beobachteten Dipolmoment auf den ungefähren Wert von λ zu schließen.

Da HF ein elektrisches Dipolmoment besitzt, kann man anscheinend den Schluß ziehen, daß λ tatsächlich von 1 verschieden ist und aus der Tatsache, daß F das negative Ende des HF-Moleküls bildet, scheint $\lambda > 1$ zu folgen. Ganz so einfach liegen die Verhältnisse allerdings nicht.

Wir schreiben die bindende Eigenfunktion, die in (4) unter der Voraussetzung normiert worden war, daß $2\,p_{x\mathrm{F}}$ und $1\,s_{\mathrm{H}}$ orthogonal sind, mit dem richtigen Normierungsfaktor unter Einschluß des Nichtorthogonalitätsintegrals

$$S = (2\,p_{x\mathrm{F}},\,1\,s_{\mathrm{H}}) \tag{5'}$$

an. Sie lautet dann:

$$\psi = (1 + 2\,S\,\lambda + \lambda^2)^{-\frac{1}{2}}\,(\lambda\,2\,p_{x\,\mathrm{F}} + 1\,s_{\mathrm{H}})\,. \tag{6}$$

Wenn nun x eine Koordinate bedeutet, die parallel zur Molekülachse und von dem Mittelpunkt der Kernverbindungslinie aus gezählt wird, ergibt sich das Moment des Moleküls zu

$$\mu = 2\,(1 + 2\,\lambda\,S + \lambda^2)\,([\lambda\,2\,p_{x\mathrm{F}} + 1\,s_{\mathrm{H}}],\,x\,[\lambda\,2\,p_{x\mathrm{F}} + 1\,s_{\mathrm{H}}])\,, \tag{7}$$

da der von den Kernen herrührende Anteil infolge der Wahl des Koordinatenursprungs von vorneherein wegfällt. Da weiter

$$\begin{aligned}
(2\,p_{x\mathrm{F}},\,x\,2\,p_{x\mathrm{F}}) &= -\frac{1}{2}\,R \\
(1\,s_{\mathrm{H}},\,x\,1\,s_{\mathrm{H}}) &= \frac{1}{2}\,R
\end{aligned} \tag{8}$$

ist, folgt aus (7)

$$\mu = \frac{(\lambda^2 - 1)\,R + 4\,\lambda\,(2\,p_{x\mathrm{F}},\,x\,1\,s_{\mathrm{H}})}{1 + 2\,\lambda\,S + \lambda^2}\,. \tag{9}$$

Selbst, wenn die beiden Funktionen $2\,p_{x\mathrm{F}}$ und $1\,s_{\mathrm{H}}$ in gleicher Weise an der Linearkombination beteiligt wären ($\lambda = 1$), würde also noch ein Dipolmoment der Größe

$$\mu = \frac{2\,(2\,p_{x\mathrm{F}},\,x\,1\,s_{\mathrm{H}})}{1 + S} \tag{10}$$

übrigbleiben. Die Integrale vom Typ $(2\,p_{x\mathrm{F}},\,x\,1\,s_{\mathrm{H}})$ haben zwar im allgemeinen kleine Beträge[1], sind aber bei Abschätzungen von λ aus Dipolmomenten keineswegs zu vernachlässigen.

Als weiteres Beispiel, das die Schwierigkeiten erkennen läßt, die bei der Anwendung der Moleküleigenfunktionsmethode auf Moleküle aus verschiedenen Atomen auftreten, behandeln wir das Molekül CO nach WALSH und COULSON[2].

Nach dem „isoelektronischen Prinzip"[3] sollte die Elektronenkonfiguration des CO, das aus $\mathrm{N_2}$ durch Überführung einer positiven

---

[1] Tafeln bei C. A. COULSON: Proc. Cambridge Phil. Soc. **38**, 210 (1942).

[2] WALSH, A. D.: Trans. Faraday Soc. **1947**, zitiert bei COULSON, C. A.: Quart. Rev. **1**, 144 (1947).—

[3] MULLIKEN, R. S.: Rev. Mod. Phys. **4**, 40 (1932).

Ladungseinheit von einem N-Kern zum anderen entstanden gedacht werden kann, der des N_2 sehr ähnlich sein, so daß man zur folgenden Beschreibung des CO kommt.

$$CO \; [K \, K \; (z \, \sigma)^2 \; (y \, \sigma)^2 \; (x \, \sigma)^2 \; (w \pi)^4] \, . \tag{11}$$

Es fragt sich jetzt nur, welche Molekülzustände die Symbole $z \, \sigma$ usw. beschreiben, die ursprünglich für Moleküle aus gleichen Atomen definiert waren. Bei gleichen Kernen wären an der bindenden Eigenfunktion $z \, \sigma$ die $2 \, s$-Atomeigenfunktionen bei den beiden Kernen beteiligt. Da der $2 \, s$-Zustand des O-Atoms sicher viel tiefer liegt, als der des C-Atoms, wird aber hier $z \, \sigma$ praktisch allein durch den $2 \, s$-Zustand des O-Atoms dargestellt. $y \, \sigma$ ist dann folgerichtig als Kombination von $C \, (2 \, s)$ und $O \, (2 \, p)$ aufzufassen. Während $z \, \sigma$ weder bindend noch lokkernd, also nicht bindend ist, stellt das Elektronenpaar $(y \, \sigma)^2$ eine σ-Bindung dar. Da nun am O-Atom keine Eigenfunktionen mehr zur Verfügung stehen, die zur Bildung von σ-Bindungen geeignet wären, muß $x \, \sigma$ praktisch mit der Eigenfunktion $C \, (2 \, p_x)$ übereinstimmen. $x \, \sigma$ ist also wieder nicht bindend. Die aus den Spektren abzulesende Tatsache, daß bei Entfernung eines Elektrons, also beim Übergang $CO \rightarrow CO^+$, die Festigkeit der Bindung etwas zunimmt, zeigt, daß von den beiden Zuständen $w \pi$ einer praktisch nichtbindend ist, so daß die Besetzung $(w \pi)^4$ *eine* weitere Bindung darstellt. Wir kommen also zu einer zweifachen Bindung in CO, während bei unkritischer Interpretation von (11) sich drei Bindungen (wie bei N_2) ergeben würden.

114. Mehratomige Moleküle.

Bei der Anwendung der Methode der Moleküleigenfunktionen auf mehratomige Moleküle tritt eine charakteristische Schwierigkeit auf, die wir am besten gleich an Hand eines Beispiels kennen lernen.

Wir betrachten das Wassermolekül H_2O und rechnen die einsamen Elektronenpaare des Sauerstoffatoms, die die Atomeigenfunktionen $2 \, s_O$ und $2 \, p_{z\,O}$ besetzen, zum Atomrumpf des Sauerstoffs. Das Molekül besitzt vier Valenzelektronen. Molekülzustände, in denen sie untergebracht werden können, können in der LCAO-Näherung aus den vier Eigenfunktionen $p_{x\,O}, p_{y\,O}, s_{H\,a}, s_{H\,b}$ gebildet werden. Die beiden Wasserstoffatome unterscheiden wir durch die Indizes a und b. Das Säkularproblem zur Bestimmung der richtigen Linearkombinationen dieser Funktionen wäre vom vierten Grad.

Wenn man nur Konfigurationen in Betracht zieht, bei denen a und b vom Sauerstoffatom gleichen Abstand haben und bei denen außerdem die Verbindungslinien von a bzw. b mit O mit der x- bzw. y-Richtung denselben Winkel γ einschließen, ist die Symmetriegruppe des Gebildes

C_{2v}. Die vier Funktionen $p_{x\,0}$, $p_{y\,0}$, $s_{\mathrm{H}\,a}$, $s_{\mathrm{H}\,b}$ induzieren eine vierdimensionale Darstellung Γ der Gruppe mit dem Charakterensystem

$$
\begin{array}{cccc}
E & c_2 & \sigma_v & \sigma'_v \\
\chi:\quad 4 & 0 & 0 & 4 .
\end{array}
\tag{1}
$$

Sie lautet in ausreduzierter Form

$$
\Gamma = 2\,A_1 + 2\,B_2 ,
\tag{2}
$$

und es ist deshalb zweckmäßig, von vornherein je zwei Linearkombinationen zu bilden, die sich nach A_1 bzw. B_2 transformieren. Dann zerfällt das mit diesen Kombinationen angeschriebene Säkularproblem in zwei quadratische Probleme.

Die geeigneten Kombinationen lauten:

$$
\begin{aligned}
A_1:\quad & \psi'_0 = 2^{-\frac{1}{2}}\,(p_{x\,0} + p_{y\,0}) \\
& \psi'_{\mathrm{H}} = 2^{-\frac{1}{2}}\,(s_{\mathrm{H}\,a} + s_{\mathrm{H}\,b}) \\
B_2:\quad & \psi''_0 = 2^{-\frac{1}{2}}\,(p_{x\,0} - p_{y\,0}) \\
& \psi''_{\mathrm{H}} = 2^{-\frac{1}{2}}\,(s_{\mathrm{H}\,a} - s_{\mathrm{H}\,b}) .
\end{aligned}
\tag{3}
$$

Der Einfachheit halber ist die Nichtorthogonalität der Atomeigenfunktionen bei der Bestimmung der Normierungsfaktoren nicht berücksichtigt worden.

Wenn man die Integrale vom α-Typ von vorneherein wegläßt, lauten die Säkularprobleme zu (3)

$$
A_1:\ \begin{vmatrix} E\,(p_0) - E & \beta\,(\psi'_0, \psi'_{\mathrm{H}}) \\ \beta\,(\psi'_{\mathrm{H}}, \psi'_0) & E\,(s_{\mathrm{H}}) - E \end{vmatrix} = 0
\tag{4}
$$

und

$$
B_2:\ \begin{vmatrix} E\,(p_0) - E & \beta\,(\psi''_0, \psi''_{\mathrm{H}}) \\ \beta\,(\psi''_{\mathrm{H}}, \psi''_0) & E\,(s_{\mathrm{H}}) - E \end{vmatrix} = 0 .
\tag{5}
$$

Ihre Lösungen sind:

$$
\tag{6}
$$

$$
A_1:\ E\,(A_1)_{\mp} = \frac{1}{2}\left\{ [E\,(p_0) + E\,(s_{\mathrm{H}})] \mp \sqrt{[E\,(p_0) - E\,(s_{\mathrm{H}})]^2 + 4\,\beta^2\,(\psi'_{\mathrm{H}}, \psi'_0)} \right\}
$$

$$
B_2:\ E\,(B_2)_{\mp} = \frac{1}{2}\left\{ [E\,(p_0) + E\,(s_{\mathrm{H}})] \mp \sqrt{[E\,(p_0) - E\,(s_{\mathrm{H}})]^2 + 4\,\beta^2\,(\psi''_{\mathrm{H}}, \psi''_0)} \right\}
$$

Die beiden tiefsten Wurzeln sind $E\,(A_1)_-$ und $E\,(B_2)_-$. Die Energie des Moleküls ist, wenn man die entsprechenden Zustände mit je zwei Elektronen besetzt:

$$
\begin{aligned}
E = 2\,[E\,(p_0) + E\,(s_{\mathrm{H}})] &- \sqrt{[E\,(p_0) - E\,(s_{\mathrm{H}})]^2 + 4\,\beta^2\,(\psi'_{\mathrm{H}}, \psi'_0)} \\
&- \sqrt{[E\,(p_0) - E\,(s_{\mathrm{H}})]^2 + 4\,\beta^2\,(\psi''_{\mathrm{H}}, \psi''_0)} .
\end{aligned}
\tag{7}
$$

Die Integrale β hängen von dem Winkel γ ab. Die Winkelabhängigkeit kann man ermitteln, indem man wie in Abschnitt (102.) die jeweils in einem Teilintegral auftretende p-Funktion durch ein Funktionenpaar p_σ und p_π und den Winkel γ darstellt. Da die Integrale vom Typ

$$(p_\pi, H s) \tag{8}$$

aus Symmetriegründen verschwinden, erhält man auf diese Weise mit

$$\beta_\sigma = (p_\sigma, H s) \tag{9}$$

die Resultate

$$\beta\,(\psi'_\mathrm{H}, \psi'_\mathrm{O}) = \beta\,(\psi''_\mathrm{H}, \psi''_\mathrm{O}) = \beta_\sigma \cos \gamma. \tag{10}$$

Setzt man diese Ausdrücke für die Integrale β in (7) ein, so ergibt sich sofort, daß E für $\gamma = 0$ ein Minimum hat. Man erhält also für rechtwinklige Struktur maximale Bindungsenergie.

Die Eigenfunktionen, die zu den Wurzeln $E\,(A_1)_-$ und $E\,(B_2)_-$ von (4) und (5) gehören, haben (ohne Normierungsfaktoren) die Form:

$$\begin{aligned}
\psi_1 &= \lambda'\,(p_{x\,\mathrm{O}} + p_{y\,\mathrm{O}}) + (s_{\mathrm{H}\,a} + s_{\mathrm{H}\,b}) \\
\psi_2 &= \lambda''\,(p_{x\,\mathrm{O}} - p_{y\,\mathrm{O}}) + (s_{\mathrm{H}\,a} - s_{\mathrm{H}\,b}).
\end{aligned} \tag{11}$$

Die Gesamteigenfunktion des Molekülzustandes lautet

$$\psi = A\,\alpha\,\beta\,\alpha\,\beta\,\psi_1\,\psi_1\,\psi_2\,\psi_2. \tag{12}$$

Setzt man in diese Determinante die Ausdrücke (11) für ψ_1 und ψ_2 ein, so zerfällt sie, da jede dieser Funktionen eine Linearkombination aus vier Atomeigenfunktionen ist, in 4^4 Determinanten. Unter diesen kommen auch solche der Form

$$A\,\alpha\,\beta\,\alpha\,\beta\,p_{x\,\mathrm{O}}\,p_{x\,\mathrm{O}}\,p_{x\,\mathrm{O}}\,p_{x\,\mathrm{O}} \tag{13}$$

vor. Die Determinante (13) verschwindet identisch, da Zeilen bzw. Spalten bezüglich gleich sind. (13) repräsentiert eine Elektronenkonfiguration, bei der eine Atomeigenfunktion von vier Elektronen besetzt ist. Das ist nach dem Pauliprinzip verboten und die Antimetrisierung sorgt dafür, daß alle verbotenen Besetzungen bei der Bildung der Gesamteigenfunktion (12) von selbst ausgeschieden werden.

Wenn man die der antimetrischen Funktion (12) entsprechende Energie mit dem Hamiltonoperator des effektiven Feldes ausrechnet, bekommt man deshalb einen anderen Wert, als wenn man die Energie für die einzelnen Moleküleigenfunktionen (11) berechnet und die Energie des Moleküls durch Addition der Einzelenergien zu bestimmen versucht.

Wenn man nur das letztere tut — und das entspricht dem Vorgehen bei der verkürzten Methode — macht man also einen Fehler, weil man mit Eigenfunktionen rechnet, die eigentlich durch die Antimetrisierung wesentlich korrigiert werden müßten (und die auch korrigiert würden, wenn man die vollständige Methode anwenden würde). Es ist deshalb nach Hund[1] zweckmäßiger, die Moleküleigenfunktionen bei mehratomigen Molekülen von vornherein in einer Form anzusetzen, die die Wirkung der Antimetrisierung auf die Einelektroneneigenfunktionen vorwegnimmt. Die Hundschen sog. lokalisierten Moleküleigenfunktionen sind deshalb besonders geeignet, wenn man durch Anwendung der verkürzten Methode zu einer qualitativen Übersicht über die Bindungsverhältnisse gelangen will.

Das Wesen der Hundschen Methode besteht darin, daß man die Moleküleigenfunktionen jeweils als Linearkombinationen aus zwei Atomeigenfunktionen derjenigen Atome aufbaut, die durch die betreffende Bindung (im Sinne des Valenzstrichsymbols) verknüpft sind.

Das würde bei dem von uns als Beispiel behandelten Wassermolekül bedeuten, daß man die Moleküleigenfunktionen (nichtnormiert):

$$\psi_a = \eta\, p_x\, \mathrm{O} + s_{\mathrm{H}\,a}$$
$$\psi_b = \eta\, p_y\, \mathrm{O} + s_{\mathrm{H}\,b}$$
$$(\eta\colon \text{Variationsparameter})$$

und zwei zu ihnen orthogonale

$$\psi_a' = \eta'\, p_x\, \mathrm{O} - s_{\mathrm{H}\,a}$$
$$\psi_b' = \eta'\, p_y\, \mathrm{O} - s_{\mathrm{H}\,b}$$

bildet und daß man sich durch jeweils doppelte Besetzung der bindenden Zustände ψ_a und ψ_b das Molekül hergestellt denkt.

Das Hundsche Verfahren schließt sich eng an die Vorstellung an, daß für jede Bindung ein Elektronenpaar verantwortlich sei, und es wird außer durch die oben dargestellte physikalische Überlegung wie die Lewissche Elektronenpaartheorie auch durch die Summe der chemischen Erfahrungen gestützt, die auf eine recht weitgehende, wenn auch durchaus nicht vollständige Unabhängigkeit der einzelnen Bindungen voneinander hindeuten.

Im Rahmen des Hundschen Verfahrens der lokalisierten Moleküleigenfunktionen werden die Valenzwinkel durch das Prinzip der maximalen Überlappung festgelegt. So ergibt sich sofort auch hier z. B. die gewinkelte Struktur des H_2O-Moleküls.

Obwohl die LCAO-Näherung, also die Darstellung der Moleküleigenfunktionen durch Linearkombinationen von Atomeigenfunktionen meistens angewandt wird, sind gelegentlich allgemeinere Variationsfunktionen als Moleküleigenfunktionen verwendet worden. Solche allgemeinere Variationsansätze werden häufig durch die Betrachtung von Analogien zwischen Molekülen und Atomen nahegelegt. So spricht man

---

[1] Hund, F.: Z. Physik **73**, 1, 565 (1931).

z. B. vom Methanmolekül als einem Pseudo-Neonatom, weil die Gesamtladung der Kerne des CH_4 gleich der Ladung des Neonkernes ist und
damit auch die Elektronenzahlen gleich sind und weil sich das annähernd
kugelsymmetrische Methanmolekül auch in vielen physikalischen Eigenschaften nur wenig vom Neonatom unterscheidet. Diese Überlegung
bringt den Gedanken nahe, den Grundzustand des Elektronensystems
des CH_4 mit einer Eigenfunktion zu beschreiben, die formal eine SLATER-
sche Produkteigenfunktion für den Neongrundzustand ist[1]. Die Faktoren dieses Produktes sind Atomeigenfunktionen, die sich alle auf *dasselbe* Zentrum, und zwar den Mittelpunkt des Moleküls beziehen. Man
kann als Faktoren wasserstoffähnliche Eigenfunktionen mit einer effektiven Kernladungszahl Z als Variationsparameter verwenden und dann
mit dem Hamiltonoperator des Moleküls (dessen zwei $1s$-Elektronen nur
durch ihre Abschirmungswirkung berücksichtigt werden)

$$H = -\frac{1}{2}\sum_{i=1}^{8} \varDelta_i - \sum_{i=1}^{8}\frac{4}{r_i} + \sum_{i<j}\sum \frac{1}{r_{ij}} - \sum_{i=1}^{8}\sum_{h=1}^{4}\frac{1}{r_{ik}} + \frac{4}{R}\left(4 + \frac{3\sqrt{6}}{8}\right)$$

die Energie berechnen. r_i bedeutet den Abstand des i-ten Elektrons vom
Kohlenstoffkern, r_{ij} bedeutet den Abstand des i-ten vom j-ten Elektron,
r_{ik} bedeutet den Abstand des i-ten Elektrons vom k-ten Wasserstoffkern,
R ist der C-H-Kernabstand.

Die Energie ist Funktion von Z und R. Durch Minimisierung erhält
man für CH_4 und das analoge NH_4^+ die Optimalwerte

	Z	$R\,(A)$
CH_4	2,777	1,06
NH_4^+	3,432	1,02 .

Die Übereinstimmung des berechneten CH-Abstandes mit dem gemessenen Wert von 1,08 A ist ausgezeichnet.

Bei NH_4^+ ist bemerkenswert, daß die effektive Kernladungszahl
natürlich höher als bei CH_4 ist und der Abstand NH trotzdem nur unwesentlich kleiner herauskommt als der CH-Abstand. Die Erhöhung
der Ladung des Zentralkerns um eine Einheit konzentriert die Elektronenwolke des Moleküls stärker um den Zentralkern (größeres Z) und
deshalb wird die bindende Wechselwirkung zwischen der Elektronenwolke und den H-Kernen kleiner, wenn diese ihre Lage behalten. Das
Nachrücken der H-Kerne auf den Zentralkern zu wird aber offensichtlich durch die verstärkte Abstoßung, die sie vom Zentralkern erfahren,
gerade kompensiert.

---

[1] HARTMANN, H.: Z. Naturforsch. 2a, 489 (1947).

115. Vergleich der Methoden.

Wir haben in diesem und im vorhergehenden Kapitel gesehen, daß man bei der Anwendung der Methoden der Valenzstrukturen und der Moleküleigenfunktionen auf die Grundzustände molekularer Gebilde im wesentlichen zu übereinstimmenden Ergebnissen kommt, obwohl die Einelektroneneigenfunktionen, die zum Aufbau der Gesamteigenfunktionen Verwendung finden, doch in beiden Fällen scheinbar ganz verschieden sind. Wir haben also zu untersuchen, in wieweit die Ansätze, die bei beiden Methoden gemacht werden, wirklich verschieden sind und wie die qualitative Übereinstimmung der Resultate, die bei manchen Anwendungen (s. Kap. 15) sogar bis zu einer quantitativen Übereinstimmung geht, zu erklären ist.

Allgemein ist der Vergleich der Methoden von LONGUETT-HIGGINS[1] durchgeführt worden.

Wir beschränken uns hier auf die Diskussion des einfachen Falles des zweiatomigen Moleküls mit gleichen Kernen (Beispiel: H_2), da, wie LONGUETT-HIGGINS zeigen konnte, die Verhältnisse bei komplizierteren Molekülen ganz analog sind.

In (93.) haben wir gezeigt, daß man in konsequenter Fortführung des HEITLER-LONDONschen Verfahrens den Grundzustand des H_2 durch die (nichtnormierte) Eigenfunktion

$$^1\Phi = A\,[a\,b]\,a\,b + \lambda\,\{A\,[a\,a]\,a\,a + A\,[b\,b]\,b\,b\} \tag{1}$$

darstellen wird, die eine Mesomerie zwischen drei Valenzstrukturen

$$\mathrm{H - H}\,,\ \overline{\mathrm{H}}^{(-)}\,\mathrm{H}^{(+)},\ \mathrm{H}^{(+)}\overline{\mathrm{H}}^{(-)} \tag{2}$$

beschreibt. λ ist Variationsparameter. Wie wir in (93.) gezeigt hatten, ist dieser Näherungsansatz wegen der Freiheit von λ besser, als der (nicht normierte Ansatz)

$$\begin{aligned} ^1\Phi &= A\,[12]\,(a\,(1) + b\,(1))\,(a\,(2) + b\,(2))\,, \\ &= 2\,A\,[a\,b]\,a\,b + \{A\,[a\,a]\,a\,a + A\,[b\,b]\,b\,b\}\,, \end{aligned} \tag{3}$$

der sich bei der Beschreibung des Moleküls durch doppelte Besetzung des Molekülzustandes $a + b$ ergibt.

Wenn man nun aber dem Zustand (3) einen Zustand

$$A\,[12]\,(a\,(1) - b\,(1))\,(a\,(2) - b\,(2))\,, \tag{4}$$

überlagert, der durch doppelte Besetzung der lockernden Moleküleigenfunktion $a - b$ zustande kommt, wenn man also die (mesomere) Eigenfunktion

$$\begin{aligned} ^1\Phi &= A\,[12]\,(a\,(1) + b\,(1))\,(a\,(2) + b\,(2)) \\ &\quad + \varkappa\,A\,[12]\,(a\,(1) - b\,(1))\,(a\,(2) - b\,(2)) \end{aligned} \tag{5}$$

---

[1] LONGUETT-HIGGINS H. C.: Proc. Phys. Soc. **60**, 270 (1948)

für den Grundzustand ansetzt mit $\varkappa$ als Variationsparameter, kommt man zu völliger Übereinstimmung von (1) und (5), wenn

$$\lambda = \frac{1}{2} \cdot \frac{1+\varkappa}{1-\varkappa} \tag{6}$$

ist. Da nun sowohl λ als auch $\varkappa$ durch Variationsrechnung mit (1) bzw. (5) bestimmt werden und jede in dem Ansatz (1) enthaltene Funktion nach (6) auch in (5) enthalten ist, ergibt sich bei beiden Variationsrechnungen dieselbe Eigenfunktion als optimal. Beide Methoden führen also, wenn man mit der Näherung nicht bei

$$^1\varPhi = A\,[a\,b]\,a\,b \tag{7}$$

bzw.

$$^1\varPhi = A\,[12]\,(a\,(1) + b\,(1))\,(a\,(2) + b\,(2)) \tag{8}$$

stehen bleibt, zu demselben Resultat. Sie beginnen bei verschiedenen Ausgangspunkten, die bei dem betrachteten Fall durch die Ansätze (7) und (8) repräsentiert werden, kommen aber, wenn man durch weitere Variationsglieder, die jeweils im Rahmen jeder Methode konsequent gewählt werden, die Ansätze erweitert, auf dasselbe heraus. Diskrepanzen bestehen nur, solange man sich auf die Ausgangspunkte (7) und (8) beschränkt. Da man das jedoch sehr häufig tut, wird man dabei zu bedenken haben, daß man so die Fehler macht, die wir in (93.) schon behandelt haben.

Obwohl die durch (7) und (8) beschriebenen Ladungsverteilungen im fertigen Molekül sich nicht sehr stark unterscheiden, trägt (7) dem gegenseitigen Ausweichen der Elektronen zu sehr und (8) derselben Erscheinung zu wenig Rechnung. Der Valenzstrukturansatz (7) beschreibt einen Zustand, bei dem beide Elektronen nur sehr selten gleichzeitig in der Nähe *eines* Kernes sind, der Moleküleigenfunktionsansatz (8) bedeutet dagegen eine starre Überbetonung der Ionenzustände.

12. Feldtheorie der chemischen Bindung.

Wir hatten in der Einleitung festgestellt, daß die Theorie der chemischen Bindung sowohl zu der Zeit, als die Atome die Elementarteilchen der Theorie waren, als auch jetzt, wo an ihre Stelle die Kerne und die Elektronen getreten sind, fast immer die Gestalt einer mechanischen Modelltheorie hatte.

Trotzdem kann man, wie HUND[1] gezeigt hat, auch eine ganz andersartige Theorie entwickeln, in der die chemischen Kräfte schon auf der ersten Stufe, also gewissermaßen als ein Urphänomen auftreten und die übrigen Eigenschaften der Materie, die bei der üblichen Theorie schon

---

[1] HUND, F.: Ann. Physik **36**, 319 (1939).

im primären Modell stecken, wie die Existenz diskreter Teilchen usw.
erst auf der zweiten Stufe (nämlich bei der Quantisierung der primären
Felder) zum Vorschein kommen. Das hängt damit zusammen, daß man
beim Aufbau einer Theorie, die das Verhalten der Materie beschreiben
soll, zunächst ebensogut von den Experimenten ausgehen kann, bei
denen die Materie nahezu wellenartiges Verhalten zeigt, wie von denen,
bei denen sie sich nahezu korpuskular verhält. Historisch ist die Quantenmechanik auf dem zweiten Weg entstanden (Teilchenbild + Quantelung
= Quantenmechanik), so daß der erste Weg (Wellenbild + Quantelung
= Quantenmechanik), dessen erste Stufe wir hier betrachten, etwas
ungewöhnlich erscheinen mag.

Der Formalismus, von dem wir bei der Darstellung der HUNDschen
Theorie Gebrauch machen müssen, ist der der klassischen Feldtheorie.
Wir werden die Grundbegriffe dieser Theorie kurz andeuten, müssen aber
doch gelegentlich von Überlegungen Gebrauch machen, die bisher in
diesem Buch nicht aufgetreten sind.

121. Skalares reelles Materiefeld.

Wir beschreiben Materie durch eine skalare reelle Feldgröße

$$\psi = \psi\,(\mathfrak{r})\quad \mathfrak{r}\colon x_1,\, x_2,\, x_3, \tag{1}$$

die der Feldgleichung

$$\Delta\,\psi - \frac{1}{c^2}\,\ddot{\psi} - \varkappa^2\,\psi = 0 \tag{2}$$

genügen soll (c: Lichtgeschwindigkeit, $\varkappa$ eine reziproke Länge). Die Feldgleichung gibt die Tatsache wieder, daß die Materie bei bestimmten Versuchen Welleneigenschaften zeigt, sie gestattet aber auch die Existenz
von Materiestücken (Raumbereiche, in denen ψ wesentlich von Null verschieden ist), die ruhen können. Solange man reelle Felder betrachtet,
ist es nicht möglich, die bei verschiedenen Materiearten beobachtete
Tatsache, daß sie elektrische Ladung tragen, in der Theorie zum Ausdruck zu bringen. Wir wollen auf diesen Punkt im nächsten Abschnitt
eingehen und dort die Theorie so erweitern, daß Größen wie Ladung und
Stromdichte in ihr wiedergegeben werden können. Hier wollen wir zeigen,
daß schon die reelle Theorie (die also für ungeladene Materie zuständig
wäre) als klassische Feldtheorie die chemischen Kraftwirkungen enthält.

Aus der klassischen Mechanik ist bekannt, daß man die LAGRANGE-
schen Bewegungsgleichungen als EULERsche Gleichungen des HAMIL-
TONschen Variationsprinzips

$$\delta J = \delta \int\limits_{t'}^{t''} L\,dt = 0 \tag{3}$$

gewinnen kann. L bedeutet die LAGRANGEsche Funktion, t' und t'' sind
zwei feste Zeitpunkte.

Auf ähnliche Weise kann man die Feldgleichung (2) als EULERsche Gleichung des Variationsprinzips (3) erhalten, wenn man eine entsprechende LAGRANGE-Funktion L wählt.

Wir wollen eine Funktion $\underline{L}$ von ψ, grad ψ und $\dot{\psi}$ die Lagrangedichte

$$\underline{L} = \underline{L}\,(\psi,\ \text{grad }\psi,\ \dot{\psi}) \tag{4}$$

nennen und durch Integration dieser Funktion über den Raum die Lagrangefunktion

$$L = \int\limits_{V} \underline{L}\, d\tau \tag{5}$$

definieren. Dann ist

$$\delta J = \delta \int\limits_{t'}^{t''} dt \int\limits_{V} \underline{L}\, d\tau = \int\limits_{t'}^{t''} dt \int\limits_{V} d\tau\, \delta \underline{L}$$

$$= \int\limits_{t'}^{t''} dt \int\limits_{V} d\tau \left\{ \frac{\partial L}{\partial \psi}\, \delta\psi + \sum_i \frac{\partial L}{\partial \dfrac{\partial \psi}{\partial x_i}}\, \frac{\partial}{\partial x_i}\, \delta\psi + \frac{\partial \underline{L}}{\partial \dot{\psi}}\, \frac{\partial}{\partial t}\, \delta\psi \right\}. \tag{6}$$

Durch partielle Integration erhält man, da $\delta\psi$ am Rande des Integrationsgebietes V und für t' und t'' verschwinden soll,

$$\delta J = \int\limits_{t'}^{t''} dt \int\limits_{V} d\tau \left\{ \frac{\partial L}{\partial \psi} - \sum_i \frac{\partial}{\partial x_i}\, \frac{\partial \underline{L}}{\partial \dfrac{\partial \psi}{\partial x_i}} - \frac{\partial}{\partial t}\, \frac{\partial L}{\partial \dot{\psi}} \right\} \delta\psi . \tag{7}$$

Da alle bei der Variation zu beachtenden Nebenbedingungen schon berücksichtigt sind, folgt aus $\delta J = 0$

$$\frac{\partial \underline{L}}{\partial \psi} - \sum_i \frac{\partial}{\partial x_i}\, \frac{\partial \underline{L}}{\partial \dfrac{\partial \psi}{\partial x_i}} - \frac{\partial}{\partial t}\, \frac{\partial \underline{L}}{\partial \dot{\psi}} = 0 \tag{8}$$

als EULERsche Gleichung.

Macht man für die Lagrangedichte den Ansatz

$$\underline{L} = \frac{1}{2} \left\{ \dot{\psi}^2 - c^2 |\text{grad }\psi|^2 - c^2 \varkappa^2 \psi^2 \right\}, \tag{9}$$

so erhält man als EULERsche Gleichung gerade die Feldgleichung (2).

Die Feldgleichung besitzt Lösungen der Form

$$\psi \sim \frac{1}{r} \frac{\sin}{\cos} \omega t\, e^{-\alpha r}, \quad \alpha^2 = \varkappa^2 - \frac{\omega^2}{c^2} \quad \frac{|\omega|}{c} < \varkappa . \tag{10}$$

Diese Funktion besitzt bei $r = 0$ eine Singularität. An der Stelle $r = 0$ findet ein Vorgang statt, der durch (2) noch nicht erfaßt wird. Um die Kraftwirkung zwischen Körpern untersuchen zu können, an denen solche Singularitäten hängen, (inwiefern davon gesprochen werden kann, wird im nächsten Abschnitt näher untersucht), muß man also die durch (2) charakterisierte Theorie in einer Weise erweitern, die dem Übergang von der Vakuumelektrodynamik zur Elektrodynamik mit Raumladungen entspricht. Man erreicht das, in dem man (9) durch

$$\underline{L} = \frac{1}{2} \{\dot{\psi}^2 - c^2 |\operatorname{grad} \psi|^2 - c^2\,\varkappa^2\,(\psi^2 - \gamma\,\psi)\} \tag{11}$$

ersetzt und dann an Stelle von (2)

$$\varDelta\,\psi - \frac{1}{c^2}\,\ddot{\psi} - \varkappa^2\,\psi = \frac{\varkappa^2}{2}\,\gamma \tag{12}$$

erhält. Gebiete mit $\gamma \neq 0$ sind „Quellgebiete" des Materiefeldes.

Die Lagrangefunktion eines Systems, das Quellenträger mit den Koordinaten q und den Massen m enthält, lautet mit $\underline{L}$ (11)

$$L = \varSigma\,\frac{m}{2}\,\dot{q}^2 + \int \underline{L}\,d\tau\,. \tag{13}$$

Die Bewegungsgleichungen für die Quellenträger lauten nach (13)

$$m\,\ddot{q} = \frac{\partial}{\partial q}\int \underline{L}\,d\tau\,. \tag{14}$$

$$V = - \int \underline{L}\,d\tau \tag{15}$$

spielt also die Rolle der potentiellen Energie der Kräfte zwischen den Quellenträgern. Mit den üblichen Integralumformungen wird

$$V = - \frac{1}{2}\int \{\dot{\psi}^2 - c^2 |\operatorname{grad}\,\psi^2| - c^2\,\varkappa^2\,(\psi^2 - \gamma\,\psi)\}\,d\tau$$
$$= \frac{1}{2}\int \{\ddot{\psi} - c^2\,\varDelta\,\psi + c^2\,\varkappa^2\,(\psi - \gamma)\}\,\psi\,d\tau \tag{16}$$

und damit erhält man wegen (12):

$$V = - \frac{3}{4}\,c^2\,\varkappa^2\int \gamma\,\psi\,d\tau\,. \tag{17}$$

Wir betrachten zwei nahezu punktförmige Quellen, also solche, bei denen γ nur innerhalb eines sehr kleinen Volumens $\delta\,\tau$ von Null verschieden ist. Außerhalb der Quellengebiete wird das Feld jeder Quelle praktisch durch (10) dargestellt. Das Integral (17) ist über die beiden Volumina $\delta\tau_1$, $\delta\tau_2$ zu erstrecken. Zur Ausschaltung der Selbstwechselwirkung ist unter ψ jeweils das Feld der anderen Punktquelle zu verstehen. Damit ergibt sich

$$V \sim \frac{e^{-\alpha r}}{r}\,, \tag{18}$$

wenn r den Abstand der Quellen bedeutet. Es wirken also zwischen den Quellenträgern Kräfte und zwar haben diese wegen der Exponentialfaktoren wie die bekannten chemischen Kräfte eine kurze Reichweite, die durch $1/\alpha$ gemessen werden kann.

122. Komplexes Materiefeld.

Wie in der Theorie der Felder gezeigt wird, kann man eine Größe, die der elektrischen Stromdichte entsprechen soll, nur dann definieren, wenn man die ladungtragende Materie durch eine komplexe Feldgröße darstellt.

Die entwickelte Theorie läßt sich für diesen Fall verallgemeinern. Das Resultat (121.18) bleibt qualitativ bestehen. Die Erfahrung, daß geladene Materie mit einem durch ein skalares Potential U und ein Vektorpotential $\mathfrak{A}$ beschriebenen elektromagnetischen Feld in Wechselwirkung treten kann, wird in der Feldtheorie dadurch ausgedrückt, daß in den Gleichungen die Ableitungen

$$\frac{1}{c}\frac{\partial}{\partial t}\ ,\ \frac{\partial}{\partial x}\ ,\ \frac{\partial}{\partial y}\ ,\ \frac{\partial}{\partial z} \tag{1}$$

durch

$$\frac{1}{c}\frac{\partial}{\partial t}+i\,\eta\,U,\quad \frac{\partial}{\partial x}+i\,\eta\,A_x,\quad \frac{\partial}{\partial y}+i\,\eta\,A_y,\quad \frac{\partial}{\partial z}+i\eta\,A_z \tag{2}$$

ersetzt werden[1]. Wenn man das macht, kommt man für den einfachen Fall $\mathfrak{A}=0$ in der komplexen Theorie zu der Feldgleichung

$$\Delta\psi-\left(\frac{1}{c}\frac{d}{dt}+i\,\eta\,U\right)^2\psi-\varkappa^2\,\psi=0 \tag{3}$$

an Stelle von (121.2). Eine analoge Gleichung gilt für ψ^*. Daß in (3) das elektrische Potential U auftritt, hat zur Folge, daß zwischen einem geladenen Atomrumpf und dem geladenen Materiefeld eine Wechselwirkung auftritt, die den Verlauf des Feldes in der Nähe des Atomrumpfes modifiziert. Der Energieinhalt des Systems hängt deshalb davon ab, ob die Stellen des Materiefeldes, in denen es wesentlich von Null verschiedene Werte besitzt, in der Nähe des Atomrumpfes oder weit von ihm entfernt sind. Damit wird physikalisch die oben gemachte Annahme begründet, daß das Materiefeld an Körpern „hängen" kann.

C. Spezieller Teil.

13. Einfache Moleküle.

131. Bindungsenergie.

Die Bindungsenergie eines molekularen Gebildes ist nach unserer Definition der Energiebetrag, der aufzuwenden ist, um das Gebilde, das sich im Grundzustand befindet, aus der Normalkonfiguration mit festgehaltenen Kernen in den Grundzustand einer Konfiguration überzuführen, bei der alle Kerne große Entfernung voneinander haben und, wenn es sich um neutrale Gebilde handelt, jeder Kern von einer äquivalenten

---

[1] Der Wert, den man der Konstante η zu geben hat, hängt mit der spezifischen Ladung der Materie zusammen.

Zahl von Elektronen umgeben ist, so daß bei dem schematischen Dissoziationsprozeß neutrale Atome entstanden sind. Von der atomaren Bildungsenergie unterscheidet sich die Bindungsenergie dadurch, daß sie um die Nullpunktsenergie der Molekülschwingungen kleiner ist als die auf die mittleren Abstände bezogene Bindungsenergie. Wir können also Bindungsenergie = atomare Bildungsenergie + Nullpunktsenergie der Schwingungen setzen.

Atomare Bildungsenergien sind der Messung zugänglich. Für einfache Gebilde, wie z. B. H_2, Cl_2, HCl sind die Bildungsenergien mit großer Genauigkeit bekannt. In anderen Fällen sind experimentelle Daten, die für die Ermittlung der atomaren Bildungsenergien benötigt werden, noch unsicher. Das gilt vor allem für die C-Verbindungen, weil die Sublimationsenergie des Diamanten oder andere Energiegrößen, aus der sich diese Größe berechnen ließe, noch nicht mit hinreichender Sicherheit bestimmt werden konnten. Die unter Annahme eines bestimmten Wertes für die Sublimationsenergie aus den experimentellen Daten errechneten atomaren Bindungsenergien von Kohlenstoffverbindungen sind also zunächst noch als konventionelle Werte anzusehen und eventuell durch Hinzunahme eines additiven, der Zahl der Kohlenstoffatome im Molekül proportionalen Gliedes (mit generellem Proportionalitätsfaktor) zu korrigieren.

Für alle Reaktionen mit Kohlenstoffverbindungen, an denen Kohlenstoff als Element nicht beteiligt ist, fällt aber natürlich bei der Ermittlung der Reaktionsenergien als Differenzen von atomaren Bildungsenergien die Sublimationsenergie des Diamanten heraus, so daß die Vergleichsmöglichkeiten zwischen theoretischen und experimentellen *Reaktions*energien durch die erwähnte Unsicherheit *nicht* eingeschränkt werden.

Wenn experimentell bestimmte atomare Bildungsenergien mit berechneten Energiewerten verglichen werden sollen, muß nicht nur die Bindungsenergie, sondern auch die Nullpunktsenergie der Schwingungen bekannt sein. Nur in einigen wenigen Fällen sind aber die theoretischen Bindungsenergien so zuverlässig, daß die Berücksichtigung der Nullpunktsenergie wesentliche Bedeutung besitzt. Es wird deshalb im allgemeinen genügen, die theoretischen Bindungsenergien unmittelbar (d. h. ohne Abzug der Nullpunktsenergie) mit den experimentell bekannten atomaren Bildungsenergien zu vergleichen.

Absolutwerte für die Bindungsenergie sind bisher nur für sehr wenige ganz einfache Moleküle berechnet worden. In Abschnitt 92 haben wir gesehen, wie schon bei dem einfachsten Fall des H_2 eine gute Übereinstimmung mit der Erfahrung nur erreicht werden kann, wenn man mit komplizierten Korrelationseigenfunktionen mit vielen Variationsparametern rechnet. Von der Behandlung des H_2 her ist aber auch bekannt, daß die Methode der Valenzstrukturen und die Methode der Moleküleigenfunktionen in der LCAO-Form, auf die man bei komplizierteren Molekülen praktisch angewiesen ist, auch wenn man effektive Kernladungszahlen als Variationsparameter einführt, zu Bindungsenergien führen, die relative Fehler von der Größenordnung $1/_2$ aufweisen.

Die Schwierigkeiten, die Absolutberechnungen entgegenstehen, werden vielleicht am besten durch die Untersuchung von COOLIDGE[1] über das Wassermolekül beleuchtet. COOLIDGE hat unter Berücksichtigung der Nichtorthogonalitätsintegrale die Bindungsenergie des H_2O mit der Valenzstrukturmethode berechnet. Er erhielt 3,5 eV. Durch Berücksichtigung polarer Strukturen konnte dieser Wert auf 5,7 eV erhöht werden. Trotzdem liegt auch dieser Wert noch 4 eV unter dem beobachteten.

KOPINECK[2] hat das Stickstoffmolekül N_2 mit der Valenzstrukturmethode als Sechselektronenproblem behandelt und erhält die Bindungsenergie um 22% zu klein. Der berechnete Bindungsabstand ist 1,20 A, der beobachtete 1,09 A.

Wenn man die zahlreichen Vereinfachungen bedenkt, die auch noch bei der unter großem Rechenaufwand durchgeführten Untersuchung von KOPINECK gemacht werden mußten, wird man wohl nicht fehlgehen, wenn man — vom H_2-Problem abgesehen — den mittleren Fehler von absoluten Bindungsenergien, die unter Einsatz der zur Zeit zur Verfügung stehenden Methoden gewonnen sind, zu 50% annimmt.

Obwohl die Situation häufig optimistischer beurteilt wird, muß man doch wohl den Schluß ziehen, daß man mit den gewöhnlichen Methoden der Theorie das Vorzeichen der absoluten Bindungsenergien sicher wird angeben können. Dieser Schluß wird nicht nur durch die Erfahrungen bei der Behandlung des H_2-Problems, sondern vor allem auch durch die Tatsache nahegelegt, daß praktisch alle Berechnungen von Bindungsenergien auf dem Variationsprinzip beruhen, so daß man zwar immer in der Lage ist, eine untere Grenze für die Bindungsenergie anzugeben, daß aber kein Kriterium existiert, mit dem man entscheiden könnte, wie weit man bei Verwendung einer speziellen Variationsfunktion noch von dem wirklichen Wert der Bindungsenergie entfernt ist. Günstiger liegen die Verhältnisse nur bei den Gebilden, bei denen, in der Sprache der Valenzstrukturtheorie gesprochen, lokalisierte reine Ionenstrukturen vorliegen und die wir in Kap. 16 näher behandeln werden.

Bei der Untersuchung der Moleküle von ungesättigten und aromatischen Kohlenwasserstoffen (s. Kap. 15) ist es möglich, einen Anteil der Bindungsenergie durch zwei Energiegrößen auszudrücken. Da diese Energiegrößen bei der angewandten Näherung für alle in Frage kommenden Moleküle in guter Näherung gleich sein sollten, kann man sie

---

[1] COOLIDGE, A. S.: Phys. Rev. **42**, 189 (1932).
[2] KOPINECK, H. J.: Z. Naturforsch. **7a**, 22 (1952)

empirisch bestimmen und so zu halbempirischen Werten für die Bindungsenergie kommen. Es hat sich gezeigt, daß man so überraschend gute Resultate erhält. Das ist im Hinblick auf spezielle Anwendungen des theoretischen Formalismus sehr erfreulich und nützlich. Man ist aber bisher nicht in der Lage, einwandfrei zu begründen, warum in diesem Fall die verwendeten theoretischen Ansätze zu guten Relativwerten für die Bindungsenergien führen.

Man wird zweifellos in nächster Zukunft durch Einsatz der neuartigen Rechenhilfsmittel in der Lage sein, für eine beschränkte Reihe von interessierenden Molekülen Bindungsenergien mit einer Genauigkeit auszurechnen, die in der Größenordnung der Genauigkeit der experimentellen Daten liegt. Es dürfte aber praktisch unmöglich sein, dieses Programm auf die Gesamtheit der chemisch interessierenden molekularen Gebilde auszudehnen. Vor allem wird man so aber das Hauptproblem der Theorie, nämlich eine durchsichtige Ordnung des Erfahrungsmaterials von der Gesamtheit der Erscheinungen her zu schaffen, gar nicht treffen. Daß die Quantenmechanik die chemischen Bindungserscheinungen *richtig* beschreibt, und eigentlich nur diese Frage kann durch sehr genaue Rechnungen entschieden werden, dürfte schon jetzt außer Zweifel stehen.

Den umgekehrten Weg, nämlich die empirischen Bindungsenergien zu betrachten und sie in Zusammenhang mit allgemeinen Zügen der Theorie zu bringen, hat Pauling eingeschlagen.

Es ist frühzeitig bemerkt worden, daß für gewisse Gruppen von Molekülen, zu denen vor allem die der aliphatischen organischen Verbindungen gehören, sich die atomaren Bindungsenergien, die wir weiterhin den Bindungsenergien gleichsetzen, formal additiv aus Bindungskonstanten in guter Näherung berechnen lassen. Die Additivitätsregel gilt nicht exakt. Bei Zulassung einer nicht allzugroßen Toleranz läßt sich aber (natürlich mit einer gewissen Willkür) ein System von Bindungskonstanten aufstellen, so daß dann für alle in Betracht gezogenen Moleküle die „theoretische“ Bindungsenergie mit der beobachteten innerhalb der Toleranz übereinstimmt. Unter Bindung ist hier übrigens nicht das zu verstehen, was wir in Kap. 10 bzw. 11 so bezeichnet hatten, sondern ein Paar von Nachbaratomen. Wir wollen aber trotzdem das gebräuchliche Wort Bindungskonstante bzw. Bindung hier beibehalten.

Aus den Bindungsenergien von Molekülen, die wie NH_3, H_2S usw. nur gleichartige Bindungen aufweisen, kann man formal immer, indem man die Bindungsenergie durch die Zahl der Bindungen dividiert, Bindungskonstanten herleiten. Wenn man so etwa aus den Bindungsenergien von CH_4 und C_2H_6 Bindungskonstanten für C—H und C—C bestimmt hat, stellt sich heraus, daß man mit ihnen nach der Additivitätsregel auch die Bindungsenergien von C_3H_8, C_4H_{10}, ... in guter Näherung errechnen kann. Das muß aber natürlich nicht so sein und im allgemeinen

Tabelle 15. *Bindungskonstanten für Einfachbindungen nach* PITZER[1] *sowie nach* PAULING[2] *(in kcal/Mol).*

	Pi	Pa		Pi	Pa		Pi	Pa
H—H	103,2	103,4	O—H	109,4	110,2	Si—J		51,1
C—C	80	58,6	S—H	87	87,5	Ge—Cl		104,1
Si—Si	45	42,5	Se—H	67	73,0	N—F	78,1	68,8
Ge—Ge	39,2	42,5	H—F	141	(147,5)	N—Cl	46	38,4
N—N	37	20,0	H—Cl	102,1	102,7	P—Cl	77	62,8
P—P	53	18,9	H—Br	86,7	87,3	P—Br	61,7	49,2
As—As	39	15,1	H—J	70,6	71,4	P—J	42,4	35,2
O—O	34	34,9	C—Si		57,6	As—Cl	70,0	60,3
S—S	63	63,8	C—N	66	48,6	As—Br	57,7	48,0
Se—Se	50	57,6	C—O	79	70,0	As—J	42,7	33,1
F—F		63,5	C—S	61,5	54,5	O—F	58,5	58,6
Cl—Cl	57,1	57,8	C—F	115	107,0	O—Cl	49	49,3
Br—Br		46,1	C—Cl	78	66,5	S—Cl	65	66,1
J—J		33,2	C—Br	66,5	54,0	S—Br		57,2
C—H	98,2	87,3	C—J		45,5	S—Cl	59	66,8
Si—H	76	75,1	Si—O		89,3	Cl—F	86,5	86,4
N—H	92,2	83,7	Si—S		60,9	Br—Cl	52,1	52,7
P—H	77	63,0	Si—F	147,4	143,0	J—Cl	50,5	51,0
As—H	56	47,3	Si—Cl	90,3	85,8	J—Br	42,8	42,9
			Si—Br		69,3			

wird man aus Bindungskonstanten, die man so mit den Bindungsenergien von $A X_n$ und $A_2 X_m$ errechnet hat, die Bindungsenergien anderer $A X$-Verbindungen *nicht* darstellen können.

In den Tab. 15 und 16 sind nach PITZ R und PAULING[3] formale Bindungskonstanten, die auf die angegebene Art berechnet worden sind, zusammengestellt.

Tabelle 16. *Bindungskonstanten für Mehrfachbindungen nach* PAULING *(in kcal/Mol).*

C=C	100	
C≡C	123	
C=O	142	(aus CH_2O)
C=O	149	(aus anderen Aldehyden)
C=O	152	(aus Ketonen)
C=N	94	
C≡N	144	(aus HCN)
C≡N	150	(aus Nitrilen)
C=S	103	
O=O	96	
N≡N	170	

Tabelle 17. *Elektronegativitäten nach* PAULING.

H	2,1	Si	1,8	Br	2,8
Li	1,0	P	2,1	Rb	0,8
Be	1,5	S	2,5	Sr	1,0
B	2,0	Cl	3,0	Y	1,3
C	2,5	K	0,8	Zr	1,6
N	3,0	Ca	1,0	Sn	1,7
O	3,5	Sc	1,3	Sb	1,8
F	4,0	Ti	1,6	Te	2,1
Na	0,9	Ge	1,7	J	2,4
Mg	1,2	As	2,0	Cs	0,7
Al	1,5	Se	2,4	Ba	0,9

[1] PITZER, K. S.: J. Amer. Chem. Soc. **70**, 2140 (1948).

[2] PAULING, L.: The nature of the chemical bond. New York 1939.

[3] Andere Systeme von Bindungskonstanten sind angegeben worden von Y. K. SYRKIN: J. Phys. Chem. URSS **17**, 347 (1943); G. E. COATES u. L. E. SUTTON: J. Chem. Soc. (Lond.) **1948**, 1187; F. KLAGES: Chem. Ber. **82**, 358 (1949); vgl. auch A. MAGNUS, H. HARTMANN u. F. BECKER: Z. physik. Chem. **197**, 75 (1951).

Es sind Werte für Einfach- und Mehrfachbindungen angegeben, das heißt also Werte für Nachbarpaare von Atomen, die in der Registrierformel der betreffenden Verbindungen durch einen oder mehrere Bindungsstriche verbunden sind.

Nach PAULING kann man die formale Bindungskonstante einer Einfachbindung $B\,(X - Y)$ durch die Bindungskonstanten $B\,(X - X)$ und $B\,(Y - Y)$ und durch eine Größe $\varDelta$ darstellen, für die man eine bemerkenswerte empirische Beziehung angeben kann.

$$B\,(X - Y) = \frac{1}{2}\,\{B\,(X - X) + B\,(Y - Y)\} + \varDelta_{XY}\,. \qquad (1)$$

Eine solche Zerlegung ist natürlich immer möglich und $\varDelta$, das die Abweichung von einer hypothetischen Regel mißt, daß $B\,(X - Y)$ das arithmethische Mittel von $B\,(X - X)$ und $B\,(Y - Y)$ sein sollte, scheint zunächst nur formale Bedeutung zu haben.

Tabelle 18.

Bindung	$\varDelta$	$0{,}208\sqrt{\varDelta}$	$Z_X - Z_Y$	Bindung	$\varDelta$	$0{,}208\sqrt{\varDelta}$	$Z_X - Z_Y$
C—H	6,3	0,52	0,4	Si—F	90,0	1,97	2,2
Si—H	2,1	0,30	0,3	Si—Cl	35,6	1,24	1,2
N—H	22,0	0,98	0,9	Si—Br	25,0	1,04	1,0
P—H	1,8	0,28	0,0	Si—J	11,7	0,71	0,7
As—H	12,0	—	0,1	Ge—Cl	53,9	1,53	1,2
O—H	41,0	1,33	1,4	N—F	27,0	1,08	1,0
S—H	3,9	0,41	0,4	N—Cl	—0,5	—	0,0
Se—H	7,5	—	0,3	P—Cl	24,4	1,03	0,9
H—F	64,0	1,67	1,9	P—Br	16,7	0,85	0,7
H—Cl	22,1	0,98	0,9	P—J	7,6	0,58	0,4
H—Br	12,5	0,74	0,7	As—Cl	23,8	1,01	1,0
H—J	1,6	0,26	0,4	As—Br	17,4	0,87	0,8
C—Si	7,0	0,55	0,7	As—J	7,4	0,57	0,5
C—N	9,3	0,64	0,5	O—F	9,4	0,64	0,5
C—O	23,2	1,00	1,0	O—Cl	2,9	0,36	0,5
C—S	6,7	0,54	0,5	S—Cl	5,3	0,48	0,5
C—F	45,9	1,41	1,5	S—Br	2,2	0,31	0,3
C—Cl	8,3	0,61	0,5	Se—Cl	9,1	0,63	0,6
C—Br	1,6	0,26	0,3	Cl—F	25,7	1,05	1,0
C—J	1,9	—	0,0	Br—Cl	0,7	1,18	0,2
Si—O	50,6	1,48	1,7	J—Cl	4,0	1,42	0,5
Si—S	7,7	0,58	0,7	J—Br	1,7	1,27	0,3

Es lassen sich aber nun den einzelnen Elementen Zahlen Z zuordnen, so daß, wie die Tabelle 18 zeigt, die beobachteten $\varDelta$-Werte sich recht gut durch die Beziehung

$$0{,}208\,\sqrt{\varDelta_{XY}} = Z_X - Z_Y \qquad (2)$$

darstellen lassen.

Nach PAULING soll Z_X ein Maß für die Elektronegativität von X sein, so daß die Differenz der Elektronegativitäten ein Maß dafür wäre, in welchem Ausmaß eine Ionenstruktur an der betrachteten Bindung beteiligt ist. Die Mitbeteiligung dieser Struktur würde zu einer Erhöhung der Bindungsenergie und damit zu einer Vergrößerung von $B(X-Y)$ über das durch die (hypothetische) Regel vom arithmetischen Mittel bestimmte Maß hinaus führen.

Die Überlegungen sind plausibel, man würde ihnen aber kaum mehr als formale Bedeutung zubilligen können, wenn zwischen den Elektroaffinitätsgrößen Z und anderen meßbaren Größen nicht noch weitere Beziehungen existierten. Das ist tatsächlich der Fall.

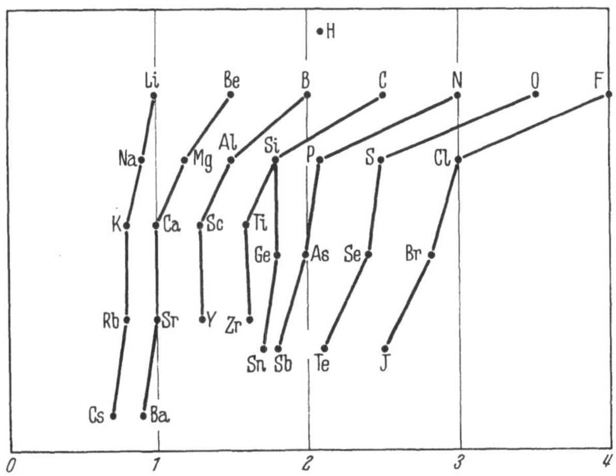

Abb. 25. Elektronegativitäten nach PAULING.

Zunächst zeigt die Abb. 25 daß zwischen der Elektronegativität Z eines Elementes und seiner Stellung im periodischen System eine enge Beziehung besteht. Das legt nahe, nach einer Beziehung mit der Ionisierungsenergie und der Elektronenaffinität von X zu suchen. Nach MULLIKEN sollte das Mittel aus der ersten Ionisierungsenergie eines Atoms und seiner Elektronenaffinität ein Maß für seine Elektronegativität sein. Z ist diesem Mittel tatsächlich in so guter Näherung proportional, daß eine zufällige Übereinstimmung eigentlich ausgeschlossen ist.

Mit PAULING aus der Elektronegativitätsdifferenz auf das Verhältnis der Koeffizienten der unpolaren und der Ionenstruktur in der Linearkombination zu schließen, durch die man in der Valenzstrukturtheorie die Situation zu beschreiben hätte, hat aber wohl keinen rechten physikalischen Sinn mehr.

132. Trennungsenergie.

Bei der Verwendung von Bindungskonstanten zur Berechnung oder Abschätzung der Bindungsenergie eines Moleküls ist stets zu bedenken, daß diesen Konstanten nur formale Bedeutung zukommt und daß Additivitätsregeln im allgemeinen nicht unbeschränkt gelten.

Wenn man annehmen würde, daß die Additivitätsregel, nach der man z. B. die Bindungsenergie von Äthan C_2H_6 errechnen kann, unter Beibehaltung der Bindungskonstantenwerte auch für die Berechnung der Bindungsenergie des CH_3-Radikals verwendet werden darf, würde sich für die Energie D (CH_3 ... CH_3), die zur Trennung des Äthans in zwei Methylradikale erforderlich wäre, gerade die Bindungskonstante $B(C - C)$ der C—C-Bindung ergeben. In Wirklichkeit ist der Wert der Energie D (CH_3 ... CH_3), die wir nach WICKE[1] als Trennungsenergie der C—C-Bindung des Äthans bezeichnen, von $B(C—C)$ verschieden. Die Additivitätsregel, die im Bereich der aliphatischen Kohlenwasserstoffe gilt, gilt für die Kohlenwasserstoffradikale also nicht.

Daraus ergibt sich, daß man zwischen den formal aus Bindungsenergien berechneten Bindungskonstanten und den unmittelbar meßbaren Trennungsenergien, die also wirkliche Bindungseigenschaften mit konkreter physikalischer Bedeutung sind, sorgfältig zu unterscheiden hat. Wenn ein Molekül aus zwei Radikalen R_1 und R_2 entstanden gedacht werden kann und E_B die Bindungsenergie bedeutet, gilt sicher

$$D\ (R_1 \ldots R_2) = E_B(R_1\,R_2) - \{E_B\ (R_1) + E_B(R_2)\}. \qquad (1)$$

Die Trennungsenergie der Bindung zwischen R_1 und R_2 läßt sich also durch Bindungsenergien ausdrücken. Es ist aber lehrreich, die Trennungsenergien noch auf eine andere Art darzustellen.

Wir diskutieren als Beispiel den Fall des Methans CH_4, von dem ein Wasserstoffatom abgetrennt werden soll. Man kann den Grundzustand des CH_4 in der Normalkonfiguration schon ganz gut durch Annahme lokalisierter Bindungen zwischen C und H und Annahme tetraedrischer Bindungseigenfunktionen beim Kohlenstoffatom beschreiben. Mit der so charakterisierten Valenzstruktur kann man nun aber formal für jede Konfiguration des Moleküls die Energie ausrechnen. Diese Energie wird nach unserer Voraussetzung für die Normalkonfiguration in Näherung mit der wirklichen Energie des Grundzustandes eines CH_4-Moleküls übereinstimmen, dessen Konfiguration die Normalkonfiguration ist. Das wird aber im allgemeinen nicht für die anderen Konfigurationen gelten.

Wir betrachten Konfigurationen, bei denen die C—H-Verbindungslinien dieselben Tetraeder-Winkel miteinander einschließen, wie in der Normalkonfiguration. Drei C—H-Abstände halten wir konstant bei dem Wert für die Normalkonfiguration und lassen den vierten C—H-

---

[1] WICKE, E.: Erg. exakt. Naturwiss. **20**, 1 (1942); Naturwiss. **35**, 335 (1948); Z. Elektrochem. **54**, 27 (1950).

Abstand R wachsen. Bei großem R liegt dann praktisch ein H-Atom und ein pyramidales CH_3-Gebilde mit Tetraederwinkeln zwischen den drei C—H-Verbindungslinien vor. Da die Valenzstruktur beibehalten werden sollte, liegt Spinkoppelung zwischen dem Elektron des H-Atoms und dem unpaaren Elektron des CH_3 vor. Diese Spinkoppelung ist energetisch für die Wechselwirkung H ... CH_3 bedeutungslos, da bei großem R die Coulomb- und Austauschintegrale zwischen den gekoppelten Elektronen auf jeden Fall verschwinden.

Den in Gedanken künstlich aufrecht erhaltenen Zustand des CH_3 bei großem R bezeichnen wir symbolisch mit (CH_3). Die potentielle Energie des H gegen (CH_3) wird praktisch dadurch bestimmt, daß sich bei der Änderung von R das Coulomb- und Austauschintegral einer C—H-Bindung unter Konstanthaltung aller übrigen Energien ändern. Wir erhalten für die potentielle Energie als Funktion von R etwa die Potentialkurve a der Abb. 26.

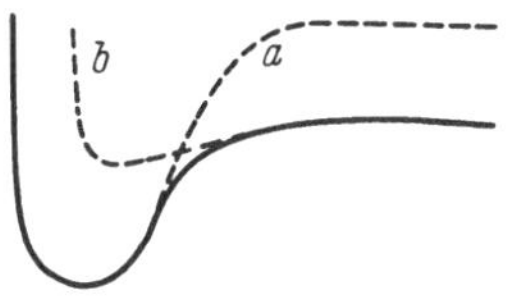

Abb. 26. Zur Erläuterung
der Trennungsenergie.

Läßt man nun, nachdem R große Werte erreicht hat und man sich im horizontalen Teil der Kurve a bewegt, die Kerne des (CH_3) frei, so nehmen sie nach dem Variationsprinzip diejenige Lage ein, für die die Energie des Grundzustandes ein Minimum ist. Das ist aber die trigonale Lage. Bei der Umlagerung ändert sich der Mischungszustand der Kohlenstoffeigenfunktionen, und die Energie sinkt ab bis zur Kurve b. Diese ist so gezeichnet, daß sie die Energie des Grundzustandes eines Gebildes wiedergibt, das aus einem Wasserstoffatom und einem künstlich eben gehaltenen CH_3-Radikal besteht.

Wenn man den Abstand R eines H-Atoms im CH_4 stetig vergrößert, wird die innere Umordnung des CH_3 nicht, wie bei dem diskutierten „künstlichen" Verlauf sprunghaft, sondern stetig einsetzen, sobald das R groß genug geworden ist, daß durch beginnende Umordnung Energie gewonnen werden kann. Der Grundzustand des Systems wird als Funktion von R also etwa durch die ausgezogene Kurve dargestellt.

Wir nennen die Energie E (H, CH_3) nach WICKE die Bindungsfestigkeit und die Differenz zwischen E (H, CH_3) und D (H, CH_3) die Umordnungsenergie

$$D\,(R_1 \ldots R_2) = E\,(R_1, R_2) - (U\,(R_1) + U\,(R_2)). \tag{2}$$

Nur wenn keine Umordnung und damit keine Umordnungsenergie auftritt, ist die neueingeführte Bindungsfestigkeit gleich der Trennungsenergie[1].

---

[1] Vgl. auch J. S. ROBERTS u. H. A. SKINNER: Trans. Faraday Soc. 45, 339 (1949).

133. Qualitative Diskussion der Bindungsverhältnisse in einfachen Molekülen.

Obwohl die bisher ausgeführten Näherungsrechnungen über Molekülgrundzustände nur in wenigen Fällen zu verläßlichen Resultaten geführt haben, bietet die Theorie doch die wertvolle Möglichkeit, eine große Zahl von Erscheinungen durch Anwendung weniger, wenn auch halbempirischer Prinzipien zusammenfassend darzustellen.

Wenn man so verfährt, muß man nur bedenken, daß den verwendeten Begriffen, wie: lokalisierte und nichtlokalisierte Valenz, Mesomerie, gemischte Bindungseigenfunktionen usw. nur im Rahmen bestimmter Näherungsverfahren Bedeutung zukommt und daß z. B. Größen wie Mesomerie- oder Resonanzenergie mit Hilfe fiktiver Größen definiert sind.

Wenn im Sinne der Valenzstrukturmethode lokalisierte Valenz vorliegt, lassen sich für unpolare Strukturen die bekannten Valenzwinkel bei einfachen Molekülen zwanglos durch das Prinzip der maximalen Überlappung bestimmen. So ergeben sich z. B. für H_2O zwei σ-Bindungen und annähernd ein Valenzwinkel von 90°, für NH_3 drei σ-Bindungen und Valenzwinkel von jeweils annähernd 90°, für BCl_3 drei gemischt trigonale σ-Bindungen mit Valenzwinkeln von 120°, für CH_4 vier gemischt tetraedrische σ-Bindungen. Die Drehbarkeitsverhältnisse von Bindungen in komplizierteren Molekülen, wie etwa die der C—C-Bindung im Äthanmolekül C_2H_6 werden so auch in erster Näherung richtig wiedergegeben. Feinere Effekte, wie die geringe Rotationsbehinderung im Äthan, erfordern dagegen eine eingehende Behandlung[1] [2] [3].

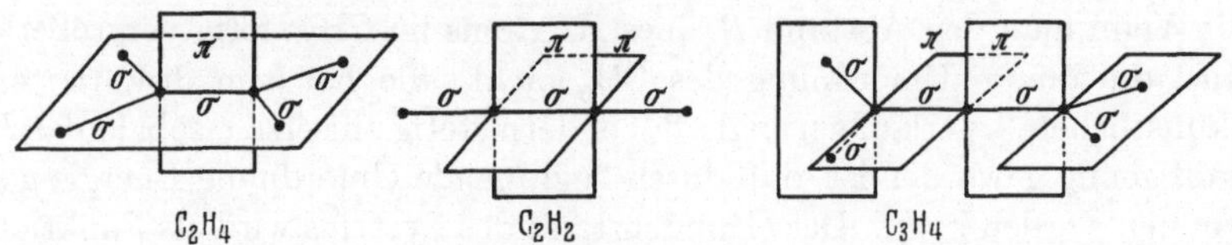

Abb. 27. Bindungsverhältnisse bei Äthylen, Acetylen und Allen.

Wie die Bindungsverhältnisse in Molekülen mit π-Bindungen einfach beschrieben werden können, zeigt die Abb. 27 für Äthylen, Acetylen und Allen. Auch in komplizierteren Fällen, wie etwa dem der Sulfoxyde (RR′SO) lassen sich die beobachteten Valenzwinkel zwanglos verstehen.

---

[1] EYRING, H., u., G. E. KIMBALL: J. Amer. Chem. Soc. **43**, 460 (1931).

[2] LASSETTRE, E. N., u., L. B. DEAN: J. Chem. Phys. **17**, 317 (1949).

[3] Das Molekül H_2O_2 mit Schraubenstruktur ist quantentheoretisch von SUTHERLAND und PENNEY untersucht worden.

PENNEY, W. G., u. G. B. B. M. SUTHERLAND: Trans. Faraday Soc. **30**, 898 (1934); J. Chem. Phys. **2**, 497 (1934).

Bei den Sulfoxyden ist die Annahme tetraedrischer Valenzeigenfunktionen beim Schwefelatom und damit eine Formulierung nach

$$R\text{---}\overset{\overset{\displaystyle R'}{|}}{\underline{S}}{}^{(+)}\text{---}\overline{O}|^{(-)}$$

plausibel. Das einsame Elektronenpaar vertritt die Stelle des vierten Substituenten und die beobachtete Spaltung von Verbindungen $RR'SO$ in optische Antipoden wird damit erklärt.

Die angeführten Beispiele zeigen, daß die Theorie in der Regel zwanglose Formulierungs*möglichkeiten* bietet. Inwieweit speziellen Formulierungen, insbesondere dann, wenn mehrere Möglichkeiten bestehen, Bedeutung zukommt, kann dagegen erst eine spezielle Untersuchung zeigen. So ist z. B. durchaus noch nicht geklärt, ob der Grundzustand von H_2O wirklich, wie oben angegeben, wesentlich durch die unpolare Struktur

$$\overset{\displaystyle O}{\diagup\;\diagdown}$$
$$H \qquad H$$

bestimmt wird, oder ob polare Strukturen weitgehend beteiligt sind.

Formulierungsschwierigkeiten treten immer da auf, wo die klassische Valenztheorie auf Schwierigkeiten stößt. Musterbeispiel sind die Borwasserstoffverbindungen, deren einfachste B_2H_6 (Diboran) nun nach SEEL[1] wohl am plausibelsten durch ein Paar mesomerer Grenzformeln nach

$$
\begin{array}{ccccccc}
H & & H & H & & H & \\
\diagdown & & \diagdown\;\diagup & & \diagup & & \\
 & B & & B & \longleftrightarrow & B & B \\
\diagup\;\diagdown & & \diagdown & & & \diagup & \diagdown \\
H & & H & H & & H & H
\end{array}
$$

formuliert wird, ähnlich wie schon DILTHEY[2] formuliert hatte.

Als Beispiele für Moleküle mit nicht lokalisierter Valenz wollen wir nur einige Fälle besprechen, bei denen das Vorliegen nicht lokalisierter Valenz einfach schon dadurch nahegelegt wird, daß es für die betreffenden Moleküle aus Symmetriegründen äquivalente Valenz-Strukturen gibt.

Die Nitroverbindungen sind lange Zeit mit fünfbindigem Stickstoff formuliert worden:

$$R\text{---}N\underset{\diagdown O}{\overset{\diagup O}{}}$$

---

[1] SEEL, F.: Z. Naturforsch. 1, 372 (1946).
[2] DILTHEY, W.: Z. angew. Chem. 34, 596 (1921).

Nach den in Kap. 10 abgeleiteten Valenzregeln ist es sehr unwahrscheinlich, daß N fünfbindig auftritt. Eine Formulierung, die den Bindigkeitsregeln entspricht, ist

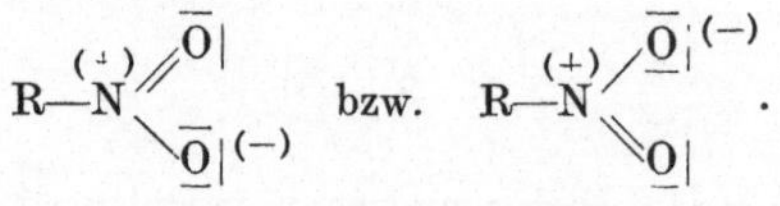

$$
\text{I} \qquad R\!-\!\overset{(+)}{N}\!\underset{\overline{\underline{O}}|^{(-)}}{\overset{\overline{O}|}{\diagup}} \qquad\qquad \text{bzw.} \qquad R\!-\!\overset{(+)}{N}\!\underset{\overline{O}|}{\overset{\overline{O}|^{(-)}}{\diagup}} \qquad \text{II}
$$

Die beiden Valenzstrukturen I und II sind völlig gleichwertig, und wenn
man den Grundzustand einer Nitroverbindung durch Überlagerung von
Valenzstrukturen beschreiben will, wird man I und II aus diesem Grund
sicher mit gleichen Koeffizienten beteiligen müssen. Da also mindestens
zwei Strukturen wesentlich beteiligt sind, sind die Nitroverbindungen
sicher mesomer.

Die Bedeutung des mit der Mesomerie verbundenen Absinkens der
Energie für chemische Gleichgewichte läßt sich an einem zweiten Beispiel gut erkennen.

Die Alkohole als Hydroxylverbindungen eines aliphatischen Restes
R dissoziieren unter normalen Bedingungen elektrolytisch nach

$$R\!-\!OH \rightarrow [R\!-\!O]^- + H^+$$

nur in so geringem Maße, daß der Nachweis der Dissoziation nicht einfach ist. Dagegen dissoziieren Carbonsäuren, die formal ebenfalls als
Hydroxylverbindungen angesehen werden können, vergleichsweise sehr
viel stärker

$$R\!-\!COOH \rightarrow [R\!-\!COO]^- + H^+ .$$

Das Säuremolekül wird chemisch in folgender Weise formuliert

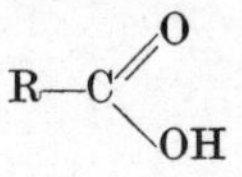

$$
R\!-\!C\!\underset{\textstyle OH}{\overset{\textstyle O}{\diagup}}
$$

und es ist deshalb sehr wahrscheinlich, daß in diesem Molekül lokalisierte
Valenz vorliegt.

Dagegen gibt es für das bei der Dissoziation entstehende Carboxylat-Ion zwei äquivalente Strukturen

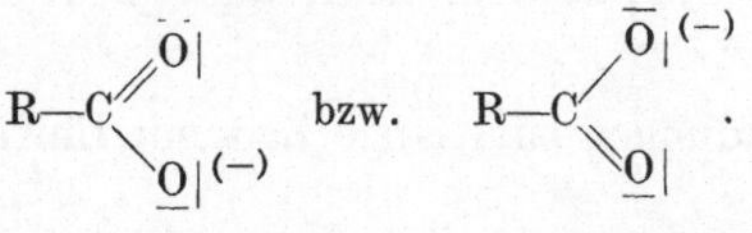

$$
R\!-\!C\!\underset{\overline{\underline{O}}|^{(-)}}{\overset{\overline{O}|}{\diagup}} \qquad\qquad \text{bzw.} \qquad R\!-\!C\!\underset{\overline{\underline{O}}|}{\overset{\overline{O}|^{(-)}}{\diagup}} .
$$

Das Carboxylat-Ion ist mesomer, und die durch die Mesomerie bedingte Energieerniedrigung ist offenbar so groß, daß infolge der damit
zusammenhängenden Änderung der Dissoziationsenergie der Hydroxyl-
gruppe das Gleichgewicht weitgehend zugunsten der Dissoziations-
produkte verschoben wird.

Beispiele für Gebilde mit drei äquivalenten Strukturen sind das Carbonat-Ion mit den Strukturen

und das Nitrat-Ion

Zu dieser Klasse von Gebilden zählt auch das Guanidinium-Ion, das aus der Base Guanidin durch Protonenanlagerung entsteht. Für das Guanidinium-Ion existieren drei äquivalente Strukturen

für das Guanidin selbst kann man ohne Willkür zunächst nur eine Struktur angeben:

Die Mesomerie zwischen den drei äquivalenten Strukturen des Ions hat zur Folge, daß das Additionsgleichgewicht für das Proton ungewöhnlich weit nach dem Ion verschoben ist. Guanidin ist sehr stark basisch und unterscheidet sich damit in sehr auffälliger Weise von anderen Imiden, zu denen es systematisch gehört.

Man kann die Äquivalenz der drei Strukturen des Guanidinium-Ions dadurch stören, daß man H-Atome der Aminogruppen durch Alkylradikale substituiert. Das hat, wie nach der Theorie zu erwarten ist, die Folge, daß die Basizität in der Reihe abnimmt. Dagegen ist die Basizität symmetrischer Trialkylguanidine in Übereinstimmung mit den theoretischen Erwartungen

$$\begin{array}{c} NR \\ \| \\ RHN \diagup C \diagdown NHR \end{array}$$

wieder ebenso groß, wie die des unsubstituierten Guanidins.

Empirisch beobachtet man, daß die Bindungsabstände in Molekülen, in denen wahrscheinlich lokalisierte Valenz vorliegt, weitgehend von den anderen im Molekül vorhandenen Bindungen unabhängig sind. Damit ergibt sich die Möglichkeit, Atomradien zu definieren, aus denen sich dann durch Addition die Bindungsabstände in guter Näherung errechnen lassen. Für Moleküle mit lokalisierten kovalenten Strukturen sind so z. B. in Tab. 19 Atomradien nach PAULING[1] sowie SCHOMAKER und STEVENSON[2] angegeben:

Tabelle 19. *Atomradien nach* PAULING (A).

	H 0,30 Li	B	C	N	O	F
Einfachbindung	1,34	0,88	0,77	0,74	0,74	0,72
Doppelbindung			0,67	0,61	0,57	
Dreifachbindung			0,60	0,55		
	Na 1,54		Si 1,17	P 1,10	S 1,04	Cl 0,99
	K 1,96		Ge 1,22	As 1,21	Se 1,17	Br 1,14
	Rb 2,11		Sn 1,40	Sb 1,41	Te 1,37	J 1,33
	Cs 2,25					

Die Tatsache der konstanten Bindungsabstände selbst kann heute durch die Theorie noch nicht erklärt werden. Dagegen scheinen, wie insbesondere PAULING gezeigt hat, Abweichungen von den normalen Bindungsabständen wichtige Hinweise auf Delokalisierung der Bindungen (durch wesentliche Mitbeteiligung anderer Strukturen) zu geben.

Ebensowenig, wie für die Konstanz der Bindungsabstände, existiert bisher eine zuverlässige Erklärung für die empirischen Beziehungen zwischen Kernabstand und Kraftkonstanten in Reihen analoger Bindungen[3].

---

[1] PAULING, L.: The Nature of the Chemical Bond. New York 1939.

[2] SCHOMAKER, V., u., D. P. STEVENSON: J. Amer. Chem. Soc. **63**, 37 (1941).

[3] Vgl. A. EUCKEN: Handbuch der Experimentalphysik 13 (1929). — BADGER, R. M.: J. Chem. Phys. **2**, 128 (1934).

14. Komplexverbindungen.

141. Magnussche Theorie der elektrostatischen Komplexe.

Als Komplexverbindungen werden Stoffe bezeichnet, die durch Vereinigung zweier oder mehrerer im chemischen Sinn beständiger Stoffe entstehen, und bei denen die Eigenschaften der Verbindungspartner nicht mehr ohne weiteres wiederzuerkennen sind. Durch diese Definition werden die Komplexverbindungen gegen die lockeren Molekülverbindungen abgegrenzt, obwohl sich natürlich eine scharfe Trennungslinie zwischen den beiden Gruppen nicht ziehen läßt[1].

Die charakteristischen molekularen Gebilde bei Komplexverbindungen weisen einen Strukturtyp auf, der zuerst von WERNER erkannt worden ist und dessen Beschreibung einen Hauptgegenstand der von WERNER begründeten Koordinationslehre bildet. Die Vielheit der in der Komplexchemie untersuchten Gebilde läßt sich systematisch von dem Typ des einkernigen Komplexions ableiten. Bei einem solchen ist ein Zentralatom (oder Ion) Z in vollständig oder nahezu regelmäßiger Weise von mehreren (p) Atomen, Ionen oder Molekülen umgeben, die zusammenfassend als Liganden L bezeichnet werden, so daß die Formel des Komplexes $Z L_p$ lautet. p heißt die Koordinationszahl. Die Liganden L brauchen unter sich nicht alle gleich zu sein. Beispiele für einfache einkernige Komplexe sind etwa die Ionen

$$[Fe\,(CN)_6]^{3+},\ [Si\,F_6]^{2-},$$
$$[Co\,(NH_3)_6]^{3+}\ [Co\,(NH_3)_5\,Cl]^{2+}$$

und die Moleküle $Fe\,(CO)_5$ und $Co(CO)_4H$.

WERNER[2] hat in den Komplexen die Wirkung von „Nebenvalenzkräften" angenommen, die zusätzlich zu den bei der Bildung der Komponenten schon „abgesättigten" normalen Bindungskräften auftreten und für die Bildung und Existenz der Komplexe verantwortlich sein sollten. Er hat jedoch über die Natur dieser Kräfte keine Hypothesen eingeführt und das Bindungsproblem sehr vorsichtig behandelt. Seine Arbeiten und die vieler seiner Nachfolger waren in erster Linie auf die Ermittlung der geometrischen Struktur der Komplexe gerichtet.

Das Bindungsproblem hat zum ersten Male KOSSEL vom Standpunkt der elektrostatischen Bindungstheorie aus gestreift. Der erste eingehende Versuch, im Rahmen dieser Theorie die Existenz von Komplexen und die bei ihrer Bildung beobachteten Gesetzmäßigkeiten zu verstehen, stammt von MAGNUS[3]. Die MAGNUSsche Theorie, mit der wir uns

---

[1] HEIN, F.: Chemische Koordinationslehre. Leipzig 1950.

[2] WERNER, A.: Neuere Anschauungen auf dem Gebiete der anorganischen Chemie. Braunschweig 1905.

[3] MAGNUS, A.: Z. anorg. Chem. **124**, 288 (1922).

zunächst beschäftigen wollen, ist durch die von der Theorie der unpolaren Bindung ausgehenden Überlegungen eine Zeitlang in den Hintergrund gedrängt worden. Neuerdings haben aber Untersuchungen über die Lichtabsorptionseigenschaften der Komplexe der Übergangsmetalle gezeigt, daß das Erscheinungsgebiet, für das die MAGNUSsche Theorie eine zureichende Erklärung liefert, wesentlich größer ist, als man in den vergangenen Jahren annehmen wollte. Nach MAGNUS behandeln wir Komplexe als Gebilde mit lokalisierter Valenz, bei denen zwischen Zentralion und Liganden keine Bindungen bestehen.

Wir betrachten zunächst Komplexe der allgemeinen Formel $Z^{n+}L_p^-$, in denen also ein n-fach positives Zentralion von p einfach negativen Ionen als Liganden umgeben ist. Die Ionen sollen sich wie starre Kugeln verhalten und sonst nur COULOMBsche elektrostatische Kräfte aufeinander ausüben. Die potentielle Energie des Komplexes setzt sich dann aus Gliedern der Form c/r zusammen, von denen je eines einer Wechselwirkung zwischen einem Ionenpaar entspricht. Die Vorzeichen der Glieder sind negativ oder positiv, je nachdem, ob es sich um die Wechselwirkung des Zentralions mit einem Liganden oder um die Wechselwirkung zweier Liganden handelt. Der Betrag der negativen (bindenden) Glieder ist natürlich um so größer, je kleiner der Abstand der Liganden vom Zentralion ist. Dessen Minimalwert ist $R_n + R$, wenn R_n den Radius des Zentralions und R den Radius des Liganden bedeutet. Zum Beispiel ergibt sich so die potentielle Energie für einen Komplex mit sechs oktaedrisch angeordneten Liganden zu:

$$U_p = -\frac{6n}{R_n + R} + \frac{3}{2(R_n + R)} + \frac{12}{\sqrt{2}(R_n + R)}. \tag{1}$$

Der von der Wechselwirkung: Zentralion—Liganden herrührende Energieanteil ist allgemein $-pn/(R_n + R)$. Die Abstände der Liganden untereinander sind bei gegebenem Anordnungstyp dem Abstand: Zentralion—Ligand proportional. Deshalb wird der von der Wechselwirkung der Liganden herrührende positive Anteil der potentiellen Energie proportional $1/(R_n + R)$ und wenn man den Proportionalitätsfaktor $p\,s_p$ nennt, lautet der Ausdruck für die gesamte elektrostatische Energie des Komplexes

$$U_p = -\frac{p(n - s_p)}{R_n + R}. \tag{2}$$

In dieser Beziehung kommt zum Ausdruck, daß in Übereinstimmung mit der Erfahrung die Stabilität eines Komplexes um so größer ist, je kleiner der Radius des Zentralions ist.

Die Konstante s_p, die als Abschirmungskonstante bezeichnet wird, hängt natürlich bei gegebener Koordinationszahl p noch von dem Anordnungstyp der Liganden ab. In Tab. 20 sind die von MAGNUS für die wichtigsten Fälle berechneten s_p-Werte zusammengestellt. Aus der Tabelle geht zusammen mit (1) hervor, daß bei der Koordinationszahl 4 die tetraedrische Anordnung günstiger sein sollte, als die ebene. Ebenso ergibt sich, daß bei $p = 6$ oktaedrische Anordnung günstiger ist als die in einem ebenen Sechseck und daß ähnlich bei $p = 8$ der Würfel günstiger ist als das gleichseitige Achteck.

Aus der Tatsache, daß zahlreiche eben gebaute Komplexe mit der Koordinationszahl 4 bekannt sind, folgt sofort, daß die elektrostatische Theorie zumindest in dieser elementaren Form nicht allen komplexchemischen Tatsachen gerecht werden kann. Immerhin ist aber die tetraedrische Anordnung kaum weniger häufig als die ebene.

Tabelle 20. *Abschirmungskonstanten nach* Magnus

p	Anordnung	s_p
2	digonal	0,25
3	gleichseitiges Dreieck	0,58
4	Tetraeder	0,92
4	Quadrat	0,96
5	reguläres Fünfeck	1,38
6	Oktaeder	1,66
6	reguläres Sechseck	1,83
7	reguläres Siebeneck	2,30
8	Würfel	2,47
8	reguläres Achteck	2,80

Bei den Komplexen mit der Koordinationszahl 6 ist die oktaedrische Anordnung die normale, wenn man oktaedrisch im weiteren Sinn auffaßt. Als oktaedrisch im weiteren Sinne bezeichnen wir eine Anordnung, bei der die Verbindungslinien: Zentralion—Ligand mit den Oktaederdiagonalen zusammenfallen, bei der aber die Abstände Zentralion—Ligand nicht mehr alle genau gleich sind. Tatsächlich hat man bei der Vermessung oktaedrischer Komplexe mit gleichen Liganden[1] gefunden, daß in den untersuchten Fällen kleine Abstandsunterschiede vorliegen und zwar so, daß paarweise je zwei gegenüberliegende Liganden genau *gleichen* Abstand vom Zentralion besitzen, die Paare untereinander aber etwas verschieden sind. Diese Tatsache wird von der diskutierten Theorie natürlich auch nicht erfaßt.

Im Ion $[\text{Mo}(\text{CN})_8]^{4-}$, dessen Struktur bekannt ist, besetzen die Cyanidionen die Ecken eines archimedischen Antiprismas. Dieser Fall ist von Magnus nicht berücksichtigt worden.

Wir betrachten nun eine Reihe von Komplexionen, die durch aufeinanderfolgende Anlagerung von Liganden an ein Zentralion entstehen. Bei der Zufügung von Liganden soll jeweils der nach Tab. 20 stabilste Anordnungstyp gebildet werden. Da in der betrachteten Reihe $R_n + R$ konstant ist, kann man $p\,(n - s_p)$ als Maß für die jeweils bei der Bildung des Komplexes aus seinen Bestandteilen freiwerdende Energie ansehen. Diese Größe ist nach Magnus in der Tab. 21 für verschiedene Wertigkeiten des Zentralions angegeben. Man sieht, daß $p\,(n - s_p)$ bei konstantem

---

[1] Braune u. Primow: Z. phys. Chem. B **35**, 239 (1937).

n mit p zunächst zu- und dann abnimmt. Dieser Verlauf gibt die Tatsache wieder, daß es für jede Wertigkeit der Zentralionen eine bevorzugte Koordinationszahl gibt. Außerdem ist die mit steigendem n eintretende Verschiebung des Maximums nach steigenden Koordinationszahlen in Übereinstimmung mit der Erfahrung.

Tabelle 21. $p\,(n - s_p)$ *nach* MAGNUS.

n	$p = 1$	$p = 2$	$p = 3$	$p = 4$	$p = 5$	$p = 6$	$p = 7$	$p = 8$
1	1,00	1,50	1,26	0,32				
2		3,50	4,26	4,32	3,12	2,04		
3			7,26	8,32	8,12	8,04	4,90	4,24
4				12,32	13,12	14,04	11,90	12,24
5					18,12	20,04	18,90	20,24
6						26,04	25,90	28,24
7							32,90	36,24
8								44,24

Die MAGNUSsche Theorie erklärt insbesondere auch die Tatsache, daß in den Komplexen mit gleichen Liganden diese gleichwertig sind, daß also nicht etwa, wie man von der Bildungsgleichung

$$\mathrm{Si\,F_4} + 2\,\mathrm{F^-} \rightarrow [\mathrm{Si\,F_6}]^{2-}$$

her schließen könnte, die „dazugekommenen" Liganden eine ausgezeichnete Rolle spielen.

Moleküle, die als Liganden fungieren, wie etwa $\mathrm{NH_3}$ in dem Komplex $[\mathrm{Co\,(NH_3)_6}]^{3+}$, haben in der Regel, wenn man von seltenen Fällen, wie etwa dem, daß Benzol als Ligand auftritt, absieht, ein elektrisches Dipolmoment. Auf dieser Tatsache kann man nach MAGNUS die Ausdehnung der elektrostatischen Theorie auf die Komplexe mit Neutralteilen aufbauen. Die potentielle Energie einer Ladung e gegen einen elektrischen Dipol, dessen Moment den Betrag μ haben soll, ist, wie in der Elektrostatik gezeigt wird,

$$V = -\,\frac{e\,\mu}{r^2}\,,$$

wenn die Richtung des Dipolmomentes in die Verbindungslinie von Ladung d und Dipol fällt und der Dipol das dem Sinn der Ladung „entgegengesetzte" Ende dieser zugewandt hat. Zwei gleiche Dipole, deren Momente mit ihrer Verbindungslinie den Winkel α einschließen, besitzen die gegenseitige potentielle Energie

$$U = \frac{\mu^2}{r^3}\,(1 + \cos^2 \alpha)\,.$$

Unter Verwendung dieser beiden Beziehungen läßt sich nun leicht die potentielle Energie eines Komplexes mit Neutralteilen berechnen, wenn man wieder die Annahme macht, daß sich Zentralion und Liganden durch starre Gebilde darstellen lassen und daß die Wechselwirkung zwischen den Komplexbestandteilen die COULOMBsche Wechselwirkung zwischen einer Ladung und Dipolen, sowie die zwischen Dipolen ist.

Dabei ergibt sich dann, daß die günstigste Lage der Dipole in der Regel so ist, daß sie auf das Zentralion hin ausgerichtet sind.

Ähnlich, wie bei den Komplexen mit Ionen als Liganden, kann man auch hier den günstigsten Anordnungstyp ermitteln. Die Rechnungen werden nur ein wenig umständlicher, sind aber leicht durchzuführen. Dabei ergibt sich z. B., daß auch bei Dipolliganden bei der Koordinationszahl 4 die tetraedrische Anordnung die günstigste ist und es ergibt sich weiter für die Koordinationszahl 6 ebenfalls das Oktaeder als günstigster Fall.

In die Bildungsenergie geht der Betrag des Dipolmomentes und zwar in der Weise ein, daß mit seiner Zunahme die Stabilität des Komplexes wachsen sollte, wenn alle anderen Größen, also insbesondere $R_n + R$, konstant gehalten werden. Zunahme von $R_n + R$ sollte, wie bei den Ionenkomplexen, Verminderung der Stabilität bewirken. Wenn man etwa NH_3 als Ligand durch PH_3 ersetzt denkt, ändern sich sowohl μ als auch $R_n + R$ und zwar beide Größen im Sinne einer Stabilitätsverringerung. Dasselbe tritt ein beim Ersatz von H_2O durch H_2S. Die Dipolmomentbeträge μ (in Debyeeinheiten) sind

$$NH_3: 1{,}49 \quad PH_3: 0{,}55 \quad H_2O: 1{,}85 \quad H_2S: 0{,}93.$$

Tatsächlich sind Komplexe mit NH_3 und H_2O als Liganden stabil, solche mit PH_3 und H_2S nicht.

Das positive (Abstoßungs-) Glied in der potentiellen Energie der Dipolkomplexe ist, da der Abstand der Dipole proportional $R_n + R$ ist, nach (3) proportional $(R_n + R)^{-3}$, während das negative Anziehungs-Glied nach (2) proportional $(R_n + R)^{-2}$ ist. Während also bei den Ionenkomplexen Abstoßungs- und Anziehungsglied die gleiche Abhängigkeit von $R_n + R$ zeigen, nimmt bei Dipolkomplexen bei Verringerung von $R_n + R$ das Abstoßungsglied schwächer zu als der Betrag des Anziehungsgliedes. Das Abstoßungsglied ist bei Dipolkomplexen also im allgemeinen unbedeutender als bei Ionenkomplexen. Infolgedessen wären nach der Theorie bei Dipolkomplexen höhere Koordinationszahlen schon bei kleinen Wertigkeiten des Zentralions anzutreffen. Tatsächlich bilden die einwertigen Alkalimetallionen mit Dipolliganden Komplexe der Koordinationszahl 6, wie etwa $[Na(NH_3)_6]^+$, während Komplexe der Art $[NaCl_6]^{5-}$ unbekannt sind.

Eine Erweiterung der mit starren Ionen und Molekülen arbeitenden Theorie durch Berücksichtigung der von Null verschiedenen Polarisierbarkeit dieser Gebilde ermöglicht es, weitere Tatsachen plausibel zu erklären. Bei Ionenkomplexen mit positivem Zentralion sind die Liganden leicht polarisierbare Anionen, während die Polarisierbarkeit der Zentralionen in der Regel wesentlich kleiner ist. In solchen Komplexionen wird also hauptsächlich eine Polarisation der Liganden durch das von den übrigen Komplexbestandteilen erzeugte Feld zustandekommen. Die erzeugten Dipolmomente sind auf das Zentralion hin gerichtet und wie bei den einfacheren, später diskutierten Ionenmolekülen hat man in der Vorstellung von der Deformation der Elektronenwolken der Liganden eine summarische Berücksichtigung der Mitbeteiligung von Strukturen mit unpolaren Bindungen am Grundzustand des Komplexes zu sehen (s. unten).

Selbstverständlich ist auch in Dipolkomplexen eine Polarisation der Ligandenmoleküle anzunehmen, und man kann mit dieser Vorstellung erklären, daß Ammine trotz des kleineren Dipolmomentes des NH_3 (gegenüber H_2O) so viel stabiler als Aquokomplexe sind, daß sie sich häufig in wäßriger Lösung bilden, das NH_3 also H_2O als Ligand verdrängt. Der Grund dafür dürfte darin zu suchen sein, daß die Polarisierbarkeit des NH_3-Moleküls (Molrefraktion 5,61 cm³) wesentlich höher ist, als die des H_2O-Moleküls (Molrefraktion 3,76 cm³).

Die Tatsache, daß die als Zentralionen in Komplexen auftretenden Ionen der Übergangsmetalle in der Regel nicht isotrop sind, ist bisher in der elektrostatischen Theorie noch nicht berücksichtigt worden, es ist aber anzunehmen, daß die Berücksichtigung dieses Umstandes von Nutzen sein wird.

142. Quantenmechanische Theorie der elektrostatischen Komplexe.

Wir überschreiten in diesem Abschnitt etwas die Grenzen unseres Themas und behandeln die Lichtabsorptionseigenschaften der Komplexe der Übergangsmetalle, weil wir dabei wesentliche Einblicke in die Bindungsverhältnisse bei Komplexen gewinnen werden[1].

Wir betrachten die Reihe der dreiwertigen Ionen der Übergangsmetalle:

$$Ti^{3+} \quad V^{3+} \quad Cr^{3+} \quad Mn^{3+} \quad Fe^{3+}.$$

Alle diese Ionen besitzen einen abgeschlossenen Rumpf und außerhalb des Rumpfes d-Elektronen als Valenzelektronen.

Vom Ti^{3+}, dem einfachsten Ion der Reihe, leitet sich das komplexe Ion $[Ti(H_2O)_6]^{3+}$ ab, dessen Spektrum außer einem steilen Anstieg im ultravioletten Spektralgebiet, der sicher dem Übergang eines Elektrons zwischen einem Liganden und dem Zentralion zuzuordnen ist, eine

---

[1] ILSE, F. E., u. H. HARTMANN: Z. phys. Chem. **197**, 239 (1951). — HARTMANN, H., u. H. L. SCHLÄFER: Z. phys. Chem. **197**, 116 (1951).
ILSE, F. E., u. H. HARTMANN: Z. Naturforsch. **6a**, 751 (1951). — HARTMANN, H., u. H. L. SCHLÄFER: Z. Naturforsch. **6a**, 754, 760 (1951).

schwache Absorptionsbande im sichtbaren langwelligen Gebiet zeigt. Das Termsystem des freien Ti^{3+}-Ions ist aus der Analyse der Emissionsspektren bekannt. Der erste angeregte Term ^2S ist soweit vom Grundterm ^2D entfernt, daß die langwellige Absorption des $[Ti(H_2O)_6]^{3+}$ sicher nicht auf den Übergang $^2D \rightarrow {}^2S$ zurückgeführt werden kann. Man findet die Erklärung für das Auftreten der langwelligen Bande auf folgendem Wege:

Das Valenzelektron des freien Ti^{3+} befindet sich in dem fünffach entarteten $3d$-Zustand. Bringt man das Ion in das von sechs oktaedrisch angeordneten Wasserdipolen erzeugte elektrische Feld (Komplexfeld), so wird der $3d$-Zustand gestört und es kann eine Aufspaltung eintreten. Zur Ermittlung des Aufspaltungsbildes bestimmen wir das Charakterensystem der durch die fünf $3d$-Eigenfunktionen induzierten Darstellung der Symmetriegruppe O_h des Störungsoperators.

Wir wählen als Basis für die Rechnung die fünf Funktionen:

$$d\gamma_1 = f(r)\,\frac{1}{\sqrt{12}}\,(3z^2 - r^2)$$

$$d\gamma_2 = f(r)\,\frac{1}{2}\,(x^2 - y^2)$$

$$d\varepsilon_1 = f(r)\,x\,y \tag{1}$$

$$d\varepsilon_2 = f(r)\,x\,x$$

$$d\varepsilon_3 = f(r)\,y\,z\,.$$

Es ist nun zu untersuchen, wie diese Funktionen sich bei den Koordinatentransformationen $E,\ C_2,\ C_4,\ C_2',\ C_3,\ i,\ i\,C_2,\ i\,C_4,\ i\,C_2',\ i\,C_3$ der Gruppe O_h transformieren. C_2 ist eine Drehung um eine Oktaederhauptachse um π, C_4 eine Drehung um dieselbe Achse um $\pi/2$. C_2' ist eine Drehung um die Verbindungslinie der Mittelpunkte zweier gegenüberliegender Kanten um π. C_3 ist eine Drehung um die Verbindungslinie der Mittelpunkte zweier gegenüberliegender Flächen um $2\pi/3$. Da $f(r)$ gegen Inversion i invariant ist und die übrigen Koordinaten immer paarweise als Produkte vorkommen, sehen wir sofort, daß die Anwendung einer Transformation $i\,C$ auf eine der Funktionen (1) dasselbe Resultat ergeben muß, wie die Anwendung von C. Es ist unmittelbar zu sehen, wie sich die Koordinaten transformieren. Zum Beispiel ist, wenn unter C_2 die Drehung um die z-Achse verstanden wird

$$C_2\,x = -x,\quad C_2\,y = -y,\quad C_2\,z = z$$

usw. Damit läßt sich dann leicht feststellen, daß sich die $d\gamma_1,\ d\gamma_2,$ $d\varepsilon_1,\ d\varepsilon_2,\ d\varepsilon_3$ so transformieren, wie in der folgenden Tabelle angegeben ist.

	$d\gamma_1$	$d\gamma_2$	$d\varepsilon_1$	$d\varepsilon_2$	$d\varepsilon_3$
E	$d\gamma_1$	$d\gamma_2$	$d\varepsilon_1$	$d\varepsilon_2$	$d\varepsilon_3$
C_2	$d\gamma_1$	$-d\gamma_2$	$-d\varepsilon_1$	$d\varepsilon_2$	$-d\varepsilon_3$
C_4	$-\dfrac{1}{2}d\gamma_1 + \dfrac{\sqrt{3}}{2}d\gamma_2$	$\dfrac{\sqrt{3}}{2}d\gamma_1 + \dfrac{1}{2}d\gamma_2$	$-d\varepsilon_3$	$-d\varepsilon_2$	$d\varepsilon_1$
C_2'	$-\dfrac{1}{2}d\gamma_1 - \dfrac{\sqrt{3}}{2}d\gamma_2$	$-\dfrac{\sqrt{3}}{2}d\gamma_1 + \dfrac{1}{2}d\gamma_2$	$-d\varepsilon_2$	$-d\varepsilon_1$	$d\varepsilon_3$
C_3	$-\dfrac{1}{2}d\gamma_1 + \dfrac{\sqrt{3}}{2}d\gamma_2$	$-\dfrac{\sqrt{3}}{2}d\gamma_1 - \dfrac{1}{2}d\gamma_2$	$d\varepsilon_3$	$d\varepsilon_1$	$d\varepsilon_2$

Aus der Tabelle erkennt man schon, daß die Funktionenfamilien $d\gamma_1, d\gamma_2$ und $d\varepsilon_1, d\varepsilon_2, d\varepsilon_3$ sich immer nur in sich transformieren. Die durch (1) induzierte Darstellung von O_h ist also sicher reduzibel. Ob die Reduzierbarkeit noch weiter geht als bis zu dem Zerfallen in zwei Darstellungen, kann man systematischer mit Hilfe der Reduktionsformel (43.82) feststellen, nachdem man an Hand der Tabelle zunächst das Charakterensystem der durch die Basis (1) induzierten Darstellung zu

$$E \quad C_2 \quad C_4 \quad C_2' \quad C_3 \quad i \quad iC_2 \quad iC_4 \quad iC_2' \quad iC_3$$
$$\chi: \; 5 \quad -1 \quad -1 \quad -1 \quad 2 \quad 5 \quad -1 \quad -1 \quad -1 \quad 2$$

ermittelt hat. Es ergibt sich

$$\Gamma = E_g + T_{2g}. \tag{2}$$

Der ^2D-Term spaltet also in zwei Terme auf, die als Dubletterme zweckmäßig durch die Symbole ^2E_g und $^2T_{2g}$ bezeichnet werden.

Über die Lage dieser beiden Terme zueinander kann nur eine Störungsrechnung Aufschluß geben. Das Säkularproblem ist nach (1) vom fünften Grade, zerfällt aber in ein Problem zweiten und in eines dritten Grades, wenn man eine Basis verwendet, von der zwei Glieder sich nach E_g und drei sich nach T_{2g} transformieren. Die Basis (1) hat, wie wir festgestellt haben, schon diese Eigenschaft. $d\gamma_1$ und $d\gamma_2$ gehören zu E_g, $d\varepsilon_1, d\varepsilon_2$ und $d\varepsilon_3$ zu T_{2g}. Der Störungsoperator $V_\varkappa$ ist das von den Liganden erzeugte elektrische Potential.

Da die Basis (1) orthogonal ist, reduzieren sich alle Nichtdiagonalglieder auf die V_{ij}. Von den V_{ij} betrachten wir zunächst

$$(d\gamma_1, \, V_\varkappa \, d\gamma_2) \, . \tag{3}$$

$V_\varkappa$ ist invariant in bezug auf die Drehung C_4 um die z-Achse um die Winkel $\pi/2$. $d\gamma_1$ gehört zum Eigenwert 1 des entsprechenden Symmetrieoperators, $d\gamma_2$ aber zum Eigenwert -1. Die Anwendung des Kombinationssatzes ergibt also $(d\gamma_1, \, V_\varkappa \, d\gamma_2) = 0$. Auf ähnliche Weise beweist man, daß auch die Nichtdiagonalelemente des Säkularproblems zu T_{2g}

verschwinden. Da das erste Säkularproblem zwei und das zweite drei zusammenfallende Wurzeln haben muß, folgt dann:

$$\Delta E\,(E_g) = (d\gamma_1,\, V_x\, d\gamma_1) = (d\gamma_2,\, V_x\, d\gamma_2) \tag{4}$$

und

$$\Delta E\,(T_{2g}) = (d\varepsilon_1,\, V_x\, d\varepsilon_1) = (d\varepsilon_2,\, V_x\, d\varepsilon_2) = (d\varepsilon_3,\, V_x\, d\varepsilon_3)\,. \tag{5}$$

Die beiden interessierenden Integrale lassen sich für den Fall, daß V_x von sechs Dipolen herrührt, leicht berechnen, indem man zunächst die Dipole durch Paare von Punktladungen darstellt und bei der Darstellung der Potentiale der Punktladungen von der Entwicklung des reziproken Abstandes zweier Punkte Gebrauch macht, die in der Theorie der Atomzustände verwendet worden war. Dann erhält man

$$\Delta E\,(E_g) \;=-\,\mu\,f\left[\frac{16}{15}\,H\,(0) + \frac{8}{45}\,H\,(4)\right]$$

$$\Delta E\,(T_{2g}) =-\,\mu\,f\left[\frac{16}{15}\,H\,(0) - \frac{112}{945}\,H\,(4)\right] \tag{6}$$

Dabei bedeutet μ den Betrag der Dipolmomente der Liganden, f ist die effektive Kernladungszahl der d-Atomeigenfunktionen, die nach den SLATERschen Regeln bestimmt werden kann und $H\,(0)$ und $H\,(4)$ sind durch

$$H\,(n) = f\,\frac{d}{dx}\,G\,(n)$$

$$G\,(0) = \frac{45}{8\,x} - \left(\frac{45}{8\,x} + \frac{75}{8} + \frac{15}{2}\,x + \frac{15}{4}\,x^2 + \frac{5}{4}\,x^3 + \frac{1}{4}\,x^4\right)e^{-2\,x}$$

$$G\,(4) = \frac{14\,175}{8\,x^5} - \left(\frac{14\,175}{8\,x^5} + \frac{14\,175}{4\,x^4} + \frac{14\,175}{4\,x^3} + \frac{4725}{2\,x^2} + \frac{4725}{4\,x}\right. \tag{7}$$

$$\left. + \frac{945}{2} + \frac{315}{2}\,x + 45\,x^2 + \frac{45}{4}\,x^3 + \frac{9}{4}\,x^4\right)e^{-2\,x}$$

definierte Exponentialintegrale. x hängt mit dem Abstand R der Liganden vom Zentralion nach

$$x = f\,R \tag{8}$$

zusammen.

Wenn man plausible Werte für f, μ, R einsetzt, erhält man für die Termdifferenz $\Delta\,(E_g) - \Delta\,(T_{2g})$ einen Wert, der einem Absorptionsübergang bei etwa 550 mμ entspricht. Der Übergang ist als reiner Elektronenübergang verboten, kann aber in Kombination mit geeigneten Schwingungsübergängen des Komplexions stattfinden. Damit ist das Auftreten einer schwachen Absorptionsbande im sichtbaren Gebiet bei $[\mathrm{Ti}\,(\mathrm{H_2O})_6]^{3+}$ erklärt.

Die Aufspaltung, die der Grundterm eines Zentralions erfährt, wenn dieses unter den Einfluß des Ligandenfeldes gerät, hängt von der

Drehimpulsquantenzahl ab. S- und P-Terme spalten z. B. in einem oktaedrischen Feld nicht auf. Ein D-Term spaltet, wie wir gesehen haben, in zwei Terme auf, ein F-Term in drei. Die Zahl der langwelligen schwachen Absorptionsbanden sollte also durch L bestimmt sein. Die folgende Tabelle zeigt, daß das bei den Ionen Ti^{3+} bis Fe^{3+} der Fall ist[1].

Zahl der Elektronen		1	2	3	4	5
	Ionen . . .	Ti^{3+}	V^{3+}	Cr^{3+}	Mn^{3+}	Fe^{3+}
	Grundterm	^2D	^3F	^4F	^5D	^6S
Zahl der Banden der oktaedrischen Komplexe	theoretisch	1	2	2	1	0
	experimentell	1	2	2	1	0

Mit Hilfe der skizzierten Theorie kann man auch die Aufspaltungen richtig beschreiben, die die Banden der oktaedrischen Komplexe erfahren, wenn man die Symmetrie der Gebilde durch Einführung andersartiger Liganden verringert[2].

Wegen der Einzelheiten müssen wir auf die Literatur verweisen.

Daß man die spektroskopischen Tatsachen über die Komplexe der Übergangsmetalle auf der Grundlage der elektrostatischen Theorie verstehen kann, zeigt, daß jedenfalls in einer großen Zahl solcher Verbindungen keine wesentliche Durchdringung der Elektronenwolken von Zentralionen und Liganden stattfindet.

Die Rechnungen der oben dargestellten Art ergeben insbesondere die Verschiebung der Grundterme der Zentralionen unter dem Einfluß des oktaedrischen Ligandenfeldes. Die Resultate lauten für die in der obenstehenden Tabelle angeführten Ionen:

$$\begin{aligned}
Ti^{3+} & \quad \Delta E = E_2 \\
V^{3+} & \quad \Delta E = \frac{9}{5} E_2 + \frac{1}{5} E_1 \\
Cr^{3+} & \quad \Delta E = 3 E_2 \\
Mn^{3+} & \quad \Delta E = 3 E_2 + E_1 \\
Fe^{3+} & \quad \Delta E = 3 E_2 + 2 E_1 .
\end{aligned} \tag{9}$$

Bei Ionen als Liganden ist

$$\begin{aligned}
E_2 &= f \left\{ \frac{16}{15} G(0) - \frac{112}{945} G(4) \right\} \\
E_1 &= f \left\{ \frac{16}{15} G(0) + \frac{8}{45} G(4) \right\} .
\end{aligned} \tag{10}$$

---

[1] Über Mo^{3+}-Komplexe und über komplizierter gebaute V^{3+}-Komplexe liegen (noch unveröffentlichte) theoretische und experimentelle Untersuchungen von H. J. Schmidt sowie von A. Bürger vor.

[2] Nach noch unveröffentlichten Rechnungen von H. Hartmann und E. Cruse.

Sind die Liganden Dipole (Momentbetrag μ), so ist:

$$E_2 = -\mu f \left\{ \frac{16}{15} H(0) - \frac{112}{945} H(4) \right\}$$

$$E_1 = -\mu f \left\{ \frac{16}{15} H(0) + \frac{8}{45} H(4) \right\}. \tag{11}$$

Daß die Grundterme der Ionen Ti^{3+} bis Fe^{3+} nach (9) auch dann, wenn die Abstände der Liganden in allen Fällen gleich sind (was in der betrachteten Reihe bei Komplexen mit gleichen Liganden auch annähernd tatsächlich der Fall ist) verschieden stark verschoben werden, wäre im Rahmen der MAGNUSschen Theorie nicht verständlich, weil dort die Bindungsenergie (von der ΔE in (9) ein wesentlicher Teil ist) nur von Ionenladung und Abstand der Liganden abhängt.

Bei unserer feineren Betrachtung treten Unterschiede auf, die folgende Ursachen haben: 1. Die Ladungswolken der d-Elektronen erstrecken sich theoretisch bis ins Unendliche, so daß auch dann, wenn wie beim Fe^{3+}-Ion die Ladungsverteilung kugelsymmetrisch ist, die effektive

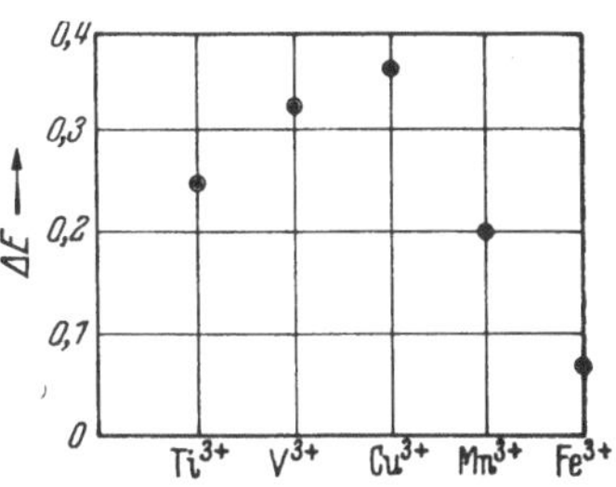

Abb. 28. Sonderenergien bei der Bildung von Komplexionen.

Ladungszahl des Zentralions für die Wechselwirkung mit den Liganden etwas größer als drei ist. 2. Bei den übrigen Ionen kommt hinzu, daß die Ladungswolken der Zentralionen noch (höhere) elektrische Momente besitzen, deren Wechselwirkung mit den Liganden in ΔE eingeht. Trägt man ΔE (in atomaren Einheiten) auf, so ergibt sich das Bild der Abb. 28. Unsere Rechnungen führen also sichtlich zur Erkärung der auffälligen komplexchemischen Beobachtung, daß bei Cr^{3+} in der Reihe der betrachteten Ionen die Tendenz zur Bildung von Komplexen besonders ausgeprägt ist.

143. Theorie von SIDGWICK und PAULING.

Neben der Entwicklung der elektrostatischen Theorie der Komplexe wurde frühzeitig die Vermutung geäußert, daß bei den Komplexen Strukturen mit kovalenten Bindungen zwischen Zentralion und Liganden wesentlich sein könnten.

Den ersten Schritt in dieser Richtung tat SIDGWICK[1]. Nach SIDGWICK ist die Bindung der Liganden in Komplexen darauf zurückzuführen, daß jeweils ein Elektron eines einsamen Paares bei dem zu bindenden Liganden an das Zentralion abgegeben wird und daß dann durch

---

[1] J. Amer. Chem. Soc. **53**, 1367, 3225 (1931)

Wechselwirkung dieses Elektrons mit dem zurückgebliebenen eine Bindung zustande kommt.

In der Sprache der Valenzstrukturtheorie lautet diese Auffassung: Am Grundzustand der Komplexe ist vorwiegend die Struktur mit Bindungen zwischen Liganden und Zentralionen beteiligt. Das Beispiel

$$\begin{array}{ccc} & \overset{(+)}{NH_3} & \\ \overset{(+)}{NH_3}\diagdown & | & \diagup\overset{(+)}{NH_3} \\ & Co^{(3-)} & \\ \overset{(+)}{NH_3}\diagup & |\,_{(+)} & \diagdown\overset{(+)}{NH_3} \\ & NH_3 & \end{array}$$

zeigt sofort, daß die formalen Ladungen der Liganden und insbesondere die des Zentralions dann ganz ungewöhnlich sind und wir werden uns speziell mit diesem Punkt der Theorie noch zu beschäftigen haben.

Da die an den NH_3 verbliebenen Elektronen noch zu den „gemeinsamen" Elektronen gehören, besitzt das Kobalt im Hexamminion eine Achtzehnerschale von Elektronen. Die Zahl 18, die gleichzeitig die Zahl der Außenelektronen des auf Co folgenden Edelgases angibt, spielt bei der Komplexbildung der Übergangsmetalle nach SIDGWICK dieselbe Rolle, wie die Zahl 8 bei den Verbindungen der Elemente der ersten Periode. Weitere Beispiele für die Gültigkeit der Achtzehnerregel sind etwa die Ionen $[Cu(CN)_4]^-$ und $[Mo(CN)_8]^{4-}$. Ausnahmen sind etwa die Komplexionen $[Cr(NH_3)_6]^{3+}$ und $[Fe(CN)_6]^{3-}$. Solche Gebilde werden nach SIDGWICK als unvollkommene Komplexe bezeichnet.

Das in seiner Bedeutung etwas schwankende Wort Durchdringungskomplex wird gebraucht, wenn man ausdrücken will, daß nach SIDGWICK sich bei der Komplexbildung die Elektronenwolken von Liganden und Zentralion gegenseitig durchdringen müssen, wenn Bindung eintreten soll. Da die vollkommenen Durchdringungskomplexe eine abgeschlossene Edelgasschale aufweisen, müssen sie diamagnetisch sein. Das wird in der Regel beobachtet und darin liegt die Hauptstütze für die SIDGWICKsche Theorie[1].

Diamagnetismus zeigen neben Komplexen wie $[Co(NH_3)_6]^{3+}$ vor allem auch die nach der Achtzehnerregel aufgebauten Carbonylverbindungen, wie z. B.

$$Fe(CO)_5 \quad Co(CO)_4H \quad Ni(CO)_4.$$

Dabei ist angenommen, daß sich Co mit einem Elektronenpaar an der Komplexbildung beteiligt.

---

[1] In der Theorie der magnetischen Materialeigenschaften wird gezeigt, daß Gebilde, die kein Bahnmoment besitzen, bei denen also nur die Einstellung des Spins das magnetische Verhalten bestimmt, ein magnetisches Moment vom Betrag

$$2\sqrt{S(S+1)}\,m_0$$

besitzen (m_0: BOHRsches Magneton), wobei $\sqrt{S(S+1)}$ der Betrag des Spinvektors ist. — KLEMM, W.: Magnetochemie. Leipzig 1936; Z. Elektrochem. **51**, 14 (1945).

Bei den diamagnetischen Nitrosylverbindungen

$$Na_2[Fe(CN)_5NO]\,, \quad Fe(CO)_2(NO)_2\,, \quad Co(CO)_3NO$$

kommt die Achtzehnerschale nach HIEBER[1] dadurch zustande, daß das unpaare NO von vorneherein ein Elektron an das Zentralatom abgibt und sich dann außerdem noch mit einem Elektronenpaar an der Komplexbildung beteiligt, insgesamt also drei Elektronen zur Achtzehnerschale beisteuert.

Im Rahmen der SIDGWICKschen Theorie sollten die magnetischen Eigenschaften der unvollkommenen Komplexe in erster Linie durch die Zahl der an der Achtzehnerschale fehlenden Elektronen bestimmt sein. Damit wird sie der Tatsache nicht gerecht, daß z. B. die folgenden Komplexe magnetisch wesentlich verschieden sind:

	Bohrsche Magnetonen
$Na_3[FeF_6]$	5,8
$K_3[Fe(CN)_6]$	2

PAULING hat die Grundannahme von SIDGWICK im Rahmen der Valenzstrukturtheorie näher untersucht. Wenn zwischen den Liganden und dem Zentralion Bindungen zustande kommen sollen, müssen am Zentralion leere Eigenfunktionen niedriger Energie für die Aufnahme der von den Liganden abgegebenen Elektronen zur Verfügung stehen. Vorausgesetzt, daß das der Fall ist, muß untersucht werden, ob diese Funktionen sich so mischen lassen, daß Valenzeigenfunktionen mit bestimmten Richtungseigenschaften entstehen. Allgemeiner sind diese Probleme später von KIMBALL[2] untersucht worden und wir entnehmen aus Tab. 12, daß für die beiden wichtigsten Koordinationszahlen 6 und 4 oktaedrische Valenzeigenfunktionen aus der Eigenfunktionsgruppe $d^2\,s\,p^3$, quadratische Funktionen aus $d\,s\,p^2$ und tetraedrische aus $s\,p^3$ gebildet werden können. PAULING[3] hat die Linearkombinationen unmittelbar bestimmt. Seine Resultate lauten:

$$\text{Oktaedrische Valenzeigenfunktionen}$$

$$d^2\,s\,p^3 \qquad
\begin{aligned}
\psi_1 &= \frac{1}{\sqrt{6}}\,s + \frac{1}{\sqrt{2}}\,p_z + \frac{1}{\sqrt{3}}\,d\,\gamma_1 \\[4pt]
\psi_2 &= \frac{1}{\sqrt{6}}\,s - \frac{1}{\sqrt{2}}\,p_z + \frac{1}{\sqrt{3}}\,d\,\gamma_1 \\[4pt]
\psi_3 &= \frac{1}{\sqrt{6}}\,s + \frac{1}{\sqrt{12}}\,d\,\gamma_1 + \frac{1}{2}\,d\,\gamma_2 + \frac{1}{\sqrt{2}}\,p_x \\[4pt]
\psi_4 &= \frac{1}{\sqrt{6}}\,s + \frac{1}{\sqrt{12}}\,d\,\gamma_1 + \frac{1}{2}\,d\,\gamma_2 - \frac{1}{\sqrt{2}}\,p_x \\[4pt]
\psi_5 &= \frac{1}{\sqrt{6}}\,s + \frac{1}{\sqrt{12}}\,d\,\gamma_1 - \frac{1}{2}\,d\,\gamma_2 + \frac{1}{\sqrt{2}}\,p_y \\[4pt]
\psi_6 &= \frac{1}{\sqrt{6}}\,s + \frac{1}{\sqrt{12}}\,d\,\gamma_1 - \frac{1}{2}\,d\,\gamma_2 - \frac{1}{\sqrt{2}}\,p_y
\end{aligned}
\tag{1}$$

[1] HIEBER, W., u. E. FACK: Z. anorg. Chem. **236**, 89 (1936).
[2] KIMBALL, G.: J. Chem. Phys. 8, 188 (1940).
[3] PAULING, L.: The Nature of the Chemical Bond. New York 1939.

Quadratische Valenzeigenfunktionen

$$d\,s\,p^2 \qquad \psi_1 = \frac{1}{2}\,s + \frac{1}{2}\,d\,\gamma_2 + \frac{1}{\sqrt{2}}\,p_x$$

$$\psi_2 = \frac{1}{2}\,s + \frac{1}{2}\,d\,\gamma_2 - \frac{1}{\sqrt{2}}\,p_x$$

$$\psi_3 = \frac{1}{2}\,s - \frac{1}{2}\,d\,\gamma_2 + \frac{1}{\sqrt{2}}\,p_y$$

$$\psi_4 = \frac{1}{2}\,s - \frac{1}{2}\,d\,\gamma_2 - \frac{1}{\sqrt{2}}\,p_y$$

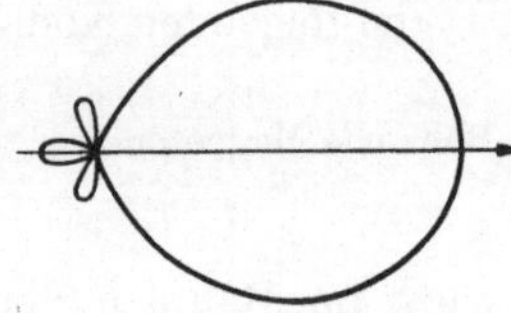

Abb. 29. Oktaedrische Bindungseigenfunktion.

Alle diese Valenzeigenfunktionen sind axialsymmetrisch, also für die Bildung von σ-Bindungen geeignet. In Abb. 29 ist für eine oktaedrische Funktion ein axialer Schnitt durch eine Fläche gleicher ψ-Werte dargestellt.

Wenn durch Vermittlung der sechs Valenzeigenfunktionen (1) oktaedrische Komplexe gebildet werden sollen, müssen unter Umständen Atomeigenfunktionen umbesetzt werden. In der folgenden Tabelle, die wohl ohne nähere Erklärung verständlich ist, sind einige Beispiele angegeben.

	3 d	4 s	4 p	4 d
Cr^{3+}	(•)(•)(•)( )( )			
Fe^{3+}	(•)(•)(•)(•)(•)			
Co^{3+}	(••)(•)(•)(•)(•)			
Co^{2+}	(••)(••)(•)(•)(•)			
$[Cr(NH_3)_6]^{3+}$	(•)(•)(•)[( )( )	( )	( )( )( )]	( )
$[Fe(CN)_6]^{3-}$	(••)(••)(•)[( )( )	( )	( )( )( )]	( )
$[Co(NH_3)_6]^{3+}$	(••)(••)(••)[( )( )	( )	( )( )( )]	( )
$[Co(NH_3)_6]^{2+}$	(••)(••)(••)[( )( )	( )	( )( )( )]	(•)

Das Chromhexammin-Ion besitzt nach SIDGWICK eine Fünfzehnerschale. Für sein magnetisches Verhalten sollten also drei ungepaarte Elektronen bestimmend sein. Aus der Tabelle ist zu sehen, daß die PAULINGsche Theorie in Übereinstimmung mit den Beobachtungen zu demselben Resultat führt. Auch beim Kobalthexammin-Ion führt die PAULINGsche Theorie zu dem früheren Resultat hinsichtlich des magnetischen Verhaltens, da die zur Freimachung zweier d-Funktionen nötige Umbesetzung nur so vorgenommen werden kann, daß alle übrigen d-Funktionen doppelt mit Elektronen besetzt sind. Das Komplexion sollte also diamagnetisch sein.

Beim Ferrocyanid-Ion bleibt ein ungepaartes Elektron übrig und das entspricht etwa dem beobachteten Magnetonenwert. Hinsichtlich des Fluorkomplexes $K_3[FeF_6]$ können wir aber den Schluß ziehen, daß für ihn in Anbetracht seines hohen Magnetonenwertes der SIDGWICK-PAULINGsche Bindungsmechanismus nicht in Frage kommt.

Von den Komplexen mit der Koordinationszahl 4 sind für die Diskussion der PAULINGschen Theorie vor allem die Nickelkomplexe mit den Ionen

$$[Ni(NH_3)_4]^{2+} \qquad \text{paramagnetisch}$$

$$[Ni(CN)_4]^{2-} \qquad \text{diamagnetisch}$$

von Interesse. Der Amminkomplex ist tetraedrisch gebaut, der Cyanatokomplex eben. Da das Ni^{2+} acht d-Elektronen als Außenelektronen besitzt, müssen für die Bildung quadratischer Valenzeigenfunktionen die Zustände umbesetzt werden, wenn die benötigte freie d-Funktion zur Verfügung stehen soll. Daraus folgt Diamagnetismus und tatsächlich ist der eben gebaute Cyanatokomplex diamagnetisch. Eine Umbesetzung ist nicht erforderlich, wenn vier Liganden tetraedrisch gebunden werden sollen. Daß der tetraedrische Amminkomplex paramagnetisch ist, ist nach der Theorie also gut zu verstehen.

Man hat gelegentlich aus der Tatsache, daß die Aussagen der PAULINGschen Theorie über das magnetische Verhalten hier zutreffen, den Schluß gezogen, daß damit ihre Grundannahme gestützt würde. Darauf, daß dieser Schluß nicht unbedingt zulässig ist, hat zuerst VAN VLECK[1] hingewiesen. Eine Änderung des magnetischen Verhaltens der Ionen bei der Komplexbildung ist nach VAN VLECK auch im Rahmen der elektrostatischen Theorie zu verstehen. Wenn unter der Einwirkung des Ligandenfeldes ein Spaltprodukt eines Terms des freien Ions, der andere Multiplizität als der Grundterm des (freien) Ions besitzt, Grundterm wird, muß sich das magnetische Verhalten ändern.

144. Moleküleigenfunktionen bei Komplexen.

Sowohl der SIDGWICKschen Vorstellung, wie den PAULINGschen Untersuchungen haftet der Mangel an, daß den Zentralionen der Komplexe ganz ungewöhnliche formale Ladungen zuerteilt werden. Es ist äußerst unwahrscheinlich, daß z.B. das Chromion im Chromhexammin-Ion die Ladung —3 tragen soll. Das folgt vor allem daraus, daß die elektrostatische Theorie, die mit der normalen Ladung —3 für Cr rechnet, in der Lage ist, die optischen Eigenschaften der Chromkomplexe gut zu beschreiben.

Man kann diesen schwachen Punkt der SIDGWICK-PAULINGschen Theorie dadurch ausmerzen, daß man Valenzstrukturen mit weniger Bindungen zwischen Zentralion und Liganden, als maximal möglich sind, zur Beteiligung am Grundzustand zuläßt. Dadurch wird die Theorie

---

[1] VAN VLECK, J. H.: J. Chem. Phys. **3**, 803 (1935).

aber sehr undurchsichtig, und es ist kaum mehr möglich, zu einigermaßen
zuverlässigen Aussagen zu kommen.

Viel zweckmäßiger ist es deshalb, von vornherein die Methode der
Molekülzustände anzuwenden. Damit gewinnt man die Möglichkeit,
in einem Ansatz den elektrostatischen und den SIDGWICKschen Grenzfall zu umfassen.

Die in Molekülzuständen unterzubringenden Elektronen stammen
außer vom Zentralion von den Liganden. Jeder von diesen steuert ein
einsames Elektronenpaar bei. Zur Bildung der Moleküleigenfunktionen
stehen außer den Eigenfunktionen bei den Liganden, die in nullter Näherung von den einsamen Paaren besetzt werden, in erster Linie die fünf
d-Eigenfunktionen der Zentralionen zur Verfügung, wenn es sich um
Komplexe der Übergangsmetalle handelt. Durch die Gesamtheit dieser
Funktionen wird eine Darstellung der Symmetriegruppen des betreffenden Komplexes induziert und man bildet deshalb nach MULLIKEN[1]
zweckmäßig von vornherein Linearkombinationen, die sich nach den
irreduziblen Bestandteilen der Darstellung transformieren. So kommt
man zur Tabelle 22.

Aus je zwei Funktionen, die in einer Zeile vereinigt sind, können noch
zwei unabhängige Linearkombinationen gebildet werden, von denen eine
bindend und eine lockernd ist. Bei der Bildung der Linearkombinationen
für zwei Zeilen, die durch eine Klammer verbunden sind, sind dieselben
Koeffizienten zu verwenden.

Wir betrachten als Beispiel das Ion $[Co(NH_3)_6]^{3+}$. Die Zahl der Valenzelektronen ist $6 \cdot 2 + 6 = 18$. Zur Unterbringung dieser Elektronen
existieren die Eigenfunktionen

$$A_{1g} \qquad \frac{1}{\sqrt{6}}\,(\psi_1 + \psi_2 + \psi_3 + \psi_4 + \psi_5 + \psi_6) = \varphi_1$$

$$T_{1u} \quad \begin{cases} \dfrac{1}{\sqrt{2}}\,(\psi_1 - \psi_4) = \varphi_2 \\[2ex] \dfrac{1}{\sqrt{2}}\,(\psi_2 - \psi_5) = \varphi_3 \\[2ex] \dfrac{1}{\sqrt{2}}\,(\psi_3 - \psi_6) = \varphi_4 \end{cases}$$

$$E_g \quad \begin{cases} d\,\gamma_1 & \dfrac{1}{\sqrt{12}}\,(2\,\psi_3 + 2\,\psi_6 - \psi_1 - \psi_4 - \psi_2 - \psi_5) = \varphi_5 \\[2ex] d\,\gamma_2 & \dfrac{1}{\sqrt{12}}\,(\psi_1 + \psi_4 - \psi_2 - \psi_5) = \varphi_6 \end{cases}$$

$$T_{2g} \quad \begin{cases} d\,\varepsilon_1 \\ d\,\varepsilon_2 \\ d\,\varepsilon_3 \end{cases}$$

---

[1] MULLIKEN, R. S.: Phys. Rev. **43**, 279 (1933).

Tabelle 22. *Moleküleigenfunktionen für verschiedene Symmetriefälle.*

Gruppe	Darstellung	Atomeigenfunktionen	Ligandeneigenfunktionen
T_d	A_1	s	$\frac{1}{2}(\psi_1 + \psi_2 + \psi_3 + \psi_4)$
	T_2	$p_x, d\varepsilon_3$	$\frac{1}{2}(\psi_1 + \psi_2 - \psi_3 - \psi_4)$
		$p_y, d\varepsilon_2$	$\frac{1}{2}(\psi_1 - \psi_2 + \psi_3 - \psi_4)$
		$p_z, d\varepsilon_1$	$\frac{1}{2}(\psi_1 - \psi_2 - \psi_3 + \psi_4)$
	E	$d\gamma_1$	—
		$d\gamma_2$	—
C_{3v}	A_1	$s, p_z, d\gamma_1$	$\frac{1}{\sqrt{3}}(\psi_1 + \psi_2 + \psi_3)$
	E	$p_x, d\varepsilon_2, d\gamma_2$	$\sqrt{\frac{2}{3}}\left(\psi_1 - \frac{1}{2}\psi_2 - \frac{1}{2}\psi_3\right)$
		$p_y, d\varepsilon_1, d\varepsilon_3$	$\frac{1}{\sqrt{2}}(\psi_2 - \psi_3)$
O_h	A_{1g}	s	$\frac{1}{\sqrt{6}}(\psi_1 + \psi_2 + \psi_3 + \psi_4 + \psi_5 + \psi_6)$
	T_{1u}	p_x	$\frac{1}{\sqrt{2}}(\psi_1 - \psi_4)$
		p_y	$\frac{1}{\sqrt{2}}(\psi_2 - \psi_5)$
		p_z	$\frac{1}{\sqrt{2}}(\psi_3 - \psi_6)$
	E_g	$d\gamma_1$	$\frac{1}{\sqrt{12}}(2\psi_3 + 2\psi_6 - \psi_1 - \psi_4 - \psi_2 - \psi_5)$
		$d\gamma_2$	$\frac{1}{2}(\psi_1 + \psi_4 - \psi_2 - \psi_5)$
	T_{2g}	$d\varepsilon_1$	—
		$d\varepsilon_2$	—
		$d\varepsilon_3$	—
D_{4h}	A_{1g}	$s, d\gamma_1$	$\frac{1}{2}(\psi_1 + \psi_2 + \psi_3 + \psi_4)$
	E_u	p_x	$\frac{1}{\sqrt{2}}(\psi_1 - \psi_3)$
		p_y	$\frac{1}{\sqrt{2}}(\psi_2 - \psi_4)$
	B_{1g}	$d\gamma_2$	$\frac{1}{2}(\psi_1 - \psi_2 + \psi_3 - \psi_4)$
	A_{2u}	p_z	—
	B_{2g}	$d\varepsilon_1$	—
	E_g	$d\varepsilon_2$	—
		$d\varepsilon_3$	—

Die Zahl der Knotenflächen der φ steigt in der angegebenen Reihenfolge an. Die φ sind also in dieser Reihenfolge zu besetzen. Wenn wir als plausibel annehmen, daß von der Gesamtheit der Liganden maximal 4 Elektronen an das Zentralion abgegeben werden, sind also zunächst einmal φ_1 bis φ_4 mit insgesamt 8 Elektronen zu besetzen. Über die energetische Reihenfolge der γ- und ε- d-Funktionen wissen wir von der Behandlung des Ti^{3+}-Ions in der elektrostatischen Theorie, daß die drei $d\varepsilon$-Funktionen der tieferen Energie entsprechen. Wir werden diese Funktionen also mit weiteren 6 Elektronen besetzen. Nun sind noch vier Elektronen unterzubringen. Für diese reichen die zwei bindenden Linearkombinationen gerade aus, die man aus den vier Funktionen zu E_g bilden kann, so daß man zu einem Zustand mit nur doppelt besetzten Molekülzuständen kommt, der dem beobachteten Diamagnetismus Rechnung trägt.

Es ist bemerkenswert, daß in den beiden bindenden Linearkombinationen zu E_g derselbe Parameter auftritt, so daß die ganze Elektronenverschiebung durch einen Parameter beschrieben wird. Kommt in der Grenze in den bindenden Linearkombinationen nur $d\gamma_1$ bzw. $d\gamma_2$ vor, nicht aber φ_5 bzw. φ_6, so wird die formale Ladung des Co -1. Tritt dagegen nur φ_5 bzw. φ_6 auf, so liegt der elektrostatische Grenzfall vor mit der formalen Ladung $+3$ für das Co. Quantitative Resultate können natürlich nur erhalten werden, wenn die Rechnungen mit Einschluß der Elektronenwechselwirkung durchgeführt werden. Bisher liegen darüber keine Resultate vor.

15. Ungesättigte und aromatische Verbindungen.

151. π-Elektronensysteme.

In den Molekülen der ungesättigten und aromatischen Kohlenwasserstoffe, deren Prototypen Äthylen und Benzol sind,

besitzt jedes nach den klassischen Formeln an einer Doppelbindung beteiligte Kohlenstoffatom drei nächste Nachbarn. Da diese Kohlenwasserstoffmoleküle und die sich von ihnen ableitenden Moleküle vorwiegend eben gebaut sind, liegt es nahe, anzunehmen, daß die C-Atome sich im trigonalen Valenzzustand befinden, daß sie also drei σ-Bindungen zu ihren nächsten Nachbarn bilden und daß das vierte Valenzelektron des Atoms in nullter Näherung die p_z-Eigenfunktion besetzt (die z-Achse stehe senkrecht zur Molekülebene). Für die vierten Valenzelektronen, die mit denen der Nachbar-C-Atome zusammen π-Bindungen erzeugen können, hat sich die Bezeichnung π-Elektronen eingebürgert. Diese Bezeichnung ist eigentlich ungeschickt gewählt (weil durch den Buchstaben π Zustände in Systemen mit *axialer* Symmetrie bezeichnet werden); nachdem sie aber allgemein gebräuchlich ist, wollen wir sie hier auch verwenden.

E. HÜCKEL[1], von dem diese Vorstellung stammt, hat damit den richtigen Ansatzpunkt für die Behandlung der π-Elektronensysteme der ungesättigten und aromatischen Verbindungen gefunden und in seinen Arbeiten die Theorie der Moleküle dieser Stoffklasse in eine Form gebracht, die auch im Augenblick noch nicht überholt ist.

Die unmittelbare Übertragung des BAYERschen Äthylenmodells mit gespannten Bindungen in die Sprache der Valenzstrukturtheorie ist versucht worden. Es hat sich dabei aber herausgestellt, daß die Bindungsenergie des Äthylenmoleküls unter Zugrundelegung tetraedischer Bindungseigenfunktionen kleiner wird, als wenn man nach HÜCKEL trigonale Bindungseigenfunktionen zugrundelegt[2].

152. Anwendung der Valenzstrukturmethode.

Bei der Anwendung der Valenzstrukturmethode auf Äthylen, Benzol und verwandte Moleküle kommen, wenn man nach HÜCKEL annimmt, daß drei Elektronen jedes Kohlenstoffatoms an lokalisierten σ-Bindungen beteiligt sind, nur solche Valenzstrukturen für die Beschreibung der Grundzustände in Frage, bei denen die π-Elektronen untereinander gebunden sind. Das hat zur Folge, daß in allen Elementen der Säkulardeterminante die Austauschintegrale zwischen den nichtgebundenen σ- und π-Elektronen in derselben Weise (nämlich jeweils mit dem Koeffizienten $-\frac{1}{2}$) auftreten. Man kann diese Glieder und die natürlich immer in gleicher Weise auftretenden Coulombintegrale zwischen σ- und π-Elektronen und die Wechselwirkungen zwischen π-Elektronen und den Rümpfen in die potentielle Energie mit hineinnehmen und braucht dann also nur noch die Wechselwirkungen der π-Elektronen untereinander zu berücksichtigen. Anschaulich bedeutet das, daß man die π-Elektronensysteme so behandeln darf, als ob sie sich in einem durch das restliche Molekül erzeugten Potentialfeld bewegten.

Nach HÜCKEL erhält man recht brauchbare Resultate, wenn man nur unpolare Strukturen in Betracht zieht, bei denen also jedem C-Atom ein π-Elektron zukommt.

---

[1] HÜCKEL, E.: Z. Physik **60**, 423 (1930); **70**, 204 (1931); **72**, 310 (1931); **76**, 628 (1932); Grundzüge der Theorie der ungesättigten und aromatischen Verbindungen. Berlin 1938.

[2] PAULING, L.: J. Amer. Chem. Soc. **53**, 1367 (1931).

Für Äthylen gibt es nur eine solche Struktur

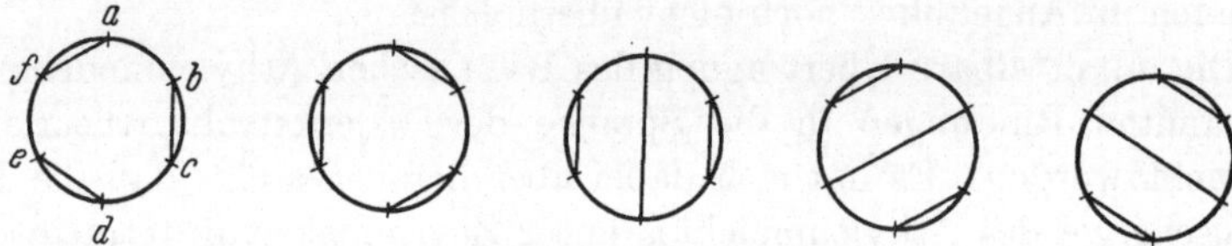

(Die σ-Bindungen sind mit angegeben, so daß zwischen den C-Atomen das klassische Symbol der Doppelbindung auftritt.) Für Benzol kann man 15 unpolare Strukturen aufzeichnen. Nach dem RUMERschen Satz können aber höchstens fünf von diesen voneinander linear unabhängig sein. Einen kanonischen Satz von Strukturen erhält man, wenn man von den fünf ungekreuzten RUMERschen Strichbildern ausgeht:

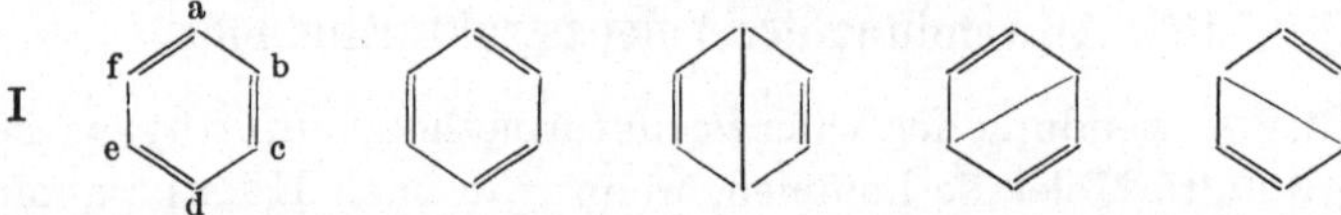

Es ist zweckmäßig, die Kohlenstoffatome im Benzolmolekül in der selben Reihenfolge wie die Punkte auf dem RUMERschen Kreis zu indizieren. Dann bekommt man den kanonischen Satz:

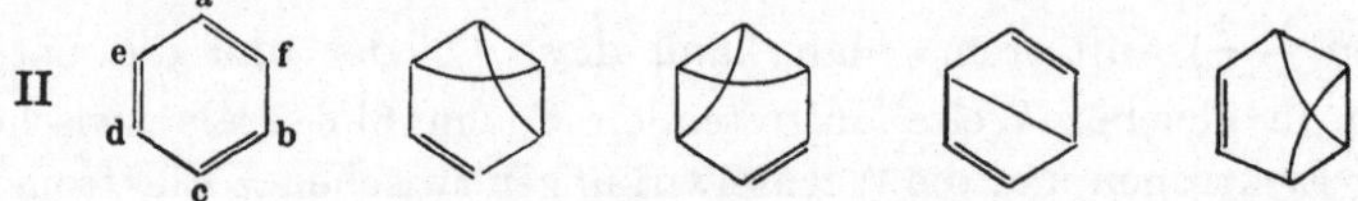

Daß man in bezug auf die Indizierung so verfährt, ist aber keineswegs notwendig (Die Nichtbeachtung dieses Umstandes hat gelegentlich zu Irrtümern geführt[1]).

Man kann die Kohlenstoffatome im Benzolmolekül auch z. B. in folgender Weise indizieren

II

und kommt dann durch Übertragung aus dem RUMERschen Schema zu dem angegebenen kanonischen Satz von Strukturen, der dem Satz I vollkommen äquivalent ist! Der Grundzustand läßt sich ebensogut durch eine Überlagerung der Strukturen II, wie der Strukturen I beschreiben.

Die zwei ersten Strukturen des Satzes I werden wegen ihrer Analogie zu den KÉKULÉschen Benzolformeln als KÉKULÉ-Strukturen bezeichnet, die drei letzten Strukturen wegen der Analogie zu den DEWARschen Benzolformeln als DEWAR-Strukturen.

Nach der Beziehung (72.20) steigt die Zahl der kanonischen Strukturen mit steigender Zahl der π-Elektronen sehr rasch an. Bei der

---

[1] Vgl. dazu H. HARTMANN: Z. Elektrochem. **54**, 380 (1950).

Behandlung des 10-Elektronenproblems des Naphthalins sind schon 42 Strukturen zu berücksichtigen. Für das einfachste stabile Radikal, das Triphenylmethyl mit 19 π-Elektronen existieren 496 unpolare Strukturen. Es zeigt sich also, daß eine Hauptschwierigkeit bei der Anwendung der Valenzstrukturmethode auf die π-Elektronensysteme darin liegt, daß der Grad der zu lösenden Säkularprobleme schon bei verhältnismäßig einfachen Molekülen so hoch wird, daß schon die Umwandlung der Säkulardeterminanten in Polynome nach der Energie allzu viel Zeit in Anspruch nimmt und die Probleme damit praktisch unlösbar werden. Sofern die Moleküle Symmetrieeigenschaften haben, lassen sich die Säkularprobleme in der Regel noch in solche niedrigerer Grade aufspalten (s. u.), aber in den vielen Fällen, wo die Symmetrien der Moleküle zu gering sind, kann auch die Heranziehung der gruppentheoretischen Hilfsmittel nicht wesentlich weiterhelfen und man hat dann gelegentlich drastische Vereinfachungen eingeführt.

Bei den durchgeführten Rechnungen wurden in der Regel die $\pi\,(p_z)$-Eigenfunktionen benachbarter Kohlenstoffatome und erst recht die weiter entfernten Atome als praktisch orthogonal angenommen. Außerdem wurden die Coulomb- und Austauschintegrale zwischen Nichtnachbaratomen vernachlässigt. Unter diesen Voraussetzungen erhält man zunächst für die π-Elektronenenergie des Äthylens

$$E = C + A. \tag{1}$$

Dabei bedeuten C und A das Coulomb- und das Austauschintegral zwischen den π-Eigenfunktionen der beiden Kohlenstoffatome. Bei der Diskussion der Bindungstypen wurde gezeigt, daß A von dem Winkel α abhängt, um den die Achsen der π-Funktionen gegeneinander verdreht sind. A ist negativ für $\alpha = 0$ und es ist gleich Null für $\alpha = \pi/2$. Damit findet eine der bemerkenswertesten Eigenschaften des Äthylens und seiner Derivate ihre Erklärung, nämlich die durch die Nichtverdrehbarkeit der Doppelbindung bedingte Erscheinung der cis-trans-Isomerie der Äthylenderivate.

Mit Hilfe der PAULINGschen Regeln lassen sich die Elemente der Säkulardeterminante des Benzolproblems unter der Annahme quasi orthogonaler Atomeigenfunktionen und bei Beschränkung auf Nur-nachbarwechselwirkung leicht bestimmen. Die Säkulargleichung lautet:

$$\begin{vmatrix} 4/6 & 1/6 & 2/6 & 2/6 & 2/6 \\ 1/6 & 4/6 & 2/6 & 2/6 & 2/6 \\ 2/6 & 2/6 & 4/0 & 1/6 & 1/6 \\ 2/6 & 2/6 & 1/6 & 4/0 & 1/6 \\ 2/6 & 2/6 & 1/6 & 1/6 & 4/0 \end{vmatrix} = 0$$

Erklärung: $4/6 = 4\,(C - E) + 6\,A$

Da das Benzolmolekül und damit das Feld des Molekülrumpfes zahlreiche Symmetrieelemente besitzt, ist es zweckmäßig, die durch die fünf Strukturen I induzierte Darstellung der Symmetriegruppe D_{6h} des Benzolmoleküls zu bestimmen, sie auszureduzieren und dann die Basis I in entsprechender Weise zu transformieren.

Die sechs kanonischen Strukturen des Benzols

induzieren eine Darstellung der Symmetriegruppe D_{6h} des Moleküls. Bei der Drehung C_3 um die hexagonale Hauptachse mit dem Winkel $2\pi/3$ transformieren sich I, II, ... z. B. in folgender Weise:

$$C_3\text{I} = \text{I} \quad C_3\text{II} = \text{II} \quad C_3\text{III} = \text{V} \quad C_3\text{IV} = \text{III} \quad C_3\text{V} = \text{IV}$$

Der Charakter von C_3 in der betrachteten Darstellung ist demnach 2. Auf diese Weise läßt sich das ganze Charakterensystem leicht ermitteln.

Da die maximale Aufspaltung des Säkularproblems schon erreicht wird, wenn man nur nach der Untergruppe D_6 von D_{6h} ausreduziert, benötigen wir nur die Charaktere für die Elemente von D_6. Sie lauten:

$$
\begin{array}{ccccccc}
 & E & C_2 & 2\,C_3 & 2\,C_6 & 3\,C_2' & 3\,C_2'' \\
\chi & 5 & 3 & 2 & 0 & 1 & 3
\end{array}
\tag{2}
$$

Damit ergibt sich die folgende Zerlegung der Darstellung

$$\Gamma = 2\,A_1 + B_2 + E_1 . \tag{3}$$

(Nichtnormierte) Linearkombinationen der Valenzstrukturen, die sich nach den irreduziblen Bestandteilen von Γ transformieren, sind z. B.

$$
\begin{array}{lll}
A_1: & \psi_1 = \text{I} \; + \text{II} & \psi_2 = \text{III} + \text{IV} + \text{V} \\
B_2: & \psi_3 = \text{I} \; - \text{II} & \\
E_1: & \psi_4 = \text{III} - \text{IV} & \psi_5 = \text{IV} - \text{V}
\end{array}
\tag{4}
$$

Bei Verwendung dieser Basis zerfällt das Säkularproblem in ein Problem ersten und zwei Probleme zweiten Grades.

$$
\begin{array}{ll}
A_1: & \begin{vmatrix} 10/24 & 12/36 \\ 12/36 & 18/36 \end{vmatrix} = 0 \quad E = C - (1 \pm \sqrt{13})\,A \\[1.5em]
B_2: & |\,6/0\,| = 0 \qquad\qquad\qquad E = C \\[1em]
E_1: & \begin{vmatrix} 6/-12 & -3/6 \\ -3/6 & 6/-12 \end{vmatrix} = 0 \quad E = C - \dfrac{9 \pm 3}{4}\,A
\end{array}
\tag{5}
$$

Die niedrigste Wurzel ist:

$$E = C + (\sqrt{13} - 1)\,A = C + 2{,}6055\,A . \tag{6}$$

Wären wir von der Annahme ausgegangen, daß der Grundzustand des π-Elektronensystems des Benzolmoleküls durch *eine* Kékuléstruktur beschrieben werden kann, so hätte sich als Energie

$$E = C + 1{,}5\,A \tag{7}$$

ergeben. Die gleichzeitige Beteiligung aller fünf Strukturen bringt gegenüber dem *hypothetischen* Fall lokalisierter Valenz den Energiegewinn

$$\Delta E = 1{,}1055\,A\ , \tag{8}$$

den man als Sonderenergie (Resonanzenergie) bezeichnet. Diese Bezeichnungsweise hat natürlich nur Sinn in bezug auf den durchaus hypothetischen Vergleichsfall. Wenn man die zu der Wurzel (6) gehörende Linearkombination von I + II und III + IV + V auf die übliche Weise bestimmt, erhält man als Näherungseigenfunktion für den Grundzustand

$$(\text{I} + \text{II}) + 0{,}4341\,(\text{III} + \text{IV} + \text{V}) \tag{9}$$
$$(\text{nicht normiert}).$$

Die Kékuléstrukturen sind am Grundzustand also wesentlich stärker beteiligt als die Dewarstrukturen. Daß die Kékuléstrukturen unter sich und die Dewarstrukturen unter sich gleiche Koeffizienten tragen, läßt sofort erkennen, daß nach dieser Theorie alle C—C-Bindungen im Benzol gleichen Charakter besitzen. Das ist aber schon in die Rechnung hineingesteckt worden und es ist deshalb sehr wichtig, daß LENNARD-JONES und TURKEVICH[1] durch Untersuchung weniger symmetrischer Benzolmodelle zeigen konnten, daß sich wirklich die Symmetrie D_{6h} aus der Bindungstheorie *ergibt*.

PAULING[2] hat im Anschluß an die Behandlung von π-Elektronensystemen mit der Valenzstrukturmethode eine π-Bindungsordnung definiert. Diese Größe wird dadurch ermittelt, daß man die π-Bindungsordnung einer bestimmten Bindung (1 oder 0) über die Strukturen mit deren Gewicht mittelt. Dabei ergibt sich die π-Bindungsordnung im Benzol für alle Nachbarpaare zu $\frac{1}{2}$. Für Naphthalin ergeben sich folgende Werte:

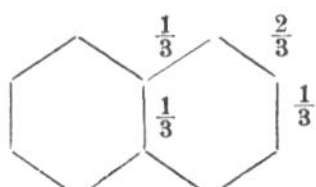

Die Größe x ist jedoch, wie PENNEY[3] gezeigt hat, nicht invariant gegen Basistransformation des zugrunde gelegten kanonischen Satzes. PENNEY hat loc. cit. eine entsprechende invariante Größe definiert[4].

---

[1] J. E. LENNARD-JONES u. J. TURKEVICH: Proc. Roy. Soc. (A) **158**, 297 (1937).

[2] PAULING, L.: The Nature of the Chemical Bond. New York 1939.

[3] PENNEY, W. G.: Proc. Roy. Soc. (A.) **158**, 306 (1937).

[4] Vgl. H. HARTMANN: Z. Elektrochem. **54**, 380 (1950).

153. Näherung der Kékuléstrukturen.

Die Anwendung der Valenzstrukturmethode auf die π-Elektronensysteme höherer aromatischer Kohlenwasserstoffe ist zwar im Prinzip möglich, praktisch wird aber die Anwendbarkeit der Methode dadurch begrenzt, daß mit steigender Zahl von π-Elektronen die Zahl der kanonischen Strukturen sehr rasch ansteigt. Infolgedessen liegen in der Literatur bisher nur für einige Moleküle Werte für die π-Elektronenenergie vor, die so berechnet worden sind.

Bei der Behandlung der einfacheren Moleküle macht man die Erfahrung, daß an der Linearkombination des Grundzustandes in der Regel diejenigen Valenzstrukturen mit besonders großen Koeffizienten beteiligt sind, die eine maximale Zahl von Bindungen zwischen Nachbaratomen aufweisen. Beim Benzol sind das etwa die beiden Kékuléstrukturen. Diese enthalten nur Bindungen zwischen Nachbaratomen, während es in jeder Dewarstruktur zwei solche Bindungen und eine „lange" Bindung zwischen entfernten Atomen gibt. Die Strukturen mit „langen" Bindungen werden häufig als angeregte Strukturen bezeichnet. Diese Bezeichnungsweise ist insofern irreführend als man durch sie zu der Anschauung verleitet werden könnte, daß durch diese Strukturen angeregte Molekülzustände beschrieben würden. Das ist natürlich nicht der Fall und wir wollen den Gebrauch des Wortes „angeregt" dadurch vermeiden, daß wir von Kékuléstrukturen und Nicht-Kékuléstrukturen sprechen.

Da die Nicht-Kékuléstrukturen am Grundzustand im allgemeinen nur geringfügig beteiligt sind, kann man sich zur Vereinfachung der Rechnung entschließen, die Säkularprobleme von vornherein nur für die Gesamtheit der Kékuléstrukturen anzuschreiben. Der Grad der Säkularprobleme wird dann gleich der Zahl der Kékuléstrukturen, bei Benzol also z. B. gleich 2, bei Naphthalin gleich 3 usw.[1].

Mit dieser zusätzlichen Vereinfachung sind Rechnungen für zahlreiche Moleküle ausgeführt worden. Man stellt fest, daß die so berechneten π-Elektronenenergiewerte im allgemeinen von den Werten, die man unter Berücksichtigung aller unpolaren Strukturen erhält, relativ wenig abweichen.

Die alleinige Berücksichtigung der Kékuléstrukturen ist also scheinbar ein brauchbarer Näherungsstandpunkt. Tatsächlich ist das Verfahren aber recht willkürlich und zwar aus folgendem Grund:

Wenn man bei der vollständigen Behandlung des Benzolmoleküls den aus zwei Kékuléstrukturen und drei Dewarstrukturen gebildeten kanonischen Satz durch einen anderen Satz ersetzt, der durch andere Zuordnung der Kohlenstoffatome zu den Punkten des RUMERschen Schemas

---

[1] WHELAND, G. W.: J. Chem. Phys. **3**, 356 (1935).

entsteht, werden dadurch die Wurzeln des Säkularproblems nicht berührt. Der Übergang von einem kanonischen Satz zu einem anderen ist lediglich eine Basistransformation und damit physikalisch belanglos. Die Anzahlen der Kékuléstrukturen in verschiedenen kanonischen Sätzen ist aber im allgemeinen verschieden. Wieviel Strukturen man bei Beschränkung auf Kékuléstrukturen also in das Säkularproblem mit hineinnimmt, hängt durchaus von der zufälligen Basiswahl ab. Die Methode ist also willkürlich und man kann den mit ihr gewonnenen Resultaten keine objektive physikalische Bedeutung zubilligen.

154. Eine einfache Abschätzungsformel.

Die praktische Anwendbarkeit der Valenzstrukturmethode auf π-Elektronensysteme ist, wie wir gesehen haben, recht begrenzt. Die Reduktion der Probleme durch Berücksichtigung der Symmetrieeigenschaften hilft nicht sehr viel weiter. Die Beschränkung auf die Kékuléstrukturen ist nur mit dem schlechten Argument zu rechtfertigen, daß ohne sie viele Probleme im Rahmen der Valenzstrukturtheorie überhaupt nicht in Angriff genommen werden könnten.

Auch der Rechenaufwand bei der Anwendung der Methode der Molekülzustände steigt mit zunehmender π-Elektronenzahl rasch an und obwohl diese Methode auch vom praktischen Standpunkt her gesehen der Valenzstrukturmethode bei der Behandlung von π-Elektronensystemen vorzuziehen ist, bleibt auch hier in der Regel jedes Molekül ein Einzelproblem. Es gelingt nur für einige Gruppen von Stoffen, allgemeine Ausdrücke für die Energie abzuleiten, aber in der Regel ist der Zusammenhang zwischen der Struktur des Moleküls und der π-Elektronenenergie nicht allgemein zu durchschauen.

Eine einfache, wenn auch theoretisch nicht besonders gut fundierte Näherungsformel, die wir im Folgenden ableiten, und die überraschend gute Resultate liefert, ist deshalb bei der Diskussion allgemeiner Zusammenhänge bei π-Elektronensystemen von Nutzen[1].

Die Valenzstruktureigenfunktionen sind Linearkombinationen von HS-Funktionen, die so gebildet sind, daß sie Eigenfunktionen des Spinbetragsquadrates zum Eigenwert Null, also Singulettfunktionen sind. Es ist natürlich sinnvoll, von vornherein Singulettfunktionen in einem linearen Variationsansatz zu verwenden, mit dem man den Singulettgrundzustand eines Elektronensystems beschreiben will. Diese vor Ansatz des Säkularproblems ausgeführte Linearkombination der HS-Funktionen zur Spinkomponente Null ist aber nicht notwendig, weil das Variationsprinzip von selbst dafür sorgt, daß die Linearkombination,

---

[1] HARTMANN, H.: Z. Naturforsch. **2a**, 259, 263 (1947).

die schließlich für den Grundzustand herauskommt, Singuletteigenschaften hat. Tatsächlich ist bei den ursprünglichen HÜCKELschen Rechnungen (loc. cit.) auch eine vollständige Basis von HS-Funktionen verwendet worden.

Man kann nun in grober Näherung von der Gesamtheit der unpolaren Spinfunktionen ausgehend die folgende Störungsrechnung versuchen. Alle unpolaren HS-Funktionen φ_i gehören in nullter Näherung, d. h. bei getrennten Atomen, zur selben Energie. In erster Näherung kommt für die i-te Funktion die Energie

$$H_{ii} = (\varphi_i, H\varphi_i) \tag{1}$$

dazu.

Diese Energie ist aber nach (73.) bekannt. Nach (73.15) ist

$$H_{ii} = NC - p_i A. \tag{2}$$

NC ist die COULOMBsche Wechselwirkung für alle N Paare benachbarter Kohlenstoffatome. p_i ist die Zahl benachbarter Paare von Atomen, deren Ortseigenfunktionen in φ_i gleiche Spinfunktionen zugeordnet sind. A ist das Austauschintegral zwischen zwei benachbarten Atomen. (2) gilt bei Annahme von Quasiorthogonalität und Vernachlässigung aller Nichtnachbarwechselwirkungen. Nach (2) gehört der tiefste H_{ii}-Wert zu derjenigen Funktion φ_i, in der benachbarten Atomen immer verschiedene Spinfunktionen zugeordnet sind. Diese Funktion, die mit φ_0 bezeichnet sei, kann etwa für das Beispiel Naphthalin durch

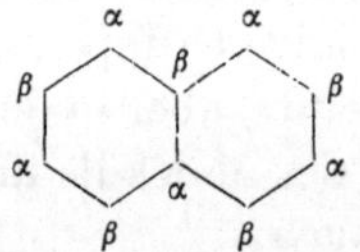

symbolisch bezeichnet werden. (Es gibt natürlich zwei solche Funktionen. Diese kombinieren aber nicht miteinander und man kann leicht zeigen, daß es hier genügt, eine von ihnen zu betrachten.)

Indem man für den durch φ_0 beschriebenen Zustand die Störungsenergie bis zur zweiten Näherung nach dem allgemeinen Schema der Störungstheorie anschreibt, erhält man als Näherungsausdruck für die Energie des Grundzustandes

$$E = H_{00} + \sum_i \frac{H_{0i}^2}{H_{00} - H_{ii}}. \tag{3}$$

Die Summe geht über alle von 0 verschiedenen i. H_{0i} ist nur dann von Null verschieden und zwar gleich A, wenn die Verteilung der Spinfunktionen in φ_i sich von der in φ_0 nur dadurch unterscheidet, daß die Spinfunktionen an zwei benachbarten Atomen vertauscht worden sind. Die Summe ist also nur über diese Funktionen zu erstrecken, und der Zähler des Bruches ist für alle nicht verschwindenden Summanden A^2. Der Nenner hat, da nach Voraussetzung $p_0 = 0$ ist, nach (2) den Wert

$$H_{00} - H_{ii} = p_i A. \tag{4}$$

Da H_{00} nach (2) gleich NC ist, entsteht aus (3):

$$E = NC + A \sum_i \frac{1}{p_i}. \tag{5}$$

Die verschiedenen Paare benachbarter Kohlenstoffatome teilt man nun zweckmäßig nach der Gesamtzahl von Atomen, die den Atomen des Paares benachbart sind, in Gruppen ein. Nennt man der einfacheren Ausdrucksweise wegen ein Paar benachbarter Atome eine „Bindung", so unterscheidet man zweckmäßig verschiedene Arten solcher Bindungen und zwar die in der Abb. 30 dargestellten Typen. Wenn den zwei Atomen der Bindung insgesamt r Atome benachbart sind, spricht man

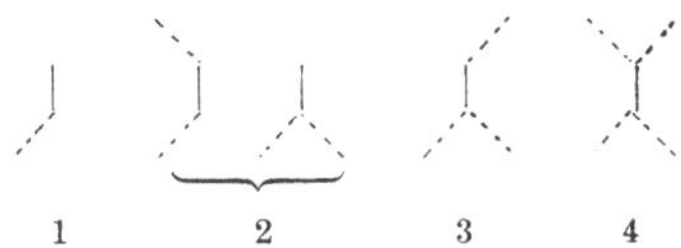

Abb. 30. Typen von Bindungen.

von einer Bindung r-ter Art. Vertauscht man in φ_0 die den beiden Atomen einer Bindung zugeordneten Spinfunktionen, so entstehen gerade r Paare gleicher benachbarter Spinfunktionen. p_i ist für die betrachtete Bindung also gleich r. Alle φ_i, die aus φ_0 dadurch entstanden sind, daß man die Spinfunktionen der Atome einer Bindung r-ter Art vertauscht hat, ergeben demnach gleiche Summanden in (5). Nennt man also die Zahl der Bindungen r-ter Art im Molekül N_r, so kann man für (5)

$$E = NC + A \sum_r \frac{N_r}{r} \tag{6}$$

schreiben. Die Summe ist über die Bindungstypen, also von 1 bis 4 zu erstrecken. Natürlich ist

$$\sum_r N_r = N. \tag{7}$$

Man braucht, wenn man nach (6) die Energie des Grundzustandes abschätzen will, nur die Bindungen der verschiedenen Arten abzuzählen und bekommt so praktisch ohne Rechnung den Koeffizienten des Austauschintegrals.

Die einfache Beziehung (6) bietet den großen Vorteil, daß man nun leicht allgemeine Ausdrücke für die π-Elektronenenergie der Glieder von Stoffklassen angeben kann. In Tab. 23 sind einige Beispiele aufgeführt.

Die Koeffizienten ϱ des Austauschintegrals, die man nach (6) erhält, sind jeweils größer als die ϱ', die man bei vollständigen Rechnungen mit der Valenzstrukturmethode bekommt. Abb. 31, in der die Koeffizienten für einige Moleküle gegeneinander aufgetragen sind, zeigt aber, daß eine

Tabelle 23. *Beispiele für die Energie des Grundzustandes einiger Stoffklassen*
(Z: Zahl der Atome).

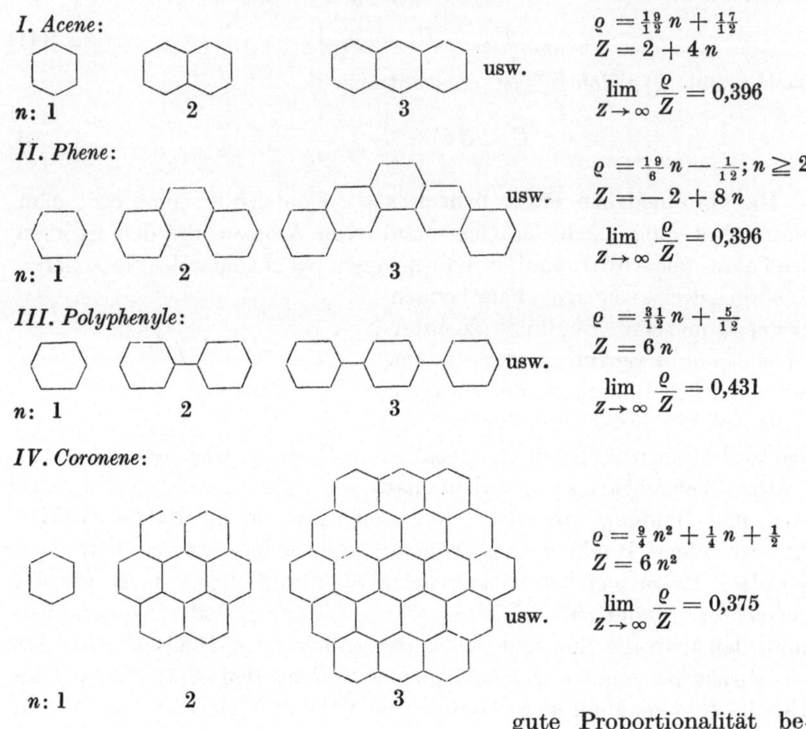

I. Acene:

n: 1   2   3   usw.

$$\varrho = \tfrac{19}{12}\, n + \tfrac{17}{12}$$
$$Z = 2 + 4\,n$$
$$\lim_{Z \to \infty} \frac{\varrho}{Z} = 0{,}396$$

II. Phene:

n: 1   2   3   usw.

$$\varrho = \tfrac{19}{6}\, n - \tfrac{1}{12}; \quad n \geqq 2$$
$$Z = -2 + 8\,n$$
$$\lim_{Z \to \infty} \frac{\varrho}{Z} = 0{,}396$$

III. Polyphenyle:

n: 1   2   3   usw.

$$\varrho = \tfrac{31}{12}\, n + \tfrac{5}{12}$$
$$Z = 6\,n$$
$$\lim_{Z \to \infty} \frac{\varrho}{Z} = 0{,}431$$

IV. Coronene:

n: 1   2   3   usw.

$$\varrho = \tfrac{9}{4}\, n^2 + \tfrac{1}{4}\, n + \tfrac{1}{2}$$
$$Z = 6\,n^2$$
$$\lim_{Z \to \infty} \frac{\varrho}{Z} = 0{,}375$$

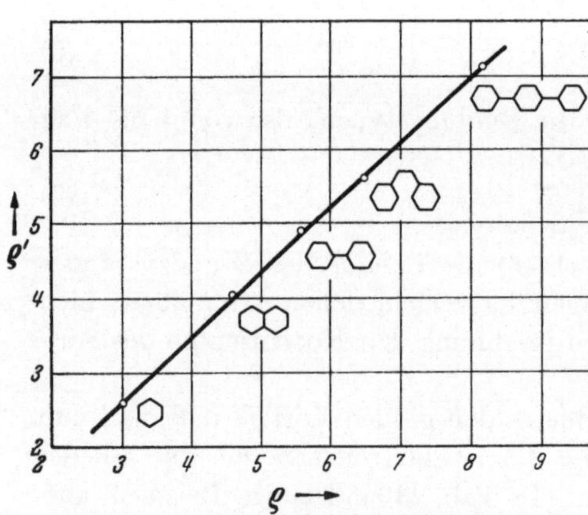

Abb. 31. Vergleich der Abschätzungsmethode mit der
vollständigen Methode.

gute Proportionalität besteht, so daß man nach (6) mit einem abgeänderten Wert für das Austauschintegral praktisch vollständige Übereinstimmung mit den nach der Valenzstrukturmethode errechneten Werten erreichen kann.

Der Tab. 24 kann man entnehmen, daß die π-Elektronenenergien für aufeinanderfolgende Glieder der Acenreihe (Benzol, Naphthalin usw.) sich praktisch um dasselbe Vielfache von β unterscheiden, wenn man die von HÜCKEL mit der Methode der Moleküleigenfunktionen (s. u.) berechneten Werte zugrunde legt. Die Differenz beträgt etwa $4\,\alpha + 5{,}61\,\beta$. Nach Tab. 23 ergibt sich diese Konstanz der Differenzen auch bei der Anwendung von Gl. (6). Die HÜCKEL-schen Energiewerte lassen sich durch die lineare Beziehung

$$E' = (2\,\alpha + 2{,}47\,\beta) + n\,(4\,\alpha + 5{,}61\,\beta) \qquad (8)$$

in guter Näherung als Funktion der Ringzahl n darstellen. Da nach (6)

$$E = (6 + [n-1]\,5)\,C + \left(\frac{19}{12}\,n + \frac{17}{12}\right) A \qquad (9)$$

ist, ergeben sich zwischen C und A einerseits und α und β andererseits durch Gleichsetzen der konstanten Glieder und der Koeffizienten von n in (8) und (9) die Beziehungen

$$\left.\begin{aligned} C &= 0{,}3464\,\alpha + 0{,}7328\,\beta \\ A &= 1{,}0928\,\alpha + 1{,}2277\,\beta \,. \end{aligned}\right\} \qquad (10)$$

Tabelle 24.

Stoff	n	$k\,(n)$	Δk
Benzol . .	1	8,00	
Naphthalin	2	13,68	5,68
Anthracen .	3	19,31	5,63
Tetracen .	4	24,93	5,62
Pentacen .	5	30,52	5,59
Hexacen . .	6	36,12	5,60
Heptacen .	7	41,74	5,62

Setzt man diese Ausdrücke in (6) ein, so ergibt sich

$$E = \left(0{,}3464\,N + 1{,}0928\,\sum_{r}\frac{N_r}{r}\right)\alpha$$
$$+ \left(0{,}7328\,N + 1{,}2277\,\sum_{i}\frac{N_r}{r}\right)\beta \qquad (11)$$
$$= c\,\alpha + k'\,\beta \,.$$

Tabelle 25.

Stoff	Formel	k	k'
Benzol	C_6H_6	8,00	8,08
Naphthalin	$C_{10}H_8$	13,68	13,69
Anthracen.	$C_{14}H_{10}$	19,31	19,29
Tetracen	$C_{18}H_{12}$	24,93	24,92
Pentacen	$C_{22}H_{14}$	30,52	30,53
Hexacen	$C_{26}H_{16}$	36,12	36,13
Heptacen	$C_{30}H_{18}$	41,74	41,75
Phenanthren	$C_{14}H_{10}$	19,45	19,41
Biphenyl	$C_{12}H_{10}$	16,38	16,38
Pyren	$C_{16}H_{10}$	22,50	22,44
meso Diphenylanthracen	$C_{14}H_8(C_6H_5)_2$	36,17	36,30
symm-Diphenyläthylen	$C_2H_2(C_6H_5)_2$	18,88	18,97
Tetraphenyläthylen	$C_2(C_6H_5)_4$	35,73	35,78
Triphenylmethyl	$C(C_6H_5)_3$	25,79	26,10
Diphenylbiphenylmethyl	$C(C_6H_5)_2(C_{12}H_9)$	34,20	34,43
Phenyl-dibiphenylmethyl	$C(C_6H_5)(C_{12}H_9)_2$	42,61	42,72
Tribiphenylmethyl	$C(C_{12}H_9)_3$	51,01	51,05

Man kann jetzt also für Kohlenwasserstoffe den Koeffizienten k' des Integrals β aus N und den N_r berechnen und die so erhaltenen Werte mit den nach der Methode der Moleküleigenfunktionen berechneten k

vergleichen. In Tab. 25 sind k'-Werte und k-Werte für eine Reihe von Molekülen zusammengestellt und es zeigt sich eine ausgezeichnete Übereinstimmung.

Eine von anderer Seite[1] erfolgte Weiterführung der Überlegungen, die zu (6) geführt haben, hat anstelle von (6) die Beziehung

$$E = NC - A \sum_r x_r N_r \tag{12}$$

ergeben, in der x_r als die negative Wurzel der Gleichung

$$x_r^2 - r\, x_r - 1 = 0 \tag{13}$$

definiert ist. Die nach (12) berechneten Koeffizienten des Austauschintegrals stimmen sogar im Absolutwert praktisch mit den nach der Valenzstrukturmethode errechneten überein.

155. Anwendung der Methode der Moleküleigenfunktionen.

E. Hückel hat schon frühzeitig darauf hingewiesen, daß die Näherungsmethode der Moleküleigenfunktionen für die Behandlung der π-Elektronensysteme ungesättigter und aromatischer Moleküle besonders gut geeignet ist. Die weitere Entwicklung der Theorie dieser Verbindungsklasse hat seine Auffassung voll bestätigt.

Nach Hückel lassen sich schon mit der verkürzten Methode der Moleküleigenfunktionen zahlreiche Erscheinungen theoretisch erfassen. Wir machen deshalb zunächst von der verkürzten Methode ausgiebig Gebrauch und behandeln erst anschließend die Verfeinerung der Theorie durch explizite Berücksichtigung der Elektronenwechselwirkung.

Den Hamiltonoperator für die Bewegung der π-Elektronen im effektiven Molekülfeld des Äthylens schreiben wir in der Form

$$H = T + V_a + V_b + V' . \tag{1}$$

V_a und V_b sind dadurch erklärt, daß

$$H_a = T + V_a \quad \text{und} \quad H_b = T + V_b \tag{2}$$

die Hamiltonoperatoren für die Bewegung der π-Elektronen bei den beiden Kohlenstoffatomen a und b der getrennten Molekülteile sind, wobei allerdings bei der Trennung der trigonale Valenzzustand der Kohlenstoffatome künstlich aufrecht erhalten sei.

Das Abschirmfeld V' setzen wir aus zwei gleichartigen Anteilen zusammen, die sich auf die Atome a und b beziehen.

$$V' = V_a' + V_b' . \tag{3}$$

---

[1] Vroelant, C., u. R. Daudel: Bull. Soc. chim. France **36** (1949).

Damit wird erreicht, daß V' und damit H sowohl für die ebene als auch für die „senkrechte" Konfiguration des Moleküls die Symmetrie des Moleküls besitzt.

Von der Behandlung der zweiatomigen Moleküle her ist bekannt, daß sich aus den p-Atomeigenfunktionen ψ_a und ψ_b der beiden Kohlenstoffatome in der LCAO-Näherung eine bindende und eine lockernde Moleküleigenfunktion bilden lassen. Wenn man diese Funktionen so normiert, als ob ψ_a und ψ_b orthogonal wären, lauten sie

$$\psi_1 = \frac{1}{\sqrt{2}}\,(\psi_a + \psi_b)$$
$$\psi_2 = \frac{1}{\sqrt{2}}\,(\psi_a - \psi_b)\,. \tag{4}$$

Die zugehörigen zwischenatomaren Energien sind, wenn wir die in der Theorie der zweiatomigen Moleküle eingeführten Bezeichnungen verwenden:

$$\varepsilon_1 = \frac{\alpha}{2} + \beta$$
$$\varepsilon_2 = \frac{\alpha}{2} - \beta \quad \alpha > 0,\, \beta < 0\,,\, |\beta| \gg \alpha\,. \tag{5}$$

$\alpha/2$ und β sind durch

$$\frac{\alpha}{2} = (\psi_a,\, [V_b + V_a' + V_b']\,\psi_a) \quad \beta = (\psi_b,\, [V_b + V_a' + V_b']\,\psi_a) \tag{6}$$

erklärt.

Die zwischenatomare Energie des Grundzustandes (des π-Elektronensystems des Äthylenmoleküls) ergibt sich aus (5), da man den Grundzustand durch doppelte Besetzung des bindenden Molekülzustandes erhält, zu

$$\varepsilon = \alpha + 2\,\beta\,. \tag{7}$$

Sowohl für die ebene wie für die senkrechte Konfiguration des Moleküls gilt die Feststellung, daß ein Symmetrieoperator S, der der Spiegelung an der oder an einer der beiden (im senkrechten Fall verschiedenen) xy-Ebenen entspricht, mit dem Operator H (1) vertauschbar ist. Da im senkrechten Fall ($\perp$) aber ψ_a und ψ_b Eigenfunktionen von S zu verschiedenen Eigenwerten sind, folgt mit dem Nichtkombinationssatz

$$\beta_\perp = 0\,. \tag{8}$$

Für die beiden diskutierten Konfigurationen ist also

$$\varepsilon_\| = \alpha_\| + 2\,\beta_\|$$
$$\varepsilon_\perp = \alpha_\perp\,. \tag{9}$$

Da nun

$$|\beta_\||\gg \alpha_\|\,,\, \alpha_\perp \tag{10}$$

ist, folgt

$$|\varepsilon_\|| > |\varepsilon_\perp|\,. \tag{11}$$

Die ebene Konfiguration ist bevorzugt und die Differenz zwischen den Energien des Grundzustandes für beide Konfigurationen ist von der Größenordnung $|\beta_\parallel|$. Da, wie wir später sehen werden, $|\beta_\parallel| \approx 20$ kcal/pro Mol beträgt, erklärt die Theorie also, daß bei normalen Temperaturen thermische Umwandlungen von cis-trans-isomeren Äthylenderivaten nicht beobachtet werden.

In Abb. 32 ist der Verlauf der beiden Moleküleigenfunktionen (4) in der $x\,z$-Ebene für die ebene Konfiguration dargestellt. Daneben sind die Funktionswerte längs einer zur Kernverbindungslinie parallelen, in der $x\,z$-Ebene liegenden Geraden schematisch dargestellt.

In den Molekülen der Polyene und Polyenradikale

$$CH_2(CH)_{n-2}\,CH_2 \qquad n:4,6,\ldots \qquad n:3,5,\ldots,$$

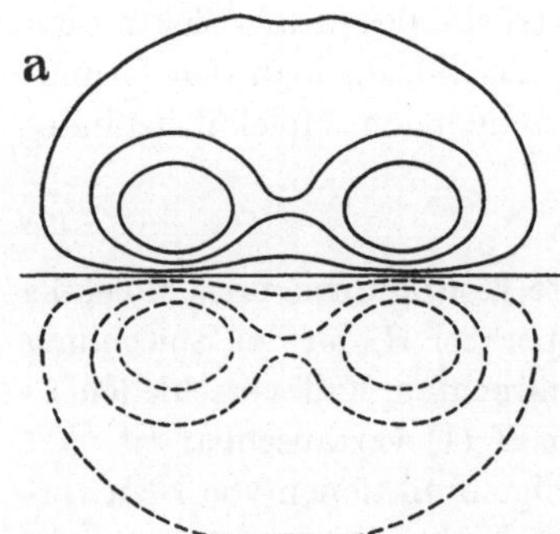

bei denen wir nur ebene Konfigurationen betrachten wollen, besitzt jedes Kohlenstoffatom ein π-Elektron. Den Hamiltonoperator für die Bewegung eines dieser Elektronen im effektiven Feld schreiben wir (1) entsprechend in der Form

$$H = T + V_a + V_b + V_c + \cdots + V'. \quad (12)$$

Dabei bedeuten $H_a = T + V_a$, $H_b = T + V_b$, $H_c = T + V_c$, $\ldots$ wieder die Atomoperatoren.

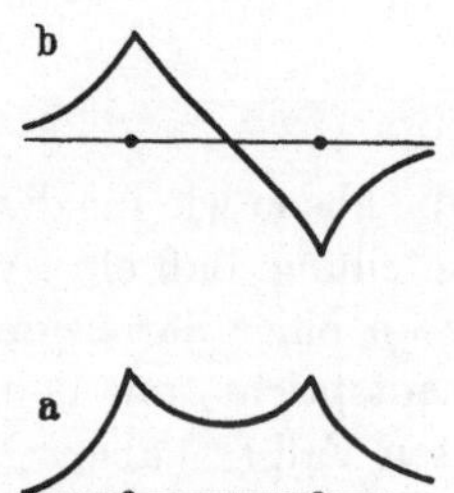

Abb. 32. Elektronendichteverteilung bei Äthylen.

Während bei Äthylen die Aufteilung von V' in zwei gleichartige Anteile V'_a und V'_b durch die (empirisch bekannte) Symmetrie des Moleküls gerechtfertigt werden konnte, würde ein entsprechender Ansatz mit gleichartigen V'_a, V'_b, V'_c, $\ldots$

$$V' = V'_a + V'_b + V'_c + \cdots \quad (13)$$

für die jetzt betrachteten Ketten der Symmetrie dieser Gebilde nicht gerecht. Zumindest hätte man zu berücksichtigen, daß das Abschirmfeld

V' in der Umgebung der Endatome der Kette anders verlaufen sollte, als in der Nähe eines Atoms innerhalb der Kette. Wir wollen aber nach Hückel trotzdem mit dem Ansatz (13) rechnen und können dieses Verfahren für lange Ketten damit rechtfertigen, daß bei diesen die Endeffekte gering sein werden.

Wenn ψ_a, ψ_b, ψ_c, $\ldots$ die p_z-Eigenfunktionen der Kohlenstoffatome $a, b, c, \ldots$ bedeuten, lautet das Säkularproblem, dessen Wurzeln die Energien der durch Linearkombinationen von ψ_a, ψ_b, ψ_c, $\ldots$ angenäherten Molekülzustände angeben:

$$| (\psi_i, H \psi_j) - (\psi_i, \psi_j) E | = 0 \qquad i, j: a, b, c, \ldots . \quad (14)$$

Nach Hückel behandeln wir alle Atomeigenfunktionen als orthogonal. (Den dadurch bedingten Fehler werden wir später zum Teil wieder eliminieren können). Dann ist

$$(\psi_i, \psi_j) = 0 \qquad\qquad \text{für } i \neq j \quad (15)$$

und die Energie E kommt nur in den Diagonalgliedern vor. Für $j = i$ wird, wenn wir mit E_p den zur Atomeigenfunktion p_z gehörenden Eigenwert bezeichnen, wenn also

$$H_i \psi_i = E_p \psi_i \quad (16)$$

ist,

$$(\psi_i, H \psi_i) = E_p + (\psi_i, [V_a + V_a' + V_b + V_b' + \cdots + V_{i-1} + \\ + V_{i-1}' + V_i' + V_{i+1} + V_{i+1}' + \cdots] \psi_i) . \quad (17)$$

ψ_i^2 hat nur in der Umgebung des i-ten Atoms wesentlich von Null verschiedene Werte. Andererseits haben alle Potentialglieder außer $V_{i-1} + V_{i-1}' + V_i' + V_{i+1} + V_{i+1}'$ in dem rechts in (17) stehenden Integral in der Umgebung des i-ten Atoms kleine Beträge, so daß in guter Näherung

$$(\psi_i, H \psi_i) \approx E_p + (\psi_i, [V_{i-1} + V_{i-1}' + V_i' + V_{i+1} + V_{i+1}'] \psi_i) \quad (18)$$

gilt, wenn i kein Endatom bezeichnet. Ein Vergleich mit (6) zeigt, daß wir das rechts stehende Integral zweckmäßig mit α_i bezeichnen. Vorausgesetzt, daß die Abstände der Atome $i - 1$ und i bzw. i und $i + 1$ ebenso groß sind, wie der C–C-Abstand im Äthylen, gilt dann annähernd

$$\alpha_i \approx \alpha_{\text{Äthylen}} . \quad (19)$$

Mit $\varepsilon = E - E_p$ ergibt sich aus (18) und (14) für das Diagonalelement

$$\alpha_i - \varepsilon = (\psi_i, H \psi_i) - (\psi_i, \psi_i) E . \quad (20)$$

Für die Nichtdiagonalelemente ergibt sich wegen der vorausgesetzten Orthogonalität von ψ_i und ψ_j

$$(\psi_i, H \psi_j) = (\psi_j, [V_a + V_a' + V_b + V_b' + \cdots + V_{i-1} + \\ + V_{i-1}' + V_i' + V_{i+1} + V_{i+1}' + \cdots] \psi_i) . \quad (21)$$

Wenn die durch die Indizes i und j bezeichneten Atome nicht Nachbarn sind, hat das Produkt $\psi_i\,\psi_j$ an allen Stellen so kleine Beträge, daß

$$(\psi_i,\,H\,\psi_j) = 0 \qquad i,j:\ \text{nicht Nachbarn} \qquad (22)$$

gesetzt werden kann, Wenn i und j Nachbaratome bezeichnen, kann man aus Gründen, die den oben bei der Diskussion von $(\psi_i,\,H\,\psi_i)$ angeführten analog sind

$$(\psi_j,\,H\,\psi_i) \approx (\psi_j,\,[V_j + V_j' + V_i']\,\psi_i) \qquad (23)$$

setzen. Dieses Integral entspricht aber vollkommen dem bei der Behandlung des Äthylens eingeführten Resonanzintegral β

$$(\psi_j,\,H\,\psi_i) = \beta_{ij}. \qquad (24)$$

Das Säkularproblem für die Kette lautet dann schließlich

$$\begin{vmatrix} \alpha_a - \varepsilon & \beta_{ab} & 0 & \cdots \\ \beta_{ba} & \alpha_b - \varepsilon & \beta_{bc} & \cdots \\ 0 & \beta_{cb} & \alpha_c - \varepsilon & \cdots \\ \cdot & \cdot & \cdot & \\ \cdot & \cdot & \cdot & \cdot \\ \cdot & \cdot & \cdot & \cdot \end{vmatrix} = 0. \qquad (25)$$

Wir nehmen nun an, daß die Coulombintegrale α für die Endatome dieselben Werte haben, wie für die Atome innerhalb der Kette. Diese Annahme ist fehlerhaft, der Fehler ist aber nicht sehr schwerwiegend, da die Coulombintegrale sowieso klein sind. Eine wesentlich gröbere Näherung ist es, wenn wir weiterhin annehmen, daß auch alle Resonanzintegrale untereinander gleich sein sollen. Dann nimmt das Säkularproblem, wenn wir die Determinante durch β^n dividieren und die Abkürzung

$$\varrho = \frac{\alpha - \varepsilon}{\beta} \qquad \varepsilon = \alpha - \varrho\,\beta \qquad (26)$$

einführen, folgende Form an:

$$\begin{vmatrix} \varrho & 1 & \cdot & \cdot & \\ 1 & \varrho & 1 & \cdot & \\ \cdot & 1 & \varrho & 1 & \\ \cdot & \cdot & 1 & \varrho & \\ & & & \cdot & \\ & & & & \cdot \end{vmatrix} = 0. \qquad (27)$$

Wenn wir diese Determinante mit Δ_n bezeichnen, erhalten wir durch Entwicklung die Rekursionsformel

$$\Delta_n = \varrho\,\Delta_{n-1} - \Delta_{n-2}. \qquad (28)$$

Durch diese Beziehung und die Anfangsglieder $\Delta_1 = \varrho,\ \Delta_2 = \varrho^2 - 1$ der Folge der Δ_n, sind alle Δ_n bestimmt. Daraus ergibt sich auch, daß

$$D\,(\varrho,\,z) = 1 + z\,\Delta_1 + z^2\,\Delta_2 + \cdots = \frac{1}{1 - \varrho\,z + z^2} \qquad (29)$$

gilt. Wir setzen

$$\varrho = 2\cos\vartheta \qquad (30)$$

und entwickeln $D(z, 2\cos\vartheta)$ nach Potenzen von z. Der Koeffizient $\varDelta_n$ von z^n ergibt sich zu

$$\varDelta_n = \frac{\sin(n+1)\vartheta}{\sin\vartheta}. \qquad (31)$$

Die Wurzeln der Säkulargleichung $\varDelta_n = 0$ sind dann

$$\varrho_j = -2\cos\left(\frac{\pi j}{n+1}\right) \qquad j: 1, 2, \ldots, n. \quad (32)$$

Die zugehörigen (normierten) Linearkombinationen der ψ_i sind

$$\chi_j = \sum_i c_{ij}\,\psi_i \qquad j: 1, 2, \ldots, n \quad (33)$$

mit

$$c_{ij} = \left\{\sum_i \sin^2\left(\frac{\pi ij}{n+1}\right)\right\}^{-\frac{1}{2}} \sin\left(\frac{\pi ij}{n+1}\right). \qquad (34)$$

Die Wurzelwerte ϱ_j liegen nach (32) alle in dem Bereich zwischen -2 und $+2$ und und zwar jeweils paarweise symmetrisch zu Null. Die entsprechenden ε-Werte liegen nach (26) in dem Bereich zwischen $\alpha + 2\beta$ und $\alpha - 2\beta$. Wenn man von α absehen darf, gibt es also bei geradem n je $n/2$ bindende und lockernde Molekülzustände. Bei ungeradem n gibt es je $(n-1)/2$ bindende und lockernde Zustände und einen weder bindenden noch lockernden. Wenn man die Zustände von unten an mit den unterzubringenden Elektronen besetzt, braucht man also nie lockernde Zustände zu besetzen.

Die Kopplungsenergien für die Anfangsglieder der Reihe sind in der Tab. 26 zusammengestellt. Besonders bemerkenswert ist, daß der Betrag der mittleren Kopplungsenergie (= Kopplungsenergie : Elektronenzahl) zwar im ganzen

Tabelle 26.

	Kopplungs-energie	Koppl. Energie pro Elektron
$CH_2 \cdot CH_2$	$2\,\beta$	β
$CH_2 \cdot CH \cdot CH_2$.	$2{,}83\,\beta$	$0{,}94\,\beta$
$CH_2(CH)_2CH_2$. . .	$4{,}47\,\beta$	$1{,}12\,\beta$
$CH_2(CH)_3CH_2$ . .	$5{,}54\,\beta$	$1{,}09\,\beta$
$CH_2(CH)_4CH_2$. . .	$6{,}99\,\beta$	$1{,}16\,\beta$
$CH_2(CH)_5CH_2$. . .	$8{,}05\,\beta$	$1{,}15\,\beta$
$CH_2(CH)_6CH_2$. . .	$9{,}52\,\beta$	$1{,}19\,\beta$

mit n zunimmt, daß die Zunahme aber nicht monoton erfolgt. Die Bindung ist bei den ungeradzahligen Ketten jeweils schwächer als bei den benachbarten geradzahligen.

In Abb. 33 sind für das Allylradikal und das Butadienmolekül ($n = 3,4$) die Moleküleigenfunktionen schematisch in derselben Weise dargestellt, wie das für Äthylen in Abb. 32 ausgeführt worden war. Man sieht, wie die energetische Reihenfolge der Molekülzustände durch die Kettenregel bestimmt wird.

Ob sich ein Elektron, das den j-ten Molekülzustand χ_j besetzt, selten oder häufig in der Nähe des i-ten Atoms aufhält, wird in erster Linie durch den Koeffizienten c_{ij} bestimmt. Wir sehen $|c_{ij}|^2$ als Maß für die von dem betrachteten Elektron herrührende „Elektronendichte" beim i-ten Atom an. Die Gesamtelektronendichte q_i beim i-ten Atom ergibt sich, indem man $|c_{ij}|^2$ über alle Elektronen summiert. Für den Grundzustand einer geradzahligen Kette gilt also z. B.

$$q_i = 2 \sum_{j=1}^{n/2} |c_{ij}|^2. \tag{35}$$

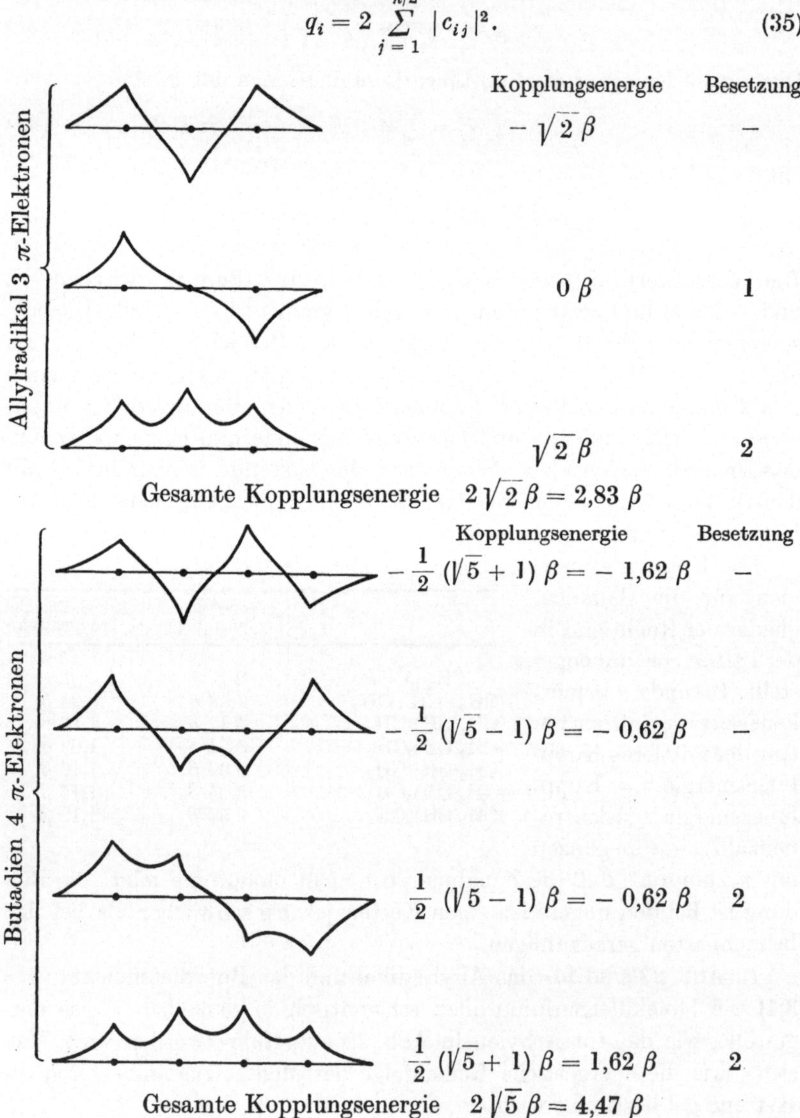

Nun beschreiben die c_{ij}, da sowohl die Basis der ψ_i wie die der χ_i orthogonal ist, eine unitäre Transformation, so daß

$$\sum_{j=1}^{n} |c_{ij}|^2 = 1 \tag{36}$$

gilt. Wenn wir deshalb zeigen können, daß

$$|c_{ij}| = |c_{i(n+1-j)}| \tag{37}$$

ist, folgt aus (36) und (35) auch

$$q_i = 1 . \tag{38}$$

(37) folgt aber aus (34), wenn man die Beziehung

$$\sin\left\{\frac{\pi i (n+1-j)}{n+1}\right\} = \sin\left(\pi i - \frac{\pi i j}{n+1}\right)$$
$$= \sin \pi i \cos \frac{\pi i j}{n+1} - \cos \pi i \sin \frac{\pi i j}{n+1}$$
$$= (-1)^i \sin \frac{\pi i j}{n+1} \tag{39}$$

berücksichtigt.

(38) besagt, daß die Verteilung der π-Elektronen im Grundzustand der Kette gleichmäßig ist. Dieses Ergebnis rechtfertigt den Ansatz (13) für das Abschirmfeld wenigstens insofern, als es zeigt, daß zwischen dem Ansatz und der mit ihm berechneten Verteilung kein Widerspruch besteht, da bei Gleichverteilung der π-Elektronen der Ansatz (13) — abgesehen von Endeffekten — sich zwanglos ergibt. (Das effektive Feld ist ein self-consistent field).

Das Produkt $c_{rj} c_{sj}$ ist nach Hückel ein Maß dafür, wie stark ein Elektron, das sich im j-ten Molekülzustand befindet, zwischen dem r-ten und dem s-ten Atom bindend wirkt. Entsprechend definieren wir die Bindungsordnung zwischen dem r-ten und dem s-ten Atom durch Summation dieses Ausdruckes über alle π-Elektronen

$$p_{rs} = 2 \sum_{j=1}^{n/2} c_{rj} c_{sj} . \tag{40}$$

Bei der Kette mit vier Atomen hat die π-Bindungsordnung zwischen dem ersten und zweiten und zwischen dem dritten und vierten Atom nach (40) den Wert 0,894, während sie zwischen dem zweiten und dritten Atom den Wert 0,447 besitzt. Die π-Bindungsordnung läßt also eine enge, aber keine vollständige Analogie zu den Strichformeln der Valenztheorie erkennen.

156. Moleküleigenfunktionen des Benzols.

Wenn wir das π-Elektronensystem des Benzols mit dem im vorhergehenden Abschnitt entwickelten Formalismus behandeln wollen, haben wir das folgende Säkularproblem zu lösen:

$$\begin{vmatrix} \varrho & 1 & . & . & . & 1 \\ 1 & \varrho & 1 & . & . & . \\ . & 1 & \varrho & 1 & . & . \\ . & . & 1 & \varrho & 1 & . \\ . & . & . & 1 & \varrho & 1 \\ 1 & . & . & . & 1 & \varrho \end{vmatrix} = 0 . \tag{1}$$

Durch Entwicklung der Determinante kann man diese Gleichung in die Form

$$\varrho^6 - 6\,\varrho^4 + 9\,\varrho^2 - 4 = 0 \tag{2}$$

überführen. Substitution der neuen Variablen

$$x = \varrho^2 \tag{3}$$

ergibt die Gleichung dritten Grades für x

$$x^3 - 6\,x^2 + 9\,x - 4 = 0 \tag{4}$$

mit den Wurzeln

$$x : 1, 1, 4 , \tag{5}$$

so daß die Wurzeln ϱ von (2) lauten:

$$\varrho_1 = -2 ,\ \varrho_2 = -1,\ \varrho_3 = -1,\ \varrho_4 = 1,\ \varrho_5 = 1,\ \varrho_6 = 2 . \tag{6}$$

Es gibt also bei Benzol drei bindende und drei lockernde Zustände und es sind zwei bindende und zwei lockernde Zustände, nämlich die Paare zu $\varrho = -1$ und $\varrho = 1$ miteinander entartet.

Die Kopplungsenergie des Benzolgrundzustandes ist nach (6) $8\,\beta$. Ihr Betrag ist um $1{,}01\,|\,\beta\,|$ größer als der des Hexatriens. Die Verknüpfung der offenen Sechserkette zum Ring ergibt also eine Erhöhung des π-Elektronenanteils der Bindungsenergie.

Obwohl für andere Ringsysteme wegen der dann eintretenden Spannungserscheinungen im σ-Bindungssystem eine analoge Rechnung, die also unter Annahme ebener Konfiguration ausgeführt wird, höchstens noch für den Fünfring und für den Siebenring unmittelbar interessant ist (wenn man von Ringen sehr großer Gliederzahl absehen will), kann man das Ringproblem formal allgemein lösen und kommt dann beim n-Ring zu den Molekülzuständen:

$$\chi_j = \frac{1}{\sqrt{n}} \sum_{k=1}^{n} e^{\frac{2\pi i}{n} k j}\ \psi_j$$

$$j : 0, \pm 1, \pm 2, \ldots, \pm \frac{n-1}{2} \qquad \text{für ungerades } n \tag{7}$$

$$0, \pm 1, \pm 2, \ldots, \pm \frac{n}{2} \qquad \text{für gerades } n$$

mit den zugehörigen Wurzeln der Säkularprobleme

$$\varrho_j = - 2 \cos \frac{2\,\pi\,j}{n}\,. \tag{8}$$

Der Polygonwinkel des regelmäßigen Fünfecks beträgt 108°. Die Abweichung vom Sechseckwinkel ist noch nicht sehr groß, so daß beim Cyclopentadienyl C_5H_5 die Wechselwirkung der π-Elektronen noch ausreichen dürfte, um das Molekül in der ebenen Konfiguration zu halten. Der Fünfring ist deshalb außer dem Sechsring hier besonders interessant. Aus (8) ergibt sich für $n = 5$ das Wurzelsystem

$$\varrho_0 = - 2 \quad \varrho_{\pm 1} = - 0{,}62 \quad \varrho_{\pm 2} = 1{,}62\,. \tag{9}$$

Es gibt also drei bindende und zwei lockernde Zustände. Bei der Besetzung der Terme von unten an, entfallen auf die beiden Zustände zu $|j| = 1$ insgesamt beim neutralen Cyclopentadienylradikal nur drei Elektronen. Dieses Zustandspaar ist also nicht voll besetzt. Es gibt im Molekül noch einen bindenden Platz für ein weiteres Elektron, eine Tatsache, die sich als sehr wesentlich für die Erklärung der chemischen Eigenschaften der Fünfringsysteme erweist.

157. Anwendung gruppentheoretischer Hilfsmittel bei der Berechnung der π-Elektronenzustände.

Der Grad der Säkulargleichungen, die bei der Behandlung der π-Elektronensysteme nach HÜCKEL auftreten, ist gleich der Anzahl der π-Elektronen bzw. der π-Elektronen tragenden Atome. Bei der Anwendung der HÜCKELschen Methode auf größere aromatische Moleküle werden die Rechnungen recht unbequem und man wird deshalb zweckmäßig durch Heranziehung der gruppentheoretischen Hilfsmittel die Säkularprobleme aufspalten. Damit erreicht man nicht nur eine im allgemeinen wesentliche Vereinfachung der Rechnung, sondern man kann dann auch die molekularen π-Zustände nach ihrer Zugehörigkeit zu den irreduziblen Darstellungen der betreffenden Gruppe ordnen. Damit wird es möglich, die Darstellung, zu der der Gesamtzustand des Moleküls gehört, zu ermitteln. Die Kenntnis dieser Darstellung ist wichtig für die Durchführung der Störungsrechnung, mit der später die Elektronenwechselwirkung explizit berücksichtigt werden kann.

Wir behandeln als Beispiel das Naphthalinmolekül. Die Symmetriegruppe des Moleküls ist D_{2h}. Sie besteht aus der identischen Operation E, den drei Drehungen C_x, C_y, C_z um die Achsen x, y, z mit dem Winkel π, der Inversion i am Mittelpunkt des Moleküls und den drei Operationen iC_x, iC_y, iC_z, die aus den Drehungen C_x, C_y, C_z und der Inversion zusammengesetzt sind.

Die Gruppe besitzt acht irreduzible Darstellungen, die alle eindimensional sind. Die Darstellungsmatrizen sind mit den Charakteren identisch. Diese lauten:

	E	C_x	C_y	C_z	i	iC_x	iC_y	iC_z
A_{1g}	1	1	1	1	1	1	1	1
A_{1u}	1	1	1	1	−1	−1	−1	−1
B_{1g}	1	−1	−1	1	1	−1	−1	1
B_{1u}	1	−1	−1	1	−1	1	1	−1
B_{2g}	1	−1	1	−1	1	−1	1	−1
B_{2u}	1	−1	1	−1	−1	1	−1	1
B_{3g}	1	1	−1	−1	1	1	−1	−1
B_{3u}	1	1	−1	−1	−1	−1	1	1

Die zehn p_z-Eigenfunktionen ψ_1, ψ_2, ψ_3, ψ_4, ψ_5, ψ_6, ψ_1', ψ_2', ψ_3', ψ_4', die bei getrennten Atomen zur selben Energie gehören, induzieren eine

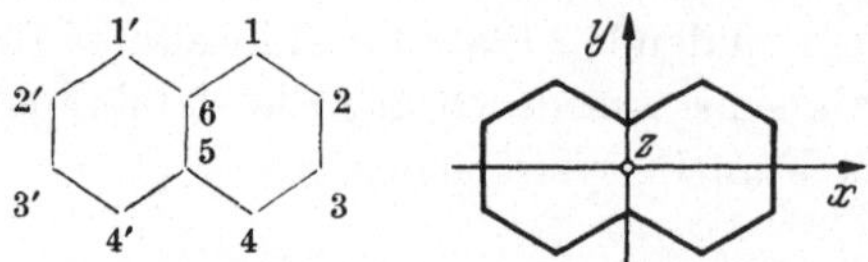

zehndimensionale Darstellung Γ_N von D_{2h}. Von den Matrizen der Darstellung betrachten wir als Beispiel näher die zu C_y gehörende. Bei Einwirkung von C_y transformieren sich die ψ in folgender Weise:

ψ	ψ_1	ψ_2	ψ_3	ψ_4	ψ_5	ψ_6	ψ_1'	ψ_2'	ψ_3'	ψ_4'
$C_y\,\psi$	$-\psi_1'$	$-\psi_2'$	$-\psi_3'$	$-\psi_4'$	$-\psi_5$	$-\psi_6$	$-\psi_1$	$-\psi_2$	$-\psi_3$	$-\psi_4$

Daraus folgt die C_y zugeordnete Matrix zu:

$$
\begin{pmatrix}
\cdot & \cdot & \cdot & \cdot & \cdot & \cdot & -1 & \cdot & \cdot & \cdot \\
\cdot & \cdot & \cdot & \cdot & \cdot & \cdot & \cdot & -1 & \cdot & \cdot \\
\cdot & \cdot & \cdot & \cdot & \cdot & \cdot & \cdot & \cdot & -1 & \cdot \\
\cdot & \cdot & \cdot & \cdot & \cdot & \cdot & \cdot & \cdot & \cdot & -1 \\
\cdot & \cdot & \cdot & \cdot & -1 & \cdot & \cdot & \cdot & \cdot & \cdot \\
\cdot & \cdot & \cdot & \cdot & \cdot & -1 & \cdot & \cdot & \cdot & \cdot \\
-1 & \cdot & \cdot & \cdot & \cdot & \cdot & \cdot & \cdot & \cdot & \cdot \\
\cdot & -1 & \cdot & \cdot & \cdot & \cdot & \cdot & \cdot & \cdot & \cdot \\
\cdot & \cdot & -1 & \cdot & \cdot & \cdot & \cdot & \cdot & \cdot & \cdot \\
\cdot & \cdot & \cdot & -1 & \cdot & \cdot & \cdot & \cdot & \cdot & \cdot
\end{pmatrix}.
$$

Die Punkte stehen an Stelle von Nullen. Die Spur der Matrix, die den Charakter von C_y in der betrachteten Darstellung ergibt, ist -2. Auf diese Weise ergibt sich das Charakterensystem von Γ_N zu

	E	C_x	C_y	C_z	i	iC_x	iC_y	iC_z
$\chi(\Gamma_N)$:	10	0	−2	0	0	2	0	−10

Die Koeffizienten a_i der irreduziblen Darstellungen in der ausreduzierten Form von Γ_N

$$\Gamma_N = \Sigma\, a_i\, \Gamma_i \tag{1}$$

berechnen wir mit Hilfe der Beziehung

$$a_i = \frac{1}{h} \sum_R \chi^*(R)\, \chi_i(R) \tag{2}$$

mit dem Resultat

$$\Gamma_N = 2\,A_{1u} + 3\,B_{1u} + 2\,B_{2g} + 3\,B_{2g}. \tag{3}$$

Das Säkularproblem zerfällt also bei geeigneter Transformation der Basis in zwei Probleme zweiten und zwei Probleme dritten Grades zu den irreduziblen Darstellungen

$$A_{1u},\ B_{2g},\ B_{1u},\ B_{3g}\,.$$

Eine geeignete neue Basis läßt sich ohne Schwierigkeiten angeben. Sie lautet:

$$
\begin{aligned}
B_{1u}:\quad & \tfrac{1}{2}(\psi_1 + \psi_4 + \psi_1' + \psi_4')\\[4pt]
& \tfrac{1}{2}(\psi_2 + \psi_3 + \psi_2' + \psi_3')\\[4pt]
& \tfrac{1}{\sqrt{2}}(\psi_6 + \psi_5)\\[6pt]
B_{3g}:\quad & \tfrac{1}{2}(\psi_1 - \psi_4 + \psi_1' - \psi_4')\\[4pt]
& \tfrac{1}{2}(\psi_2 - \psi_3 + \psi_2' - \psi_3')\\[4pt]
& \tfrac{1}{\sqrt{2}}(\psi_6 - \psi_5)\\[6pt]
B_{2g}:\quad & \tfrac{1}{2}(\psi_1 + \psi_4 - \psi_1' - \psi_4')\\[4pt]
& \tfrac{1}{2}(\psi_2 + \psi_3 - \psi_2' - \psi_3')\\[6pt]
A_{1u}:\quad & \tfrac{1}{2}(\psi_1 - \psi_4 - \psi_1' + \psi_4')\\[4pt]
& \tfrac{1}{2}(\psi_2 - \psi_3 - \psi_2' + \psi_3')\,.
\end{aligned}
\tag{4}
$$

Mit dem oben eingeführten Symbol $\varrho = \dfrac{\varepsilon + \alpha}{\beta}$ lauten dann die Säkulargleichungen:

$$
B_{1u}:\quad
\begin{vmatrix}
\varrho & 1 & \sqrt{2}\\
1 & \varrho+1 & 0\\
\sqrt{2} & 0 & \varrho+1
\end{vmatrix} = 0
\qquad (\varrho+1)\,[\varrho\,(\varrho+1)-3] = 0
$$

$$\text{Wurzeln:}\ \varrho_1 = -1 \qquad \varrho_{2,3} = \frac{-1 \pm \sqrt{3}}{2}$$

$$B_{3g}: \begin{vmatrix} \varrho & 1 & \sqrt{2} \\ 1 & \varrho-1 & 0 \\ \sqrt{2} & 0 & \varrho-1 \end{vmatrix} = 0 \qquad (\varrho-1)\,[\varrho\,(\varrho-1)-3] = 0$$

$$\text{Wurzeln: } \varrho_1 = 1 \qquad \varrho_{2,3} = \frac{1 \pm \sqrt{3}}{2}$$

$$B_{2g}: \begin{vmatrix} \varrho & 1 \\ 1 & \varrho+1 \end{vmatrix} = 0 \qquad \varrho\,(\varrho+1) - 1 = 0$$

$$\text{Wurzeln: } \varrho_{1,2} = \frac{-1 \pm \sqrt{5}}{2}$$

$$A_{1u}: \begin{vmatrix} \varrho & 1 \\ 1 & \varrho-1 \end{vmatrix} = 0 \qquad \varrho\,(\varrho-1) - 1 = 0$$

$$\text{Wurzeln: } \varrho_{1,2} = \frac{1 \pm \sqrt{5}}{2}\,.$$

Der tiefste Zustand im Molekülfeld stammt aus dem Teilproblem zu B_{1u}. Die drei zu B_{1u} gehörenden Eigenfunktionen zeichnen sich vor den übrigen dadurch aus, daß sie (außer der Molekülebene) keine Knotenfläche besitzen. Das abgeleitete Resultat ist in Übereinstimmung mit der allgemeinen Knotenregel.

158. Integraldarstellungen.

Nach COULSON und LONGUETT-HIGGINS[1] kann man die in der HÜCKELschen Theorie auftretenden Größen wie z. B. vor allem die doppelte Summe der zwischenatomaren Energien der $n/2$ niedrigsten Molekülzustände durch Integrale darstellen und damit ihre Berechnung erleichtern.

Bisher haben wir zur Ermittlung der zwischenatomaren Energie eines π-Elektronensystems die Wurzeln der Säkulargleichung

$$\Delta\,(\varepsilon) = \begin{vmatrix} \alpha_1 - \varepsilon & \beta_{12} & \beta_{13} \\ \beta_{21} & \alpha_2 - \varepsilon & \beta_{23} \\ \beta_{31} & \beta_{32} & \alpha_3 - \varepsilon \\ & & & \ddots \end{vmatrix} = 0 \tag{1}$$

einzeln aufgesucht und die gesuchte Energiegröße dann durch Addition von Wurzeln ermittelt.

Nun kann man, wenn ε_j die Wurzeln von (1) sind

$$\Delta\,(\varepsilon) = \Pi_j\,(\varepsilon - \varepsilon_j) \tag{2}$$

schreiben. Daraus folgt

$$\frac{d}{d\,\varepsilon}\ln\Delta = \sum_j \frac{1}{\varepsilon - \varepsilon_j}\,. \tag{3}$$

---

[1] COULSON, C. A., u. H. C. LONGUETT-HIGGINS: Proc. Roy. Soc. A **191**, 39 (1947); **195**, 188 (1948).

Wir bilden den Ausdruck

$$\varepsilon \frac{d}{d\varepsilon} \ln \Delta - n = \sum_{j}^{n} \frac{\varepsilon}{\varepsilon - \varepsilon_j} - \sum_{j}^{n} \frac{\varepsilon - \varepsilon_j}{\varepsilon - \varepsilon_j} = \sum_{j}^{n} \frac{\varepsilon_j}{\varepsilon - \varepsilon_j} . \qquad (4)$$

Das ist eine Funktion der Variablen ε ($= z$), der wir die komplexe Ebene als Variabilitätsbereich geben wollen, mit folgenden Eigenschaften: Sie hat an den n Stellen ε_j der reellen Achse Singularitäten, und zwar Pole. Die Residuen bei diesen Polen sind die ε_j selbst.

Wenn wir den Nullpunkt der Energie so legen, daß die $n/2$ niedrigsten ε_j-Werte negativ sind, also auf der negativen reellen Achse liegen, ist die halbe zwischenatomare Energie des Grundzustandes des π-Elektronensystems nach dem Residuensatz

$$\sum_{j=1}^{n/2} \varepsilon_j = \frac{1}{2\pi i} \int_C \left(z \frac{d}{dz} \ln \Delta(z) - n \right) dz . \qquad (5)$$

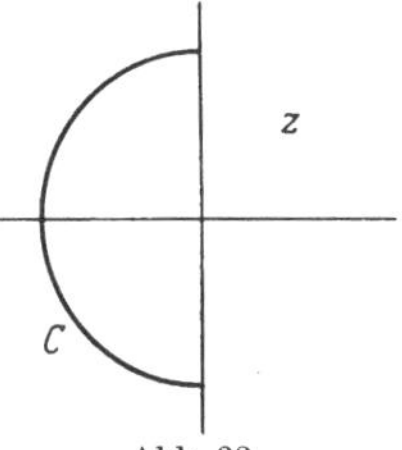
Abb. 33.

C bedeutet einen Integrationsweg, der nach Abb. 33 aus einem Stück der imaginären Achse und aus einem Halbkreis besteht, dessen Radius größer als $|\varepsilon_{\min}|$ sein muß.

Aus (2) folgt

$$\Delta(z) = (-1)^n \left\{ z^n - \left(\sum_r \alpha_r \right) z^{n-1} + \cdots \right\} \qquad (6)$$

und damit ergibt sich[1]

$$z \frac{d}{dz} \ln \Delta - n = \left(\sum_r \alpha_r \right) z^{-1} + 0\,(z^{-2}) . \qquad (7)$$

Der Anteil des Integrals (5) über den Halbkreis kann durch Einführung von φ durch

$$z = R\,e^{i\varphi} \qquad (8)$$

und anschließende Integration nach φ von $\pi/2$ bis $3\pi/2$ leicht zu

$$\frac{1}{2} \sum_r \alpha_r \qquad (9)$$

bestimmt werden, wenn man $R \to \infty$ gehen läßt. Damit entsteht aus (5)

$$\sum_{j=1}^{n/2} \varepsilon_j = \frac{1}{2} \sum_r \alpha_r + \frac{1}{2\pi i} \int_{-i\infty}^{i\infty} \left(z \frac{d}{dz} \ln \Delta - n \right) dz \qquad (10)$$

bzw.

$$2 \sum_{j=1}^{n/2} \varepsilon_j = \sum_r \alpha_r + \frac{1}{\pi} \int_{-\infty}^{\infty} \left\{ i\,y \frac{\Delta'(i\,y)}{\Delta(i\,y)} - n \right\} dy . \qquad (11)$$

---

[1] O bedeutet das Landausche Ordnungssymbol.

Die Berechnung der π-Elektronenenergie des Molekülgrundzustandes ist damit auf die Ausführung eines bestimmten Integrals zurückgeführt, und es ist nicht mehr nötig, die Wurzeln des Säkularproblems einzeln zu bestimmen.

Auch die Elektronendichte q_i und die π-Bindungsordnung p_{rs} lassen sich durch Integrale darstellen.

Die Berechnung von $\varepsilon = (\psi_j, H\,\psi_j)$ aus ψ_j ergibt das Resultat

$$\varepsilon = \sum_r c_r^2 \alpha_r + 2 \sum_{r\,>\,s} \sum c_r c_s \beta_{rs}. \tag{12}$$

Bei Variationen der α, β und c variiert ε um

$$\delta\varepsilon = \sum_r c_r^2\,\delta\alpha_r + 2 \sum_{r\,>\,s} \sum c_r c_s\,\delta\beta_{rs} + \sum_r \frac{\partial\varepsilon}{\partial c_r}\,\delta c_r. \tag{13}$$

Da ψ_j mit Hilfe des Variationsprinzips bestimmt worden ist, ist

$$\frac{\partial\varepsilon}{\partial c_r} = 0 \tag{14}$$

und aus (23) ergibt sich damit

$$\delta\varepsilon = \sum_r c_r^2\,\delta\alpha_r + 2 \sum_{r\,>\,s} \sum c_r c_s\,\delta\beta_{rs}. \tag{15}$$

Da ε als eine Wurzel der Säkulargleichung durch die α_r und β_{rs} ausgedrückt werden kann, kann

$$\left(\frac{\partial\varepsilon}{\partial\alpha_r}\right)_{\varDelta\,=\,0} \tag{16}$$

für die relative Änderung von ε mit α_r geschrieben werden. Durch Vergleich mit (15) ergibt sich

$$\left(\frac{\partial\varepsilon}{\partial\alpha_r}\right)_{\varDelta\,=\,0} = c_r^2 \qquad \left(\frac{\partial\varepsilon}{\partial\beta_{rs}}\right)_{\varDelta\,=\,0} = 2\,c_r c_s. \tag{17}$$

Summation dieser beiden Ausdrücke über die besetzten Molekülzustände ergibt die Beziehungen

$$q_r = 2 \sum_j^{n/2} c_{rj}^2 = 2 \sum_j^{n/2} \left(\frac{\partial\varepsilon_j}{\partial\alpha_r}\right)_{\varDelta\,=\,0} = \left(\frac{\partial E}{\partial\alpha_r}\right)_{\varDelta\,=\,0} \tag{18}$$

$$p_{rs} = 2 \sum_j^{n/2} c_r c_s = \sum_j^{n/2} \left(\frac{\partial\varepsilon_j}{\partial\beta_{rs}}\right)_{\varDelta\,=\,0} = \frac{1}{2}\left(\frac{\partial E}{\partial\beta_{rs}}\right)_{\varDelta\,=\,0}. \tag{19}$$

Weiter ist

$$\left(\frac{\partial\varepsilon_j}{\partial\alpha_r}\right)_{\varDelta\,=\,0} = -\left(\frac{\partial\varDelta}{\partial\alpha_n}\right)\bigg/\left(\frac{\partial\varDelta}{\partial\varepsilon}\right)_{\varepsilon\,=\,\varepsilon_j} = -\left(\frac{\partial\varDelta}{\partial\alpha_r}\right)\bigg/\varDelta' \tag{20}$$

und

$$\left(\frac{\partial\varepsilon_j}{\partial\beta_{rs}}\right)_{\varDelta\,=\,0} = -\left(\frac{\partial\varDelta}{\partial\beta_{rs}}\right)\bigg/\left(\frac{\partial\varDelta}{\partial\varepsilon}\right)_{\varepsilon\,=\,\varepsilon_j} = -\left(\frac{\partial\varDelta}{\partial\beta_{rs}}\right)\bigg/\varDelta' \tag{21}$$

sowie

$$\frac{\partial \Delta}{\partial \alpha_r} = \Delta_{r,r} \frac{\partial \Delta}{\partial \beta_{rs}} = 2\,(-1)^{r+s}\,\Delta_{r,s}\,. \tag{22}$$

Dabei bedeutet $\Delta_{r,s}$ die Determinante, die aus Δ entsteht, wenn man die r-te Reihe und die s-te Zeile streicht. Damit ergibt sich aber für q_r und p_{rs}

$$q_r = -\,2 \sum_j^{n/2} \frac{\Delta_{r,r}(\varepsilon_j)}{\Delta'(\varepsilon_j)} \tag{23}$$

$$p_{rs} = (-1)^{r+s+1}\,2 \sum_j^{n/2} \frac{\Delta_{r,s}(\varepsilon_j)}{\Delta'(\varepsilon_j)}\,. \tag{24}$$

Diese Größen kann man nun wieder durch komplexe Integrale darstellen, und man kommt so schließlich zu den Beziehungen

$$q_r = 1 - \frac{1}{\pi} \int_{-\infty}^{\infty} \frac{\partial}{\partial \alpha_r} \ln \Delta\,(i\,y)\,d\,y \tag{25}$$

$$p_{rs} = \frac{(-1)^{r+s+1}}{\pi} \int_{-\infty}^{\infty} \frac{\Delta_{r,s}(i\,y)}{\Delta\,(i\,y)}\,d\,y\,. \tag{26}$$

Es läßt sich zeigen, daß für die Gültigkeit der abgeleiteten Beziehungen, die hier der Einfachheit halber stillschweigend benutzte Bedingung, daß die Säkulargleichung nur einfache Wurzeln hat, nicht notwendig ist. Die nach (26) berechneten π-Bindungsordnungen lauten für Naphthalin als Beispiel

0,26   0,59
0,43   0,31

zeigen also eine deutliche Korrespondenz zu den PAULINGschen x-Werten für Naphthalin.

159. Berücksichtigung der Überlappungsintegrale.

In den Säkulardeterminanten der HÜCKELschen Theorie haben die Diagonalelemente die Form

$$\alpha - \varepsilon\,. \tag{1}$$

Die Nichtdiagonalelemente sind entweder gleich Null, oder sie haben den Wert β. Wenn man berücksichtigt, daß das Nichtorthogonalitätsintegral S einen endlichen Wert hat[1], lauten aber die von Null verschiedenen Nichtdiagonalelemente

$$\beta - S\,\varepsilon\,. \tag{2}$$

---

[1] MULLIKEN, R. S., u. C. A. RIEKE: J. Amer. Chem. Soc. **63**, 1770 (1941). — WHELAND, G. W.: J. Amer. Chem. Soc. **63**, 2025 (1941).

Wir substituieren nun für ε den Ausdruck

$$\varepsilon = \frac{\alpha - \sigma \beta}{1 - \sigma S} \cdot \tag{3}$$

Dann entsteht aus den Diagonalelementen

$$\alpha - \varepsilon = \sigma \frac{\beta - \alpha S}{1 - \sigma S}, \tag{4}$$

und aus den von Null verschiedenen Nichtdiagonalelementen

$$\beta - S \varepsilon = \frac{\beta - \alpha S}{1 - \sigma S} \cdot \tag{5}$$

Multiplikation der Säkulargleichung mit

$$\left(\frac{\beta - \alpha S}{1 - \sigma S} \right)^{-n} \tag{6}$$

bringt die Diagonalelemente auf die Form σ und die von Null verschiedenen Nichtdiagonalelemente werden gleich 1. Für die Ketten lautet also z. B. jetzt die Säkulardeterminante

$$\begin{vmatrix} \sigma & 1 & . & . \\ 1 & \sigma & 1 & . \\ . & 1 & \sigma & 1 \\ . & . & 1 & \sigma \\ & & & & \ddots \end{vmatrix} \tag{7}$$

Es sind also genau dieselben Säkularprobleme zu lösen, wie ohne Berücksichtigung der Nichtorthogonalitätsintegrale. Den bindenden Molekülzuständen entsprechen die negativen Wurzelwerte σ.

Um einen noch einfacheren Ausdruck für (3) zu bekommen, führen wir Zahlen τ ein, deren Zusammenhang mit σ durch

$$\sigma = \frac{\tau}{1 + \tau S} \quad \text{bzw.} \quad \tau = \frac{\sigma}{1 - \sigma S} \tag{8}$$

definiert ist. Damit wird

$$\varepsilon = \alpha - \tau (\beta - \alpha S) = \alpha - \tau \gamma \quad \text{mit} \quad \gamma = \beta - \alpha S . \tag{9}$$

Die Kopplungsenergie eines Molekülzustandes läßt sich also als Vielfaches einer Größe γ ausdrücken, ähnlich wie sie in der einfacheren Theorie als Vielfaches von β ausgedrückt werden kann. Da α positiv ist, ist

$$|\gamma| = |\beta - \alpha S| > |\beta| . \tag{10}$$

Bei Berücksichtigung des Nichtorthogonalitätsintegrals ist es, wie CHIRGWIN und COULSON[1] gezeigt haben, zweckmäßig, die Definition der

---

[1] CHIRGWIN, B. H., u. C. A. COULSON: Proc. Roy. Soc. A **201**, 197 (1950).

Tabelle 27.

	Kopplungsenergie nach HÜCKEL (Einheit β)	Sonderenergie	
		nach HÜCKEL (Einheit β)	nach WHELAND (Einheit γ)
Äthylen	2	0	
Butadien	4,47	0,47	0,175
Hexatrien	6,99	0,99	0,387
Octatetraen	9,52	1,52	
Methylen-3-pentadien-1,4 Dimethylen-3,4-hexatrien		0,899	0,322
Allyl	2,83		
Pentadienyl	5,54		
Heptatrienyl	8,05		
Cyclopentadienyl	5,854		
Benzol	8,000	2,000	1,067
Heptatrienyl	8,54		
Cyclooctatetraen		1,657	0,446
Naphthalin	13,683	3,683	1,863
Anthracen	19,314	5,314	2,607
Tetracen	24,932	6,932	3,340
Pentacen	30,544	8,544	4,066
Hexacen	36,12		
Heptacen	41,74		
Phenanthren	19,448	5,448	2,74
Benz-1,2-Anthracen	25,101	7,101	3,503
Benz-3,4-Phenanthren	25,187	7,187	3,584
Chrysen	25,190	7,190	3,587
Triphenylen	25,275	7,275	3,666
Pyren	22,506	6,506	3,212
Pentaphen	30,763	8,763	4,278
Dibenz-1,2,3,4-Anthracen	30,942	8,942	4,447
Dibenz-1,2,5,6-Anthracen	30,880	8,880	4,389
Dibenz-1,2,7,8-Anthracen	30,879	8,879	4,388
Picen		8,943	4,448
Perylen	28,245	8,245	4,058
Coronen	34,572	10,572	5,224
Diphenyl	16,383	4,383	2,252
p-Diphenylbenzol	24,772	6,772	3,441
o-Diphenylbenzol	24,777	6,777	3,445
m-Diphenylbenzol	24,766	6,766	3,436
p-Quaterphenyl	33,16	9,16	
Triphenyl-1,3,5-Benzol	33,15	9,15	4,62
9,10-Diphenyl-Anthracen	36,171		
Styrol	10,424	2,424	1,210
α-Vinylnaphthalin	16,12	4,12	
β-Vinylnaphthalin	16,10	4,10	
9-Vinylanthracen	21,79	5,79	
α-Vinylanthracen	21,74	5,74	
β-Vinylanthracen	21,72	5,72	
Stilben	18,878	4,878	2,446
α,α-Diphenyläthylen		4,815	2,402

Tabelle 27 (Fortsetzung)

	Kopplungsenergie nach HÜCKEL (Einheit β)	Sonderenergie nach HÜCKEL (Einheit β)	Sonderenergie nach WHELAND (Einheit γ)
α, α-Di-β-Naphthyläthylen	30,142	8,142	
Tetraphenyläthylen	35,719	9,719	4,879
Diphenylbutadien	24,401	8,401	
Phenylhexatrien	14,971	2,971	
p-Xylylen	9,92	1,926	0,754
m-Xylylen	9,430	1,430	
o-Xylylen	9,956	1,956	0,780
Tetraphenyl-p-Xylylen	43,885	11,885	
p-Diphenochinondimethid	18,121	4,121	1,756
p-Diphenochinon tetraphenyl-dimethid	52,174	14,174	
p-Terphenochinondimethid	26,416	6,416	
p-Terphenochinon-tetraphenyl-dimethid	60,549	16,549	
p-Stilbenchinondimethid	20,649	4,649	1,974
p-Stilbenchinon-tetraphenyldimethid	54,681	14,681	
m-Diphenochinon-Dimethid	17,820	3,820	1,456
1,4-Naphthochinondimethid	15,802	3,802	1,730
2,6-Naphthochinondimethid	15,479	3,479	1,420
2,6-Naphthochinon-Tetraphenyl-Dimethid	49,493	13,493	
9,10-Anthrachinondimethid		5,678	2,710
Fulven		1,466	0,638
Benzofulven		3,334	1,589
Dibenzfulven		5,224	2,567
Heptafulven		1,994	0,779
Azulen		3,364	1,597
Pentalen		2,456	1,087
Heptalen		3,618	1,465
Fulvalen		2,779	1,204
Acenaphthenylen		4,619	2,273
Fluoranthen		6,500	3,239
Triphenylmethyl	25,794		
Diphenyl-Xenyl-Methyl	34,202		
Phenyl-Dixenyl-Methyl	42,607		
Trixenylmethyl	51,008		
p-Xenylmethyl	17,139		
m-Xenylmethyl	17,101		
Diphenyl-m-Xenyl-Methyl	34,177		
p-Terphenylmethyl	24,772		
Diphenyl-p-Terphenylmethyl . . .	42,602		
Diphenyl-β-Naphthylmethyl . . .	31,483		
p-Stilbenylmethyl	19,664		
Diphenyl-p-Stilbenylmethyl	36,714		
Di-β-Naphthylmethyl	28,698		
Pentaphenylcyclopentadienyl . . .	48,15		

Elektronendichte q_r und der π-Bindungsordnung p_{rs} in folgender Weise abzuändern. Man setzt

$$q_r = \sum_i n_i \left(c_{ir}^2 + {\sum_{r'}}' c_{ir} c_{ir'} S_{ir'} \right), \tag{11}$$

wobei die Summe ${\sum}'$ über die dem betrachteten Atom benachbarten Atome zu erstrecken ist. n_i ist die Besetzungszahl des i-ten Molekülzustandes. Die neue Definition der Bindungsordnung lautet:

$$p_{rs} = \sum_i n_i \left(c_{ir} c_{is} + \frac{1}{2} \left[\sum_{s'} c_{ir} c_{is'} S_{ss'} + \sum_{r'} c_{is} c_{ir} S_{rr'} \right] \right); \tag{12}$$

die Indizes s' beziehen sich auf die dem Atom s benachbarten Atome außer r, die Indizes r' auf die Atome, die zu r benachbart sind außer s.

Wenn man diese Definitionen zugrunde legt, sind die unter Berücksichtigung des Nichtorthogonalitätsintegrals berechneten q_r- und p_{rs}-Werte dieselben wie die, die man unter Vernachlässigung der Überlappung berechnet.

MULLIKEN[1] verwendet eine Bindungsordnung, die durch

$$p_{rs} = (1 + S_{rs}) \sum_i n_i c_{ir} c_{is} \tag{13}$$

definiert ist.

Tab. 27 enthält für eine Reihe von Kohlenwasserstoffen und Radikalen Kopplungs- und Sonderenergien, die nach HÜCKEL bzw. WHELAND von verschiedenen Autoren berechnet worden sind.

1510. Explizite Berücksichtigung der Elektronenwechselwirkung.

Bei den bisher dargestellten Anwendungen der Methode der Moleküleigenfunktionen auf die π-Elektronensysteme ungesättigter und aromatischer Verbindungen ist die Elektronenwechselwirkung immer nur implizit durch Wahl eines geeigneten Abschirmungsfeldes berücksichtigt worden. Daran muß sich als nächster Schritt eine Störungsrechnung anschließen, deren Störungsoperator die Differenz des Abschirmungsfeldes und der wirklichen Elektronenwechselwirkung darstellt. Die Eigenfunktionen, mit denen die Störungsrechnung ausgeführt werden muß, sind, da die oberste noch besetzte Moleküleigenfunktion in der Regel auch voll besetzt ist, einfach HS-Funktionen, in denen jede der besetzten Moleküleigenfunktionen zweimal als Ortsanteil auftritt. Da die Moleküleigenfunktionen streng orthogonal sind, treten in dem Ausdruck für die Störungsenergie tatsächlich nur Coulomb- und einfache Austauschintegrale von der Form

$$\left(\psi_i(1)\,\psi_j(2), \frac{1}{r_{12}}\,\psi_i(1)\,\psi_j(2) \right) \tag{1}$$

---

[1] MULLIKEN, R. S.: J. Chim. physique etc. **46**, 675 (1949).

$$\left(\psi_j \,(1)\; \psi_i\,(2), \frac{1}{r_{12}}\, \psi_i\,(1)\; \psi_j\,(2) \right) \tag{2}$$

auf. Da ψ_i und ψ_j aber Linearkombinationen von Atomeigenfunktionen sind, zerfallen die Integrale (1) (2) in der Regel in eine große Zahl von Integralen des allgemeinen Typs

$$\left(\psi_a\,(1)\; \psi_b\,(2), \frac{1}{r_{12}}\, \psi_c\,(1)\; \psi_d\,(2) \right), \tag{3}$$

wobei ψ_a, ψ_b, ψ_c, ψ_d Atomeigenfunktionen und im allgemeinen $a \neq b \neq c \neq d$ ist. Neben Integralen, bei denen sich die in ihnen auftretenden Atomeigenfunktionen auf zwei Zentren beziehen, treten hier also Drei- und Vierzentrenintegrale auf. SKLAR und GOEPPERT-MAYER[1], die zuerst Rechnungen über den Grundzustand des Benzols unterBerücksichtigung der Elektronenwechselwirkung auf dem geschilderten Wege ausgeführt haben, haben die Mehrzentrenintegrale vernachlässigt. Da abgesehen vom Fall des Äthylens[2] die Mehrzentrenintegrale grundsätzlich auftreten, sind sie inzwischen z. T. berechnet worden[3]. Neuerdings haben COULSON und JACOBS[4] auf einen in diesem Zusammenhang wichtigen Punkt hingewiesen:

Aus den bisher geschilderten Entwicklungen ergibt sich scheinbar von selbst, daß man bei der Anwendung der konsequenten Methode der Moleküleigenfunktionen (explizite Berücksichtigung der Elektronenwechselwirkung) von der Eigenfunktion auszugehen hat, die zu der durch „Besetzung der Molekülzustände von unten an" eindeutig beschriebenen Elektronenkonfiguration gehört. Nun haben aber CRAIG[5] und die genannten Autoren gezeigt, daß Eigenfunktionen, die zu angeregten Elektronenkonfigurationen gehören, in bezug auf den Störungsoperator mit der Eigenfunktion zur Grundkonfiguration kombinieren können und es hat sich herausgestellt, daß diese Konfigurationswechselwirkung wesentlich zur Erniedrigung des Grundzustandes beiträgt.

1511. Bindungsenergien ungesättigter und aromatischer Kohlenwasserstoffe.

Im Bereich der gesättigten Kohlenwasserstoffe gilt die Additivitätsregel für die Bindungsenergie mit sehr großer Genauigkeit. Das ist auch

---

[1] GOEPPERT-MAYER, M., u. A. L. SKLAR: J. Chem. Phys. **6**, 645 (1938).

[2] HARTMANN, H.: Z. physik. Chem. B **53**, 96 (1943). — Die Kritik von CRAIG, J. Chem. Phys. **16**, 158 (1948), betrifft nur die in dieser Arbeit ebenfalls behandelten angeregten Singulettzustände.

[3] PARR, R. G., u. V. A. CRAWFORD: J. Chem. Phys. **16**, 526 (1948). — VAN DRANEN, J.: Contributions to the Theory of Quantum Mechanical Methods, Proefschrift. Amsterdam 1951.

[4] COULSON, C. A., u. J. JACOBS: Proc. Roy. Soc. A, **206**, 287 (1951).

[5] CRAIG, D. P.: Proc. Roy. Soc. A **202**, 498 (1950).

noch bei den ungesättigten Kohlenwasserstoffen mit einer oder mehreren isolierten (nicht konjugierten) Doppelbindungen der Fall. Die C=C-Doppelbildung liefert bei diesen Stoffen also formal einen konstanten Beitrag zur Bindungsenergie des Moleküls.

Diesem Sachverhalt entspricht das Ergebnis der Theorie, daß bei isolierten Doppelbindungen pro π-Elektronenpaar jeweils derselbe Energiebeitrag zur Bindungsenergie des Moleküls beigesteuert wird. Es gilt also in guter Näherung die Regel, daß für Kohlenwasserstoffe mit lokalisierten π-Bindungen sich die Bindungsenergie formal additiv aus Bindungsbeiträgen errechnen läßt.

Es liegt dann nahe, zu vermuten, daß diese Regel formal auch bei Molekülen mit nichtlokalisierten π-Bindungen insofern gilt, als die additiv unter Zugrundelegung einer der klassischen Strichformeln errechnete formale Bindungsenergie mit der Energie gleichzusetzen ist, die sich unter Zugrundelegung dieser *einen* Valenzstruktur theoretisch ergeben würde.

Diese Behauptung läßt sich so lange nicht streng beweisen, als keine Berechnungen der gesamten Bindungsenergien vorliegen. Um so wichtiger ist ein Vergleich mit geeigneten experimentellen Daten.

Die Bindungsenergie eines konjugierten Kohlenwasserstoffes sollte, wenn die angeführte Vermutung richtig ist, durch

$$E = E_K + E_S$$

darzustellen sein[1]. Zur Prüfung der Gültigkeit dieser Beziehung kann man Messungen von Verbrennungswärmen und Sublimationswärmen oder solche von Hydrierungswärmen heranziehen[2].

Besonders gut eignen sich Meßwerte für Gruppen von isomeren Stoffen, wie etwa die Gruppe der aus vier Ringen kondensierten aromatischen Kohlenwasserstoffe

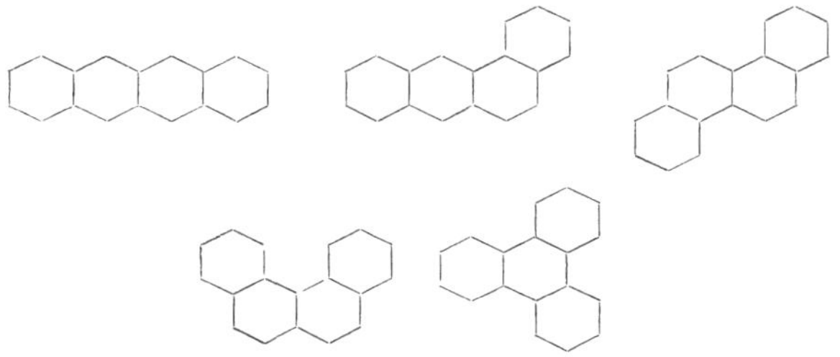

für die sehr genaue Meßwerte vorliegen[3]. E_K hat für alle Stoffe dieser Gruppe denselben Wert, so daß die Differenzen der auf den Gaszustand

---

[1] E_K bedeutet den aus Bindungskonstanten errechenbaren Anteil, E_S den Sonderanteil.

[2] Vgl. E. HÜCKEL: Grundzüge der Theorie der ungesättigten und aromatischen Verbindungen Berlin 1938.

[3] MAGNUS, A., H. HARTMANN u. F. BECKER: Z. phys. Chem. 197, 75 (1951).

bezogenen Verbrennungswärmen dieser Stoffe, wenn der Temperaturverlauf ihrer Molwärmen hinreichend gleichmäßig ist, unmittelbar mit den Differenzen der theoretischen Sonderenergien zu vergleichen wären. In der Tab. 28 sind die experimentell gefundenen Differenzen (bezogen auf Triphenylen) und die theoretischen Werte angegeben. Diese wurden nach HÜCKEL berechnet und der Wert 18,7 kcal/Mol für das Resonanzintegral β verwendet.

Tabelle 28. *Unterschiede der Sonderenergien* (kcal/Mol).

	Experiment	Theorie
Triphenylen	 0	0
Chrysen	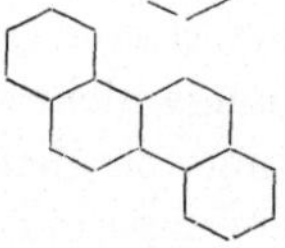 1,32	1,31
Benzphenanthren	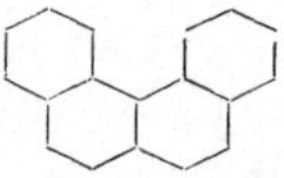 8,04	1,49
Tetraphen	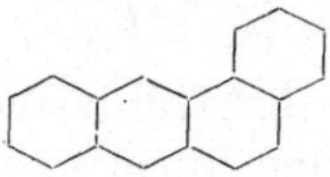 5,37	4,48
Tetracen	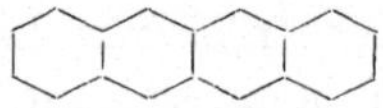 6,16	6,16

Die Übereinstimmung ist bei Chrysen, Tetraphen und Tetracen gut. Lediglich bei Benzphenanthren wird eine Abweichung beobachtet, die sicher weit außerhalb der Fehlergrenzen der Messungen liegt. Die experimentell bestimmte Sonderenergie ist um 6,5 kcal/Mol kleiner als die errechnete.

Die Rechnung ist wie bei den anderen Kohlenwasserstoffen der betrachteten Gruppe unter der Annahme angestellt worden, daß das Molekül eben gebaut ist. Wie Abb. 34 erkennen läßt, ist aber Benzphenanthren das einzige Molekül der Gruppe, bei dem durch sterische Hinderung zweier Wasserstoffatome die ebene Lage gestört wird. Eine „Verwindung" des Moleküls muß aber eine Verringerung der Sonderenergie zur Folge haben, so daß sowohl die Tatsache, daß experimentell gerade bei diesem Stoff eine scheinbare Nichtübereinstimmung beobachtet wird, als auch das Vorzeichen der Abweichung verständlich sind. Das ist in Anbetracht der Tatsache, daß die Theorie mit weitgehenden Näherungsannahmen arbeitet, erstaunlich, es wird sich aber zeigen, daß die Theorie nicht nur in diesem einen Fall zuverlässig ist.

Man kann rückwärts aus gemessenen Verbrennungswärmen und theoretischen Sonderenergien unter Verwendung von Bindungskonstanten Werte für das Resonanzintegral β errechnen. Tabelle 29 zeigt,

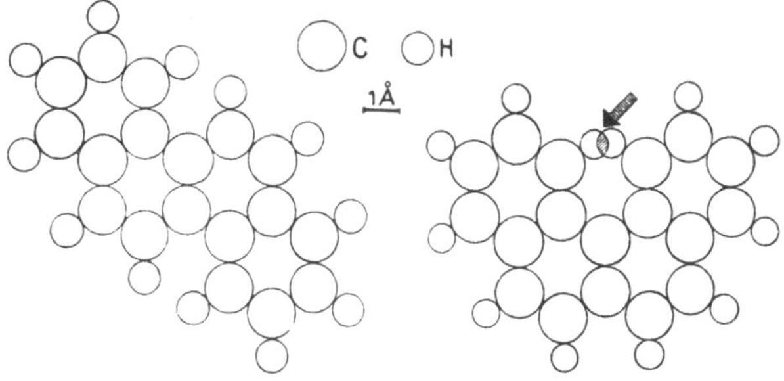

Abb. 34. Chrysen und Benzphenanthren (schematisch).

daß der sich jeweils ergebende Wert für das Resonanzintegral gut konstant ist. Große Abweichungen ergeben sich lediglich bei Bianthryl und Diphenylanthracen.

Hier ist die experimentell beobachtete Sonderenergie merklich kleiner, als sie nach der Theorie sein sollte. Die Abbildung 35 zeigt, daß man auch bei Bianthryl und Diphenylanthracen Abweichungen von der ebenen Lage in-

Tabelle 29.	β (kcal/ Mol)
Anthracen	18,1
Phenanthren	19,0
Dihydrotetracen. . . .	18,8
Dihydroanthracen . .	19,1
Bianthryl	17,5
Diphenylanthracen . .	17,3

folge sterischer Hinderung von H-Atomen zu erwarten hat. Die Abweichungen sind also auch hier vernünftig zu erklären.

Die Tabelle 30, in der experimentelle und theoretisch zu erwartende Sonderenergien von Benzol und verwandten Stoffen zusammengestellt

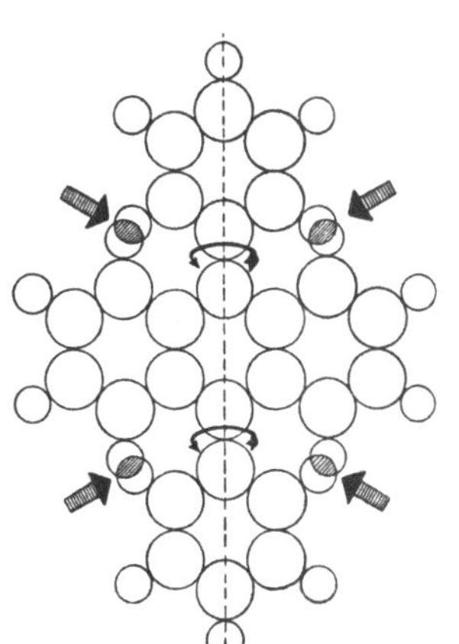
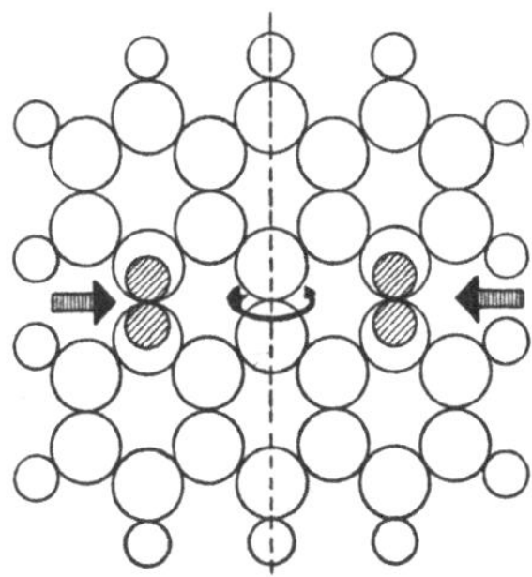

Abb. 35. 9,10-Diphenylanthracen und Bianthryl (schematisch).

sind, zeigt, daß der theoretische Wert von 37,4 kcal/Mol für die Sonderenergie des Benzols, der mit dem oben verwendeten Wert von

18,7 kcal/Mol für β berechnet ist, gut mit den Beobachtungen übereinstimmt. Die Übereinstimmung ist bei den ungesättigten Kohlenwasserstoffen, wie Butadien, wesentlich schlechter. Aus der Tabelle ist außerdem zu ersehen, daß die nach den beiden Methoden errechneten theoretischen Werte im allgemeinen gut übereinstimmen.

Tabelle 30. Sonderenergien.

	Valenzstruktur-methode	Methode der Moleküleigen-funktionen	Experimen-teller Wert kcal/Mol
Benzol	1,106 A	2,00 β	41
Naphthalin . . .	2,04 A	3,68 β	77
Anthracen	2,95 A	5,32 β	116
Phenanthren . . .	3,02 A	5,54 β	130
Diphenyl.	2,37 A	4,38 β	91
Butadien.	0,23 A	0,47 β	3,5
Hexatrien	0,48 A	0,99 β	—

Mit der Beziehung (1) lassen sich auch für andere konjugierte Verbindungen Sonderenergien aus experimentellen Daten über Verbrennungs- und Hydrierungswärmen ableiten. In der Literatur sind zahlreiche solche Energiewerte angegeben. Es ist nicht anzunehmen, daß diesen Rechenergebnissen eine wesentliche Bedeutung zukommt. Erst wenn man durch Untersuchungen der oben genannten Art an Gruppen isomerer ähnlicher Stoffe sich einigermaßen von der Gültigkeit des additiven Schemas für die betreffende Stoffgruppe überzeugt hat, kann man nach (1) Sonderenergien berechnen, ohne dabei Gefahr zu laufen, daß man alles, was sich dem additiven Schema nicht einpassen läßt, völlig formal als Sonderenergie erklärt.

Da die Abstände benachbarter Kohlenstoffatome in ungesättigten und aromatischen Systemen im allgemeinen untereinander nicht genau gleich sind, könnte man daran denken, die dadurch bedingten Änderungen der π-Elektronenenergie (und natürlich auch die Änderung der σ-Elektronenenergie) in Rechnung zu stellen. Das ist versucht worden, hat aber wohl keinen richtigen Sinn, solange man mit halbempirischen Regeln für Teile der Bindungsenergie arbeiten muß.

1512. Bindungsabstände.

Tabelle 31.

C—C Abstand in	Verbindung	x nach PAULING
1,33 A	$CH_2{=}CH_2$	1
1,39 A	C_6H_6	0,5
1,42 A	Graphit	0,33
1,54 A	$CH_3{-}CH_3$	0

Die Abstände benachbarter Kohlenstoffatome in konjugierten Systemen variieren in verhältnismäßig engen Grenzen.

In der Tabelle 31 ist die PAULINGsche Doppelbindungsordnung x der betreffenden Bindungen in Äthylen, Benzol, Graphit und Äthan angegeben. Trägt man den Bindungsabstand R gegen die Doppelbindungsordnung auf, so ergibt sich eine von oben schwach-konkave Kurve, die sehr gut durch die Gleichung

$$R = R_1 - (R_1 - R_2)\,\frac{3\,x}{(2\,x + 1)} \qquad (1)$$

dargestellt werden kann. Dabei bedeutet R_1 den Bindungsabstand für $x = 0$ (reine Einfachbindung), R_2 hat dieselbe Bedeutung für $x = 1$ (reine Doppelbindung).

LENNARD-JONES[1] hat für die Abhängigkeit des von der σ-Bindung herrührenden Energieanteils vom Abstand R_{rs}

$$F = \left(\tfrac{1}{2}\right)\sigma\,(R_{rs} - s)^2 \qquad (2)$$

angenommen, wo σ die Kraftkonstante der σ-Bindung und s die

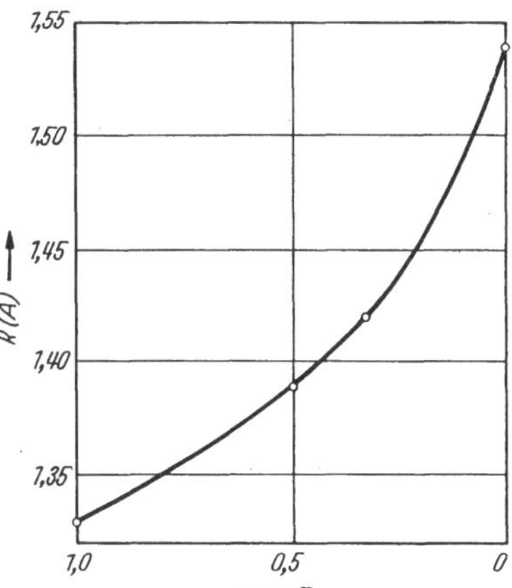

Abb. 36. Der Zusammenhang zwischen der PAULINGschen Doppelbindungsordnung (x) und dem Atomabstand $R\ (A)$ in A.

Länge der σ-Bindung im Äthan bedeutet. Für die Abhängigkeit des Resonanzintegrals vom Abstand ergibt sich dann

$$2\,\beta_{rs} = \text{const.} + \left(\tfrac{1}{2}\right)\varkappa\,(R_{rs} - d)^2 - \left(\tfrac{1}{2}\right)\sigma\,(R_{rs} - s)^2, \qquad (3)$$

wobei $\varkappa$ und d Kraftkonstante und Länge der Bindung im Äthylen bedeutet. Daraus folgt, wie COULSON[2] gezeigt hat, daß der Normalabstand

$$\overline{R}_{rs} = s - \frac{s - d}{1 - \dfrac{\sigma\,(1 - p_{rs})}{\varkappa\,p_{rs}}}$$

ist, wobei p_{rs} die oben definierte π-Bindungsordnung bedeutet.

Genaue Abstandsmessungen an Pyren und Coronen[3] lassen die gute Übereinstimmung der Theorie mit dem Experiment erkennen.

1513. Konjugation und Hyperkonjugation.

Aus der organischen Chemie ist bekannt, daß immer dann, wenn zwei oder mehr Doppelbindungen konjugiert sind

$$-\mathrm{CH}=\mathrm{CH}-\mathrm{CH}=\mathrm{CH}-,$$

das betreffende System besonders stabil ist. Womit das zusammenhängt, erkennen wir, wenn wir die Tab. 27 betrachten und z. B.

[1] LENNARD-JONES, J. E.: Proc. Roy. Soc. A (Lond.) **158**, 280 (1937).
[2] COULSON, C. A.: Proc. Roy. Soc. (Lond.) **169**, 413 (1939).
[3] ROBERTSON, J. M., u. J. G. WHITE: J. Chem. Soc. **1947**, 358; **1945**, 607.

feststellen, daß bei Äthylen keine Sonderenergie, bei Butadien dagegen eine solche in Höhe von $0{,}47\ \beta \approx 8$ kcal/Mol auftritt. Der Grund für die chemisch beobachteten Konjugationseffekte ist also darin zu sehen, daß benachbarte konjugierte Doppelbindungen zu einer besonderen Stabilisierung des Molekülgrundzustandes führen. Die Tatsache, daß die Sonderenergie für Benzol den hohen Wert $2\ \beta$ hat, erklärt dann auch den Unterschied zwischen olefinischen und aromatischen Doppelbindungssystemen, der sich chemisch so bemerkbar macht, daß Olefine zu Additionsreaktionen neigen, während aromatische Kohlenwasserstoffe in bezug auf Additionen reaktionsträge sind.

Von MULLIKEN[1] ist darauf hingewiesen worden, daß neben der gewöhnlichen Konjugation bei Alkylgruppen, die an olefinischen oder aromatischen Systemen substituiert sind, eine andere Art von Konjugation (Hyperkonjugation) wirksam ist[2].

Es ist plausibel, anzunehmen, daß das Methylkohlenstoffatom des Toluols

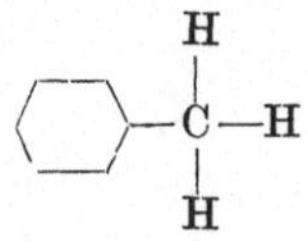

sich im tetraedrischen Valenzzustand befindet. Im Rahmen der MO-Methode wird man aus drei Tetraedereigenfunktionen des C und den drei Wasserstoffeigenfunktionen ψ_a, ψ_b, ψ_c lokalisierte Molekülzustände aufbauen. Die CH_3-Gruppe weist dann drei normale σ-Bindungen auf. Diesem Zustand überlagert sich beim Toluol nach MULLIKEN ein solcher, bei dem sich das Kohlenstoffatom im trigonalen Valenzzustand befindet (also ein π-Elektron aufweist) und die Wasserstoffeigenfunktionen zu den Molekülzuständen

$$\psi_a + \psi_b + \psi_c$$

$$\psi_a - \frac{1}{2}\,(\psi_b + \psi_c) \tag{1}$$

$$\psi_b - \frac{1}{2}\,(\psi_a + \psi_c)$$

kombiniert sind. Einer dieser Zustände hat dieselbe Symmetrie wie die π-Eigenfunktion des Kohlenstoffatoms (s. Abb. 37), so daß, wenn nur die Molekülzustände (1) für den Grundzustand des Moleküls zu berücksichtigen wären, im Toluolmolekül eine Konjugation wie im Styrolmolekül

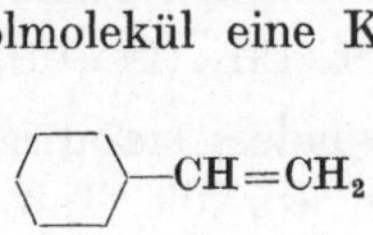

---

[1] MULLIKEN, R. S., C. A. RIEKE u. W. G. BROWN: J. Amer. Chem. Soc. **63**, 41 (1941).

[2] Vgl. die kritische Darstellung von F. BECKER, Angew. Chemie 1953.

vorliegen würde. Durch diese Erweiterung des konjugierten Systems steigt die Resonanzenergie an und das ist der Grund dafür, daß die Zustände (1) sich am Grundzustand des Toluols überhaupt mit beteiligen (Hyperkonjugation).

Wenn die CH_3-Gruppe nicht an einem π-Elektronen tragenden, sondern an einem aliphatischen System substituiert wäre, käme höchstens eine Konjugation mit den π-Zuständen anderer gesättigter Molekülteile (Hyperkonjugation höherer Ordnung) in Frage und der, erzielbare Energiegewinn wäre wesentlich niedriger.

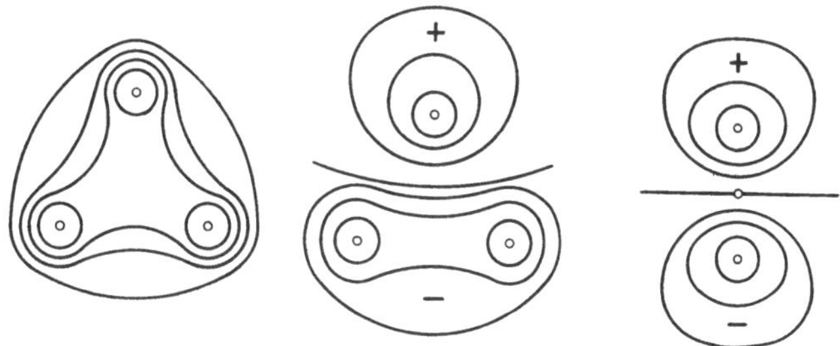

Abb. 37. Moleküleigenfunktionen der CH_3-Gruppe.

Die atomare Bildungswärme des Toluols ist um 1,5 kcal/Mol höher, als sie sein sollte, wenn man in der CH_3-Gruppe reine σ-Bindungen annimmt. Diese Hyperkonjugationsenergie ist schon so niedrig, daß von einem sicheren Nachweis der Hyperkonjugation auf dem Weg über die Bildungswärme nicht gesprochen werden kann. Zudem ist die Hyperkonjugation nur einer von mehreren Effekten zweiter Ordnung und es ist sicher nicht sinnvoll, alle Abweichungen von den ersten Näherungen allein auf die Hyperkonjugation zu schieben.

Tabelle 32. *Differenzen der Ionisierungsspannungen der substituierten Äthylene gegen Äthylen* (in V).

	gemessen	berechnet
Propylen	0,78	0,91
Dimethyläthylen . .	1,27	1,46
cis-Butylen	1,33	1,51
trans-Butylen	1,35	1,58
Dimethylpropylen . .	1,77	2,02
Tetramethyläthylen .	2,17	2,43

Wie man solche Abweichungen anders und sogar quantitativ fassen kann, wollen wir am Beispiel der Ionisierungsenergien der durch Methylgruppen substituierten Äthylene zeigen. Da die einfache Ionisierung bei diesen Stoffen die Entfernung eines der beiden π-Elektronen bedeutet, sollte die Ionisierungsenergie des Äthylens durch Substitution der H-Atome durch Methylgruppen in erster Näherung nicht verändert werden.

Die Messungen (s. Tab. 32) zeigen, daß bei der Substitution außerhalb der Fehlergrenzen liegende Änderungen der Ionisierungsenergie eintreten und diese sollen nach PRICE auf Hyperkonjugationserscheinungen zurückzuführen sein.

Nach PRICE[1] findet z. B. im nichtionisierten Propylen

$$CH_3-CH=CH_2$$

zwischen der CH_3-Gruppe und dem π-Elektronensystem der Vinylgruppe Hyperkonjugation statt. Die dadurch bedingte Erniedrigung des Grundzustandes ist geringfügig. Beim einfach ionisierten Propylen

$$CH_3-\overset{\cdot}{C}H-\overset{(+)}{C}H_2 \quad \longleftrightarrow \quad CH_3-\overset{(+)}{C}H-\overset{\cdot}{C}H_2$$

ist wegen der Elektronenlücke im Vinylsystem nach PRICE die Hyperkonjugation ausgeprägter. Die CH_3-Gruppe wirkt als „Elektronenspender". Damit ist eine stärkere Erniedrigung des Grundzustandes des Propylen-Ions verknüpft und aus beiden Betrachtungen folgt dann, daß die Ionisierungsenergie des Propylens kleiner sein muß, als die des Äthylens. Angaben darüber, wie groß die Erniedrigung der Ionisierungsenergie sein sollte, kann man so aber nicht gewinnen.

Nimmt man an, daß das eine π-Elektron des ionisierten Äthylenderivats im Mittel so verteilt ist, daß jedes Äthylen-C-Atom die Ladung $+ 1/2$ trägt, so kann man die beobachteten Erniedrigungen der Ionisierungsenergie, ohne daß man den Begriff Hyperkonjugation zu Hilfe nimmt, in folgender Weise qantitativ beschreiben[2]:

Die Ladungen induzieren in den CH_2-Gruppen, die bei der Methylsubstitution hinzugekommen sind, Dipolmomente. Deren Betrag kann aus den aus Refraktionsdaten ableitbaren Polarisierbarkeiten und den bekannten geometrischen Daten der Moleküle errechnet werden. Die Wechselwirkung der induzierten Momente mit den induzierenden Ladungen und untereinander ergibt einen negativen Beitrag zur Energie der Ionen. Die Ionisierungsenergie sollte um diesen Betrag kleiner sein als die des Äthylens. In Tab. 32 sind für alle methylsubstituierten Äthylene die berechneten Werte eingetragen und man sieht aus dem Vergleich mit den beobachteten Werten, daß die geschilderte Theorie zumindest ebenso gut den Erscheinungen gerecht wird, wie die Theorie der Hyperkonjugation.

---

[1] PRICE, W. C., u. R. WOOD: J. Chem. Phys. **3**, 439 (1935). — PRICE, W. C., u. A. D. WALSH: Proc. Roy. Soc. (Lond.) A **22**, 191 (1947). — PRICE, W. C.: Chem. Rev. **41**, 257 (1947).
[2] HARTMANN, H., u. M. B. SVENDSEN: Noch unveröffentlicht; vgl. auch H. HARTMANN u. H. GRUNERT: Z. phys. Chem. **199**, 259 (1952).

Außer bei CH_3-Gruppen kann auch bei CH_2-Gruppen, die mit einem π-Elektronen tragenden System verknüpft sind, wie z. B. im Cyclopentadien

Hyperkonjugation eintreten. Die Wasserstoffeigenfunktionen ψ_a und ψ_b können hier zu zwei Molekülzuständen kombiniert werden

$$\frac{1}{\sqrt{2}}\,(\psi_a + \psi_b)$$

$$\frac{1}{\sqrt{2}}\,(\psi_a - \psi_b),$$

von denen wieder einer dieselbe Symmetrie hat, wie eine π-Eigenfunktion am Kohlenstoffatom.

1514. Aromatische Ringe.

Außer dem Benzol existieren zahlreiche heterocyclische Ringverbindungen mit aromatischem Charakter. Es ist verschiedentlich — vor allem mit Hilfe der Methode der Moleküleigenfunktionen — versucht worden, die Bindungsverhältnisse theoretisch zu behandeln[1]. Dabei geht man meistens so vor, daß die Coulomb- und Resonanzintegrale plausibel abgeändert werden. Tatsächlich fehlt aber bei diesen Untersuchungen der Nachweis, daß die Abänderungen zu Moleküleigenfunktionen führen, die über die durch sie festgelegte Ladungsverteilung die vorgenommenen Abänderungen der Integralwerte tatsächlich rechtfertigen[2].

Wir werden uns deshalb hier im Anschluß an HÜCKEL[3] mit einer qualitativen Diskussion begnügen müssen.

Das dem Benzol analoge Pyridin

unterscheidet sich von diesem dadurch, daß eine CH-Gruppe durch N ersetzt ist. Die Ähnlichkeit zwischen Benzol und Pyridin ist am

---

[1] BERTHIER, G., u. B. PULLMAN: C. r. **231**, 774 (1950). — LONGUETT-HIGGINS, H. C., u. C. A. COULSON: Trans. Faraday Soc. **43**, 87 (1947). — COULSON, C. A., u. H. C. LONGUETT-HIGGINS: Proc. Roy. Soc. (Lond.) A **191**, 39 (1947); **192**, 16 (1947); **193**, 447 (1948).

[2] Self-consistent-field-Rechnungen sind in diesem Zusammenhang zum ersten Mal von ROOTHAAN versucht worden. ROOTHAAN, E. C. J., Doctoral Thesis, University of Chicago 1950.

[3] HÜCKEL, E.: Grundzüge der Theorie der ungesättigten und aromatischen Verbindungen, Berlin 1938.

einfachsten so zu erklären, daß beim N-Atom des Pyridins das einsame Elektronenpaar eine trigonale Eigenfunktion besetzt, so daß das letzte Elektron ein π-Elektron wird.

Die Verhältnisse bei den aromatischen Fünfring-Hetero-Verbindungen Furan, Thiophen, Pyrrol usw.

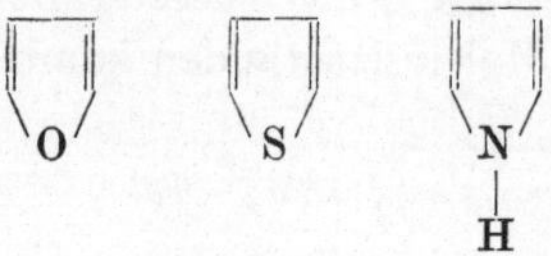

diskutieren wir, indem wir von der Betrachtung des Radikals Cyclopentadienyl

ausgehen.

Die Kopplungsenergien der fünf sich ergebenden Moleküleigenfunktionen sind nach HÜCKEL

$$- 1{,}62\ \beta \qquad - 1{,}62\ \beta$$
$$0{,}62\ \beta \qquad 0{,}62\ \beta$$
$$2\ \beta\,.$$

Es gibt also einen einfachen und einen zweifachen bindenden und einen zweifachen lockernden Zustand. Im Cyclopentadienylradikal $C_5 H_5$ sind fünf π-Elektronen unterzubringen. Dabei bleibt im bindenden zweifachen Zustand ein Platz frei, so daß das Radikal eine merkliche Affinität zur Aufnahme eines sechsten Elektrons zeigen sollte. Tatsächlich wird die Bildung des Cyclopentadienkalium aus Cyclopentadien und Kalium

$$C_5 H_6 + K \rightarrow C_5 H_5 K + \frac{1}{2}\ H_2$$

so gedeutet, daß die entstehende Kaliumverbindung mit einem Cyclopentadienylion zu formulieren ist

$$C_5 H_5 K = [C_5 H_5]^- K^+\,.$$

Die ungewöhnliche Reaktionsfähigkeit des Cyclopentadiens gegen Kalium findet so also eine zwanglose Erklärung.

Die Moleküleigenfunktionen bei den Fünfring-Heterocylen unterscheiden sich von denen des Cyclopentadienyl sicher quantitativ, indem sie z. B. eine nicht mehr vollsymmetrische Ladungsverteilung ergeben.

Qualitativ dürfte sich aber beim Übergang vom Cyclopentadienyl z. B. zum Pyrrol wesentlich nichts ändern, so daß gut zu verstehen ist, daß Pyrrol und die analogen Verbindungen mit sechs π-Elektronen besonders stabil sind, obwohl sie Fünfringe sind[1].

1515. Dipolmomente substituierter ungesättigter und aromatischer Kohlenwasserstoffe[2].

Im Bereich der gesättigten organischen Verbindungen gilt in guter Näherung die Regel, daß sich das permanente elektrische Dipolmoment eines Moleküls (vektoriell-) additiv aus Bindungsmomenten errechnen läßt. Geringe Abweichungen, wie sie etwa in der nicht völligen Kon-stanz der Momente in den Reihen der hier als Bei-spiel herausgegriffenen n-Alkylhalogenide (Ta-belle 33) zum Ausdruck kommen, lassen sich im allgemeinen durch die Annahme induzierter

Tabelle 33.

	F	Cl	Br	J
Methyl	1,81	1,87	1,78	1,59
Äthyl	1,92	2,05	2,02	1,90
n-Propyl	—	2,10	2,15	2,01
n-Butyl	—	2,09	2,15	2,08
n-Amyl	—	2,12	—	—

Momente deuten, die von dem Feld der wesentlich polaren Gruppe C-Hal. im Kohlenwasserstoffrest der Moleküle erzeugt werden.

Im Bereich der ungesättigten und aromatischen Verbindungen ver-liert zwar die Additivitätsregel nicht völlig ihre Bedeutung, es treten dort aber doch neue Erscheinungen und größere Abweichungen auf. Wenn man die Momente von Äthylchlorid, Chloräthylen und Chlorbenzol

$$CH_3 \cdot CH_2Cl \qquad\qquad CH_2 = CHCl \qquad\qquad C_6H_5Cl$$
$$2,05 \qquad\qquad\qquad 1,44 \qquad\qquad\qquad 1,73$$

vergleicht und bedenkt, daß nach der Additivitätsregel der Dipol-momentbetrag für alle drei Verbindungen

$$\mu = \mu_{HC} + \mu_{C\,Cl}$$

---

[1] Über Cyclooctatetraen vgl. V. SCHOMAKER u. K. W. HEDBERG (1949); zit. bei G. W. WHELAND, Annual Review of Physical Chemistry 133 (1950). Cyclo-octatetraen ist nach den Röntgenbeugungsaufnahmen von H. S. KAUFMANN, I. FANKUCHEN und H. MARK, Roc. Trav. chim. Pays-Bas **161**, 165 (1948), nicht eben gebaut.

Pyridin: G. W. WHELAND u. L. PAULING, J. Amer. Chem. Soc. **57**, 2086 (1935). WHELAND, G. W.: J. Amer. Chem. Soc. **64**, 900 (1912); J. Chem. Phys. **2**, 474. (1934). —

Thiophen: H. C. LONGUETT-HIGGINS, Trans. Faraday Soc. **45**, 173 (1949). — MILAZZO, G.: XIième Congrès International de Chimie London 1947.

[2] Dipolmomentbeträge werden in diesem Abschnitt in Debyeeinheiten ange-geben.

sein sollte (μ_{HC} und $\mu_{C\,Cl}$ bedeuten die Beträge der durch die Indizierung angegebenen Bindungsmomente), muß man zu dem Schluß kommen, daß bei der Anwendung der Regel auf ungesättigte und aromatische Verbindungen zumindest andere Bindungsmomente zu verwenden sind. Das ist insofern tatsächlich sinnvoll, als an dem Zustandekommen der σ-Bindungen H—C und C—Cl hier trigonale, im aliphatischen Fall aber tetraedrische Bindungseigenfunktionen des Kohlenstoffatoms beteiligt sind. Damit wird aber höchstens erklärt, daß C_2H_5Cl ein anderes Moment hat als C_2H_3Cl, bzw. C_6H_5Cl, aber die ebenso auffällige Differenz zwischen Chloräthylen und Chlorbenzol bleibt weiterhin unerklärt.

Die Variation von μ_{HC} beim Übergang von der Situation

$$\text{H—C—} \quad \text{zu} \quad \text{H—C}$$

dürfte außerdem nicht sehr bedeutend sein, so daß zu erklären bleibt:

1. Warum sind die scheinbaren Bindungsmomentbeträge bei ungesättigten Verbindungen wesentlich kleiner als bei gesättigten, und

2. warum variiert bei diesen Stoffen das scheinbare Moment der C—Cl-Bindung ?

Es liegt nahe, anzunehmen, daß die Verringerung des Momentes des Chloräthylens gegenüber dem des Äthylchlorids wesentlich durch die Mitbeteiligung einer polaren Struktur

$$H_2\overline{C}\text{—}CH=\overline{Cl}|$$

am Grundzustand des Moleküls bedingt ist und daß ähnliche polare Strukturen beim Chlorbenzol eine Rolle spielen.

Daß Strukturen mit Doppelbindungen zwischen C und Cl möglich sind, liegt daran, daß eine der p-Eigenfunktionen des Cl-Atoms die Rolle einer p_z-Eigenfunktion spielen kann. Polare Strukturen der angeschriebenen Art sind also nur möglich bei Substituenten, die (im Normalzustand) ein einsames Elektronenpaar in einer p_z-Eigenfunktion aufweisen. Das ist z. B. auch bei Nitrobenzol der Fall, bei dem außer „normalen" Strukturen der Art auch polare Strukturen vom Typ

$$(+)\langle\!\!=\!\!\rangle\overset{(+)}{=}N\!\!\underset{\bar{O}|(-)}{\overset{\bar{O}|(-)}{<}}$$

am Grundzustand beteiligt sein können, bei denen im Gegensatz zu den polaren Strukturen, die wir für Chlorbenzol angeschrieben hatten und bei denen der Ring ein Elektron vom Substituenten aufgenommen hat, ein Elektron vom Ring an den Substituenten abgegeben worden ist. Die Annahme der Mitbeteiligung solcher Strukturen am Grundzustand des Nitrobenzolmoleküls wird durch die Tatsache nahegelegt, daß Nitrobenzol verglichen mit aliphatischen Nitroverbindungen ein Dipolmoment von sehr hohem Betrag besitzt.

Daß diese Annahmen nicht nur ad hoc gemacht sind, ergibt sich aus der Betrachtung der Verhältnisse bei den Substitutionsprodukten des Durols

und des Mesitylens

Tabelle 34.

X	Y	Benzolderivat	Durolderivat	Mesitylenderivat
NO_2	H	3,95	3,39	3,64
$N(CH_3)_2$	H	1,58	—	1,03
NH_2	H	1,53	1,39	1,40
OH	H	1,61	1,68	—
F	H	1,46	—	1,36
Cl	H	1,56	—	1,55
Br	H	1,52	1,55	1,52
J	H	1,27	—	1,42
NO_2	$N(CH_3)_2$	6,87	4,11	—
NO_2	OC_2H_5	4,76	3,69	—
NO_2	NH_2	6,10	4,98	—
NO_2	OH_2	5,04	4,08	—
NO_2	Br	2,65	2,36	—

Aus Tabelle 34 geht z. B. hervor, daß das Dipolmoment des Nitrodurols wesentlich kleiner ist als das des Nitrobenzols. Bei Nitrodurol ist infolge der sterischen Behinderung durch die benachbarten Methylgruppen die NO_2-Gruppe aus der Ringebene herausgedreht und damit die zur Erhöhung des Momentes beim Nitrobenzol führende Mitbeteiligung der polaren Strukturen am Grundzustand praktisch verhindert. Derselbe

Effekt zeigt sich bei Dimethylaminomesitylen, bei dem ebenfalls die ebene Lage des voluminösen Substituenten durch zwei benachbarte Methylgruppen verhindert wird und infolge davon das Moment wesentlich kleiner ist als bei dem analogen Benzolderivat. Bei kleineren Substituenten (NH_2, OH) oder gar bei einatomigen sollte sich der sterische Effekt nicht bemerkbar machen und dann wäre bei Benzol- und Durolderivaten dasselbe Moment zu erwarten. Das ist, wie die Tabelle zeigt, auch der Fall. Bromdurol z. B. hat praktisch dasselbe Moment wie Brombenzol.

Die nur durch die Stellung des Substituenten unterschiedenen Derivate von aromatischen Kohlenwasserstoffen besitzen im allgemeinen deutlich verschiedene Dipolmomente.

Diese Erscheinung läßt sich qualitativ im Rahmen der Methode der Moleküleigenfunktionen deuten, wenn man folgende plausible Hypothese zugrunde legt, deren Berechtigung von Bürger und Vollheim[1] geprüft worden ist:

Die partielle Verschiebung der π-Elektronen von Substituenten in das Ringsystem hinein erfolgt so, daß diese Elektronen von dem niedrigsten noch unbesetzten Molekülzustand Gebrauch machen. Die Verschiebung erfolgt um so leichter, je größer der Betrag dieser Moleküleigenfunktion an dem dem Substituenten benachbarten Kohlenstoffatom ist. Der Betrag c des Koeffizienten, mit dem die diesem Kohlenstoffatom entsprechende p_z-Funktion in der Linearkombination vorkommt, die den tiefsten leeren Molekülzustand beschreibt, sollte also die Reihenfolge der für die stellungsisomeren Substitutionsprodukte gemessenen Dipolmomente bestimmen.

Die Moleküleigenfunktion des niedrigsten leeren Zustandes lautet z. B. bei Naphthalin nach Hückel

$$0{,}4253\ \psi_1 + 0{,}2628\ \psi_2 + \cdots . \tag{1}$$

Die Koeffizientenbeträge sind also für 1- und 2-Stellung

$$1\text{-Stellung:}\ |\,c\,| = 0{,}4253 \qquad 2\text{-Stellung:}\ |\,c\,| = 0{,}2628 .$$

Tabelle 35.

	Dipolmoment
α-Chlornaphthalin	1,54
β-Chlornaphthalin	1,65
α-Bromnaphthalin	1,52
β-Bromnaphthalin	1,70
α-Jodnaphthalin	1,43
β-Jodnaphthalin	1,56
α-Fluornaphthalin	1,42
β-Fluornaphthalin	1,52

Demgemäß sollte bei den Halogennaphthalinen der mit Verringerung des Moments verknüpfte Elektronenübertritt vom Substituenten zum Ring bei den α-Derivaten in höherem Maß erfolgen, als bei den β-Derivaten. Die Momente der α-Derivate sollten kleiner sein, als die der β-Derivate. Diese Schlußfolgerung ist, wie die Tabelle 35 zeigt, in Übereinstimmung mit der Beobachtung.

---

[1] Bürger A., Vollheim G. und H. Hartmann: Noch unveröffentlicht.

1516. Elektrolytische Dissoziation.

Die OH-Gruppe des Phenols

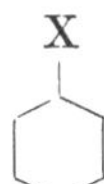

ist deutlich sauer, während die alkoholische OH-Gruppe bei aliphatischen Alkoholen kaum merklich nach

$$ROH \rightarrow [RO]^- + H^+ \text{ (bzw. } ROH_2^+)$$

elektrolytisch dissoziiert.

Diese Tatsache ist im Rahmen der Theorie der π-Elektronensysteme verständlich, wenn man von folgender Vorstellung ausgeht: Bei substituierten Benzolen, wie etwa den Halogenbenzolen (X: Halogen)

können die beiden Elektronen, die die p_z-Eigenfunktion des Substituenten (z-Richtung senkrecht zur Ringebene) als einsames Paar besetzen, mit dem π-Elektronensystem des Ringes in Wechselwirkung treten (s.o.). In der Sprache der Valenzstrukturtheorie würde das heißen, daß neben den Strukturen

und usw.

polare Strukturen vom Typ

usw.

merklich am Grundzustand beteiligt sind. Das einsame π-Elektronenpaar ist partiell in den Ring hineingewandert.

Es ist einleuchtend, daß beim Phenolat-Ion

,

bei dem sowieso am O-Atom zunächst ein Elektronenüberschuß besteht, das mit einem Absinken der Energie verknüpfte Hineinwandern der Elektronen in den Ring besonders ausgiebig eintritt und das Phenolat-Ion stabilisiert. Daß Phenol wesentlich saurer als aliphatische Alkohole ist, erklärt sich dann daraus, daß eine ähnliche Stabilisierung von Alkoholat-Ionen wegen des Nichtvorhandenseins eines π-Elektronensystems nicht eintreten kann. — Das Anilin

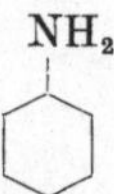

ist sehr viel weniger basisch, als entsprechende primäre aliphatische Amine. Die qualitative Erklärung dieser Tatsache basiert darauf, daß bei der Salzbildung das einsame Elektronenpaar des Stickstoffs „aufgerichtet" wird

$$R - \overline{N} \Big\langle {}^{H}_{H} \; + \; H^{(+)} \; \to \; R - \overset{(+)}{N} - H \Big\langle {}^{H}_{H} \; .$$

Bei einem aromatischen Amin, wie Anilin, muß dazu das einsame Elektronenpaar, das partiell in den Ring hineingewandert ist, erst wieder (unter Energiezunahme) am Stickstoffatom (formal) lokalisiert werden, so daß die geringere Affinität aromatischen Aminostickstoffs für Protonen gegenüber der des aliphatischen Aminostickstoffs verständlich wird.

Die Tatsache, daß nach WALDEN[1] Triphenylmethylchlorid in flüssigem SO_2 weitgehend elektrolytisch dissoziiert ist (nach unveröffentlichten Messungen verhält es sich bis zu -45° C herunter als starker Elektrolyt), deutet darauf hin, daß die Dissoziationsenergie klein ist. HÜCKEL[2] hat das damit erklärt, daß bei Abdissoziation des Chlors als Ion die vorher durch die C—Cl—σ-Bindung verhinderte Konjugation der Ringe über das Methylkohlenstoffatom, an dem jetzt formal ein leerer π-Zustand zur Verfügung steht, eintreten kann.

W. ILSE[3] hat diese Verhältnisse näher untersucht und unter Berücksichtigung der Tatsache, daß bei den (unten) genannten Radikalen die Ionisierungsenergie vernachlässigbar klein bzw. konstant ist, die Differenz der π-Elektronenenergie des Radikals gegen die des Chlorids für die folgenden Radikale berechnet:

$$
\begin{aligned}
&1.\; C_6H_5 \cdot CH_2 & &0{,}72 \; \beta \\
&2.\; (C_6H_5)_2CH & &1{,}301 \; \beta \\
&3.\; (C_6H_5)_3C & &1{,}794 \; \beta \\
&4.\; C_6H_5(CH)_3C_6H_5 & &1{,}491 \; \beta \\
&5.\; C_6H_5(CH)_5C_6H_5 & &1{,}56 \; \beta
\end{aligned}
$$

[1] WALDEN, P.: Z. phys. Chem. **43**, 460 (1903).

[2] HÜCKEL, E.: Grundzüge der Theorie der ungesättigten und aromatischen Verbindungen, Berlin 1938.

[3] HARTMANN, H., u. W. ILSE: Festschrift zur 125-Jahresfeier des physikalischen Vereins zu Frankfurt a. M. 1949, S. 43.

Die berechneten Zahlenwerte erklären sehr gut die experimentellen Befunde an den Chloriden der Radikale: Bei 1 und 2 ist in SO_2-Lösung im Gegensatz zu 3 kein Anzeichen von Dissoziation festzustellen. Die SO_2-Lösungen von 4 und 5 zeigen Leitfähigkeit und die Dissoziation nimmt von 3 über 5 nach 4 in Übereinstimmung mit dem berechneten Gang ab.

1517. Additionsreaktionen.

Wir wollen nun an Hand ausgewählter Beispiele zeigen, daß die qualitative Diskussion der bei Additionsreaktionen aromatischer Systeme beobachteten Erscheinungen von dem gewonnenen theoretischen Schema aus zu interessanten Ergebnissen führt.

Die Reaktion von Maleinsäureanhydrid mit Anthracen

die ein endocyclisches Bernsteinsäurederivat liefert und die auch andere aromatische Kohlenwasserstoffe eingehen, führt zu einem sauber reversiblen Gleichgewicht. Messungen der Wärmetönungen liegen nicht vor, ALDER[1] hat aber für eine Reihe von Kohlenwasserstoffen Bildungsgrade der Addukte unter vergleichbaren Bedingungen angegeben, die in Tab. 36 eingetragen sind.

Tabelle 36.

$2\,\beta$	$1{,}68\,\beta$	$1{,}31\,\beta$	$1{,}25\,\beta$	$1{,}15\,\beta$
0%	0%	99%	100%	100%

$1{,}13\,\beta*$	$1{,}23\,\beta*$	$1{,}34\,\beta*$	$2{,}17\,\beta*$
99%	84%	30%	16%

Bei der Maleinsäureanhydridaddition an verschiedenen Kohlenwasserstoffen bleibt derjenige Anteil der Reaktionsenergie, der von der Differenz der additiven Anteile der atomaren Bildungswärmen der reagierenden Stoffe und des Reaktionsproduktes herrührt, offensichtlich von Fall zu

---

[1] ALDER, K.: Neuere Methoden der präparativen organischen Chemie 1943.

Fall konstant. Verschieden ist für verschiedene Kohlenwasserstoffe nur
der Energiebetrag, der für die bei der Addition eintretende Verringerung
der Kopplungsenergie des π-Elektronensystems der Kohlenwasserstoff-
komponente aufzubringen ist. Diesen Betrag haben wir als Vielfaches
des Resonanzintegrals β ebenfalls in Tab. 36 eingetragen. Die ungestern-
ten Zahlen sind aus Kopplungsenergien berechnet, die HÜCKEL angegeben hat. Die gesternten Zahlen sind mit der einfachen Abschätzungs-
formel (154.6) gewonnen. Der Gang der theoretischen Zahlen entspricht
bis auf eine Ausnahme qualitativ dem der beobachteten Bildungsgrade[1].

Insbesondere erklärt die Theorie gut, daß zwischen Anthracen und
Naphthalin einerseits ein großer Sprung, zwischen Anthracen und den
höheren Acenen andererseits aber nur geringe Unterschiede bestehen.

Die Ausnahme bildet Diphenylanthracen, wenn man annimmt, daß
die Addition, wie bei den anderen Kohlenwasserstoffen mit Anthracen-
konfiguration an den Meso-Kohlenstoffatomen stattfindet. GILLET[2]
hat aber nun nachgewiesen, daß bei Diphenylanthracen die Addition
tatsächlich in einem Seitenring erfolgt:

und daß erst Monophenylanthracen wieder in Mesostellung addiert.
Sowohl bei Di- wie bei Monophenylanthracen verhindern H-Atome
eine Einorientierung der substituierten Ringe in die Ebene des Anthra-
censkelets. Aus Modellen schätzt man den Verdrehungswinkel auf etwa 30°.

Tabelle 37.

Additionsstelle	Verdrehungswinkel	
	0°	90°
Mittelring	2,17 β	1,31 β
Seitenring	1,68 β	1,63 β

Berechnet man die zur Verringerung der Kopplungsenergie bei der Addition aufzuwendende Energie für die Ver-
drehungswinkel 0 und 90° und die beiden verschiedenen Additions-
stellen für Diphenylanthracen, so ergeben sich die Werte[3] der Tab. 37.

Der Energieaufwand für Addition im Seitenring ist vom Winkel nur
wenig abhängig und liegt bei nicht ebener Konfiguration etwas günstiger
als der entsprechende Energieaufwand bei Naphthalin, das noch gar

---

[1] HARTMANN, H.: Z. Naturforsch. **3a**, 29 (1947).
[2] GILLET, R.: C. r. **227**, 853 (1948).
[3] HARTMANN, H., u. H. GRUNERT: Z. Naturforsch. **5a**, 168 (1950).

keine Addition zeigt. Die grobe Diskrepanz ist also verschwunden. Jedenfalls kann aber der Drehwinkel nicht *sehr* groß sein, da nach der ersten Zeile der Tabelle die Addition im Mittelring dann wieder günstiger würde.

Die entsprechenden Werte für Monophenylanthracen sind in Tab. 38 dargestellt. Da die Addition hier im Mittelring erfolgt, ist nach der zweiten Zeile zu schließen, daß der tatsächliche Energieaufwand bei dieser Verbindung kleiner als 1,63 β ist, und damit folgt nach der ersten Zeile, daß die Verdrehung nicht ganz unbeträchtlich sein kann in Übereinstimmung mit dem Wert 30° für den Winkel, der sich aus Molekülmodellen abschätzen läßt.

Tabelle 38.

Additionssstelle	Verdrehungswinkel	
	0°	90°
Mittelring	1,80 β	1,31 β
Seitenring	1,71 β	1,63 β

Die Redoxpotentiale von Chinonen sind in der Näherung, bei der Entropieglieder in den freien Energien vernachlässigt werden, durch die Wärmetönung der Reaktion

$$\text{Chinon} + H_2 \rightarrow \text{Hydrochinon}$$

bestimmt. Zur Abschätzung dieser Wärmetönung ersetzen wir die Chinone durch die (in der Regel hypothetischen) Dimethide als Modelle. Entsprechend werden die Hydrochinone durch Dimethylsubstitutionsprodukte von aromatischen Kohlenwasserstoffen dargestellt. Bei den Reaktionen vom Typ

$$\text{(p-Dimethid)} + H_2 \rightarrow \text{(p-Xylol)}$$

ist unabhängig von dem speziellen Dimethid, um das es sich handelt, der von der Differenz der additiven Anteile der atomaren Bildungswärmen der reagierenden Stoffe und des Reaktionsproduktes herrührende Anteil der Reaktionsenergie unveränderlich, so daß von Fall zu Fall nur der zur Verringerung des Kopplungsenergiebetrages bei der Wasserstoffaddition aufzuwendende Energiebetrag variiert.

Wenn man diesen theoretisch berechneten Energiebetrag gegen die Redoxpotentiale der entsprechenden Chinone aufträgt, sollten die Punkte wenigstens annähernd auf einer geraden Linie liegen. Die Abb. 38 und 39 zeigen, inwieweit das der Fall ist. Man sieht immerhin, daß die Theorie ein qualitatives Verständnis des Zusammenhanges zwischen Redoxpotential und Struktur der Chinone ermöglicht[1].

---

[1] HARTMANN, H.: Z. Naturforsch. 3a, 29 (1947). — FRITZ, G., u. H. HARTMANN: Z. Elektrochem. 55, 184 (1951).

EVANS, GERGELY und DE HEER[1] haben bei der Untersuchung dieses Problems die Chinone selbst betrachtet und für das Austauschintegral zwischen π-Elektronen an C und O einen anderen Wert in Rechnung gestellt, als für das Integral zwischen π-Elektronen an C und C. Neuere spektroskopische Befunde[2] an Chinonen, die eine Prüfung der Frage,

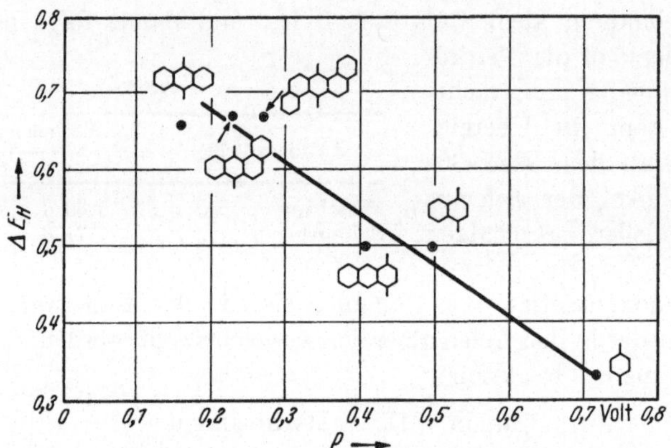

Abb. 38. Zusammenhang zwischen Redoxpotential von p-Chinonen (P) und der Änderung der Kopplungsenergie der entsprechenden Dimethide (ΔE_H) bei der Hydrierung.

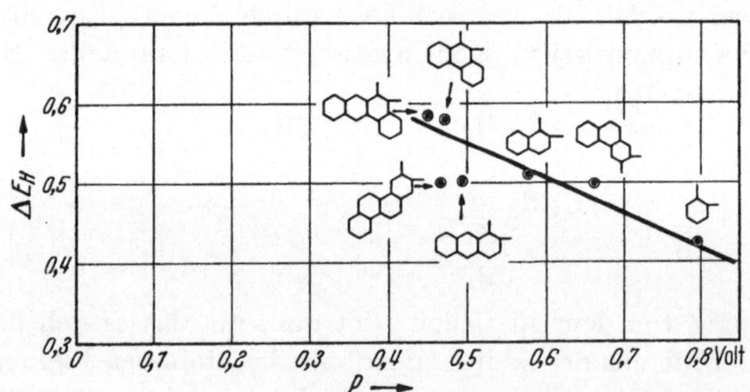

Abb. 39. Zusammenhang zwischen Redoxpotential von 0-Chinonen und der Änderung der Kopplungsenergie der entsprechenden Dimethide (ΔE_H) bei der H₂drierung.

inwieweit die beiden Integrale verschieden sind, gestatten, haben aber zu dem Resultat geführt, daß die Verschiedenheit nicht wesentlich sein kann. Nach EVANS und Mitarbeitern kann diese Frage durch Vergleich berechneter Werte mit experimentell bestimmten Redoxpotentialen wegen der zu ungenügenden Näherung nicht entschieden werden.

9-Oxyanthracen (Anthranol) kann sich unter formaler Wanderung eines H-Atoms in Anthron umlagern:

[1] EVANS, GERGELY u. DE HEER: Trans. Faraday Soc. 45, 312 (1949).
[2] HARTMANN, H., u. E. LORENZ: Z. Naturforsch. 7a, 360 (1952).

Die äußeren Bedingungen können bei diesem Stoffpaar so gewählt werden, daß im Gleichgewicht wesentliche Mengen beider Stoffe nebeneinander vorhanden sind. Wie aus der Tabelle 39 hervorgeht

Tabelle 39.

beständig	beständig	11%	unbeständig	unbekannt
unbekannt	unbekannt	89%	beständig	beständig
1,41 β		0,63 β		0,38 β

liegt das entsprechende Gleichgewicht bei den Benzol- und Naphthalinderivaten praktisch völlig auf der Seite der Phenole, bei den Tetracenderivaten ist das Phenol immerhin noch präparativ, wenn auch als unbeständig bekannt. Bei den Pentacenderivaten liegt das Gleichgewicht praktisch völlig bei dem anthronartigen Körper.

In der Reihe dieser Stoffe variiert die Umwandlungsenergie nur deshalb, weil der Energieaufwand zur Änderung der Kopplungsenergie variiert. Wir haben bei den symmetrischen Molekülen, die nach HÜCKEL berechneten theoretischen Werte für die entsprechenden Dimethidmodelle angegeben. Man erkennt, daß die Theorie die verhältnismäßig beträchtlichen Änderungen der Eigenschaften in der ersten Hälfte der Reihe und die dazu vergleichsweise langsamen Änderungen beim Übergang von den Anthracenderivaten zu den Tetracenderivaten qualitativ richtig wiedergibt[1].

Neuerdings haben HÜCKEL und KRAUSE[2] dasselbe Problem theoretisch, und zwar mit Berücksichtigung des Überlappungsintegrals behandelt. Sie erhalten für die Differenzen der Kopplungsenergien von

---

[1] HARTMANN, H.: Z. Naturforsch. **3**a, 29 (1947).
[2] HÜCKEL, E., u. B. KRAUSE: Z. Naturforsch. **6**a, 112 (1951).

anthronanalogen und anthranolanalogen Methiden bzw. Methylkohlenwasserstoffen folgende Werte:

Ringzahl

1	3	5	7	9
$0{,}744\,\gamma$	$0{,}202\,\gamma$	$0{,}064\,\gamma$	$0{,}022\,\gamma$	$0{,}012\,\gamma$.

γ ist das fiktive Resonanzintegral der WHELANDschen Methode. Der Gang der Zahlenwerte ist derselbe wie oben[1].

1518. Radikale und Biradikale.

Das von GOMBERG entdeckte Triphenylmethyl

$$(C_6H_5)_3C\,,$$

das in Lösung mit seinem Assoziationsprodukt Hexaphenyläthan $(C_6H_5)_3C_2$ im Gleichgewicht steht und die gelbe Farbe der Lösungen dieses Stoffes verursacht, ist das einfachste Beispiel für ein im chemischen Sinn beständiges Radikal.

Die leichte Spaltbarkeit des Hexaphenyläthans ist in erster Linie eine Folge der kleinen Wärmetönung der Spaltungsreaktion und damit der kleinen Trennungsenergie der Äthan-C—C-Bindung im Hexaphenyläthan. Aufgabe der Theorie in diesem Zusammenhang muß es also sein, den abnorm kleinen Wert dieser Größe (11,6 ± 1,7 kcal/Mol) zu erklären.

Die dem Hexaphenyläthan verwandten Stoffe, die in der Tabelle 40 aufgeführt sind und aus Hexaphenyläthan durch Ersatz von Phenyl- durch Xenyl-(Biphenyl-)Reste entstehen, zeigen, daß unter gleichen Bedingungen der Grad der Dissoziation in Radikale um so höher ist, je ausgedehnter die am Molekülaufbau beteiligten aromatischen Systeme sind, eine Regel, die auch dadurch bestätigt wird, daß Tetraphenyläthan und Diphenyläthan keine Radikalspaltung zeigen.

Tabelle 40.

Stoff	Dissoziationsgrad unter gleichen Bedingungen	Dissoziationsenergie (kcal/Mol)
$[(C_6H_5)_3C]_2$	0,02	11,6 ± 1,7
$[(C_6H_5 \cdot C_6H_4)(C_6H_5)_2C]_2$ . . .	0,15	(9)
$[(C_6H_5 \cdot C_6H_4)_2(C_6H_5)C]_2$ . . .	0,80	(7)
$[(C_6H_5 \cdot C_6H_4)_3C]_2$	1,0	

Hexaxenyläthan liegt sogar im Kristall als Radikal vor.

Nach HÜCKEL[2], der das Problem der Monoradikale zuerst umfassend behandelt hat, ist die Ursache für das Zustandekommen einer besonders

---

[1] Bezüglich der Hydrierungsreaktionen aromatischer Kohlenwasserstoffe vgl. Kap. 18.

[2] HÜCKEL, E.: Z. Phys. **83**, 632 (1933); Trans. Faraday Soc. **30**, 41 (1934).

kleinen Trennungsenergie der Äthan-C—C-Bindung bei den angeführten Stoffen darin zu sehen, daß bei der Spaltung in Radikale die Energie der beiden π-Elektronensysteme der Radikale wesentlich niedriger liegt als die des π-Elektronensystems des Äthanderivats.

Im Äthanderivat gehen nach HÜCKEL von jedem der Äthankohlenstoffatome vier σ-Bindungen aus, so daß die π-Elektronensysteme der einzelnen Substituenten voneinander getrennt sind. Nach der Spaltung können sich die drei Substituenten jedes Spaltstückes bis auf kleine Verdrehungen, die durch gegenseitige sterische Behinderung verursacht sind, in eine gemeinsame Ebene einorientieren. Dabei ändert sich der tetraedrische Mischungszustand der C-Eigenfunktionen in den trigonalen, so daß das vierte „Radikalelektron" nun eine p_z-Eigenfunktion besetzt und über diese Stelle jetzt die π-Elektronensysteme aller Substituenten in Wechselwirkung treten können. Dabei ergibt sich eine beträchtliche Energieerniedrigung.

In der Tab. 41 sind von HÜCKEL mit der einfachen MO-Methode berechnete Kopplungsenergien für die Stoffe der Tab. 40 angegeben.

Tabelle 41.

	Kopplungsenergie
$[(C_6H_5)_3C]_2$	48,000 β
$2\,(C_6H_5)_3C$	51,588 β
Differenz.	$\boxed{3,588\ \beta}$
$[(C_6H_5 \cdot C_6H_4)\,(C_6H_5)_2C]_2$	64,766 β
$2\,(C_6H_5 \cdot C_6H_4)\,(C_6H_5)_2C$	68,404 β
Differenz.	$\boxed{3,638\ \beta}$
$[(C_6H_5 \cdot C_6H_4)_2(C_6H_5)C]_2$	81,532 β
$2\,(C_6H_5 \cdot C_6H_4)_2(C_6H_5)C$.	85,214 β
Differenz.	$\boxed{3,682\ \beta}$
$[(C_6H_5 \cdot C_6H_4)_3C]_2$	98,298 β
$2\,(C_6H_5 \cdot C_6H_4)_3C$	102,016 β
Differenz.	$\boxed{3,718\ \beta}$

Der Gewinn an Kopplungsenergie bei der Spaltung liegt nach dieser Theorie zwischen 70 und 80 kcal/Mol und ist also sicher bei der Bestimmung der Trennungsenergie wesentlich in Rechnung zu setzen. Ob er die einzige Ursache für die niedrige Trennungsenergie ist, kann theoretisch solange nicht entschieden werden, solange kein theoretisches Argument dafür vorliegt, daß die Additivitätsregel für E_K, die sich ja bei nicht radikalischen Molekülen gut bewährt hat, auch für die Radikale anwendbar ist. Darauf, daß das nicht selbstverständlich ist, hat besonders WICKE[1] hingewiesen.

Der Gang der Differenzen (Tab. 41) entspricht durchaus den experimentellen Beobachtungen.

Wenn man die genäherte Gültigkeit der Additivitätsregel annimmt, kann man aus dem Gang der Differenzen in Tab. 41 entnehmen, daß die Theorie in qualitativer Übereinstimmung mit dem aus Tab. 40 zu ersehenden Gang der Dissoziationsgrade ist.

---

[1] WICKE, E.: Erg. exakt. Naturwiss. **20**, 1 (1942); Naturwiss. **35**, 335 (1948); Z. Elektrochem. **54**, 27 (1950).

Weiter kann man so nach HÜCKEL erklären, daß zwar die Verbindungen Hexaphenyläthan und Tetraphenylhydrazin $(C_6H_5)_2N_2$ je einzeln in die Radikale $(C_6H_5)_3C$ und $(C_6H_5)_2N$ dissoziieren, daß aber die beim Zusammenbringen dieser Radikale entstehende Verbindung $(C_6H_5)_3C$—N $(C_6H_5)_2$ praktisch keine Dissoziation zeigt.

Rechnungen über den Gewinn an Kopplungsenergie bei der Bildung von Radikalen vom GOMBERGschen Typ, die mit der Methode der Valenzstrukturen ausgeführt worden sind, haben die HÜCKELschen Resultate bestätigt[1].

Den Radikalen vom GOMBERGschen Typ stehen die Radikalionen der von WEITZ entdeckten Aminiumsalze nahe. Bei der Einwirkung von Chlortetroxyd auf Tri-p-tolylamin entsteht das Salz

$$[(CH_3 \cdot C_6H_4)_3N]^+ \, ClO_4^- \, .$$

Dreibindiger Stickstoff tritt hier als Kation auf, eine Erscheinung, die sonst ganz unbekannt ist. Daß die Bildung solcher Aminiumsalze, zu denen auch das von WIELAND dargestellte Tribromid des Triphenylamins: $(C_6H_5)_3N \; ^+(Br_3)^-$ gehört, gerade bei *aromatischen* Tri-Aminen gelingt, ist im Rahmen der HÜCKELschen Theorie verständlich, wenn man bedenkt, daß im Amin das Stickstoffatom ein einsames Elektronenpaar besitzt und deshalb selbst dann, wenn das Molekül ebene oder fast ebene Struktur hätte, keine Kopplung der π-Elektronensysteme der Liganden möglich wäre, daß aber diese Kopplung eintreten kann, wenn ein Elektron des einsamen Paares (bei der Bildung des Kations R_3N^+) entfernt und damit eine Situation geschaffen wird, die der beim Triphenylmethyl qualitativ entspricht.

Ebenfalls WEITZ verdankt man den Nachweis, daß die später von MICHAELIS und Mitarbeitern untersuchten Semichinone radikalische Gebilde sind.

Bei der Reduktion von biquaternären Dipyridyliumverbindungen mit dem Ion

$$R-\overset{(+)}{N}\!\!\!\diagcirc\!\!\!-\!\!\!\diagcirc\!\!\!\overset{(+)}{N}-R$$

entstehen chemisch stabile semichinoide Ionen

$$R-\overset{.}{N}|\!\!\!\diagcirc\!=\!\diagcirc\!\!\!\overset{(+)}{N}-R \longleftrightarrow R-\overset{(+)}{\overset{.}{N}}\!\!\!\diagcirc\!=\!\diagcirc\!\!\!|N-R \, .$$

Ein ähnliches Gebilde ist das Tetramethyl-p-phenylendiaminium-Ion

$$\begin{array}{c} CH_3 \\ \diagdown \\ CH_3 \end{array}\!\!\overset{(+)}{\overset{.}{N}}\!\!\!\diagcirc\!\!\!-\!\!\!\diagcirc\!\!\!-N|\!\!\begin{array}{c} CH_3 \\ \diagup \\ CH_3 \end{array} \longleftrightarrow \begin{array}{c} CH_3 \\ \diagdown \\ CH_3 \end{array}\!\!|N\!\!\!\diagcirc\!\!\!-\!\!\!\diagcirc\!\!\!\overset{(+)}{\overset{.}{N}}\!\!\begin{array}{c} CH_3 \\ \diagup \\ CH_3 \end{array} \, ,$$

---

[1] PAULING u. WHELAND: J. Chem. Phys. **1**, 362 (1933); **2**, 482 (1934). — WHELAND: Ann. N. Y. Acad. Sci. **40**, 77 (1940).

das in Lösungen, wie magnetische Messungen zeigen, monomer vorliegt, also ein wirkliches Radikal darstellt.

Die in den Formeln angedeutete Mesomeriemöglichkeit und die mit ihr verknüpfte Zunahme der Kopplungsenergie dürfte der Grund für die Stabilität der monomeren Gebilde, d. h. also für ihre geringe Tendenz zur Dimerisierung sein.

Im Gegensatz zu den Semichinonionen, deren hypothetischer Grundkörper

$$(\underline{\overline{O}}{-}\langle\ \rangle{-}\overline{O}\cdot)^{(-)} \longleftrightarrow {}^{(-)}(\cdot\overline{O}{-}\langle\ \rangle{-}\overline{O})$$

ist, sind die in saurer Lösung entstehenden Semichinone selbst

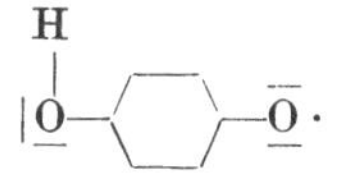

$$\underset{|\underline{O}}{\overset{H}{|}}{-}\langle\ \rangle{-}\overline{O}\cdot$$

sehr instabil, was damit erklärbar ist, daß hier die stabilisierende Mesomerie wegfällt.

Ein weiteres Argument dafür, daß die von der Theorie gegebene Erklärung zutrifft, folgt daraus, daß das vom Tetramethylduroldiamin sich ableitende Radikalion

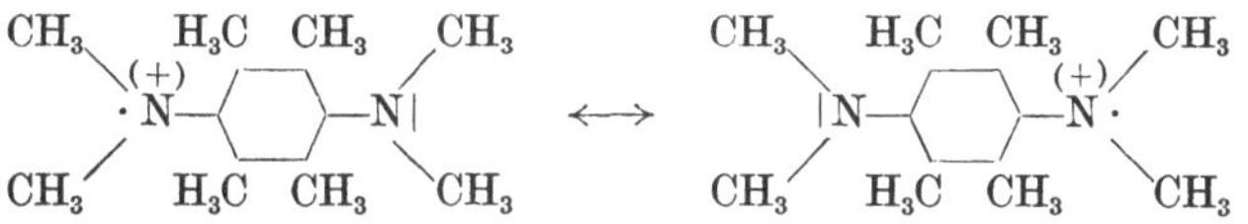

$$\cdot N(CH_3)(CH_3)^{(+)}{-}\langle \rangle{-}N(CH_3)(CH_3)| \longleftrightarrow |N(CH_3)(CH_3){-}\langle \rangle{-}{}^{(+)}N(CH_3)(CH_3)\cdot$$

im Gegensatz zum analogen Tetramethyl-p-diaminium-Ion sehr instabil ist. Hier besteht zwar die für die Mesomerie günstige Symmetrie, aber die entsprechenden Valenzstrukturen kombinieren wegen der durch die CH_3-Gruppen bedingten sterischen Hinderung nicht oder nur wenig miteinander. Die Nichtdiagonalelemente des entsprechenden Säkularproblems sind klein und das hat zur Folge, daß trotz der Überlagerung gleichwertiger Valenzstrukturen hier kein wesentlicher Energiegewinn durch die Mesomerie erzielt wird.

Ein Molekül mit gerader Elektronenzahl bezeichnet man als Biradikal, wenn der tiefste Singuletterm und der tiefste Tripletterm praktisch zusammenfallen. Moleküle, bei denen der tiefste Tripletterm wesentlich *unter* dem tiefsten Singuletterm liegt (von MÜLLER[1] als Biradikalette bezeichnet) werden weiter unten behandelt. Moleküle, bei denen der tiefste Tripletterm wesentlich *über* dem tiefsten Singuletterm liegt, stellen den Normalfall dar. Was unter dem Wort wesentlich zu verstehen ist, wird dadurch erklärt, daß von einer wesentlichen Differenz ΔE zwischen zwei Termen gesprochen wird, wenn $|\Delta E| \gg kT$ ist.

---

[1] MÜLLER, E.: Erg. chem. Forsch. **1**, 325 (1949).

Die Theorie der Biradikale ist von Hückel und von Seel entwickelt worden[1].

Wenn man zwei Monoradikale durch eine gesättigte Kette verbindet, wie das etwa bei dem von Müller dargestellten Äthanderivat

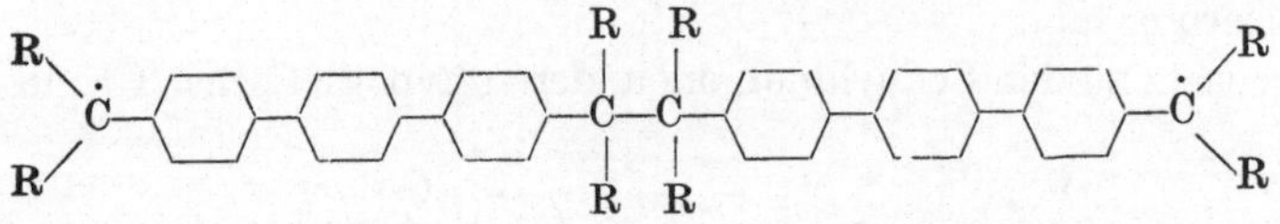

$$R = C_6H_5$$

der Fall ist, existieren im Molekül zwei praktisch voneinander unabhängige ungeradzahlige π-Elektronensysteme. Der Zustand, bei dem die beiden „letzten" Elektronen der beiden Molekülhälften ihre Spinvektoren zu einem Gesamtspinvektor vom Betrag 0 addieren, muß dann praktisch dieselbe Energie haben wie der Zustand zum Betrag 1 des Gesamtspinvektors. Man sollte also damit ein Biradikal vor sich haben. Die magnetischen Messungen, die bei derartigen Körpern natürlich noch durch die Assoziation je einer Radikalhälfte zweier verschiedener Moleküle kompliziert werden können, bestätigen das.

Nach der Theorie sollte man erwarten, daß man auch ohne die Anbringung eines gesättigten „Isolators" dadurch zu Biradikalen kommen kann, daß man die Kopplung zwischen den π-Elektronensystemen zweier Molekülhälften dadurch aufhebt, daß man durch Anbringung sperriger Gruppen an einer geeigneten Stelle die Molekülhälften gegeneinander verdreht. Diese Schlußfolgerung hat Müller an Derivaten holatroper Diphenyle vom Typ

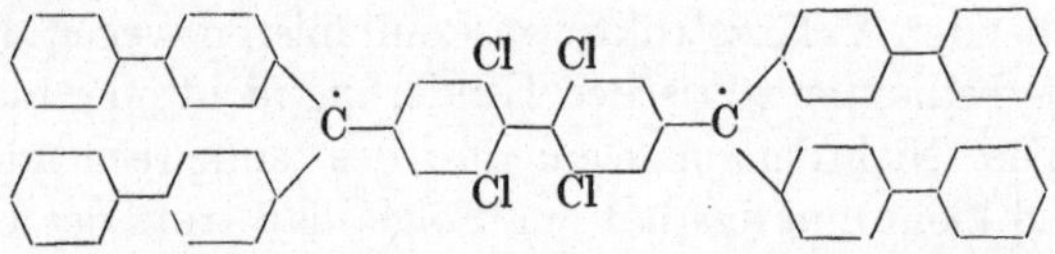

geprüft. Bei diesen Molekülen bewirken die Halogenatome eine weitgehende Verdrehung der Molekülhälften, und die magnetischen Messungen zeigen, daß sie in Übereinstimmung mit der Theorie Biradikale sind.

Bei den Molekülen der nicht halogensubstituierten exozyklisch substituierten Polypheno-p, p′-chinodimethide vom Typ

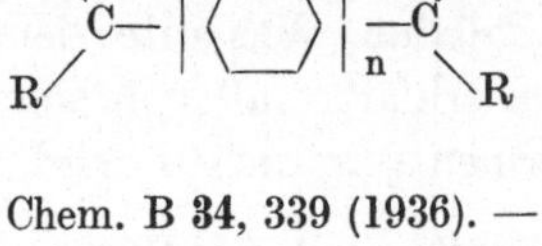

---

[1] Hückel, E.: Z. phys. Chem. B **34**, 339 (1936). — Seel, F.: Z. Elektrochem. **52**, 191 (1948).

deren bekanntester Vertreter der Tschitschibabinsche Kohlenwasserstoff

ist, erstreckt sich die Konjugation durch das ganze Molekül und man
kann die Stoffe deshalb auch klassisch durch eine gewöhnliche chinoide
Strichformel beschreiben. Tatsächlich sind alle diese Stoffe, soweit
ihre magnetischen Eigenschaften im monomeren Zustand gemessen
werden konnten, diamagnetisch. Paramagnetismus tritt bei den Messungen der Chinodimethide mit höherem n im Zusammenhang mit einer
Polymerisation auf, die zu Biradikalen führt.

Den Tschitschibabinschen Kohlenwasserstoff kann man sich durch
Zusammenfügung zweier Triphenylmethyle entstanden denken, bei
denen in je einem Ring in p-Stellung zum Methylkohlenstoff ein H-Atom
entfernt worden ist. Wenn man diese Zusammenfügung an Stellen vor-
nimmt, die in m-Stellung zum Methylkohlenstoff stehen, kommt man
zum Schlenkschen Kohlenwasserstoff

für den keine klassische Strichformel möglich ist. Der meta-chinoide
Schlenksche Kohlenwasserstoff ist von Hückel theoretisch behandelt
worden. Hückel ist von der Tatsache ausgegangen, daß die Moleküleigenfunktion, die im Triphenylmethyl von dem „letzten" Elektron besetzt wird, an *dem* Kohlenstoffatom eine Knotenstelle besitzt, das an der
Biphenylbindung des Schlenkschen Kohlenwasserstoff liegt. Daraus folgt
in recht einfacher Weise, daß in der Näherung der Hückelschen Theorie der
oberste im Schlenkschen Kohlenwasserstoff doppelt besetzte Zustand
zweifach ist, so daß ein Biradikal vorliegen sollte. Nach den neuesten Messungen besitzt der Schlenksche Kohlenwasserstoff die Eigenschaften eines
Biradikals. Eine eingehende Diskussion der Verhältnisse beim Tschitschibabinschen und Schlenkschen Kohlenwasserstoff gibt Seel[1].

---

[1] Seel F.: Z. Elektrochem. **52**, 191 (1948).

Die einfachste der klassisch nicht formulierbaren, also im weiteren Sinn „meta-chinoiden" Verbindungen ist der hypothetische Körper

$$
\begin{array}{c}
\text{CH}_2 \\
\big\| \\
\text{C} \\
\diagup \ \diagdown \\
\dot{\text{C}}\text{H}_2 \quad \dot{\text{C}}\text{H}_2
\end{array}
$$

Die Formulierung gibt die Bindungsverhältnisse hier natürlich besonders schlecht wieder.

Eine Berechnung des Termsystems dieser Verbindung, mit der Methode der Valenzstrukturen hat zu den in Abb. 40 unter II dargestellten Ergebnissen geführt. Unter I sind zum Vergleich die Terme des Butadiens eingetragen, die auf die gleiche Weise erhalten wurden. Man sieht deutlich, wie bei Butadien als einer „normalen" Verbindung der tiefste Tripletterm weit über dem tiefsten Singuletterm liegt, der zugleich der Grundzustand des Moleküls ist. Bei II sind die Verhältnisse gerade umgekehrt. Dort ist der Grundzustand des Moleküls ein Triplett, es handelt sich bei dem Molekül also um den einfachsten Fall eines Biradikaletts[1].

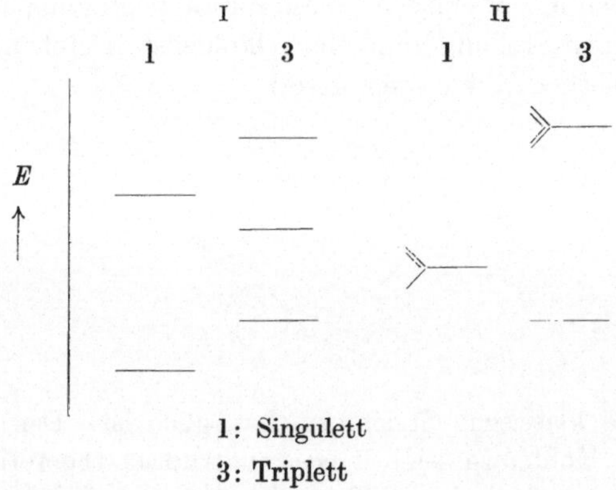

Abb. 40. Termsysteme von Butadien und Trimethylenmethyl.

16. Ionengitter und Ionenmoleküle.

161. Ionengitter als Gebilde mit lokalisierter Valenz.

In Kapitel 13 haben wir gesehen, wie man das Zustandekommen einfacher Moleküle, wie NH_3, H_2O, HCl und die bei ihnen beobachteten Valenzwinkel verstehen kann, wenn man von der Vorstellung ausgeht, daß bei diesen Gebilden lokalisierte Valenz vorliegt und daß die haupt-

---

[1] Hartmann, H.: Z. Naturforsch. 2a, 684 (1947).

sächlich wichtige Valenzstruktur jeweils eine unpolare Struktur mit Bindungen in derselben Art ist, wie sie durch die chemischen Strichformeln angegeben werden. Ähnlich einfache Fälle lokalisierter Valenz mit allerdings ganz andersartigen Valenzstrukturen liegen bei Ionengittern und Ionenmolekülen vor. Bestimmungen des Elektronendichteverlaufs im Gitter des NaCl von BRILL, GRIMM, HERMANN und PETERS[1] haben gezeigt, daß die Elektronendichte zwischen einem Na und einem Cl-Ion praktisch auf den Wert Null absinkt, während etwa im Diamantkristall die Elektronendichte auf der Mitte der Verbindungslinie zweier Atome einen durchaus endlichen Wert hat (s. Abb. 41). Damit ist die Grundannahme der klassischen, von MADELUNG, EWALD und BORN entwickelten Theorie der Ionengitter unmittelbar bewiesen worden. Diese Annahme lautet in der Sprache der Valenzstrukturtheorie: Ionengitter sind Gebilde mit lokalisierter Valenz und die hauptsächlich wichtige Valenzstruktur ist eine solche,

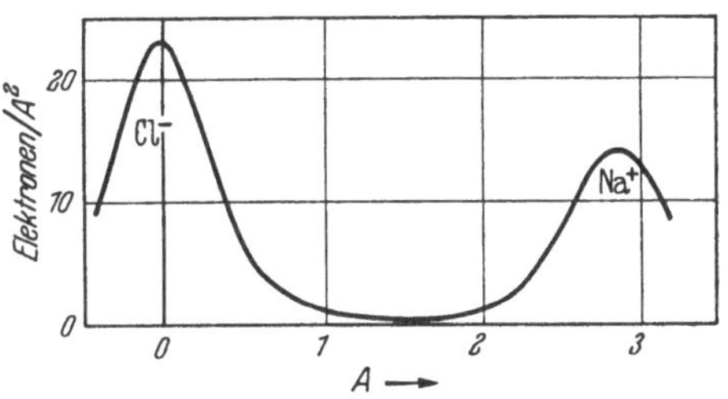

Abb. 41. Elektronendichte längs der Verbindungslinie zweier Ionen im NaCl-Kristall.

bei der zwischen den Bausteinen der Gitter keine (mit Überlappung der Elektronenwolken verknüpften) Bindungen bestehen, diese Bausteine aber Ladungen tragen. Die Kräfte zwischen den Gitterbausteinen sind anziehende bzw. abstoßende Kräfte zwischen den Ladungen der Ionen und abstoßende Kräfte, die von den Austauschintegralen zwischen den Elektronen verschiedener Ionen herrühren. Diese Austauschintegrale führen zu Abstoßungskräften, weil Elektronen in verschiedenen Ionen grundsätzlich „nicht gebunden" sind. Diese Abstoßungskräfte kurzer Reichweite sind im älteren Stadium der klassischen Theorie der Ionengitter zunächst einmal durch Annahme eines festen „Ionenradius" und später durch genauere Ansätze formal ersetzt worden. Die Aufklärung der Natur dieser Kräfte hat dagegen erst die quantentheoretische Betrachtung ergeben.

162. Die klassische Theorie der Ionengitter.

Die klassische Theorie[2] bezieht sich in erster Linie auf Gitter mit edelgasähnlichen Ionen, die im freien Zustand kugelsymmetrisch gebaut sind.

---

[1] BRILL, GRIMM, HERMANN u. PETERS: Ann. Physik. **43**, 393 (1939).

[2] MADELUNG, E.: Gött. Nachr. **1909**, 100; Physik. Z. **11**, 898 (1910); **19**, 524 (1918). — EWALD, P. P.: Ann. Physik. **64**, 253 (1921). — BORN, M.: Z. Physik **7**, 124 (1921).

Für die potentielle Energie zweier Gitterionen mit den Ladungszahlen Z_i und Z_j kann man nach BORN

$$V_{ij} = \frac{Z_i Z_j}{r_{ij}} + \frac{b_{ij}}{r_{ij}^n} \tag{1}$$

setzen. r_{ij} bedeutet den Abstand der Ionen. Das erste Glied beschreibt die COULOMBsche Wechselwirkung, das zweite die Wechselwirkung, die durch die Abstoßungskräfte kurzer Reichweite zustandekommt. b_{ij} ist eine für die beiden Ionen charakteristische Größe. n ($\gg 1$) ist der BORNsche Abstoßungsexponent. Die Gitterenergie ist durch

$$U = - \sum_{i,j} V_{ij} \tag{2}$$

definiert, wobei die Summation über alle Ionenpaare zu erstrecken ist. Die Gitterenergie pro stöchiometrisches Molekül ist, wenn N deren Zahl im Kristall bedeutet,

$$U_0 = \frac{U}{N}. \tag{3}$$

Wegen der Proportionalität aller Ionenabstände mit dem kleinsten Kation-Anionabstand R, ergibt sich bei der tatsächlichen Durchführung der Summation nach MADELUNG und EWALD

$$U_0 = \frac{A Z^2}{R} - \frac{B}{R^n}. \tag{4}$$

Tabelle 42.

Natriumchlorid $K^+ A^-$.	1,747558
Caesiumchlorid $K^+ A^-$.	1,762670
Sphalerit $K^+ A^-$	1,63806
Wurtzit $K^+ A^-$	1,641
Fluorit $K^{2+} A_2^-$	5,03878
Cuprit $K_2^+ A^{2-}$	4,11552
Rutil $K^{2\cdot} A_2^-$	4,816
Anatas $K^{2+} A_2^-$	4,800
Cadmiumjodid $K^{2+} A_2^-$.	4,71
β-Quarz $K^{2+} A_2^-$	4,4394
Korund $K_2^{3+} A_3^{2-}$	25,0312

Z bedeutet die niedrigste vorkommende Ladungszahl. Die MADELUNGsche Zahl A ist in Tab. 42 für verschiedene Gitter angegeben.

Der Normalwert von R (Gleichgewichtsabstand R_0) ist dadurch festgelegt, daß U_0 für $R = R_0$ ein Maximum ist. Es muß also

$$\left(\frac{d U_0}{d R} \right)_{R = R_0} = 0 \tag{5}$$

sein. Daraus ergibt sich für B:

$$B = \frac{R_0^{n-1} A Z^2}{n}. \tag{6}$$

Man kann also B aus dem experimentell leicht zugänglichen R_0 berechnen, wenn man n kennt.

Eine Bestimmungsmöglichkeit für n ergibt sich, wenn man den aus (4) berechneten Ausdruck für die Kompressibilität, der als wesentlichen

Faktor $d^2 U_0/d R^2$ enthält, mit den experimentellen Daten für diese Größe vergleicht. So erhält man als brauchbaren Mittelwert $n = 9$.

Wenn man den Ausdruck (6) für B in (4) einsetzt, ergibt sich die Gitterenergie pro Molekül zu

$$U_0 = \frac{A Z^2}{R_0}\left(1 - \frac{1}{n}\right). \tag{7}$$

In der Tabelle 43 sind die nach (7) berechneten Werte für die Alkalihalogenide zusammengestellt. Die verwendeten n-Werte, die aus den Kompressibilitäten berechnet wurden, sind angegeben. Für die Fluoride

Tabelle 43.

Substanz	n	U_0 (kcal/Mol) theoret.	U_0 (kcal/Mol) exp.	Elektronen-affinität (kcal/Mol)
LiF . .	6,0	240,1	—	100,1
NaF . .	7,0	215,0		96,7
KF .	8,0	190,4	—	95,3
RbF . .	8,5	181,8	—	98,0
CsF . .	9,5	172,8	—	98,8
LiCl . .	7,0	193,3	198,1	
NaCl . .	8,0	180,4	182,8	
KCl . .	9,0	164,4	164,4	
RbCl . .	9,5	158,9	160,5	
CsCl . .	10,5	148,9	155,1	
LiBr . .	7,5	183,1	189,3	
NaBr .	8,5	171,7	173,3	
KBr . .	9,5	157,8	156,2	
RbBr .	10,0	152,5	153,3	
CsBr . .	11,0	143,5	148,6	
LiJ . .	8,5	170,7	181,1	
NaJ . .	9,5	160,8	166,4	
KJ	10,5	149,0	151,5	
RbJ . .	11,0	144,2	149,0	
CsJ . .	12,0	136,1	145,3	

sind experimentelle Werte für die Gitterenergien nicht bekannt. Es wurde deshalb für die verschiedenen Fluoride die Elektronenaffinität, die sich als konstant ergeben sollte, berechnet.

Der BORNsche Ansatz (1) ist durch BORN und MAYER[1] abgeändert worden. Die Ionen der typischen Ionengitter sind edelgasähnlich. Die Abstoßungskräfte zwischen ihnen entspringen im wesentlichen Austauschwechselwirkungen. HYLLERAAS[2] hat diese Abstoßungskräfte für den Fall des Lithiumhydrids berechnet[3]. Da die Abstoßungskräfte zwischen

---

[1] BORN, M., u. J. E. MAYER: Z. Physik **75**, 1 (1932).

[2] HYLLERAAS, E.: Z. Physik **54**, 347 (1929).

[3] Weitere Literaturangaben bei F. SEITZ, The modern Theory of Solids, New York 1940.

edelgasartigen Gebilden exponentiell mit zunehmender Entfernung abnehmen, ist es sinnvoller, das Abstoßungsglied b_{ij}/r_{ij}^n im BORNschen Ansatz durch

$$a_{ij}\,e^{-\dfrac{r_{ij}}{\varrho_{ij}}}$$

zu ersetzen.

Die Untersuchungen von MAYER und Mitarbeitern haben schließlich gezeigt, daß man auch das Anziehungsglied des ursprünglichen BORNschen Ansatzes korrigieren muß. Zwischen den Ionen des Gitters wirken wie zwischen allen atomaren und molekularen Gebilden die zwar schwachen aber bei genauen Betrachtungen doch zu berücksichtigenden anziehenden Dispersionskräfte[1] (s. Anhang). So wird das Problem der Berechnung der Gitterenergie schließlich recht kompliziert, wenn die Ansprüche an die Genauigkeit der Resultate steigen.

163. Starre Ionen und relative Stabilität von Gittertypen.

GOLDSCHMIDT[2] hat bemerkt, daß man die in Ionengittern beobachteten Ionenabstände mit einer Genauigkeit von etwa 5% als Summen von formalen Ionenradien darstellen kann. Die annähernde Gültigkeit dieses Additivitätsgesetzes zeigt, daß man für qualitative Überlegungen das BORNsche Abstoßungspotential b/r^n durch ein unstetiges Potential ersetzen kann, das einfach bedeutet, daß die Ionen sich wie starre Kugeln verhalten, die sich nur bis zur Berührung nähern können (s. Abb. 42). Die Gitterenergie

Tabelle 44. GOLDSCHMIDTsche Ionenradien (in Å).

H⁻ . . .	1,27	O²⁻ . .	1,32
F⁻ . .	1,33	S²⁻ . .	1,74
Cl⁻ . .	1,81	Se²⁻ .	1,91
Br⁻ . .	1,96	Te²⁻ .	2,03
J⁻ . . .	2,20		
		Mg²⁺ .	0,78
Li⁺ . .	0,78	Ca²⁺ .	1,06
Na⁺ . .	0,98	Sr²⁺ .	1,27
K⁺ . . .	1,33	Ba²⁺ .	1,43
Rb⁺ .	1,49		
Cs⁺ . .	1,65	Be²⁺ .	0,34
		Zn²⁺ .	0,83
Tl⁺ . .	1,49	Cd²⁺ .	1,03
Cu⁺ . .	0,53	Hg²⁺ .	1,12
Ag⁺ . .	1,00		
		Al³⁺ . .	0,57
Mn²⁺ .	0,91		
Fe²⁺ . .	0,83	Y³⁺ . .	1,06
Co²⁺ . .	0,82	La³⁺ .	1,22
Ni²⁺ . .	0,78	Ga³⁺ .	0,62
Pb²⁺ . .	1,32	In³⁺ . .	0,92
		Te³⁺ .	1,05

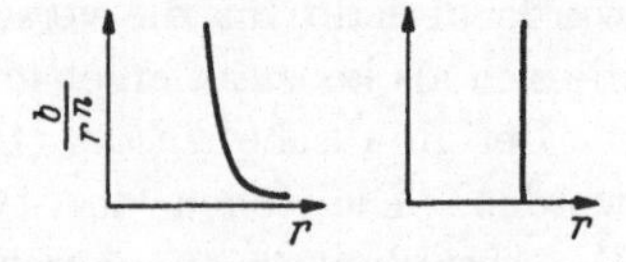

Abb. 42. BORNsches Abstoßungspotential und starres Ionenmodell.

ist dann rein elektrostatischer Natur. Das Abstoßungspotential trägt wegen des unendlich steilen Potentialanstiegs nichts zur Gitterenergie bei.

---

[1] Die Anwendung statistischer Methoden auf Ionengitter verdankt man H. JENSEN. H. JENSEN: Z. Physik **77**, 722 (1932); **89**, 713 (1934); **101**, 164 (1936).

[2] GOLDSCHMIDT, V. M.: Geochemische Verteilungsgesetze der Elemente.

In Tab. 44 sind einige GOLDSCHMIDTsche Ionenradien zusammengestellt. Da das Additivitätsgesetz nur annähernd gültig ist, lassen sich natürlich die Radienwerte in gewissen Grenzen variieren.

Das Modell der starren Ionen ermöglicht die einfache Ableitung von Regeln für die relative Stabilität verschiedener Gittertypen. Diese Regeln gelten, da das Modell stark vereinfacht ist, nicht ausnahmslos.

Wir betrachten als Beispiel die Gruppe der Alkalihalogenide. Nach Tab. 42 ist die MADELUNGsche Zahl für den Caesiumchloridtyp etwas größer als für den Natriumchloridtyp. Wenn man von den Entropiegliedern in der freien Energie absehen kann, also zumindest in der Nähe des absoluten Nullpunktes, sollten deshalb alle Alkalihalogenide im CsCl-Typ kristallisieren. Wenn die Kationen groß sind, wie beim CsCl, ist das auch der Fall. Läßt man in einer Elementarzelle des CsCl-Gitters (s. Abb. 43) den Radius des Kations (r_+) unter Konstanthaltung des Anionenradius (r_-) kleiner werden, so kommt man schließlich

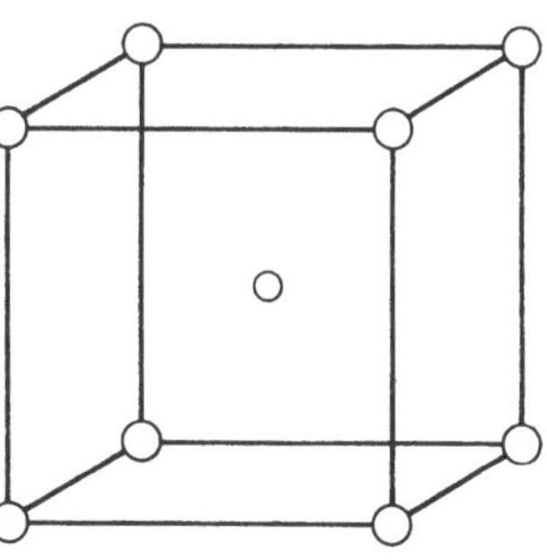

Abb. 43. Caesiumchloridgitter.

zu einem Punkt, bei dem sich die Anionen berühren. Das ist der Fall, wenn

$$\sqrt{3}\, r_- = r_+ + r_- \tag{1}$$

oder

$$\frac{r_+}{r_-} = \sqrt{3} - 1 = 0{,}732 \tag{2}$$

ist. Wenn man nun r_+ bei konstantem r_- weiter verkleinert, lassen sich die Gitterabstände und damit der kleinste Abstand verschieden geladener Ionen nicht mehr ändern. Eine weitere Verkleinerung von r_+ würde also keine Zunahme der Gitterenergie mehr erbringen. Da beim Natriumchloridgitter der Ionenkontakt erst bei einem Radienverhältnis

$$\frac{r_+}{r_-} = \sqrt{2} - 1 = 0{,}414 \tag{3}$$

Tabelle 45. *Radienverhältnisse für Rutil-*
und Fluoritgitter.

Rutilgitter	r_+/r_-	Fluoritgitter	r_+/r_-
MgF$_2$.	0,60	CaF$_2$.	0,87
ZnF$_2$ . .	0,65	S F$_2$.	0,97
TiO$_2$ . .	0,55	BaF$_2$.	1,12
GeO$_2$ . .	0,43	CdF$_2$.	0,84
SnO$_2$ . .	0,55	HgF$_2$.	0,92
PbO$_2$ . .	0,60	SrCl$_2$.	0,73
		ZrO$_2$.	0,62
		CeO$_2$.	0,72

eintritt, wird ein Caesiumchloridgitter, in dem man das Radienverhältnis unter den kritischen Wert (2) herunter verringert, bald in das Natriumchloridgitter umklappen.

Die abgeleitete Regel wird tatsächlich nur schlecht erfüllt. Wesentlich günstiger liegen die Verhältnisse beim Vergleich des Rutil- und des

Fluoritgitters, wo sich das kritische Radienverhältnis aus der Theorie zu 0,732 ergibt und die Tab. 45 zeigt, daß die Regel mit wenigen Ausnahmen gilt.

164. Ionenmoleküle und Wertigkeitsregeln.

Zur theoretischen Behandlung der Moleküle mit Ionenbeziehung, zu denen z. B. in Näherung die Alkalihalogenidmoleküle LiF usw. (in den Dämpfen der Stoffe) gehören, lassen sich die in der Theorie der Ionengitter eingeführten Vorstellungen heranziehen.

Die Übertragung des BORNschen Ansatzes (162.1) auf ein Molekül $X^+ Y^-$ ergibt als Bindungsenergie

$$E(R) = \left(\frac{1}{R} - \frac{B}{R^n}\right) - I_x + A_y .\tag{1}$$

Dabei bedeutet I_x, die zur Abspaltung eines Elektrons aus dem Atom X aufzuwendende Ionisierungsenergie des Atoms X, und A_y die Energie, die frei wird, wenn man ein Elektron an das Atom Y anlagert (die Elektronenaffinität des Atoms Y). I_x und A_y treten in (1) auf, weil nach der Trennung der Ionen, wobei der erste Energieanteil verschwindet, zur Erreichung des tatsächlichen Grundzustandes noch ein Elektron von Y^- nach X^+ überführt werden muß.

Den Normalabstand R_0 des Moleküls berechnen wir aus

$$\left(\frac{dE}{dR}\right)_{R=R_0} = -\frac{1}{R_0^2} + \frac{nB}{R_0^{n+1}} = 0 \tag{2}$$

zu

$$R_0 = (nB)^{\frac{1}{n-1}}. \tag{3}$$

Wenn das Gitter des festen Stoffes die MADELUNGsche Zahl A besitzt und der kleinste Abstand der Gegenionen im Gitter R_{00} beträgt, ist nach (162.6)

$$B = \frac{R_{00}^{n-1} A}{n} \tag{4}$$

und damit ergibt sich

$$R_0 = R_{00} A^{\frac{1}{n-1}}. \tag{5}$$

Da $n-1$ und A größer als eins sind, ist

$$A^{\frac{1}{n-1}} > 1 \tag{6}$$

und damit folgt aus (6)

$$R_0 > R_{00}. \tag{7}$$

Der Abstand der Gegenionen im zweiatomigen Molekül ist größer als im entsprechenden Gitter. Mit (5) ergibt sich für die Bindungsenergie (1) im Normalabstand

$$E\,(R_0) = \frac{A}{R_{0\,0}\,A^{\tfrac{n}{n-1}}}\left(1 - \frac{1}{n}\right) - I_x + A_y, \tag{8}$$

während die dem ersten Anteil entsprechende Gitterenergie des Kristalls pro stöchiometrisches Molekül nach (162.7)

$$\frac{A}{R_{0\,0}}\left(1 - \frac{1}{n}\right) > \frac{A}{R_{0\,0}\,A^{\tfrac{n}{n-1}}}\left(1 - \frac{1}{n}\right). \tag{9}$$

ist.

Die Sublimationsenergie der Kristalle zu Moleküldampf (beim absoluten Nullpunkt) ist nach (9)

$$S = \frac{A}{R_{0\,0}}\left(1 - \frac{1}{n}\right)\left(1 - \frac{1}{A^{\tfrac{n}{n-1}}}\right). \tag{10}$$

Die Ionen sind im Molekül weniger fest aneinander geknüpft als im Gitter.

Wir sind nun in der Lage, mit Hilfe der Beziehung (1) und analoger Beziehungen für Moleküle aus mehreren Ionen die Bindungsenergien hypothetischer Moleküle unter der Voraussetzung herzuleiten, daß zwischen den Bestandteilen dieser Moleküle nur Ionenbeziehungen herrschen. Da der Zustand, in dem die betreffenden Stoffe gewöhnlich vorliegen, der feste Zustand ist, ist es zweckmäßig, gleich durch Addition der Sublimationsenergie (10) die Bindungsenergie der Ionengitter (bezogen auf die Atome) auszurechnen, und zur Verwendung bei thermodynamischen Überlegungen wird man diese Größe durch Hinzunahme der Bindungsenergien der normalen Ausgangsstoffe in Bildungsenergien umrechnen.

Tabelle 46. *Bildungswärmen existierender und hypothetischer Verbindungen in kcal/Mol.*

	F	F_2	Cl	Cl_2	Br	Br_2	J	J_2
Mg	55	264,3	18	151,0	10	129,2	−5	99,8
Ca	82	289,4	52	190,4	45	169,2	33	141
Sr	85	289,3	57	195,7	51	176,5	39	147,5
Ba	87	278,9	61	197,1	56	179,8	46	149,9
Zn	—	193	42	97,2	38	83,4	33	64,2
Cd	48	—	30	93,2	27	82,6	20	63,8

Bildungswärmen hypothetischer und existierender Mono- und Dihalogenide, die von GRIMM und HERZFELD[1] auf diese Weise berechnet

---

[1] GRIMM, H. G., u. K. F. HERZFELD: Z. Physik **19**, 141 (1923).

worden sind, sind in Tab. 46 angegeben. Man sieht, daß z. B. die Reaktion

$$2\,[MgCl] + (Cl_2) \rightarrow 2\,[MgCl_2] \tag{11}$$

mit 302 kcal/Mol exotherm wäre, wenn die Bindungsenergie des Chlormoleküls Null wäre. Da diese Energie zwar endlich ist, aber nur 57,2 kcal pro Mol beträgt, besitzt die Reaktion (11) doch noch die erhebliche Wärmetönung von 245 kcal/Mol. Damit ist hinreichend erklärt, warum die Verbindung MgCl nicht beobachtet wird.

Aus der Abb. 44, in der die Bildungsenergien verschiedener Halogenide dargestellt sind, ist zu sehen, daß die Bildungsenergie jeweils stark negativ wird, wenn die Wertigkeit der Metalle die beobachtete maximale Wertigkeit überschreitet. Im Gang der Rechnungen zeigt sich, daß dieses Absinken dadurch bedingt ist, daß bei der weiteren Ionisierung über die maximale Wertigkeit hinaus jeweils sehr viel mehr Energie aufzuwenden ist, als bei den vorhergehenden Ionisierungsschritten.

Damit wird es möglich, den in Kap. 10 behandelten Bindigkeitsregeln nun theoretisch begründete Wertigkeitsregeln an die Seite zu stellen bzw. die empirischen Wertigkeitsregeln zu begründen.

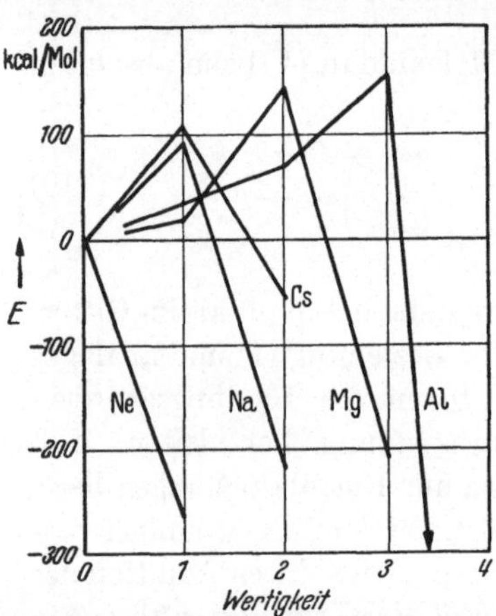

Abb. 44. Bildungsenergien bekannter und hypothetischer Chloride.

Diese Regeln lauten:

1. In den Ionenverbindungen der Elemente, die im periodischen System bis zu vier Spalten nach der Spalte der Edelgase stehen, sind diese Elemente vorwiegend $+\,s$-wertig, wenn s die Nummer der Spalte bedeutet (Edelgase: $s = 0$).

2. In den Ionenverbindungen der Elemente, die im periodischen System bis zu zwei Spalten vor der Spalte der Edelgase stehen, sind diese Elemente vorwiegend $-\,(8 - s)$-wertig.

Diese Regeln folgen sofort aus der experimentell bekannten Tatsache, daß Gebilde mit Edelgasschalen besonders niedrige Energie besitzen. Sie sind damit auf Atomgrößen, die von der Theorie prinzipiell zutreffend wiedergegeben werden, zurückgeführt.

165. Molekülbildung und Polarisation.

Während im LiF-Kristall jedes Ion symmetrisch von sechs Gegenionen umgeben ist, wird das F-Ion im Molekül LiF einseitig durch das elektrostatische Feld des Li-Ions beeinflußt und umgekehrt. Die Ionen besitzen als nicht völlig starre Gebilde eine endliche elektrische Polarisierbarkeit und während bei den Kristallionen wegen der hohen Symmetrie des Feldes der Umgebung Polarisationseffekte nur eine untergeordnete Rolle spielen können, muß man bei Molekülen, wenn man sich schon im Rahmen der elektrostatischen Theorie bewegt, in nächster Näherung die Tatsache berücksichtigen, daß die Ionenladungen in den Nachbarionen elektrische Momente induzieren und die damit nun auftretenden Wechselwirkungsenergien in die Bindungsenergie eingehen.

Wenn man etwa beim Molekül

$$\text{Li}^{(+)} \, |\overline{\underline{\text{F}}}|^{(-)} \tag{I}$$

solche Polarisationseffekte berücksichtigt, läuft das in bezug auf die sich einstellende Ladungsverteilung auf dasselbe hinaus, wie wenn man in der Valenzstrukturtheorie für den Grundzustand des LiF eine Mesomeriemöglichkeit zwischen den Strukturen (I) und

$$\text{Li} - \overline{\text{F}}| \tag{II}$$

berücksichtigen würde. Der Zusammenhang zwischen den auftretenden Polarisationsenergien und den für die Mitbeteiligung von (II) maßgebenden Energiegrößen ist bisher theoretisch nicht geklärt. Trotzdem bietet die Erfassung der Ladungsverschiebung durch Berücksichtigung der endlichen Ionenpolarisierbarkeit in der elektrostatischen Theorie den großen Vorteil, daß man so wesentlich einfacher zu nachprüfbaren konkreten Aussagen der Theorie kommt, und solange — in der Sprache der Valenzstrukturtheorie gesprochen — die Mitbeteiligung von Strukturen des Typs (II) geringfügig ist, ist es sicher sinnvoll, von der Erweiterung der elektrostatischen Theorie durch die Berücksichtigung von Polarisationseffekten Gebrauch zu machen.

Zunächst soll ein Alkalihalogenidmolekül $X^+ \, Y^-$ betrachtet werden. Da die Halogenionen Y^- wesentlich leichter polarisiert werden können, als die Alkaliionen X^+, empfiehlt es sich anzunehmen, daß nur im Anion ein wesentliches Moment induziert wird. Das Feld, in dem sich das Anion befindet, ist nicht homogen. Da aber die Polarisierbarkeiten der Ionen in homogenen Feldern experimentell leicht zugänglich sind, ist es für die Berechnung einer Korrektur an der Bindungsenergie ausreichend, die elektrostatischen Beziehungen für ein homogenes Feld zu verwenden und die Feldstärke gleich derjenigen zu setzen, die vom Kation im Mittelpunkt des Anions erzeugt wird.

Wenn ein Gebilde mit der Polarisierbarkeit α in ein homogenes Feld (Feldstärkenbetrag F) gebracht wird, entsteht eine negative potentielle Energie vom Betrag

$$\frac{\alpha}{2} F^2 . \tag{1}$$

Da

$$F = \frac{1}{R} \tag{2}$$

ist, folgt für den (positiven) Polarisationsanteil an der Bindungsenergie

$$E_P = \frac{\alpha}{2\,R^2}. \tag{3}$$

Abschätzungen mit experimentell bestimmten α und R-Werten, zeigen[1], daß E_P bei zweiatomigen Ionenmolekülen gelegentlich beträchtliche Werte annehmen kann. Wenn das der Fall ist, hat die elektrostatische Näherung, wie oben auseinandergesetzt wurde, keinen Sinn mehr, weil dann an der Bindungsenergie wesentlich zwischenatomare Austauschenergien beteiligt sind, die durch Wahl eines entsprechenden α-Wertes nur formal erfaßt werden können.

Durch Berücksichtigung der Polarisationsenergie ist es sogar möglich, das Auftreten von Molekülformen niedriger Symmetrie verständlich zu machen, und auch das zeigt wieder, daß man in der Beurteilung des elektrostatischen Näherungsstandpunktes sehr vorsichtig sein muß, solange keine wirklich zuverlässigen Rechnungen mit der vollständigen Theorie ausgeführt worden sind. Erst wenn das der Fall ist, wird man von einem wirklich übergeordneten Standpunkt den Gültigkeitsbereich der elektrostatischen Näherungsansätze vollständig und zuverlässig abgrenzen können.

Wir betrachten nach HEISENBERG[2] und nach HUND[3] das Wassermolekül. Es soll im Gegensatz zur Annahme von Abschnitt (133.) angenommen werden, daß das Molekül aus Ionen aufgebaut ist und daß sich die Wasserstoffkerne dem Sauerstoffion bis auf den Abstand R nähern können: Das bedeutet die Ersetzung des BORNschen Abstoßungsansatzes durch das einfachere Modell der starren Kugel. Die Energie des Moleküls ist, abgesehen von den Gliedern mit den Ionisierungsenergien und der Elektronenaffinität, die hier unwesentlich sind,

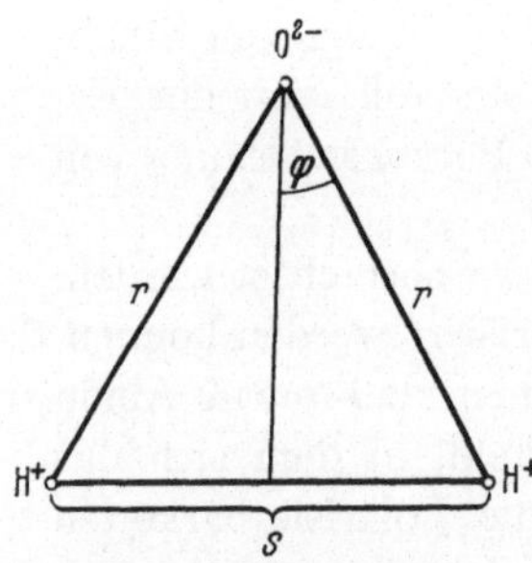

Abb. 45. Koordinaten zur Beschreibung des H_2O-Moleküls.

$$E = -\frac{2}{r} + \frac{1}{s} - \frac{\alpha\,F^2}{2}. \tag{4}$$

F bedeutet den Betrag der von den Wasserstoffkernen im Mittelpunkt des Sauerstoffions erzeugten Feldstärke. Aus Abb. 45 ergibt sich

$$F = \frac{2\cos\varphi}{r^2}. \tag{5}$$

---

[1] FAJANS, K., u. G. JOOS: Z. Physik **23**, 1 (1923).
[2] HEISENBERG, W.: Z. Physik **26**, 196 (1924).
[3] HUND, F.: Z. Physik **31**, 81 (1925); **32**, 1 (1925).

Da außerdem

$$s = 2\,r \sin \varphi \tag{6}$$

ist, ergibt sich mit (4)

$$E = -\frac{2}{r} + \frac{1}{2\,r \sin \varphi} - \frac{2\,\alpha}{r^4} \cos^2 \varphi. \tag{7}$$

Durch Nullsetzen des Differentialquotienten der Energie nach φ ergibt sich als Bestimmungsgleichung für den optimalen Winkel φ_0

$$\cos \varphi_0 \left(\sin^3 \varphi_0 - \frac{r^3}{8\,\alpha}\right) = 0 \tag{8}$$

mit den zwei Lösungen

$$\cos \varphi_0 = 0 \qquad \varphi_0 = \frac{\pi}{2}$$
$$\sin \varphi_0 = \left(\frac{r^3}{8\,\alpha}\right)^{\frac{1}{3}} \qquad \varphi_0 = \arcsin \frac{r}{2\,\alpha^{1/3}}. \tag{9}$$

Die erste Lösung der Extremwertgleichung beschreibt ein gestrecktes, die zweite ein gewinkeltes Molekül. Die zweite Lösung ist nur sinnvoll, wenn

$$\frac{r^3}{8\,\alpha} < 1$$

ist. Für diesen Fall zeigt die Untersuchung des zweiten Differentialquotienten, daß die gewinkelte Form die stabile Form ist.

Wenn $\alpha > r^3/8$ ist, bringt die bei weniger symmetrischer Anordnung der Liganden stärkere Polarisation also einen so wesentlichen Energiegewinn, daß dadurch die bei Verkleinerung von φ zunächst ansteigende Abstoßungsenergie der Wasserstoffkerne überkompensiert wird und sich bei einem zwischen 0 und $\pi/2$ liegenden φ_0-Wert der Optimalfall einstellt.

Die endliche Polarisierbarkeit braucht bei der Berechnung der Energie von Ionengittern mit hoher Koordinationszahl und geometrischer Gleichwertigkeit aller Ionen derselben Art (Koordinationsgitter) nicht berücksichtigt zu werden, da das auf je ein Ion wirkende Feld hohe Symmetrie besitzt. Das gilt aber nicht mehr für Schichtengitter, wie z. B. das des Cadmiumjodids.

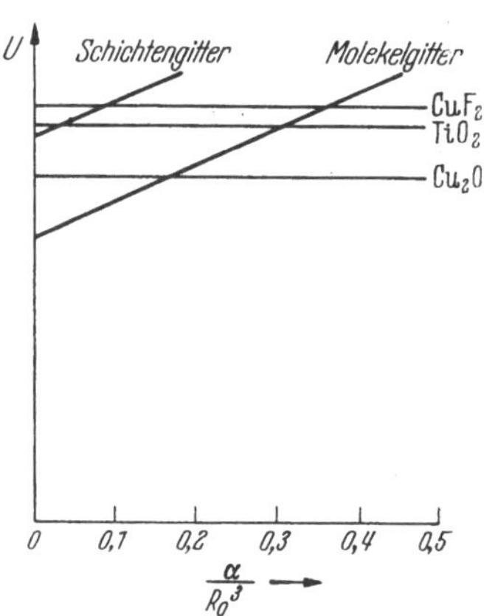

Abb. 46. Umwandlung von Koordinationsgittern in Schichten- und Molekelgitter bei zunehmender Polarisierbarkeit der Ionen.

Hund[1] hat den von der gegenseitigen Polarisation der Ionen herrührenden Anteil der Gitterenergie für verschiedene Fälle berechnet. Nach seinen Ergebnissen, die in Abb. 46 dargestellt sind, kann bei

---

[1] Hund, F.: Z. Physik **31**, 81 (1925); **32**, 833 (1925).

Tabelle 47.	
Cd Cl₂-Gitter	Cd J₂-Gitter
$MgCl_2$	MnJ_2
$NiCl_2$	$FeBr_2$
$CoCl_2$	SnS_2
$FeCl_2$	CdJ_2
$ZnCl_2$	CoJ_2
$CdCl_2$	ZrS_2

genügend großer Polarisierbarkeit der Ionen z. B. das CaF_2 oder das TiO_2-Gitter in ein Schichtengitter bzw. Molekelgitter umschlagen.

In Tab. 47 sind einige Verbindungen zusammengestellt, die nach ihrem Radienverhältnis im Rutilgitter (TiO_2) kristallisieren sollten, tatsächlich aber in den Schichtengittern vom Cd Cl₂- bzw. Cd J₂-Typ vorkommen.

166. Elektrostatische Wechselwirkung entfernter Molekülteile.

Ladungen und elektrische Momente in entfernten Molekülteilen bedingen durch ihre Wechselwirkung einen Anteil an der Bindungsenergie.

Die Wechselwirkungsenergie zwischen den Ladungen der zweiwertigen Ionen der zweibasischen Carbonsäuren der gesättigten Reihe scheint z. B. der Hauptgrund dafür zu sein, daß die Dissoziationkonstanten der zweiten Dissoziationsstufe dieser Säuren in der Regel wesentlich kleiner als die der ersten Stufe sind. Dafür spricht auch die Tatsache, daß das Verhältnis zwischen den beiden Konstanten bei den Säuren mit nahe benachbarten Carboxylgruppen extremere Werte hat als bei denjenigen, bei denen die Carboxylgruppen weiter voneinander entfernt sind.

Durch eine Wechselwirkung des Moments der C—Cl-Bindung mit der in der Carboxylatgruppe des Ions lokalisierten Ladung ist in ähnlicher Weise der Gang der Dissoziationskonstanten K_s der Chlorbuttersäuren zu erklären:

$$K_s$$

$$\alpha \quad 14,0 \cdot 10^{-4}$$

$$\beta \quad 0,89 \cdot 10^{-4}$$

$$\gamma \quad 0,26 \cdot 10^{-4}$$

In der sog. „Elektronentheorie organischer Reaktionen"[1], die vorwiegend von englischen Autoren entwickelt worden ist, spielen die Erscheinungen, für die wir hier einige Beispiele angeführt haben, eine große Rolle. Die Grundlagen dieser Theorie sind noch nicht soweit geklärt, daß es in vielen Fällen nicht durch geeignete Kombination verschiedener „Effekte" möglich wäre, auf eine Frage mehrere widersprechende Antworten zu geben. Seit der eingehenden Kritik durch HÜCKEL[2] hat sich

---

[1] Vgl. M. J. S. DEWAR: The electronic theory of organic chemistry. Oxford 1949.

[2] HÜCKEL, E.: Grundzüge der Theorie der ungesättigten und aromatischen Verbindungen. Berlin 1938.

an dieser Sachlage nicht viel geändert, so daß eine Darstellung an dieser Stelle noch nicht als sinnvoll erscheint, obwohl die Theorie eine Reihe von interessanten Gesichtspunkten enthält.

17. Metallgitter und Atomgitter.

171. Metallgitter als Gebilde mit nichtlokalisierter Valenz[1].

Metallkristalle sind als Koordinationsgitter in demselben Sinn als molekulare Gebilde aufzufassen, in dem wir im vorhergehenden Kapitel Ionengitter als solche behandelt haben. Qualitativ unterscheiden sich die Metalle von anderen chemischen Individuen vor allem in zwei Punkten:

a) Metalle kristallisieren häufig in Gittern mit hohen Koordinationszahlen.

b) Binäre und höher zusammengesetzte Metallkristalle weisen in den Zustandsdiagrammen in der Regel Existenzgebiete endlicher Breite auf.

Die besonderen physikalischen Eigenschaften der Metallgitter (Elektronenleitung usw.) interessieren uns hier erst in zweiter Linie, und eine Hauptaufgabe der theoretischen Behandlung wird für uns die Erklärung der unter a) und b) genannten Eigenschaften sein.

Sowohl in der klassischen wie in der quantenmechanischen Elektronentheorie der Metalle hat bisher die Behandlung derjenigen Eigenschaften der Metallkristalle im Vordergrund gestanden, die durch die große Beweglichkeit der Leitungselektronen bedingt sind. Daneben sind auch wichtige Methoden zur Berechnung der Gitterenergie entwickelt worden, die Aussagen der Theorie über diese im Rahmen der Theorie der chemischen Bindung wichtige Größe sind aber zur Zeit noch weniger zuverlässig als die übrigen Resultate der Theorie.

Von den beiden wichtigsten Näherungsmethoden der Bindungstheorie stammt die Methode der Moleküleigenfunktionen historisch aus der Elektronentheorie der Metalle. Wir werden in den folgenden Abschnitten die Metallkristalle von diesem Näherungsstandpunkt aus betrachten. Zunächst wollen wir jedoch das hier interessierende Bindungsproblem mit der Methode der Valenzstrukturen behandeln.

---

[1] Eine Darstellung der Elektronentheorie der Metalle, die auch nur annähernd alle wesentlichen Entwicklungen auf diesem weitverzweigten Gebiet berühren würde, können und wollen wir in diesem Kapitel nicht geben. Es ist vorwiegend das zusammengestellt, was uns zum Verständnis der bindungstheoretischen Probleme erforderlich schien. Im übrigen verweisen wir auf die Literaturzusammenstellung am Schluß des Buches.

Es ist bisher nur von wenigen Autoren[1] versucht worden, die Valenzstrukturmethode auf Metalle anzuwenden. Das liegt zum Teil daran, daß man so die vom physikalischen Standpunkt aus vorwiegend interessierenden Leitungseigenschaften der Metalle nicht unmittelbar erfassen kann, z. T. liegt es aber an der praktischen Unlösbarkeit der auftretenden Säkularprobleme.

Mehrere Valenzstrukturen sind bei der Darstellung des Grundzustandes eines Moleküls immer dann grundsätzlich zu berücksichtigen, wenn wie etwa beim Benzolmolekül allein die Geometrie der Atomanordnung schon mehrere Valenzstrukturen als gleichwertig erkennen läßt. Die Anzahl solcher gleichwertiger Strukturen ist hier um so größer, je größer die Koordinationszahlen der Valenzelektronen tragenden Atome sind. Wenn man also etwa den Grundzustand eines Natriumkristalls (Koordinationszahl 8) durch Überlagerung von Valenzstrukturen beschreiben will, wird man wegen der hohen Koordinationszahl der Natriumatome auch dann, wenn man sich auf unpolare Strukturen beschränkt, eine sehr große Zahl äquivalenter Strukturen zu berücksichtigen haben. Metallkristalle sind also ein charakteristisches Beispiel für nichtlokalisierte Valenz. Das entsprechende Säkularproblem ist praktisch unlösbar, da sein Grad zu hoch ist. Trotzdem läßt sich abschätzen, wie die Lösung aussehen muß, wenn man folgende Überlegungen anstellt.

Es seien N Atome mit je einem Valenzelektron gegeben. Die Valenzelektronen seien s-Elektronen. Bildet man aus diesen Atomen $N/2$ zweiatomige Moleküle, so ist die Gesamtenergie

$$E_1 = N\,E_A + \frac{N}{2}\,(C + A)\,. \tag{1}$$

E_A bedeutet die Energie eines isolierten Atoms, C und A sind Coulomb- und Austauschintegral zwischen zwei Atomen im Normalabstand. Aus (1) ergibt sich die Energie pro Atom zu

$$\frac{E_1}{N} = E_A + \frac{1}{2}\,C + \frac{1}{2}\,A\,. \tag{2}$$

Wenn man aus je sechs Atomen Sechsringe in der Art von Benzolringen bildet, wird die Gesamtenergie nach (152.6)

$$E_2 = N E_A + \frac{N}{6}\,(6\,C + 2,6\,A) \tag{3}$$

und damit ergibt sich die Energie pro Atom zu

$$\frac{E_2}{N} = E_A + C + 0,433\,A\,. \tag{4}$$

---

[1] Hund, F.: Handbuch der Physik. Bd. XXIV, Teil 1, 1933. — Hund, F.: In K. Wagner, Das Molekül, Braunschweig 1949. — Pauling, L.: J. Amer. Chem. Soc. **69**, 542 (1947). — Pauling, L., u. F. J. Erwing: Rev. Mod. Phys. **20**, 112 (1948).

Die Energie einer linearen Kette von Atomen hat BETHE[1] zu

$$E_3 = N E_A + N (C + 0{,}388\,A) \tag{5}$$

berechnet. In diesem Fall ergibt sich als Energie pro Atom

$$\frac{E_3}{N} = E_A + C + 0{,}388\,A \ . \tag{6}$$

Wenn man zu Gebilden mit höherer Koordinationszahl K fortschreitet, wird der Koeffizient des COULOMB-Integrals in dem Ausdruck für die Energie pro Atom $K/2$. Er steigt also mit steigender Koordinationszahl an. Andererseits darf man aus der betrachteten Reihe plausibel extrapolieren, daß der Koeffizient des Austauschintegrals mit steigender Koordinationszahl noch kleiner werden wird, als bei der Kette. SLATER hat ihn für die Koordinationszahl 8 zu 0,285 abgeschätzt.

Für metallische Gitter mit hoher Koordinationszahl kann man also

$$\frac{E}{N} = \frac{K}{2}\,C + g\,A \tag{7}$$

mit $g < 0{,}28$ als plausiblen Ausdruck für die Gitterenergie ansehen.

Ob eine gegebene Atomart Moleküle oder ein metallisches Gitter bildet, hängt nach (2) und (7) von dem Verhältnis des Austauschintegrals zum COULOMB-Integral (jeweils für Abstände in der Nähe des theoretischen Molekülnormalabstandes) ab. Bezeichnet man dieses Verhältnis mit $v = A/C$, so wird bei der Bildung von Molekülen nach (2) pro Atom die Energie

$$E_M = - C \left(\frac{1}{2} + \frac{1}{2}\,v \right) \tag{8}$$

frei. Bei der Bildung eines metallischen Gitters erhält man pro Atom die Energie

$$E_G = - C \left(\frac{K}{2} + g\,v \right) . \tag{9}$$

Die Molekülbildung und die Gitterbildung sind gleich günstig, wenn $E_M = E_G$, wenn also

$$\frac{1}{2} + \frac{1}{2}\,v = \frac{K}{2} + g\,v \tag{10}$$

oder

$$v = \frac{K - 1}{1 - 2\,g} \tag{11}$$

ist. Ist v größer als dieser Grenzwert, so ist die Molekülbildung günstiger, ist es kleiner, so ist die Gitterbildung günstiger. Bei Wasserstoff ist $|A| \gg |C|$, bei den Alkalimetallen ergibt die Berechnung der COULOMB- und Austauschintegrale wesentlich kleinere v-Werte, so daß damit

---

[1] SOMMERFELD, A., u. H. BETHE: Handbuch der Physik. Bd. XXIV, T. 2, 1933.

verständlich wird, daß Wasserstoff Moleküle, die Alkalimetalle aber vorwiegend metallische Gitter bilden.

Wenn Gitterbildung vorliegt, ist das Austauschintegral nach (7), weil es dann mit einem sehr kleinen Koeffizienten in die Energie eingeht, praktisch ohne Bedeutung für die Gesamtenergie. Die Energie wird praktisch allein durch das COULOMB-Integral und vor allem durch seinen Koeffizienten bestimmt. Da dieser Koeffizient K proportional ist, wird so verständlich, daß Metalle Gitter mit den maximal möglichen Koordinationszahlen (dichteste Kugelpackungen) bevorzugen. Wenn praktisch nur die COULOMBsche Wechselwirkung zwischen Nachbarpaaren eine Rolle spielt, stellen sich Anordnungen ein, bei denen es möglichst viele Nachbarpaare gibt.

Wenn nur COULOMBsche Wechselwirkungen eine Rolle spielen, fallen natürlich auch der Sättigungscharakter der Bindungskräfte und die damit zusammenhängenden Bindigkeitsregeln weg, so daß durch unsere qualitativen Überlegungen auch verständlich wird, daß bei intermetallischen Verbindungen keine strengen stöchiometrischen Verhältnisse beobachtet werden und daß im Bereich der Metallchemie die normalen „Valenzregeln" der Chemie nicht gelten.

Unsere qualitative Argumentation ist durch zwei Bemerkungen zu ergänzen: Die Tatsache der Elektronenleitung bei Metallen zeigt, daß die von uns vernachlässigten Ionenstrukturen eine große Rolle spielen, so daß unsere Überlegungen in diesem Punkt sicher nur ganz oberflächlich sind.

Die Frage, ob eine bestimmte Atomart ein Koordinationsgitter oder Moleküle bildet, hängt nach unserem Ergebnis von dem Verhältnis des Austauschintegrals zum COULOMB-Integral ab. Tatsächlich dürfte noch ein zweiter Punkt sehr wesentlich sein. Immer dann, wenn in den Atomen relativ weit außen sich bewegende Elektronen vorhanden sind, die ihre Spins inneratomar kompensiert haben, wenn also m. a. W. in der Valenzelektronenschale noch einsame Elektronenpaare vorkommen, wird die zur Abstoßung beitragende Wechselwirkung der Valenzelektronen mit den fremden Rümpfen wesentlich werden, so daß allein aus diesem Grund schon verständlich wäre, warum Li bei $T \approx 0$ ein Koordinationsgitter bildet, F dagegen Moleküle F_2. (Die Abstoßungsglieder wirken im Gitter wegen der hohen Zahl von Nachbarpaaren wesentlich ungünstiger, als bei der Molekülbildung.)

172. Moleküleigenfunktionen in Metallgittern.

Der ergiebigste Ausgangspunkt für die Untersuchung metallischer Gitter ist die Anwendung der Methode der Moleküleigenfunktionen. Wir führen ein Abschirmfeld ein, so daß dann jedes Valenz- oder Leitungselektron sich in einem effektiven Feld bewegt, das die Wirkung der Atomrümpfe und der übrigen Valenzelektronen darstellt. Dieses Feld besitzt die Periodizität des Gitters.

Die Elementarzelle eines Gitters wird durch drei Basis-Vektoren $\mathfrak{a}_1$, $\mathfrak{a}_2$, $\mathfrak{a}_3$ beschrieben (s. Abb. 47). Die Endpunkte der Vektoren

$$\mathfrak{n} = n_1\,\mathfrak{a}_1 + n_2\,\mathfrak{a}_2 + n_3\,\mathfrak{a}_3 \qquad (1)$$
$$n_1,\, n_2,\, n_3 \text{ ganzzahlig}$$

heißen Gitterpunkte, die Vektoren Gitter-vektoren.

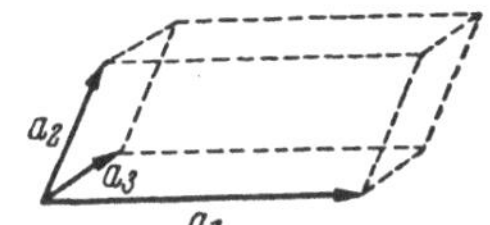

Abb. 47. Basisvektoren und Elementarzelle.

Die Periodizität der potentiellen Energie eines Elektrons kommt darin zum Ausdruck, daß für alle Gittervektoren $\mathfrak{n}$

$$V(\mathfrak{r} + \mathfrak{n}) = V(\mathfrak{r}) \qquad (2)$$

gilt, wobei $\mathfrak{r}$ den Ortsvektor des Elektrons bedeutet. Um die periodische Funktion $V(\mathfrak{r})$ als Fourierreihe darstellen zu können, führen wir das reziproke Gitter mit den Basisvektoren $\mathfrak{b}_1$, $\mathfrak{b}_2$, $\mathfrak{b}_3$ ein. Das reziproke Gitter zu einem gegebenen Gitter ist dadurch definiert, daß jeder seiner Basisvektoren auf zwei Basisvektoren des gegebenen Gitters senkrecht steht und daß sein skalares Produkt mit dem dritten Basisvektor des gegebenen Gitters den Wert eins hat. Es ist also nach Definition

$$\mathfrak{a}_i\,\mathfrak{b}_j = \delta_{ij} \qquad\qquad i, j\colon 1, 2, 3$$

bzw.
$$|\mathfrak{a}_i|\,|\mathfrak{b}_j|\cos(\mathfrak{a}_i, \mathfrak{b}_j) = \delta_{ij}\,. \qquad (3)$$

Daraus folgt, daß die Fourierdarstellung

$$V(\mathfrak{r}) = \sum_{\mathfrak{m}} V_{\mathfrak{m}}\, e^{2\pi i\,\mathfrak{m}\,\mathfrak{r}} \qquad (4)$$

der Funktion $V(\mathfrak{r})$, in der $\mathfrak{m}$ einen Gittervektor des reziproken Gitters bedeutet,

$$\mathfrak{m} = m_1\,\mathfrak{b}_1 + m_2\,\mathfrak{b}_2 + m_3\,\mathfrak{b}_3 \qquad m_1, m_2, m_3 \text{ ganzzahlig} \quad (5)$$

und wobei die Summe über alle diese Gittervektoren zu erstrecken ist, die nach (2) zu fordernde Periodizität besitzt.

Die Fourierkoeffizienten $V_{\mathfrak{m}}$ sind wegen der prinzipiellen Freiheit in der Wahl des Abschirmungsfeldes nicht eindeutig bestimmt. Eine gute Näherung erreicht man aber, indem man sie aus der tatsächlichen Ladungsverteilungsfunktion $\varrho(\mathfrak{r})$ des Gitters unter Einbeziehung einer Korrektur für die Entfernung eines Elektrons berechnet. Da die Verteilungsfunktion $\varrho(\mathfrak{r})$, wie in der Theorie der Röntgeninterferenzen gezeigt wird, auch das Auftreten von Röntgenreflexionen bestimmt, besteht zwischen den Werten der $V_{\mathfrak{m}}$ und der Intensität der Röntgenreflexionen $\mathfrak{m}$-ter Ordnung ein enger Zusammenhang, so daß man aus dem beobachteten Ausfallen einer Ordnung den Schluß ziehen kann, daß das entsprechende $V_{\mathfrak{m}}$ praktisch nicht von Null verschieden ist.

Zur Lösung der Schrödingergleichung für die Bewegung eines Elektrons mit der effektiven potentiellen Energie $V(\mathfrak{r})$

$$-\frac{1}{2}\,\varDelta\,\psi + V(\mathfrak{r})\,\psi = E\,\psi \tag{6}$$

machen wir den Ansatz

$$\psi(\mathfrak{r}) = e^{i\,\mathfrak{k}\,\mathfrak{r}}\,u(\mathfrak{r}). \tag{7}$$

$e^{i\,\mathfrak{k}\,\mathfrak{r}}$ stellt eine ebene Welle mit dem Ausbreitungsvektor $\mathfrak{k}$ dar. $u(\mathfrak{r})$ soll eine Funktion mit der Periodizität des Gitters sein, so daß man also die Fourierentwicklung

$$u(\mathfrak{r}) = \sum_{\mathfrak{m}} a_{\mathfrak{m}}\,e^{2\pi i\,\mathfrak{m}\,\mathfrak{r}} \tag{8}$$

ansetzen kann.

Wenn speziell $u(\mathfrak{r}) \equiv 1$ ist, ist $\mathfrak{k}$ der Impulsvektor des Elektrons.

Bedeutet $\mathfrak{l}$ einen Gittervektor des reziproken Gitters

$$\mathfrak{l} = l_1\,\mathfrak{b}_1 + l_2\,\mathfrak{b}_2 + l_3\,\mathfrak{b}_3 \qquad l_1, l_2, l_3 \text{ ganzzahlig}, \tag{9}$$

so kann man für $\psi(\mathfrak{r})$ auch schreiben

$$\psi(\mathfrak{r}) = e^{i(\mathfrak{k} + 2\pi\mathfrak{l})\mathfrak{r}}\sum_{\mathfrak{m}} a_{\mathfrak{m}}\,e^{2\pi i(\mathfrak{m} - \mathfrak{l})\mathfrak{r}}. \tag{10}$$

Da $\mathfrak{m} - \mathfrak{l}$ ebenfalls ein Gittervektor des reziproken Gitters ist, kann man also die Eigenfunktion (7) auch durch

$$\psi(\mathfrak{r}) = e^{i\,\mathfrak{k}'\mathfrak{r}}\sum_{\mathfrak{m}'} a_{\mathfrak{m}' + \mathfrak{l}}\,e^{2\pi i\,\mathfrak{m}'\mathfrak{r}} \tag{11}$$

mit

$$\mathfrak{k}' = \mathfrak{k} + 2\pi\mathfrak{l} \qquad\qquad \mathfrak{m}' = \mathfrak{m} - \mathfrak{l} \tag{12}$$

darstellen. Da auch die Summe in (11) die Gitterperiodizität besitzt, läßt sich also ein und dieselbe Eigenfunktion mit Hilfe verschiedener Vektoren $\mathfrak{k}$ bzw. $\mathfrak{k}'$ als Produkt einer ebenen Welle und einer gitterperiodischen Funktion darstellen.

Für die unmittelbar folgenden Entwicklungen ist es zweckmäßig, eine eindeutige Zuordnung eines Ausbreitungsvektors zu einer gegebenen Eigenfunktion dadurch herzustellen, daß man den Variabilitätsbereich von $\mathfrak{k}$ durch

$$-\pi < \mathfrak{a}_i\,\mathfrak{k}_i < \pi \tag{13}$$

($\mathfrak{k}_i$ ist die Komponente von $\mathfrak{k}$ in Richtung von $\mathfrak{b}_i$) einschränkt. Wir nennen $\mathfrak{k}$ dann den reduzierten Ausbreitungsvektor.

Einen unendlich großen Kristall denken wir uns in Blöcke aufgeteilt, die in Richtung jedes Basisvektors $\mathfrak{a}_i$ G Zellen umfassen. Jeder Block oder jedes solche Grundgebiet umfaßt dann G^3 Zellen. Wenn die Blöcke voneinander getrennt wären, wäre es vernünftig, das Verschwinden von ψ auf den Begrenzungsflächen der Blöcke zu fordern. Das ist aber praktisch gleichbedeutend damit, daß man im unendlich großen Kristall eine Periodizität von ψ in bezug auf das Blockgitter fordert. Sind $\mathfrak{A}_1$, $\mathfrak{A}_2$, $\mathfrak{A}_3$ durch

$$\mathfrak{A}_1 = G\,\mathfrak{a}_1, \quad \mathfrak{A}_2 = G\,\mathfrak{a}_2, \quad \mathfrak{A}_3 = G\,\mathfrak{a}_3 \tag{14}$$

definierte Vektoren, so ist also mit

$$\mathfrak{N} = N_1\,\mathfrak{A}_1 + N_2\,\mathfrak{A}_2 + N_3\,\mathfrak{A}_3 \qquad N_1,\,N_2,\,N_3 \text{ ganzzahlig} \tag{15}$$

$$\psi\,(\mathfrak{r} + \mathfrak{N}) = \psi\,(\mathfrak{r}) \tag{16}$$

zu fordern.

Da $u\,(\mathfrak{r})$ als gitterperiodische Funktion eo ipso die Periodizität in bezug auf die Grundgebiete besitzt, bedeutet die Forderung (16), daß

$$e^{i\,\mathfrak{k}\,(\mathfrak{r} + \mathfrak{N})} = e^{i\,\mathfrak{k}\,\mathfrak{r}}, \tag{17}$$

also

$$e^{i\,\mathfrak{k}\,\mathfrak{N}} = 1 \tag{18}$$

sein muß.

Das ist aber nur möglich, wenn

$$\mathfrak{k} = \frac{2\,\pi}{G}\,\mathfrak{g} \tag{19}$$

ist, wobei $\mathfrak{g}$ einen Gittervektor im reziproken Gitter bedeutet:

$$\mathfrak{g} = g_1\,\mathfrak{b}_1 + g_2\,\mathfrak{b}_2 + g_3\,\mathfrak{b}_3 \qquad g_1,\,g_2,\,g_3 \text{ ganzzahlig.} \tag{20}$$

Zusammen mit der Einschränkung (13), nach der die g_i nur Werte zwischen $-\frac{1}{2}\,G$ und $\frac{1}{2}\,G$ annehmen können, folgt, daß es nur G^3 erlaubte Werte für den reduzierten Ausbreitungsvektor gibt.

Wenn man den Ansatz (7) für die Eigenfunktion in die Schrödingergleichung einträgt, erhält man ein System von unendlich vielen Gleichungen zur Bestimmung der Koeffizienten $a_\mathfrak{m}$. Die Lösbarkeitsbedingung für das System ist eine Bestimmungsgleichung für die Eigenwerte E. Zu jedem erlaubten vorgegebenen Wert des reduzierten Ausbreitungsvektors $\mathfrak{k}$, der in der Säkulargleichung als Parameter auftritt, gibt es im allgemeinen unendlich viele Eigenwerte $E_{\mathfrak{k},\,n}$, die der Größe nach geordnet und dann durch den Index n numeriert seien. Die G^3 Eigenwerte, die zu demselben n-Wert und den G^3 möglichen Werten von $\mathfrak{k}$ gehören, nennen wir zusammenfassend ein Energieband. n heißt die Bandnummer. Zu jedem festen $\mathfrak{k}$-Wert gibt es in jedem Band *einen* Eigenwert.

Durch Einführung der einschränkenden Bedingung (13) wird es, wie wir gezeigt haben, möglich, jeder bestimmten Eigenfunktion und damit jedem Eigenwert eindeutig einen Vektor $\mathfrak{k}$ zuzuordnen. Die Einführung des reduzierten Ausbreitungsvektors ist aber natürlich nicht notwendig.

$$\mathfrak{K} = \frac{2\,\pi}{G}\,\mathfrak{g} \tag{21}$$

sei ein unbeschränkter (d. h. also nichtreduzierter) Ausbreitungsvektor. $\mathfrak{g}$ soll nach (20) ein Gittervektor im reziproken Gitter sein.

$$\psi = e^{i\,\mathfrak{K}\,\mathfrak{r}}\,u \tag{22}$$

sei eine bestimmte Eigenfunktion. $\mathfrak{K}$ soll einen Wert haben, der in den Bereich von $\mathfrak{k}$ fällt. Er sei $\mathfrak{k}_0$. Zu $\mathfrak{k}_0$ gehören einerseits unendlich viele Eigenwerte $E_{\mathfrak{k}_0,\,n}$ in den verschiedenen Bändern. Andererseits gibt es zu $\mathfrak{k}_0$ unendlich viele äquivalente nicht reduzierte Ausbreitungsvektoren

$$\mathfrak{K} = \mathfrak{k}_0 + 2\,\pi\,\mathfrak{l}\,. \tag{23}$$

Indem wir diese nach der Größe ihrer Beträge

$$|\,\mathfrak{k}_0 + 2\,\pi\,\mathfrak{l}\,| \tag{24}$$

ordnen, erhalten wir die Möglichkeit, der Reihe der $E_{\mathfrak{k}_0,\,n}$ die Glieder der geordneten Reihe der Vektoren $\mathfrak{k}_0 + 2\,\pi\,\mathfrak{l}$ entsprechend zuzuordnen. Wenn man dasselbe für alle $\mathfrak{k}_0$ durchführt, hat man schließlich jeder Eigenfunktion und damit jedem Eigenwert einen Wert des nicht reduzierten Ausbreitungsvektors $\mathfrak{K}$ in eindeutiger Weise zugeordnet.

Wir tragen in einem Raum, in dem durch die Basisvektoren $\mathfrak{b}_1$, $\mathfrak{b}_2$, $\mathfrak{b}_3$ des reziproken Gitters ein Koordinatensystem festgelegt ist, die erlaubten Vektoren $\mathfrak{k}$ als Pfeile vom Nullpunkt aus ein. Ihre Spitzen liegen dann nach (13) in einem parallelepipedischen Gebiet, dessen Kanten den Vektoren $\mathfrak{b}_1$, $\mathfrak{b}_2$, $\mathfrak{b}_3$ parallel sind und dessen Grenzflächen die Achsen 1, 2, 3 in den Punkten

$$\pm \frac{\pi}{|\,\mathfrak{a}_1\,|\cos(\mathfrak{a}_1,\,\mathfrak{b}_1)}\,,\qquad \pm \frac{\pi}{|\,\mathfrak{a}_2\,|\cos(\mathfrak{a}_2,\,\mathfrak{b}_2)}\,,\qquad \pm \frac{\pi}{|\,\mathfrak{a}_3\,|\cos(\mathfrak{a}_3,\,\mathfrak{b}_3)}$$

schneiden. Dieses parallelepipedische Gebiet heißt die erste Brillouinsche Zone des $\mathfrak{k}$-Raumes. In der ersten Brillouinschen Zone liegen die Spitzen von G^3 erlaubten $\mathfrak{k}$-Vektoren. Die erlaubten $\mathfrak{K}$-Vektoren haben alle die Form (23). Nun liegen die Spitzen der $\mathfrak{K}$-Vektoren, die man nach (23) erhält, wenn man bei festem $\mathfrak{l}\,\mathfrak{k}_0$ alle $\mathfrak{k}$-Vektoren der ersten Brillouinschen Zone durchlaufen läßt, ebenfalls in einem parallelepipedischen Gebiet, das aus der ersten Brillouinschen Zone durch Parallelverschiebung mit $2\,\pi\,\mathfrak{l}$ entstanden ist. Daraus folgt, daß die Endpunkte der erlaubten $\mathfrak{K}$-Vektoren im $\mathfrak{k}$- bzw. $\mathfrak{K}$-Raum gleichmäßig verteilt sind.

Eine, wie sich im folgenden zeigen wird, wichtige Einteilung des $\mathfrak{K}$-Raumes erhält man, wenn man vom Nullpunkt aus alle Vektoren $\pi\,\mathfrak{m}$ aufträgt ($\mathfrak{m}$ ist ein Gitter-Vektor des reziproken Gitters) und durch ihre Endpunkte Ebenen (Gitterebenen) legt, auf denen sie senkrecht stehen. Durch die Gesamtheit dieser Ebenen wird der $\mathfrak{K}$-Raum in geschlossene Gebiete zerlegt. Mehrere von solchen im allgemeinen getrennt liegenden geometrisch äquivalenten Gebilden lassen sich ebenfalls zu Zonen zusammenfassen. Es läßt sich zeigen, daß jede dieser

Zonen den gleichen Inhalt wie die oben definierte erste BRILLOUINsche Zone hat, die durch die Gesamtheit der Gitterebenen vom Typ $(1, 0, 0)$ abgegrenzt wird. Jede BRILLOUINsche Zone umfaßt deshalb G^3 erlaubte Werte des $\Re$-Vektors.

173. Näherung von freien Elektronen aus.

Die exakte Lösung der Schrödingergleichung für das effektive Feld des Kristalls ist im allgemeinen nicht möglich. Man ist deshalb auf Näherungsrechnungen angewiesen.

Ein Ausgangspunkt für Näherungsbetrachtungen wird durch die charakteristische metallische Eigenschaft der Elektronenleitfähigkeit nahegelegt. Schon in der klassischen Elektronentheorie der Metalle ist angenommen worden, daß sich die Leitungselektronen im Metall bis auf gelegentliche Zusammenstöße mit dem Gitter frei bewegen können. Diese Hypothese ist in der quantenmechanischen Elektronentheorie begründet worden. Dabei hat sich herausgestellt, daß die Verhältnisse durchaus nicht einfach sind, es hat sich aber auch bestätigt, daß die Annahme kräftefreier Bewegung der Elektronen im Kristall einen in vielen Fällen vernünftigen Ausgangspunkt für Näherungsbetrachtungen darstellt.

Wir nehmen zunächst einmal an, daß die potentielle Energie des Elektrons im Kristall vom Ort unabhängig ist, daß also in der Reihe (172.4) nur der Koeffizient V_{000} von Null verschieden ist. Die Schrödingergleichung lautet dann

$$-\frac{1}{2}\,\Delta\,\psi + V_{000}\,\psi = E\,\psi. \tag{1}$$

Ihre allgemeine im Grundgebiet (Volumen Ω) normierte Lösung ist

$$\psi_{\Re}(\mathfrak{r}) = \Omega^{-\frac{1}{2}}\,e^{i\,\Re\mathfrak{r}} \tag{2}$$

mit

$$\Re = \frac{2\,\pi}{G}\,\mathfrak{g} \qquad \mathfrak{g} = g_1\,\mathfrak{b}_1 + g_2\,\mathfrak{b}_2 + g_3\,\mathfrak{b}_3. \tag{3}$$

$\Re$ hängt mit E nach

$$E = V_{000} + \frac{|\Re|^2}{2} \tag{4}$$

zusammen.

Da $\Re$, abgesehen von der Ganzzahligkeitsforderung an die g_i, unbeschränkt ist, ist E praktisch eine stetige Funktion von $\Re$. Praktisch jedem Punkt des $\Re$-Raumes entspricht ein Eigenwert. Die Größe des Eigenwertes hängt vom Abstand der $\Re$-Raumpunkte vom Ursprung ab und steigt monoton mit wachsender Entfernung der entsprechenden Punkte vom Ursprung an.

Wenn man nun den restlichen Teil der potentiellen Energie

$$V_s = \sum_{\mathfrak{m}}{}' V_{\mathfrak{m}}\, e^{2\pi i \mathfrak{m} \mathfrak{r}} \tag{5}$$

(der Strich in der Summe bedeutet, daß das Glied V_{000} auszulassen ist) als Störung einschaltet, ändern sich die Verhältnisse in charakteristischer Weise. Die Energiestörung für einen Zustand $\psi_\mathfrak{R}$ ist in erster Näherung

$$\varDelta E'_\mathfrak{R} = (\psi_\mathfrak{R},\, V_s \psi_\mathfrak{R}) = \frac{1}{\Omega} \sum_{\mathfrak{m}}{}' V_{\mathfrak{m}} \int e^{2\pi i \mathfrak{m} \mathfrak{r}}\, d\tau = 0. \tag{6}$$

In zweiter Näherung wird

$$\varDelta E''_\mathfrak{R} = \sum_{\mathfrak{R}'}{}' \frac{|(\psi_\mathfrak{R},\, V_s\, \psi_{\mathfrak{R}'})|^2}{E_\mathfrak{R} - E_{\mathfrak{R}'}}. \tag{7}$$

Nun ist

$$(\psi_\mathfrak{R},\, V_s\, \psi_{\mathfrak{R}'}) = \sum_{\mathfrak{m}}{}' V_{\mathfrak{m}} \int e^{i(\mathfrak{R}' - \mathfrak{R} + 2\pi \mathfrak{m})\mathfrak{r}}\, d\tau \tag{8}$$

und es folgt, daß nur dann, wenn $\mathfrak{R}'$ der Bedingung

$$\mathfrak{R}' - \mathfrak{R} + 2\pi\, \mathfrak{m} = 0 \tag{9}$$

genügt, das entsprechende Glied der Summe von Null verschieden und dann gleich $V_{\mathfrak{m}}$ ist, so daß man für (7)

$$\varDelta E''_\mathfrak{R} = \sum_{\mathfrak{m}}{}' \frac{V_{\mathfrak{m}}^2}{E_\mathfrak{R} - E_{\mathfrak{R} - 2\pi \mathfrak{m}}}$$

$$= -\frac{1}{2\pi} \sum_{\mathfrak{m}}{}' \frac{V_{\mathfrak{m}}^2}{\mathfrak{m}\,(\mathfrak{R} - \pi\,\mathfrak{m})} \tag{10}$$

schreiben kann. Die Summenglieder sind im allgemeinen klein, außer wenn $\mathfrak{R}$ näherungsweise der Beziehung

$$\mathfrak{m}\,\mathfrak{R} - \pi\,\mathfrak{m}^2 = 0 \tag{11}$$

genügt (wenn $\mathfrak{R}$ der Beziehung exakt genügt, ist die Näherungsmethode ungeeignet). (11) läßt sich in

$$|\mathfrak{R}|\,\cos(\mathfrak{R}, \mathfrak{m}) = \pi\,|\mathfrak{m}| \tag{12}$$

umformen und wir haben damit folgendes Resultat erhalten:

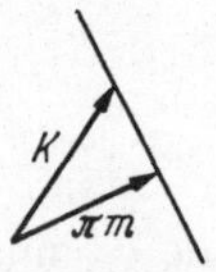

Die Berücksichtigung der Welligkeit des Gitterfeldes ändert an den Eigenwerten im allgemeinen nur wenig. Wenn jedoch die Projektion des zugehörigen $\mathfrak{R}$-Vektors auf einen der bei der Konstruktion der Brillouinschen Zonen verwendeten Vektoren $\pi\,\mathfrak{m}$ im $\mathfrak{R}$-Raum gleich diesem Vektor ist, wenn also nach Abb. 48 der Endpunkt von $\mathfrak{R}$ auf einer der durch die $\pi\,\mathfrak{m}$ bestimmten Ebenen liegt, tritt eine große Änderung des zugehörigen Eigenwertes nullter Näherung ein. Die Monotonie der Zuordnung der Eigenwerte zu den Stellen des $\mathfrak{R}$-Raumes, die sich in nullter

Abb. 48.
Interferenzbedingung

Näherung ergeben hatte, wird im allgemeinen in der Nähe der Grenzflächen der BRILLOUINSchen Zonen stark gestört.

Die Art der Störung kann man ohne nähere Diskussion des Resultates
anschaulich feststellen, wenn man bedenkt, daß die Eigenfunktionen (2)
ebene Wellen sind und dann $\Re$ unmittelbar den Impulsvektor $\mathfrak{p}$ darstellt, dessen Betrag nach DE BROGLIE mit der Elektronenwellenlänge
nach

$$\lambda = \frac{2\,\pi}{|\,\mathfrak{p}\,|} \tag{13}$$

zusammenhängt.

(12) ist einfach die BRAGGSche Interferenzbedingung für die ebenen
Elektronenwellen. Die Wellen, deren $\Re$-Vektoren der Bedingung (12)
genügen, fallen wegen Auslöschung durch Interferenz aus. Während sich
in nullter Näherung die Energie monoton ändert, wenn man die Grenzfläche einer BRILLOUINSchen Zone im $\Re$-Raum überschreitet, wird nach
Einschaltung des welligen Anteils des Gitterfeldes im allgemeinen
beim Überschreiten dieser Flächen ein Energiesprung eintreten. Dieses
Ergebnis ist für qualitative Diskussionen recht wertvoll. In konkreten
Fällen, vor allem wenn die Störung nicht klein ist, sind aber die
Erscheinungen verwickelter und dann bedarf jeder einzelne Fall einer
genauen Untersuchung.

Die Tatsache, daß der Endpunkt des $\Re$-Vektors in der Nähe einer
der durch die Vektoren $\pi\,\mathfrak{m}$ bestimmten Gitterebene liegt, ist zwar notwendig dafür, daß der entsprechende Elektronenzustand in der hier
betrachteten Näherung stark gestört ist, sie ist aber nicht hinreichend.
Wenn nämlich der einer Gitterebene entsprechende Fourierkoeffizient
des Potentials $V_{\mathfrak{m}}$ verschwindet, verschwindet auch der entsprechende
Summand im Ausdruck für die Störungsenergie zweiter Näherung. Das
hat zur Folge, daß dann beim Überschreiten der Gitterebene *kein*
Energiesprung eintritt.

Wenn das effektive Feld, wie vorausgesetzt, die Gitterperiodizität
besitzt, kann man die potentielle Energie $V\,(\mathfrak{r})$ in einer Elementarzelle
aus den potentiellen Energien $V_1\,(\mathfrak{r})$, $V_2\,(\mathfrak{r})$, ... zusammengesetzt denken, die von den einzelnen Atomen der Elementarzelle herrühren.

$$V\,(\mathfrak{r}) = V_1\,(\mathfrak{r}) + V_2\,(\mathfrak{r}) + \ldots \tag{14}$$

Wenn die Atome gleichartig s'nd und $\mathfrak{r}_{ij}$ den Ortsvektor vom j-ten zum
i-ten Atom bedeutet, kann man für (14) schreiben

$$V\,(\mathfrak{r}) = V_1\,(\mathfrak{r}) + V_1\,(\mathfrak{r} + \mathfrak{r}_{12}) + \cdots. \tag{15}$$

Da sich die Fourierkoeffizienten $V_{\mathfrak{m}}$ aus V nach

$$V_{\mathfrak{m}} = \Omega_0^{\,-1} \int V\, e^{-2\,\pi\,i\,\mathfrak{m}\,\mathfrak{r}}\,d\tau \tag{16}$$

(Ω_0: Volumen der Elementarzelle) berechnen lassen, ist

$$V_{\mathfrak{m}} = V_{\mathfrak{m}\,1} + V_{\mathfrak{m}\,2} + \cdots \tag{17}$$

mit

$$V_{m\,1} = \Omega_0^{-1} \int V_1(\mathfrak{r})\, e^{-2\pi i m \mathfrak{r}}\, d\tau$$

$$V_{m\,2} = \Omega_0^{-1} \int V_1(\mathfrak{r} + \mathfrak{r}_{12})\, e^{-2\pi i m \mathfrak{r}}\, d\tau \qquad (18)$$

$$\ldots$$

Wegen der Gitterperiodizität ist eine Parallelverschiebung des Integrationsbereiches in $V_{m\,2}, \ldots$ belanglos, und man kann deshalb

$$V_{m\,2} = \Omega_0^{-1} \int V_1(\mathfrak{r})\, e^{-2\pi i m(\mathfrak{r} - \mathfrak{r}_{12})}\, d\tau \qquad (19)$$

$$\ldots$$

schreiben. Damit wird aber nach (17) und (16):

$$V_m = \Omega_0^{-1} \int V_1(\mathfrak{r})\, \{1 + e^{2\pi i m \mathfrak{r}_{12}} + \cdots\}\, e^{-2\pi i m \mathfrak{r}}\, d\tau \, . \qquad (20)$$

Wenn deshalb

$$1 + e^{2\pi i m \mathfrak{r}_{12}} + \ldots = 0 \qquad (21)$$

ist, ist

$$V_m = 0 \, . \qquad (22)$$

Betrachten wir als Beispiel ein kubisch raumzentriertes Gitter. Die Elementarzelle dieses Gitters enthält zwei Atome, und es ist:

$$\mathfrak{r}_{12} = \frac{1}{2}\,\mathfrak{a}_1 + \frac{1}{2}\,\mathfrak{a}_2 + \frac{1}{2}\,\mathfrak{a}_3 \, . \qquad (23)$$

In diesem Fall ist also

$$1 + e^{2\pi i m \mathfrak{r}_{12}} = 1 + e^{\pi i (m_1 + m_2 + m_3)} \, . \qquad (24)$$

V_m verschwindet demnach, wenn

$$m_1 + m_2 + m_3 \qquad (25)$$

ein ungerade Zahl ist. Das ist, wenn wir die Gitterebenen wie üblich mit (m_1, m_2, m_3) bezeichnen, bei der Ebene (1, 0,0) und allen äquivalenten Ebenen der Fall. Diese Ebenen (die Würfelflächen) sind aber gerade die Grenzflächen der ersten BRILLOUINschen Zone. Beim kubisch raumzentrierten Gitter tritt also beim Überschreiten der Grenzflächen der ersten BRILLOUINschen Zone im allgemeinen *kein* Energiesprung ein. Das geschieht erst an den Rhombendodekaederflächen (1, 1,0) und an den Flächen (2, 0,0), die aber das von den Rhombendodekaederflächen begrenzte Gebiet des $\mathfrak{K}$-Raumes (an den Rhombendodekaederecken) nur berühren und nicht schneiden. Solange man sich im Rhombendodekaeder bewegt, ändert sich die Energie kontinuierlich und es ist deshalb zweckmäßig, solche Gebiete, die sich aus Bereichen verschiedener BRILLOUIN-Zonen zusammensetzen, effektive ERILLOUIN-Zonen oder kurz effektive Zonen zu nennen.

Eine Brillouinzone umfaßt pro Elementarzelle einen Elektronenzustand und entspricht damit insofern einem Band. Eine effektive

Zone umfaßt im allgemeinen pro Elementarzelle mehr als einen Elektronenzustand.

Wir haben oben schon darauf hingewiesen, daß sich im allgemeinen das Verschwinden eines V_m unmittelbar aus dem Nichtauftreten einer Röntgenreflexion erschließen läßt, so daß man auf Überlegungen, wie sie in (14) bis (25) dargestellt wurden, gar nicht angewiesen ist, wenn man die effektiven Zonen für einen röntgenographisch bekannten Kristall konstruieren will[1].

174. Qualitative Diskussion der intermetallischen Phasen.

Die Gesamtheit der Metallkristalle[2] kann eingeteilt werden in

a) Elementkristalle (Kristalle mit einer Atomsorte), und

b) Intermetallische Phasen (Kristalle mit mehreren Atomsorten).

Wenn die intermetallischen Phasen denselben Gittertyp zeigen, wie eine der reinen Komponenten, nennt man sie Mischkristalle. Wenn zwei Metalle Mischkristalle bilden können, erstreckt sich das Beständigkeitsgebiet im Zustandsdiagramm häufig über einen großen Bereich der Zusammensetzung. Ein Beispiel für vollständige Mischbarkeit im festen Zustand ist das System: Cu-Au.

Intermetallische Phasen, deren Gittertyp von den Typen der Gitter aller Komponenten abweichen, heißen intermetallische Verbindungen. Intermetallische Verbindungen haben im Zustandsdiagramm in der Regel nicht sehr breite Existenzgebiete. Sie unterscheiden sich von Stoffen mit molekularer Struktur aber doch charakteristisch dadurch, daß sie meistens endlich breite Existenzgebiete besitzen, also keine scharfen stöchiometrischen Beziehungen erkennen lassen. Sehr schmale Existenzgebiete sind im Bereich der intermetallischen Verbindungen die Ausnahme. Beispiel für ein System, in dem Verbindungen auftreten, ist Cu-Zn (s. Abb. 49).

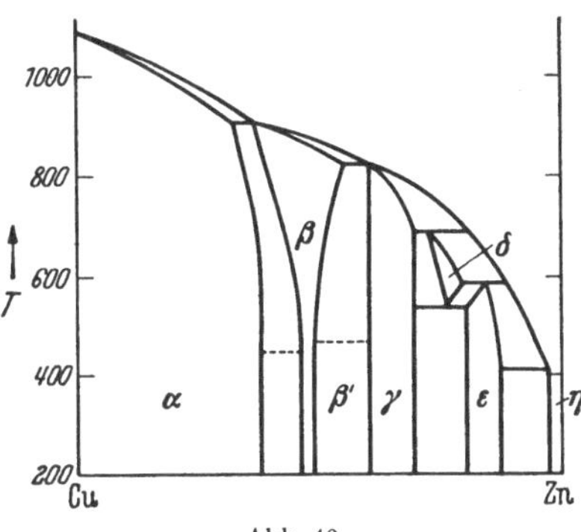

Abb. 49.
Zustandsdiagramm des Systems Cu-Zn.

Wenn man reinem Cu Zn zumischt, werden die Zn-Atome zunächst auf Plätzen des Cu-Gitters eingebaut (α-Phase). Von einem bestimmten Mengenverhältnis an tritt im System neben der α-Phase die neue Kristallart der β-Phase auf. Das Gitter der α-Phase ist wie das des

---

[1] Über die Ansätze zu der Beschreibung der Metallkristalle im Rahmen der statistischen Theorie s. P. GOMBAS, Die statistische Theorie des Atoms. Wien 1950.

[2] Vgl. G. MASING: Handbuch der Metallphysik.

reinen Kupfers kubisch-flächenzentriert. Die β-Phase besitzt kubisch raumzentriertes Gitter. Das Existenzgebiet der Verbindung β bzw. β' ist verhältnismäßig schmal. Nach rechts schließt sich im Zustandsdiagramm wieder ein Zweiphasengebiet an, in dem β-Phase und die neue γ-Phase nebeneinander vorliegen. Die γ-Phase besitzt ein kompliziertes kubisches Gitter mit 52 Atomen in der Elementarzelle. Die dritte auftretende Verbindung, die ε-Phase, kristallisiert als hexagonale dichteste Kugelpackung. Viele der bei binären Systemen bisher bekannten Verbindungen lassen sich allgemeinen Typen zuordnen. Wichtige Typen sind:

1. HUME-ROTHERY-Phasen.

2. Nickelarsenidgitter.

3. LAVES-Phasen.

Theoretische Untersuchungen über die Gitterenergie intermetallischer Phasen liegen bisher nur vereinzelt vor. Lediglich für HUME-ROTHERY-Phasen gelten einfache Regeln, die man nach JONES[1] theoretisch verständlich machen kann. Die Zuverlässigkeit dieser Ableitung ist von HUND[2] bezweifelt worden. Nachdem aber inzwischen der Begriff der Valenzelektronenkonzentration immer wieder bei phänomenologischen Diskussionen[3] verwendet worden ist und sich als recht fruchtbar erwiesen hat, wollen wir die JONESsche Ableitung kurz darstellen.

Nachdem die Existenzgebiete der wichtigsten HUME-ROTHERY-Phasen in der Regel ziemlich schmal sind, kann man ihnen eine mittlere Formel zuordnen. Diese Formeln lassen keinerlei Ähnlichkeit der Zusammensetzung unter den analogen Phasen verschiedener Systeme erkennen. Besonders deutlich ist das bei den γ-Phasen, bei denen so verschiedenartige Atomzahlenverhältnisse, wie Cu_5Zn_8, Cu_9Ga_4, Pd_5Zn_{21} auftreten. Nach HUME-ROTHERY gilt nun die Regel, daß bestimmte Phasen immer dann auftreten, wenn das Verhältnis der Zahl der Valenzelektronen zur Zahl der Atome des Kristalls, die sog. Valenzelektronenkonzentration, bestimmte charakteristische Werte hat. Diese Werte sind für die einzelnen Phasen:

$$\begin{array}{ccc} \beta & \gamma & \varepsilon \\[4pt] \dfrac{3}{2} & \dfrac{21}{13} & \dfrac{7}{4} \end{array}$$

Nach WITTE (loc. cit.) ist die HUME-ROTHERYsche Regel in diesem Fall annähernd erfüllt, wenn man den Elementen die folgenden Valenzelektronenzahlen zuerteilt:

---

[1] JONES, H.: Proc. Roy. Soc. (Lond.) A **147**, 396 (1934); **144**, 225 (1934).

[2] HUND, F.: Z. Physik **99**, 119 (1936).

[3] WITTE, H.: Metallwirtsch. **16**, 237 (1937).

SCHUBERT, K., Z. Naturforsch. **5a**, 345 (1950).

Ce, La, Pr, Nd und Elemente der 8. Gruppe . . . 0
Cu, Ag, Au 1
Mg, Zn, Cd 2
Al 3
Sn, Pb 4
Bi 5

Nach JONES sollen nun die kritischen Valenzelektronenkonzentrationen unter Heranziehung der effektiven BRILLOUIN-Zonen zu erklären sein. Wir betrachten speziell die γ-Phase und gehen von der Tatsache aus, daß die ersten starken Röntgenreflexionen bei diesem Gitter die mit den Ordnungen (4, 1, 1) und (3, 3, 0) sind. Da $4^2 + 1^2 + 1^2 = 3^2 + 3^2$ ist, hat die erste effektive Zone des γ-Gitters nahezu kugelförmige Gestalt (s. Abb. 50). Sie umfaßt 90 Zustände pro Elementarzelle. Wenn man die Zustände von unten an auffüllt, ist also zu erwarten, daß nach der Unterbringung der ersten neunzig Valenzelektronen pro Elementarzelle die nächsten Elektronen, weil man dann von Zuständen jenseits der Grenzfläche der ersten Zone Gebrauch machen muß, weniger zur Gitterenergie beitragen als die zunächst untergebrachten. Es ist dann wahrscheinlich, daß

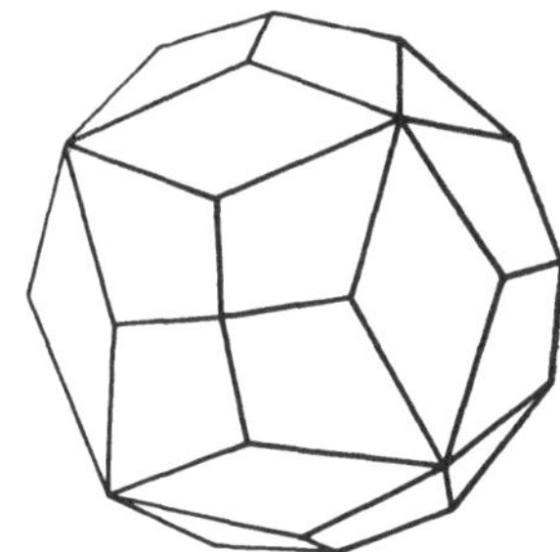

Abb. 50. Erste effektive Brillouinzone des γ-Gitters.

das Gitter bei Zuführung weiterer Valenzelektronen in einen günstigeren Typ umklappt. Da die Elementarzelle des γ-Gitters 52 Atome enthält, liegt die kritische Valenzelektronenkonzentration für diesen Fall bei

$$\frac{90}{52} = \frac{22{,}5}{13}$$

und damit sehr in der Nähe des HUME-ROTHERYschen Verhältnisses 21/13. Ähnliche Überlegungen kann man auch für die übrigen HUME-ROTHERYschen Phasen anstellen.

Abgesehen davon, daß man dabei mit der Näherung von freien Elektronen aus arbeitet, die hier sicher sehr schlecht ist und daß die Elektronenwechselwirkung nur über das Abschirmfeld formal berücksichtigt worden ist, läßt man so außer acht, daß die mittlere potentielle Energie der Elektronen V_{000} für die verschiedenen Gitter verschieden sein kann. Wenn das der Fall ist, kann natürlich die Auffüllung der effektiven Zonen nicht mehr allein dafür verantwortlich sein, daß das Gitter umgebaut wird.

Bei der Deutung der Bindungsverhältnisse in anderen Typen von intermetallischen Phasen, ist man zur Zeit noch weitgehend auf phänomenologische Gesichtspunkte angewiesen.

Bei den LAVES-Phasen zu denen die Typen $Mg\,Cu_2$, $Mg\,Zn_2$, $MgNi_2$ gehören, zeigt sich jedenfalls, daß dort wie bei den reinen Metallen möglichst dichte Packungen vorliegen und daß im übrigen vorwiegend geometrische Verhältnisse (Radienquotienten) für ihr Auftreten ausschlaggebend sind. Beziehungen zu Valenzregeln fehlen völlig.

Übergänge zwischen Metallgittern und Ionengittern stellen die Verbindungen vom Nickelarsenidtyp und die ZINTLschen Verbindungen dar.

175. Atomgitter.

Einige Nichtmetalle und Metalloide kristallisieren in Gittern, in denen die Koordinationszahl gleich der normalen Bindigkeit ist. Das bekannteste Beispiel ist der Kohlenstoff in der Form des Diamanten mit der Koordinationszahl vier. Weitere Beispiele sind das Schichtengitter des Arsens mit der Koordinationszahl drei und das Fadengitter des Selens mit der Koordinationszahl zwei. Diese sog. Atomgitter sind als Kristalle mit lokalisierter Valenz, und zwar mit unpolarer Struktur aufzufassen. Der Graphit, bei dem von jedem Kohlenstoffatom drei lokalisierte σ-Bindungen ausgehen, während die π-Bindungen in jeder Gitterebene wie bei den aromatischen Kohlenwasserstoffen nicht lokalisiert sind, stellt ein Zwischending zwischen einem Atomgitter und einem Metallgitter dar.

Die Elektronenzustände im Diamantgitter sind von HUND und MROWKA[1] sowie von KIMBALL[2] untersucht worden. Außerdem ist vor allem der Graphit[3] näher untersucht worden. Fast alle weiteren theoretischen Betrachtungen über Atomgitter sind auf phänomenologischer Grundlage ausgeführt worden.

Einen wertvollen Einblick in die Bindungsverhältnisse in Atomgittern ermöglichen die Bestimmungen des Elektronendichteverlaufs, die von BRILL, HERMANN und PETERS (loc. cit.) ausgeführt worden sind. Dabei hat sich gezeigt, daß im Diamanten tatsächlich die Elektronendichte auf der Verbindungslinie zweier Kohlenstoffatome einen endlichen Wert nie unterschreitet. Die Überdeckung der Elektronenwolken der Atome ist also unmittelbar zu sehen.

Theoretisch besonders interessant ist die Regel von GRIMM[4] und SOMMERFELD, nach der Strukturen, in denen jedes Atom von vier Nachbarn tetraedrisch umgeben ist, auch bei Verbindungen, und zwar dann auftreten, wenn sich die Zahl der Valenzelektronen zur Zahl der Atome wie 4:1 verhält. Die in Frage kommenden Verbindungen kristallisieren

---

[1] HUND, F., u. B. MROWKA: Sitzgsber. sächs. Akad. Wiss. Math. phys. Kl. 87, 185, 325 (1935).

[2] KIMBALL, G. E.: J. Chem. Phys. 3, 560 (1935).

[3] COULSON, C. A.: Nature (Lond.) 159, 265 (1947). — BRADBURN, M., C. A. COULSON u. G. S. RUSHBROOKE: Proc. Roy. Soc. Edinburgh A 62, 336 (1948).

[4] GRIMM, H.: Handbuch der Physik. Bd. XXIV, T. 2, 1933.

dann im Zinkblende- oder im Wurtzitgitter. Wenn man annehmen will, daß auch bei diesen Verbindungen wenigstens vorwiegend eine Valenzstruktur mit Bindungen zwischen allen Nachbarpaaren am Grundzustand beteiligt ist, bekommen die Atome formale Ladungen, so daß in den GRIMM-SOMMERFELDschen Verbindungen Übergänge von Atomgittern zu Ionengittern vorliegen dürften.

18. Aktivierungsenergie und Reaktivität.

181. Reaktionsmechanismen und Elementarprozesse.

Die Erscheinungen in einem reagierenden System werden, wie die Reaktionskinetik lehrt, durch Prozesse an oder zwischen Molekülen des Systems bestimmt. Die Art und die Häufigkeit (Geschwindigkeit) dieser Elementarprozesse sind für die Bruttoreaktionsgleichung und die Geschwindigkeit des Ablaufs der Bruttoreaktion maßgebend.

Je nachdem an einer Bruttoreaktion ein oder mehrere Elementarprozesse teilnehmen, spricht man von einer einfachen oder einer zusammengesetzten Reaktion. Bei zusammengesetzten Reaktionen können vorübergehend Molekülarten im System auftreten, die vor und nach Ablauf der Reaktion im System nicht vorkommen (intermediäre Stoffe). Das Schema der Elementarprozesse, über die eine Reaktion abläuft, beschreibt den Mechanismus (Chemismus) der Reaktion. Wenn die Geschwindigkeiten der Elementarprozesse bekannt sind, ist die Ermittlung des Gesetzes für den zeitlichen Ablauf der Bruttoreaktion ein gelegentlich kompliziertes, aber grundsätzlich gelöstes Problem. Das Hauptinteresse gilt in der Reaktionskinetik deshalb den Elementarprozessen. Eine theoretische Erfassung aller denkbaren Elementarprozesse würde die theoretische Behandlung aller Reaktionsprobleme ermöglichen. Dieses Ziel wird aber kaum jemals erreicht werden, da allein die Aufzählung aller möglichen Elementarprozesse in der Regel schon Schwierigkeiten macht. Die Theorie muß sich deshalb mit der Behandlung besonders wichtiger Typen von Elementarprozessen bescheiden.

Elementarprozesse werden nach der Zahl der Moleküle, die an ihnen beteiligt sind, als uni-, bi- und trimolekular bezeichnet. Die Geschwindigkeiten v der Prozesse sind den Konzentrationen c der an ihnen beteiligten Molekülsorten proportional

$$\begin{aligned} v_1 &= k_1\, c_1 \\ v_2 &= k_2\, c_1\, c_2 \\ v_3 &= k_3\, c_1\, c_2\, c_3\,. \end{aligned} \tag{1}$$

Die Geschwindigkeitskonstanten k_1, k_2, k_3 hängen in erster Linie von der Temperatur (T) ab. Sowohl die klassische Reaktionskinetik, wie die Theorie des Übergangszustandes[1] führen in Übereinstimmung mit der Erfahrung zu dem Ergebnis, daß in den meisten Fällen die Beziehung zwischen k und T mit ausreichender Genauigkeit durch

$$\ln k = -\frac{E_A}{k\,T} + C$$

beschrieben werden kann. C kann, wenn nicht anomale Fälle vorliegen, schon durch statistische bzw. kinetische Überlegungen allein ermittelt werden, so daß sich als ein Hauptproblem der Reaktionskinetik die theoretische Ermittlung der Aktivierungsenergie E_A darstellt.

Wir haben in Kap. 9 gesehen, daß die Bindungstheorie in der Lage ist, das Auftreten von Aktivierungsenergien grundsätzlich zu erklären. In diesem Kapitel wollen wir uns nun mit der Anwendung der Theorie auf konkrete Probleme beschäftigen.

182. Adiabatische und diabatische Prozesse.

Im Fall der drei Wasserstoffatome, der in Kap. 9 behandelt wurde, haben drei Parameter ausgereicht, um die relativen Lagen der Kerne im Reaktionsknäuel zu beschreiben. Sind im allgemeinen Fall p Parameter erforderlich, so kann man in einem $(p + 1)$-dimensionalen Bildraum für jeden Elektronenterm die Energie über diesen Parametern aufgetragen denken, so daß dann jeder Term durch eine Energiehyperfläche im Bildraum dargestellt wird.

Zwei Hyperflächen, die zu Termen verschiedener Rasse gehören, können sich schneiden, so daß für verschiedene Kernkonfigurationen nicht notwendig derselbe Term den Grundzustand darstellt. Bei völligem Fehlen von Symmetrieeigenschaften — und diese Voraussetzung ist für Reaktionsknäuel in der Regel erfüllt — gehören aber alle Terme gleicher Multiplizität zur selben Darstellung von C_1 (da diese Gruppe nur eine irreduzible Darstellung hat) und daraus folgt, daß für alle Kernkonfigurationen derselbe Term Grundterm ist, wenn die Multiplizität des Grundterms für alle Kernkonfigurationen dieselbe ist.

Bei einem Elementarprozeß, in den die reagierenden Moleküle in ihren Grundzuständen eintreten, kann der Reaktionsknäuel auch nach der wesentlichen Änderung der Parameter, die die Atomumordnung ausmacht, im Grundzustand sein. Das heißt, daß der Bildpunkt des Knäuels sich auf der Hyperfläche des Grundzustandes — in der Regel über einen Paß hinweg — in ein Gebiet bewegt hat, das einem oder mehreren „neuen" Molekülen entspricht, und daß diese Moleküle dann in ihren Grundzuständen vorliegen. Ein solcher Prozeß heißt, da er wesentlich ohne Änderung des Elektronenzustandes verlaufen ist, adiabatisch.

---

[1] Schumacher, H. J.: Gasreaktionen, Leipzig 1937.

Eine zweite Möglichkeit besteht darin, daß der Systembildpunkt auf dem Reaktionsweg an eine Stelle kommt, an der die Hyperfläche eines höheren Terms der Hyperfläche des Grundzustandes sehr nahe kommt, so daß das System z. B. unter Verringerung der Kernschwingungsenergie in den höheren Term springt. Derartige Prozesse heißen diabatisch.

Für Prozesse, bei denen sich die Multiplizität des Knäuels ändert, gilt das oben begründete Überschneidungsverbot nicht. In diesen Fällen sind also auch diabatische Prozesse möglich, obwohl das System immer im Grundzustand bleibt.

Bei adiabatischen Prozessen, die bisher vorwiegend theoretisch behandelt worden sind, ist die Hauptaufgabe der Theorie die Berechnung der Energiedifferenz zwischen der Sohle des Ausgangstals und der Höhe des Aktivierungspasses. Diese Energiedifferenz ΔE ist noch nicht unmittelbar mit der experimentell zugänglichen Aktivierungsenergie gleichzusetzen, weil die Nullpunktsenergien der Kernschwingungen für Ausgangs- und Aktivierungszustand im allgemeinen verschieden sind. Die daraus folgende Korrektur ist aber klein und wir sprechen der Einfachheit halber deshalb im weiteren von ΔE als der Aktivierungsenergie.

183. Die halbempirische Methode.

Die Berechnung des Energiegebirges des Grundzustandes aus dem in Kap. 9 hergeleiteten Ausdruck

$$
\begin{aligned}
E = {}& C\,(a\,b) + C\,(b\,c) + C\,(a\,c) \\
& - \frac{1}{\sqrt{2}}\Big\{ [A\,(a\,b) - A\,(b\,c)]^2 + [A\,(b\,c) - A\,(a\,c)]^2 \\
& + [A\,(a\,c) - A\,(a\,b)]^2 \Big\}^{\frac{1}{2}}
\end{aligned}
\tag{1}
$$

für die zwischenatomere Energie dreier Atome mit je einem Valenzelektron setzt die Kenntnis der auftretenden Coulomb- und Austauschintegrale voraus. Da die berechneten Integrale sowieso nur Näherungsgrößen sind, kann man nach EYRING und POLANYI[1] eine halbempirische Methode anwenden.

Die zwischenatomaren Energien der Moleküle $a\,b$, $b\,c$, $a\,b$ ergeben sich in derselben Näherung, in der (1) berechnet wurde, zu

$$
\begin{aligned}
E_{ab} &= C\,(a\,b) + A\,(a\,b) \\
E_{bc} &= C\,(b\,c) + A\,(b\,c) \\
E_{ac} &= C\,(a\,c) + A\,(a\,c) \,.
\end{aligned}
\tag{2}
$$

Die Abhängigkeit dieser Energien vom Abstand der Atome läßt sich aus Messungen an den Molekülen entnehmen. Um daraus die C und A

---

[1] EYRING, H., u. M. POLANYI: Z. phys. Chem. B **13**, 275 (1931).

einzeln als Funktionen des Abstandes zu bekommen, führen EYRING und POLANYI die durch empirische Daten einigermaßen gerechtfertigte Hypothese ein, daß für alle Abstände $C\,(x\,y)$ immer denselben Bruchteil von $A\,(x\,y)$ ausmacht, und zwar wird häufig

$$C\,(x\,y) \approx 0{,}15\,A\,(x\,y) \tag{3}$$

als brauchbare Näherung angenommen. Damit sind aber nun die C und A selbst als Funktionen des Abstandes angegeben und da außer ihnen in (1) keine weiteren Größen auftreten, kann nun E als Funktion der Parameter des Reaktionsknäuels berechnet werden.

Nach EVANS und POLANYI[1] kann man mit Hilfe der halbempirischen Methode das Zustandekommen der Aktivierungsenergie bei Elementarprozessen vom Typ

$$A + B\,C \rightarrow A\,B + C \tag{4}$$

anschaulich verständlich machen.

Von den beiden Valenzstrukturen[2]

$$\begin{aligned} \Phi_1:\ & A\,\cdot\ B - C \\ \Phi_2:\ & A - B\quad C\,. \end{aligned} \tag{5}$$

ist, solange der Abstand R_{AB} groß ist, Φ_1 sicher vorwiegend am Grundzustand des Gesamtgebildes beteiligt. Die Energie ist dann praktisch gleich

$$E_1 = (\Phi_1, H_z\,\Phi_1)\,. \tag{6}$$

Für den Fall, daß der Abstand R_{BC} groß ist, ist die Energie praktisch gleich

$$E_2 = (\Phi_2, H_z\,\Phi_2)\,. \tag{7}$$

Nur wenn R_{AB} und R_{BC} vergleichbar sind, sind gleichzeitig beide Strukturen Φ_1 und Φ_2 wesentlich am Grundzustand beteiligt. Ist speziell bei gleichem A und C $R_{AB} = R_{BC}$, so ist $E_1 = E_2 = E_s$ und die Energie des Grundzustandes ist aus dem Säkularproblem

$$\begin{vmatrix} E_s - E & E_{12} \\ E_{12} & E_s - E \end{vmatrix} = 0 \tag{8}$$

$$E_{12} = (\Phi_1, H_z\,\Phi_2)$$

---

[1] EVANS, M. G., u. M. POLANYI: Trans. Faraday Soc. **31**, 875 (1935). — GLASSTONE, S., K. H. LAIDLER u. H. EYRING: The Theory of Rate Processes. New York 1941.

[2] Im Anschluß an Kap. 9 hätten wir unter Zufügung des formalen Atoms D

$$\begin{aligned} \Phi_1:\ & A\quad B{-}C\quad D \\ \Phi_2:\ & A{-}B\,\cdot\,C{-}D \end{aligned}$$

zu schreiben. Der Einfachheit halber lassen wir hier D weg.

zu bestimmen. Die Wurzeln sind

$$E = E_s - E_{12}$$
$$E = E_s + E_{12} \,.$$

(9)

Für viele konkrete Elementarprozesse ist die von der Überlagerung der Strukturen herrührende Sonderenergie $(\Phi_1, H_z \Phi_2)$ klein und die Aktivierungskonfiguration ist dann die, für die E_s unter der Nebenbedingung $R_{ab} = R_{bc}$ ein Minimum ist. Die Aktivierungskonfiguration liegt für $A = C$ auf der Diagonale des Energiediagrammes.

Wenn die Sonderenergie für die Aktivierungskonfiguration vernachlässigt werden kann, legt die Beziehung

$$E_1 = E_2 \qquad (10)$$

eine Kurve im Energiediagramm fest, die nur im speziellen Fall $A = C$ die Diagonale ist. Diese Kurve ist die Projektion der Schnittlinie der Flächen E_1 und E_2 auf die Grundfläche.

Der Einfachheit halber sei der symmetrische Fall $A = C$ weiter betrachtet. In der durch $E_{12} = 0$ charakterisierten Näherung besteht das Energiegebirge aus den jeweils tiefer liegenden Zweigen

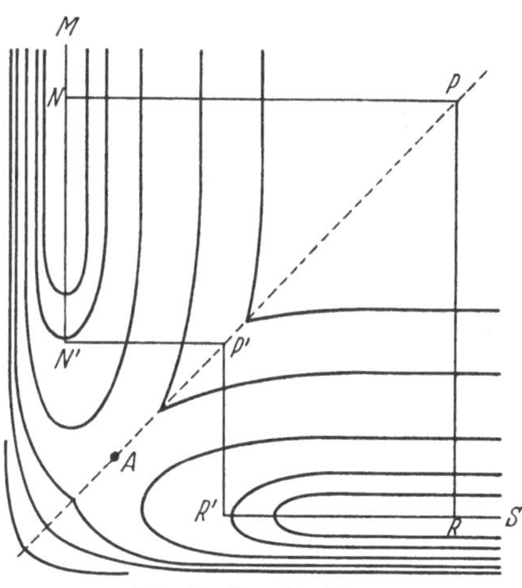

Abb. 51. Energiegebirge
(Ordinate R_{AB}, Abszisse R_{BC}).

der Flächen E_1 und E_2, die sich in der Schnittlinie treffen (s. Abb. 51). Wenn B_1 die zwischenatomare Energie des Gebildes BC und R_1 die Abstoßungsenergie A, B bedeutet und B_2 und R_2 analoge Bedeutung für das Gebilde AC und das Atompaar B, C haben, ist nach dem halbempirischen Ansatz

$$E_1 = B_1 + R_1$$
$$E_2 = B_2 + R_2 \,.$$

(11)

Die Energien B_1 und B_2 sind Funktionen der Abstände R_{BC} und R_{AB} und entsprechend sind auch R_1 und R_2 Funktionen der Abstände R_{AB} und R_{BC}.

Wenn man sich im Energiegebirge der Abb. 51 im „oberen" Tal parallel zur R_{AB}-Achse bewegt, ändert sich die Energie nach R_1. Bewegt man sich dort parallel zur R_{BC}-Achse, so ändert sie sich nach B_1. Ebenso sind die Energieänderungen bei der Bewegung im rechtsliegenden Tal durch B_2 und R_2 bestimmt.

Bewegt man sich längs des Weges $M\,N\,P\,R\,S$ und trägt man die Energie für jeden Punkt des Weges über dem Weg auf, so ergibt sich die untere Kurve der Abb. 52. Die punktierten Kurvenstücke deuten an, wie sich die Energie geändert hätte, wenn nicht an den Punkten $N\,P\,R$ die Richtung des Weges geändert worden wäre. Die Kurve setzt sich aus vier Stücken zusammen. Das Stück $M\,N$ ist die Abstoßungskurve R_1, $N\,P$ die Potentialkurve B_1, $P\,R$ die Potentialkurve B_2 und $R\,S$ die Abstoßungskurve R_2. Die Lage des Schnittpunktes von $N\,P$ und $P\,R$ bestimmt die Aktivierungsenergie für den gewählten Reaktionsweg. Wenn man statt $M\,N\,P\,R\,S$ den Weg $M\,N'\,P'\,R'\,S$ wählt, sieht die Energiekurve so aus, wie die obere Kurve Abb. 52. Die Aktivierungsenergie ist niedriger geworden und ein Vergleich der beiden Kurven zeigt nun, wie die Aktivierungsenergie von den verschiedenen in B_1, B_2, R_1, R_2 zum Ausdruck kommenden Wechselwirkungsenergien abhängt. Je weiter man zunächst das obere Tal entlang geht, desto kürzer wird das Wegstück $N\,P\,R$ bzw. $N'\,P'\,R'$, desto mehr überschieben sich nach Abb. 52 die Potentialkurven von $B\,C$ und $A\,B$ und desto tiefer liegt deshalb ihr Schnittpunkt, bezogen auf die Minima dieser Kurven. Diese Minima selbst kommen aber in der Abb. 52 um so höher zu liegen, je länger das Wegstück $N\,P$ bzw. $N\,P'$ ist, je mehr Arbeit also gegen die Abstoßungskräfte R_1 geleistet worden ist. Die zwei entgegengesetzten Verschiebungen bedingen auch für den Optimalfall, der einem Reaktionsweg über den Punkt A der Abb. 51 entspricht, eine endliche Aktivierungsenergie, aber eine solche, die kleiner ist als die Dissoziationsenergie des Moleküls $B\,C$, die man aufzuwenden hätte, wenn der Bildung von $A\,C$ notwendig die Dissoziation von $B\,C$ vorhergehen müßte.

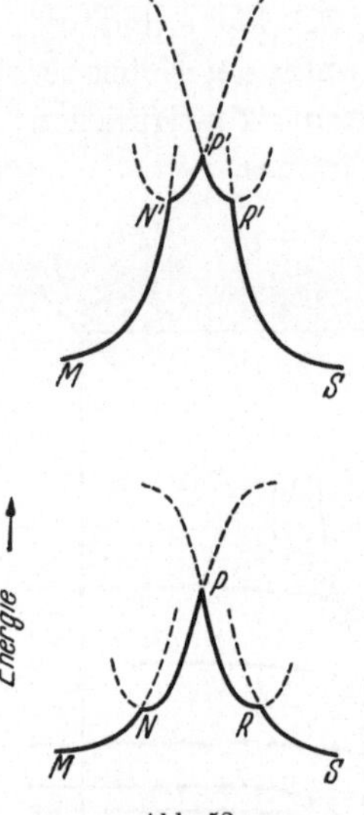

Abb. 52.
Energieverlauf längs zweier Wege im Energiegebirge.

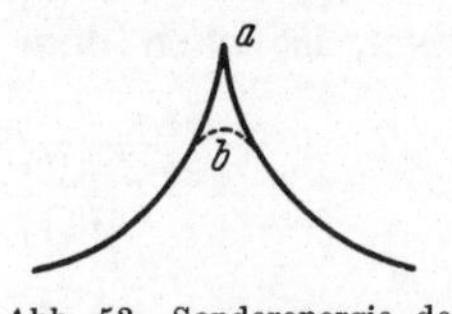

Abb. 53. Sonderenergie der Aktivierungskonfiguration

Eine endliche Sonderenergie E_{12} hat zur Folge, daß die Höhe des Aktivierungsberges nach Abb. 53 weiter verkleinert wird. Die ohne Berücksichtigung von E_{12} angestellten Überlegungen gestatten also auf jeden Fall eine Abschätzung der oberen Grenze der Aktivierungsenergie, und zwar werden dazu nur Daten über innermolekulare, also an einzelnen Molekülen meßbare Größen (Potentialkurven) und die Abstoßungskurven nicht gebundener Atome benötigt, die aus den VAN DER WAALSschen Radien abgeschätzt werden können.

Diese Schlußfolgerung stellt den ersten Schritt zur molekularphysikalischen Aufklärung eines Sachverhaltes dar, der den Erfolg der klassischen Valenztheorie im Bereich der organischen Chemie wesentlich bedingt hat:

Die klassischen Strukturformeln der organischen Chemie enthalten zweierlei Arten von Aussagen.

a) Die Formel stellt die geometrische Struktur des Moleküls dar. Sie gibt, zusammen mit empirischen Regeln, Auskunft über Bindungsenergie, Dipolmoment, Molrefraktion usw. All das sind Eigenschaften des freien isolierten Moleküls.

b) Zusammen mit Regeln, die manchmal explizit formuliert worden sind, manchmal aber auch implizit angewandt werden, enthalten die Formeln aber auch — und das ist fast ihre wichtigste Eigenschaft — Aussagen über die „Reaktivität". Die organischen Formeln sind *Reaktionsformeln* oder sollen es zumindest sein.

Eine Angabe über die Reaktivität eines Stoffes ist aber letzten Endes eine — mehr oder weniger qualitative — Angabe über die Geschwindigkeiten aller denkbaren Elementarprozesse, an denen die Moleküle des Stoffes beteiligt sein können, also wesentlich eine Angabe über die Aktivierungsenergien dieser Prozesse.

Mit einer Formel für ein *isoliertes* Molekül Aussagen über Aktivierungsenergien zu machen, kann aber nur möglich sein, wenn es in Näherung möglich ist, die Aktivierungsenergien, die zunächst ja Eigenschaften von Reaktionsknäueln sind, auf Eigenschaften einzelner isolierter Moleküle zurückzuführen und sie durch Größen auszudrücken, die diese Eigenschaften beschreiben. Oben ist gezeigt worden, daß das in den Fällen möglich ist, in denen die Sonderenergie einen kleinen Bruchteil der Aktivierungsenergie ausmacht und damit wird wenigstens annähernd verständlich, warum das Programm der Reaktionsformeln in der organischen Chemie mit beachtlichem Erfolg hat durchgeführt werden können[1].

184. Halbempirische Theorien der Substitution aromatischer Kohlenwasserstoffe.

WHELAND[2] und SEEL[3] haben unabhängig voneinander die Substitution aromatischer Systeme theoretisch untersucht. Die beiden Arbeiten gemeinsame Hypothese ist, daß der Aktivierungspunkt des geschwindigkeitsbestimmenden Elementarprozesses durch ein Gebilde repräsentiert

---

[1] Literaturangaben über Berechnung von Aktivierungsenergien (mit meist sehr fraglichen Ergebnissen) bei H. J. SCHUMACHER sowie GLASSTONE, LAIDLER und EYRING (loc. cit.).

[2] WHELAND, G. W.: The Theory of Resonance. New York 1944.

[3] SEEL, F.: Z. Naturforsch. 3a, 35 (1948).

Tabelle 48a.

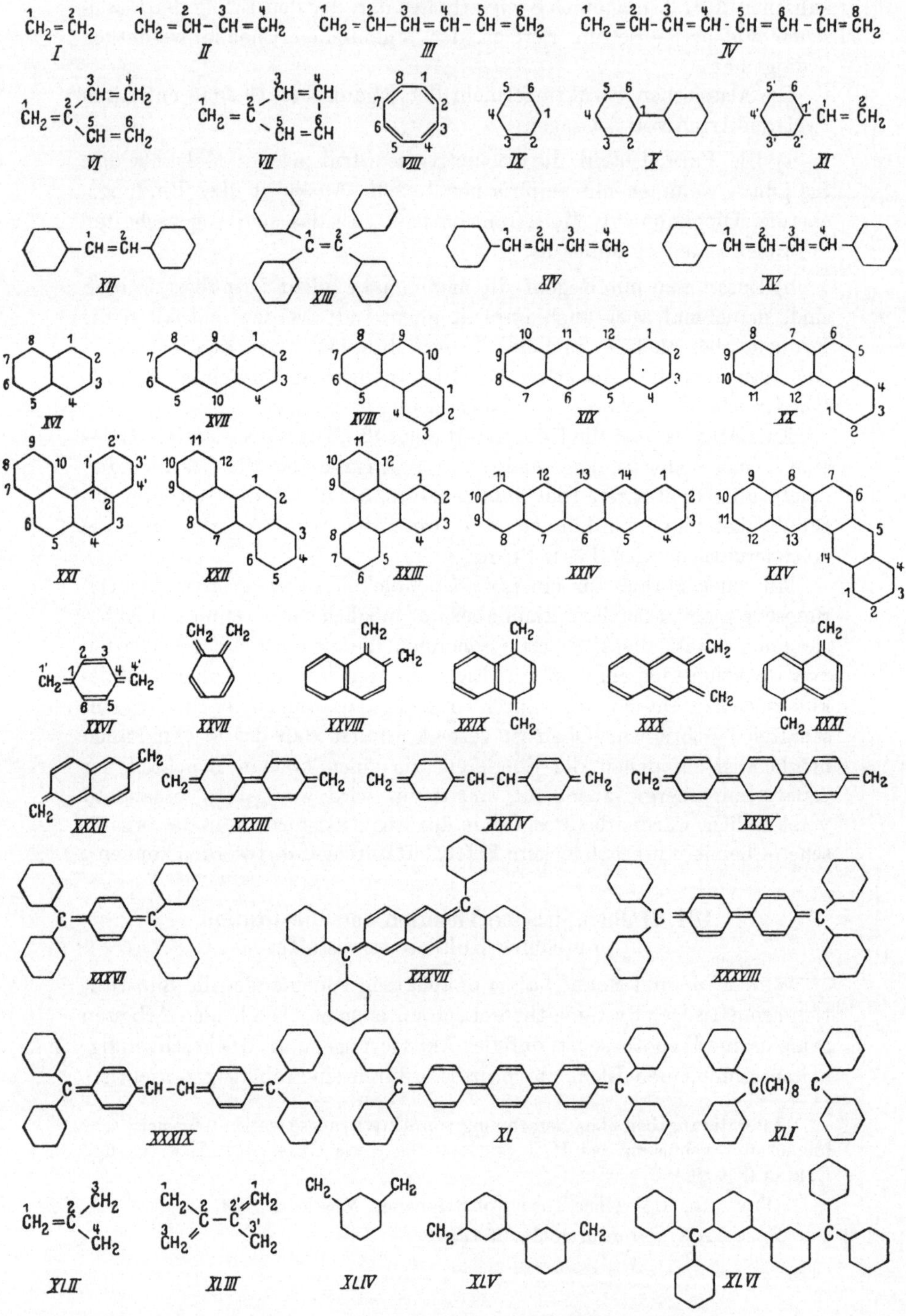

$$CH_2 = CH_2 \qquad CH_2 = CH - CH = CH_2 \qquad CH_2 = CH - CH = CH - CH = CH_2 \qquad CH_2 = CH - CH = CH - CH = CH - CH = CH_2$$

I   *II*   *III*   *IV*

VI   *VII*   *VIII*   *IX*   *X*   *XI*

XII   *XIII*   *XIV*   *XV*

XVI   *XVII*   *XVIII*   *XIX*   *XX*

XXI   *XXII*   *XXIII*   *XXIV*   *XXV*

XXVI   *XXVII*   *XXVIII*   *XXIX*   *XXX*   *XXXI*

XXXII   *XXXIII*   *XXXIV*   *XXXV*

XXXVI   *XXXVII*   *XXXVIII*

XXXIX   *XL*   *XLI*

XLII   *XLIII*   *XLIV*   *XLV*   *XLVI*

wird, das durch Anheftung eines Radikals X an das aromatische System entsteht:

$$\text{Benzol} + X \rightarrow \text{Cyclohexadienyl (H, X)}$$

Durch die Anheftung wird ein π-Elektron des aromatischen Systems für die Bildung einer σ-Bindung verbraucht, und wenn man Reaktionen vergleicht, bei denen dasselbe X mit verschiedenen Kohlenwasserstoffen reagiert, sollten sich die Aktivierungsenergien in erster Näherung nur dadurch unterscheiden, daß von Fall zu Fall verschiedene Änderungen der Sonderenergie zur Herstellung des Kohlenwasserstoffradikals nötig sind. Unter Zugrundelegung von Werten für die Sonderenergie, die nach HÜCKEL errechnet sind, hat SEEL für die in Tab. 48 a und b zusammengestellten Fälle den Aufwand zur Änderung der Sonderenergie berechnet.

Man ersieht aus der Tab. 48 z. B., daß in Übereinstimmung mit der Erfahrung bei Naphthalin die 1-Stellung und bei Diphenyl die 2-Stellung bevorzugt ist und daß die Aktivierungsenergien bei der Substitution an der günstigsten Stelle in der Reihe Benzol-Diphenyl-Naphthalin abnehmen sollten. Das ist in qualitativer Übereinstimmung mit der Tatsache, daß die Substitution bei Naphthalin im allgemeinen wesentlich schneller verläuft als bei Benzol.

SEEL hat anschließend auch die Zweitsubstitution und das Problem der dirigierenden Wirkung der Substituenten behandelt[1]. Die dabei verwendeten Näherungsbetrachtungen sind aber wohl zu unsicher, als daß man schon von einer Lösung des Problems sprechen könnte.

COULSON und LONGUETT-HIGGINS[2] haben Begriffsbildungen von PENNEY[3] wieder aufgegriffen und wesentlich erweitert und so eine Theorie der Reaktivität aromatischer Systeme entwickelt, die zwar wesentlich auf Hypothesen beruht, bei der es aber nicht ausgeschlossen zu sein scheint, daß sie die Vorstufe für eine besser begründete Theorie sein wird.

Die hauptsächlichen Hypothesen der Theorie lauten:

1. Für Additionsreaktionen ist die in (158.) definierte Bindungsordnung maßgebend.

2. Für Substitutionsreaktionen, an denen elektropositive (elektrophile) Gruppen, wie NO_2, Cl usw. oder elektronegative (nucleophile) Gruppen, wie NH_2, CN, OH beteiligt sind, ist die in (158.) definierte Elektronendichte maßgebend.

---

[1] SEEL, F.: Z. angew. Chem. **61**, 89, (1949).

[2] COULSON, C. A., u. H. C. LONGUETT-HIGGINS: Proc. Roy. Soc. (Lond.) A **192**, 16 (1947).

[3] PENNEY, W. G.: Proc. Roy. Soc. (Lond.) A **158**, 306 (1937).

Tabelle 48b.

	Verbindung	Vorstadium der Addition und Substitution		Addition	
			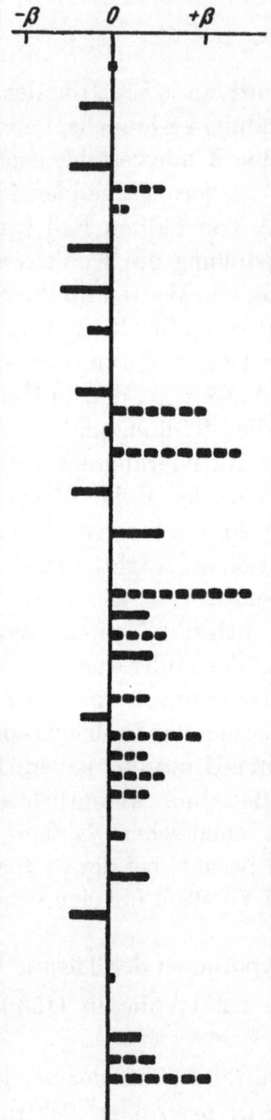		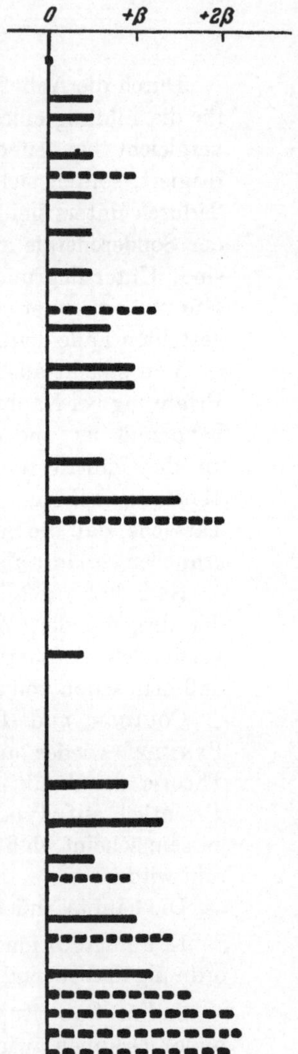
I	Äthylen	1		1, 2	
II	Butadien	1 2		1, 2 1, 4	
III	Hexatrien	1 2 3		1, 2 1, 4 1, 6	
IV	Oktatetraen	1		1, 2	
V	C_nH_{n+2} $n \to \infty$	1		1, 2	
VI	*asymm.* Divinyläthylen .	1		1, 2 1, 4	
VII	Fulven	1 2 3 4		1, 2 3, 4	
VIII	Cyclo-oktatetraen . .	1		1, 2	
IX	Benzol	1		1, 2 1, 4	
X	Diphenyl	1 2 3 4			
XI	Phenyläthylen (Styrol) .	1 2 1′ 2′ 3′ 4′		1, 2	
XII	1.2-Diphenyläthylen . . (Stilben)	1		1, 2	
XIII	Tetraphenyläthylen . .	1		1, 2	
XIV	1-Phenylbutadien . .	4		3, 4 1, 4	
XV	1.4-Diphenylbutadien .	1		1, 2 1, 4	
XVI	Naphthalin	1 2 9		1, 2 1, 4 1, 5 1, 7 1, 9 2, 3 2, 6 9, 10	
XVII	Anthracen	1 2 9		1, 2 1, 4 2, 3 9, 10	

Die Extremalwerte, welche den Reaktionsverlauf bestimmen, sind ausgezogen. Die Ziffern bedeuten den Ort der Addition.

Tabelle 48b. (Fortsetzung).

	Verbindung		Vorstadium der Addition und Substitution	Addition
			$-\beta \qquad 0 \qquad +\beta$	$-\beta \qquad 0 \qquad +\beta \qquad +2\beta$
XVIII	Phenanthren	1 2 3 4 9		1, 2 / 2, 3 / 3, 4 / 9, 10
XIX	Tetracen	5 15		5, 12 / 15, 16
XX	Tetraphen	7 12		5, 6 / 7, 12
XXI	1.2-Benzphenanthren .			3, 4
XXII	Chrysen			1, 2
XXIII	Triphenylen			1, 2
XXIV	Pentacen	6		1, 4 / 5, 14 / 6, 13
XXV	Pentaphen	5		5, 14 / 6, 7
	Chinondimethide**:			
XXVI	*p*-Xylylen	1′		1′, 4′ / 1′, 1 / 2, 3
XXVII	*o*-Xylylen			
XXVIII	1.2-Naphthochinon-. .			
XXIX	1.4-Naphthochinon-. .			
XXX	2.3-Naphthochinon-. .			
XXXI	1.5-Naphthochinon-. .			
XXXII	2.6-Naphthochinon-. .			
XXXIII	4.4′-Diphenochinon- .			
XXXIV	4.4′-Stilbenchinon- . .			
XXXV	4.4″-Terphenochinon-dimethid			
	Chinontetraphenyldimethide:			
XXXVI	*p*-Xylylen			
XXXVII	2.6-Naphthochinon-. .			
XXXVIII	4.4′-Diphenochinon-			
XXXIX	4.4′-Stilbenchinon- . .			
XL	4.4″-Terphenochinon-tetraphenyldimethid			
XLI	Tetraphenyldekapentaen	1		1, 10
XLII	Isobutendiyl	1		1, 2
XLIII	2.2′-Diallyldiyl . . .	1		1, 1′
XLIV	*m*-Xylylen	1′		1′, 3′
XLV	3.3′-Dimethenyldiphenyl			
XLVI	3.3′-Bis-(diphenyl-methenyl-)diphenyl .			

** Bei den Chinondimethiden beziehen sich die Werte, sofern nicht anders vermerkt ist, auf eine Addition an den Methylenkohlenstoffatomen.

3. Für Reaktionen mit radikalischen Gebilden (homolytische Reaktionen) ist die freie Valenz maßgebend. Die freie Valenzzahl des Atoms r ist durch

$$F = 4{,}68 - N,\ N = \sum_s B_{rs}$$

definiert. Dabei bedeutet $B_{rs} = 1 + p_{rs}$, wobei die Summe über alle Atome s geht, die dem Atom r benachbart sind.

Tabelle 49.

π-Bindungsordnungen

0,447 0,894
$CH_2=CH—CH=CH_2$

0,785 0,483 0,871
$CH_2=CH—CH=CH—CH=CH_2$

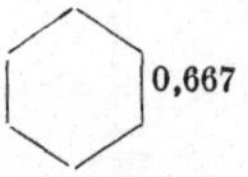

0,667

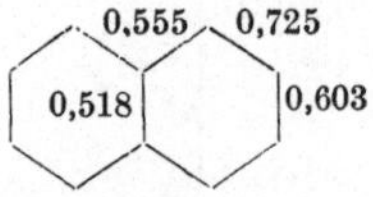

0,555 0,725
0,518   0,603

Freie Valenzzahlen

0,391 0,838
$CH_2=CH—CH=CH_2$

0,464 0,378 0,861
$CH_2=CH—CH=CH—CH=CH_2$

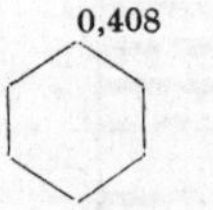

0,408

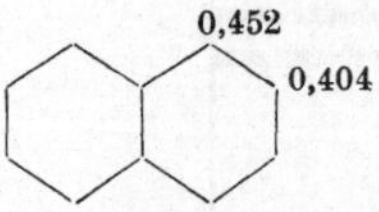

0,452
0,404

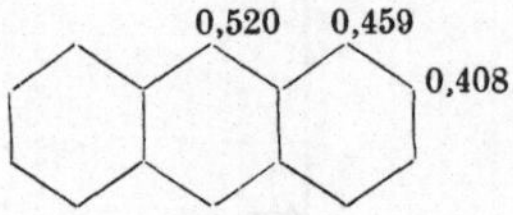

0,520 0,459
0,408

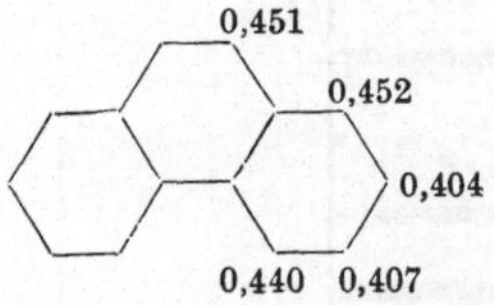

0,451
0,452
0,404
0,440 0,407

In Tab. 49 sind für einige Kohlenwasserstoffe die berechneten Bindungsordnungen angegeben. Nach Hypothese 1 sollten Additionen bevorzugt an den Bindungen mit der höchsten Ordnung erfolgen. Der Vergleich der angegebenen Zahlen mit der chemischen Erfahrung zeigt, daß im großen und ganzen Übereinstimmung besteht.

Die freien Valenzzahlen der verschiedenen Kohlenstoffatome, die nach Hypothese 3 die Reaktivität gegenüber radikalischen Gebilden bestimmen sollen, sind ebenfalls in Tab. 49 angegeben. Radikalische Addition sollte also nach der Theorie bei Naphthalin vorwiegend in 1- und bei Anthracen vorwiegend in Mesostellung eintreten. Mit diesen Aussagen ist die Theorie in Übereinstimmung mit der Erfahrung und den Theorien von WHELAND und SEEL.

185. Spaltungsreaktionen.

E. HÜCKEL hat eine Erklärung der von O. SCHMIDT aufgefundenen Spaltungsregel angeben können. Nach der Spaltungsregel findet Zerfall von Olefinen immer an derjenigen C—C-Bindung statt, die auf die der C=C-Bindung benachbarte C—C-Bindung folgt:

$$CH_3{-}CH_2{-}CH{=}CH_2 \rightarrow CH_3 + CH_2{-}CH{=}CH_2 \qquad (1)$$

und nicht

$$CH_3{-}CH_2{-}CH{=}CH_2 \rightarrow CH_3{-}CH_2 + CH{=}CH_2. \qquad (2)$$

Nach HÜCKEL ist der Prozeß (1) bevorzugt, weil mit der Entstehung des Allylradikals ein wesentlicher Gewinn an Kopplungsenergie verbunden ist, während ein ähnlicher Gewinn bei dem Prozeß (2) nicht auftritt.

HUGEL[1] hat Kohlenwasserstoffe vom Typ

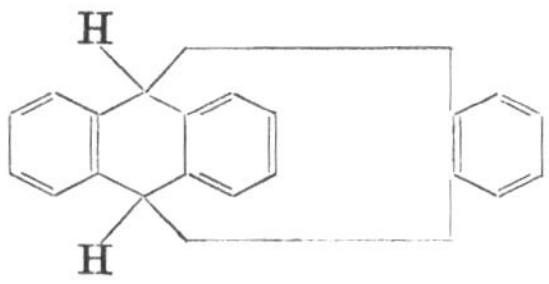

$$(3)$$

herstellen können, die wahrscheinlich so konstituiert sind, daß die Ebenen, in denen die Benzolringe liegen, Winkel von 120° einschließen. Während diese Stoffe sehr stabil sind, tritt, sowie man Stoffe vom Typ

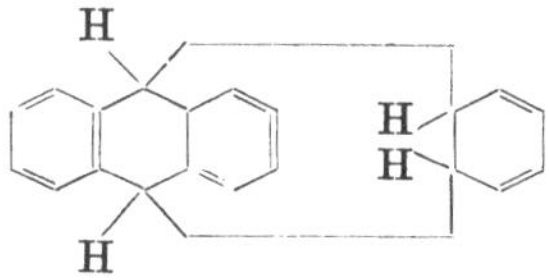

$$(4)$$

herzustellen versucht, eine Spaltung nach

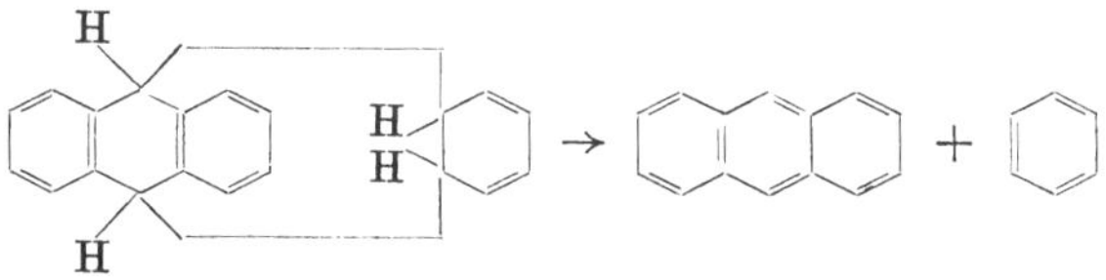

____
[1] Private Mitteilung.

ein. Diese Beobachtung wird verständlich, wenn man bedenkt, daß die Kopplungsenergie von (4) sich aus zwei Benzolanteilen und einem Butadienanteil zusammensetzt

$$8\,\beta + 8\,\beta + 4{,}47\,\beta = 20{,}47\,\beta\,,$$

während nach der Spaltung die Kopplungsenergie aus einem Anthracen- und einem Benzolanteil besteht:

$$19{,}314\,\beta + 8\,\beta = 27{,}314\,\beta\,.$$

Die Differenz $6{,}84\,\beta \approx 135$ kcal/Mol ist so groß, daß sie dieselbe Größenordnung wie die für die Spaltung zweier C—C-σ-Bindungen erforderliche Energie besitzt (≈ 120 kcal/Mol).

186. Reaktivität und Gleichgewicht.

Wenn man theoretisch Aussagen über den Ablauf von Reaktionen machen will, ist dazu nicht immer eine Abschätzung von Aktivierungsenergien erforderlich.

Immer dann, wenn die Produkte von Konkurrenzreaktionen unter Reaktionsbedingungen sich schnell genug ineinander umlagern können, wird das vorzugsweise gebildete Produkt das thermodynamisch stabilste sein. Es ist alsdann möglich, Aussagen über Reaktivität aus Gleichgewichtsdaten herzuleiten, und für grobe Abschätzungen genügt es dazu, die Bindungsenergien der verschiedenen isomeren Reaktionsprodukte zu kennen.

Wir behandeln als Beispiel die Hydrierung aromatischer Kohlenwasserstoffe[1]. Die Anlagerung von Wasserstoff an das Molekül eines aromatischen Kohlenwasserstoffes kann im allgemeinen in verschiedener Weise erfolgen. Es gibt nun einige experimentelle Erfahrungen, die den Schluß zulassen, daß die Umwandlungsgeschwindigkeiten isomerer Hydrierungsprodukte unter Reaktionsbedingungen groß genug sind, daß vorwiegend jeweils die thermodynamisch stabilsten Isomeren, in grober Näherung also diejenigen mit maximaler Bindungsenergie gebildet werden.

Da für isomere Hydrokohlenwasserstoffe der additive Anteil an der Bindungsenergie gleich ist, unterscheiden sich die Bindungsenergien solcher Isomeren nur durch die Sonderanteile der π-Elektronenenergien.

In Tab. 50 sind für eine Reihe von Hydrierungsprodukten verschiedener Hydrierungsstufen verschiedener Kohlenwasserstoffe die Bindungsenergiedifferenzen für mögliche Isomere angegeben, die theoretisch aus den Werten der Tab. 27 berechnet worden sind. Dabei ist jeweils das Isomere mit maximaler Bindungsenergie vorangestellt. Die Zahlen unter den übrigen Isomeren geben die Energiebeträge an, die man theoretisch

---

[1] HARTMANN, H.: Z. Naturforsch. **3a**, 29 (1948).

aufzuwenden hätte, um das betreffende Isomere aus dem stabilsten herzustellen. Einheit der Energie ist das HÜCKELsche Resonanzintegral.

Die theoretisch ermittelten stabilsten Isomeren werden tatsächlich in allen Fällen allein gebildet. Besonders überraschend ist, daß experimentell in Übereinstimmung mit der Theorie bei der weiteren Hydrierung von

Tabelle 50. *Umwandlungsenergien isomerer Hydroaromaten.*

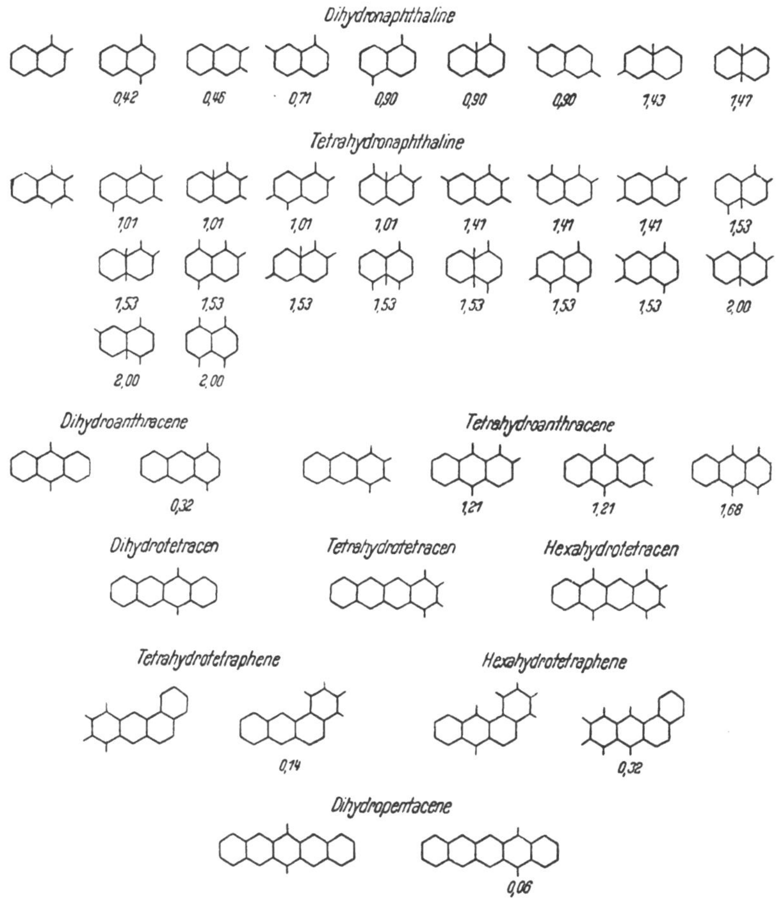

9,10 Dihydroanthracen 1,2,3,4,-Tetrahydroanthracen unter Wanderung der schon im Kern fixierten Hydro-H-Atome gebildet wird. Bei Dihydropentacen sind nach CLAR beide in der Tab. 50 angegebenen Dihydroprodukte bekannt. Das ist auch nach der Theorie zu erwarten, die als Umwandlungsenergie nur $0,06\ \beta \approx 1,2$ kcal/Mol ergibt. Bei höherer Temperatur lagert sich, ebenfalls in Übereinstimmung mit der Theorie, das symmetrisch gebaute Dihydropentacen in das unsymmetrisch gebaute um. Die Umwandlung ist reversibel.

Die endgültige Zuordnung der Formeln für die Dihydropentacene auf Grund präparativer Daten ist CLAR erst nach der in der Tabelle angegebenen gleichen theoretischen Zuordnung gelungen[1].

Anhang.

1. Definitionen und Hilfssätze über Matrizen.

Wir stellen zunächst die nötigen Definitionen zusammen.

D 1: Eine quadratische Matrix $\underline{\alpha}$ ist ein Schema von n^2 Zahlen (Elementen) α_{ik} in folgender Anordnung

$$\begin{pmatrix} \alpha_{11} & \alpha_{12} & \cdots & \alpha_{1n} \\ \alpha_{21} & \alpha_{22} & \cdots & \alpha_{2n} \\ \vdots & \vdots & & \vdots \\ \alpha_{n1} & \alpha_{n2} & \cdots & \alpha_{nn} \end{pmatrix},$$

eine rechteckige Matrix $\underline{\alpha}$ ist ein Schema von $n\,m$ Zahlen in folgender Anordnung

$$\begin{pmatrix} \alpha_{11} & \alpha_{12} & \cdots & \alpha_{1n} \\ \alpha_{21} & \alpha_{22} & \cdots & \alpha_{2n} \\ \vdots & \vdots & & \vdots \\ \alpha_{m1} & \alpha_{m2} & & \alpha_{mn} \end{pmatrix}.$$

Je nachdem $m > n$ oder $m < n$ ist, heißt die Matrix nach unten oder nach rechts gestreckt.

D 2: Bei einer quadratischen Matrix heißt n ihre Dimension.

D 3: Zwei Matrizen heißen gleich

$$\underline{\alpha} = \underline{\beta},$$

wenn die entsprechenden Elemente gleich sind.

D 4: Summe zweier Matrizen

$$\underline{\alpha} + \underline{\beta}$$

heißt die Matrix mit den Elementen

$$\alpha_{ik} + \beta_{ik}.$$

D 5: Nullmatrix $\underline{0}$ heißt eine Matrix, deren Elemente alle gleich Null sind.

D 6: Eine quadratische Matrix $\underline{D}$ heißt Diagonalmatrix, wenn nur die in der Diagonale stehenden Elemente von Null verschieden sind:

$$D_{ik} = D_i\,\delta_{ik}.$$

D 7: Eine Diagonalmatrix $\underline{E}$ heißt Einheitsmatrix $\underline{1}$, wenn alle Diagonalelemente gleich 1 sind.

$$E_{ik} = \delta_{ik}$$

---

[1] Private Mitteilung.

D 8: Eine Matrix γ, deren Elemente, aus denen von α und β nach

$$\gamma_{ik} = \sum_j \beta_{ij}\,\alpha_{jk}$$

gebildet sind, heißt das Produkt von α und β

$$\gamma = \beta\,\alpha\,.$$

Damit das Produkt gebildet werden kann, muß die Zahl der Spalten von β gleich der Zahl der Zeilen von α sein.

D 9: Zwei Matrizen, für die

$$\beta\,\alpha = \alpha\,\beta$$

gilt, heißen vertauschbar. Nach D 8 können nur quadratische Matrizen vertauschbar sein.

D 10: Die Matrix β, die die Eigenschaft hat, daß

$$\beta\,\alpha = 1$$

ist, heißt Reziproke von α und wird gelegentlich mit α^{-1} bezeichnet.

D 11: Die Matrix β, die aus der quadratischen Matrix α durch Umklappen um die Diagonale entsteht

$$\beta_{ik} = \alpha_{ki}\,,$$

heißt Transponierte von α und wird gelegentlich mit $\tilde{\alpha}$ bezeichnet.

D 12: Die Matrix β, die aus der quadratischen Matrix α entsteht, indem man die Elemente in die konjugiert komplexen Zahlen verwandelt

$$\beta_{ik} = \alpha_{ik}^{*}\,,$$

heißt die zu α konjugiert komplexe Matrix und wird mit α^{*} bezeichnet.

D 12: Die Matrix

$$\beta = \tilde{\alpha}^{*}$$

heißt die zu α adjungierte Matrix und wird mit $\alpha^{\dagger}$ bezeichnet.

D 13: Eine Matrix α, für die

$$\alpha^{\dagger} = \alpha$$

gilt, heißt selbstadjungiert.

D 14: Eine Matrix α, für die

$$\alpha^{\dagger} = \alpha^{-1}$$

gilt, heißt unitär.

D 15: Wenn α eine rechteckige Matrix ist, heißt die durch

$$\beta_{ik} = \alpha_{ki}^{*}$$

definierte Matrix β, die im weiteren Sinn zu α adjungierte Matrix $\alpha^{\dagger}$. Das Matrizenprodukt $\alpha\,\alpha^{\dagger}$ kann auch für rechteckige Matrizen gebildet werden. $\alpha\,\alpha^{\dagger}$ ist eine quadratische Matrix.

D 16: Wenn aus einer quadratischen Matrix α mit Hilfe einer Matrix σ und ihrer Reziproken σ^{-1} eine Matrix β in folgender Weise gebildet wird

$$\beta = \sigma^{-1}\,\alpha\,\sigma,$$

spricht man von einer Ähnlichkeitstransformation von α mit σ zu β.

Nun folgen die in Kap. 4 benötigten Hilfssätze.

S 1: Eine Matrix α besitzt nur dann eine Reziproke β, wenn die aus den Elementen von α gebildete Determinante

$$|\alpha_{ik}| \neq 0$$

ist.

Nach D 10 sind die Elemente von β aus den Gleichungen

$$\sum_j \beta_{ij}\,\alpha_{jk} = \delta_{ik} \qquad\qquad i,\,k: 1,2,\ldots,n$$

zu bestimmen. Wir betrachten die n Gleichungen, für die $i = k$ ist. Das sind n inhomogene lineare Gleichungen für die Unbekannten, die nur dann eine Lösung haben, wenn die Determinante, die aus den Koeffizienten der Unbekannten gebildet ist, $|\alpha_{ik}|$ von Null verschieden ist.

S 2: Wenn $\beta\,\alpha = 1$ ist, ist auch $\alpha\,\beta = 1$.

Wir multiplizieren die erste Gleichung von rechts mit β und von links mit der Reziproken von β, die wir mit γ bezeichnen. Dann folgt wegen $\gamma\,\beta = 1$ die Behauptung.

S 3: Die Reziproke eines Produktes ist das Produkt der Reziproken der Faktoren in umgekehrter Reihenfolge

$$(\cdots\gamma\,\beta\,\alpha)^{-1} = \alpha^{-1}\,\beta^{-1}\,\gamma^{-1}\cdots.$$

Daß diese Beziehung zu Recht besteht, beweisen wir, indem wir sie von links mit $\cdots\gamma\,\beta\,\alpha$ multiplizieren.

S 4: Diagonalmatrizen D und D' sind miteinander vertauschbar und ihr Produkt ist wieder eine Diagonalmatrix.

$$(D'\,D)_{ik} = \sum_j D'_{ij}\,D_{jk} = \sum_j D'_i\,\delta_{ij}\,D_j\,\delta_{jk} = D'_i\,D_i\,\delta_{ik}$$

$$(D\,D')_{ik} = \sum_j D_{ij}\,D'_{jk} = \sum_j D_i\,\delta_{ij}\,D'_j\,\delta_{jk} = D_i\,D'_i\,\delta_{ik} = D'_i\,D_i\,\delta_{ik} = (D'\,D)_{ik}.$$

S 5: Die zu einem Produkt konjugiert komplexe Matrix ist das Produkt der konjugiert komplexen Faktoren

$$(\cdots\gamma\,\beta\,\alpha)^* = \cdots\gamma^*\,\beta^*\,\alpha^*$$

S 6: Die Transponierte eines Produktes ist das Produkt der Transponierten in umgekehrter Reihenfolge:

$$\widetilde{(\underline{\varepsilon} \cdots \underline{\gamma}\,\underline{\beta}\,\underline{\alpha})} = \underline{\widetilde{\alpha}}\,\underline{\widetilde{\beta}}\,\underline{\widetilde{\gamma}} \cdots \underline{\widetilde{\varepsilon}}.$$

Beweis:

$$\widetilde{(\underline{\varepsilon} \cdots \underline{\gamma}\,\underline{\beta}\,\underline{\alpha})}_{ik} = (\underline{\varepsilon} \cdots \underline{\gamma}\,\underline{\beta}\,\underline{\alpha})_{ki} = \sum_{\lambda} \cdots \sum_{\varrho} \sum_{\sigma} \sum_{\tau} \varepsilon_{k\lambda} \cdots \gamma_{\varrho\sigma}\,\beta_{\sigma\tau}\,\alpha_{\tau i}$$

$$(\underline{\widetilde{\alpha}}\,\underline{\widetilde{\beta}}\,\underline{\widetilde{\gamma}} \cdots \underline{\widetilde{\varepsilon}})_{ik} = \sum_{\tau} \sum_{\sigma} \sum_{\varrho} \cdots \sum_{\lambda} \widetilde{\alpha}_{i\tau}\,\widetilde{\beta}_{\tau\sigma}\,\widetilde{\gamma}_{\sigma\varrho} \cdots \widetilde{\varepsilon}_{\lambda k}$$

$$= \sum_{\tau} \sum_{\sigma} \sum_{\varrho} \cdots \sum_{\lambda} \alpha_{\tau i}\,\beta_{\sigma\tau}\,\gamma_{\varrho\sigma} \cdots \varepsilon_{k\lambda} = \widetilde{(\underline{\varepsilon} \cdots \underline{\gamma}\,\underline{\beta}\,\underline{\alpha})}_{ik}.$$

S 6: Die Adjungierte eines Produktes ist das Produkt der Adjungierten in umgekehrter Reihenfolge

$$(\cdots \underline{\gamma}\,\underline{\beta}\,\underline{\alpha})^{\dagger} = \underline{\alpha}^{\dagger}\,\underline{\beta}^{\dagger}\,\underline{\gamma}^{\dagger} \cdots$$

Beweis (S. 5 und 6):

$$(\cdots \underline{\gamma}\,\underline{\beta}\,\underline{\alpha})^{\dagger} = [\widetilde{(\cdots \underline{\gamma}\,\underline{\beta}\,\underline{\alpha})}]^{*} = [\underline{\widetilde{\alpha}}\,\underline{\widetilde{\beta}}\,\underline{\widetilde{\gamma}} \cdots]^{*} = \underline{\widetilde{\alpha}}^{*}\,\underline{\widetilde{\beta}}^{*}\,\underline{\widetilde{\gamma}}^{*} \cdots = \underline{\alpha}^{\dagger}\,\underline{\beta}^{\dagger}\,\underline{\gamma}^{\dagger} \cdots.$$

S 7: Die Matrix $\underline{\alpha}\,\underline{\alpha}^{\dagger}$ ($\underline{\alpha}$: quadratische Matrix) ist selbstadjungiert.
Beweis: (S. 6):

$$(\underline{\alpha}\,\underline{\alpha}^{\dagger})^{\dagger} = (\underline{\alpha}^{\dagger})^{\dagger}\,\underline{\alpha}^{\dagger} = \underline{\alpha}\,\underline{\alpha}^{\dagger}.$$

S 8: Die (quadratische) Matrix $\underline{\beta}\,\underline{\beta}^{\dagger}$ ($\underline{\beta}$: rechteckige Matrix) ist selbstadjungiert.
Beweis:

$$(\underline{\beta}\,\underline{\beta}^{\dagger})_{ik} = \sum_{j} \beta_{ij}\,\beta^{\dagger}_{jk} = \sum_{i} \beta_{ij}\,\beta^{*}_{kj}$$

$$(\underline{\beta}\,\underline{\beta}^{\dagger})^{\dagger}_{ik} = (\underline{\beta}\,\underline{\beta}^{\dagger})^{*}_{ki} = \sum_{j} \beta^{*}_{kj}\,\beta_{ij}.$$

S 9: Reelle Diagonalmatrizen sind selbstadjungiert.

S 10: Die Matrizen $\underline{\alpha} + \underline{\alpha}^{\dagger}$ und $i\,(\underline{\alpha} - \underline{\alpha}^{\dagger})$ sind selbstadjungiert.
Beweis:

$$(\underline{\alpha} + \underline{\alpha}^{\dagger})^{\dagger} = \underline{\alpha}^{\dagger} + (\underline{\alpha}^{\dagger})^{\dagger} = \underline{\alpha}^{\dagger} + \underline{\alpha} = \underline{\alpha} + \underline{\alpha}^{\dagger}$$

$$[i\,(\underline{\alpha} - \underline{\alpha}^{\dagger})]^{\dagger} = \widetilde{([i\,(\underline{\alpha} - \underline{\widetilde{\alpha}}^{*})]^{*})} = \widetilde{(i^{*}\,(\underline{\alpha}^{*} - \underline{\widetilde{\alpha}}))}$$

$$= \widetilde{(-i\,(\underline{\alpha}^{*} - \underline{\alpha}))} = -i\,(\underline{\alpha}^{\dagger} - \underline{\alpha}) = i\,(\underline{\alpha} - \underline{\alpha}^{\dagger}).$$

S 11: Die Summe der Diagonalelemente des Produktes zweier Matrizen ist von der Reihenfolge der Faktoren unabhängig:

$$\sum_i (\underline{\beta}\,\underline{\alpha})_{ii} = \sum_i \sum_j \beta_{ij}\,\alpha_{ji} = \sum_i (\underline{\alpha}\,\underline{\beta})_{ii}.$$

S 12: Bei einer Ähnlichkeitstransformation bleibt die Summe der Diagonalelemente der transformierten Matrix unverändert. Beweis: $\underline{\beta}^{-1}\,\underline{\alpha}\,\underline{\beta}$ hat nach S 11 dieselbe Diagonalelementsumme wie $\underline{\alpha}\,\underline{\beta}^{-1}\,\underline{\beta} = \underline{\alpha}$.

S 13: Jede unitäre und jede selbstadjungierte Matrix kann durch Ähnlichkeitstransformation mit einer unitären Matrix in eine Diagonalmatrix übergeführt werden.

Wegen des Beweises für diesen wichtigen Satz müssen wir auf die einschlägige Literatur verweisen[1].

2. Charaktere der irreduziblen Darstellungen wichtiger Symmetriegruppen.

Die Symmetriegruppen, die bei der Behandlung von Molekülproblemen eine Rolle spielen können, sind die Punktgruppen. Von einer Punktgruppe spricht man, wenn alle Symmetrieoperationen der Gruppe einen bestimmten Punkt invariant lassen. Diejenigen Punktgruppen, die sich mit Translationen zusammensetzen lassen, sind als kristallographische Punktgruppen bekannt. Da andere Gruppen (z. B. bei Fünfringsystemen) nur gelegentlich gebraucht werden, beschränken wir uns hier auf die kristallographischen Punktgruppen.

Zum Verständnis der Tabellen für die irreduziblen Darstellungen erklären wir die für die Symmetrieoperationen gebräuchlichen Buchstabensymbole:

E: Die identische Operation.

C_n: Drehung um eine Achse, um den Winkel $2\,\pi/n$. n heißt die Zähligkeit der Achse.

σ: Spiegelung an einer Ebene. Wenn die Ebene senkrecht zur Hauptsymmetrieachse liegt, gebraucht man das Symbol σ_h. Enthält die Ebene die Hauptsymmetrieachse, so wird die Spiegelung an ihr mit σ_v bezeichnet.

S_n: Drehung um eine Achse um $2\,\pi/n$ und Spiegelung an einer zur Achse senkrechten Ebene (Drehspiegelachse).

i: Spiegelung an einem Punkt (Inversion).

Die Gruppen selbst sind nach SCHÖNFLIES benannt[2].

---

[1] Z. B. E. WIGNER: Gruppentheorie und ihre Anwendung auf die Quantenmechanik der Atomspektren. Braunschweig 1931.

[2] Vgl. NIGGLI: Handbuch der Experimentalphysik 7/1. Leipzig 1928.

Charaktere der irreduziblen Darstellungen.

C_1	E
A	1

C_2		E	C_2
	C_s	E	iC_2
A,z	A'	1	1
B,x,y	A''	1	-1

$V \equiv D_2$		E	C_{2z}	C_{2y}	C_{2x}
	C_{2v}	E	C_{2z}	iC_{2y}	iC_{2x}
A_1	A_1	1	1	1	1
B_1,z	A_2	1	1	-1	-1
B_2,y	B_1	1	-1	1	-1
B_3,x	B_2	1	-1	-1	1

D_4	E	C_2	$2C_4$	$2C_2$	$2C_2'$
C_{4v}	E	C_2	$2C_4$	$2iC_2$	$2iC_2'$
$V_d = D_{2d}$	E	C_2	$2iC_4$	$2C_2$	$2iC_2'$
A_1	1	1	1	1	1
A_2,z	1	1	1	-1	-1
B_1	1	1	-1	1	-1
B_2	1	1	-1	-1	1
$E, x+iy$	2	-2	0	0	0

C_4	E	C_2	C_4	C_4
S_4	E	C_2	S_4	S_4
A,z	1	1	1	1
B	1	1	-1	-1
E	1	-1	$-i$	i
$x \pm iy$	1	-1	i	$-i$

D_6			E	C_2	$2C_3$	$2C_6$	$3C_2$	$3C_2'$
	C_{6v}		E	C_2	$2C_3$	$2C_6$	$3iC_2$	$3iC_2'$
		D_{3h}	E	iC_2	$2C_3$	$2iC_6$	$3C_2$	$3iC_2'$
A_1	A_1	A_1'	1	1	1	1	1	1
A_2,z	A_2	A_2'	1	1	1	1	-1	-1
B_1	B_2	A_1''	1	-1	1	-1	1	-1
B_2	B_1	A_2''	1	-1	1	-1	-1	1
E^*	E^*	E'	2	2	-1	-1	0	0
$E^*_*, x \pm iy$	E^*_*	E''	2	-2	-1	1	0	0

C_6	E	C_6	C_3	C_2	C_3^2	C_6^5
A	1	1	1	1	1	1
B	1	-1	1	-1	1	-1
E^*	1	w^2	$-w$	1	w^2	$-w$
	1	$-w$	w^2	1	$-w$	w^2
E^*_*	1	w	w^2	-1	$-w$	$-w^2$
	1	$-w^2$	$-w$	-1	w^2	w

$$w = e^{\frac{2\pi i}{6}}$$

D_3	E	$2\,C_3$	$3\,C_2'$
C_{3v}	E	$2\,C_3$	$3\,i\,C_2'$
A_1	1	1	1
A_2, z	1	1	1
$E,\ x\pm iy$	2	-1	0

C_3	E	C_3	C_3^2	
A	1	1	1	
$E\ \Big\{$	1	w	w^2	
	1	w^2	w	$w=e^{\frac{2\pi i}{3}}$

O	E	$3\,C_2$	$6\,C_4$	$6\,C_2$	$8\,C_3$
T_d	E	$3\,C_2$	$6\,i\,C_4$	$6\,i\,C_2$	$8\,C_3$
A_1	1	1	1	1	1
A_2	1	1	-1	-1	1
E	2	2	0	0	-1
$T_1,\ x,y,z$	3	-1	1	-1	0
T_2	3	-1	-1	1	0

T	E	$3\,C_2$	$4\,C_3$	$4\,C_3'$	
A	1	1	1	1	
$E\ \Big\{$	1	1	w	w^2	
	1	1	w^2	w	
T	3	-1	0	0	$w=e^{\frac{2\pi i'}{3}}$

$$
\begin{aligned}
C_i &= i\times C_1 & C_{2h} &= i\times C_2 & V_h &\equiv D_{2h}=i\times V\\
D_{4h} &= i\times D_4 & C_{4h} &= i\times C_4 & D_{6h} &= i\times D_6\\
C_{6h} &= i\times C_6 & C_{3h} &= \sigma_h\times C_3\,(A',A''\ E',E'')\\
D_{3d} &= i\times D_3 & C_{3i} &\equiv S_6 = i\,x\,C_3 & O_h &= i\times O\\
T_h &= i\times T
\end{aligned}
$$

Ergänzend zu den kristallographischen Punktgruppen geben wir
schließlich für die beiden Gruppen $C_{\infty v}$ und $D_{\infty h}$, die für die Diskussion
zweiatomiger Moleküle wichtig sind, die Charaktere einiger irreduzibler
Darstellungen an:

$$D_{\infty h}$$

	E	$2\,C_\varphi$	σ_v	$i\,E$	$2\,i\,C_\varphi$	$i\,\sigma_v$
Σ_g^+	1	1	1	1	1	1
Σ_u^+	1	1	1	-1	-1	-1
Σ_g^-	1	1	-1	1	1	-1
Σ_u^-	1	1	-1	-1	-1	1
Π_g	2	$2\cos\varphi$	0	2	$2\cos\varphi$	0
Π_u	2	$2\cos\varphi$	0	-2	$-2\cos\varphi$	0
Δ_g	2	$2\cos 2\varphi$	0	2	$2\cos 2\varphi$	0
Δ_u	2	$2\cos 2\varphi$	0	-2	$-2\cos 2\varphi$	0

$$C_{\infty v}$$

	E	$2\,C\varphi$	σ_v
Σ^+	1	1	1
Σ^-	1	1	-1
Π	2	$2\cos\varphi$	0
Δ	2	$2\cos 2\varphi$	0

3. Eigenwerte von Drehimpulsoperatoren.

Die den vier reellen mechanischen Größen

$$F_x, F_y, F_z; \mathfrak{F}^2 = F_x^{\,2} + F_y^{\,2} + F_z^{\,2} \tag{1}$$

zugeordneten Operatoren $\underline{F}_x, \underline{F}_y, \underline{F}_z,; \underline{\mathfrak{F}}^2$ sollen den Vertauschungsrelationen

$$\begin{aligned}
\underline{F}_x \underline{F}_y - \underline{F}_y \underline{F}_x &\equiv i\,\underline{F}_z \\
\underline{F}_y \underline{F}_z - \underline{F}_z \underline{F}_y &\equiv i\,\underline{F}_x \\
\underline{F}_z \underline{F}_x - \underline{F}_x \underline{F}_z &\equiv i\,\underline{F}_y
\end{aligned} \tag{2}$$

$$\underline{\mathfrak{F}}^2 \text{ vertauschbar mit } \underline{F}_x, \underline{F}_y, \underline{F}_z \tag{3}$$

gehorchen. (3) folgt aus (2).

$$\psi = \psi\,(\mathfrak{F}_e^2, F_{ze}) \tag{4}$$

sei eine Eigenfunktion von $\underline{\mathfrak{F}}^2$ und von $\underline{F}_z$ zu den Eigenwerten $\mathfrak{F}_e^2$ und F_{ze} dieser Größen:

$$\underline{\mathfrak{F}}^2\,\psi = (\underline{F}_x^{\,2} + \underline{F}_y^{\,2} + \underline{F}_z^{\,2})\,\psi = \mathfrak{F}_e^2\,\psi \tag{5}$$

$$\underline{F}_z\,\psi = F_{ze}\,\psi\,. \tag{6}$$

Aus (6) folgt:

$$\underline{F}_z^{\,2}\,\psi = F_{ze}^{\,2}\,\psi\,. \tag{7}$$

Durch Subtraktion ergibt sich aus (5) und (7):

$$(\underline{F}_x^{\,2} + \underline{F}_y^{\,2})\,\psi = (\mathfrak{F}_e^2 - F_{ze}^{\,2})\,\psi\,. \tag{8}$$

Da F_x und F_y reelle Größen sind, muß der Eigenwert $(\mathfrak{F}_e^2 - F_{ze}^{\,2})$ von $(\underline{F}_x^{\,2} + \underline{F}_y^{\,2})$ wesentlich positiv sein. Daraus folgt, daß bei gegebenem $\mathfrak{F}_e^2$

$$F_{ze} \leqq \sqrt{\mathfrak{F}_e^2} \tag{9}$$

sein muß.

Mit den Vertauschungsrelationen beweist man die Gültigkeit der Operatorbeziehung:

$$\underline{F}_z\,(\underline{F}_x \pm i\,\underline{F}_y) \equiv (\underline{F}_x \pm i\,\underline{F}_y)\,(\underline{F}_z \pm 1)\,. \tag{10}$$

Damit ergibt sich bei Anwendung auf ψ:

$$\underline{F}_z\,(\underline{F}_x \pm i\,\underline{F}_y)\,\psi = (\underline{F}_x \pm i\,\underline{F}_y)\,(\underline{F}_z \pm 1)\,\psi = (F_{ze} \pm 1)\,(\underline{F}_x \pm i\,\underline{F}_y)\,\psi\,. \tag{11}$$

Die Funktion

$$(\underline{F}_x \pm i\,\underline{F}_y)\,\psi \tag{12}$$

ist also, außer wenn sie identisch verschwindet, Eigenfunktion von $\underline{F}_z$ zum Eigenwert $(F_{ze} \pm 1)$. Wiederholung des Verfahrens zeigt, daß es eine Reihe äquidistanter Eigenwerte von $\underline{F}_z$ (mit dem Abstand 1) gibt.

Da diese Reihe bei gegebenem $\mathfrak{F}_e^2$ nach (9) beschränkt ist, muß es dann einen kleinsten (F'_{ze}) und einen größten (F''_{ze}) Eigenwert von $\underline{F}_z$ geben. Nun muß

$$(\underline{F}_x - i\,\underline{F}_y)\,\psi\,(\mathfrak{F}_e^2, F'_{ze}) = 0 \tag{13}$$

und

$$(\underline{F}_x + i\,\underline{F}_y)\,\psi\,(\mathfrak{F}_e^2, F''_{ze}) = 0 \tag{14}$$

gelten, da sonst nach (11) und entgegen der Voraussetzung die linken Seiten von (13) bzw. (14) Eigenfunktionen von $\underline{F}_z$ zu den Eigenwerten $F'_{ze} - 1$ bzw. $F''_{ze} + 1$ wären.

Wendet man den Operator $(\underline{F}_x + i\,\underline{F}_y)$ auf (13) an, so ergibt sich unter Verwendung von (2)

$$\begin{aligned}
&(\underline{F}_x + i\,\underline{F}_y)\,(\underline{F}_x - i\,\underline{F}_y)\,\psi\,(\mathfrak{F}_e^2, F'_{ze}) \\
&= (\underline{F}_x^2 + \underline{F}_y^2 + \underline{F}_z)\,\psi\,(\mathfrak{F}_e^2, F'_{ze}) \\
&= (\underline{\mathfrak{F}}^2 - \underline{F}_z^2 + \underline{F}_z)\,\psi\,(\mathfrak{F}_e^2, F'_{ze}) \\
&= (\mathfrak{F}_e^2 - F'^{\,2}_{ze} + F'_{ze})\,\psi\,(\mathfrak{F}_e^2, F'_{ze}) = 0\,.
\end{aligned} \tag{15}$$

Anwendung des Operators $(\underline{F}_x - i\,\underline{F}_y)$ auf Gl. (14) ergibt analog:

$$(\mathfrak{F}_e^2 - F''^{\,2}_{ze} + F''_{ze})\,\psi\,(\mathfrak{F}_e^2, F''_{ze}) = 0\,. \tag{16}$$

Da nun $\psi\,(\mathfrak{F}_e^2, F'_{ze})$ und $\psi\,(\mathfrak{F}_e^2, F''_{ze})$ nach Voraussetzung nicht identisch verschwinden, folgt:

$$\begin{aligned}
(\mathfrak{F}_e^2 - F'^{\,2}_{ze} + F'_{ze}) &= 0 \\
(\mathfrak{F}_e^2 - F''^{\,2}_{ze} + F''_{ze}) &= 0\,.
\end{aligned} \tag{17}$$

Aus diesen Gleichungen ergibt sich durch Elimination von $\mathfrak{F}_e^2$:

$$(F''_{ze} + F'_{ze})\,(F'_{ze} - F''_{ze} - 1) = 0\,. \tag{18}$$

Da die F_{ze} äquidistant mit Abstand 1 sind und nach Voraussetzung $F''_{ze} \geqq F'_{ze}$ ist, folgt aus (18):

$$F'_{ze} = -\,F''_{ze}\,. \tag{19}$$

Für die ganzzahlige Differenz $F''_{ze} - F'_{ze}$ schreiben wir

$$F''_{ze} - F'_{ze} = 2\,j \qquad j : 0, \tfrac{1}{2}, 1, \tfrac{3}{2}, 2, \ldots \tag{20}$$

Dann ist

$$F'_{ze} = -\,j \qquad F''_{ze} = j\,. \tag{21}$$

Aus (21) und (17) folgt:

$$\mathfrak{F}_e^2 = j\,(j + 1)\,. \tag{22}$$

4. Auswertung von Zweizentrenintegralen.

Für die Auswertung von Zweizentrenintegralen werden in der Regel die durch

$$\mu = \frac{r_a + r_b}{R}$$

$$\nu = \frac{r_a - r_b}{R}$$

$$\varphi$$

definierten Koordinaten des gestreckten Rotationsellipsoids mit den Variationsbereichen

$$1 < \mu < \infty$$
$$-1 < \nu < 1$$
$$0 < \varphi < 2\pi$$

verwendet. Die JACOBIsche Determinante für den Übergang von cartesischen zu elliptischen Koordinaten ist $(R/2)^3 (\mu^2 - \nu^2)$, so daß

$$\int F \, d\tau = \left(\frac{R}{2}\right)^3 \int\limits_1^\infty d\mu \int\limits_{-1}^1 d\nu \, (\mu^2 - \nu^2) \int\limits_0^{2\pi} F \, d\varphi$$

gilt.

Wir berechnen als Beispiel das bei der Behandlung von H_2^+ auftretende Überlappungsintegral S.

$$S = \int a \, b \, d\tau$$

$$a = \frac{1}{\sqrt{\pi}} e^{-r_a} \qquad b = \frac{1}{\sqrt{\pi}} e^{-r_b} .$$

Dabei wird

$$S = \frac{1}{\pi} \int e^{-(r_a + r_b)} d\tau$$

$$= \left(\frac{R}{2}\right)^3 \int\limits_1^\infty d\mu \int\limits_{-1}^1 d\nu \, (\mu^2 - \nu^2) \int\limits_0^{2\pi} \frac{1}{\pi} e^{-R\mu} d\varphi$$

$$= \frac{R^3}{4} \int\limits_1^\infty d\mu \int\limits_{-1}^1 d\nu \, (\mu^2 - \nu^2) e^{-R\mu}$$

$$= \left(1 + R + \frac{1}{3} R^2\right) e^{-R} .$$

5. Zwischenmolekulare Kräfte.

Die Frage der Abtrennung der sog. zwischenmolekularen Kräfte von den eigentlichen chemischen Kräften scheint zunächst eine konventionelle Frage zu sein. Während chemische Kräfte zu „Verbindungen"

Anlaß geben, deren Trennungsenergien in der Größenordnung von 100 kcal/Mol liegen, bezeichnet man die Kräfte, die zur Ausbildung von „Molekülverbindungen" mit Trennungsenergien bis zu etwa 5 kcal/Mol Veranlassung geben können, als zwischenmolekulare Kräfte. Die Grenzziehung muß, wenn man von den Trennungsenergien ausgeht, natürlich schwankend sein.

Eine klarere Grenzziehung ergibt sich, wenn man den physikalischen Ursprung der zwischenmolekularen Kräfte betrachtet. Dabei zeigt sich, daß alle diese Kräfte, einschließlich der Dispersionskräfte auf klassischer Grundlage erklärt werden können, wenn auch die quantentheoretische Betrachtung, wie bei den Dispersionskräften, die Ergebnisse modifiziert[1].

Die DEBYE-KEESOMschen Dipol-Dipolkräfte[2] rühren daher, daß Moleküle, die permanente elektrische Dipolmomente tragen, Richtkräfte aufeinander ausüben, wenn ihr Abstand nicht allzugroß ist. Infolge dieser Richtkräfte wird die Molekülrotation bei beiden Molekülen modifiziert und die damit verknüpfte Energieänderung ist natürlich vom Abstand der Moleküle, und zwar in der Weise abhängig, daß für die mittlere Wechselwirkungsenergie

$$u = - \frac{2}{3} \frac{\mu_1^2 \mu_2^2}{r^6} \frac{1}{kT}$$

gilt. Dabei bedeuten μ_1 und μ_2 die Dipolmomentbeträge, r den Abstand der Moleküle und die mittlere Energie pro Freiheitsgrad $\frac{1}{2} kT$ tritt in der Beziehung deshalb auf, weil sich zwischen der richtenden Tendenz der Dipol-Dipol-Kräfte und der Unordnungstendenz der Wärmebewegung ein von der Temperatur abhängiger Kompromiß einstellt.

Gerät ein Molekül, das kein permanentes elektrisches Moment haben soll, in die Nähe eines Dipolmoleküls, so wird in ihm gemäß seiner Polarisierbarkeit α ein Moment induziert. Die Wechselwirkung des induzierten Moments mit dem induzierenden ergibt einen Beitrag von

$$u = - \frac{2 \alpha \mu^2}{r^6}$$

zur zwischenmolekularen Wechselwirkungsenergie (Induktionseffekt).

Zwischen allen molekularen Gebilden tritt der Dispersionseffekt auf. Dieser kommt dadurch zustande, daß die ladungtragenden Körper in den molekularen Gebilden in Bewegung sind. Da nun z. B. das Paar

---

[1] BRIEGLEB, G.: Zwischenmolekulare Kräfte. Hrsg. von B. RAJEWSKI. Karlsruhe 1949. — BRIEGLEB, G.: Zwischenmolekulare Kräfte. Stuttgart 1937. — SCHEIBE, G.: Zwischenmolekulare Kräfte. Hrsg. von B. RAJEWSKI. Karlsruhe 1949. — MARGENAU: Rev. Mod. Phys. 11, 1 (1939). — STUART, H. A.: Die Struktur des freien Moleküls. Berlin 1952.

[2] DEBYE, P.: Phys. Z. 21, 178 (1920); 22, 302 (1921). — KEESOM, W. H.: Phys. Z. 22, 129, 643 (1921); 23, 225 (1922).

Proton-Elektron in einem Wasserstoffatom als Gebilde mit einem Dipolmoment aufgefaßt werden kann, ist verständlich, daß etwa zwei Wasserstoffatome Dipol-Dipol-Kräfte aufeinander ausüben und daß diese Wechselwirkung die Elektronenbewegung in beiden Atomen so modifiziert, daß insgesamt eine negative Wechselwirkungsenergie zustandekommt, die wie die nähere Durchrechnung zeigt, ebenfalls proportional r^{-6} ist. Die Verhältnisse sind ganz analog dem DEBYE-KEESOM-Effekt, An die Stelle der Unordnungstendenz der Wärmebewegung ist lediglich die Unordnungstendenz der Nullpunktsbewegung der Elektronen getreten. Wenn, um bei dem besprochenen Beispiel zu bleiben, der Abstand der H-Atome gering ist, setzen die in Kap. 9 behandelten chemischen Kräfte ein und überdecken den schwachen Dispersionseffekt völlig. Daß aber selbst bei Gebilden, die wie zwei Wasserstoffatome in geringen Entfernungen kräftige chemische Kraftwirkungen betätigen, der Verlauf der Anziehungskraft in größeren Entfernungen wesentlich durch den Dispersionseffekt bestimmt wird, rührt daher, daß die chemischen Kräfte exponentiell, die Dispersionskräfte aber nur mit r^{-6} abfallen. Nach LONDON[1] ist, wenn J_0 die Ionisierungsenergie bzw. die der Hauptfrequenz der Dispersionsgleichung entsprechende Energie und α die Polarisierbarkeit bedeutet, der vom Dispersionseffekt herrührende Beitrag zur Wechselwirkungsenergie zweier Moleküle

$$u = -\frac{3}{4}\frac{\alpha^2}{r^6} J_0 \, .$$

Für die zwischenmolekulare Wechselwirkung von Gebilden, die keine anziehenden chemischen Kräfte aufeinander ausüben, werden chemische Kraftwirkungen, und zwar die abstoßenden, von nicht gebundenen Elektronen verschiedener Atome herrührenden wesentlich, wenn die Abstände sehr gering werden. Für diese Kräfte gilt das, was wir an den einschlägigen Stellen des Buches ausgeführt haben.

Einen besonderen Typ von Wechselwirkung stellt die Wasserstoffbrückenbildung[2] dar, für deren Eintreten das Vorhandensein von Wasserstoffatomen auf der einen Seite und Atomen mit einsamen Elektronenpaaren auf der anderen Seite wesentlich ist.

Wie die Tab. 51 zeigt, sind die mit der Bildung von Wasserstoffbrücken verknüpften Energieänderungen schon ganz erheblich. Für die Erklärung der zahlreichen Beobachtungen an Wasserstoffbindungen sind zwei Hypothesen möglich:

a) Es handelt sich um eine elektrostatisch zu beschreibende Dipol-Dipol-Wechselwirkung. Wegen der Kleinheit des Wasserstoffatoms können die in den Molekülen fixierten permanenten Momente einander

---

[1] LONDON, F.: Z. physik. Chem. B **11**, 22 (1930); Z. Physik **63**, 245 (1930).

[2] HOYER H.: Z. Elektrochem. **49**, 97 (1943). — KETELAAR, J. A.: J. Chem. physique, **46**, 425 (1949).

Hartmann, Theorie der chemischen Bindung. 23

besonders nahe kommen. Dadurch würde sich (rein sterisch) auch der scheinbare Absättigungscharakter der Brückenbindung erklären lassen.

b) Es handelt sich um einen Austauscheffekt, der mit einer wesentlichen Überlappung der Elektronenwolken verbunden sein müßte.

Zahlreiche Diskussionen scheinen jetzt zu dem Ergebnis geführt zu haben, daß doch wahrscheinlich die Hypothese *a* allein die Erscheinungen befriedigend zu beschreiben gestattet.

Tabelle 51. *Trennungsenergien von Wasserstoffbrückenbindungen (Messungen an Dämpfen).* [Nach STUART (loc. cit.).]

Bindung	System	Energie (kcal/Mol)
$F-H \cdots F-H$	$nHF \rightleftarrows (HF)_n$	$10{,}0 \pm 2$
$O-H \cdots O{=}C$	$2\,HCOOH \rightleftarrows (HCOOH)_2$	$7{,}1 \pm 0{,}2$
	$2\,CH_3COOH \rightleftarrows (CH_3COOH)_2$	$7{,}63 \pm 0{,}05$
		$7{,}25 \pm 0{,}2$
	$2\,C_2H_3{-}COOH \rightleftarrows (C_2H_3COOH)_2$	$9{,}2 \pm 0{,}8$
	$3\,C_2H_3COOH \rightleftarrows (C_2H_5COOH)_3$	$8{,}0 \pm 1{,}0$
$O-D \cdots O{=}C$	$2\,CH_3COOD \rightleftarrows (CH_3COOD)_2$	$7{,}95$
$C-H \cdots N{\equiv}C$	$2\,HCN \rightleftarrows (HCN)_2$	$< 3{,}3$

Zusammenfassende Darstellungen.

1. KOSSEL, W.: Valenzkräfte und Röntgenspektren. 2. Aufl. Berlin 1924.
2. LEWIS, G. N.: Die Valenz und der Bau der Atome und Moleküle. Braunschweig 1927.
3. DEBYE, P.: Polare Molekeln. Leipzig 1929.
4. VAN ARKEL, A. E., u. J. H. DE BOER: Chemische Bindung als elektrostatische Erscheinung. Leipzig 1931.
5. BORN, M.: Chemische Bindung und Quantenmechanik. Erg. exakt. Naturwiss. 10, 193 (1931).
6. VAN DER WAERDEN, B. L.: Die gruppentheoretische Methode in der Quantenmechanik. Berlin 1932.
7. HUND, F.: Allgemeine Quantenmechanik des Atom- und Molekülbaues. Handbuch der Physik, Bd. XXIV, S. 1. Berlin 1933.
8. SOMMERFELD, A., u. H. BETHE: Elektronentheorie der Metalle, Handbuch der Physik. Bd. XXIV, T. 2. Berlin 1933.
9. GRIMM, H. G., u. H. WOLFF: Atombau und Chemie, Handbuch der Physik, Bd. XXIV, T. 2. Berlin 1933.
10. HEITLER, W.: Quantentheorie und homöopolare chemische Bindung. Handbuch der Radiologie, Bd. VI, T. 2. Leipzig 1934.
11. MROWKA, B.: In H. A. STUART, Molekülstruktur. Berlin 1934.
12. PENNEY, W. G.: The Quantum Theory of Valency. London 1935.
13. SPONER, H.: Molekülspektren. Berlin 1936.
14. FRÖHLICH, H.: Elektronentheorie der Metalle, Berlin 1936.
15. CONDON, E. U., u. G. H. SHORTLEY: The Theory of Atomic Spectra. Cambridge 1935.
16. HELLMANN, H.: Einführung in die Quantenchemie. Leipzig 1937.
17. VAN VLECK, J. H., u. A. SHERMAN: Quantum Theory of Valence, Rev. Mod. Phys. 7, 174 (1935).

18. Hückel, E.: Grundzüge der Theorie ungesättigter und aromatischer Verbindungen. Berlin 1938.
19. Pauling, L.: Nature of the Chemical Bond, Cornell 1940.
20. Rice, O. K.: Electronic Structure and Chemical Binding. New York 1940.
21. Müller, E.: Neuere Anschauungen der organischen Chemie. Berlin 1940.
22. Glasstone, S., K. J. Laidler u. H. Eyring: Theory of Rate Processes. New York 1941.
23. Eyring, H., J. Walter u. G. E. Kimball: Quantum Chemistry. New York 1944.
24. Wheland, G. W.: The Theory of Resonance. New York 1944.
25. Seitz, F.: The modern Theory of Solids. New York 1948.
26. Kossel, W., F. Hund, E. Justi, O. Kratky, P. A. Thiessen: Das Molekül und der Aufbau der Materie. Braunschweig 1949.
27. Dewar, M. J. S.: The Electronic Theory of Organic Chemistry. Oxford 1949.
28. Syrkin, Y. K., u. M. E. Diatkina: Structure of Molecules. London 1950.
29. Gombas, P.: Statistische Theorie des Atoms. Wien 1950.
30. Pullman, B. u. A.: Les théories électroniques de la chimie organique. Paris 1952.
31. Coulson, C. A.: Valence, Oxford 1952.
32. Stuart, H. A.: Die Struktur des freien Moleküls. Berlin 1952.
33. Ketelaar, J. A. A.: De chemische Binding. 2. Aufl. 1952.

Lehrbuch der theoretischen Physik. Von Walter Weizel, Professor der Physik an der Universität Bonn. In zwei Bänden.

Erster Band: **Physik der Vorgänge.** Bewegung, Elektrizität, Licht, Wärme. Mit 270 Textabbildungen. XV, 771 Seiten Gr.-8°. 1949.

DM 53.—; Ganzleinen DM 56.90

Zweiter Band: **Struktur der Materie.** Mit 194 Textabbildungen. XII, 768 Seiten Gr.-8°. 1950.

DM 66.—; Ganzleinen DM 69.90

Jeder Band ist einzeln käuflich.

Vorstufe zur theoretischen Physik. Von Dr. phil. **Richard Becker,** o. Professor für Theoretische Physik an der Universität Göttingen. Mit 94 Textabbildungen. VII, 172 Seiten Gr.-8°. 1950.

DM 7.50

Rechenmethoden der Quantentheorie, dargestellt in Aufgaben und Lösungen. I. Teil: Elementare Quantenmechanik. Von Dr. **Siegfried Flügge,** o. Professor an der Universität Marburg, unter Mitarbeit von Dr. **Hans Marschall,** Privatdozent an der Universität Marburg. Zweite, völlig neubearbeitete und vermehrte Auflage. (Die Grundlehren der mathematischen Wissenschaften in Einzeldarstellungen mit besonderer Berücksichtigung der Anwendungsgebiete. Herausgegeben von R. Grammel, E. Hopf, H. Hopf, F. Rellich, F. K. Schmidt, B. L. van der Waerden; 53. Band). Mit 30 Abbildungen. VIII, 272 Seiten Gr.-8°. 1952.

DM 29.80; Ganzleinen DM 32.80.

Physikalische Chemie. Ein Vorlesungskurs. Von Dr. **Klaus Schäfer,** o. Professor für Physikalische Chemie an der Universität Heidelberg. Mit 71 Abbildungen. IX, 294 Seiten Gr.-8°. 1951.

Ganzleinen DM 19.60.

Der Raman-Effekt und seine analytische Anwendung. Von Dr. **Walter Otting,** Max-Planck-Institut für medizinische Forschung, Heidelberg, Institut für Chemie. (Anleitungen für die chemische Laboratoriumspraxis, 5. Band.) Mit 33 Abbildungen. VI, 161 Seiten 8°. 1952.

DM 12.60.

Gegenstromverteilung. Von Privatdozent Dr. **H. M. Rauen** und Dr. **W. Stamm,** Frankfurt a. M. (Anleitungen für die chemische Laboratoriumspraxis, 6. Band.) Mit 65 Abbildungen. VII, 81 Seiten Gr.-8°. 1953.

Steif geheftet DM 12.80.

Polymerisationskinetik. Von Dr. habil. **L. Küchler,** Göttingen. Mit 44 Abbildungen und 31 Tabellen im Text. VIII, 287 Seiten Gr.-8°. 1951.

Ganzleinen DM 36.60.